Wissenschaftlicher Beirat der Bundesregierung
Globale Umweltveränderungen

Welt im Wandel: Sicherheitsrisiko Klimawandel

Mitglieder des Wissenschaftlichen Beirats der Bundesregierung Globale Umweltveränderungen

(Stand: 21. Mai 2007)

Prof. Dr. Renate Schubert (Vorsitzende), Ökonomin
Direktorin des Instituts für Umweltentscheidungen an der ETH Zürich, Schweiz

Prof. Dr. Hans Joachim Schellnhuber CBE (stellv. Vorsitzender), Physiker
Direktor des Potsdam-Instituts für Klimafolgenforschung und Visiting Professor der Oxford University (Fachbereich Physik und Christ Church College)

Prof. Dr. Nina Buchmann, Ökologin
Professorin für Graslandwissenschaften an der ETH Zürich, Schweiz

Prof. Dr. Astrid Epiney, Juristin
Direktorin am Institut für Europarecht der Universität Fribourg, Schweiz

Dr. Rainer Grießhammer, Chemiker
Mitglied der Geschäftsführung des Öko-Instituts e.V., Freiburg

Prof. Dr. Margareta E. Kulessa, Ökonomin
Professorin für Allgemeine Volkswirtschaftslehre und Internationale Wirtschaftsbeziehungen an der Fachhochschule Mainz

Prof. Dr. Dirk Messner, Politikwissenschaftler
Direktor des Deutschen Instituts für Entwicklungspolitik, Bonn und Professor für Politikwissenschaft der Universität Duisburg-Essen

Prof. Dr. Stefan Rahmstorf, Physiker
Leiter der Abteilung Klimasystem am Potsdam-Institut für Klimafolgenforschung und Professor für Physik der Ozeane an der Universität Potsdam

Prof. Dr. Jürgen Schmid, Ingenieur für Luft- und Raumfahrttechnik
Vorstandsvorsitzender und wissenschaftlicher Leiter des Instituts für Solare Energieversorgungstechnik, Kassel und Professor für Elektrotechnik/Informatik an der Universität Kassel

Wissenschaftlicher Beirat der Bundesregierung
Globale Umweltveränderungen

Welt im Wandel:
Sicherheitsrisiko Klimawandel

mit 38 Abbildungen

Springer

Wissenschaftlicher Beirat der Bundesregierung
Globale Umweltveränderungen (WBGU)
Geschäftsstelle
Reichpietschufer 60-62
10785 Berlin

Tel.: 030 263948 0
Fax: 030 263948 50
Email: wbgu@wbgu.de
Web: http://www.wbgu.de

Redaktionsschluss: 21.05.2007

Bibliographische Information der Deutschen Bibliothek
Die Deutsche Bibliothek verzeichnet diese Publikation in der Deutschen Nationalbibliografie; detaillierte bibliografische Daten sind im Internet über http://dnb.ddb.de abrufbar.

ISSN 1431-1879
ISBN 978-3-540-73247-1 **Springer Berlin Heidelberg New York**

Springer ist ein Unternehmen von Springer Science+Business Media
springer.de

Umschlaggestaltung: WMXDesign GmbH, Heidelberg
Alle Bilder bis auf „Regenmesser“ (plakboek) und „Speed Limit 35“ (Greg Hounslow) mit freundlicher Genehmigung des Presse- und Informationsamts der Bundesregierung.

Herstellung: Christine Adolph
Satz: Druckreife Vorlage der Autoren
Druck und Bindung: Stürtz GmbH, Würzburg

Gedruckt auf säurefreiem Papier 30/2133/CA 5 4 3 2 1 0

Mitarbeiter des Beirats und Danksagung

Wissenschaftlicher Stab der Geschäftsstelle

Prof. Dr. Meinhard Schulz-Baldes (Generalsekretär)

Dr. Carsten Loose (Stellvertretender Generalsekretär)

Dr. Karin Boschert (seit 01.06.2006)

Dr. Oliver Deke (seit 17.10.2005)

Dipl.-Umweltwiss. Tim Hasler

Dipl.-Pol. Lena Kempmann (bis 31.05.2006)

Dr. Nina V. Michaelis

Dr. Benno Pilardeaux (Medien- und Öffentlichkeitsarbeit)

Dr. Astrid Schulz

Sachbearbeitung, Lektorat und Sekretariat in der Geschäftsstelle

Vesna Karic-Fazlic (Sachbearbeitung Finanzen)

Martina Schneider-Kremer, M.A. (Lektorat)

Margot Weiß (Sekretariat)

Wissenschaftliche Mitarbeiter der Beiratsmitglieder

Dipl.-Phys. Jochen Bard (Institut für Solare Energieversorgungstechnik, ISET Kassel, seit 01.03.2006)

Steffen Bauer, MA (Deutsches Institut für Entwicklungspolitik, DIE Bonn, seit 01.01.2006)

Dr. Gregor Betz (Potsdam-Institut für Klimafolgenforschung, PIK e.V., bis 30.09.2005)

Dipl.-Volksw. Julia E. Blasch (Institut für Umweltentscheidungen, ETH Zürich, seit 16.10.2006)

Dipl.-Phys. Gregor Czisch (Institut für Solare Energieversorgungstechnik, ISET Kassel, bis 28.02.2006)

Dr. Georg Feulner (Potsdam-Institut für Klimafolgenforschung, PIK e.V.)

Dr. Monika Heupel (Deutsches Institut für Entwicklungspolitik, DIE Bonn, bis 15.10.2005)

Dipl.-Volksw. Kristin Hoffmann (Institut für Umweltentscheidungen, ETH Zürich, bis 15.10.2006)

Dr. Susanne Kadner (Potsdam-Institut für Klimafolgenforschung, PIK e.V., 10.01.2006 bis 30.04.2006)

Dr. Sabina Keller (ETH Zürich)

Dipl.-Geogr. Andreas Manhart (Öko-Institut e.V., Freiburg)

Dr. Franziska Matthies (Potsdam-Institut für Klimafolgenforschung, PIK e.V., bis 30.09.2005)

Dipl.-Volksw. Markus Ohndorf (ETH Zürich)

Dr. Martin Scheyli (Universität Fribourg, Schweiz)

Dr. Ingeborg Schinninger (ETH Zürich, bis 31.05.2007)

Dipl.-Pol. Joachim Schwerd (Fachhochschule Mainz, bis 31.10.2006)

Den externen Gutachtern dankt der Beirat für die Zuarbeit und wertvolle Hilfe. Im Einzelnen flossen folgende Expertisen und Stellungnahmen in das Gutachten ein:

- Dr. habil. Hans Günter Brauch (AFES-Press, Mosbach): Regionalexpertise „Destabilisierungs- und Konfliktpotenzial prognostizierter Umweltveränderungen in der Region Südeuropa und Nordafrika bis 2020/2050".
- Dipl.-Pol. Alexander Carius, Dennis Tänzler, Judith Winterstein (Adelphi Consult, Berlin): „Weltkarte von Umweltkonflikten: Ansätze zur Typologisierung".
- Dr. Martin Cassel-Gintz: Erstellung von GIS-Karten zur Klimaentwicklung – GIS II.
- Prof. Dr. William A. V. Clark (University of California, Department of Geography, Los Angeles): „Environmentally Induced Migration and Conflict".
- Prof. Dr. Ernst Giese, Jenniver Sehring, M.A. (Universität Gießen, Institut für Geographie): Regionalexpertise „Destabilisierungs- und Konfliktpotenzial prognostizierter Umweltveränderungen in der Region Zentralasien bis 2020/2050",
- Prof. Dr. Thomas Heberer, Anja-Désirée Senz, M.A. (Universität Duisburg, Institut für Ostasienwissenschaften): Regionalexpertise „Destabilisierungs- und Konfliktpotenzial prognostizierter Umweltveränderungen in China bis 2020/2050".
- Larry A. Swatuk, PhD, Associate Professor (Harry Oppenheimer Okavango Research Centre, Botswana): Regional Expertise „Southern Africa, Environmental Change and Regional Security: An Assessment".
- Martin Wodinski (Climate and Environment Consulting – CEC, Potsdam): Erstellung von GIS-Karten zur Klimaentwicklung – GIS I.
- Aaron T. Wolf, PhD (Oregon State University, Department of Geosciences, Corvallis): „A Long Term View of Water and Security: International Waters, National Issues, and Regional Tensions".

Wichtige schriftliche Ausarbeitungen zu den politischen, wirtschaftlichen und gesellschaftlichen Auswirkungen des Klimawandels in einzelnen Regionen der Welt wurden erbracht von Dr. Jörg Faust, Jochen Kenneweg und Dr. Imme Scholz vom Deutschen Institut für Entwicklungspolitik (DIE, Bonn). Dr. Imme Scholz und Jochen Kenneweg waren zudem beratend bei anderen Teilen des Gutachtens tätig.

Wertvolle Anregungen bekam der Beirat während seiner Intensivtagung 2006 in Schmöckwitz durch die Vorträge zur „Einführung in die Methodik der Zukunftsforschung" von Prof. Dr. Rolf Kreibich und Dr. Robert Gaßner (beide Institut für Zukunftsstudien und Technologiebewertung – IZT, Berlin).

Danken möchte der Beirat auch jenen Personen, die durch Kommentare, Beratung oder den Review einzelner Teile des Gutachtens der Arbeit des Beirats wertvolle Dienste erwiesen haben:

Dr. Ludwig Braun (Bayerische Akademie der Wissenschaften, München), Dr. Thomas Fues (Deutsches Institut für Entwicklungspolitik – DIE, Bonn), Dr. Jörn Grävingholt (Deutsches Institut für Entwicklungspolitik – DIE, Bonn), Dipl.-Geoök. Holger Hoff (Stockholm Environment Institute – SEI), Oberst i.G. Roland Kaestner (Führungsakademie der Bundeswehr, Hamburg), Dipl.-Pol. Stefan Lindemann (Sachverständigenrat für Umweltfragen – SRU, Berlin), Dr. Susanne Neubert (Deutsches Institut für Entwicklungspolitik – DIE, Bonn), Dr. Manfred Schütze (Institut für Automation und Kommunikation – ifak e.V., Magdeburg), Dr. Andreas Stamm (Deutsches Institut für Entwicklungspolitik – DIE, Bonn), Dr. Denis M. Tull (Stiftung Wissenschaft und Politik – SWP, Berlin), Dr. Juan Carlos Villagrán de León (Institute for Environment and Human Security – United Nations University, Bonn), Dr. habil. Christian Wagner (Stiftung Wissenschaft und Politik – SWP, Berlin), Dipl.-Pol. Silke Weinlich (Institut für Interkulturelle und Internationale Studien – InIIS, Bremen), Dipl.-Ing. Elizabeth Zamalloa-Skoddow (Deutscher Entwicklungsdienst – DED, Peru).

Inhaltsübersicht

Inhaltsverzeichnis

Kästen

Tabellen

Abbildungen

Akronyme

AA	Auswärtiges Amt
AIDS	Acquired Immune Deficiency Syndrome *Erworbenes Immunschwächesyndrom*
APEC	Asia-Pacific Economic Cooperation *Asiatisch-Pazifische Wirtschaftsgemeinschaft*
ASEAN	Association of South-East Asian Nations *Bündnis südostasiatischer Staaten*
BIP	Bruttoinlandsprodukt
BMBF	Bundesministerium für Bildung und Forschung
BMU	Bundesministerium für Umwelt, Naturschutz und Reaktorsicherheit
BMZ	Bundesministerium für wirtschaftliche Zusammenarbeit und Entwicklung
BNE	Bruttonationaleinkommen
CBD	Convention on Biological Diversity *Biodiversitätskonvention, auch: Übereinkommen über die Biologische Vielfalt*
CDM	Clean Development Mechanism (Kioto-Protokoll) *Mechanismus für umweltverträgliche Entwicklung*
CEC	Central and Eastern European Countries *Mittel- und osteuropäische Länder*
CFU	Carbon Finance Unit (Weltbank) *CO_2-Finanzierungseinheit*
CGIAR	Consultative Group on International Agricultural Research *Konsultativgruppe für internationale landwirtschaftliche Forschung*
CIESIN	Center for International Earth Science Information Network (Universität Columbia)
CILSS	Comité Inter Etats de Lutte Contre la Sécheresse dans le Sahel *Ständiges zwischenstaatliches Komitee zur Bekämpfung der Dürre im Sahel*
COMCAD	Center on Migration, Citizenship and Development (Universität Bielefeld) *Zentrum für transnationale Mobilität, politische Mitgliedschaft und Entwicklung*
COP	Conference of the Parties *Vertragsstaatenkonferenz*
CRED	Collaborating Centre for Research on the Epidemiology of Disasters (WHO)
CSD	Commission on Sustainable Development (UN) *UN-Kommission zur nachhaltigen Entwicklung*
DAC	Development Assistance Committee (OECD) *Entwicklungshilfeausschuss der OECD*
DIE	Deutsches Institut für Entwicklungspolitik *German Development Institute*
DR-CAFTA	Dominican Republic – Central American Free Trade Agreement *Zentralamerikanisches Freihandelsabkommen*
EACH-FOR	Environmental Change and Forced Migration Scenarios (EU-Forschungsprojekt) *Szenarien des Umweltwandels und von Zwangsmigrationen*
ECOMAN	Environmental Change Consensus Building and Resource Management in the Horn of Africa (Nachfolgeprojekt ENCOP)
ECONILE	Environment and Cooperation in the Nile Basin (ENCOP Projekt)

ECOSOC	Economic and Social Council (UN) *Wirtschafts- und Sozialrat der Vereinten Nationen*
EMP	Europäisch-Mediterrane Partnerschaft
ENCOP	Environment and Conflicts Project (ETH Zürich, Schweizerische Friedensstiftung Bern) *Projekt zu Umweltzerstörung und gewaltsamen Konflikten*
ENSO	El Niño and Southern Oscillation
ENVSEC	Environment Security Initiative (UNDP, UNEP, OSZE) *Umwelt- und Sicherheitsinitiative*
ETS	European Emissions Trading System *Europäisches Emissionshandelssystem*
EU	Europäische Union
EWC	International Conference on Early Warning (UN) *Konferenzen zu Frühwarnsystemen*
EZ	Entwicklungszusammenarbeit
FAO	Food and Agriculture Organization of the United Nations *Ernährungs- und Landwirtschaftsorganisation der Vereinten Nationen*
FEMA	Federal Emergency Management Administration (USA) *Amerikanische Notstandsbehörde*
FIPs	Five Interested Parties (WTO) *Gruppe der fünf interessierten Parteien*
G8	Gruppe der Acht
GAM	Gerakan Aceh Merdeka *Bewegung Freies Aceh*
GASP	Gemeinsame Außen- und Sicherheitspolitik (EU) *Common Foreign Security Policy*
GECHS	Global Environmental Change and Human Security (IHDP Projekt)
GEF	Global Environment Facility (UNDP, UNEP, Weltbank) *Globale Umweltfazilität*
GIS	Geographical Information System *Geographisches Informationssystem*
GLASOD	Global Assessment of Human Induced Soil Degradation (UNEP)
GPS	Global Positioning System *Globales Positionsbestimmungssystem*
GTZ	Deutsche Gesellschaft für Technische Zusammenarbeit
HDI	Human Development Index *Index für menschliche Entwicklung*
HIIK	Heidelberger Institut für Internationale Konfliktforschung
HIV	Human Immunodeficiency Virus *Menschliches Immunschwäche-Virus*
ICLEI	International Council for Local Environmental Initiatives *Internationaler Rat für Kommunale Umweltinitiativen*
ICRC	International Committee of the Red Cross *Internationales Rotes Kreuz Komitee*
ICSU	International Council for Science *Internationaler Rat der wissenschaftlichen Unionen*
IDM	International Dialogue on Migration (IOM)
IDPs	Internally Displaced Persons (UNHCR) *Binnenflüchtlinge*
IDS	Institute for Development Studies (UK) *Institut für Entwicklungsstudien*
IEA	International Energy Agency *Internationale Energieagentur*
IGH	Internationaler Gerichtshof *International Court of Justice*

IHDP	International Human Dimensions Programme on Global Environmental Change (ISSC, ICSU)
IIASA	International Institute for Applied Systems Analysis, Laxenburg, Österreich *Internationales Institut für angewandte Systemanalyse*
IMISCOE	International Migration, Integration and Social Cohesion (EU)
IOM	International Organization for Migration *Internationale Organisation für Migration*
IPCC	Intergovernmental Panel on Climate Change (WMO, UNEP) *Zwischenstaatlicher Ausschuss für Klimaänderungen*
IPPC	International Plant Protection Convention (FAO) *Internationales Pflanzenschutzübereinkommen*
ISDR	International Strategy for Disaster Reduction (UN) *Internationale Strategie der Vereinten Nationen für die Reduzierung von Katastrophen*
ISS	Institute for Security Studies, Paris
ISSC	International Social Science Council (UNESCO)
IWF	Internationaler Währungsfonds *International Monetary Fund*
IWRM	Integrated Water Resources Management *Integriertes Wasserressourcenmanagement*
KfW	KfW Bankengruppe
KOSIMO	Konflikt-Simulations-Modell (HIIK)
KSZE	Konferenz über Sicherheit und Zusammenarbeit in Europa
LTTE	Liberation Tigers of Tamil Eelam *Separatistische Tamilen-Guerilla*
MA	Millennium Ecosystem Assessment (UN)
MDGs	Millennium Development Goals (UN) *Millenniumsentwicklungsziele der Vereinten Nationen*
NAFTA	North American Free Trade Agreement *Nordamerikanisches Freihandelsabkommen*
NASA	National Aeronautics and Space Administration, USA *Zivile amerikanische Weltraumbehörde*
NATO	North Atlantic Treaty Organisation *Nordatlantikpakt*
NCCR	National Centre of Competence in Research North-South, Schweiz *Nationales Kompetenzzentrum für Nord-Süd-Forschung*
NEPAD	New Partnership for Africa's Development (OAU) *Neue Partnerschaft für Afrikas Entwicklung*
NOAA	National Oceanic and Atmospheric Administration, USA *Wetter- und Ozeanbehörde der Vereinigten Staaten von Amerika*
NRO	Nichtregierungsorganisation
OAU	Organisation of African Unity *Organisation für afrikanische Einheit*
OECD	Organisation for Economic Co-operation and Development *Organisation für Wirtschaftliche Zusammenarbeit und Entwicklung*
OSZE	Organisation für Sicherheit und Zusammenarbeit in Europa *Organization for Security and Co-operation in Europe*
PRIO	International Peace Research Institute Oslo, Norwegen *Internationales Friedensforschungsinstitut*
PRSP	Poverty Reduction Strategy Paper (Regierungen, IWF, Weltbank) *Nationale Strategien zur Armutsbekämpfung*
RNE	Rat für Nachhaltige Entwicklung
SEPA	China's State Environmental Protection Administration *Chinesische Umweltschutzbehörde*
SOZ	Shanghaier Organisation für Zusammenarbeit *Shanghai Cooperation Organisation*

SRES	Special Report on Emissions Scenarios (IPCC) *Sonderbericht über Emissionsszenarien*
SRU	Sachverständigenrat für Umweltfragen
UN	United Nations *Vereinte Nationen*
UNCCD	United Nations Convention to Combat Desertification in Countries Experiencing Serious Drought and/or Desertification, Particularly in Africa *Übereinkommen der Vereinten Nationen zur Bekämpfung der Wüstenbildung in den von Dürre und/oder Wüstenbildung schwer betroffenen Ländern, insbesondere in Afrika*
UNDP	United Nations Development Programme *Entwicklungsprogramm der Vereinten Nationen*
UNEP	United Nations Environment Programme *Umweltprogramm der Vereinten Nationen*
UNESCO	United Nations Educational, Scientific and Cultural Organization *Organisation der Vereinten Nationen für Erziehung, Wissenschaft und Kultur*
UNFCCC	United Nations Framework Convention on Climate Change *Rahmenübereinkommen der Vereinten Nationen über Klimaänderungen*
UNHCR	United Nations High Commissioner on Refugees *UN-Hochkommissar für Flüchtlinge*
UNICEF	United Nations Children's Fund *Kinderhilfswerk der Vereinten Nationen*
UNU	United Nations University *Universität der Vereinten Nationen*
UNU-EHS	Institute for Environment and Human Security *Institut für Umwelt und menschliche Sicherheit*
USGS	United States Geological Survey
WBGU	Wissenschaftlicher Beirat der Bundesregierung Globale Umweltveränderungen
WFP	World Food Programme (UN) *Welternährungsprogramm der Vereinten Nationen*
WHO	World Health Organization (UN) *Weltgesundheitsorganisation der Vereinten Nationen*
WTO	World Trade Organization *Welthandelsorganisation*

Zusammenfassung für Entscheidungsträger

Eine neue sicherheitspolitische Herausforderung

Die zentrale Botschaft der Risikoanalyse des WBGU lautet, dass der Klimawandel ohne entschiedenes Gegensteuern bereits in den kommenden Jahrzehnten die Anpassungsfähigkeit vieler Gesellschaften überfordern wird. Daraus könnten Gewalt und Destabilisierung erwachsen, die die nationale und internationale Sicherheit in einem erheblichen Ausmaß bedrohen. Der Klimawandel könnte die Staatengemeinschaft aber auch zusammenführen, wenn sie ihn als Menschheitsbedrohung versteht und in den kommenden Jahren durch eine energische und weltweit abgestimmte Klimapolitik die Weichen für die Vermeidung eines gefährlichen anthropogenen Klimawandels stellt. Gelingt dies nicht, wird der Klimawandel zunehmend Spaltungs- und Konfliktlinien in der internationalen Politik hervorrufen, weil er vielfältige Verteilungskonflikte in und zwischen Ländern auslöst: um Wasser, um Land, um die Bewältigung von Flüchtlingsbewegungen oder um Kompensationszahlungen zwischen den wesentlichen Verursachern des Klimawandels und den Ländern, die vor allem von dessen destruktiven Wirkungen betroffen sein werden.

Um diese Entwicklungen zu vermeiden, muss in den kommenden 10–15 Jahren vor allem eine ambitionierte globale Klimapolitik betrieben werden. Ein wirkungsvolles internationales Klimaschutzregime muss erreichen, dass bis Mitte des 21. Jahrhunderts der weltweite Ausstoß von Treibhausgasen halbiert wird. Diese große Herausforderung für die internationale Politik entsteht parallel zu einer weitreichenden weltpolitischen Verschiebung, die insbesondere durch den Aufstieg neuer Mächte wie China und Indien bei gleichzeitigem relativen Machtverlust der Vereinigten Staaten von Amerika geprägt sein wird. Historische Erfahrungen lassen in dieser Übergangsphase Turbulenzen für das internationale System befürchten, welche die notwendigen Durchbrüche in der multilateralen Klimapolitik erschweren können. Um gegenzusteuern, muss die Europäische Union eine Vorreiterposition in der globalen Klimapolitik einnehmen und sowohl die USA als auch die neuen Mächte Asiens von der Bedeutung einer gemeinsamen Kraftanstrengung zur Vermeidung eines gefährlichen Klimawandels überzeugen.

Vor diesem Hintergrund fasst der WBGU mit dem vorliegenden Hauptgutachten den derzeitigen Stand des Wissens zum Zukunftsthema „Sicherheitsrisiko Klimawandel" zusammen. Grundlage hierfür sind die Erkenntnisse der Umweltkonflikt- und Kriegsursachenforschung sowie der Klimafolgenforschung. Es wurden einerseits Erfahrungen der Vergangenheit aufgearbeitet, zugleich aber ein Blick weit in die Zukunft gewagt, um die sich anbahnenden Wirkungen des Klimawandels auf Gesellschaften, Nationalstaaten, Weltregionen und das internationale System abzuschätzen.

Der anthropogene Klimawandel steht erst am Anfang seiner Entwicklung, seine Auswirkungen werden aber in den kommenden Jahrzehnten stetig zunehmen. Der WBGU zeigt, dass der Klimawandel *erstens* bestehende Umweltkrisen wie Dürren, Wasserknappheit und Bodendegradation verschärft, Landnutzungskonflikte verstärkt und zusätzliche Umweltmigration auslösen könnte. Die globale Temperaturerhöhung wird die Existenzgrundlage vieler Menschen insbesondere in den Entwicklungsregionen gefährden, die Anfälligkeit für Armut und soziale Verelendung erhöhen und damit die menschliche Sicherheit bedrohen. Vor allem in schwachen und fragilen Staaten mit leistungsschwachen Institutionen und Regierungssystemen dürfte durch den Klimawandel zudem die Anpassungsfähigkeit an sich verändernde Umweltbedingungen überfordert und damit der bereits bestehende Trend allgemeiner Unsicherheit in vielen Gesellschaften und Regionen verstärkt werden (Kasten 1). Dabei gilt: Je stärker die Erwärmung ausfällt, desto größere Sicherheitsrisiken sind zu erwarten.

Außerdem kämen *zweitens* neue Konfliktkonstellationen hinzu: Der steigende Meeresspiegel sowie Sturm- und Flutkatastrophen könnten zukünftig die Städte und Industrieregionen an den Küsten Chinas, Indiens oder der USA bedrohen. Das Abschmelzen der Gletscher würde die Wasserversorgung in den Anden- und Himalayaregionen gefährden.

Kasten 1

Klimawandel verstärkt Mechanismen, die zu Unsicherheit und Gewalt führen

Politische Instabilität und Konflikte
Gesellschaften im Übergang von autoritären zu demokratischen Gesellschaftsformen sind besonders krisen- und konfliktanfällig. Der Klimawandel wird viele derjenigen Länder treffen und unter gesellschaftlichen Anpassungsdruck setzen, die sich in solchen Übergangsphasen befinden. Dieser Zusammenhang könnte z.B. für viele afrikanische Länder, aber auch für China von Bedeutung sein.

Schwache Governance-Strukturen und Konflikte
In den derzeit etwa 30 schwachen und fragilen Staaten, die durch eine nachhaltige Schwächung oder gar Auflösung staatlicher Strukturen charakterisiert sind, sind gewalttätige Konflikte sehr häufig anzutreffen. Die Wirkungen des Klimawandels betreffen insbesondere solche Weltregionen, in denen schon heute Staaten mit schwachen Steuerungs- und Problemlösungskapazitäten dominieren. Der Klimawandel könnte also zu einer weiteren Verbreitung des Phänomens der schwachen und fragilen Staaten führen und somit die Wahrscheinlichkeit von Gewaltkonflikten erhöhen.

Wirtschaftsleistung und Konfliktneigung
Empirische Untersuchungen zeigen, dass arme Länder deutlich konfliktanfälliger sind als wohlhabende Gesellschaften. Der Klimawandel wird gerade in Entwicklungsländern zu spürbaren ökonomischen Kosten führen: Einbrüche bei der landwirtschaftlichen Produktion, Extremwetterereignisse und Migrationsbewegungen können die wirtschaftliche Entwicklung hemmen. Klimawandel kann also Entwicklungsblockaden und Armut verstärken und über diesen Mechanismus die Konfliktgefährdung von Gesellschaften steigern.

Demographie und Konflikt
Wo hohes Bevölkerungswachstum, große Bevölkerungsdichte, Ressourcenknappheit (landwirtschaftliche Flächen, Wasser) und niedriges ökonomisches Entwicklungsniveau zusammentreffen, steigt die Konfliktgefahr. Der Klimawandel wird in vielen Ländern und Regionen, die bereits heute durch hohes Bevölkerungswachstum, große Bevölkerungsdichte und Armut charakterisiert sind, zusätzlich die Ressourcenknappheit verschärfen und somit die Konfliktgefahr erhöhen.

„Ansteckungsgefahr“ in Konfliktregionen
Konflikte wirken „ansteckend“: Zunächst lokal oder national begrenzte Konflikte destabilisieren oft Nachbarländer, z.B. durch Flüchtlingsbewegungen, Waffenhandel oder den Rückzug von Kombattanten. Die gesellschaftlichen Folgen des Klimawandels können Grenzen überschreiten und daher leicht zur Ausweitung von Krisen- und Konfliktregionen führen.

Bei ungebremstem Klimawandel sind *drittens* großskalige Änderungen im Erdsystem denkbar, wie das Austrocknen des Amazonasregenwalds oder das Ausbleiben des asiatischen Monsuns, was unkalkulierbare Auswirkungen auf die betroffenen Gesellschaften hätte. In der Gesamtschau hält der WBGU zwar klimainduzierte zwischenstaatliche Kriege für unwahrscheinlich. Der Klimawandel dürfte jedoch nationale und internationale Verteilungskonflikte auslösen sowie schwer beherrschbare Probleme des Staatenzerfalls, erodierender gesellschaftlicher Ordnung und steigender Gewaltneigung vergrößern. Dies hätte in besonders betroffenen Regionen eine Ausbreitung von Destabilisierungsprozessen mit diffusen Konfliktstrukturen zur Folge. Solche Dynamiken drohen das etablierte Global-Governance-System zu überfordern und damit die internationale Stabilität und Sicherheit zu gefährden.

Der Klimawandel als Bedrohung für die internationale Sicherheit

Klimainduzierte Konfliktkonstellationen

Der Beirat identifiziert vier Konfliktkonstellationen, in denen durch den Klimawandel kritische Entwicklungen zu erwarten sind und die in unterschiedlichen Regionen der Welt in ähnlicher Ausprägung auftreten können. Unter Konfliktkonstellationen versteht der WBGU typische Wirkungszusammenhänge an der Schnittstelle zwischen Umwelt und Gesellschaft, deren Dynamik zu gesellschaftlicher Destabilisierung oder Gewalt führen kann.

- *Konfliktkonstellation „Klimabedingte Degradation von Süßwasserressourcen“:* Bereits heute haben 1,1 Mrd. Menschen keinen sicheren Zugang zu Trinkwasser. Die Situation könnte sich weltweit für mehrere 100 Mio. Menschen verschärfen, weil sich durch den Klimawandel die Variabilität der Niederschläge und die verfügbare Wassermenge verändern. Gleichzeitig steigt die Nachfrage nach Wasser durch eine wachsende Weltbevölkerung mit steigenden Ansprüchen. Diese Dynamik erzeugt Verteilungskonflikte und stellt das Wassermanagement der betroffenen Länder vor erhebliche Herausforderungen. So müssen beispielsweise in Regionen, die vom Schmelzwasser der durch den Klimawandel bedrohten Gebirgsgletscher abhängig sind, neue Wassernutzungskonzepte und -infrastrukturen entwickelt und politische Anstrengungen zur Vermeidung nationaler oder gar grenzüberschreitender Verteilungskonflikte um knapper werdende Wasserressourcen unternommen werden. Die politisch-institutionellen Voraussetzungen für die notwendige Anpassung des Wasser- und Krisenmanagements sind aber oft gerade in den Ländern nicht gegeben, die unter dem größten Wasserstress leiden werden. Dadurch können die bestehenden Mechanismen zur Konfliktlösung überfordert werden, was letztlich zu Destabilisierung und Gewalt führen kann.

- *Konfliktkonstellation „Klimabedingter Rückgang der Nahrungsmittelproduktion“:* Derzeit sind weltweit über 850 Mio. Menschen unterernährt. Durch den Klimawandel wird sich diese Lage absehbar verschärfen, weil die Ernährungsunsicherheit in den niederen Breiten und damit in vielen Entwicklungsländern bereits bei einer Erwärmung um 2 °C (bezogen auf 1990) zunehmen wird. Bei einer Erwärmung von 2–4 °C wird die landwirtschaftliche Produktivität voraussichtlich weltweit zurückgehen. Dieser Trend wird durch Desertifikation, Bodenversalzung oder Wasserverknappung erheblich verstärkt. So sind in Südasien und Nordafrika die Flächenreserven für die Landwirtschaft bereits heute weitgehend ausgeschöpft. Dies kann regional Ernährungskrisen auslösen und die ökonomische Leistungsfähigkeit schwacher und durch Unsicherheit gekennzeichneter Staaten weiter unterminieren. Dadurch können gesellschaftliche Destabilisierung und Zerfall sowie gewalttätige Konflikte begünstigt oder verschärft werden.
- *Konfliktkonstellation „Klimabedingte Zunahme von Sturm- und Flutkatastrophen“:* Durch den Klimawandel ist mit einem weiteren Meeresspiegelanstieg und einer Intensivierung von Stürmen und Starkniederschlägen zu rechnen. Daraus ergeben sich für viele Städte und Industrieregionen in Küstennähe deutlich erhöhte Risiken von Naturkatastrophen, die zusätzlich durch die Entwaldung in Oberläufen von Flüssen, Landabsenkung im Großraum urbaner Zentren und eine zunehmende räumliche Konzentration von Menschen und Vermögenswerten erhöht werden. Sturm- und Flutkatastrophen haben bereits in der Vergangenheit vor allem in Phasen innenpolitischer Spannungen Konfliktwirkung entfaltet, z.B. in Zentralamerika, Indien und China. Eine künftige Häufung von Konflikten ist einerseits wahrscheinlich, weil durch Sturm- und Flutkatastrophen besonders gefährdete Regionen wie Zentralamerika und das südliche Afrika überwiegend schwache ökonomische und politische Kapazitäten aufweisen, was Anpassung und Krisenmanagement erheblich erschwert. Andererseits könnten sich wiederholende Sturm- und Flutkatastrophen an den stark besiedelten Ostküsten Indiens und Chinas große Schäden anrichten und schwer steuerbare Migrationsprozesse auslösen bzw. verstärken.
- *Konfliktkonstellation „Umweltbedingte Migration“:* Die Erfahrung zeigt, dass Migration die Konfliktwahrscheinlichkeit in Transit- und Zielregionen zum Teil erheblich erhöhen kann. Durch die Folgen des Klimawandels ist künftig damit zu rechnen, dass die Zahl der Umweltmigranten deutlich zunehmen wird. Dabei bergen vor allem in Entwicklungsländern die Zunahme von Dürren, Bodendegradation und steigende Wasserknappheit in Kombination mit hohem Bevölkerungswachstum, instabilen Institutionen, Armut oder großer Abhängigkeit von der Landwirtschaft besonders hohe Risiken für die Entstehung und Verstärkung von Umweltmigration. Umweltmigration wird sich zunächst mehrheitlich innerhalb von Staatsgrenzen vollziehen. Grenzüberschreitende Umweltmigration wird vor allem als Süd-Süd-Migration auftreten, aber auch Europa und Nordamerika müssen mit erheblich erhöhtem Migrationsdruck aus den vom Klimawandel besonders bedrohten Regionen rechnen. Konfliktpotenzial birgt auch die Frage, welche Staaten zukünftig für die Kosten von Umweltmigration aufkommen müssen.

Regionale Brennpunkte

Die gesellschaftlichen Folgen des Klimawandels werden in den Weltregionen unterschiedlich ausfallen. Ein Blick auf die Weltkarte „Sicherheitsrisiken durch Klimawandel“ (Abb. 1) zeigt die zentralen regionalen Brennpunkte, die sich aus der Analyse des WBGU ergeben:

Nordafrika: Politisches Krisenpotenzial und Migrationsdruck steigen durch das Zusammenwirken von zunehmenden Dürren und Wasserknappheit bei hohem Bevölkerungswachstum, Schwächung landwirtschaftlicher Potenziale und geringen politischen Problemlösungskapazitäten. Das bevölkerungsreiche Nildelta wird durch Meeresspiegelanstieg und Versalzung landwirtschaftlicher Gebiete bedroht.

Sahelzone: Klimawandel verursacht zusätzlichen Umweltstress und Gesellschaftskrisen (z.B. Dürren, Ernteausfälle, Trinkwasserknappheit) in einer schon heute durch schwache Staaten (z.B. Somalia, Tschad), Bürgerkriege (z.B. Sudan, Niger) und große Flüchtlingsströme (Sudan: über 690.000 Menschen; Somalia: über 390.000 Menschen) charakterisierten Region.

Südliches Afrika: Klimawandel könnte die wirtschaftlichen Potenziale dieser Region, deren Länder fast alle zu den ärmsten Gesellschaften der Welt

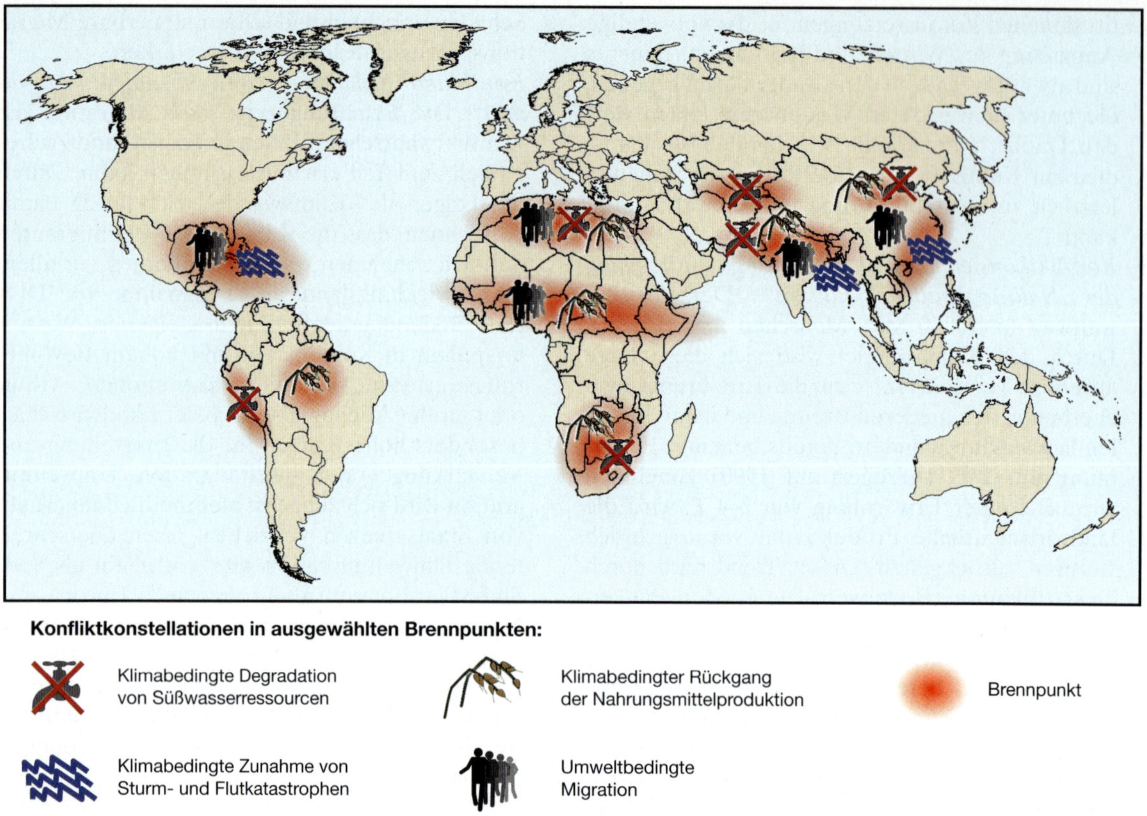

Abbildung 1
Sicherheitsrisiken durch Klimawandel: ausgewählte Brennpunkte. Die Karte zeigt beispielhaft nur jene Regionen, die in diesem Gutachten abgehandelt werden und sich zu Krisenherden entwickeln könnten.
Quelle: WBGU

gehören, weiter schwächen, die Bedingungen für menschliche Sicherheit verschlechtern und die Leistungsfähigkeit der Staaten überfordern.

Zentralasien: Überdurchschnittliche Erwärmung und Gletscherschwund verschärfen Wasser-, Landwirtschafts- und Verteilungsprobleme in einer Region, die bereits durch politische und soziale Spannungen, Erstarkung islamistischer Bewegungen, Bürgerkrieg (Tadschikistan) und Auseinandersetzungen um den Zugang zu Wasser- und Energieressourcen charakterisiert ist.

Indien, Pakistan, Bangladesch: Die Auswirkungen des Klimawandels sind in dieser Weltregion besonders stark: Die Gletscherschmelze im Himalaya gefährdet die Wasserversorgung für Millionen von Menschen, Veränderungen des Monsuns beeinflussen die Landwirtschaft, Meeresspiegelanstieg und Wirbelstürme bedrohen Lebensräume am bevölkerungsreichen Golf von Bengalen. Diese Dynamiken erhöhen das gesellschaftliche Krisenpotenzial in einer Region, die schon heute durch grenzüberschreitende Konflikte (Indien/Pakistan), instabile Regierungen (Bangladesch/Pakistan) und islamistische Bewegungen gekennzeichnet ist.

China: Klimawandel erhöht den bereits existierenden Umweltstress (z.B. Luft- und Gewässerverschmutzung, Bodendegradation) durch Zunahme von Hitzewellen und Dürrephasen, wodurch Desertifikation und Wasserknappheit in Teilen des Landes verstärkt werden. Meeresspiegelanstieg und tropische Wirbelstürme gefährden die wirtschaftlich wichtige und bevölkerungsstarke Ostküste. Die Steuerungskapazitäten der Regierung könnten durch das hohe Modernisierungstempo, Umwelt- und Sozialkrisen sowie Folgen des Klimawandels überfordert werden.

Karibik und Golf von Mexiko: Die Häufung stärkerer Hurrikane könnte die wirtschaftlichen und politischen Problemverarbeitungspotenziale in der Region (insbesondere in Zentralamerika) überstrapazieren.

Andenregion und Amazonien: Die beschleunigte Gletscherschmelze in den Anden verstärkt die Wasserprobleme in der Region. Ein nicht auszuschließender Kollaps des Amazonasregenwalds würde den Naturraum Südamerikas radikal umgestalten, mit unabsehbaren wirtschaftlichen und gesellschaftlichen Folgen.

Instabile Multipolarität als weltpolitischer Rahmen des Klimawandels

Der WBGU geht davon aus, dass insbesondere China und Indien auf Grund ihrer Bevölkerungsgröße und ihrer wirtschaftlichen Dynamik in naher Zukunft an weltpolitischer Bedeutung gewinnen werden. Gleichzeitig ist mit einem relativen Machtverlust der bisherigen alleinigen Supermacht, den Vereinigten Staaten von Amerika, zu rechnen. Der Aufstieg Chinas und Indiens bedeutet eine erhebliche Verschiebung in der Weltordnung, die sich von einer unipolaren in eine multipolare verändern wird. Ein Blick in die Geschichte zeigt, dass Übergänge zwischen unterschiedlichen Weltordnungskonstellationen nur selten friedlich verliefen. Die daraus für die Weltgesellschaft erwachsenden politisch-institutionellen und sozioökonomischen Turbulenzen und Anpassungserfordernisse können eine Vielzahl substanzieller Interessenkonflikte induzieren und eine erhöhte Anfälligkeit auch für die gewaltsame Austragung von Konflikten mit sich bringen. Damit ist nicht gesagt, dass die zu erwartenden weltpolitischen Umbruchprozesse zwangsläufig konfliktiv verlaufen müssen. Sie nehmen aber wertvolle Zeit- und Handlungsressourcen in Anspruch, die dann z.B. für wirksame Klimapolitik nicht mehr zur Verfügung stünden.

In der Weltpolitik der kommenden zwei Jahrzehnte müssen also beide Herausforderungen parallel bewältigt werden: die Machtverschiebungen im internationalen System sowie die globale Wende zu einer wirksamen Klimapolitik. Für beide Herausforderungen ist die Stabilisierung und Weiterentwicklung des multilateralen Systems unabdingbar. Letztlich wird das zukünftige Zusammenspiel alter und neuer weltpolitischer Protagonisten mit ausschlaggebend dafür sein, ob und wie die globalen Herausforderungen und Risiken des 21. Jahrhunderts bearbeitet werden und welche Rolle der „Rest der Welt" dabei spielen kann. Das wird nicht zuletzt am Beispiel der Klimapolitik deutlich: Ohne eine konstruktive Zusammenarbeit der OECD-Länder mit den neuen Treibern des Globalen Wandels wird es nicht gelingen, den Klimawandel so zu begrenzen, dass destabilisierende gesellschaftliche Wirkungen und eine Bedrohung der internationalen Sicherheit ausbleiben.

Sechs Gefährdungen der internationalen Stabilität und Sicherheit

Im Fall eines Scheiterns des Klimaschutzes erwartet der WBGU vor dem Hintergrund des bisherigen Wissens über die gesellschaftlichen Wirkungen des Klimawandels die folgenden wesentlichen Gefährdungen der internationalen Sicherheit und Stabilität:

1. *Mögliche Zunahme der Zahl schwacher und fragiler Staaten als Folge des Klimawandels:* Schwache und fragile Staaten sind nur unzureichend in der Lage, die zentralen staatlichen Kernfunktionen zu gewährleisten, wie insbesondere die Wahrung des Gewaltmonopols. Daher stellen sie schon heute eine große Herausforderung für die internationale Staatengemeinschaft dar. Diese hat bisher jedoch weder den politischen Willen noch die notwendigen finanziellen Ressourcen aufgebracht, um die Stabilisierung dieser Länder nachhaltig zu unterstützen. Zusätzlich würden die Wirkungen eines ungebremsten Klimawandels diese Staaten besonders hart treffen, was ihre Problemverarbeitungskapazitäten weiter einschränken und womöglich endgültig überfordern würde. Zudem können sich Konfliktkonstellationen gegenseitig verstärken, in dem sie sich, z.B. über Umweltmigration, über die betroffene Region hinaus ausweiten, wodurch auch weitere, angrenzende Staaten destabilisiert werden können. Schließlich könnte dies zur Entstehung „scheiternder Subregionen" führen, die durch mehrere gleichzeitig überforderte Staaten gekennzeichnet sind. Die „schwarzen Löcher der Weltpolitik" würden wachsen, in denen Recht und staatliche Ordnung als wesentliche Säulen von Sicherheit und Stabilität zerfallen. Derzeit ist nicht absehbar, dass die internationale Gemeinschaft in der Lage sein könnte, unter verschärften Klimawirkungen einen solchen Erosionsprozess wirksam zu stoppen.
2. *Risiken für die weltwirtschaftliche Entwicklung:* Durch den Klimawandel verändern sich die Voraussetzungen für regionale Produktionsprozesse und Versorgungsstrukturen. Regionale Wasserknappheit beeinträchtigt die Entwicklung in der Bewässerungslandwirtschaft, aber auch in anderen wasserintensiven Sektoren. Dürren und Bodendegradation schränken die landwirtschaftliche Produktion ein. Häufigere Extremereignisse wie Sturmfluten und Überschwemmungen gefährden küstennahe Standorte sowie Infrastruktur für Transport, Versorgung und Produktion. In der Summe kommt es so zu erzwungenen Verlagerungen und Schließungen von Produktionsstätten. Je nach Ausprägung und Intensität der Klimawirkungen ist eine spürbare Beeinträchtigung der Weltwirtschaft plausibel. Bei einem ungebremsten Klimawandel ist mit erheblichen Wachstumseinbußen zu rechnen. Damit verringern sich zunehmend auch die ökonomischen Handlungsspielräume, um sich auf nationaler und internationaler Ebene den drängenden Herausforderungen

im Sinn der Millenniumsentwicklungsziele stellen zu können.

3. *Risiken wachsender Verteilungskonflikte zwischen Hauptverursachern und Hauptbetroffenen:* Der Klimawandel wird vor allem von den Industrie- und Schwellenländern verursacht. Die großen Unterschiede in den Pro-Kopf-Emissionen zwischen Industrieländern sowie Entwicklungs- bzw. Schwellenländern werden zunehmend als „Gerechtigkeitslücke" wahrgenommen, zumal die steigenden Kosten, die durch die Klimawirkungen anfallen, insbesondere Entwicklungsländer belasten. Je höher die Schäden und Anpassungslasten im Süden ausfallen, desto gravierender werden die Verteilungskonflikte zwischen den Verursachern und den Betroffenen des Klimawandels sein. Die vom Klimawandel besonders betroffenen Länder werden auf das Verursacherprinzip verweisen, so dass sich die internationale Kontroverse um ein globales Kompensationsregime zum Klimawandel verschärfen dürfte. Neben den heutigen Industrieländern werden vermutlich auch die großen aufstrebenden Ökonomien mit stark ansteigenden Emissionen, wie vor allem China, aber z.B. auch Indien und Brasilien, zukünftig gegenüber den Entwicklungsländern in Erklärungsnotstand geraten. Eine zentrale Konfliktlinie der Weltpolitik des 21. Jahrhunderts verliefe also nicht mehr nur zwischen Industrie- und Entwicklungsländern, sondern auch zwischen den schnell wachsenden Schwellenländern und den ärmeren Entwicklungsländern. Die Staatengemeinschaft ist auf derartige Verteilungskonflikte gegenwärtig nicht vorbereitet.
4. *Gefährdung der Menschenrechte und der Legitimation der Industrieländer als Global-Governance-Akteure:* Ein ungebremster Klimawandel kann existenzielle Lebensgrundlagen gefährden, zur Aushöhlung menschlicher Sicherheit führen und in diesem Sinn zur Verletzung von Menschenrechten beitragen. Den CO_2-emittierenden Industrieländern und künftig auch Wachstumsstaaten wie China könnte mit dem globalen Temperaturanstieg, wachsenden Erkenntnissen über Klimawirkungen auf Gesellschaften und ungenügenden Klimaschutzanstrengungen zunehmend der Vorwurf gemacht werden, wissentlich, zumindest aber de facto, Menschenrechtsverletzungen zu verursachen. Der internationale Menschenrechtsdiskurs in den Vereinten Nationen dürfte sich künftig also auch um die Bedrohung der Menschenrechte durch die Klimawirkungen drehen. Ein ungebremster Klimawandel könnte daher besonders die Industrieländer in Legitimationskrisen führen und damit ihre internationale Handlungsfähigkeit einschränken.
5. *Induzierung und Verstärkung von Migration:* Migration stellt bereits heute eine große und weitgehend unbewältigte Herausforderung für die internationale Politik dar. Mit dem Klimawandel und den damit verbundenen gesellschaftlichen Folgen dürfte die Zahl der betroffenen Menschen erheblich steigen und die Zahl der Migrationsbrennpunkte auf der Erde zunehmen. Die damit verbundenen Konfliktpotenziale sind groß, zumal im Völkerrecht „Umweltmigranten" bisher nicht vorgesehen sind. Auseinandersetzungen um Kompensationszahlungen und die Finanzierung der Bewältigung von Flüchtlingskrisen werden zunehmen – wobei sich die Industrieländer nach dem Verursacherprinzip ihrer Verantwortung werden stellen müssen. Migration könnte mit ungebremst steigenden globalen Temperaturen zu einem der großen Konfliktfelder der künftigen internationalen Politik werden.
6. *Überforderung klassischer Sicherheitspolitik:* Die zukünftigen gesellschaftlichen Wirkungen eines ungebremsten Klimawandels werden wahrscheinlich weniger zu klassischen zwischenstaatlichen Kriegen führen, sondern vielmehr zu einer Zunahme von Zerfalls- und Destabilisierungsprozessen mit diffusen Konfliktstrukturen und Sicherheitsbedrohungen in politisch und ökonomisch überforderten Staaten und Gesellschaften. Die Ausprägung von Konfliktkonstellationen, scheiterndes Katastrophenmanagement nach Extremwetterereignissen sowie zunehmende Umweltmigration werden ohne die Unterstützung durch polizeiliche und militärische Kapazitäten kaum zu bewältigen sein und bilden somit eine Herausforderung für die klassische Sicherheitspolitik. Dabei wird es auf ein funktionierendes Zusammenspiel von Entwicklungs- und Sicherheitspolitik ankommen, weil zivile Konfliktbearbeitung und Aufbauhilfe auf ein Minimum an Sicherheit angewiesen sind. Zugleich zeigen die wenig erfolgreichen Einsätze technologisch hochgerüsteter Militärverbände zur Stabilisierung und Befriedung schwacher und fragiler Staaten seit den 1990er Jahren, dass die Handlungskapazitäten der klassischen Sicherheitspolitik begrenzt sind. Eine klimainduzierte Zunahme der Anzahl schwacher und fragiler Staaten oder gar eine Destabilisierung ganzer Subregionen würde deshalb die konventionelle Sicherheitspolitik überfordern.

Überforderung des Global-Governance-Systems

Je stärker der Klimawandel ausfällt, desto größer ist die Wahrscheinlichkeit, dass sich in den kommenden Jahrzehnten klimainduzierte Konfliktkonstellationen nicht nur auf einzelne Länder oder Subregionen auswirken, sondern auch auf das Global-Governance-System insgesamt. Diesen neuen globalen Risikopotenzialen kann nur durch Politiken zur Gestaltung des Globalen Wandels begegnet werden. Jede der skizzierten sechs Gefährdungen für die internationale Stabilität und Sicherheit ist bereits für sich genommen schwierig zu bewältigen. Die Wechselwirkungen zwischen diesen Gefährdungen potenzieren die Herausforderungen für die internationale Politik. Es ist nur schwer vorstellbar, dass in den kommenden Jahren ein Global-Governance-System entstehen könnte, das dazu in der Lage wäre, den herausgearbeiteten Konfliktkonstellationen wirksam zu begegnen. Ein ungebremster Klimawandel dürfte das angesichts der Globalisierungsprozesse ohnehin unterentwickelte Global-Governance-System überfordern.

Da die klimainduzierten Sicherheitsrisiken des 21. Jahrhunderts eine eigene Charakteristik aufweisen, werden sie durch klassische militärische Interventionen kaum zu reduzieren sein. Eine kluge Global-Governance-Strategie zur Vermeidung dieser neuen Sicherheitskrisen bestünde vielmehr zunächst in einer wirksamen Klimapolitik – diese wird in den kommenden Jahrzehnten zu einer zentralen präventiven Sicherheitspolitik. Je weiter der Klimawandel voranschreitet, desto wichtiger werden auch Anpassungsstrategien in den betroffenen Ländern, die von der internationalen Entwicklungspolitik unterstützt werden müssen. Auf internationaler Ebene wird es um weltweite Diplomatie zur Einhegung klimainduzierter Konflikte, die Entwicklung von Kompensationsmechanismen für die Betroffenen des Klimawandels, globale Flüchtlingspolitik und Stabilisierungsmaßnahmen für die Weltwirtschaft gehen. Die Chancen für den Aufbau einer funktionsfähigen Global-Governance-Architektur werden dabei mit dem globalen Temperaturanstieg sinken, so dass folgendes Problem sichtbar wird: Der Klimawandel ist nur durch internationale Kooperation wirksam zu bekämpfen, während aber mit fortschreitendem Klimawandel die Grundlagen für einen konstruktiven Multilateralismus schwinden. Der Klimawandel stellt also eine Herausforderung für die internationale Sicherheit dar, aber die klassische, militärgestützte Sicherheitspolitik wird kaum Beiträge zur Lösung drohender Klimakrisen leisten können.

Handlungsempfehlungen

Noch steht die Übersetzung des Klimawandels in Konfliktkonstellationen und gesellschaftliche Krisen ganz am Anfang. Die bisherige globale Temperaturerhöhung beträgt ca. 0,8 °C im Vergleich zum vorindustriellen Niveau. Ohne verstärkten Klimaschutz muss bis Ende des 21. Jahrhunderts mit einer globalen Temperaturerhöhung zwischen 2 und 7 °C gegenüber dem vorindustriellen Niveau gerechnet werden, abhängig von der Menge an emittierten Treibhausgasen und den Unsicherheiten im Klimasystem. Aus Sicht des WBGU wird Klimapolitik damit zu präventiver Sicherheitspolitik, denn wenn durch eine erfolgreiche Klimapolitik der globale Temperaturanstieg auf weniger als 2 °C über dem vorindustriellen Niveau begrenzt werden kann, würde eine klimainduzierte Gefährdung der internationalen Sicherheit wahrscheinlich abgewendet. Dagegen erwartet der WBGU im Fall des Scheiterns der Klimaschutzbemühungen etwa ab 2025–2040 klimainduzierte Sicherheitsrisiken in den Weltregionen. Die besondere Herausforderung besteht darin, dass die Klimapolitik bereits in den nächsten 10–15 Jahren entschieden handeln muss, um sozioökonomische Verwerfungen und Folgen für die internationale Sicherheit zu vermeiden, die in den dann kommenden Jahrzehnten an Schärfe gewinnen würden.

Förderung eines kooperativen Umfelds für die multipolare Weltordnung

Initiative 1: Weltpolitischen Wandel mitgestalten

Um die Akzeptanz und vor allem die konstruktive Partizipation der aufstrebenden neuen Führungsmächte China und Indien zu sichern, ist eine multilaterale Ordnung erforderlich, die weltweit als fair empfunden werden kann. Deutschland kann dabei als Vorreiter agieren, indem es innerhalb der EU wichtige und notwendige Überzeugungsarbeit leistet und sich international für vertrauensbildende Maßnahmen einsetzt. Denkbar wäre beispielsweise, einen am Vorbild der Konferenz für Sicherheit und Zusammenarbeit in Europa orientierten, themenspezifischen Prozess anzustoßen und im Sinn weltweiter Vertrauensbildung zu institutionalisieren.

Deutschland und die EU sollten wesentlich stärker als bisher in eine kohärente und zukunftsgerichtete gemeinsame Außen- und Sicherheitspolitik investieren und nationale Egoismen zurückstellen. Es ist zu prüfen, ob die Einberufung einer Weltkonferenz zu den Implikationen der erwarteten weltpolitischen Verschiebungen helfen könnte, ein positives Kooperationsklima zu fördern. Die diffuse Unsicherheit gegenüber dem geopolitischen Wandel ließe sich dann möglicherweise in konstruktiver Weise kanalisieren. Ziel wäre, eine positive Aufbruchstimmung zu erzeugen, die die Chancen der sich abzeichnenden Veränderungen hervorhebt und konkretisiert.

Klimapolitik und Energiepolitik bieten ideale Betätigungsfelder für eine europäisch geprägte globale Vorreiterpolitik. Verstärkte Bemühungen um eine entschlossene, faire und zielgerichtete internationale Zusammenarbeit in den Bereichen Klimaschutz und Armutsbekämpfung würden zudem eine Festigung multilateraler Institutionen insgesamt fördern und somit auch einen Beitrag zur friedlichen Entwicklung der Welt leisten.

Initiative 2: Vereinte Nationen reformieren

Mit der zu erwartenden zunehmenden Bedeutung auch umweltinduzierter Konflikte und den daraus resultierenden Sicherheitsfragen stellt sich die Frage, welche Rolle die Vereinten Nationen und ihre verschiedenen Organe bei der Bewältigung der damit verbundenen Probleme spielen sollen. Grundsätzlich plädiert der WBGU dafür, die Anstrengungen der relevanten Organisationen und Programme unter dem Dach der Vereinten Nationen besser zu koordinieren und im Sinn präventiver Maßnahmen deutlich zu stärken.

Rolle und Aufgaben des UN-Sicherheitsrats reflektieren
Die Wirkungen ungebremsten Klimawandels, schwerwiegender Umweltdegradation und umweltinduzierter Konflikte können nach Ansicht des WBGU als Bedrohung der internationalen Sicherheit und des Weltfriedens interpretiert werden. Somit ist davon auszugehen, dass der Sicherheitsrat auch in Fällen erheblicher Zerstörung natürlicher Umweltgüter und schwerwiegender Verletzungen des Umweltvölkerrechts handlungsberechtigt ist und entsprechende Zwangsmaßnahmen gegen die verantwortlichen Staaten anordnen kann. Nachdem sich der UN-Sicherheitsrat im April 2007 erstmals ausführlich mit den sicherheitspolitischen Konsequenzen des Klimawandels befasst hat, stellt sich die Frage, ob und wie eine entsprechende Mandatsanpassung des Sicherheitsrats konkret aussehen sollte. Es bietet sich dabei an, auf das Konzept der „Responsibility to Protect" zurückzugreifen, mit dem die Vereinten Nationen eine hohe moralische Autorität beanspruchen. Konkret daraus erwachsende Aufgaben könnten möglicherweise vom Sicherheitsrat an die 2005 neu eingerichtete Kommission für Friedenskonsolidierung überwiesen werden.

Das UN-Umweltprogramm aufwerten
Der WBGU bekräftigt seine Empfehlung, das Umweltprogramm der Vereinten Nationen (UNEP) zu stärken und zu einer UN-Sonderorganisation aufzuwerten. Bis dahin sollten UNEP und die Environmental Management Group von den Mitgliedsstaaten aktiv darin unterstützt werden, die zahlreichen Institutionen der internationalen Umweltpolitik besser zu koordinieren und Umweltthemen enger mit den ökonomischen und sozialen Arbeitsbereichen der Vereinten Nationen zu verknüpfen. Dazu sollte UNEP auch eine ausreichende mittel- und langfristige Finanzierung garantiert werden.

Entwicklungspolitische Kapazitäten der Vereinten Nationen stärken
Der WBGU plädiert erneut dafür, langfristig die Schaffung eines hochrangig im UN-System angesiedelten Rats für Globale Entwicklung und Umwelt anzustreben, der im Idealfall aus einer Reform des weitgehend wirkungslosen Wirtschafts- und Sozialrats (ECOSOC) hervorgehen könnte. Kurzfristig empfiehlt der WBGU, sich an den pragmatischen Vorschlägen des High-Level Panel on System-wide Coherence zu orientieren und dem ECOSOC ein Sustainable Development Board zur Seite zu stellen. Dieses sollte durch Beteiligung auf Ebene der Staats- und Regierungschefs starkes politisches Gewicht erhalten, gemeinsame Aufsicht über einschlägige UN-Programme führen und damit die Fragmentierung des UN-Entwicklungssystems eindämmen.

Klimapolitik als Sicherheitspolitik I: Prävention durch Vermeidung gefährlichen Klimawandels

Der WBGU hat in verschiedenen Gutachten und Politikpapieren Empfehlungen gegeben, wie eine wirksame Klimaschutzpolitik konkret ausgestaltet werden kann. Daher umreißen die folgenden Initiativen lediglich stichwortartig aktuelle und wichtige Handlungsfelder für den Klimaschutz.

Initiative 3: Internationale Klimapolitik ehrgeizig weiterentwickeln

2 °C-Leitplanke international festschreiben
Konkrete internationale und langfristig ausgerichtete Zielvorgaben erhöhen die Chance einer erfolgreichen Klimapolitik, die weltweit den Technologie- und Bewusstseinswandel induziert, der notwendig ist, um die Stabilisierung der Treibhausgaskonzentration in der Atmosphäre auf einem Niveau zu erreichen, auf dem eine gefährliche anthropogene Störung des Klimasystems verhindert wird. Auf internationaler Ebene muss daher ein Konsens über die Quantifizierung dieses in Art. 2 UNFCCC festgehaltenen Ziels hergestellt werden. Der WBGU schlägt hierzu die internationale Festschreibung einer globalen Temperaturleitplanke von 2 °C über dem vorindustriellen

Niveau vor. Dazu ist eine Halbierung der weltweiten Treibhausgasemissionen bis zum Jahr 2050 (verglichen mit dem Jahr 1990) notwendig.

KIOTO-PROTOKOLL AN LANGFRISTIGER PERSPEKTIVE AUSRICHTEN

Die unter Art. 9 UNFCCC geregelte Überprüfung des Kioto-Protokolls sollte für eine ehrgeizige Weiterentwicklung des Protokolls und der Mechanismen seiner Erfüllungskontrolle genutzt werden. Nach Ansicht des WBGU ist eine weltweite Zuordnung gleicher Emissionsrechte pro Kopf der Verteilungsschlüssel, den es langfristig anzustreben gilt. Auf dem Weg dorthin sollten sich letztlich alle Länder beteiligen. Die Industrieländer sollten für die zweite Verpflichtungsperiode des Kioto-Protokolls ehrgeizige Ziele in der Größenordnung von 30 % effektiver Treibhausgasemissionsreduktion bis 2020 gegenüber 1990 übernehmen. Um auch Schwellen- und Entwicklungsländer stärker in den Klimaschutz einzubinden, empfiehlt der Beirat eine flexible Gestaltung der Verpflichtungen und eine deutliche Differenzierung innerhalb dieser Ländergruppe.

NATÜRLICHE KOHLENSTOFFVORRÄTE SCHÜTZEN

Die Erhaltung der Kohlenstoffvorräte terrestrischer Ökosysteme sollte neben der Minderung der Treibhausgasemissionen aus der Nutzung fossiler Brennstoffe ein vorrangiges Ziel künftiger Klimaschutzpolitik sein. Insbesondere der Tropenwaldschutz sollte einen hohen Stellenwert erhalten.

Initiative 4: Energiewende in der EU umsetzen

VORREITERROLLE DER EU STÄRKEN

Um ein glaubwürdiger Partner bei den Klimaverhandlungen zu sein, sollte die Europäische Union ihre Kioto-Verpflichtungen erfüllen und sich weitergehende, ambitionierte Reduktionsziele setzen. Der WBGU hält bis 2020 eine Reduktion der Treibhausgasemissionen um 30 % gegenüber 1990 und bis 2050 um 80 % für angemessene Ziele.

ENERGIESTRATEGIE NACHBESSERN UND UMSETZEN

Die von der EU-Kommission im Januar 2007 vorgestellte Energiestrategie weist aus Sicht des WBGU prinzipiell in die richtige Richtung und sollte in ihren Grundelementen von den Mitgliedsstaaten beschlossen und konsequent umgesetzt werden. Wesentlich hierfür sind Konkretisierungen durch verbindliche Zielvorgaben, Grenzwerte und Zeitpläne. Der WBGU sieht jedoch Nachbesserungsbedarf bei bestimmten Ausbauzielen sowie bei einzelnen Technologieoptionen. Insgesamt sollte eine stärkere Ausrichtung an Nachhaltigkeitskriterien erfolgen, wie sie der WBGU in seinem Energiegutachten dargelegt hat.

EFFIZIENZREVOLUTION ANSTOSSEN

Die Vorschläge des EU-Aktionsplans für Energieeffizienz sowie bestehende Richtlinien und Verordnungen bieten eine gute Basis für die notwendige Steigerung der Energieeffizienz. Das in diesem Aktionsplan genannte und vom Europäischen Rat unterstützte Einsparpotenzial von 20 % bis 2020 sollte durch bindende europäische Regelungen, ambitionierte nationale Zielformulierungen und die konsequente Durchsetzung bestehender Regelungen deutlich erhöht werden. Dies betrifft insbesondere Gebäude-, PKW- und Produktstandards. Hier sollten dynamische Standards gesetzt werden, die schrittweise zu einer Absenkung des Energieeinsatzes bzw. der Emissionen führen und so auch langfristige Ziele für die Technologieentwicklung festschreiben.

ERNEUERBARE ENERGIEN AUSBAUEN

Der WBGU schlägt vor, über die in der Energiestrategie vorgeschlagenen und vom Europäischen Rat bekräftigten Ziele hinaus bis 2020 den Anteil erneuerbarer Energien an der Stromerzeugung bei 40 % und den Anteil an der Primärenergie bei 25 % verbindlich zu vereinbaren. Allerdings darf der Ausbau z. B. bei Bioenergie oder Wasserkraft nicht zu Lasten anderer Nachhaltigkeitsdimensionen gehen. Voraussetzungen für die effiziente Integration der erneuerbaren Energien sind der ungehinderte Zugang zu den (nationalen) Netzen und der Zusammenschluss zu einem leistungsfähigen transeuropäischen Netz.

Initiative 5: Vermeidungsstrategien partnerschaftlich entwickeln

KLIMASCHUTZ ALS QUERSCHNITTSTHEMA IN DER ENTWICKLUNGSZUSAMMENARBEIT VERANKERN

In der Entwicklungszusammenarbeit sollten Pfadabhängigkeiten von emissionsintensiven Technologien vermieden und der Förderung nachhaltiger Energiesysteme zur Überwindung der Energiearmut ein hoher Stellenwert eingeräumt werden. Dazu muss der Klimaschutz bereits bei der Formulierung von Armutsbekämpfungsstrategien als Querschnittsthema verankert werden. Ein weiteres wichtiges Handlungsfeld für Klimaschutz in Entwicklungsländern ist die Vermeidung von Emissionen aus Landnutzungsänderungen, insbesondere durch Entwaldung. Innerhalb des BMZ, der GTZ und der KfW sowie auch im Rahmen der Geberkoordinierung innerhalb der Europäischen Union sollte die Integration von Armutsbekämpfungs- und Klimaschutzstrategien systematischer und deutlich konsequenter erfolgen als bisher.

Dekarbonisierungspartnerschaften mit Schwellenländern vereinbaren

Deutschland und die EU sollten mit den Schwellenländern strategische Dekarbonisierungspartnerschaften eingehen, die im Energiebereich absehbar eine wichtige globale Rolle spielen werden. Ziel sollte die Förderung von Energiesystemen und Energieeffizienz im Sinn nachhaltiger Entwicklung sein, so dass daraus Innovations- und Vorbildwirkungen mit globaler Reichweite entstehen können. Insbesondere China und Indien bieten sich in diesem Bereich als Partner an.

Innovationspakt der G8+5 beschliessen

Das Forum der G8+5 sollte für eine gemeinsame Zielentwicklung im Bereich der Förderung klimaschonender Technologien und Produkte genutzt werden. Diese Gruppe der wichtigsten Industrie- und Schwellenländer vereint weltpolitisches Gewicht und rund zwei Drittel der globalen Treibhausgasemissionen. Mit der Zusammenführung nationaler „Road Maps zum Umbau der Energiesysteme" in Richtung Klimaschutz zu einem strategischen „Road Atlas zur Dekarbonisierung der Energiesysteme" sowie der Vereinbarung gemeinsamer Eckwerte für Effizienz und CO_2-Emissionsstandards und umfangreicher Technologiekooperationen kann diese Staatengruppe zum Treiber einer globalen Energiewende werden.

Klimapolitik als Sicherheitspolitik II: Prävention durch Anpassung an den Klimawandel

Initiative 6: Anpassungsstrategien für Entwicklungsländer unterstützen

Der Klimawandel wird Entwicklungsländer besonders treffen. Rechtzeitige Anpassungsmaßnahmen sollten daher ein unverzichtbarer Bestandteil der jeweiligen nationalen Politiken sein. Den meisten Entwicklungsländern fehlt es aber an Fähigkeiten und Kapazitäten, wirksame Anpassungsmaßnahmen umzusetzen. Zudem werden die Auswirkungen des Klimawandels die Anfälligkeit fragiler Staaten verstärken und somit deren Anpassungsfähigkeit weiter mindern. In vielen deutschen und internationalen entwicklungspolitischen Institutionen sind diese Einsichten noch nicht vollständig angekommen.

Wassermanagement an Klimawandel anpassen und Wasserkrisen vermeiden

- *Internationale Kooperationen zur Informationsbereitstellung fördern:* Um das Wassermanagement an die Auswirkungen des Klimawandels anzupassen, müssen Ergebnisse aus Regionalmodellen einbezogen werden, die den Klimawandel berücksichtigen. Für Entwicklungsländer sind internationale Kooperationen unerlässlich, um ihnen den Zugang zu aktuellen wissenschaftlichen Erkenntnissen über die regionalen Auswirkungen des Klimawandels auf die Wasserverfügbarkeit zu erleichtern. Es sollte geprüft werden, inwieweit hierfür von der Weltgemeinschaft eine allgemein zugängliche Datenbank erarbeitet und gepflegt werden kann. Um Konflikte um Wasser zu vermeiden, sollten im Kontext internationaler Gewässer Kooperationen im Sinn eines grenzüberschreitenden Wassermanagements gefördert werden.
- *Wassermanagement auf „Handeln unter erhöhter Unsicherheit" ausrichten:* Um sinnvoll zu handeln, muss vielfach nicht auf die Entwicklung geeigneter Modelle gewartet werden. Maßnahmen, die die Anpassung an die bestehende Klimavariabilität verbessern, sind häufig auch für die Anpassung an künftige Klimawirkungen geeignet. Dies betrifft insbesondere Maßnahmen zur Verbesserung der Effizienz der Wassernutzung, der lokalen Speicherkapazität für Wasser, von Systemen zur Verteilung des gespeicherten Wassers sowie des Nachfragemanagements. Das integrierte Wasserressourcenmanagement bietet hierfür einen geeigneten Rahmen.

Agrarsektor auf Klimawandel einstellen

- *Entwicklung der ländlichen Räume stärken und neu ausrichten:* Der Klimawandel muss in den Szenarien der FAO stärker berücksichtigt werden. Gleichzeitig sollte das Augenmerk der Entwicklungszusammenarbeit angesichts der zu erwartenden Produktionsrückgänge stärker auf die Entwicklung des ländlichen Raums gerichtet werden. Allerdings reicht es nicht, mehr Ressourcen in die Stärkung des landwirtschaftlichen Sektors zu investieren. Vielmehr sollten vor dem Hintergrund des Klimawandels die Agrarentwicklungsstrategien qualitativ neu ausgerichtet werden.
- *Weltagrarmärkte reformieren:* Die Reform der Weltagrarmärkte sollte beherzt angegangen werden, damit sich Marktzugangsmöglichkeiten und Produktionsanreize in den Entwicklungsländern entfalten können. Allerdings führt die Liberalisierung zu Preissteigerungen, die denjenigen Niedrigeinkommensländern erheblich schaden können, die Nettoimporteure von Nahrungsmitteln

sind. Darum ist es umso wichtiger, dass für diese Länder Kompensationsmechanismen eingerichtet werden, wie sie bereits bei der WTO oder den Bretton-Woods-Institutionen angelegt sind. Die Bundesregierung sollte sich dafür einsetzen, dass solchen Kompensationsmechanismen ausreichend Mittel zur Verfügung gestellt werden.

- *Wachsende Importabhängigkeit vieler Entwicklungsländer bei Nahrungsmitteln berücksichtigen:* Mit der Liberalisierung der Agrarmärkte und vorübergehenden Kompensationszahlungen lassen sich die langfristigen Angebots- und Nachfrageprobleme vieler Entwicklungsländer nicht lösen. Es gibt eine Reihe von Entwicklungsländern, die nicht zuletzt aufgrund des Klimawandels mit erheblichen Produktionseinbußen und wachsender Abhängigkeit von Agrarimporten konfrontiert sein werden. Daher sollte sich auch die internationale Klimaschutzpolitik stärker mit diesem Thema beschäftigen. Es ist z.B. zu erwägen, ob die Staaten, die den globalen Klimawandel im Wesentlichen hervorrufen, andere negativ betroffene Staaten für Weltmarktspreissteigerungen und klimawandelbedingte Agrarproduktionsrückgänge entschädigen sollten.

Katastrophenvorsorge stärken

- *Sektorübergreifende Ansätze in der Entwicklungszusammenarbeit entwickeln:* Die Entwicklungszusammenarbeit sollte verstärkt sektorübergreifende Strategien zur Eindämmung von Katastrophenrisiken entwickeln und umsetzen. Dabei sollten insbesondere die Notfallvorsorge, die Anpassung der Landnutzungsplanung, die frühzeitige Klärung von Entscheidungsstrukturen sowie die Integration der Katastrophenvorsorge in Bildungsprogramme berücksichtigt werden. Der Aufbau von Frühwarnsystemen sollte zudem in die Programme der Entwicklungszusammenarbeit eingebettet sein.
- *Katastrophenrisiken stärker in Entwicklungsstrategien einbeziehen:* Die Katastrophenvorsorge sollte bereits bei der Beratung von Poverty Reduction Strategy Papers sowie in den wesentlichen Programmen zur Armutsbekämpfung berücksichtigt werden.
- *Katastrophenvorsorge in Industrieländern überprüfen:* Die Katastrophenvorsorge darf nicht auf die Entwicklungsländer beschränkt bleiben. Auch Industrieländer sind durch Katastrophen verwundbar. Der WBGU empfiehlt die Überprüfung der Instrumente der Katastrophenvorsorge in den Industrieländern, vor allem im Hinblick auf die Herausforderungen des fortschreitenden Klimawandels.

Initiative 7: Fragile und vom Klimawandel zusätzlich bedrohte schwache Staaten stabilisieren

Es ist zu erwarten, dass der durch den Klimawandel zusätzlich erzeugte Problemdruck einer Stabilisierung schwacher und fragiler Staaten im Wege stehen oder sogar eine weitere Destabilisierung nach sich ziehen wird.

Krisenprävention heute kann zu deutlich niedrigeren Kosten geleistet werden als späteres Krisenmanagement. Die Bedeutung der Folgen des Klimawandels für die Größenordnung, Langfristigkeit und Finanzierung möglicher deutscher Beiträge zur Stabilisierung fragiler Staaten sollte stärker als bisher im „Aktionsplan Krisenprävention" berücksichtigt werden. Die Diskussion sollte vor allem im Rahmen der Europäischen Union geführt werden. Der WBGU empfiehlt in diesem Zusammenhang insbesondere eine Operationalisierung der Solana-Strategie im Sinn des „Barcelona-Berichts", der entschieden auf Krisenprävention setzt, um militärisches Eingreifen so weit wie möglich zu vermeiden.

Die Bundesregierung sollte sich daher auch weiterhin aktiv an der Fragile States Group des Development Assistance Committee der OECD beteiligen und dort die Umsetzung und Weiterentwicklung der als „Principles for Good International Engagement in Fragile States and Situations" formulierten Arbeitsprinzipien voranbringen. Insbesondere empfiehlt der WBGU darauf hinzuwirken, dass die sich aus dem Klimawandel ergebenden Umweltveränderungen und Risiken dabei in angemessener Weise berücksichtigt werden. Konkret sollten die in den fragilen Staaten vorhandenen Kapazitäten zum Umgang mit Umweltrisiken auch unter schwierigen politischen und ökonomischen Umständen aufrechterhalten und verstärkt bzw. nötigenfalls neu aufgebaut werden.

Initiative 8: Migration kooperativ steuern und internationales Recht weiterentwickeln

Umfassende internationale migrationspolitische Strategie entwickeln

Für die Bewältigung der umweltinduzierten Migration ist eine umfassende migrationspolitische Strategie erforderlich, welche die Interessen aller Beteiligten berücksichtigt. Die Zielsetzungen müssen dabei langfristig sowohl an den Interessen der Zielländer, als auch der Transit- und Herkunftsländer ausgerichtet sein. Einen primär an der inneren Sicherheit der Industriestaaten orientierten Ansatz, wie er in der aktuellen EU-Politik sichtbar wird, bewertet der WBGU als zu einseitig, reaktiv und bestenfalls kurzfristig wirksam. Präventionsstrategien finden in den zahlreichen bilateralen Rückübernahmeabkommen zwischen Industriestaaten und Herkunftsländern keine Beachtung. Der WBGU empfiehlt, im Rahmen künftiger internationaler Migrationsforen auch die umweltinduzierte Migration in die Erwägungen und entsprechenden Maßnahmenpläne einzubeziehen. Eine Beschränkung auf die Thematik der wirtschaftlich motivierten Migration ist unzureichend. Deutschland und die EU sollten sich in dieser Hinsicht stärker engagieren.

Migrationspolitik in die Entwicklungszusammenarbeit integrieren

Ein ungebremster Klimawandel würde in den ärmsten Entwicklungsländern das Risiko erhöhen, dass Menschen aufgrund des Zusammenbruchs ihrer natürlichen Lebensgrundlagen zum Verlassen der Heimat gezwungen werden. Entwicklungszusammenarbeit kann helfen, die Anpassungskapazitäten der von absoluter Armut betroffenen Menschen zu stärken und so ein Bleiben zu erleichtern. Allerdings sollten Entwicklungsstrategien die absehbaren lokalen Klimaveränderungen stärker berücksichtigen. Es ist davon auszugehen, dass umweltbedingte Migration innerhalb und zwischen betroffenen Staaten künftig zunimmt und sich hier ein neues Aktionsfeld der Entwicklungszusammenarbeit entwickelt. Die Bedeutung einer umfassenden, proaktiven und entwicklungsorientierten Migrationspolitik wird zunehmend auch auf der politischen Ebene gesehen.

Schutz von Umweltmigranten im Völkerrecht verankern

Umweltmigranten entsprechen bisher nicht den gängigen Kategorien des internationalen Flüchtlings- und Migrationsrechts, obwohl eine starke Zunahme umweltbedingter Wanderungsbewegungen zu erwarten ist. Nach geltendem völkerrechtlichen Flüchtlingsrecht gibt es heute weder spezifische Pflichten der Staaten in Bezug auf die Behandlung von Umweltmigranten noch sonstige rechtliche Schutzmechanismen zugunsten der betroffenen Individuen. Im Interesse eines verbesserten rechtlichen Status und Schutzes ist daher zu überlegen, mit welchen Mitteln diese Lücke des internationalen Rechts geschlossen werden kann. Der WBGU empfiehlt, nicht den Weg über ein Zusatzprotokoll zur UN-Flüchtlingskonvention zu gehen, sondern bereits jetzt mit Nachdruck eine bereichsübergreifende multilaterale Konvention für Umweltmigranten anzustreben. Bei Verhandlungen im Hinblick auf den Abschluss entsprechender völkerrechtlicher Verträge sollte der UNHCR so eng wie möglich einbezogen werden. In diesen Verträgen sollte eine Zusammenarbeit des UNHCR mit den im Rahmen der beteiligten Konventionen existierenden Organen institutionalisiert werden. Zudem sollten die bereits begonnenen Bemühungen der Vereinten Nationen zum Schutz von Binnenvertriebenen verstärkt werden.

Initiative 9: Globales Informations- und Frühwarnsystem ausbauen

Sowohl die durch den Klimawandel verursachten schleichenden Veränderungen als auch die voraussichtlich häufiger auftretenden Naturkatastrophen können betroffene Regionen destabilisieren und im Extremfall einen erheblichen Risikofaktor für die nationale und internationale Sicherheit darstellen. Globale Informations- und Frühwarnsysteme können daher einen wichtigen Beitrag zur Abmilderung dieser negativen Folgen sowie zur Konflikt- bzw. Krisenprävention leisten.

Einerseits geht es dabei um zeitnahe Informationen und Warnungen vor Extremereignissen und Krisen. Die Bundesregierung, die sich in diesem Bereich seit Jahren einsetzt, sollte sich weiterhin am Aufbau eines globalen Frühwarnsystems beteiligen. Das System sollte nicht auf einzelne Risiken beschränkt bleiben, sondern umfassend Risiken für die menschliche Sicherheit einbeziehen. Ein solches Frühwarnsystem sollte Auskunft über alle Naturgefahren, epidemische und technologische Risiken geben und dabei auch schleichende Umweltprobleme berücksichtigen.

Andererseits geht es um die Bereitstellung aufbereiteter Daten zu erwartbaren regionalen Klimaveränderungen vor allem für Entwicklungsländer, deren eigene Kapazitäten für die Modellierung und Auswertung solcher Daten nicht ausreichen. Eine solche Datenbank sollte regionale Prognosen und ihre Unsicherheiten für die Nutzer verständlich aufbereitet anbieten.

Für den Aufbau eines globalen Informations- und Frühwarnsystems ist ein Zusammenschluss von Aktivitäten bestehender UN-Institutionen (z.B. WMO, FAO, UNDP, UNEP, UNFCCC) sowie weiterer Foren wie ISDR oder IPCC anzustreben.

Finanzierung der Initiativen sicherstellen

Die Vermeidung umweltinduzierter Sicherheitsrisiken erfordert nicht nur einen entschiedenen politischen Handlungswillen der beteiligten nationalen und internationalen Akteure, sondern auch den Einsatz ausreichender finanzieller Mittel zur Umsetzung der erforderlichen Maßnahmen.

Vermeidung eines gefährlichen Klimawandels

Klimaschutz ist lohnend: Ein effektiver Klimaschutz ist mit geringeren globalen Kosten verbunden als die durch Klimaschäden zu erwartenden Kosten, die bei klimapolitischer Untätigkeit entstünden. Es ist jetzt internationale Koordination erforderlich, um die Lenkung der Finanzmittel in effiziente Vermeidungsmaßnahmen sicherzustellen.

Energiesysteme weltweit umgestalten
Um die notwendige Transformation der Energiesysteme in den Entwicklungsländern anzustoßen, sollten die bestehenden multilateralen Fonds (z.B. Global Environment Facility, Carbon Finance Unit) durch eine bessere und verlässlichere Ausstattung mit Finanzmitteln gestärkt werden. Zusätzliche Einnahmequellen können durch neue Finanzierungsinstrumente erschlossen werden, wie etwa die Einführung emissionsabhängiger Nutzungsentgelte für den Luft- und Seeverkehr, sofern diese Emissionen nicht bereits durch andere Regulierungen erfasst sind. Auf längere Sicht könnten auch über ein internationales System handelbarer Quoten für erneuerbare Energien Einnahmen generiert werden. Zudem können durch die Umschichtung bestehender Etats Finanzmittel mobilisiert werden, indem Subventionen für fossile Energieträger stufenweise zurückgeführt und in die Förderung und weltweite Anwendung erneuerbarer Energien umgelenkt werden.

Terrestrische Kohlenstoffspeicher schützen
Der Schutz terrestrischer Kohlenstoffspeicher, besonders der tropischen Wälder, sollte einen weiteren Finanzierungsschwerpunkt bilden. Entwicklungsländer beherbergen einen großen Teil dieses Waldbestands, der jedoch durch Übernutzung und Rodung bedroht ist. Die Industrieländer sollten den Erhalt dieser Wälder aktiv fördern. Der UNFCCC-Prozess zur Reduzierung von Entwaldung in Entwicklungsländern bietet hierfür einen guten Ansatzpunkt und sollte zügig vorangetrieben werden. Insbesondere sollten die Annex-I-Staaten unter dem UNFCCC-Regime Anreize zum Verzicht auf Entwaldung in Form finanzieller Kompensationen für entgangene Erträge aus alternativen Landnutzungen setzen.

Anpassung an unvermeidlichen Klimawandel

Entwicklungsländer tragen zwar in der Regel nur wenig zum anthropogenen Klimawandel bei, müssen aber dennoch umfangreiche Anpassungsmaßnahmen treffen, die sie wegen Kapitalarmut oft nicht finanzieren können. Daher sollten Anpassungsmaßnahmen in diesen Ländern von internationaler Seite mitfinanziert werden.

Öffentliche Entwicklungsfinanzierung aufstocken
Die Mittel der öffentlichen Entwicklungszusammenarbeit verfehlen weiterhin das 0,7 %-Ziel der Vereinten Nationen. Im Mai 2005 haben die Entwicklungsministerinnen und -minister der Europäischen Union beschlossen, die Entwicklungsleistungen bis 2010 auf 0,56 % und bis 2015 auf 0,7 % des Bruttonationaleinkommens der Geberländer zu steigern. Dieser Fahrplan sollte unbedingt eingehalten werden.

UNFCCC-Anpassungsstrategie entwickeln
Der WBGU empfiehlt, eine Gesamtstrategie zur Förderung der Anpassung in den Entwicklungs- und Schwellenländern zu entwickeln. Die bisher innerhalb der UNFCCC und dem Kioto-Protokoll eingerichteten Fonds werden den genannten Anforderungen bisher weder vom Umfang noch von der institutionellen Ausgestaltung her gerecht. Die Finanzierungsbeiträge einzelner Staaten für eine derartige Strategie sollten sich an ihrem Beitrag zur globalen Erwärmung und ihrer ökonomischen Leistungsfähigkeit ausrichten. Kurzfristig sollten der Least Developed Countries Fund sowie das „Anpassungsfenster" des Special Climate Change Fund aufgestockt werden.

Mikrofinanzinstrumente stärken
Mikrofinanzinstitutionen und -instrumente (z.B. Mikrokredite oder Mikroversicherungen) sollten mit Mitteln der internationalen Entwicklungszusammenarbeit ausgebaut werden. Trotz der großen Hoffnungen, die z.B. in Mikroversicherungen als Instrument zur Absicherung gegen wetterbedingte Naturkatastrophen gesetzt werden, können Mikrofinanzierungen internationale finanzielle Hilfe nicht ersetzen, sondern bestenfalls ergänzen.

Umweltmigrationsfonds einrichten
Ein neu zu schaffender internationaler Umweltmigrationsfonds sollte die finanzielle Grundlage für Maßnahmen zum Umgang mit Umweltmigranten sichern. Als Plattform bietet sich der 2001 durch die Internationale Organisation für Migration ins Leben gerufene International Dialogue on Migration an. Ein fairer und effizienter Lastenausgleich zwischen von Umweltmigration betroffenen und nicht betroffenen Ländern sollte dem bereits beschriebenen Verursacherprinzip und dem Leistungsfähigkeitsprinzip genügen, indem er die Fondsbeiträge an das Ausmaß der länderspezifischen Treibhausgasemissionen und weitere Indikatoren wie etwa das BIP knüpft.

Finanzierung internationaler Konfliktprävention

Finanzierung von Krisenprävention, Entwicklungszusammenarbeit und Militärausgaben im Zusammenhang sehen

Aufgrund der deutlichen inhaltlichen Überlappungen zwischen ziviler Krisenprävention und Entwicklungszusammenarbeit hält der WBGU ein zusätzliches Finanzierungsziel zur Krisenprävention nicht für sinnvoll. Vielmehr sollte die volle politische Aufmerksamkeit darauf gerichtet werden, den vorliegenden Fahrplan zur Steigerung der Mittel für die öffentliche Entwicklungszusammenarbeit einzuhalten. Der WBGU regt an, die Ausgaben im Sicherheitssektor vor allem im Hinblick auf ihre Effektivität für die internationale Friedenssicherung kritisch zu überprüfen und anzupassen. Die Bundesregierung sollte hierzu internationale Diskussions- und Verhandlungsprozesse in der EU, der NATO und darüber hinaus vorantreiben. Die Militärhaushalte sollten deutlich zugunsten präventiver Maßnahmen der Entwicklungszusammenarbeit umgeschichtet werden. Bei einer Umstrukturierung militärischer Ausgaben hin zu einer präventiven Sicherheitspolitik sollte der Finanzbedarf für „klassische" Militärausgaben zurückgehen.

Finanzierungsinstitutionen im UN-System stärken

Die Finanzierungsmechanismen der internationalen Regime zur Krisenprävention und Friedenskonsolidierung auf UN-Ebene hält der WBGU für unterfinanziert. Die Bundesregierung sollte den Central Emergency Response Fund durch angemessene Zahlungen unterstützen und sich für ein verbindliches Finanzierungsschema des Fonds einsetzen. Auch sollte sie weiterhin aktiv an der Finanzierung des Ständigen Fonds für Friedenskonsolidierung mitwirken und darüber hinaus Regelungen für gesicherte Fondseinzahlungen in der Zukunft anstreben.

Wenn der Klimaschutz scheitert: Strategien im Fall von Destabilisierung und Konflikt

Wenn der Klimaschutz scheitert und die 2 °C-Leitplanke nicht eingehalten wird, muss sich die internationale Politik schrittweise auf klimabedingte Konflikte vorbereiten, wie sie beispielhaft in den beschriebenen Konfliktkonstellationen entwickelt wurden. In jedem Fall müsste eine engagierte Klimaschutzpolitik zur Vermeidung von Treibhausgasemissionen weitergeführt werden, damit die globale Erwärmung die Klimaschutzleitplanke möglichst wenig überschreitet. Wegen der zu erwartenden hohen Kosten für Vermeidung und Anpassung müsste die Wirtschaftspolitik außerdem Strategien zur Vermeidung einer durch den Klimawandel herbeigeführten Destabilisierung der Weltwirtschaft entwickeln. In der Entwicklungspolitik würde der Bedarf zur Bearbeitung von Wasser- und Nahrungsmittelkrisen sowie von Sturm- und Flutkatastrophen erheblich anwachsen. Angesichts der steigenden Zahl schwacher und fragiler Staaten sowie eines immer stärker degradierten Naturraums wäre die Entwicklungszusammenarbeit zunehmend gefordert, Rückschritte in der menschlichen Entwicklung zu verhindern, statt wie bisher Fortschritte zu erreichen.

Die weltweit zunehmende Migration – sowohl innerhalb von Entwicklungsregionen als auch zwischen Nord und Süd – würde erhebliche politische und wirtschaftliche Kapazitäten absorbieren. Insgesamt wäre mit schwerwiegenden Verwerfungen in den internationalen Beziehungen zu rechnen, nicht zuletzt im Kontext des Nord-Süd-Konflikts. Um einer Destabilisierung und Eskalation von Konflikten vorzubeugen, müssten die Krisenmanagementpotenziale der global tonangebenden Mächte gebündelt, das multilaterale Institutionengefüge gestärkt sowie erhebliche zusätzliche Mittel mobilisiert werden. Im Fall einer gescheiterten Klimaschutzpolitik wäre ohne diese Anstrengungen ab Mitte des Jahrhunderts voraussichtlich mit einer starken Proliferation lokaler und regionaler Konflikte, einer Destabilisierung des internationalen Systems, einer Gefährdung der weltwirtschaftlichen Entwicklung und der völligen Überforderung der Global-Governance-Strukturen zu rechnen. Um diese gefährlichen Entwicklungen zu vermeiden, müssen die klimapolitischen Weichen jetzt gestellt werden.

1 Einleitung

Es kommt nicht darauf an, die Zukunft vorherzusagen, sondern auf die Zukunft vorbereitet zu sein
PERIKLES, GRIECHISCHER STAATSMANN, 493–429 V. CHR.

Der Klimawandel vollzieht sich rasant. Ohne entschiedenes Gegensteuern ist bis zum Jahr 2100 mit einem globalen Temperaturanstieg von 2–7 °C gegenüber dem vorindustriellem Niveau zu rechnen. Dadurch werden Wetterextreme wie Starkregen, Dürren, Hitzewellen und schwere Stürme zunehmen. Zudem besteht die Gefahr, dass sich tropische Wirbelstürme verstärken und auch immer häufiger in außertropischen Regionen auftreten. Gleichzeitig steigt der Meeresspiegel weiter an. Diese direkten Wirkungen des Klimawandels werden zukünftig weltweit tiefgreifende Auswirkungen auf Gesellschaften und das Leben der Menschen haben. Bei ungebremstem Klimawandel ist in der Landwirtschaft in vielen Weltregionen, insbesondere in Afrika und in Südasien, mit signifikanten Ertragseinbußen und infolgedessen einer Zunahme von Armut zu rechnen; Dürren werden weltweit für viele Millionen Menschen den Zugang zu sauberem Trinkwasser erschweren; Extremwetterereignisse werden weiter an Zerstörungskraft gewinnen und könnten, z.B. in Zentralamerika, aber auch den Ostküsten Chinas und Indiens, Regierungen und Gesellschaften vor schwierige Anpassungsprobleme stellen. Viele bereits heute schwache und fragile Staaten werden mit zusätzlichem „Umweltstress" konfrontiert sein. Die umfassende Veränderung von Naturräumen wird die Existenzgrundlagen der Menschen in den besonders betroffenen Weltregionen gefährden und zu Migration führen. Das vorliegende Gutachten beschäftigt sich mit der Frage, ob die sich abzeichnenden Entwicklungstrends zukünftig zur Destabilisierung von Gesellschaften, von Regionen oder sogar des internationalen Systems beitragen.

In der Politik werden Umweltzerstörung und der Klimawandel zunehmend als Herausforderung für die internationale Politik und Sicherheit wahrgenommen:

- In Deutschland steht das Thema hoch auf der Agenda: Bundeskanzlerin Merkel betonte in einer sicherheitspolitischen Rede: „Wir haben verheerende Regionalkonflikte, drückende Armutsprobleme, insbesondere auf unserem Nachbarkontinent Afrika, Migrantenströme. Wir wissen, dass auch die Verteilungskonflikte um immer knapper werdende Ressourcen, auch Umweltprobleme zu immer größeren Unruhen und zu Gewalt führen können. Dabei geht es um Öl und Gas, um Klimaveränderungen, um Trinkwasser. All das sind Ursachen von Konflikten mit sehr hohem Gewaltpotenzial" (Rede von Bundeskanzlerin Angela Merkel anlässlich der Tagung „Impulse 21 – Berliner Forum Sicherheitspolitik", 10.11.2006).
- Der ehemalige UN-Generalsekretär Kofi Annan nannte den Klimawandel eine Bedrohung für „Sicherheit und Frieden". Die internationale Gemeinschaft, so Annan, müsse dem Klimawandel genauso viel Beachtung schenken wie der Vermeidung von Kriegen und dem Kampf gegen Massenvernichtungswaffen (Rede vom 15.11.2006 zu Beginn der 12. Vertragsstaatenkonferenz der UNFCCC in Nairobi).
- Im April 2007 befasste sich auf britische Initiative der UN-Sicherheitsrat erstmals ausführlich mit dem Klimawandel. In ihrer Rede verglich die britische Außenministerin Beckett den sich abzeichnenden Klimawandel mit der heraufziehenden Kriegsgefahr vor 1939. „Ein instabiles Klima wird einige der Hauptmotoren von Konflikten verschärfen – etwa den Druck durch Flüchtlingsströme oder den Wettlauf um Rohstoffe", sagte Beckett. Um für internationalen Frieden und Sicherheit zu sorgen, müsse das UN-Gremium auch den Klimawandel berücksichtigen, erklärte die Außenministerin weiter (UK Foreign & Commonwealth Office, 2007).
- Ranghohe Ex-Generäle der USA veröffentlichten im April 2007 eine Studie, in der der Klimawandel als ernste Gefahr für die Sicherheit der USA bezeichnet wird, der insbesondere in instabilen Regionen Extremismus und Terrorismus fördern wird (CNA Corporation, 2007).

Welche Sicherheitsrisiken stecken im Klimawandel?

Die Frage, ob Umweltveränderungen tatsächlich die internationale Stabilität und Sicherheit bedrohen, steht also bereits auf der internationalen politischen Agenda. Der WBGU fasst mit dem vorliegenden Gutachten den derzeitigen Stand des Wissens zusammen, indem er die Erkenntnisse der Konflikt- und Kriegsursachenforschung, und die bisherigen Erfahrungen mit Konflikten als Folge von Umweltdegradation auswertet sowie die Wirkungen des Klimawandels auf Mensch und Gesellschaft skizziert. Der WBGU fragt, ob die sich abzeichnenden Formen des Umweltwandels in Destabilisierung von Gesellschaften, Überforderung der Politik und letzlich Gewalt münden und somit das internationale System vor neue Herausforderungen stellen könnten.

Die Forschung der vergangenen Jahrzehnte dokumentiert zunächst, dass Bodendegradation, Wasserverknappung und Ressourcenkonkurrenz, in Verbindung mit anderen konfliktverstärkenden Faktoren, bereits in der Vergangenheit zu Gewalt und Konflikten geführt haben. Die Auswertung von 73 empirisch gut erfassten „Umweltkonflikten“, die zwischen 1980 und 2005 stattfanden, zeigt jedoch auch, dass diese regional begrenzt waren und keine ernsthafte Gefährdung für die internationale Sicherheit darstellten. Die entscheidende Frage ist daher, ob der globale Klimawandel dieses Panorama grundlegend verändert. Das WBGU-Gutachten kommt zu dem Ergebnis, dass dies in der Tat der Fall sein wird, wenn die weltweiten Temperaturerhöhungen sich ungebremst fortsetzen. Der Klimawandel könnte dann zu einem internationalen Sicherheitsrisiko werden.

Dieser neue Blick auf das Thema Umwelt und Sicherheit erfordert eine Erweiterung des Zeithorizonts der Analyse. Der anthropogene Klimawandel steht erst am Anfang, aber seine Auswirkungen werden in den kommenden Jahrzehnten stetig zunehmen, wenn die globalen Temperaturerhöhungen nicht durch eine wirksame Klimapolitik gebremst werden. Vor diesem Hintergrund wird deutlich, dass sicherheitsrelevante Verwerfungen größeren Ausmaßes erst in zukünftigen Jahrzehnten zu erwarten sind. Der WBGU musste daher die bisherigen Erfahrungen mit Konflikten durch Umweltdegradation aufarbeiten, aber zugleich weit in die Zukunft schauen, um die sich nach und nach entwickelnden Wirkungen des Klimawandels auf nationale Gesellschaften, Weltregionen und das internationale System abzuschätzen. Um die wesentlichen Zusammenhänge zwischen dem Klimawandel und seiner potenziellen Destabilisierungs- und Konfliktwirkung zu identifizieren, regionale Brennpunkte aufzuspüren und Ansätze für politische Weichenstellungen zu entwickeln, liegen diesem Gutachten folgende Leitfragen zugrunde:

- Unter welchen Bedingungen können durch den Klimawandel Sicherheitsprobleme wie z. B. Unruhen, Bürgerkriege, Gesellschafts- und Staatenzerfall oder grenzüberschreitende Auseinandersetzungen ausgelöst oder verstärkt werden?
- Lassen sich typische Konfliktkonstellationen und -mechanismen beschreiben, die durch den Klimawandel ausgelöst werden könnten?
- Welche Regionen sind für klimainduzierte Konflikte besonders anfällig?
- Wie wird der Klimawandel die internationale Stabilität und Sicherheit gefährden?
- Wie lassen sich solche Konfliktrisiken präventiv durch strategische Weichenstellungen verhindern, und wie lässt sich national und international Kooperation fördern?
- Was können und müssen Deutschland und Europa tun, um den neuen Herausforderungen gerecht zu werden?

Bisher lösten Umweltveränderungen nur vereinzelt Konflikte und Gewalt aus. So sind beispielsweise Fälle von Gewaltausbrüchen und Anarchie im Zusammenhang mit Sturm- und Flutkatastrophen empirisch belegt. Art und Geschwindigkeit des gegenwärtigen Klimawandels sind jedoch ohne historisches Vorbild in der Menschheitsgeschichte. Die grundlegende Veränderung von Naturräumen stellt die Menschen vor völlig neue Herausforderungen. Der heutigen Zivilisation mit rund 6,5 Mrd. Menschen, ihrer dichten, weltumspannenden Infrastruktur, ihren globalen Handels-, Informations- und Verkehrsströmen, ihrer Differenzierung in Industrie-, Schwellen- und Entwicklungsländer sowie ihrem unterschiedlichen Konflikt- und Problemlösungspotenzial drohen damit Klimafolgen, für deren Bewältigung es keine historischen Beispiele gibt.

Identifikation künftiger Konfliktpotenziale

Das WBGU-Gutachten zeigt, wie ein ungebremster Klimawandel die Sicherheit der Menschen in vielen Weltregionen zunehmend unterminieren könnte und diskutiert die Bedingungen, unter denen menschliche Unsicherheit die Anfälligkeit für gesellschaftliche Destabilisierung und Gewalt erhöht. Dabei kann es nicht darum gehen, künftige Konflikte oder Katastrophen präzise vorherzusagen. Vielmehr sollen Mechanismen, die bei raschem und starkem Klimawandel konfliktfördernd sind, so frühzeitig identifiziert werden, dass proaktiv Gegenmaßnahmen ergriffen werden können. Der WBGU identifiziert vier Konfliktkonstellationen, die durch den Klimawandel angetrieben werden könnten: die „Klimabedingte Degradation von Süßwasserressourcen“, den „Klimabedingten Rückgang der Nahrungsmittelproduktion", die „Klimabedingte Zunahme von Sturm- und Flutkatastrophen" sowie durch die anderen drei ausgelöst „Umweltbedingte Migration".

Zur Darstellung und Extrapolation dieser denkbaren Konfliktkonstellationen werden fiktive, aber plausible, narrative Szenarien entworfen. Positive und negative Szenarien stellen mögliche gewaltfreie bzw. gewaltträchtige Entwicklungen dar. Gerade die positiven Kooperationsszenarien sollen deutlich machen, wie angesichts eines rasanten Klimawandels Wege gefunden werden könnten, um sich anbahnende Gesellschaftskrisen, gewalttätige Konflikte und die Destabilisierung des internationalen Systems rechtzeitig zu entschärfen. Die Szenarien bilden daher zusammen mit der Analyse der Konfliktkonstellationen eine Basis für Handlungsempfehlungen zur Vermeidung zukünftiger Sicherheitsrisiken als Folge des Klimawandels.

Nicht alle Länder oder Weltregionen sind dem Risiko von Destabilisierung und gewalttätigen Konflikten aufgrund des Klimawandels gleichermaßen ausgesetzt. Der schmale Grat zwischen Stabilität und Instabilität sowie Sicherheit und Unsicherheit wird durch das Ausmaß des globalen Klimawandels, die jeweilige Betroffenheit von Gesellschaften und Regionen durch den Klimawandel sowie deren Anpassungs- und Problemlösungsfähigkeit bestimmt. Landwirtschaftlich geprägte Ökonomien sind anfälliger für die Wirkungen des Klimawandels als Dienstleistungsgesellschaften; reiche Gesellschaften können die Kosten des Klimawandels eher bewältigen als Entwicklungsländer; leistungsfähige Regierungen können die Folgen von Umweltdegradation und Klimawandel besser verarbeiten als schwache Staaten; gut organisierte Zivilgesellschaften können eher Risikovorsorge treffen als fragmentierte, möglicherweise bereits durch Gewalt charakterisierte Gesellschaften. Der Klimawandel verschärft daher die sozialen, politischen und ökonomischen Ungleichheiten in der Weltgesellschaft. Doch selbst Länder mit hohem Problemlösungspotenzial dürfen sich nicht in Sicherheit wiegen, denn eine massive Einwanderung aus Gebieten mit großen Umwelt- und Konfliktproblemen brächte erhebliche zusätzliche sicherheitsrelevante Herausforderungen mit sich.

Internationales Handeln in einer Welt im Umbruch

Charakteristisch für die „Herausforderung Klimawandel" ist das Spannungsfeld zwischen heutigem Handlungserfordernis und künftigem Eintritt der zu erwartenden bzw. zu verhindernden Schadenswirkung. Nur wenn heute gehandelt wird, kann es gelingen, sich anbahnende, durch den Klimawandel induzierte gewalttätige Konflikte und Gesellschaftskrisen einzudämmen. Prävention ist notwendig und möglich: klimainduzierte Sicherheitsrisiken können noch vermieden werden, wenn in den kommenden zwei Jahrzehnten entschlossen gehandelt und dadurch die 2 °C-Leitplanke eingehalten wird. Die Herausforderung besteht darin, den politischen Willen zu mobilisieren, um weitsichtige Weichenstellungen vorzunehmen. Politische Systeme sind eher in der Lage, Antworten auf kurzfristige Probleme zu finden, als vorausschauend zu handeln. Zudem vollzieht sich der Klimawandel vor dem Hintergrund einer fundamentalen Gewichtsverschiebung in der politischen Weltordnung. Die dominierende Stellung der USA wird voraussichtlich in den kommenden Jahrzehnten von einem eher multipolaren System abgelöst. Derzeit entstehen mit China und Indien neben den USA, Europa und Russland neue Zentren der Weltpolitik und -wirtschaft. Damit stellt sich die Frage, ob die neuen und alten Mächte der internationalen Politik, die zugleich Hauptverantwortliche des Klimawandels sind, in Zukunft vor allem mit Machtauseinandersetzungen und Positionskämpfen um die Vormachtstellung in der Weltpolitik beschäftigt sein werden oder ob es ihnen gelingt, den Klimawandel als gemeinsame, globale Herausforderung zu begreifen und entsprechend kollektiv eine wirksame globale Klimapolitik zu gestalten.

Der WBGU entwickelt in diesem Gutachten ein Bündel von Handlungs- und Forschungsempfehlungen zur Minderung der beschriebenen Konfliktrisiken. Die Kernbotschaft ist dabei, dass strategische Weichenstellungen in den nächsten beiden Jahrzehnten vorgenommen werden müssen, um risikoreiche und nur noch schwer kontrollierbare Destabilisierungen und Krisen in Gesellschaften, Weltregionen und im internationalen System zu vermeiden. Der WBGU mahnt erneut, diese Weichenstellungen vorzunehmen, auch wenn aus heutiger Perspektive die Kosten spürbarer sind als der künftige Nutzen. Der Nutzen wird die heutigen Kosten jedoch um ein Vielfaches übersteigen. Europa hat in dieser Situation eine große Chance. Es kann sich als Vorreiter einer zukunftsfähigen Klimapolitik profilieren und damit in einem der zentralen Felder der Weltpolitik an Gestaltungsspielraum gewinnen. Für einen erfolgreichen Klimaschutz ist vor allem eine globale Energiewende notwendig, deren wichtigste Elemente die Nutzung der Effizienzpotenziale und der Ausbau der erneuerbaren Energien sind. Gelänge Europa hier eine zukunftsweisende Verknüpfung von Klima- sowie Technologie- und Innovationspolitik, würde sich die Position des Kontinents in der Weltwirtschaft nachhaltig verbessern.

Umweltveränderungen in der sicherheitspolitischen Debatte

2

In der internationalen Politik wird bereits seit Ende des Kalten Krieges eine konzeptionelle Erweiterung des Sicherheitsbegriffs diskutiert. In diesem Zusammenhang haben auch mögliche Bedrohungen von Sicherheit durch Umweltveränderungen Einzug in die sicherheitspolitische Debatte gehalten. Der WBGU trägt mit dem vorliegenden Hauptgutachten dem Umstand Rechnung, dass der zwischen Umwelt und Sicherheit vermutete Zusammenhang auch in Deutschland und Europa auf zunehmendes Interesse stößt. Dabei ist zunächst festzustellen, dass die öffentliche Diskussion recht diffus verläuft und auf Grundlage einer dürftigen Faktenlage geführt wird. Der WBGU will mit der Vorlage des Gutachtens eine Versachlichung der Debatte herbeiführen und darüber hinaus eine langfristige Perspektive entwickeln, die über Ad-hoc-Interpretationen aktueller und vergangener „Umweltkonflikte" hinausreicht.

Im Folgenden soll daher die Relevanz von Sicherheit im Sinn einer globalen Strukturpolitik dargestellt werden, wobei der Umweltdimension von Sicherheit besonderes Augenmerk zukommt. Hierzu muss ein möglichst präziser Sicherheitsbegriff abgeleitet werden.

2.1 Hintergrund: „Redefining Security"

Der Begriff der Sicherheit und die Frage, wie dieser zu konzeptionalisieren ist, gehören zu den umstrittensten Gegenständen der internationalen Politik. Aufgrund der inhärenten Flexibilität des Begriffs kann Sicherheit je nach Interessenlage von Sicherheitsexperten, Intellektuellen und Politikern unterschiedlich interpretiert werden (Dalby, 1992). Weitgehend unstrittig dürfte die Annäherung von Brock (2004) sein, wonach Sicherheit die Abwesenheit von Krieg bedeutet, ohne aber mit Frieden gleichgesetzt werden zu können.

Klassischerweise bezeichnet Sicherheit die Unversehrtheit territorial organisierter souveräner Nationalstaaten im Völkerrechtssystem, wie es seit Ende des Zweiten Weltkriegs durch die Vereinten Nationen repräsentiert wird. Sicherheit wird dabei als Wahrung nationalstaatlicher Integrität gegenüber äußeren Bedrohungen in einer anarchischen Staatenwelt betrachtet. Ihre Gewährleistung wird ultimativ als militärische Aufgabe verstanden. Mit dem Ende des Kalten Kriegs und befördert durch die Globalisierung setzte sich die Erkenntnis durch, dass Unsicherheit, Instabilität und Gewalt nicht nur durch militärische Aggression herbeigeführt werden, sondern komplexe machtpolitische, ökonomische, soziokulturelle und ökologische Ursachen haben können (Biermann et al., 1998). Infolgedessen wurden Forderungen nach einer Neubewertung von Sicherheit und entsprechenden politischen Anpassungsleistungen laut, wie z.B. in dem vielzitierten Aufsatz „Redefining Security" von Tuchman Mathews (1989). Damit einhergehend entwickelte sich nach Ende des Kalten Krieges auch eine intensive wissenschaftliche Auseinandersetzung mit dem Sicherheitsbegriff (Dalby, 1992; Lipschutz, 1995). In gewisser Weise wurde der vom Kalten Krieg geprägte „Friedensdiskurs" der 1970er und 1980er Jahre graduell in einen „Sicherheitsdiskurs" überführt (Brock, 2004).

2.1.1 Erweiterte Sicherheit

Die politischen Debatten führten zwischenzeitlich zu neuen Konzepten der „erweitertern Sicherheit", die auch den Sicherheitsstrategien der NATO und der Bundesregierung zugrunde gelegt wurden. Sicherheitspolitik ist dabei nicht nur eine Frage militärischer Kapazitäten, sondern basiert auf der Fähigkeit, politische wie sozioökonomische Krisen, die in Gewalt umzuschlagen drohen, möglichst früh mit zivilen und nötigenfalls auch mit militärischen Instrumenten zu entschärfen. Zu den zivilen Mitteln werden dabei neben der klassischen Außen- und Wirtschaftspolitik zunehmend auch entwicklungs- und umweltpolitische Maßnahmen gezählt. Das Konzept umfasst ausdrücklich auch strategische „Versorgungsinteressen", die der Sicherung des Wohlstands in den Industrieländern dienen. Bodenschätze wie Öl, Gas und

Erze und andere so genannte strategische Rohstoffe wie beispielsweise der Zugang zu Süßwasserreserven oder die Sicherung von Schifffahrtswegen werden somit zu sicherheitspolitisch bedeutsamen Gütern.

Mit einer so verstandenen Erweiterung des Sicherheitsbegriffs werden also nichtmilitärische Politikfelder potenziell sicherheitsrelevant. Öffentliche Anliegen wie Umweltzerstörung oder Armut, die bisher eher als „weiche" Politikfelder angesehen wurden, erfahren dadurch eine Aufwertung. Gleichzeitig kommt es jedoch zu einer „Versicherheitlichung" ziviler Politikbereiche (Waever, 1995; Brock, 1997). Kritiker verweisen in diesem Zusammenhang auf die mangelnde Aussagefähigkeit und Stoßrichtung des Konzepts: Wird der Sicherheitsbegriff inflationär verwendet, wird die Identifikation sicherheitspolitischer Risiken, Verantwortlichkeiten und angemessener Reaktionen erschwert (Deudney, 1990, 1991). Diese Unschärfe begründet auch die politische Ambivalenz erweiterter Sicherheit. So kann das Konzept zwar dazu genutzt werden, „die Forderung nach ziviler Konfliktbearbeitung zu unterstreichen, aber ebenso dazu, eine Erweiterung militärischer Sicherheitspolitik nach außen und die Einschränkung der Bürgerrechte nach innen zu rechtfertigen" (Brock, 2004). Unter dem Deckmantel erweiterter Sicherheit lassen sich somit neue militärische Interventionen begründen, einschließlich so genannter präemptiver Kriege. Eine solche Entwicklung kann letztlich sogar zu mehr Unsicherheit führen. Die ursprüngliche Stärke der Erweiterungsdebatte könnte sich deshalb in ihr Gegenteil verkehren.

2.1.2 Menschliche Sicherheit

Das Entwicklungsprogramm der Vereinten Nationen (UNDP) stellte 1994 das Konzept der „menschlichen Sicherheit" (human security) vor, das die Sicherheitsbedürfnisse des Individuums in den Mittelpunkt rückt und den internationalen Sicherheitsdiskurs seither wesentlich geprägt hat. Durch eine umfassende Konzeptionalisierung wird Sicherheit nicht mehr nur als „Freiheit von Furcht", sondern auch als „Freiheit von Not" verstanden. Demnach haben Wirtschaftskrisen und Pandemien wie AIDS, Malaria oder Tuberkulose ebenso als Sicherheitsrisiken zu gelten wie Gewaltkonflikte und Kriege. Dieser Ansatz wurde in einer von der ehemaligen UN-Hochkommissarin für Flüchtlinge Ogata und dem Wirtschafts-Nobelpreisträger Sen geleiteten Kommission aufgegriffen und konkretisiert (UNDP, 1994; Commission on Human Security, 2003). Naturgemäß bleibt im Verständnis der Vereinten Nationen der Staat der entscheidende Garant von Sicherheit. Der Bericht der Kommission konstatiert jedoch ausdrücklich, dass Staaten ihren Sicherheitsverpflichtungen oft nicht nachkommen und manchmal sogar selbst zur Bedrohung der eigenen Bevölkerung werden: „Deshalb muss sich das Augenmerk von der Sicherheit des Staats zur Sicherheit der Menschen verschieben – zur menschlichen Sicherheit" (Commission on Human Security, 2003).

Im Kontext der Diskussionen um sicherheitspolitisch relevante Umweltherausforderungen betonen Befürworter des Konzepts menschlicher Sicherheit, dass ein auf kollektive Akteure wie Staaten und Gesellschaften rekurrierender Sicherheitsbegriff nicht alle relevanten Bedrohungen, Herausforderungen, Verwundbarkeiten und Risiken erfassen können (Altvater, 2003; Brauch, 2005). Bei Umweltkonflikten handelt es sich meist nicht um dauerhafte Interessengegensätze organisierter Gruppen, sondern um punktuelle Zusammenstöße von Menschen, die ihre Lebensgrundlage retten wollen. Aus Sicht der menschlichen Sicherheit hätte Umweltsicherheit dann nicht den Nationalstaat, sondern das Ökosystem im Blick, in dem die Menschen selbst in ihrer Rolle als Umweltnutzer und -verschmutzer die eigentliche Sicherheitsbedrohung darstellen (Brauch, 2005, 2006).

Gegen das Konzept menschlicher Sicherheit sind jedoch auch eine Reihe von Einwänden erhoben worden. So spielt der UNDP-Ansatz Sicherheitsrisiken wie Krieg und die wichtige Rolle der Nationalstaaten in ihrer Bedeutung herunter und verwischt die Grenze zwischen menschlicher Sicherheit und menschlicher Entwicklung. Klarheit kann nur durch eine Beschränkung des Sicherheitsbegriffs auf „Freiheit von physischer, direkter Gewalt" gewonnen werden. Darüber hinaus besteht auch hier die Gefahr, dass der positiv anmutende Begriff der menschlichen Sicherheit instrumentalisiert wird, indem neue Legitimationsquellen für militärische Interventionen zum Schutz der Sicherheit (vor Umweltrisiken, AIDS, Migration usw.) konstruiert werden. Nicht zuletzt bringt die damit einhergehende Aufweichung des Sicherheitskonzepts auch aus der Perspektive der Forschung (Kap. 9.2) einen Verlust an analytischer Schärfe mit sich.

Insgesamt bleiben also die Diskussionen um einen erweiterten Sicherheitsbegriff und seine politischen Implikationen aufgrund einer unvermeidlichen Janusköpfigkeit kontrovers. Einerseits könnte ein erweiterter Sicherheitsbegriff einer weiteren Militarisierung der internationalen Politik entgegenwirken, wenn das Bemühen um Sicherheit verstärkt auch wirtschaftliche, soziale oder ökologische Belange im Sinn nachhaltiger Entwicklung adressiert. Andererseits aber ermöglicht er eine Militarisierung der internationalen Strukturpolitik, indem umweltpolitische und andere zivile Belange sicherheitspolitisch „aufgeladen" werden. Dies kann unter anderem dazu führen, dass nicht zivile Akteure wie z.B. Geheimdienste oder Polizei- und Grenzschutzbehörden verstärkt mit Aufgaben betraut werden, die außerhalb ihres originären Kompetenzbereichs liegen (siehe den Patriot Act in den USA) oder dass für die Entwicklungszusammenarbeit bestimmte Mittel im Rahmen humanitärer Interventionen militärische Operationen mitfinanzieren. Im gleichen Zusammenhang ist zu befürchten, dass eine „Kolonisierung" der internationalen Umweltpolitik durch die sicherheitspolitisch dominierenden Industriemächte den Nord-Süd-Konflikt weiter verstärkt.

Beide Tendenzen, das Bestreben um eine zivile Flankierung der Sicherheitspolitik sowie eine militärische Absicherung globaler Strukturpolitik, werden in der jüngeren Debatte um entwicklungspolitische Leitlinien für schwache und fragile Staaten reflektiert (Faust und Messner, 2004; Klingebiel und Roehder, 2004, 2005; Schneckener, 2004).

2.2 Aktuelle sicherheitspolitische Strategien

Seit den Ereignissen des 11. September 2001 wird der Sicherheitsdiskurs in der internationalen Politik von der Bekämpfung des globalen Terrorismus dominiert. Dies spiegelt sich in neuen Sicherheitsstrategien auf beiden Seiten des Atlantiks deutlich wider (Daase, 2002; Hippler, 2003; Berenskoetter, 2005). Dabei setzen die USA und die Europäische Union unterschiedliche Schwerpunkte (Tab. 2.2-1). So setzt die Nationale Sicherheitsstrategie der USA deutlich militärische Akzente, die selbst präemptive Militäraktionen einschließt, wohingegen die Europäische Sicherheitsstrategie stärker politisch argumentiert und am Ziel der Konfliktvermeidung orientiert ist. Zwar sieht auch die Strategie der USA eine Aufstockung der Auslands- und Entwicklungshilfe vor, ist aber insgesamt in Inhalt und Stil militärisch-offensiv ausgerichtet: „Angriff ist unsere beste Verteidigung" (White House, 2002).

Im Gegensatz dazu betont die im Dezember 2003 unter Federführung von Solana (Generalsekretär und Hoher Vertreter für die Gemeinsame Außen- und Sicherheitspolitik der EU) formulierte Europäische Sicherheitsstrategie die Möglichkeiten multilateraler Diplomatie. Gefordert werden vor allem eine Stärkung der multilateralen Weltordnung und des Völkerrechts, eine langfristig angelegte Konfliktprävention durch zivile Zusammenarbeit sowie politischer Druck, welcher als Ultima Ratio – etwa bei drohenden humanitären Katastrophen, Völkermord oder akutem Staatsversagen – durch robuste militärische Interventionen im Rahmen der internationalen Rechtsordnung zu ergänzen ist (ESS, 2003; Faust und Messner, 2004).

Die in der Europäischen Sicherheitsstrategie allgemein formulierten Prinzipien wurden allerdings in einem von den EU-Mitgliedsstaaten beim Pariser Institute for Security Studies (ISS) in Auftrag gegebenen Europäische Verteidigungspapier dahingehend präzisiert, dass vermehrt flexible und kurzfristig einsetzbare Expeditionsstreitkräfte sowie langfristig einsetzbare Besatzungskapazitäten benötigt würden (ISS, 2004). Die unübersehbar militärpolitische Handschrift des ISS-Papiers legt den Schluss nahe, dass sich der sicherheitspolitische Think-Tank

Tabelle 2.2-1
Zentrale Unterschiede der Sicherheitsstrategien der Vereinigten Staaten von Amerika und der Europäischen Union. Quelle: WBGU nach Berenskoetter, 2005

	US-Sicherheitsstrategie	EU-Sicherheitsstrategie
Anspruch und Ziele	Global bzw. universell: – liberale Weltordnung – menschliche Würde – US-Hegemonie	Vorwiegend regional: – multilaterale Weltordnung – Glaubwürdigkeit der EU – Stabilität in Europa
Bedrohungsszenarien	Ideell begründet: – Terrorismus und Massenvernichtungswaffen – „Schurkenstaaten" und Massenvernichtungswaffen – Spannungen in der muslimischen Welt	Konkret definiert: – Verbreitung von Massenvernichtungswaffen – Staatszerfall – Terrorismus und organisierte Kriminalität
Mittel	Überwiegend militärisch: – präemptive Kriegsführung – Koalition der Willigen	Überwiegend zivil: – Konfliktprävention – Multilaterale Diplomatie und internationale Regime
Legitimation	US-Mandat	UN-Mandat

der EU den erweiterten, eher zivilen Sicherheitsansatz bisher nicht zu eigen gemacht hat. Das Papier relativiert entsprechend die transatlantischen Unterschiede.

Neben dem Europäischen Verteidigungspapier wurde aber auch der von Solana in Auftrag gegebene Bericht „A Human Security Doctrine for Europe" der Study Group on Europe's Security Capabilities (2004) zu einem zentralen Bestandteil der Debatte um eine europäische Sicherheitspolitik. Dieser nach der Vorsitzenden auch als Kaldor-Papier benannte Bericht stellt wiederum einen expliziten Bezug zum Konzept der menschlichen Sicherheit her, das deutlich von traditionellen sicherheitspolitischen Vorstellungen abweicht. Insbesondere rät die Study Group dazu, ihre Außen- und Sicherheitspolitik weniger auf Staaten denn auf Individuen auszurichten, weil territoriale Verteidigung im klassischen Sinn in Anbetracht der veränderten globalen Sicherheitslage nicht mehr zweckmäßig sei. In Ergänzung zur im ISS-Papier vorgesehenen militärischen EU-Eingreiftruppe fordert das Kaldor-Papier daher zusätzlich eine auf humanitäre Interventionen spezialisierte Human Security Response Force.

Auch die Bundesregierung bekennt sich im Koalitionsvertrag zu einem umfassenden Sicherheitsbegriff, der Außen-, Sicherheits- und Entwicklungspolitik miteinander verknüpft (Große Koalition, 2005). Angesichts neuer komplexer Gefahren wie dem internationalen Terrorismus, Massenvernichtungswaffen und hochgradig verwundbarer Infrastruktur wird in der neuen sicherheitspolitischen Konzeption der Bundesregierung, dem Weißbuch zur Sicherheitspolitik Deutschlands, auch von „vernetzter Sicherheit" gesprochen: „Sicherheit kann weder rein national, noch allein durch Streitkräfte gewährleistet werden. Erforderlich ist vielmehr ein umfassender Ansatz, der nur in vernetzen sicherheitspolitischen Strukturen sowie im Bewusstsein eines umfassenden gesamtstaatlichen und globalen Sicherheitsverständnisses zu entwickeln ist." (BMVg, 2006). Ein wesentliches Ziel der neuen Sicherheitsstrategie ist es, die zivile Krisenprävention zu stärken und Frühwarnmechanismen zu verbessern. Dazu müssten militärische und zivile Ansätze besser verzahnt und Maßnahmen zur Krisenprävention deutlich aufgewertet werden. Die sicherheitspolitische Praxis lässt diese Ausrichtung jedoch bisher noch vermissen, wie sich beispielsweise in der geringen Ausstattung und Reichweite des 2004 beschlossenen Aktionsplans „Zivile Krisenprävention" zeigt (Hauswedell, 2006; Schradi, 2006). Wie schwierig und komplex die Umsetzung eines neuen Sicherheitsverständnisses letztlich ist, verrät auch der Blick in das Forschungsprogramm der Bundesregierung zur zivilen Sicherheit (BMBF, 2007). Auch dort wird ein umfassender Ansatz gewählt und eine breite Gefahrenanalyse vorgestellt. Die Lösung des Problems wird aber in erster Linie in technischen Innovationen gesehen, die auf die Bedürfnisse der industrialisierten Welt zugeschnitten sind.

Sicherheitsrisiken, wie sie sich in Folge langfristiger Prozesse globalen Umweltwandels ergeben könnten, wird in den vorgestellten Entwürfen der USA, der Europäischen Union und der Bundesregierung ein unterschiedliches Maß an Aufmerksamkeit geschenkt; grundsätzlich spielen sie aber eine eher nachgeordnete Rolle. Die Aussagen über etwaige Zusammenhänge von Umweltdegradation und Sicherheit bleiben oft vage, sofern sie nicht auf jene natürlichen Rohstoffe fokussiert sind, welche unmittelbar die Versorgungsinteressen der Industrieländer betreffen. So betont zum Beispiel auch der Statusbericht 2005 des Worldwatch Institute unter dem Titel „Redefining Global Security" die Bedeutung einer auf Öl basierenden Weltwirtschaft für den Klimawandel und fordert, die Abhängigkeit vom Erdöl zu verringern (Kasten 2.2-1). Die mit einer solchen Wirtschaftsweise zusammenhängenden Sicherheitsrisiken werden aber selbst beim Worldwatch Institute vor allem aus Versorgungsengpässen und dem „Ressourcenfluch" hergeleitet. Danach kann Ressourcenreichtum oft mit negativen Konsequenzen für die Entwicklung des Landes verbunden sein (Worldwatch Institute, 2005).

Eine ähnliche Herangehensweise in Bezug auf Umweltveränderungen prägt auch die Sicherheitsdebatte im Rahmen der Vereinten Nationen, wie sie zuletzt vor allem auf Grundlage der Berichte von UN-Generalsekretär Annan („In Larger Freedom", März 2005) und der von Annan beauftragten Hochrangigen Gruppe für Bedrohungen, Herausforderungen und Wandel („A More Secure World", Dezember 2004) geführt wurde (UN, 2004; UNSG, 2005). Zwar argumentiert die Hochrangige Gruppe für ein umfassenderes Konzept von Sicherheit, welches Armutsbekämpfung als unabdingbare Grundlage für eine neue kollektive Sicherheit ansieht. Umweltdegradation wird allerdings in den von ihr benannten sechs Kategorien globaler Sicherheitsbedrohungen nur am Rande erwähnt, als Untergruppe von wirtschaftlicher und sozialer Not.

Vor diesem Hintergrund ist bemerkenswert, dass sich die Vereinigten Staaten unter dem Eindruck von Hurrikan Katrina bei der jüngsten Anpassung ihrer Nationalen Sicherheitsstrategie nicht mehr nur mit der Knappheit strategisch wichtiger Ressourcen befassen, sondern ausdrücklich auch Umweltdegradation berücksichtigen (White House, 2006). Auch das Weißbuch zur Sicherheitspolitik Deutschlands bezieht sich neuerdings explizit auf die potenziellen Gefahren des globalen Umweltwandels, wenn

Kasten 2.2-1

Worldwatch Institute: Abhängigkeit vom Erdöl verringern

„(...) Öl durchdringt praktisch jeden Aspekt des modernen Lebens, und das Wohlergehen jedes Einzelnen, jeder Gemeinschaft und jeder Nation auf der Erde ist mit unserer auf dem Erdöl basierenden ‚Energiekultur' verbunden. Doch so unentbehrlich auch Öl geworden ist – seine fortgesetzte Verwendung bringt langfristig untragbare Kosten und Risiken mit sich.

Die Kosten und Risiken lassen sich grob in drei Kategorien einteilen. Erstens bedroht das Öl die Sicherheit der Weltwirtschaft, weil es eine endliche Ressource ist, für die bisher kein adäquates Folgeprodukt entwickelt wurde, und weil sich die Kluft zwischen Angebot und Nachfrage ganz offenbar vergrößert – und dies erhöht weltweit das Risiko gravierender wirtschaftlicher Erschütterungen. Zweitens, durch die Kompromittierung internationaler Friedensbemühungen unterminiert der Wert des Öls als Handelsgut die staatliche Sicherheit sowie in vielen Weltregionen die bürgerliche Ordnung, die Menschenrechte und die Demokratie. Drittens bedroht das Öl die Stabilität des Klimas, weil sein kontinuierlich steigender Verbrauch für einen großen Teil der globalen Treibhausgasemissionen verantwortlich ist und weil seine starke Vorrangstellung als Brennstoff im Transportsektor die Aufgabe, es zu ersetzen, erschwert. Kurz gesagt: Während Erdöl früher mit zu Wohlstand und Sicherheit beitrug, wird es heute in zunehmendem Maß zum Sicherheitsrisiko. (...)".

Quelle: zitiert aus Prugh et al., 2005

von Migration, Naturkatastrophen und Umweltzerstörung als Ursachen für Instabilität die Rede ist (BMVg, 2006).

Unabhängig von diesen Bekundungen sind Konzepte der „Umweltsicherheit" oder „ökologischen Sicherheit", die sich auf umweltbedingte Sicherheitsrisiken beziehen, bereits von wichtigen internationalen Akteuren wie z.B. NATO, OECD und UNEP aufgegriffen worden, die mit der Einrichtung von Arbeitsgruppen und Fachreferaten auf die politische Relevanz des Themas reagiert haben. Besondere Beachtung verdient die Organisationen übergreifende Environment Security Initiative (ENVSEC), innerhalb derer sich die Organisation für Sicherheit und Zusammenarbeit in Europa (OSZE), UNEP, UNDP und die NATO über den Zusammenhang von Umwelt und Sicherheit austauschen. Die Initiative zielt vor allem darauf, Kooperation und zunehmend auch Sicherheit zwischen und innerhalb von Staaten zu erhöhen, indem sie die Wechselwirkungen von natürlicher Umwelt und menschlicher Sicherheit nicht nur untersucht, sondern auch in konkrete Projekte einfließen lässt.

2.3 Begriffsverwendung und Motivation des WBGU

Vor dem Hintergrund der Mehrdeutigkeit und politischen Ambivalenz des Sicherheitsbegriffs ist die Frage, auf welchen Sicherheitsbegriff der WBGU rekurriert, keineswegs trivial, sondern von entscheidender Bedeutung für die Analyse der im Kontext des Klimawandels zu erwartenden Sicherheitsbedrohungen und die daraus abzuleitenden Politikempfehlungen. Der WBGU unterstützt den erweiterten Sicherheitsbegriff, um der Komplexität der Ursachen von Gewalt und Krieg in einer globalisierten Welt gerecht zu werden. Im Hinblick auf die zu erwartenden globalen Umweltveränderungen erlaubt die Ausweitung des traditionellen Sicherheitsbegriffs eine Erweiterung der Gefahrenanalyse um umweltbedingte Risiken. Dabei konzentriert sich der WBGU vor allem auf diejenigen Umweltprobleme, die durch den fortschreitenden Klimawandel und die dadurch verursachte Umweltdegradation hervorgerufen werden. Ziel des Gutachtens ist zu analysieren, ob und wie diese ökologischen Auswirkungen zu sicherheitspolitischen Problemen, d.h. insbesondere zu Gewaltkonflikten, führen können.

Dabei liegen vor allem diejenigen Risiken und Dynamiken im Erkenntnisinteresse des WBGU, durch welche die Schwelle zur Destabilisierung kollektiver Akteure, d.h. Gesellschaften und Staaten, überschritten zu werden droht. Bei den im Zusammenhang mit dem Klimawandel zu befürchtenden Konflikten handelt es sich voraussichtlich vor allem um den Typus „Neue Kriege". Diese sind dadurch gekennzeichnet, dass sie Elemente organisierten Verbrechens und Völkerrechtsverletzungen mit einer in der Regel internationalen Dimension vereinen und dass sich bei ihnen die Unterscheidung von öffentlichen und privaten, politischen und ökonomischen Akteuren zunehmend auflöst (van Creveld, 1998; Kaldor, 1999). Eine Analyse der komplexen Konfliktfaktoren und Mechanismen, die im Kontext des Klimawandels wirksam werden, soll handlungsrelevantes Wissen zur Vorbeugung künftigen regionalen und globalen Instabilitäten generieren. Ein erweiterter Sicherheitsbegriff im Sinn umfassender, auf individuelle Schicksale fokussierender menschlicher Sicherheit ist deshalb nur bedingt hilfreich und überdies analytisch schwer zu fassen. Der normative Anspruch, der den Schutz des Menschen über die Unversehrtheit von Staaten stellt, soll hier jedoch keineswegs zurückgenommen werden. Vielmehr will der WBGU den wissenschaftlichen Möglichkeiten und politischen Gegebenheiten und Erfordernissen im Sinn einer friedlichen, globalen Strukturpolitik Rechnung tragen.

Bisher waren Umweltprobleme selten Auslöser gewaltsamer Konflikte. Auch in Zukunft muss nicht jedes größere Umweltproblem zwangsläufig zu einem Sicherheitsproblem werden. Doch die neuen und sich verdichtenden wissenschaftlichen Erkenntnisse über den Klimawandel und der gleichzeitige Mangel an wirksamen Vermeidungs- und Anpassungsstrategien lassen immer deutlicher werden, dass zukünftig mit erheblichen Folgen für Mensch und Gesellschaft zu rechnen ist. Dies birgt konflikt- und sicherheitspolitische Brisanz, möglicherweise bis hin zu kriegerischen Auseinandersetzungen. Die bestehenden sicherheitspolitischen Strategien der EU, USA, NATO und auch Deutschlands nehmen diese Entwicklungen nur unzureichend zur Kenntnis. Das heißt nicht, dass umweltbedingte Sicherheitsrisiken durch militärische Mittel zu beseitigen wären. Es bedeutet aber, dass neben den präventiven Maßnahmen vor allem in Umwelt-, Entwicklungs- und Forschungspolitik vermehrt auch außen- und sicherheitspolitische Überlegungen und Handlungsoptionen wichtig werden. Mit der Analyse der klimabedingten Umweltveränderungen und deren destabilisierenden Auswirkungen auf die internationale Politik will der WBGU auf die Notwendigkeit und Dringlichkeit dieser Thematik auch für die Außen- und Sicherheitspolitik aufmerksam machen und so einen Beitrag zur Gestaltung einer friedlichen und nachhaltigen Welt leisten.

3 Bekannte Konfliktwirkungen von Umweltveränderungen

3.1 Stand der Konfliktforschung im Kontext von Umwelt und Sicherheit

Die Erforschung der Bedingungen, unter denen miteinander konkurrierende politische Akteure entweder kooperieren oder Konflikte austragen, gehört seit jeher zu den Kernaufgaben der Politikwissenschaft. Im Politikfeld Sicherheit hat sich die Kriegsursachenforschung als wichtiger Forschungsstrang im Grenzbereich der politikwissenschaftlichen Teildisziplinen der vergleichenden Politikanalyse und der internationalen Beziehungen etabliert. Sie beschäftigt sich mit der Frage, welche Faktoren die Entstehung und Verschärfung von Kriegen und bewaffneten Konflikten beeinflussen und unterscheidet dabei zwischen Konflikten innerhalb von Staaten und Gesellschaften einerseits und Konflikten zwischen Staaten andererseits. Die Kriegsursachenforschung hat umfangreiche Daten darüber zusammengetragen, welche Staaten und Gesellschaften besonders anfällig für bewaffnete Konflikte sind, und kann sich auf eine Reihe empirisch gefestigter Grundannahmen stützen.

Obwohl historische Beispiele für den Zusammenhang von Umweltveränderungen und Konflikten existieren (Kasten 3.1-1), wurde dem Faktor Umwelt bisher keine große Bedeutung beigemessen. Allerdings hat sich in den vergangenen fünfzehn Jahren außerhalb der Kriegsursachenforschung ein eigenständiger Forschungszweig entwickelt, der sich ganz gezielt der Wechselwirkungen zwischen Umweltdegradation und Gewaltkonflikten annimmt. Im Folgenden werden die Forschungskontroversen ebenso wie die zentralen, weitgehend übereinstimmenden empirischen Erkenntnisse der Umweltkonfliktforschung überblicksartig dargestellt (Kap. 3.1.1). Diese spezifischen Erkenntnisse werden mit Ergebnissen der Kriegsursachen- und Konfliktforschung zusammengeführt (Kap. 3.3). Daraus können dann relativ gesicherte Aussagen zu Ursachen und Mechanismen der Konfliktentstehung im Kontext massiver Umweltveränderungen gemacht werden. Sie dienen sowohl zur Erstellung der Konfliktkonstellationen (Kap. 6) als auch als Grundlage zur Identifizierung kritischer Regionen (Kap. 7).

3.1.1 Die Umweltkonfliktforschung

Die Anfänge der wissenschaftlichen Erforschung so genannter Umweltkonflikte lassen sich bis in die frühen 1970er Jahre zurückverfolgen. Eine ernsthafte Auseinandersetzung und systematische Untersuchung der bis dahin vagen Annahmen über die kausalen Zusammenhänge von Umweltdegradation und Konflikteskalation setzte jedoch erst in den 1990er Jahren ein. Mit dem Ende des Ost-West-Konflikts kam es zusätzlich zu einer Dynamik, die über die gesamten 1990er Jahre hinweg anhielt und durch die breite Aufmerksamkeit für das Konzept der menschlichen Sicherheit und die Fachdiskussion um eine allgemeine „Versicherheitlichung“ der internationalen Politik (Waever, 1995) zusätzlich befördert wurde.

Aus dem Kreis der international etablierten Konfliktforschung haben sich insbesondere vier Gruppen eingehend mit der Relevanz umweltpolitischer Probleme für die Entstehung und Ausprägung bewaffneter Konflikte befasst. Zu den Pionieren zählen die so genannte Toronto-Gruppe um Homer-Dixon und die Zürich-Gruppe, die aus dem von Bächler und Spillmann an der ETH Zürich begründeten Environment and Conflicts Project (ENCOP) hervorgegangen ist. Beide Gruppen haben insbesondere in den frühen 1990er Jahren die vermuteten Zusammenhänge von Umweltdegradation und Konflikteskalation empirisch überprüft. Aus der Kritik an den Arbeiten sowohl der Toronto- als auch der Zürich-Gruppe entwickelten sich ab Mitte der 1990er Jahre zwei weitere Ansätze. Deren Hauptvertreter sind zum einen die quantitativ arbeitende Oslo-Gruppe um Gleditsch und zum anderen das im kalifornischen Irivine angesiedelte Global Environmental Change and Human Security Project (GECHS) von Matthew, das auf die Adaptionsfähigkeit menschlicher Gesellschaften fokussiert.

Kasten 3.1-1

Historische Klima- und Umweltveränderungen und ihre Auswirkungen auf den Menschen

Klimamodelle sehen Meeresspiegelanstieg, Sturmfluten, Überschwemmungen und großen Dürren voraus, langfristig sind sogar extreme Phänomene wie ein Versiegen des Nordatlantikstroms denkbar. Das erscheint zunächst irreal. Dabei hat es vergleichbare Ereignisse in der Menschheitsgeschichte schon gegeben: Extreme Änderungen des Meeresspiegels, massive Dürrezeiten, große Sturmfluten und weiträumige Landverluste sind Teil der Klimageschichte der letzten 100.000 Jahre. Von Vulkanausbrüchen abgesehen erfolgten diese Veränderungen allerdings stets relativ langsam, so dass den betroffenen Gesellschaften ausreichend Zeit zur Verfügung stand, sich den Veränderungen anzupassen. Dennoch werden, gestützt auf archäologische Funde, viele Umweltveränderungen mit Völkerwanderungen und dem Untergang von Hochkulturen in Verbindung gebracht. Ob und inwieweit diese Klima- und Umweltveränderungen vor tausenden von Jahren aber tatsächlich auch in Konflikte und Kriege mündeten, kann aufgrund fehlender schriftlicher Belege nicht abschließend beurteilt werden. Die Informationslage für das Mittelalter und die Neuzeit ist dagegen besser. Hier finden sich Hinweise auf massive gesellschaftliche Spannungen.

Meeresspiegelanstieg an der Nordsee

Im Mittelalter führte ein stetiger Anstieg des Meeresspiegels an der deutschen und niederländischen Nordseeküste zu beträchtlichen Verlusten wertvollen Kulturlands. Ursache war nicht nur ein globaler Meeresspiegelanstieg durch die Ausdehnung des Meerwassers und das Abschmelzen von Gletschern, sondern auch ein geologisch bedingtes Absinken des südlichen Nord- und Ostseeraums sowie die Setzung und Auswaschung junger Sedimentschichten. Der Meeresspiegelanstieg war stets ein langsamer Prozess, der nicht unmittelbar zu größeren Landverlusten führte. Diese wurden vielmehr abrupt durch winterliche Sturmfluten verursacht, die tief ins Landesinnere vordrangen und die Küstenlinie nachhaltig veränderten. Bei solchen Ereignissen kam es ab 1200 zu einer Serie großer Fluten wie der Julianenflut 1164, der Marcellusflut 1219 (ca. 10.000 Tote), der Luciaflut 1287 (ca. 50.000 Tote) und der zweiten Marcellusflut 1362 (ca. 100.000 Tote). Auch wenn Historiker über die genauen Opferzahlen teilweise streiten, gelten massive Auswirkungen auf die Bevölkerung als unbestritten. So führten die Sturmfluten zu den Einbrüchen von Dollart und Jadebusen in Ostfriesland und zur Entstehung der Halligen als Überreste einer großen zusammenhängenden Landfläche in Nordfriesland (Liedtke und Marcinek, 2002). Nach den ersten Katastrophen reagierte die Bevölkerung mit einer Verlagerung der Wohnsiedlungen auf künstlich angelegte Erdhügel (Wurten). Damit setzte ein jahrhundertelanger und bis heute andauernder Anpassungsprozess ein. Wie aus der mittelalterlichen Rechtssammlung des Sachsenspiegels hervorgeht, wurde die kollektive Organisation des Küstenschutzes mit drastischen Maßnahmen erzwungen. Wer nicht bereit war, in gemeinschaftlicher Arbeit den Küstenschutz zu verbessern, wurde gewaltsam von seinem Land entfernt und enteignet. Die mutwillige Beschädigung von Deichanlagen wurde mit dem Tode bestraft. Die rigorosen Deichbaubestimmungen führten wiederholt zu Spannungen in der Bevölkerung und Arbeitsniederlegungen. Ab ca. 1500 gelang es der Bevölkerung, die Landverluste auszugleichen und den Trend sogar umzukehren (Kramer, 1989). Dennoch sah sich nach der Sturmflut von 1634 ein Viertel der Bevölkerung gezwungen, die Region dauerhaft zu verlassen. Sturmfluten stellen bis heute eine Gefahr für die Bewohner der deutschen und niederländischen Nordseeküste dar. Die letzten größeren Sturmflutkatastrophen ereigneten sich 1953 (Hollandflut, ca. 1.300 Tote) und 1962 (Hamburgflut, ca. 300 Tote).

Die Kleine Eiszeit (etwa 1550–1850)

Seit dem 14. Jahrhundert kam es weltweit zu einer langsamen, unregelmäßigen Abkühlung des globalen Klimas, die eine mittelalterliche Warmphase mit relativ mildem Klima in vielen Teilen der Nordhalbkugel beendete. Wirklich spürbar wurde diese sogenannte Kleine Eiszeit in Mitteleuropa ab dem Winter 1564–65. In den folgenden drei Jahrhunderten kam es zu mehreren Kaltphasen mit langen, schneereichen Wintern und kühlen, kurzen Sommern. Die Durchschnittstemperaturen lagen während der Kleinen Eiszeit in vielen Gebieten knapp 1°C unter dem Durchschnitt des 20. Jahrhunderts. Die letzte, abrupt einsetzende Kaltphase der Kleinen Eiszeit wurde durch den Ausbruch des indonesischen Vulkans Tambora im Jahre 1815 eingeleitet. Bei diesem größten Vulkanausbruch der letzten 2.000 Jahre gelangte so viel vulkanische Asche in die Stratosphäre, dass sich das globale Klima für mehrere Jahre veränderte. Besonders 1816 ging als das „Jahr ohne Sommer" in die Geschichte ein, mit sommerlichen Schneefällen in Nordeuropa und im amerikanischen Nordwesten. Die klimatischen Veränderungen führten in großen Teilen Europas zu einer Häufung von Missernten mit entsprechenden Auswirkungen auf die Preise von Getreide und weiteren Produkten (Lamb, 1995; Bauernfeind und Woitek, 1999; Landsteiner, 1999). Zu den historisch feststellbaren Auswirkungen im Bereich der Nahrungsmittelproduktion gehört auch eine Abnahme der Fischereierträge in der Nordsee aufgrund südwärts gerichteter Wanderungsbewegungen beispielsweise des Kabeljau. Vor allem in gebirgigen Gebieten kam es zu Einbußen bei der Weidewirtschaft, mit Folgen für die Nahrungsmittelerzeugung. Die allgemeine Verschlechterung der Ernten führte zu Mangelernährung. Abgesehen von Hungersnöten war damit auch eine erhöhte Anfälligkeit gegenüber Grippe- und Pestepidemien die Folge. Vor allem in den Alpen und in den gebirgigen Regionen Nordeuropas führten Hungersnöte, aber auch der Vorstoß von Gletschern und der damit verbundene Landverlust, zu Abwanderung in tiefer gelegene Gebiete. Jedenfalls mittelbar dürfte die klimabedingte Verschlechterung der Lebensumstände auch zur großräumigen Migration in die Neue Welt beigetragen haben. Durch Mitverursachung von Teuerungsschüben, Hungersnöten und Epidemien führten die klimatischen Bedingungen der Kleinen Eiszeit gemeinsam mit anderen Faktoren zudem zur Verschärfung sozialer Probleme. So wird unter anderem ein Zusammenhang zwischen dem Klimawandel und der seit dem 15. Jahrhundert einsetzenden Hexenverfolgungen hergestellt, indem in einer durch Naturkatastrophen hochgradig verletzlichen Gesellschaft eine Art kollektive Hysterie ausgebrochen sei (Behringer, 1999).

3.1.1.1
Die Toronto-Gruppe um Homer-Dixon

Das Toronto Project on Environment and Acute Conflict untersucht, ob und wie umweltbedingter Stress akute Konflikte sowohl innerhalb als auch zwischen Staaten verursacht. Um herauszufinden, wie durch Umweltprobleme induzierte Konflikte verlaufen, führte die Toronto-Gruppe qualitative Fallstudien zu Konflikten in Entwicklungsländern durch, in denen sie einen besonders engen Zusammenhang zwischen Umweltstress und akutem Konflikt vermutete. Homer-Dixon und Kollegen konzentrierten sich auf Umweltprobleme, die auf die Knappheit erneuerbarer Ressourcen und Umweltdienstleistungen zurückzuführen sind. Dabei wurden sechs Typen von Umweltveränderungen in den Blick genommen: Klimawandel, Abbau der stratosphärischen Ozonschicht, Degradation von Agrarland, Entwaldung, Degradation von Wasservorräten sowie Erschöpfung von Fischbeständen. Die Knappheit erneuerbarer Ressourcen nimmt somit eine zentrale Rolle in der Forschung der Toronto-Gruppe ein. Neben den Umweltveränderungen wirken Bevölkerungswachstum und ungleiche soziale Verteilung auf die Verfügbarkeit der Ressourcen ein. Verknappungen führen zunächst zu sozialen und wirtschaftlichen Problemen, die dann bestehende Konflikte eskalieren lassen können.

Die Toronto-Gruppe identifiziert zwei besonders häufig auftretende Konfliktmuster, die sich aus den Wechselwirkungen zwischen den genannten Ursachen von Ressourcenknappheit ergeben können. So kommt es erstens zur Aneignung von Ressourcen, wenn in einem Staat bei wachsender Bevölkerung und abnehmenden Ressourcen mächtige Bevölkerungsgruppen die Ressourcenverteilung zu ihren Gunsten beeinflussen. Zweitens kommt es zu ökologischer Marginalisierung, wenn Bevölkerungswachstum und ungleiche Verteilung zu Abwanderung in ökologisch fragile Regionen führen, was oft Umweltdegradation und Verarmung nach sich zieht. Beide Muster begünstigen zwei Typen innerstaatlicher Konflikte. Wenn Ressourcenknappheit, z.B. in Folge der Übernutzung landwirtschaftlicher Nutzflächen, umfangreiche Migration auslöst, können durch die Mobilisierung unterschiedlicher Gruppenidentitäten der Migranten und der Einheimischen Konflikte entstehen. Außerdem können Aufstände oder sogar Bürgerkriege ausbrechen, wenn Ressourcenknappheit zu wirtschaftlichem Niedergang führt und dabei zentrale soziale und staatliche Institutionen geschwächt werden.

Ein direkter Zusammenhang zwischen Ressourcenknappheit und der gewalttätigen Eskalation von Konflikten konnte nicht nachgewiesen werden. Jedoch weisen die Studien der Toronto-Gruppe darauf hin, dass umweltbedingte Ressourcenknappheit im Wechselspiel mit politischen, ökonomischen und sozialen Faktoren durchaus zur konfliktträchtigen Destabilisierung von Staaten und Gesellschaften führen kann und dass die Zerstörung und Verknappung von Umweltressourcen bereits in vielen Entwicklungsländern zur Dynamik gewaltsamer Konflikte beigetragen hat. Darüber hinaus konnte die Toronto-Gruppe zeigen, dass bei innerstaatlichen Konflikten um Fischbestände, Wälder, Wasser und Agrarland die Eskalationsgefahr relativ höher war als bei globalen Problemen wie Klimawandel und Ozonabbau. Ein Zusammenhang zwischen Ressourcenknappheit und zwischenstaatlichen Konflikten konnte mit Ausnahme von Wasserkonflikten nicht belegt werden (Homer-Dixon, 1990, 1991, 1994, 1999).

3.1.1.2
Die Zürich-Gruppe um Bächler und Spillmann

Das ENCOP-Projekt legte 1996 einen Abschlussbericht vor, der ebenfalls auf qualitativen Fallstudien basiert (Bächler et al., 1996; Bächler und Spillmann, 1996a, b). Untersucht wurden Entwicklungsländer, in denen sowohl Umweltprobleme als auch bewaffnete Konflikte zu beobachten sind.

Die Grundannahme des ENCOP ist, dass Umweltveränderungen indirekt zu Konflikten führen können, indem sie vorhandenes sozioökonomisches Konfliktpotenzial bis hin zu gewaltsamer Eskalation verschärfen. Konflikte sind demnach in erster Linie sozial bzw. politisch motiviert und keine unumkehrbare Folge von Umweltveränderungen. Die umweltbedingte Verschärfung von Konflikten ist vielmehr ein Symptom der Modernisierungskrise, die in vielen Ländern mit der Transformation von der Subsistenz- zur Marktwirtschaft einhergeht.

Ziel des ENCOP war insbesondere die Erstellung einer Konflikttypologie, welche die Art der Umweltdegradation mit den sozioökonomischen Folgen und den betroffenen Konfliktparteien verknüpft. Aus der Analyse von 40 Umweltkonflikten wurden so die Kategorien Zentrum-Peripherie-Konflikte, ethnopolitisierte Konflikte, regionalisierte, grenzüberschreitende und demographisch verursachte Migrationskonflikte sowie internationale Wasserkonflikte und Fernwirkungskonflikte entwickelt.

Die ENCOP-Typologie zeigt, dass letztlich andere Kontextfaktoren als die Wirkungen von Ressourcendegradation darüber entscheiden, ob konkurrierende Akteure statt einer friedlichen eine gewaltsame Konfliktlösung suchen. Zu den wichtigsten sozioökonomischen Einflussfaktoren, die umweltbedingte Konflikte begünstigen, zählt die Zürich-

Gruppe dabei den Mangel an gesellschaftlichen Konfliktregulierungsmechanismen, die Instrumentalisierung der Umweltdegradation für gruppenspezifische Interessen, Gruppenidentitäten, die Organisation und Bewaffnung der Konfliktparteien sowie die Überlagerung durch einen historischen Konflikt. Die Typologie wurde von der ENCOP-Gruppe in zwei Folgeprojekten mit dem Ziel angewandt, geeignete Kooperations- und Managementverfahren in konfliktträchtigen Situationen am Horn von Afrika (ECOMAN) und im Nilbecken (ECONILE) zu entwickeln (Bächler, 1998).

Auf den Forschungsarbeiten des ENCOP aufbauend, gründeten Spillmann und Bächler 2001 das National Centre of Competence in Research (NCCR) North-South als ein breit angelegtes Forschungsprogramm, das die Eingrenzung der Syndrome globalen Wandels zum Ziel hat. Neben einer systematischen Analyse der im Spannungsfeld zwischen Umwelt und gesellschaftlicher Entwicklung liegenden Kernprobleme sollen insbesondere Möglichkeiten der Problembewältigung identifiziert werden. Die insgesamt 30 im Rahmen des NCCR North-South definierten Kernprobleme werden in fünf Kategorien eingeteilt. So sind z.B. Kernprobleme wie Regierungsversagen oder die schwache geopolitische Stellung eines Landes in der Kategorie „politisch-institutionelle Kernprobleme" zusammengefasst. Des Weiteren wurden die Kategorien „soziokulturelle und ökonomische Kernprobleme", „Bevölkerung, Lebensraum und Infrastruktur", „Dienstleistungen und Landnutzung" sowie „biophysikalische und ökologische Kernprobleme" gebildet. Diese Kategorien werden in Fallstudien angewandt, um die relative Gewichtung einzelner Kernprobleme innerhalb einer Region zu identifizieren. Im Rahmen des vorliegenden Gutachtens diente die Kategorisierung des NCCR als Grundlage der Erstellung einer Weltkarte der Umweltkonflikte (Kap. 3.2).

3.1.1.3
Die Oslo-Gruppe um Gleditsch

Unter Federführung von Gleditsch entwickelte sich am International Peace Research Institute Oslo (PRIO) aus der kritischen Auseinandersetzung mit den Arbeiten aus Toronto und Zürich ein eigenständiger quantitativer Forschungsansatz. Dieser will sowohl der Überkomplexität der qualitativen Modelle als auch den Defiziten bei der Fallauswahl entgegenwirken, insbesondere der Tendenz, vor allem Länder mit akuten Ressourcenkonflikten zu untersuchen (Gleditsch, 1998). Robuste Aussagen über den Einfluss verschiedener Faktoren auf bewaffnete Konflikte können demnach nur dann getroffen werden, wenn Fälle, in denen Ressourcenkonflikte gewaltsam ausgetragen werden, mit solchen verglichen werden, in denen eine gewaltsame Eskalation ausbleibt. Politische, ökonomische und kulturelle Variablen sind demzufolge gegenüber Umweltfaktoren noch stärker zu gewichten als in den Modellen aus Toronto und Zürich (Hegre et al., 2001). Explizit wird ferner der der Toronto-Gruppe inhärente „Neo-Malthusianismus" kritisiert, wonach zunehmender Bevölkerungsdruck in Verbindung mit Ressourcenknappheit zu Konflikteskalation führt. Demgegenüber argumentiert die Oslo-Gruppe, dass ein Überfluss an Ressourcen eher zu gewalttätigen Konflikten führt, weil sich z.B. auch Rebellengruppen über die Ausbeutung natürlicher Ressourcen finanzieren.

Wie zuvor die Studien der Toronto-Gruppe und des ENCOP bestätigen die quantitativen Studien der Oslo-Gruppe grundsätzlich einen Zusammenhang zwischen Umweltproblemen und bewaffneten Konflikten (Hauge und Ellingsen, 1998; Diehl und Gleditsch, 2000). Zugleich betont dieser Ansatz aber deutlich stärker, dass Umweltstress nur eine von mehreren Variablen ist, die dazu beitragen kann, dass Konflikte eskalieren. Während Umweltfaktoren wie Entwaldung, Bodendegradation oder Wasserknappheit das Risiko innerstaatlicher Gewaltkonflikte zwar erhöhen, bleiben ökonomische und politische Faktoren maßgeblich, um den Ausbruch bzw. die Intensität solcher Konflikte erklären zu können (Hauge und Ellingsen, 1998). Zudem ist denkbar, dass so genannte Umweltkonflikte letztlich auf Entwicklungsprobleme zurückzuführen sind, weil die Faktoren Entwaldung, Bodendegradation und Wasserknappheit stark mit Armut verknüpft sind.

3.1.1.4
Die Irvine-Gruppe um Matthew

Am Center for Unconventional Security Affairs der University of California in Irvine entstand unter der Leitung von Matthew das Global Environmental Change and Human Security Project (GECHS). Ausgehend vom Konzept der menschlichen Sicherheit werden hier die Auswirkungen von Umweltveränderungen auf Individuen und Gesellschaften erforscht. Die Kritik der Irvine-Gruppe an der bisherigen Umweltkonfliktforschung zielt dabei auf eine theoretische Neuausrichtung, die stärker auf die langfristige Anpassungsfähigkeit von Menschen und Gesellschaften fokussiert. Der bisherigen Forschung mangelt es vor allem an qualitativen Zugängen zum Thema Umwelt und Konflikt. So bedarf es einer Erweiterung der Methoden und Instrumente beispielsweise in Form interdisziplinärer Zusammenarbeit, dem Einbezug der Konflikt- und Kooperationsforschung sowie Mikroanalysen, um die wesentlichen Zusammenhänge und Wirkungen besser zu verstehen. Darüber hinaus fehlt es auch an quantifizierbarer empirischer Forschung zur Relevanz des demographischen Faktors, der Frage, ob eher Ressourcenüberfluss oder Ressourcenknappheit konfliktträchtig sind und ob Umweltdegradation statt konfliktverschärfend nicht sogar eher kooperationsfördernd wirkt.

Darüber hinaus betont die Irvine-Gruppe die Rolle von „Netzwerk-Bedrohungen" für die zukünftige Umweltsicherheitsforschung. Darunter werden transnationale Bedrohungen von Sicherheit verstanden, die durch ein informelles, transnationales Netz individuellen Verhaltens entstehen, wie beispielsweise im Fall des Klimawandels die Entscheidung über die eigene Energienutzung (Matthew und Fraser, 2002; Matthew und McDonald, 2004; Matthew et al., 2004). Laut Matthew und Kollegen kann die Umweltkonfliktforschung zu einer besseren Politikberatung beitragen, indem sie Umweltschutzstrategien identifiziert, die kooperationsfördernd wirken, umwelt- und entwicklungspolitische Ansätze integriert, Umweltsicherheit bei der Städteplanung und -entwicklung berücksichtigt, das Verständnis von Umweltpolitik in Post-Konflikt-Situationen vertieft sowie die Wirksamkeit und Nachhaltigkeit politischer Interventionen bewertet.

3.1.1.5
Die deutsche Forschungslandschaft und der syndromanalytische Ansatz des WBGU

In der deutschen Konfliktforschung wurde die internationale Debatte um eine Erweiterung des Sicherheitsbegriffs gerade auch im Hinblick auf eine Versicherheitlichung der Umweltpolitik kritisch begleitet (Daase, 1991, 1992; Brock, 1992, 1998) und ab der zweiten Hälfte der 1990er Jahre auch von der auf das Politikfeld Umwelt spezialisierten Forschung aufgegriffen. Exemplarisch dafür sind die Arbeiten von Carius und Kollegen (Carius und Lietzmann, 1998; Carius et al., 1999, 2001; Carius, 2003; Carius und Dabelko, 2004) sowie insbesondere auch der maßgeblich von Biermann, Petschel-Held und Rohloff (1998) entwickelte syndromanalytisch-konflikttheoretische Ansatz.

Dieser innovative Ansatz basiert auf einer Kombination des unter Federführung des WBGU vor allem am Potsdam Institut für Klimafolgenforschung (PIK) entwickelten syndromanalytischen Ansatzes mit dem Konflikt-Simulations-Modell (KOSIMO) des Heidelberger Instituts für Internationale Konfliktforschung, wobei quantitative als auch qualitative Methoden herangezogen werden. Die so vom WBGU identifizierten 16 Syndrome globaler Umweltveränderungen bezeichnen spezifische dynamische Muster von Mensch-Umwelt-Interaktionen, welche in ihrer Summe die Hauptprobleme des Globalen Wandels erfassen (WBGU, 1996, 1998, 2000).

Durch die Verknüpfung mit dem KOSIMO-Ansatz können diese Syndrome als Beispiele für potenziell konfliktträchtige Umweltsituationen mit den vorliegenden empirischen Befunden korreliert werden. Auf diese Weise konnte vor allem die Relevanz des Sahel-Syndroms für gewaltsame innerstaatliche Konflikte bestätigt werden. Die entsprechende Auswertung der KOSIMO-Datenbank deutet auf eine deutliche Korrelation zwischen gewaltsam ausgetragenen sozialen Konflikten und dem für das Sahel-Syndrom typischen Teufelskreis aus zunehmender ländlicher Verarmung, Intensivierung der Landwirtschaft auf niedrigem Niveau und schwindenden natürlichen Ressourcen hin. Tatsächlich sind überdurchschnittlich viele der von der Dynamik des Sahel-Syndroms stark betroffenen Staaten auch von inner- oder zwischenstaatlichen Gewaltkonflikten betroffen, wobei der deutlichste Zusammenhang bei den Sahel-Anrainern Senegal, Niger, Algerien, Burkina Faso und Mali beobachtet wurde. Es fehlen allerdings Studien beispielsweise über die Mongolei, wo eine hohe Kritikalität des Sahel-Syndroms nicht zur gewaltsamen Eskalation von Konflikten geführt hat. Annahmen über eine hohe Wahrscheinlichkeit zwischenstaatlicher „Wasserkriege" konnten hingegen durch den syndromanalytisch-konflikttheoretischen Ansatz nicht eindeutig bestätigt werden (Carius et al., 2006).

Insgesamt betrachtet lässt sich mit diesem Ansatz die Konfliktträchtigkeit spezifischer Syndrome einschätzen. Anders als beispielsweise im induktiv arbeitenden ENCOP-Projekt der Zürich-Gruppe werden die als kritisch bewerteten Umweltsituationen nicht von beobachteten Konflikten her ermittelt und typisiert, sondern unabhängig von den Konflikten. Da somit auch solche Umweltsituationen einbezogen werden, die als kritisch gelten können, ohne zu Konflikten geführt zu haben, wird es überhaupt erst möglich, plausible Aussagen über die Wahrscheinlichkeit umweltinduzierter Konflikte zu treffen (Carius et al., 2006). Dies stellt einen erheblichen Fortschritt gegenüber der bisherigen Umweltkonfliktforschung dar und unterstreicht den besonderen Wert interdisziplinärer Forschung bei der Analyse von Umweltveränderungen im Kontext globaler Politikprozesse.

3.1.1.6 Grundsätzliche Kritik an der Umweltkonfliktforschung

Parallel zur Entwicklung des beschriebenen empirisch-analytischen Forschungszweigs wurden in der wissenschaftlichen Debatte auch kritische Stimmen laut, welche die Thematisierung ökologischer Probleme im Rahmen sicherheitspolitischer Diskurse ganz grundsätzlich in Frage stellen (Deudney, 1990, 1991; Brock, 1992; Levy, 1995). So argumentieren zum Beispiel Daase oder Brock, dass überfrachtete Konzepte wie etwa ökologische Sicherheit weder als Mittel zur wissenschaftlichen Beschreibung noch zur Erklärung neuer konfliktrelevanter Entwicklungen taugen. Die analytische Unschärfe solcher Ansätze steht der empirischen Unterscheidungsfähigkeit entgegen, setzt einschlägige Politikfelder gleich und suggeriert darüber hinaus eine Identität von Eigen- und Allgemeininteresse (Daase, 1992, 1996; Brock, 1992, 1997, 2004). Ökologische Sicherheit ist demnach weniger eine theoretische Innovation als vielmehr eine Leerformel, die unterschiedliche politische Agenden bedient. Die Diskussion um ökologische Sicherheit kann so insbesondere der Legitimation neuer militärischer Einsatzbereiche dienen, das Akzeptanzproblem der Streitkräfte mindern und repressive Tendenzen im Politikfeld Innere Sicherheit befördern. Neben der präventiven Konfliktregelung ist das Bestreben um ökologische Sicherheit somit auch ein Mittel zur Legitimierung von Gewalt. Die Kritiker plädieren stattdessen für eine Friedens- und Konfliktforschung, die den Begriff der Sicherheit vermeidet, um der politischen Instrumentalisierung des Konzeptes vorzugreifen und der Komplexität des Umweltwandels besser gerecht werden zu können.

Fundamentale Kritik an der Idee ökologischer Sicherheit wurde auch im Rahmen des Nord-Süd-Diskurses geäußert, in dem auf eine unangemessene „Kolonialisierung von Umweltproblemen" durch den Sicherheitsdiskurs hingewiesen wurde (Barnett, 2000; Dalby, 2002). Die Literatur zur ökologischen Sicherheit suggeriert aus Sicht dieser Kritiker, dass vom unterentwickelten Süden eine physische Bedrohung für den wohlhabenden Norden ausgehe, wonach Bevölkerungsexplosion, Migration und Ressourcenverknappung notwendigerweise zu Verteilungs- und Interessenkonflikten führe, die nur militärisch zu lösen seien. Die Industrieländer stünden dabei im Verdacht, derartige Bedrohungsszenarien auszunutzen, um gegen den „unzivilisierten" Süden vorzugehen und die eigenen Grenzen abzuschotten. Hier werde demnach deutlich, dass ökologische Sicherheit weniger der Sicherheit der Menschen vor Ort, als vielmehr den nationalen Interessen der industrialisierten Welt verpflichtet sei. Die tatsächlichen Ursachen und die Verursacher der Umweltprobleme ebenso wie die großen Ungerechtigkeiten bei der globalen Nutzung und Verteilung der natürlichen Ressourcen würden vielmehr im Sinn einer Absicherung des machtpolitischen Status quo verschleiert.

Nicht zuletzt bemängeln die Kritiker auch die Prämisse, dass Umweltveränderungen überhaupt zu Konflikten führen müssen. Dieser einseitige Fokus verhindert eine genauere Betrachtung der Prozesse und Anpassungsmechanismen und führt daher unweigerlich zu einer Dramatisierung der Problematik. Kritisiert wird in diesem Zusammenhang insbesondere auch ein der Debatte inhärenter Determinismus. Dieser suggeriert, dass die Umwelt als solche Konflikte auslösen kann, welche jedoch immer nur als Produkte komplexer sozialer Beziehungen zu begreifen sind (Hagmann, 2005). Es bedarf daher einer grundsätzlich anderen Forschungsausrichtung: weg vom Krieg, hin zum Frieden; weg vom Konzept der Sicherheit, hin zum Konzept der Nachhaltigkeit; weg von einseitigen und deterministischen Betrachtungen, hin zu holistischen Analysen.

3.1.1.7 Kernbefunde der Umweltkonfliktforschung

Die Literatur, die grundsätzlich die sicherheitsbezogene Herangehensweise an die Umweltproblematik in Frage stellt, verweist explizit auf die Ambivalenz der konzeptionellen Verknüpfung von Umwelt und Sicherheit und auf das Potenzial zur politischen Instrumentalisierung. Sie leistet damit einen wichtigen Beitrag zur kritischen Selbstreflexion politikrelevanter Forschung und kann die theoretischen Ansätze der empirischen Umweltkonfliktforschung sinnvoll ergänzen. Jenseits dieser grundsätzlichen Einwände gegenüber der Umweltkonfliktforschung und teilweise scharfen Kritik an den Prämissen und Methoden lässt sich ein erhebliches Maß an Übereinstimmung in den zentralen Forschungserkenntnissen feststellen:

- *Multikausalität*: Alle Ansätze betonen die Multikausalität der jeweils beobachteten Konflikte. Es besteht demnach ein Konsens, dass Umweltdegradation stets nur eine von mehreren komplex zusammenhängenden Konfliktursachen darstellt, wobei Umweltdegradation nur selten das für den Konflikt maßgebliche Element zu sein scheint.
- *Lokalität:* Es herrscht ein Konsens über die Lokalität der als Umweltkonflikte in Betracht kommenden Auseinandersetzungen. Es handelt sich ganz vorwiegend um innerstaatliche Konflikte und selbst dort, wo sie als grenzüberschreitende Konflikte einzuordnen sind, sind es in der Regel keine

klassischen zwischenstaatlichen Konflikte im Sinn großflächiger Kriege zwischen Staaten, sondern regional begrenzte Auseinandersetzungen, beispielsweise zwischen Anliegern eines Grenzgewässers.
- *Problemlösungsfähigkeit:* Schließlich betonen alle Ansätze die zentrale Rolle der Problemlösungsfähigkeit des Staats und der jeweiligen Gesellschaften bezüglich der Entstehung bzw. Bewältigung von Konflikten: Wo politische und soziale Institutionen schwach ausgebildet sind, ist die Konfliktwahrscheinlichkeit relativ höher. Zukünftige Krisenherde werden deshalb vor allem in Ländern und Regionen vermutet, die hinsichtlich ihrer Problemlösungskapazität als problematisch eingestuft werden.

Umweltprobleme als unmittelbare Kriegsursache, d.h. „Umweltkriege" als äußerste Form zwischenstaatlicher Konflikte, sind bisher nicht beobachtet worden. Ein Nachweis über eindeutige kausale Zusammenhänge zwischen Umweltveränderungen und gewaltsamen zwischenstaatlichen Konflikten konnte bisher zumindest nicht erbracht werden. Augenfällig sind zudem Beispiele, in denen die Lösung von Umweltproblemen zu konstruktiv-kooperativem Verhalten zwischen grundsätzlich verfeindeten Parteien geführt hat (z.B. Wassernutzung zwischen Israel und Palästina oder ägyptisch-israelische Zusammenarbeit im Rahmen des Mediterranen Aktionsplans). Dass Umweltdegradation destabilisierende und somit konfliktfördernde Auswirkungen haben kann, ist damit jedoch keinesfalls ausgeschlossen und bleibt plausibel, wie sich auch anhand verschiedener Konflikte aus der jüngeren Vergangenheit zeigen lässt.

3.2 Weltkarte bisheriger Umweltkonflikte

3.2.1 Ressourcenkonflikte um Land, Boden, Wasser und biologische Vielfalt

Auf der Grundlage von 73 empirisch gut erfassten Konflikten, die sich im Zeitraum zwischen 1980 und 2005 ereignet haben und bei denen Umweltprobleme bezüglich Wassernutzung, Landnutzung, biologischer Vielfalt und Fischressourcen eine zentrale Rolle spielten, wird eine Weltkarte mit Umweltkonflikten der jüngeren Vergangenheit vorgestellt (Abb. 3.2-1). Sie illustriert das für den Konflikt relevante Umweltproblem, die geographische Verteilung der 73 Fälle sowie deren Intensität. Mit Blick auf die Intensität wird vereinfachend zwischen vier Ausprägungsformen unterschieden: (1) diplomatische Krisen; (2) Proteste, die gewaltförmig sein können; (3) Gewaltkonflikte nationaler Tragweite; (4) Konflikte, die durch systematische, kollektive Gewaltanwendung gekennzeichnet sind. Bei der Interpretation der Karte ist Vorsicht geboten, verallgemeinerbare Aussagen sind nur schwierig zu treffen. Es lässt sich aber zum Beispiel erkennen, dass in Europa ausschließlich diplomatische Krisen beobachtet wurden, d.h. keiner der erfassten Interessenkonflikte um Umweltgüter gewaltsam eskalierte (Carius et al., 2006).

Mit Blick auf die konfliktverursachenden Umweltprobleme zeigt sich, dass Bodendegradation und Wasserknappheit eng miteinander verzahnt sind (Houdret und Tänzler, 2006). Zur besseren Visualisierung wurden Konstellationen, in denen Bodendegradation oder Landnutzungskonflikte beobachtet wurden, unter einer Kategorie zusammengefasst. Ferner wurden Staudammprojekte dieser Kategorie zugeordnet, wenn sie mit Umsiedlungsmaßnahmen und Landbesitzverlusten einhergingen. Auch wenn Staudammprojekte häufig Wasserknappheit nach sich ziehen, zählen sie doch in erster Linie zu den Landnutzungskonflikten (Carius et al., 2006).

Zur Veranschaulichung werden hier einige Beispiele aus Zentralamerika und der Karibik sowie aus Afrika erwähnt. So fällt mit Blick auf die der Konflikteskalation zugrunde liegenden Ressourcenproblematik auf, dass es sich in Zentralamerika ganz überwiegend um Landnutzungskonflikte handelt (Abb. 3.2-2). Teilweise waren diese mit umfassenden Vertreibungen und der Abholzung von Wäldern verbunden. In drei der für die Region erfassten sieben Konflikte kann dabei von systematischer bzw. kollektiver Gewalt gesprochen werden. In El Salvador kamen dabei 70.000, in Guatemala etwa 200.000 Menschen ums Leben. Der Konflikt um Landnutzungsrechte in El Salvador ist vor dem Hintergrund der Konfliktgeschichte von El Salvador und Honduras zu sehen und veranschaulicht exemplarisch die Multikausalität der Konflikte. Die Konfliktentwicklung verdeutlicht ferner, wie sich Konflikte um eine bestimmte Umweltressource räumlich ausdehnen und auch internationalisieren können (Carius et al., 2006).

Auch in den südamerikanischen Beispielen geht es vielfach um Landkonflikte, die dort eng mit dem Problem der Bodendegradation zusammenhängen und teilweise auch durch den Verlust biologischer Vielfalt überlagert werden. Das betrifft vor allem indigene Bevölkerungsgruppen (Carius et al., 2006).

In Afrika wiederum weisen die meisten der insgesamt 22 erfassten Fälle deutliche Zusammenhänge von Bodendegradation und Wasserverknappung auf (Abb. 3.2-3). Beide Formen der Umweltveränderung wirken als Treiber von Binnenmigration, was in manchen Fällen zu einem „Export" von Konflikten in

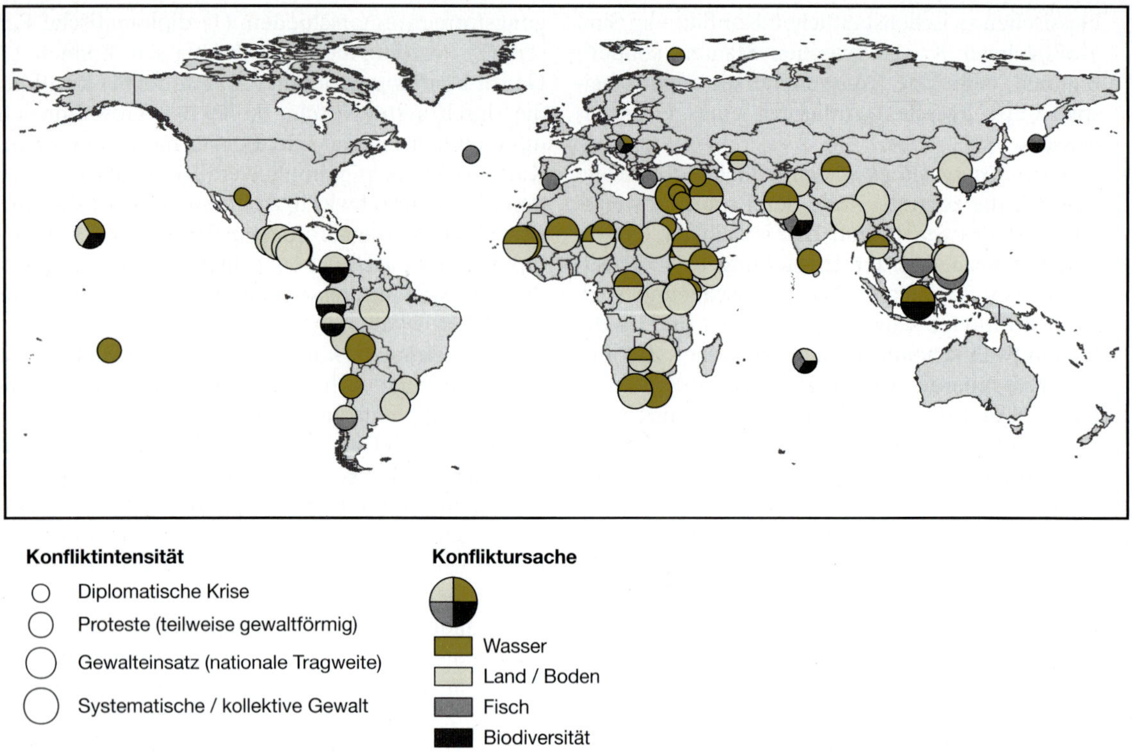

Abbildung 3.2-1
Weltkarte von Umweltkonflikten (1980–2005): Ursachen und Intensität.
Quelle: Carius et al., 2006

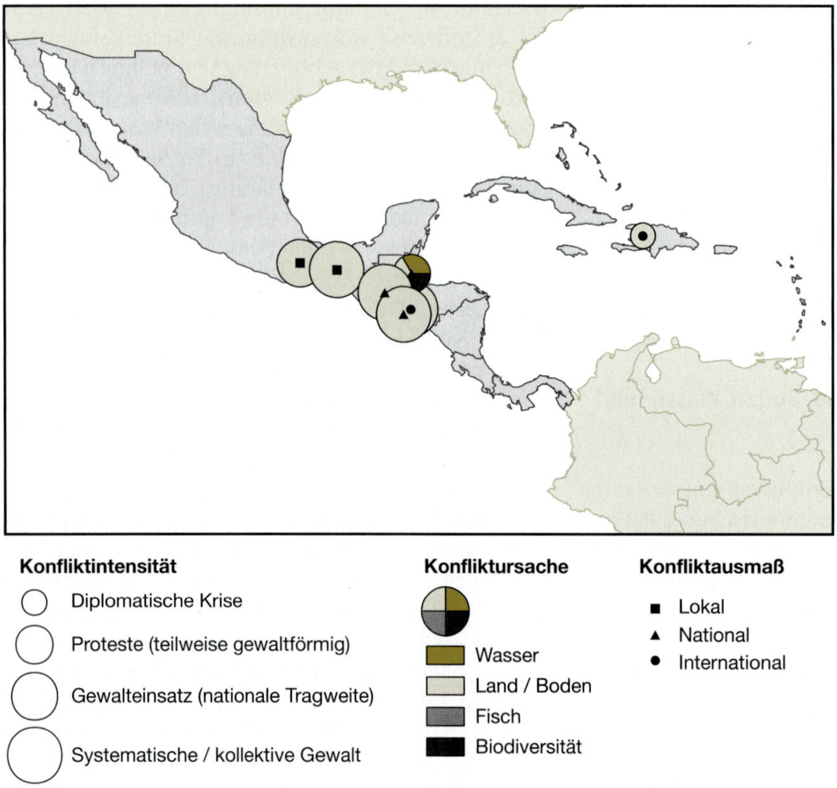

Abbildung 3.2-2
Umweltkonflikte in Zentralamerika und der Karibik (1980–2005).
Quelle: Carius et al., 2006

Abbildung 3.2-3
Umweltkonflikte in Afrika (1980–2005).
Quelle: Carius et al., 2006

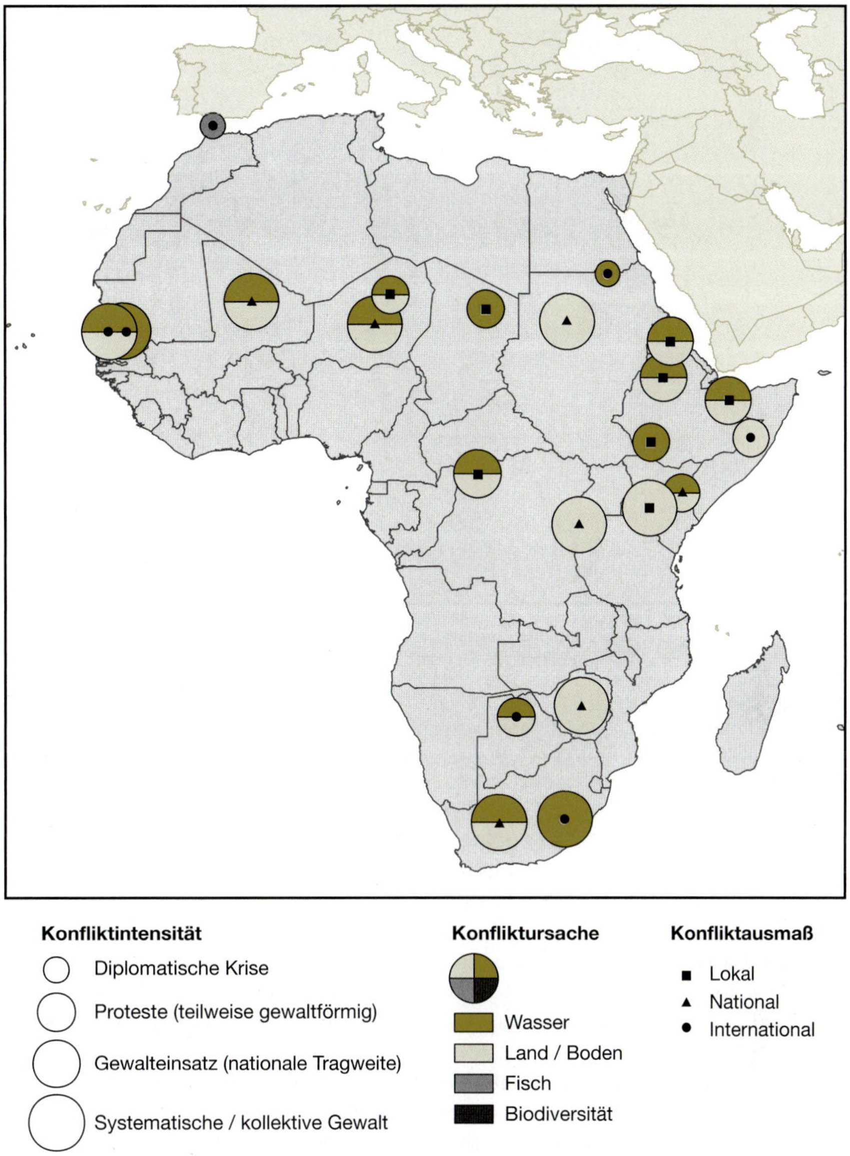

angrenzende Länder und Regionen geführt hat. Derartige Konflikte finden sich verteilt über den gesamten Sahelraum, wobei es vielfach zum Einsatz systematischer und kollektiver Gewalt kam. Als ein wichtiger Faktor für die in dieser trockenen Region typischen Konflikte konnten Landverteilungsfragen bzw. ungerechte Landverteilung identifiziert werden (Carius et al., 2006).

3.2.2
Konfliktwirkung von Sturm- und Flutkatastrophen

In Anbetracht der steigenden Risiken durch Sturm- und Flutkatastrophen wurde untersucht, in welchen historischen Fällen solche Katastrophen positive oder negative Auswirkungen auf den Verlauf von Konflikten hatten. Hierfür wurde die Datenbank des Collaborating Centre for Research on the Epidemiology of Disasters (CRED, 2006) der Weltgesundheitsorganisation (WHO) nach allen Sturm- und Flutkatastrophen seit 1950 mit mindestens 1.000 Todesopfern als Grundlage genommen. Es konnten 171 Fälle identifiziert werden, die anhand von Zeitungsberichten, Fachliteratur aus der Katastrophenforschung und historischen Arbeiten auf ihre Konfliktwirksamkeit untersucht wurden. Trotz überaus lückenhafter Informationslage bei Katastrophen vor Mitte der 1990er Jahre, konnten 12 Sturm- und Flutkatastrophen eindeutig in Zusammenhang mit der Verschärfung von Konflikten, gewalttätigen Unruhen und/oder politischen Krisen gebracht werden.

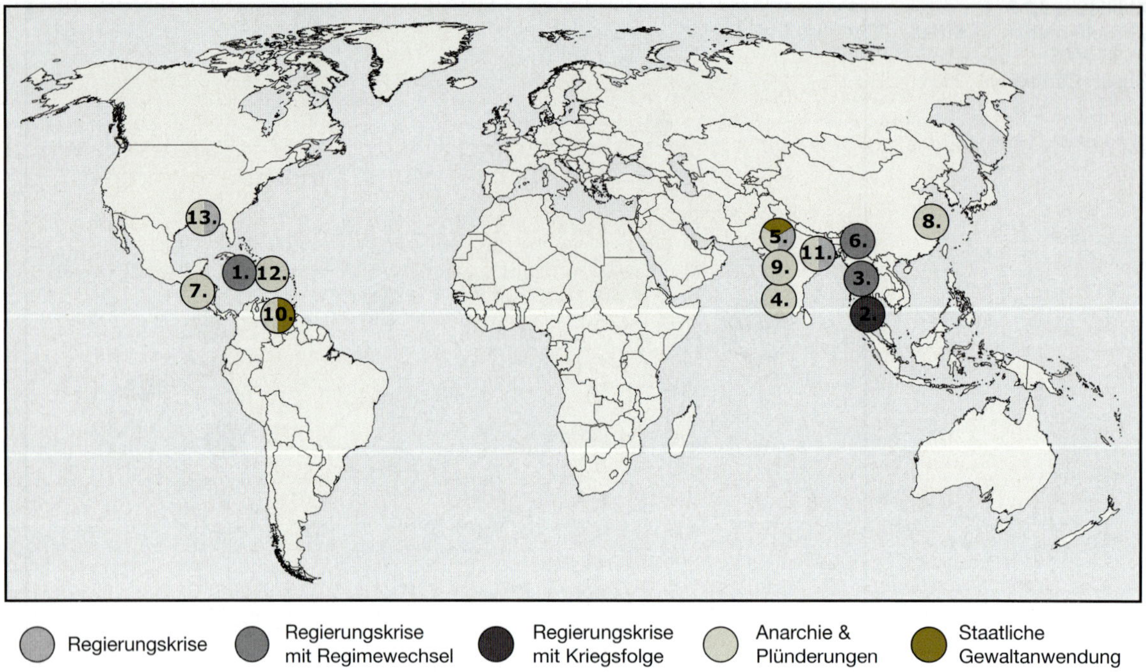

Abbildung 3.2-4
Sturm- und Flutkatastrophen mit Destabilisierungs- und Konfliktfolgen.
* In diesen Fällen führten Katastrophen zu einer Verschärfung bereits bestehender Spannungen.
Quelle: WBGU

1*. **Hurrikan Hazel in Haiti, 1954:** Die Veruntreuung internationaler Hilfsgelder führte zu weit verbreitetem Unmut in der Bevölkerung. Als in dieser Situation der Präsident den Versuch unternahm, seine Amtszeit zu verlängern, kam es zum Generalstreik und der Ausrufung des Kriegsrechts. Der Präsident war schließlich gezwungen, das Land zu verlassen. Es folgte ein einjähriges politisches Chaos.

2*. **Taifun in Ostpakistan, 1970:** In Ostpakistan (heute Bangladesch) fielen einem Taifun 300.000 Menschen zum Opfer. Die Unzufriedenheit über mangelnde Hilfsmaßnahmen der Regierung führte zu einer Stärkung der separatistischen Opposition. Die Regierung reagierte mit Repression und Gewalt. Es folgte ein Bürgerkrieg mit ca. 3 Mio. Todesopfern. 1971 wurde Bangladesch unabhängig.

3*. **Überschwemmung und Taifun in Bangladesch, 1974:** Zusätzlich zu den 30.000 Todesopfern löste die Vernichtung eines Großteils der Reisernte eine Hungersnot aus. In der ohnehin angespannten politischen Lage rief die Regierung nach den Katastrophen den Notstand aus und begründete eine präsidiale Diktatur. Im selben Jahr wurde der Präsident vom Militär ermordet. Es folgte eine militärische Übergangsregierung.

4. **Überschwemmung in Orissa (Indien), 1980:** Beim Sammeln von Spenden für Flutopfer entzündete sich ein Konflikt zwischen Studenten und Unternehmern. In der Folge kam es zu schweren Krawallen mit mindestens 34 Verletzten und mehreren hundert Festnahmen.

5. **Überschwemmung in Bihar (Indien), 1987:** Auf die Plünderung von Hilfslieferungen durch Überlebende reagierte die Polizei mit dem Einsatz von Gewalt. Wiederholt wurde mit Knüppeln gegen Plünderer vorgegangen. In einem Fall schoss die Polizei in die Menschenmenge. Der Regierung wurde schweres Versagen vorgeworfen.

6*. **Überschwemmung in Bangladesch, 1988:** In der Folge der Katastrophe verschärfte sich der Widerstand gegen die Regierung. Es kam zu Unruhen unter der Führung der Oppositionsparteien. Es folgte ein zweijähriges politisches Chaos, das schließlich zum Sturz des Präsidenten führte.

7. **Hurrikan Mitch in Nicaragua und Honduras, 1998:** Aufgrund der schlechten Versorgungslage in den Katastrophengebieten kam es in Nicaragua zur Plünderung von Lebensmitteln. Eine bewaffnete Gruppe drang in eine Lagerhalle mit internationalen Hilfsgütern ein. Die Polizei reagierte mit Festnahmen. In Honduras verhängte die Regierung eine Ausgangssperre und wies die Armee an, uneingeschränkt gegen Plünderer vorzugehen.

8. **Überschwemmungen des Jangtse in Anhui (China), 1998:** Aus offiziellen Verlautbarungen geht hervor, dass ein Abgleiten in anarchische Zustände befürchtet wurde. Die Regierung wies lokale Behörden an, die öffentliche Ordnung mit einer erhöhten Präsenz von Sicherheitskräften aufrechtzuerhalten und Kriminalität schwer zu bestrafen.

9. **Taifun in Orissa und Westbengalen (Indien), 1999:** Ausgehungerte Überlebende plünderten vielerorts Hilfskonvois. Eine Gruppe von Politikern wurde von Überlebenden attackiert, als sie sich ein Bild von der Lage machen wollte. Die Gruppe konnte nur knapp mit ihrem Helikopter entkommen.
10. **Überschwemmungen und Erdrutsche in Venezuela, 1999:** Nach einer der schwersten Naturkatastrophen Lateinamerikas kam es vielerorts zu Plünderungen. Zum Schutz von Lebensmittellieferungen feuerten Soldaten Warnschüsse ab. Bei der Wiederherstellung der öffentlichen Ordnung kam es nach Berichten von Menschenrechtsorganisationen zur standrechtlichen Erschießung vermeintlicher Plünderer.
11. **Überschwemmungen in Westbengalen (Indien), 2000:** Aufgrund der zögerlichen Verteilung von Hilfslieferungen kam es zu Plünderungen von Zügen, Hilfskonvois, Angriffen auf Helfer und der Entwendung von Lastwagen der Katastrophenhilfe. Um einen Hilfskonvoi zu schützen, feuerten Polizisten Warnschüsse ab. Auf der politischen Ebene kam es zu Schuldzuweisungen gegen die Regierung des Bundesstaats.
12. **Hurrikan Ivan in Haiti, 2004:** Bei der Verteilung internationaler Hilfsgüter kam es zu gewalttätigen Ausschreitungen, Plünderungen von Konvois und der gewalttätigen Entwendung von Lastwagen. Bewaffnete Banden stellten während des gesamten Nothilfeeinsatzes ein großes Sicherheitsproblem dar.
13. **Hurrikan Katrina in New Orleans (USA), 2005:** Katastrophenopfer entwendeten vielerorts lebensnotwendige Waren aus Geschäften. Es gab Berichte über Bandenwesen und Gewaltkriminalität. Die öffentliche Ordnung konnte nur mit Hilfe bewaffneter Nationalgardisten wiederhergestellt werden. Das unzureichende Katastrophenmanagement stürzte die Regierung in eine Vertrauenskrise.

ein Ereignis aus dem Jahre 1954 in Haiti dar, der aufgrund von weniger als 1.000 Todesopfern nicht aus dem definierten Analyseraster hervorgeht, aber dennoch ein wichtiges Fallbeispiel darstellt (Abb. 3.2-4).

In mehreren Fällen lösten Sturm- und Flutkatastrophen innenpolitische Krisen aus. Das wohl folgenschwerste Ereignis war in diesem Zusammenhang ein Taifun in Bengalen im Jahr 1970 mit geschätzten 300.000–500.000 Todesopfern. Am stärksten betroffen war das heutige Bangladesch, das zu dieser Zeit Teil des pakistanischen Staatsgebiets war (Ostpakistan) und politisch und militärisch vom Westteil des Landes (Westpakistan) dominiert wurde. Die Unzufriedenheit über mangelnde Hilfsmaßnahmen der pakistanischen Zentralregierung und die scheinbare Indifferenz der politischen Führung gegenüber dem menschlichen Leid führten zu einer Stärkung der oppositionellen separatistischen Bewegung und offen vorgetragenen Unabhängigkeitsbestrebungen. Als 1970 bei den Wahlen zur Nationalversammlung die separatistische Awami League als klarer Sieger in Ostpakistan hervorging, reagierte die Zentralregierung mit massivem Einsatz von Repression und Gewalt. Der folgende Bürgerkrieg forderte schätzungsweise 3 Mio. Todesopfer und führte zur Unabhängigkeit Bangladeschs im Jahre 1971 (Drury und Olson, 1998; Heitzman und Worden, 1989; Jones, 2002). In den Jahren danach durchlebte das Land eine ganze Serie innenpolitischer Krisen, die in den Jahren 1974 und 1988 durch Überschwemmungs- und Sturmkatastrophen so stark verschärft wurden, dass sie zu gewaltsamen Stürzen der Regierung führten (Choudhury, 1994). Ähnliche Vorfälle fanden in Haiti 1954 statt, nachdem Hurrikan Hazel große Teile der Landwirtschaft und die Infrastruktur zerstörte. Auch in diesem Fall führte die innenpolitische Krise zu einem erzwungenen Regierungswechsel (Drury und Olson, 1998; Metz, 2001).

Auf viele große Sturm- und Flutkatastrophen folgten oft Plünderungen. Zwar dienten diese in den meisten Fällen der Beschaffung lebensnotwendiger Güter wie Nahrung und Kleidung, dennoch kam es verschiedentlich zu Ausbrüchen von Gewalt, wenn Gruppen von Überlebenden versuchten, sich Hilfslieferungen irregulär anzueignen. So drang nach Hurrikan Mitch (1998) in Nicaragua eine bewaffnete Gruppe in eine Lagerhalle mit internationalen Hilfsgütern ein. 1999 wurden in den indischen Bundesstaaten Orissa und Westbengalen nach einem Taifun mehrere Hilfskonvois geplündert (ACT, 2000). Nur ein Jahr später kam es in Westbengalen nach einer schweren Überschwemmung erneut zu ähnlichen Szenen. Dabei wurde Hilfspersonal tätlich angegriffen, und es wurden Fahrzeuge der Katastrophenhilfe entwendet (AFP, 2000; Reuters Foundation, 2000b).

In einigen Fällen eskalierten Plünderungen durch besonders hartes Durchgreifen der Sicherheitskräfte. So ging die Polizei im indischen Bundesstaat Bihar 1987 nach einer Überschwemmung mehrfach gewaltsam gegen Plünderer vor und schoss in die Menschenmenge (Sahay, 1987). Auch in Venezuela kam es 1999 nach schweren Überschwemmungen und Erdrutschen zu anarchieähnlichen Zuständen. Bei der Wiederherstellung der öffentlichen Ordnung im Katastrophengebiet durch das Militär kam es nach Berichten von Menschenrechtsorganisation zu standrechtlichen Hinrichtungen vermeintlicher Straftäter (Reuters Foundation, 2000a; Amnesty International, 2001).

Zusammenfassend kann man feststellen, dass es in der Vergangenheit durch Sturm- und Flutkatastrophen bereits mehrfach zu gewalttätigen Unruhen, politischer Destabilisierung und Verschärfung bestehender Konflikte kam. Damit unterscheiden sich Sturm- und Flutkatastrophen von anderen Umwelteinflüssen, bei denen Zusammenhänge mit Konflikten oft umstritten sind. Aus der Analyse geht zudem hervor, dass Sturm- und Flutkatastrophen nie die alleinigen Ursachen von Konflikten sind, sondern vielmehr im Zusammenspiel mit anderen Faktoren (wie z.B. bereits bestehenden innenpolitischen Spannungen) konfliktive Wirkungen entfalten. In Kapitel 6.4 werden die Faktoren, Mechanismen und typischen Abläufe betrachtet.

3.3 Kriegsursachen- und Konfliktforschung

Die zentrale Frage des Gutachtens ist, ob und unter welchen Umständen der globale Klimawandel und dessen Folgen zu sicherheitspolitischen Problemen führen können, d.h. insbesondere, wann globaler Klima- und Umweltwandel zu gewaltsam ausgetragenen Konflikten innerhalb und zwischen Staaten und Gesellschaften führt. Um das Konfliktpotenzial von Umweltwandel weiter spezifizieren zu können, werden nachfolgend die zentralen Faktoren der Kriegsursachen- und Konfliktforschung dargestellt, welche allgemein für die Eskalation oder die Deeskalation von Konflikten als entscheidend gelten. Zusammen mit den Ergebnissen der Umweltkonfliktforschung dienen diese dem WBGU zugleich als Anknüpfungspunkte für die spätere Entwicklung der Konfliktkonstellationen (Kap. 6) und konkreter Handlungsempfehlungen (Kap. 10).

3.3.1 Staatsform, politische Stabilität und Governance-Strukturen

In der Konfliktforschung herrscht weitgehend Einigkeit darüber, dass ein Zusammenhang zwischen der Staatsform und der Anfälligkeit von Staaten gegenüber bewaffneten Konflikten und Kriegen besteht. Demokratien und Autokratien sind demnach deutlich weniger anfällig gegenüber internen gewalttätigen Konflikten als „anokratische“, d.h. partiell demokratische Staaten (Muller und Weede, 1990; Hegre et al., 2001). So kommt es in Demokratien selten zu gewaltsamen Konflikten, weil es oppositionellen Kräften dort erlaubt ist, abweichende Meinungen zu äußern. In Diktaturen sind gewaltsam ausgetragene Konflikte selten, weil deren Staatsapparate Rebellionen in der Regel unterdrücken und so gewaltsame Eskalationen verhindern können. Anokratien lassen weder oppositionelle Meinungsäußerungen zu, noch sind sie in der Lage, Dissidenten effektiv zu unterdrücken (Fearon und Laitin, 2003). Demnach scheinen sie tendenziell konfliktanfälliger zu sein als autoritäre Staaten.

Unabhängig vom Konsens über die hohe Konfliktanfälligkeit von Anokratien wird in der Kriegsursachenforschung kontrovers diskutiert, ob Demokratien grundsätzlich eine geringere Konfliktneigung aufweisen als Autokratien. Einerseits scheint politische Liberalisierung das Kriegsrisiko zu senken: Demokratien führen zumindest untereinander keine Kriege und gelten unter anderem deshalb im Vergleich zu Autokratien als relativ weniger konfliktanfällig (Hauge und Ellingsen, 1998; Gurr, 2000; Elbadawi und Sambanis, 2000). Andererseits lässt sich zeigen, dass Demokratien genauso häufig von gewaltsamen innerstaatlichen Konflikten betroffen sind wie Autokratien (Fearon und Laitin, 2003; Collier und Hoeffler, 2004). Reynal-Querol (2002) stellte darüber hinaus fest, dass nach einem „The-winner-takes-all“-Mehrheitswahlrecht verfasste Demokratien relativ konfliktanfälliger sind als Demokratien, denen es tendenziell besser gelingt, die Interessen von Minderheiten zu berücksichtigen und Minderheitenrechte zu schützen.

Unabhängig von der jeweiligen politischen Verfasstheit gelten Staaten mit schwach ausgeprägten Governance-Strukturen grundsätzlich als konfliktanfälliger im Vergleich zu Staaten mit starken Governance-Strukturen und konsolidierten Regierungen (Fearon und Laitin, 2003; Lacina, 2004). Dies hängt vor allem mit der effektiven Wahrung des staatlichen Gewaltmonopols zusammen (Kap. 4.2.1). Dabei ist zu betonen, dass starke Governance-Strukturen bzw. -Kapazitäten nicht zwangsläufig mit einer demokratisch verfassten Staatsform korrelieren. Diese Ergebnisse wurden auch von der Umweltkonfliktforschung bestätigt, für die etwa Homer-Dixon (1999) und Bächler (1998) politische Stabilität, Legitimität und Leistungsfähigkeit des politischen Systems mit der Konfliktanfälligkeit korrelierten.

3.3.2 Wirtschaftliche Faktoren

3.3.2.1 Wirtschaftsleistung und Verteilungsgerechtigkeit

Unstrittig ist ferner ein allgemeiner Zusammenhang zwischen der wirtschaftlichen Entwicklung eines Staats und seiner Konfliktanfälligkeit. Insbesondere erhöht ein geringes Niveau an ökonomischer Entwicklung das Konfliktrisiko innerhalb von Gesellschaften (Collier und Hoeffler, 2004; Fearon und Lai-

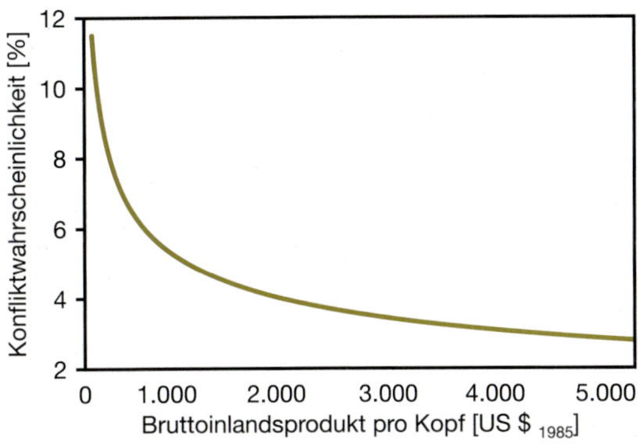

Abbildung 3.3-1
Prognostizierte Wahrscheinlichkeit für das Auftreten neuer Konflikte innerhalb von fünf Jahren in Abhängigkeit vom Pro-Kopf-Einkommen. Die Abbildung zeigt eine über Länder und Zeitpunkte gemittelte Funktion.
Quelle: UN Millennium Project, 2005

tin, 2003; Abb. 3.3-1). Einzelne Arbeiten identifizieren das Wirtschaftsniveau sogar als den für die gewaltsame Eskalation von Konflikten entscheidenden Erklärungsfaktor (Hauge und Ellingsen, 1998; Smith, 2004). Das Wirtschaftsniveau kann dabei u.a. über die Wirtschaftsleistung, die Größe des Agrarsektors oder die Anfälligkeit eines Staats gegenüber Preisschwankungen auf den internationalen Märkten erhoben werden (Avery und Rapkin, 1986). Einige Forscher gehen dabei von einem linearen Zusammenhang aus, wonach die Konfliktanfälligkeit eines Staats um so geringer ist, je höher die Wirtschaftsleistung pro Kopf ist (Hauge und Ellingsen, 1998). Andere vermuten hingegen eine nichtlineare Beziehung und betonen, dass Wirtschaftswachstum in sehr armen Ländern politische Instabilität und erhöhte Konfliktwahrscheinlichkeit hervorrufen kann, in wohlhabenderen Ländern jedoch tendenziell das Kriegsrisiko reduziert (Gates, 2002).

Dabei werden unterschiedliche Kausalpfade diskutiert, um die Zusammenhänge zwischen wirtschaftlichem Entwicklungsniveau und Konfliktwahrscheinlichkeit zu erklären. So weisen Fearon und Laitin (2003) darauf hin, dass ein niedriges BIP pro Kopf in der Regel mit geringen Governance-Kapazitäten des betreffenden Staats einhergeht. Je größer aber die Kapazitäten eines Staats sind, desto effektiver kann er Probleme lösen, etwaige Aufstände unterdrücken und unzufriedene Gruppen einbinden. Collier und Hoeffler (2004) fokussieren auf das Potenzial gewaltbereiter oppositioneller Gruppen, überhaupt einen Aufstand organisieren zu können, was maßgeblich mit deren Zugriffsmöglichkeit auf Ressourcen zusammenhängt. Avery und Rapkin (1986) wiederum betonen, dass politische Destabilisierung vor allem durch die Dynamik internationaler Märkte, zum Beispiel durch Preisschocks, verursacht wird, deren Auswirkungen durch das Entwicklungsniveau vermittelt werden. Demnach sind Staaten, die vom Export eines einzelnen oder einiger weniger Güter abhängig sind, von sinkenden Weltmarktpreisen besonders stark betroffen und deshalb einer höheren Konfliktanfälligkeit ausgesetzt.

Neben der Wirtschaftsentwicklung sind auch die Teilhabe an öffentlichen Gütern und die Verteilung des wirtschaftlichen Wohlstands konfliktrelevant. Dabei gelten Länder, in denen die Schere zwischen den wohlhabendsten und den ärmsten Bevölkerungsteilen besonders groß ist, grundsätzlich als konfliktanfälliger. Als ein spezifischer Aspekt von Armut und Verteilungsgerechtigkeit ist dabei in den überwiegend landwirtschaftlich geprägten Entwicklungsländern die Frage nach Landrechten und der Konfliktrelevanz unterschiedlicher Landnutzungssysteme besonders zu beachten (Carius et al., 2006).

3.3.2.2 Rohstoffvorkommen

Eine zentrale Rolle für die Wirtschaftsentwicklung spielen auch Vorkommen und Nutzung natürlicher Rohstoffe. Dabei wird bis heute kontrovers diskutiert, ob und unter welchen Bedingungen das Vorhandensein bzw. der Export von Rohstoffen die interne Konfliktanfälligkeit eines Staats beeinflusst. Beispielsweise vertritt de Soysa (2000) die Auffassung, dass reichlich vorhandene erneuerbare Ressourcen in ansonsten armen Staaten sowie nicht erneuerbare Ressourcen in allen Staaten die Wahrscheinlichkeit bewaffneter Konflikte erhöhen. Collier und Hoeffler (2004) gehen dabei von einem nichtlinearen Zusammenhang zwischen dem Verhältnis von Exporten von Rohstoffen und landwirtschaftlichen Erzeugnissen zum BIP eines Landes einerseits und dem Risiko eines Bürgerkriegs andererseits aus. Demnach ist das Konfliktrisiko am größten, wenn die Exporte von Rohstoffen und landwirtschaftlichen Erzeugnissen sich auf etwa ein Drittel des BIP belaufen. Bei einem geringeren Anteil sinkt dieses Risiko. Ist der Anteil hingegen größer, verfügt der Staat in der Regel über ausreichend Kapazitäten, um Rebellionen entweder abzuwehren oder nicht mehr attraktiv erscheinen zu lassen. Le Billon (2001, 2002) geht ferner davon aus, dass Staaten, die in hohem Maß von natürlichen Ressourcen abhängen, einem größeren Konfliktrisiko ausgesetzt sind, weil einige mineralische Rohstoffe wie z.B. Diamanten anfällig für Plünderungen sind. Außerdem kann die Abhängigkeit von Rohstoffen einen verzerrenden Einfluss auf Wirtschaft und Politik haben. Wie unter diesen Voraussetzungen Konflikte gewaltsam ausgetragen werden, hängt dabei von den Zugriffsmöglichkeiten auf die entsprechenden Ressourcen ab.

Eine nach Rohstoffen differenzierte Betrachtung zeigt, dass speziell der Export von Erdöl die Konfliktanfälligkeit tatsächlich zu erhöhen scheint. So zeigen zum Beispiel die Studien von Ross (2004a, b), dass Öl, Mineralien und Drogen die Konfliktwahrscheinlichkeit erhöhen, während zwischen verschiedenen Agrarprodukten und bewaffneten Konflikten kein Zusammenhang erkennbar ist. Eine mögliche Erklärung könnte sein, dass Staaten mit großen Ölvorkommen häufig über schwache Governance-Strukturen verfügen und als „Rentenökonomien" dazu neigen, andere Wirtschaftssektoren zu vernachlässigen.

3.3.3
Gesellschaftliche Stabilität und Demographie

3.3.3.1
Bevölkerungsentwicklung

Ein wiederkehrendes Thema der Konfliktforschung im Allgemeinen und der Umweltkonfliktforschung im Besonderen sind die vermuteten Zusammenhänge zwischen soziodemographischer Dynamik, Bevölkerungsdichte sowie absoluter Größe der Bevölkerung eines Staats und seiner Krisenanfälligkeit. Hauge und Ellingsen (1998) und de Soysa (2002) konzentrieren sich beispielsweise auf die Konfliktrelevanz der Bevölkerungsdichte und stellen fest, dass Länder mit einer hohen Bevölkerungsdichte anfälliger für gewaltsam ausgetragene Konflikte zu sein scheinen als Länder mit einer geringen Bevölkerungsdichte. Fearon und Laitin (2003) untersuchen hingegen den Einfluss der Bevölkerungsgröße eines Staats auf seine Krisenanfälligkeit und kommen zu dem Ergebnis, dass Staaten mit großen Bevölkerungen einem erhöhten Konfliktrisiko ausgesetzt sind. Zur gleichen Fragestellung haben Collier und Hoeffler (2004) berechnet, dass das Konfliktrisiko proportional zur Bevölkerungsgröße ansteigt, dass aber eine hohe Bevölkerungsdichte weniger mit der Konfliktanfälligkeit korreliert. Erkenntnisse des PRIO besagen ferner, dass ein hohes Bevölkerungswachstum per se nicht konfliktträchtig ist, sondern erst in Kombination mit einer Knappheit nutzbarer Landflächen (Urdal, 2005).

3.3.3.2
Soziokulturelle Zusammensetzung der Bevölkerung

Unklar ist, wie sich der Zusammenhang zwischen der Heterogenität der Bevölkerung eines Staats und der Anfälligkeit für innergesellschaftliche Gewaltkonflikte darstellt. Montalvo und Reynal-Querol (2003) sowie Reynal-Querol (2002) vertreten die Ansicht, dass bestimmte Formen von Bevölkerungsheterogenität die Konfliktanfälligkeit erhöhen. Demnach birgt eine Situation der gesellschaftlichen Polarisierung, in der eine ethnische, sprachliche, kulturelle oder religiöse Mehrheit einer fast ebenso großen Minderheit gegenübersteht, das größte Eskalationspotenzial. Dies gilt insbesondere dann, wenn niedrige Einkommen mit sozialer Ausgrenzung verbunden sind. Ähnlich argumentiert Steward (2004), die auf die Gefahr „horizontaler Ungleichheit" zwischen regionalen, ethnischen, ökonomischen oder religiösen Gruppen entlang politischer und wirtschaftlicher Dimensionen hinweist. Ob ein hohes Maß an „horizontaler Ungleichheit" zwischen verschiedenen Gruppen schließlich zu Konflikten führt, wird dabei u.a. durch die Stellung der verschiedenen Gruppen innerhalb der Gesellschaft beeinflusst.

Andere Forschungsarbeiten betonen jedoch, dass die soziokulturelle Vielfalt einer Gesellschaft keinen Einfluss auf die Konfliktwahrscheinlichkeit innerhalb eines Staats hat und möglicherweise sogar die Konfliktwahrscheinlichkeit verringert. So kommen Fearon und Laitin (2003) zu dem Schluss, dass eine größere ethnische, religiöse oder sonstige soziokulturelle Heterogenität nicht mit einer größeren Konfliktwahrscheinlichkeit korreliert. Die Konfliktwahrscheinlichkeit steigt demnach selbst dann nicht, wenn es zu einer Polarisierung zwischen Gruppen kommt oder einzelne Gruppen benachteiligt werden. Collier und Hoeffler (2004) argumentieren, dass nicht Polarisierung an sich die Konfliktanfälligkeit erhöht, sondern vielmehr die Dominanz einer ethnischen Gruppe dafür entscheidend ist. Collier (zitiert nach Smith, 2004) vertritt sogar die Auffassung, dass ethnische und religiöse Fraktionalisierung das Konfliktrisiko senkt. Zusammenfassend verdichtet sich daher die Einschätzung, dass kulturelle und ethnische Differenzen nicht notwendigerweise das Konfliktrisiko erhöhen, grundsätzlich aber für politische Zwecke instrumentalisiert werden können. Die eigentliche Gefahr besteht also in der gezielten politischen Ausnutzung solcher Unterschiede (Lohrmann, 2000). Dass kulturelle und ethnische Spannungen gerade auch in Umweltkonflikten häufig einen wichtigen Kontextfaktor darstellen, unterstreicht auch die Studie von Carius et al. (2006).

3.3.3.3
Konfliktgeschichte

Es besteht ein breiter Konsens, dass Staaten, auf deren Territorium in der jüngeren Vergangenheit ein Krieg oder bewaffneter Konflikt ausgetragen wurde, ein wesentlich höheres Konfliktrisiko tragen als Staaten, auf die dies nicht zutrifft (Gates, 2002; Walter, 2004). Hegre et al. (2001) erklären dies mit der besonderen Schwierigkeit, das für Post-Konflikt-Situationen typische Sicherheitsdilemma aufzulösen. Collier et al. (2003) verweisen ferner darauf, dass wahrscheinlich ein früherer Konflikt andere Risikofaktoren verschärft, welche die Konfliktwahrscheinlichkeit erhöhen. Genannt werden Faktoren wie politische Instabilität, häufige Regimewechsel, geringe Wirtschaftsentwicklung oder eine große, potenziell gewaltbereite Diaspora, die aus dem Ausland unterstützt wird.

Die Analyse zwischenstaatlicher Kriege kommt zu vergleichbaren Ergebnissen. So haben Staaten, die gegeneinander Krieg führen, bereits in der Vergangenheit vermehrt Konflikte gewaltsam ausgetragen. Zwischen zwei Kriegsstaaten scheint also die Wahrscheinlichkeit signifikant zu steigen, dass diese zukünftig wieder gegeneinander Krieg führen (Bremer, 2000). Sozial-konstruktivistische Forschungsansätze erklären diesen Zusammenhang unter anderem damit, dass sich Rivalitäten zwischen Kriegsparteien über feindselige Handlungen reproduzieren (Adler und Barnett, 1998).

3.3.4
Geographische Faktoren

Unbestritten ist auch ein Einfluss geographischer Faktoren auf Risiko und Verlauf sowohl innerstaatlicher Gewaltkonflikte als auch zwischenstaatlicher Kriege. Für „interne" geographische Faktoren wird angenommen, dass Staaten, deren Gelände über weite Strecken relativ unwegsam ist (z.B. gebirgiges Terrain in Afghanistan und Pakistan), konfliktanfälliger sind als Staaten mit besser zugänglichen Regionen, weil unwegsames Gelände ideale Rückzugsgebiete für Rebellengruppen bietet (Fearon und Laitin, 2003).

In Hinblick auf „externe" geographische Faktoren sind Staaten mit einem Anrainer, in dem ein bewaffneter Konflikt ausgetragen wird, generell stärker gefährdet als Staaten, auf die dies nicht zutrifft (Ward und Gleditsch, 2002; Buhaug und Gleditsch, 2005), weil hier die konkrete Gefahr einer „Ansteckung" besteht. Als ursächlich für eine derartige Ansteckung wurden militärische Infiltrierung, Rückzugsgebiete im Nachbarland, Flüchtlingsströme, politische und ideologische „Infektion" (Demonstrationseffekt) sowie Gruppensolidarität identifiziert (Buhaug und Gleditsch, 2005). Allerdings gelten nicht alle Konflikttypen als gleichermaßen ansteckend. Während separatistische Konflikte (Buhaug und Gleditsch, 2005) sowie ethnische und andere identitätsbasierte Konflikte (Sambanis, 2001) das Konfliktrisiko in benachbarten Ländern erhöhen, greifen Konflikte um die zentrale Regierungsmacht in der Regel nicht auf Nachbarstaaten über. Zudem gelten nicht alle Staaten als gleichermaßen gefährdet. Kleine, demokratisch verfasste und reiche Staaten scheinen gegen eine Ansteckung weitgehend immun zu sein, während Staaten, die ohnehin ein hohes Konfliktrisiko aufweisen, wesentlich anfälliger sind (Buhaug und Gleditsch, 2005).

Auch zwischenstaatliche Kriege werden ganz überwiegend von Staaten geführt, die eine gemeinsame Grenze besitzen (Vasquez, 2000), wobei die unmittelbare Nachbarschaft zweier Staaten möglicherweise sogar der wichtigste Faktor zur Prognose zwischenstaatlicher Kriege ist (Raknerud und Hegre, 1997). Staaten, deren Territorien aneinander angrenzen, haben grundsätzlich ein hohes Konfliktpotenzial im Hinblick auf Streitigkeiten über natürliche Ressourcen, grenzüberschreitende Migration und andere typische zwischenstaatliche Konfliktgegenstände. Zudem verfügt die Vielzahl kleiner, wenig mächtiger Staaten in der Regel nicht über die Mittel, um Kriege über weite Distanzen führen zu können (Boulding, 1962; Gleditsch, 1995).

3.3.5
Internationale Machtverteilung und Interdependenzen

Von besonderer Bedeutung für die gewaltsame Austragung zwischenstaatlicher Konflikte sind darüber hinaus die Machtverteilung zwischen Staaten sowie der Grad ihrer Interdependenz. So wird weitgehend anerkannt, dass das Risiko eines zwischenstaatlichen Waffenganges zunimmt, wenn die Machtdifferenz zwischen Staaten sinkt. Stabile Machtasymmetrien zwischen zwei Staaten korrelieren deutlich weniger mit zwischenstaatlicher Gewalt als Machtgleichgewichte oder abnehmende Machtungleichgewichte. Dieser empirisch robuste Befund wird dadurch erklärt, dass schwächere Staaten dazu tendieren, bei Interessengegensätzen mit stärkeren Staaten einzulenken. Außerdem beginnen stärkere Staaten in der Regel nur dann Kriege gegen schwächere Staaten, wenn sie davon ausgehen, dass eine Kriegsvermeidung in der Gegenwart gravierende negative Folgen für die Zukunft hat (Geller und Singer, 1998; Russett und Oneal, 2001). Darüber hinaus zeigt sich, dass Großmächte mit größerer Wahrscheinlichkeit in zwischenstaatliche Kriege verwickelt werden als kleinere, schwächere Staaten.

In einer wachsenden Zahl von Forschungsarbeiten wird die Ansicht vertreten, dass zwischenstaatliche Interdependenzen das Kriegsrisiko reduzieren. Zunehmend besteht Einigkeit darüber, dass wirtschaftliche Interdependenz durch Handel und Kapitalverflechtung konfliktthemmend wirkt (Russett und Oneal, 2001; Gartzke et al., 2001). Fraglich bleibt, inwieweit die Verdichtung zwischenstaatlicher ökonomischer Interdependenz auch innergesellschaftlich konflikthemmend wirkt. Wo transnationale Wirtschaftsverflechtungen und -interessen nationale Entwicklungsanstrengungen dominieren und beeinträchtigen, ist auch plausibel, dass Konflikte induziert werden. So vermutet z.B. Wolf (2006) angesichts des Trends zur transnationalen Privatisierung im Wasserbereich, dass lokal eskalierende Wasseraufstände gegen transnationale Unternehmen sehr viel wahrscheinlicher sind als grenzüberschreitende Gewaltkonflikte um Wasserläufe.

Hinsichtlich politischer Interdependenzen unterstützen die empirischen Befunde deutlich institutionalistische Annahmen, wonach Staaten, die Mitglieder der selben internationalen Organisationen sind, weniger häufig gegeneinander Krieg führen als Staaten, die keine oder nur wenige gemeinsame Mitgliedschaften in internationalen Organisationen aufweisen (Russett et al., 1998; Russett und Oneal, 2001). Dies wird insbesondere damit begründet, dass internationale Organisationen das Sicherheitsdilemma der „anarchischen" Staatenwelt abschwächen. Darüber hinaus steigen mit der Zunahme kooperativer Beziehungen und der Verregelung einzelner Politikfelder die Kosten der Gewaltanwendung, was wiederum die Wahrscheinlichkeit reduziert, dass Konflikte gewaltsam ausgetragen werden.

3.3.6 Zentrale Aussagen der Konfliktforschung

Die Kriegs- und Konfliktforschung hat umfangreiche Daten darüber zusammengetragen, welche Staaten und Gesellschaften besonders anfällig für bewaffnete Konflikte sind, und kann sich inzwischen auf eine Reihe empirisch gefestigter Grundannahmen stützen. Es besteht weitgehend Einigkeit, dass Staaten dann besonders anfällig für gewaltsam ausgetragene innerstaatliche Konflikte sind, wenn mindestens einer, in der Regel aber mehrere der folgenden Faktoren auf sie zutreffen: Sie sind anokratisch (d.h. weder eindeutig demokratisch, noch eindeutig autokratisch) verfasst, verfügen über schwache staatliche Strukturen und Kapazitäten, geringe wirtschaftliche Entwicklung, eine große Bevölkerung und/oder hohe Bevölkerungsdichte, sind durch unwegsames Gelände gekennzeichnet, grenzen an ein Nachbarland, in dem ein gewaltsamer Konflikt ausgetragen wird, und/oder haben in der jüngeren Vergangenheit auf ihrem Staatsgebiet selbst gewaltsame Auseinandersetzungen erlebt.

Die Forschung zeigt, dass zwischenstaatliche Kriege vor allem dann wahrscheinlich sind, wenn Interessenkonflikte zwischen demokratisch und autokratisch verfassten Staaten eskalieren, Territorialkonflikte virulent werden, zwischen Staaten ein Machtgleichgewicht besteht (oder ein bestehendes Machtungleichgewicht abnimmt), keine oder nur wenige Interdependenzen zwischen den Konfliktparteien bestehen, es sich um Nachbarländer handelt oder die Krieg führenden Staaten bereits in der Vergangenheit gegeneinander Krieg geführt haben.

3.4 Fazit

Wie aus diesem Überblick deutlich wird, sind die Wirkungszusammenhänge zwischen Umweltbedingungen, Gesellschaft und Konflikt äußerst komplex. Dies liegt an der Vielfalt wechselseitiger Abhängigkeiten zwischen politischen, gesellschaftlichen und wirtschaftlichen Faktoren einerseits und ökosystemaren Faktoren wie Wasserverfügbarkeit, Bodenbeschaffenheit und Klimaänderungen andererseits. Dennoch lassen sich in der Summe folgende zentrale Erkenntnisse der Umweltkonfliktforschung festhalten, die zunächst gegen einen teilweise vorherrschenden publizistischen Alarmismus und überstürzten politischen Aktionismus sprechen:

- Eine Eskalation von Gewaltkonflikten, die als genuine „Umweltkonflikte" zu betrachten wären, ist gegenwärtig nicht zu erwarten.
- Umweltdegradation kann ein Konfliktfaktor von vielen sein, wesentlich sind aber vor allem sozioökonomische Faktoren und Governance-Probleme.
- Konflikte, die eine starke Umweltdimension aufweisen, sind in der Regel lokal begrenzt, dabei zum Teil gleichzeitig auch grenzüberschreitend.

Über die zukünftige, längerfristige Entwicklung kann aufgrund dieser Ergebnisse allerdings wenig gesagt werden. Denn während die wissenschaftlichen Erkenntnisse über den Klimawandel und dessen mögliche Folgen gewachsen sind, bleiben die Erkenntnisse über die daraus resultierende Gewaltneigung sowohl innerhalb als auch zwischen Staaten weiterhin unklar.

Um zu einer besseren Beurteilung der Sicherheitsrelevanz von Klima- und Umweltwandel zu gelangen, erweitert der WBGU die Debatte um folgende Gesichtspunkte:

- In den bisherigen Arbeiten zu Umwelt und Sicherheit standen lokal oder regional beschränkte Umweltveränderungen wie Bodendegradation, Wasserverknappung oder Ressourcenkonflikte im Vordergrund. Der WBGU hingegen stellt die destabilisierende und potenziell global konfliktwirksamen Einflüsse des Klimawandels ins Zentrum seiner Betrachtung.
- Die bisherige Forschung deckte empirisch den Zeitraum von 1980 bis zur Jahrtausendwende ab. Der neue Blick durch die Brille des Klimawandels erfordert eine Erweiterung des analytischen Zeithorizonts, weil sicherheitsrelevante Verwerfungen durch den Klimawandel voraussichtlich erst in den kommenden Jahrzehnten zu erwarten sind.
- Die bisherigen Arbeiten im Kontext von Umwelt und Sicherheit betrachteten vor allem das Handlungsfeld der Entwicklungszusammenarbeit. Wie auch die Ergebnisse der Kriegsursachenforschung nahe legen, erfordert Konfliktvermeidung aber ein Handeln auf vielen Ebenen und in unterschiedlichen Arenen. Mit Blick auf den Klimawandel betrifft dies nicht zuletzt die internationalen Machtzentren, weil von deren entschlossenem klimapolitischem Handeln zukünftige entwicklungspolitische Erfolge maßgeblich abhängen.
- Die Umweltkonfliktforschung wurde wesentlich von der Politikwissenschaft dominiert. Trans- oder gar interdisziplinäre Kooperation mit natur- und weiteren sozialwissenschaftlichen Disziplinen gab es bisher allenfalls in Ansätzen. Das WBGU-Gutachten nähert sich dem Thema bewusst aus der interdisziplinär angelegten Perspektive der Global Change Forschung.

Steigende Konfliktrisiken durch fragile Staatlichkeit und Wandel der internationalen Ordnung

4

4.1 Einleitung

Umweltveränderungen stellen große Herausforderungen an die Problemlösungskapazitäten von Staaten und Gesellschaften. Es muss davon ausgegangen werden, dass alle daraus erwachsenden Sicherheitsbedrohungen durch den globalen Klimawandel spürbar verschärft werden. Noch nie war eine Bevölkerung von mehr als 6 Mrd. Menschen mit einem derart schnell verlaufenden und tiefgreifenden Wandel ihrer natürlichen Umwelt konfrontiert. Der Zusammenhang zwischen stabilen und effektiven politischen Institutionen und den Risiken des Klimawandels ist daher von großer Bedeutung.

Der WBGU geht davon aus, dass insbesondere zwei strukturelle Tendenzen in der Beschaffenheit der Nationalstaaten und der weltpolitischen Ordnung die Fähigkeiten zur Anpassung und Bewältigung des Klimawandels fundamental beeinträchtigen werden:

- *Schwache und fragile Staaten:* Es zeichnet sich ab, dass Staaten, die nach heutigen Kenntnissen als schwach oder fragil eingestuft werden (Kasten 4.2-1), nur unzureichend gewappnet sind, ihre Gesellschaften vor den Folgen des globalen Klimawandels zu schützen. Diese Folgen könnten durch zusätzlichen Problemdruck die Destabilisierung dieser Staaten verschlimmern und im Extremfall sogar deren Kollaps mitverursachen (Kap. 4.2). Es ist demnach zu befürchten, dass in Folge eines ungebremsten Klimawandels die Zahl der schwachen und fragilen Staaten weiter steigen könnte.
- *Instabile Multipolarität:* Es lässt sich gegenwärtig ein struktureller Wandel in der Weltpolitik beobachten, der maßgeblich durch den wirtschaftlichen und politischen Aufstieg Chinas und Indiens angetrieben wird. In der zu erwartenden multipolar ausgerichteten Neuordnung der Welt könnte die erforderliche Zusammenarbeit zur effektiven Bearbeitung der großen Weltprobleme wie z.B. Klimawandel und Armut beeinträchtigt werden oder sogar gänzlich ins Stocken geraten (Kap. 4.3).

Die weltpolitische Herausforderung besteht darin, dass in den kommenden Dekaden zwei Herkulesaufgaben zugleich bewältigt werden müssen: die friedliche Machtverschiebung im internationalen System sowie die Entwicklung und Durchsetzung einer wirksamen globalen Politik, die einen gefährlichen Klimawandel verhindert. Ob beides gelingt, ist derzeit völlig offen.

4.2 Fragile Staatlichkeit und die Grenzen von Governance

Nicht alle Staaten und Regionen sind gleichermaßen dem Risiko einer Destabilisierung durch die Folgen des Klimawandels ausgesetzt. Dieses Risiko hängt davon ab, wie stark sie vom Klimawandel betroffen sind und wie gut sie darauf reagieren können. Auf viele Länder, die schon heute durch fragile Staatlichkeit gekennzeichnet sind, wird jedoch beides zutreffen: Sie werden den Folgen des Klimawandels relativ stark ausgesetzt sein und verfügen allenfalls über geringe Problemlösungskapazitäten. Das bedeutet jedoch nicht, dass Industrie- oder Schwellenländer nicht betroffen werden könnten. Wie der Hurrikan Katrina in den USA 2005 demonstriert hat, haben z.B. Sturmkatastrophen durchaus das Potenzial, die öffentliche Ordnung selbst in hoch entwickelten Gesellschaften zumindest kurzfristig außer Kraft zu setzen. Geht man davon aus, dass sich derartige Katastrophen künftig häufen, an Stärke zunehmen und an mehreren Stellen gleichzeitig auftreten können, könnte dies langfristig auch für Industrieländer zum Problem werden (Kap. 7.2.3 und Kap. 7.8.2). So befinden sich in Küstenregionen typischerweise eine dichte Versorgungsinfrastruktur (z.B. Pipelines für Energie- und Wasserversorgung, regionale Konzentration von Energieinfrastruktur oder Versorgungshäfen) oder Strukturen des internationalen Handels (z.B. Abhängigkeit von Just-in-time-Produktion und hoher Mobilität durch Verkehrsnetze), wodurch signifikante Anfälligkeiten gegenüber den Risiken des Klimawandels entstehen.

Kasten 4.2-1

Qualitative Kategorisierung staatlicher Stabilität

- *Konsolidierte Staaten:* Der idealtypische moderne Nationalstaat, in dem alle drei Kernfunktionen langfristig gewährleistet sind, wird vor allem durch die OECD-Staaten repräsentiert. Dazu können außerdem sich konsolidierende Staaten gezählt werden, die sich erkennbar in einem nachhaltigen Transformationsprozess hin zu einem demokratisch verfassten Staat mit marktwirtschaftlichen Strukturen befinden (z.B. Costa Rica, Chile, Südafrika, Slowenien, Estland, Lettland, Litauen).
- *Schwache Staaten:* Staaten, deren Gewaltmonopol weitgehend gewährleistet ist, die aber mitunter erhebliche Defizite bei der Wohlfahrts- und Rechtsstaatsfunktion aufweisen. Beispiele sind etwa Eritrea, Uganda, Venezuela, Mazedonien oder Albanien. Auch die meisten der (semi)autoritären islamisch-arabischen Staaten können hier eingeordnet werden, in denen häufig Stabilität und elementare Dienstleistungen gewährleistet sind, bei gleichzeitig geringer Rechtsstaatsfunktion und eingeschränkter Wohlfahrtsfunktion (z.B. Saudi-Arabien, Ägypten, Iran).
- *Fragile Staaten:* Staaten, die zumindest noch ansatzweise Wohlfahrts- und/oder Rechtsstaatsfunktionen erfüllen können, andererseits aber nicht mehr über das Gewaltmonopol verfügen und deren Kontrolle über Teile ihres Territoriums oder ihrer Außengrenzen mangelhaft ist. Häufig handelt es sich um formaldemokratische Staatsgebilde, die von Separatisten oder organisierter Kriminalität herausgefordert werden (z.B. Kolumbien, Sri Lanka, Indonesien, Georgien), teilweise auch um autoritäre Staaten (z.B. Sudan, Nepal).
- *Gescheiterte Staaten/Staatszerfall:* Ein Staat kann als gescheitert gelten, wenn er nicht im Stande ist, eine der drei Kernfunktionen aufrecht zu erhalten. Wie das Beispiel Somalia/Republik Somaliland zeigt, bedeutet das Scheitern eines Staats nicht zwangsläufig Anarchie, weil in der Regel nichtstaatliche Akteure an die Stelle des kollabierten Staats treten und wesentliche Ordnungsfunktionen ersetzen bzw. wahrnehmen. Neben Somalia können als aktuelle Beispiele gescheiterter Staaten auch Afghanistan, der Irak und die Demokratische Republik Kongo gelten. Prozesse, in denen sich mehrere neue Staaten vergleichsweise friedlich (z.B. Sowjetunion 1991, Äthiopien/Eritrea 1991, Tschechoslowakei 1993) oder gewaltsam (z.B. Pakistan/Bangladesch 1971, Jugoslawien 1995) aus einem Vorgängerstaat bilden, sind hingegen gesondert zu betrachten.

Quelle: WBGU nach Schneckener, 2004

Dass sich daraus aber derart starke Verwerfungen ergeben könnten, die zu massiven Sicherheitsproblemen in den Industriestaaten führen, scheint aus heutiger Sicht eher unwahrscheinlich. Zunächst ist davon auszugehen, dass eine Betroffenheit der Industrieländer vor allem als Zielland von Migration und als Geber von Finanztransfers (humanitäre Hilfe) besteht. Der WBGU konzentriert sich deshalb vor allem auf die Gruppe von Staaten, die bereits heute als schwach oder fragil gelten und über mangelhafte Problemlösungskapazitäten verfügen.

4.2.1 Kennzeichen fragiler Staatlichkeit

Die Governance-Kapazität von Staaten ist von zentraler Bedeutung für die Vermeidung bzw. Bearbeitung von inner- oder zwischenstaatlichen Gewaltkonflikten. Dies gilt unabhängig von der Konfliktursache, d.h. es spielt zunächst keine Rolle, ob eine Konfliktdynamik eher von sozioökonomischen, ökologischen oder anderen Faktoren angetrieben wird. Die Governance-Kapazitäten einzelner Staaten unterscheiden sich zum Teil sehr stark und stehen in engem Zusammenhang mit der Vulnerabilität von Staaten und Gesellschaften.

Vor diesem Hintergrund ist das so genannte Phänomen des Staatszerfalls von entscheidender Bedeutung für die politische Theorie und Praxis. Es wird in den Sozialwissenschaften bereits seit Ende der 1980er Jahre thematisiert und hat in Folge des öffentlichen Sicherheitsdiskurses seit den Anschlägen des 11. September 2001 deutlich an Aktualität und Aufmerksamkeit gewonnen.

Eine sozialwissenschaftliche Konzeptionalisierung des als Staatszerfall bezeichneten Phänomens ist schwierig und umstritten (Schlichte, 2005), wie auch eine Vielzahl ähnlich genutzter Begriffe verdeutlicht. So ist z. B. von schwachen Staaten, Quasi-Staaten und shadow states ebenso die Rede wie von failing states, fragiler, erodierender und prekärer Staatlichkeit, Para-Staatlichkeit, versagenden, zerfallenden und zerfallenen Staaten, Staatsimplosion, Staatskollaps und states at risk (Jackson, 1990; Herbst, 1996; Tetzlaff, 1999; von Trotha, 2000; Spanger, 2002; Milliken und Krause, 2003; Rotberg, 2003; Ottaway und Mair, 2004; Roehder, 2004; Schneckener, 2004). Während es dabei in Detailfragen zu teilweise erheblichen Meinungsunterschieden kommt, besteht ein weitreichender Konsens, dass durch fragile Staatlichkeit gekennzeichnete Staaten nur unzureichend in der Lage sind, drei zentrale Funktionen wahrzunehmen:

1. die Wahrung des Gewaltmonopols nach Innen und Außen;
2. die Sicherung der sozioökonomischen Wohlfahrt durch grundlegende öffentliche Güter wie Infrastruktur, Gesundheit und Bildung;

3. die Aufrechterhaltung rechtsstaatlicher Institutionen sowohl zur Setzung als auch zur Durchsetzung gesellschaftlicher Normen und öffentlichen Rechts.

Vielfach wird die institutionalisierte Gewährleistung gesellschaftlicher Partizipation als vierte wesentliche Funktion im Sinn eines demokratischen Staatsideals benannt (Roehder, 2004). Diese ist aber als Kriterium stabiler Staatlichkeit schon deshalb umstritten, weil sich empirisch eine Vielzahl autokratischer Staaten als ausgesprochen robust erwiesen hat, wohingegen Demokratisierungsprozesse tendenziell und zumindest phasenweise destabilisierend wirken. Der WBGU orientiert sich daher vor allem an den drei erstgenannten Kernfunktionen. Demnach sind Staaten, die eine oder mehrere dieser Funktionen nur mangelhaft ausüben, als schwache und fragile Staaten zu betrachten. Staaten, welche die Funktionsfähigkeit ganz eingebüßt haben, sind gescheiterte Staaten und im Extremfall gar in ihrer Existenz bedroht. Das Streben nach staatlicher Stabilität entspricht dabei keinem staatstheoretischen Selbstzweck, sondern der politischen Notwendigkeit, eben jene Kernfunktionen zu gewährleisten, ohne die ein friedliches Miteinander im komplexen Wirkungsgeflecht moderner Gesellschaften kaum möglich ist.

Bei der Analyse von Staatlichkeit hat es sich als sinnvoll erwiesen, differenzierte Kategorisierungen vorzunehmen, die sich an einem idealtypischen Kontinuum von Staatlichkeit orientieren. An dessen positivem Ende steht der entsprechend aller drei Kriterien voll funktionsfähige, moderne Nationalstaat (z.B. Norwegen), am negativen Ende der gescheiterte Staat, der nur noch formaljuristisch als solcher erkennbar ist (z.B. Somalia). In Anlehnung an Schneckener (2004) werden hier vier Kategorien absteigender Qualität von Staatlichkeit vorgestellt, nach denen sich konsolidierte, schwache, fragile und gescheiterte Staaten unterscheiden lassen (Kasten 4.2-1). Die Zuordnung einzelner Staaten kann dabei stets nur Momentaufnahmen und Tendenzen beschreiben, wobei nicht immer trennscharf z.B. zwischen schwachen und fragilen Staaten unterschieden werden kann (Roehder, 2004; Schneckener, 2004).

Zahlreiche Beispiele belegen das Phänomen fragiler Staatlichkeit in seinen unterschiedlichen Facetten und Ausprägungen. In einer regionalen Betrachtung fällt vor allem Afrika südlich der Sahara auf, wo viele Staaten als schwach einzuschätzen sind (Mehler, 2002; Grimm und Klingebiel, 2007). Bis zu ein Drittel gelten sogar als akut von Staatszerfall bedroht (Roehder, 2004). Beispiele für schwache Staatlichkeit finden sich aber auch in Asien (z.B. Afghanistan), Südost-Europa (z.B. die serbische Provinz Kosovo) und Südamerika (z.B. Kolumbien).

4.2.1.1
Ursachen

Zunächst ist festzustellen, dass die empirische Forschung über zerfallen(d)e Staaten in Hinblick auf die Ursachen von Staatszerfallsprozessen immer noch defizitär ist. Ein plausibles Kausalmodell geht davon aus, dass zunächst der Staat die Bereitstellung öffentlicher Güter einstellt und dadurch seine Legitimität einbüßt. Erst dann sind die staatlichen Institutionen selbst betroffen, d.h. allmählich lässt die Leistungsfähigkeit des Verwaltungsapparats nach, Steuerhoheit und Gewaltmonopol gehen verloren usw. (Lambach, 2005).

Unstrittig ist, dass die Erosion des staatlichen Gewaltmonopols häufig innerstaatliche Gewaltspiralen in Bewegung setzt, die ihrerseits destabilisierend wirken. So resultieren viele Sicherheitsprobleme aus dem Zusammenbruch von Recht und Ordnung, der typischerweise zunächst in peripheren Regionen oder Elendsviertel mit geringer staatlicher Durchdringung auftritt. Organisierte Kriminalität und kriminelle Gewalt folgen dann fast zwangsläufig (Ottaway und Mair, 2004). Die Gefahr ist besonders hoch, wenn Korruption und fehlende Kapazitäten bei den staatlichen Ordnungskräften (vor allem bei der Polizei) ein Machtvakuum entstehen lassen, das nach und nach von nicht staatlichen Gewaltakteuren wie privaten Sicherheitsunternehmen, Straßengangs, Milizen oder Warlords gefüllt wird. Zur analytischen Annäherung an die Ursachen fragiler Staatlichkeit lassen sich nach Schneckener Struktur-, Prozess- und Auslösefaktoren unterscheiden (Kasten 4.2-2).

4.2.1.2
Erscheinungsformen

Die Schwächung staatlicher Strukturen bis hin zum möglichen Staatenkollaps bezieht sich per Definition auf einzelne Staaten und ist entsprechend analytisch auf nationaler Ebene zu erfassen. Das Phänomen fragiler Staatlichkeit wird dann zum Gegenstand internationaler Politik, wenn die Folgen über die Grenzen des unmittelbar betroffenen Staats hinaus reichen. Schwache und fragile Staaten üben einen destabilisierenden Einfluss auf angrenzende Staaten und Regionen aus, z.B. durch grenzüberschreitende Migration oder Schwarzmärkte. Zudem gelten fragile Staaten als anfällig für „Neue Kriege" (Kaldor, 1999), und es wird davon ausgegangen, dass fragile Staaten transnationalen Terrornetzwerken als Rückzugsgebiet dienen und sich als Zentren des globalen Waffen- und Drogenhandels etablieren können. Auch deshalb liegt es im Interesse der internationalen Staatengemeinschaft, schwache und fragile Staa-

Kasten 4.2-2

Fragile Staatlichkeit: Destabilisierungsfaktoren

- *Strukturfaktoren:* Bedingungen, die auf natürliche Gegebenheiten eines Landes, z.B. Bodenschätze, Klima, und auf langfristig wirksame politische, kulturelle und sozioökonomische Strukturmerkmale abzielen, z.B. ethnische Diversität, Bevölkerungsentwicklung, „koloniales Erbe", regionale Machtkonstellation.
- *Prozessfaktoren:* Bedingungen, die mittelfristig die Erosion von Staatlichkeit auslösen oder vorantreiben, wobei vor allem das Verhalten der Akteure (insbesondere der Eliten) in Reaktion auf interne oder externe Krisen entscheidend ist. Dazu zählen politische Instrumentalisierung sozialer Unzufriedenheit oder ethnisch-kultureller Differenzen, politischer oder religiöser Extremismus, separatistische Tendenzen, staatliche Repression, Korruption und Misswirtschaft, Privatisierung von Gewalt, Wirtschaftskrisen usw.
- *Auslösefaktoren:* Bedingungen, die abrupten Wandel auslösen einschließlich solcher, die das Ergebnis längerfristiger Entwicklungen mit katalytischer Wirkung sind. Beispiele sind Militärinterventionen, Flüchtlingsströme, Militärputsch und Revolution, massive gewaltsame Unterdrückung der Opposition (z.B. Massaker), soziale Unruhen, Hungersnot, Bürgerkrieg usw.

Quelle: Schneckener, 2004

ten nicht zu ignorieren und nach Möglichkeit auf die Konsolidierung staatlicher Institutionen und Strukturen hinzuwirken (UN, 2004; kritisch dazu Schlichte, 2005).

4.2.1.3 Handlungsoptionen

Angesichts der Risiken durch schwache und fragile Staaten stellt sich die Frage, wer im Extremfall wann, unter welchen Bedingungen und auf welcher politischen Grundlage bereit ist, in kollabierenden Staaten oder akuten Krisenherden zu intervenieren. Vor diesem Hintergrund wurde eine Reihe von Handlungsoptionen diskutiert, wie z.B. im Rahmen des Democracy and Rule of Law Project des Carnegie Endowment und der Stiftung Wissenschaft und Politik, die sich drei grundlegenden Ansätzen zuordnen lassen, welche vor allem auf Sicherheit und Stabilität setzen (Ottaway und Mair, 2004):

- Langfristige Strategien zur Förderung wirtschaftlicher Entwicklung und der dadurch erhofften Reduzierung von Fragilität und Vulnerabilität;
- Militärische Interventionen durch internationale Truppenverbände bei akuten Krisen, um kurzfristig die innere Ordnung wieder herzustellen;
- Zivile Interventionen (externe Hilfe) zur gezielten kurzfristigen Stabilisierung bestimmter Staatsfunktionen innerhalb eines gefährdeten Staats.

Diese Ansätze bergen zum Teil erhebliche Risiken sowohl für die unmittelbar betroffenen Staaten und Gesellschaften als auch für die intervenierenden externen Akteure. Sie werden in der Literatur kritisch diskutiert, wobei vor allem die Schnittstellen von Sicherheits- und Entwicklungspolitik in den Blick genommen werden (Faust und Messner, 2004; Klingebiel und Roehder, 2005; Debiel et al., 2005).

Im Rahmen der Fragile States Group des Development Assistance Committee (DAC) der OECD wurde dazu inzwischen eine Reihe allgemeiner Arbeitsprinzipen entwickelt, die als Principles for Good International Engagement in Fragile States and Situations (Kasten 4.2-3) im April 2007 verabschiedet wurden. In der kommenden zweijährigen Arbeitsphase des DAC werden Fragen zur konkreten Umsetzung dieser Arbeitsprinzipien einen Schwerpunkt der zwischenstaatlichen Konsultationen bilden.

4.2.2 Destabilisierende Auswirkungen von Umweltdegradation

Die Rolle von Umweltdegradation ist im Prozess des Staatszerfalls bisher nicht explizit untersucht worden. Im Vordergrund standen dabei eher natürliche Ressourcen und Fragen der politischen Ökonomie und weniger Umwelt als ein Faktor im ökologischen Sinn. So ist z. B. die Ausbeutung von Rohstoffvorkommen, insbesondere Erdöl, aber auch Diamanten oder Edelmetallen vielfach beschrieben worden (Berdal und Malone, 2000; Collier et al., 2003).

Grundsätzlich lassen sich aber verschiedene regionale und lokale Umweltveränderungen, die durch globale Einflüsse in ihrer Intensität verstärkt werden, auf die genannten Destabilisierungsfaktoren beziehen, sofern sie zu einer tatsächlichen Beeinträchtigung der staatlichen Kernfunktionen führen. So können beispielsweise Flut- und Sturmkatastrophen einen typischen Auslösefaktor für Destabilisierung (Kasten 4.2-2) darstellen. Eine Hungersnot in Folge von Bodendegradation und Süßwasserverknappung kann je nach spezifischem Kontext und Erkenntnisinteresse als Strukturfaktor (z.B. langfristige Klimaveränderung) oder als Prozessfaktor (z.B. politische Instrumentalisierung) erfasst werden. Derartige Auswirkungen von Umweltveränderungen haben ein Potenzial zur Destabilisierung von Staa-

Kasten 4.2-3

Arbeitsprinzipien der Fragile States Group des OECD-DAC

- *Nimm den jeweiligen Kontext als Ausgangspunkt:* Der Heterogenität fragiler Staaten und Situationen muss Rechnung getragen werden – es gibt keine Standardformel zur Stabilisierung fragiler Staaten.
- *Richte keinen Schaden an:* Negative Auswirkungen durch das Eingreifen externer Akteure in einer instabilen Region müssen vermieden werden.
- *Fokussiere als zentrale Aufgabe auf die Staatenbildung:* Die Stärkung der staatlichen Kernfunktionen sollte die vordringlichste Aufgabe externer Interventionen sein.
- *Setze prioritär auf Prävention:* Präventive Maßnahmen sollen von vornherein verhindern helfen, dass schwache Staaten weiter destabilisiert und dadurch anfälliger für Krisen und Gewaltkonflikte werden.
- *Erkenne die Wechselwirkungen zwischen Politik-, Sicherheits- und Entwicklungszielen:* Die Multidimensionalität der (De-)Stabilisierung von Staaten und damit verbundene Zielkonflikte bei der Problembearbeitung sind unbedingt zu berücksichtigen (Whole of Government Approach).
- *Fördere Nichtdiskriminiering als Grundlage für eine umfassende und stabile Gesellschaft:* Jede Art der Diskriminierung – ob real oder nur wahrgenommen – muss vermieden werden, zumal diese gerade in schwachen Staaten häufig „explosive" Wirkung entfaltet.
- *Unterstütze bei unterschiedlichen Kontexten mit unterschiedlichen Maßnahmen die lokalen Prioritäten:* Wo immer lokale Kräfte Stabilisierungs- und Entwicklungsstrategien verfolgen, sollten diese von der internationalen Gemeinschaft unterstützt werden. Dabei sind funktionsfähige lokale Institutionen zu stärken und die Herausbildung von Parallelstrukturen zu unterbinden, die einer erfolgreichen Nationenbildung zuwider laufen.
- *Stimme praktischen Koordinierungsmechanismen zwischen den internationalen Akteuren zu:* Eine enge Abstimmung zwischen externen Akteuren ist geboten, weil inkonsistente Maßnahmen das Ziel einer Stabilisierung leicht unterlaufen können.
- *Handele schnell, aber bleibe lange genug, um Erfolg haben zu können:* Externe Interventionen sollten auf sich bietende günstige Gelegenheiten flexibel reagieren können, dabei aber stets auf langfristiges Engagement vorbereitet sein, weil mit punktuellen Eingriffen keine nachhaltige Wirkung erzielt werden kann.
- *Vermeide Ausgrenzungen:* Die Gebergemeinschaft sollte Unzufriedenheit vorbeugen, die aus der Vernachlässigung einzelner Länder und Regionen entstehen kann und dann deren Stabilisierung im Wege steht.

Quelle: OECD, 2007a (Übersetzung WBGU)

ten und Gesellschaften, das im Extremfall den Kollaps von Staaten nach sich ziehen kann.

Es ist zu vermuten, dass durch schleichende Umweltdegradation wachsender Umweltstress für sich genommen als Strukturfaktor wirkt, der in unterschiedlichen Formen (z.B. Luftverschmutzung, Trinkwasserverseuchung, Giftmüll usw.) auftreten kann. Umweltstress tritt häufig dort auf, wo die externen Kosten menschlicher Naturnutzungen nicht internalisiert werden. Die prekären Auswirkungen der daraus resultierenden Umweltdegradation werden oft erst langfristig sichtbar, erreichen dann aber möglicherweise ein kritisches Ausmaß, woraus ebenfalls Destabilisierung und gewaltsame Konflikte entstehen können (z.B. Verschmutzung des Niger-Deltas durch die Ölindustrie). Eine derartige Destabilisierung kann sowohl die interne Verfasstheit einzelner Staaten als auch die zwischenstaatlichen Beziehungen betreffen. Dadurch können schwache und fragile Staaten indirekt auf die Region und die internationale Staatengemeinschaft ausstrahlen.

Bisher lassen sich kaum empirische Belege dafür finden, dass die hohe Konfliktrelevanz schwacher und fragiler Staaten durch Umweltdegradation signifikant verstärkt würde. Wo Destabilisierung und Staatszerfallsprozesse bisher beschrieben wurden, war stets eine Reihe von Faktoren ausschlaggebend. Es ist allerdings zu erörtern, ob und inwieweit sich dies möglicherweise in Zukunft ändern könnte, wenn Umweltstress und mögliche Konfliktkonstellationen in bisher unbekanntem Ausmaß auftreten.

Empirisch kann bei einer großen Anzahl schwacher und fragiler Staaten schon heute eine weitere Destabilisierung als konkrete Bedrohung betrachtet werden. Die Gefährdung der ärmsten Entwicklungsländer ist dabei tendenziell am größten. Allerdings sind auch Entwicklungsländer mittleren Einkommens, wie Venezuela, Jordanien oder Kasachstan häufig als schwach oder fragil einzustufen (Ottaway und Mair, 2004). Langfristig gesehen – d.h. über einen Zeitraum bis 2050 oder darüber hinaus – ist grundsätzlich auch eine Destabilisierung von Staaten denkbar, die sich heute noch durch eine konsolidierte Staatlichkeit auszeichnen. Umweltveränderungen in einem nicht gekannten Ausmaß können ein Treiber für eine derartige Entwicklung sein. Nicht zuletzt demonstrierte Hurrikan Katrina im August 2005 an der US-amerikanischen Golfküste und insbesondere in der Südstaatenmetropole New Orleans, dass auch leistungsfähige Industriestaaten von umweltinduzierten Extremereignissen vor große Probleme gestellt werden können.

Angesichts der möglichen künftigen regionalen und globalen Umweltveränderungen muss der Nexus zwischen Sicherheit und Umweltdegradation für einzelne Länder und Regionen möglicherweise neu bewertet werden. In dem Maß, in dem auch schwache und fragile Staaten in den Welthandel, multilaterale Zusammenarbeit und transnationale Politikprozesse eingebunden werden, sind krisenhafte Entwicklungen in den betroffenen Ländern und Regionen auch für die internationale Politik von Bedeutung. Eine wichtige Aufgabe wird es daher sein, auf Grundlage der heute vorliegenden Informationen den Kreis der gefährdeten Länder einzugrenzen, die spezifischen Ursachen ihrer Fragilität zu identifizieren und geeignete Handlungsoptionen zu entwickeln.

Nach Auffassung des WBGU werden dies insbesondere solche Staaten sein, die in einer Reihe unterschiedlicher Krisen- und Governance-Indizes als kritisch eingestuft werden (Foreign Policy, 2006; Freedom House, 2006; World Bank, 2006b; AKUF, 2007). Betrachtet man die Indizes von Weltbank (Bad Governance Index), Freedom House (Level of Freedom Index), des Hamburger Arbeitskreises Kriegsursachenforschung (AKUF; Prävalenz von bewaffneten Konflikten) sowie des gemeinsam vom Fund for Peace und der Zeitschrift Foreign Policy ermittelten Failed State Index, sind folgende Staaten durch mindestens zwei dieser vier Indizes als kritisch zu bewerten (Anzahl der Nennungen in Klammern; Abb. 4.2-1), auch wenn die Bewertungsgrundlagen der Indizes zum Teil sehr unterschiedlich sind:

- In Afrika südlich der Sahara: Burundi, Elfenbeinküste, Demokratische Republik Kongo, Liberia, Nigeria, Sudan, Tschad, Zentralafrikanische Republik (je 4), Angola, Äthiopien, Guinea, Sierra Leone, Somalia, Simbabwe (je 3), Guinea-Bissau, Kamerun und Malawi (je 2).
- In Mittelamerika und der Karibik: Haiti und Kolumbien (je 3).
- Im Nahen und Mittleren Osten: Irak (4), Jemen (3), Libanon, Saudi Arabien und Syrien (je 2).
- In Osteuropa und Zentralasien: Afghanistan (3), Russland und Usbekistan (je 2).
- In Süd- und Südostasien: Myanmar (4), Bangladesch, Indonesien, Laos, Nordkorea, Pakistan und Sri Lanka (je 2).

4.3 Instabile Multipolarität als weltpolitischer Rahmen globalen Wandels

Die Szenarien der naturwissenschaftlichen Global Change Forschung und insbesondere der Klimaforschung zeichnen ein recht konkretes Bild davon, wie die Erde sich in den kommenden Jahrzehnten verändern wird. Naturräumliche Veränderungen durch den Klimawandel lassen sich etwa bis 2050 innerhalb einer gewissen Bandbreite relativ gut einschätzen. Selbst Veränderungen bis 2100 können für unterschiedliche Entwicklungspfade abgeschätzt werden, die sich in den Annahmen über die anthropogenen Treibhausgasemissionen unterscheiden. Verlässliche Zukunftsaussagen über die weltpolitischen Verhältnisse oder die Entwicklung der Weltwirtschaft sind indes nur schwer zu treffen. Dennoch sind empirische Trends sowohl in der Weltwirtschaft als auch in der internationalen Politik erkennbar, die sich

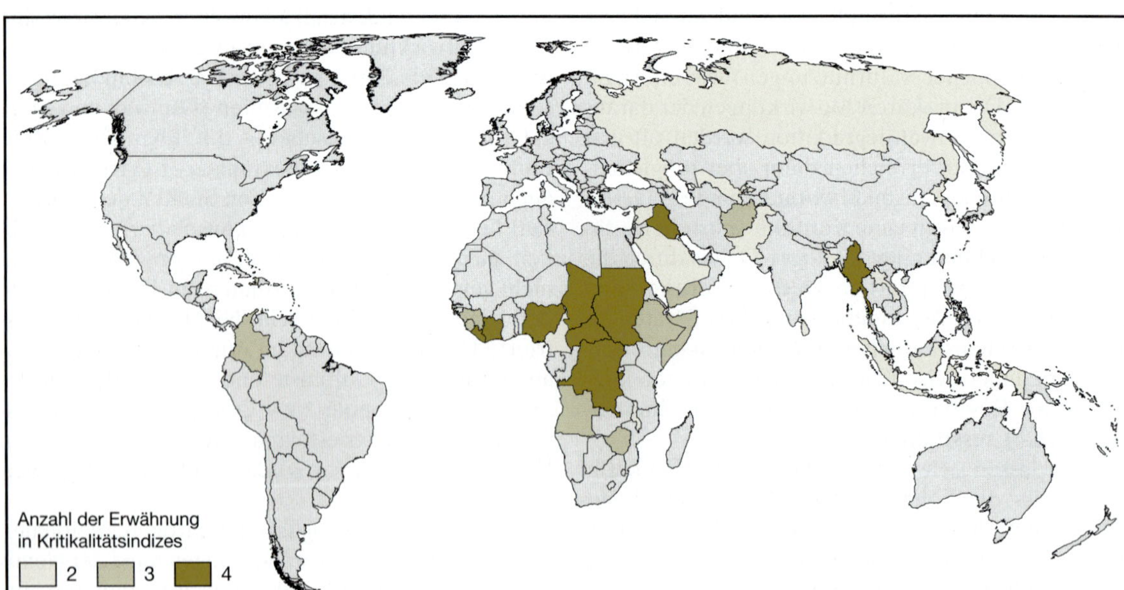

Abbildung 4.2-1
Schwache und fragile Staaten in der globalen Übersicht. Die Farbgebung kennzeichnet die Anzahl der Nennung einzelner Länder in unterschiedlichen Krisen- und Governance-Indizes.
Quelle: WBGU

extrapolieren lassen und aufgrund derer sich wahrscheinliche zukünftige Entwicklungen plausibel darstellen lassen. So wird z. B. zunehmend offensichtlich, dass die beiden bevölkerungsreichsten Staaten der Erde, die Volksrepublik China und Indien, künftig eine deutlich gewichtigere Rolle spielen werden als in den vergangenen Jahrzehnten (Worldwatch Institute, 2006). Dies wird wahrscheinlich weitreichende und bisher ungekannte Folgen für die Weltwirtschaft und politische Weltordnung haben.

Der WBGU geht insbesondere davon aus, dass China und Indien auf Grund ihrer Bevölkerungsgröße und neu gewonnenen wirtschaftlichen Bedeutung die Weltwirtschaft der nahen Zukunft wesentlich beeinflussen und damit auch an weltpolitischer Bedeutung und Handlungsfähigkeit gewinnen werden. Neben den beiden asiatischen Giganten (Winters und Yusuf, 2007a) könnten auch Länder wie Brasilien, Indonesien und Russland in einigen Feldern der Global Governance zu relevanten Mitspielern werden. Parallel dazu verläuft ein relativer Gewichtsverlust der seit dem Ende des Ost-West-Konflikts alleinigen Supermacht, den Vereinigten Staaten von Amerika. Der Aufstieg Chinas und Indiens bedeutet somit eine gravierende Verschiebung der Weltordnung, die sich von einer unipolaren in eine multipolare wandeln wird. Die daraus für die Weltgesellschaft erwachsenden politisch-institutionellen und sozioökonomischen Anpassungserfordernisse können eine Vielzahl von Interessenkonflikten induzieren, bringen daher potenziell eine erhöhte Anfälligkeit auch für Gewaltkonflikte mit sich und könnten die weltpolitische Aufmerksamkeit auf klassische Machtkonflikte statt auf die Bewältigung der aufziehenden globalen Klimakrise lenken. Der Klimawandel könnte im Idealfall aber auch zu einem Katalysator werden, der die Staatengemeinschaft zusammenführt, wenn die zentralen politischen Akteure ihn als Menschheitsbedrohung verstehen und in Kooperation entsprechend gegensteuern. Gelingt dies nicht, wird der Klimawandel künftig allerdings zusätzliche Spaltungs- und Konfliktlinien zwischen den westlichen Industrieländern und den asiatischen Aufsteigern produzieren.

4.3.1 Konflikt oder Kooperation durch den Wandel der Weltordnung?

Es ist nicht gesagt, dass die zu erwartenden weltpolitischen Anpassungsprozesse zwangsläufig konfliktiv verlaufen müssen. So lassen sich im Gegensatz zu den großen internationalen Auseinandersetzungen des 19. und 20. Jahrhunderts keine ernsthaften Territorialkonflikte erkennen, sieht man von den dauerhaft umstrittenen Fragen des Status von Taiwan und der palästinensischen Gebiete sowie der Teilung Koreas ab. Auch existieren jenseits der stilisierten Gegenüberstellung von westlicher und muslimischer Welt keine fundamentalen ideologischen Konflikte zwischen den existierenden und aufsteigenden großen Mächten, die mit der Systemfrage des Kalten Krieges vergleichbar wären. Vielmehr resultiert aus den unübersehbaren ökonomischen Interdependenzen ein starkes gemeinsames Interesse an internationaler Stabilität und einer regelgeleiteten Weltwirtschaft.

Allerdings verweisen Kupchan et al. (2001) skeptisch darauf, dass in der Geschichte friedliche Übergänge zwischen unterschiedlichen Weltordnungskonstellationen, also die Ablösung einer Weltordnungsmacht durch einen oder mehrere Aufsteiger, nur äußerst selten vorkamen. Tatsächlich deuten eine Reihe historischer Präzedenzen darauf hin, dass der „Aufstieg und Fall der großen Mächte" (Kennedy, 1988) stets turbulente und vielfach auch gewaltsam eskalierende Wendepunkte der Weltpolitik waren (Münkler, 2005). Als eine der wenigen Ausnahmen gilt die Machtverschiebung zwischen Großbritannien und den USA im Übergang zum 20. Jahrhundert, die sich ohne militärische Auseinandersetzungen vollzog. In der Regel sind aber Hegemonialmächte kaum bereit, von einer Strategie der globalen Dominanz auf ein Konzept globaler oder gar geteilter globaler Führerschaft umzustellen. Dies lässt sich aktuell am Beispiel der Vereinigten Staaten beobachten (Kupchan, 2003; Brzezinski, 2004).

Da eine Minderung der großen Weltprobleme wie insbesondere des Klimawandels am ehesten im Rahmen einer weitgehend stabilen, kooperativen und effektiven Global-Governance-Architektur vorstellbar ist, plädiert der WBGU nachdrücklich für multilaterale Problemlösungsansätze. Das vorliegende Gutachten zielt vor diesem Hintergrund auf die Frage nach den Einflussmöglichkeiten Deutschlands und Europas auf die in den nächsten Jahrzehnten zu erwartenden globalen Veränderungsprozesse.

4.3.2 Globale Trends: China, Indien und der Weg in die Multipolarität

In der Globalisierungsdebatte erfährt die Entwicklung Chinas aktuell ein hohes Maß an Aufmerksamkeit und auch die Bedeutung Indiens wird zunehmend zur Kenntnis genommen. Der Zuwachs an ökonomischer Macht und zu erwartender weltpolitischer Einflussnahme Chinas und Indiens als asiatische Treiber (Humphrey und Messner, 2006c) bzw. asiatische Giganten (Winters und Yusuf, 2007a) lassen sich anschaulich in Zahlen und Projektionen über die erwarteten Entwicklungen der kommenden Jahrzehnte ausdrücken.

4.3.2.1 Starke wirtschaftliche Entwicklung in China und Indien

China hat seit der 1978/1979 begonnenen Reform- und Öffnungspolitik ein rasantes Wirtschaftswachstum und in den letzten 10 Jahren durchschnittliche Wachstumsraten des BIP von real mehr als 9 % pro Jahr aufzuweisen. Mit einem BIP von ca. 2.300 Mrd. US-$ lag Chinas Anteil am weltweiten nominalen BIP 2005 bei ca. 5 %. Der Anteil Deutschlands lag zum Vergleich bei etwa 6,3 %. Prognosen gehen von einer Fortsetzung des chinesischen Wirtschaftswachstums mit durchschnittlich 5,5 % pro Jahr bis 2020 aus, so dass sich der Anteil an der weltweiten Bruttowertschöpfung weiter deutlich erhöhen wird (World Bank, 2006a; Winters und Yusuf, 2007b). Indien befindet sich demgegenüber in einem früheren Wachstumsstadium mit viel versprechenden Zukunftsperspektiven. So wird für die nächsten Dekaden ein reales Wirtschaftswachstum von durchschnittlich ca. 6 % pro Jahr erwartet (DBR, 2006; Winters und Yusuf, 2007b). Indiens BIP liegt derzeit bei knapp 800 Mrd. US-$, entspricht somit ca. 1,7 % der weltweiten Bruttowertschöpfung und wird ebenfalls deutlich zunehmen (Goldman Sachs, 2003; Winters und Yusuf, 2007b). Ein noch beeindruckenderes Bild ergibt sich, wenn man einen Ländervergleich auf Basis von Kaufkraftparitäten vornimmt, also die nominalen BIP-Werte um Kaufkraftunterschiede, Inflations- und Wechselkurseffekte bereinigt. Chinas Anteil am bereinigten globalen BIP im Jahr 2005 wird dann auf über 14 % und der Indiens auf 6 % veranschlagt, Deutschlands Anteil sinkt im Vergleich auf 4 % (IMF, 2007).

4.3.2.2 Verschiebung der Kräfteverhältnisse auf den Weltmärkten

Die wachsende Bedeutung Chinas und Indiens auf den Weltmärkten lässt sich vor allem an ihrem steigenden Anteil am Welthandel ablesen. So ist der Anteil Chinas (ohne Hongkong) am Weltwarenexport zwischen 1990 und 2005 von 1,8 % auf 7,5 % gestiegen, der Anteil am weltweiten Dienstleistungsexport von 0,7 % auf 3 % (WTO, 2006). Die Volksrepublik ist heute der weltweit drittgrößte Warenexporteur und -importeur und zählt auch im Dienstleistungshandel zu den zehn größten Handelsnationen. Es wird erwartet, dass Chinas Welthandelsanteile weiter steigen werden: Langfristige Exportzuwächse von durchschnittlich 8 % pro Jahr werden als realistisch eingestuft, nachdem die Exporte in den vergangenen Jahren sogar um jeweils mehr als 20 % wuchsen (Winters und Yusuf, 2007b).

Auch wenn Indien eine andere Wirtschafts- und Exportstruktur aufweist (Dimaranan et al., 2007), zeichnet sich hier eine vergleichbare Entwicklung ab. Der Anteil Indiens am weltweiten Warenexport hat sich zwischen 1990 und 2005 von 0,5 % auf 0,9 % nahezu verdoppelt und betrug 2005 knapp 100 Mrd. US-$. Der Dienstleistungsexport betrug 2005 etwa 56 Mrd. US-$. Indien rückte damit hinter China und Hongkong an die elfte Stelle unter den Dienstleistungsexporteuren (WTO, 2006). Als Importnation wird Indien ebenfalls immer wichtiger: Der Anteil Indiens an den Weltimporten verdoppelte sich zwischen 1990 und 2005 ebenfalls nahezu von 0,7 % auf 1,3 %. Für die nächsten Dekaden scheint ein durchschnittliches Wachstum der indischen Exporte von 7–8 % pro Jahr plausibel (IMF, 2006; Winters und Yusuf, 2007b). Die Importe werden im Zuge der Handelsliberalisierung voraussichtlich ebenfalls deutlich weiter wachsen, wodurch Indien seinen Weltmarktanteil insgesamt weiter ausbauen dürfte.

Alles in allem werden China und Indien, ebenso wie die dynamischen Schwellenländer Südostasiens, gerade für die Industrieländer weiterhin erheblich an wirtschaftlicher Bedeutung gewinnen und zwar als zunehmend produktive Konkurrenten und Lieferanten ebenso wie als Absatzmärkte. Dabei führt die erheblich gestiegene und weiterhin zunehmende Importnachfrage der asiatischen Wachstumsstaaten nach Rohstoffen (Erdöl, Metallerze, Holz) und Nahrungsmitteln zu steigenden Preisen. Die Exportländer werden hierdurch profitieren: Simulationen für den Zeitraum bis 2020 zeigen, dass dies vor allem Länder in Afrika, im Nahen Osten, in der ehemaligen Sowjetunion, in Lateinamerika sowie Kanada und Australien sein werden, während andere Nachfrager negativ betroffen sind (Dimaranan et al., 2007). China spielt darüber hinaus auf den internationalen Kapital- und Finanzmärkten bereits heute eine herausragende Rolle. So flossen 2005 mit rund 70 Mrd. US-$ knapp 8 % der weltweiten Direktinvestitionen nach China (UNCTAD, 2006). Indien zog zwar 2005 nur ca. 6 Mrd. US-$ an Direktinvestitionen an. Diese sind jedoch in jüngster Zeit erheblich gestiegen (auf 10 Mrd. US-$ im Jahr 2006), was sich angesichts der Wachstumsprognosen für Indien und des Abbaus von Investitionsbarrieren fortsetzen dürfte. China und zunehmend auch Indien sind also nicht nur als Zielländer wichtig, sondern gewinnen auch als Ursprungsländer für Direktinvestitionen an Bedeutung.

Angesichts des sehr hohen Bestands an Währungsreserven im Wert von rund 1.000 Mrd. US-$, den China in Folge seiner außenwirtschaftlichen Überschüsse und Wechselkurspolitik aufgebaut hat, gilt die Volksrepublik als einer der Schlüsselakteure auf den internationalen Finanzmärkten, der durch die Verwendung seiner Währungsreserven Zinsen und Wechselkurse spürbar beeinflussen kann. Indiens Währungsreserven betragen ca. 170 Mrd. US-$ (2006) und machen somit einen relativ kleinen Teil der im asiatischen Raum vorhandenen Reserven aus, die sich ohne Japan auf mehr als 2.000 Mrd. US-$ belaufen.

4.3.2.3
Komplexere Konfliktmuster in der Welthandelspolitik

Angesichts der Bedeutung des internationalen Handels und Kapitelverkehrs für die eigenen Wachstumsprozesse haben China und Indien von ihrer Integration in die Weltwirtschaft profitiert. Im Rahmen der vergangenen GATT-Verhandlungen über die Liberalisierung des Warenhandels hat sich Indien dennoch vor allem als gewichtiger Vertreter der Gruppe der Entwicklungsländer präsentiert und versucht, gegenüber den Industrieländern traditionelle Entwicklungsländerinteressen durchzusetzen.

Gerade in der aktuellen Doha-Runde der WTO zeigt sich aber, dass die bisher scheinbar klare Nord-Süd-Konfliktlinie über einen Abbau von Handelshemmnissen zusehends verschwimmt, weil die Interessenlagen differenzierter werden. Die großen Agrarexporteure unter den Schwellen- und Entwicklungsländern, allen voran Brasilien, fordern gemeinsam mit mehreren Industrieländern einen raschen und deutlichen Abbau der US-Agrarsubventionen sowie der EU-Agrarbeihilfen. Aber auch über Agrarhandelsfragen hinaus haben sich diese Länder in der G-20 als potenter Gegenspieler zur Gruppe der Industrieländer in den Handelsverhandlungen etabliert. Die übrigen Entwicklungsländer erhoffen sich durch die von der G-20 gesetzten Impulse eine Öffnung der Agrarmärkte in den Industrieländern und damit indirekt auch eine Öffnung der Agrarmärkte der Schwellenländer. Gleichzeitig sehen sie aber ihre bisherige Sonderbehandlung im WTO-System durch das von den Interessen der Schwellenländer geleitete Handeln gefährdet (Wiggerthale, 2004).

Sowohl China als auch Indien sind innerhalb der G-20 wichtige Akteure. Während Indien sich zuletzt gemeinsam mit Brasilien aktiv um einen Kompromiss mit den Industriestaaten bemühte, spielte China eine relativ zurückhaltende Rolle. Anders als die übrigen Mitglieder der G-20, die mehrheitlich Nettoagrarexporteure sind und von steigenden Weltmarktpreisen im Zuge einer Handelsliberalisierung profitieren würden, ist China ein Nettoimporteur von Agrargütern (Wiggerthale, 2004; Langhammer, 2005). Ähnlich komplexe Interessenunterschiede traten auch bei der Liberalisierung des Textilhandels auf und führen nach wie vor zu Konflikten auch zwischen Entwicklungsländern (Kaplinsky, 2005; Langhammer, 2005). Insgesamt spielen China und Indien in der Welthandelsordnung eine uneinheitliche Rolle, die zwischen dem Anspruch schwankt, Fürsprecher für die Interessen der Entwicklungsländer zu sein und nationale Eigeninteressen auch gegen die Interessen der anderen Entwicklungsländer durchzusetzen.

4.3.2.4
Wettstreit um Rohstoffe: Anzeichen für eine Renaissance der Geoökonomie

Die Wachstumsprozesse in China und Indien wären ohne den massiven Einsatz von Rohstoffen nicht möglich gewesen, die in beträchtlichem Ausmaß auf dem Weltmarkt beschafft werden mussten. Um die Wachstumsdynamik aufrechtzuerhalten, wird auch für die kommenden Jahre ein rasant steigender Ressourcenbedarf in diesen beiden Ländern erwartet. So ist zum Beispiel der Anteil Chinas an der Weltnachfrage nach wichtigen Basismetallen von 5–7 % zu Beginn der 1990er Jahre auf inzwischen 15–30 % (2005) gestiegen (Humphrey und Messner, 2006c; Winters und Yusuf, 2007b). Die Konkurrenz mit anderen Nachfragern aus Industrie- und Entwicklungsländern, die ebenfalls auf Ressourcenversorgung über die Weltrohstoffmärkte angewiesen sind, wird sich dadurch weiter verschärfen. Die Nachfragekonkurrenz fokussiert stark auf fossile Energieträger (vor allem Erdöl) sowie andere mineralische Rohstoffe. Diese knappen und strategisch wichtigen Güter werden allerdings nicht allein durch Märkte verteilt. Vielmehr wird die Sicherung der Rohstoffexploration und der Handelswege (Pipelines und Seewege) in und durch Krisenregionen politisch-militärisch flankiert, was bisher vor allem durch die USA, aber auch durch Staaten der EU geleistet wurde.

Angesichts knapper werdender Rohstoffe ist die chinesische und auch indische Außenpolitik zunehmend auf die langfristige Sicherung des Zugangs zu Energie- und Rohstoffvorräten ausgerichtet. Beide Staaten treten damit in Konkurrenz zu anderen großen Mächten, wie insbesondere den USA, aber auch Japan und der EU. So ist z. B. China schon heute nach den USA der zweigrößte Ölimporteur der Welt. Vor diesem Hintergrund erwarten manche Beobachter eine „Renaissance der Geoökonomie“ (Klare und Volman, 2006; Wesner und Braun, 2006), womit gemeint ist, dass der Wettbewerb um Energiereserven und andere Rohstoffe die weltpolitische Konstellation der Zukunft sehr stark prägen wird. Je konfliktreicher dieser Wettbewerb ausfällt, desto wahrscheinlicher ist es, dass kooperative multilaterale Ansätze zur Bearbeitung globaler Probleme wie Klimaschutz oder Armutsreduzierung geschwächt werden und den unilateralen, ressourcenorientierten Regionalstrategien der großen Mächte zum Opfer fallen (Humphrey und Messner, 2006b, 2006c; Kap. 4.3.3).

Als Anzeichen für einen solchen Trend wird das aktuelle Engagement Chinas in Afrika gesehen. In der EU und den USA, wo vor allem in den 1990er Jahren der Anspruch auf eine im Sinn der Demokratieförderung konditionierte Entwicklungszusammenarbeit erhoben wurde, wird befürchtet, dass die massiven chinesischen Investitionen in afrikanische Rohstoffvorkommen nicht nur die Bemühungen um wirtschaftliche Diversifizierung und Industrialisierung konterkarieren, sondern tendenziell auch autokratische Herrschaftsstrukturen festigen bzw. zur Entstehung von Rentenökonomien mit instabilen gesellschaftlichen Institutionen beitragen (Goldstein et al., 2006; Tull, 2006). Anstrengungen um eine politische Liberalisierung Afrikas würden demnach unterminiert, zumal sich gerade rohstoffabhängige Staaten häufig als demokratieresistent erwiesen haben (Ross, 2001; van de Walle, 2001, 2005). Allerdings wurde und wird weder die amerikanische noch die europäische Entwicklungszusammenarbeit immer den eigenen Ansprüchen gerecht. So werden die mit „westlichen" Werten wie Demokratie und Menschenrechte assoziierten Konditionalitäten keineswegs konsistent eingefordert und die tatsächliche Entwicklungszusammenarbeit stets auch unter dem Vorzeichen der eigenen Rohstoffversorgung sowie der Sicherung von Absatzmärkten und übergeordneten geostrategischen Erwägungen (z. B. „Krieg gegen den Terror") betrachtet. Insgesamt lässt sich festhalten, dass Chinas expandierende Handelsbeziehungen und Direktinvestitionen in Entwicklungsländern die politische Position der Industrieländer im Wettlauf um die verbleibenden Energie- und Rohstoffreserven ebenso schwächt wie die grundsätzlichen Rahmenbedingungen für den Ansatz konditionaler Hilfe in der Entwicklungszusammenarbeit. Beide Trends stehen zudem wichtigen sicherheitspolitischen Interessen der westlichen Industrienationen entgegen.

4.3.2.5
China und Indien als relevante klimapolitische Akteure

Die Wachstumsdynamik in China und Indien ist mit einem hohen Energiebedarf verbunden. So ist der Anteil Chinas an der globalen Primärenergienachfrage zwischen 1990 und 2005 von 10 % auf 14,5 % gestiegen; der Anteil Indiens erhöhte sich im gleichen Zeitraum von 4,1 % auf 5,1 % (Abb. 4.3-1a). Um das Wachstum aufrechtzuerhalten, wird die Nachfrage nach Energie trotz sinkender Energieintensitäten hoch bleiben bzw. weiter steigen. Es wird angenommen, dass sich bis 2015 der Primärenergiebedarf Chinas gegenüber 2004 noch einmal verdoppeln und der Indiens um mehr als ein Drittel zunehmen wird (Referenzszenario World Energy Outlook; IEA, 2006c).

Bei den mittelfristig gegebenen Energieversorgungsstrukturen wird der wachsende Bedarf der beiden Staaten überwiegend durch fossile Energieträger gedeckt, was zu einem starken Anstieg der CO_2-Emissionen führen wird. Während China 1990 noch ca. 11 % dieser CO_2-Emissionen weltweit verursachte, waren es 2004 schon 18 %. China wird in wenigen Jahren die USA als größten CO_2-Emittenten ablösen. Der Anteil Indiens hat sich seit 1990 von knapp 3 % auf mehr als 4 % erhöht (Abb. 4.3-1b).

Als globalen Hauptemittenten von CO_2 fällt China und Indien demnach auch eine wachsende Bedeutung in der internationalen Klimapolitik zu. Ohne ihre konstruktive Mitwirkung an der Weiterentwicklung und Umsetzung der internationalen Vereinbarungen zum Klimaschutz im Rahmen der Klimarahmenkonvention (UNFCCC) wird das Ziel, einen gefährlichen anthropogenen Klimawandel zu verhindern, nicht mehr zu erreichen sein (Scholz, 2006; Richerzhagen, 2007).

Beide Staaten haben das Kioto-Protokoll unterzeichnet und ratifiziert, gehen aber als Nicht-Annex-I-Staaten keine Verpflichtungen zu Emissionsreduktionen in der Periode bis 2012 ein. Gleichzeitig sind sowohl China als auch Indien Zielregion von CDM-Projekten, mit denen die zu Emissionsreduktionen verpflichteten Annex-I-Staaten, d. h. die Industrieländer, beabsichtigen, Teile dieser Verpflichtungen zu erfüllen. Die Kernfrage liegt darin, ob China und Indien langfristig, aber rechtzeitig eigene Emissionsreduktionen versprechen werden und umsetzen können. Zum jetzigen Zeitpunkt zeigt sich keines der beiden Länder bereit, Verpflichtungen (auch im Sinn freiwilliger Verpflichtungen) zur Begrenzung ihrer Treibhausgasemissionen einzugehen. Dennoch unterscheiden sich die Positionen Chinas und Indiens in den Foren der internationalen Klimapolitik. Von Seiten der Industrieländer ist der Druck auf

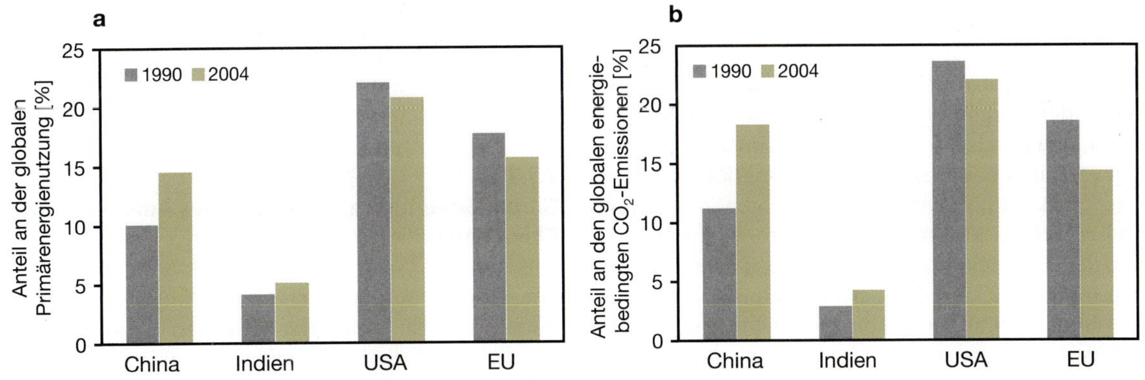

Abbildung 4.3-1
Anteil Chinas, Indiens, der USA und der EU: a) an der globalen Primärenergienutzung und b) an den globalen energiebedingten CO_2-Emissionen.
Quellen: WBGU, 2007; Datengrundlage nach IEA, 2006c, CAIT WRI, 2007

Indien, bereits in naher Zukunft Verpflichtungen zu übernehmen, gering. Indien selbst lehnt derzeit jede Möglichkeit einer künftigen differenzierten Verpflichtung kategorisch ab und verweist zur Begründung auf seine weiterhin sehr niedrigen Pro-Kopf-Emissionen und das Recht auf nachholende wirtschaftliche Entwicklung (Hörig, 2006). Ferner wird von indischer Seite beharrlich betont, dass die klimapolitische Verantwortung zuerst bei den Industriestaaten läge (Narain, 2006).

Der Erwartungsdruck von Seiten der Industrieländer an China, sich in naher Zukunft zumindest auf abgestufte Verpflichtungen oder so genannte no-lose targets einzulassen ist dagegen ungleich höher. China hat in Folge des Wirtschaftswachstums inzwischen mit massiven Umweltproblemen zu kämpfen. Zwar werden nach amtlichen Angaben 1,8 % des BIP für Umweltschutz ausgegeben, dennoch entstehen Umweltschäden in Höhe von 3 % des BIP. Andere Quellen sprechen sogar von Schäden in der Größenordnung von 8–12 % des BIP (Sternfeld, 2006; Heberer und Senz, 2006a).

Auch aus diesen Gründen zeigt China aktuell ein grundsätzliches Interesse an Vermeidungsmaßnahmen, nicht zuletzt, um damit auch eigene Probleme der lokalen Luftverschmutzung lösen zu können. Allerdings erwartet China dabei die aktive Unterstützung der Industrienationen in Form internationalen Forschungs- und Technologietransfers. Da sich China selbst als anspruchsvoller Partner versteht, der schnelle Fortschritte bei der Entwicklung eigener Technologien erzielt, gibt es in den Industrieländern Bedenken, dass durch einen entsprechenden Technologietransfer eigene Wettbewerbsvorteile insbesondere bei erneuerbaren Energien verloren gehen könnten, u.a. wegen der in China unsicheren Rechtslage bei geistigem Eigentum. Trotz dieser grundsätzlichen Bereitschaft zum Klimaschutz hat China bisher betont, zwar freiwillige Maßnahmen zum Klimaschutz zu ergreifen, jedoch in keinem Fall freiwillige Verpflichtungen innerhalb des Klimaregimes eingehen zu wollen. Es bleibt abzuwarten, inwieweit mögliche weitergehende Schritte, wie sie zuletzt in Chinas Politik vorsichtig angedeutet wurden, weiterverfolgt werden.

4.3.2.6
Zunehmendes weltpolitisches Engagement Chinas und Indiens

Die ökonomischen Aufholprozesse in China und Indien führen zu steigendem weltpolitischen Engagement: Chinas zunehmende Präsenz in der internationalen Politik ist nicht mehr zu übersehen (Amineh, 2006; Gill, 2007). Auch hat Chinas Engagement in internationalen Organisationen und seine Partizipation innerhalb multilateraler Vertragssysteme seit den 1970er Jahren deutlich zugenommen und die bisherige Strategie internationaler Isolierung faktisch in eine proaktive Weltpolitik überführt (Johnston, 2003; Medeiros und Fravel, 2003; Heberer und Senz, 2006a). Die neue Diplomatie der Volksrepublik zeigt sich vor allem in Asien, wo China am Aufbau des ASEAN+3-Mechanismus, einem Dialogforum der südostasiatischen Staaten zusammen mit Japan und Südkorea, maßgeblich beteiligt war. Auch im Rahmen der Shanghaier Organisation für Zusammenarbeit (SOZ), einem Gremium, dem neben Russland und China verschiedene zentralasiatische Staaten angehören, nimmt die Volksrepublik eine führende Position ein. Nicht zuletzt spielt die Volksrepublik als ständiges Mitglied im Weltsicherheitsrat und im Rahmen von UN-Friedensmissionen eine sichtbar wichtigere Rolle als noch zu Zeiten des Kalten Krieges

(Fravel, 1996; Medeiros und Fravel, 2003; Berdal, 2003).

Im Gegensatz zu China war Indien stets in internationalen Organisationen engagiert und hat sich dabei immer als Wortführer der Entwicklungsländer verstanden, so z.B. in der internationalen Handelspolitik. Im Bewusstsein der eigenen weltpolitischen Stärke und mit dem Anspruch, die Interessen der Entwicklungsländer zu vertreten, stimmte sich Indien 2003 mit den Schwellenländern Brasilien und Südafrika ab, um zu zentralen Fragen globaler Politik gemeinsame Positionen für multilaterale Verhandlungs- und Politikprozesse zu verabreden (Alden, 2005). Um Indiens Einfluss in der internationalen Politik zu erweitern, bemüht sich das Land außerdem intensiv um einen ständigen Sitz im UN-Sicherheitsrat. Insgesamt häufen sich also auch auf dem Subkontinent Ansprüche und Insignien weltpolitischer Gestaltungsmacht (Raja, 2006).

Parallel zu den ökonomischen Aufholprozessen haben China und Indien ihre militärische Stärke ausgebaut: 2005 hat China 4 % der weltweiten Militärausgaben getätigt, Indien 2 % (zum Vergleich: Deutschland 3 %). Beide zählen damit zu den Nationen mit den zehn größten Militärbudgets (SIPRI, 2006). Gleichzeitig gehören China und Indien zum Kreis der Nuklearmächte, wobei Indien in diesem Zusammenhang sogar zum geostrategischen Partner der USA avanciert ist (Mitra, 2006; Wagner, 2006). Die militärische Modernisierung der Volksrepublik wird im Westen hingegen mit Skepsis beobachtet (Cordesman und Kleiber, 2007). Ungeachtet der jeweiligen sicherheitspolitischen Motive flankiert die wachsende militärische Stärke das zunehmende Engagement Chinas und Indiens auf der weltpolitischen Bühne und unterstreicht das regionale wie globale Gewicht beider Staaten.

4.3.3
Global Governance im Zeichen des Aufstiegs von China und Indien

Die Transformation der Entwicklungsländer China und Indien zu weltwirtschaftlichen Schwergewichten verändert die Bedingungen im globalen Wettbewerb um Absatzmärkte, Rohstoffe und Verschmutzungsrechte ganz erheblich. Im Verbindung mit ihrem weltpolitischen Engagement lässt diese Veränderung erwarten, dass es damit auch zu weltpolitischen Gewichtsverschiebungen kommen wird, die wiederum weit reichende Folgen für die internationalen Beziehungen haben können.

Es ist angesichts dieser Entwicklungen erstaunlich, dass führende Analysten der Weltpolitik den faktischen Bedeutungszuwachs der beiden Staaten lange ignoriert haben (Humphrey und Messner, 2006a, c; Kasten 4.3-1). So argumentierte z.B. Brzezinski noch 2004, dass China ein Entwicklungsland ist und keine ernsthafte Herausforderung für die USA darstellt. Indien kommt in seiner Analyse nur am Rande vor (Brzezinski, 2004). Auch Nye (2002) betont, dass China noch einen sehr langen Weg vor sich hat, bevor es eine wirklich globale Rolle spielen kann. Katzenstein (2005) erwartet den Fortbestand eines amerikanischen Imperiums im Kontext starker, aber eng an Amerika orientierter Weltregionen. Andere Autoren befassten sich intensiv mit der

Kasten 4.3-1

Interpretationen der Weltordnung nach 1990

- Mearsheimer (1990) erwartet für die Epoche nach dem Zusammenbruch der bipolaren Konfrontation eine Renaissance zwischenstaatlicher Kriege, wobei er der Verbreitung von Massenvernichtungswaffen die zentrale Bedeutung beimisst.
- Fukuyama (1992) beschreibt einen globalen Trend zur Demokratisierung („Ende der Geschichte“) und leitet daraus als wesentliche weltpolitische Konfliktlinie Auseinandersetzungen zwischen demokratischen und nicht demokratischen Staaten ab.
- Huntington (1993, 1996) postuliert kulturgetriebene Konflikte zwischen dem Westen und anderen Zivilisationen als die zentrale Konfliktlinie der Zukunft („Kampf der Kulturen“).
- Kaplan (1994) sowie Kennedy und Connelly (1994) diskutieren die sozioökonomischen Asymmetrien zwischen „dem Westen und dem Rest der Welt“ als die konfliktträchtigste Herausforderung.
- Im Rahmen des Global-Governance-Diskurses analysiert eine ganze Reihe von Autoren die Auswirkungen der Globalisierung auf die Handlungsfähigkeit der Nationalstaaten. Demnach bleiben ohne neue Formen multilateraler Kooperation die wesentlichen Weltprobleme unlösbar und ziehen Turbulenzen in den internationalen Beziehungen nach sich (Rosenau und Czempiel, 1992; Messner, 1998; Young, 1999; Donahue und Nye, 2000; Kennedy et al., 2002).
- Kagan (2002, 2003) prognostiziert ein langes Zeitalter unilateraler Herrschaft durch die USA, die dem transnationalen Terrorismus als zentralem Konfliktherd der kommenden Dekaden gegenübersteht. Wie zuvor Mearsheimer betont Kagan Sicherheit als zentrale Herausforderung der Weltpolitik, wobei allerdings der diffuse „Krieg gegen den Terror“ an die Stelle klassischer nationalstaatlicher Konfrontationen tritt.

Quelle: WBGU nach Humphrey und Messner, 2006b

Zukunft der transatlantischen Beziehungen zwischen den USA und der EU, ohne aber die Frage zu stellen, ob China und Indien das weltpolitische Gesamtpanorama verändern könnten (Daalder und Lindsay, 2003; Kupchan, 2003). Erst in jüngster Zeit begannen die führenden Köpfe und Denkfabriken in den angelsächsisch dominierten Debatten zur Weltpolitik, China und Indien in ihre Referenzrahmen zur Analyse der globalen Machtkonstellationen einzubeziehen (z. B. CSIS und IEE, 2006; Kaplinsky, 2006; Worldwatch Institute, 2006; Gill, 2007). Auch in der Debatte um die Möglichkeiten politischer Steuerung in einer sich rasch wandelnden Welt, die nach dem Ende des Ost-West-Konflikts unter dem Begriff Global Governance einsetzte, wurde der sich abzeichnende Aufstieg Chinas und Indiens zunächst kaum thematisiert. Hier rückten vielmehr Fragen nach der Zukunft des klassischen, territorial organisierten Nationalstaats und dessen Handlungs- und Steuerungsfähigkeit (Messner, 1998; Zürn, 1998b) sowie nach der Rolle neuer Akteure „jenseits der Staatlichkeit" in das Blickfeld der Analysten (Risse, 2002; Jachtenfuchs, 2003; Dingwerth und Pattberg, 2006).

4.3.3.1 Multipolarität als Gefahr für den Multilateralismus?

Vor diesem Hintergrund stellt sich u.a. die Frage, ob und inwieweit China und Indien, aber auch die Vereinigten Staaten, bereit sein werden, sich zeitnah und konstruktiv am Auf- und Ausbau multilateraler Institutionen zu beteiligen, die den Rahmen einer effektiven und legitimen empfundenen Global Governance bilden können. Würden sich China oder Indien für unilaterale, eng an ihren eigenen nationalen Interessen orientierte außenpolitische Strategien entscheiden, so könnte der internationalen Staatengemeinschaft die Renaissance einer Balance-of-Power-Politik drohen, wie sie zuletzt während des Kalten Kriegs zu beobachten war. Im Gegensatz zu einem multilateralen Ansatz würde eine derartige durch Konkurrenz gekennzeichnete Mächtekonstellation wesentliche Kapazitäten und Ressourcen absorbieren, die zur Bearbeitung der unterschiedlichsten globalen Herausforderungen – von der Armutsbekämpfung bis zum Klimawandel – dringend gebraucht werden.

Dass die Verantwortung für die entsprechenden Weichenstellungen nicht allein bei China und Indien liegt und auch nicht liegen kann, ist offensichtlich. So geht die vielfach beklagte Krise des Multilateralismus der letzten Jahre nicht zuletzt von der nur sehr bedingt kooperativen Außenpolitik der Vereinigten Staaten aus (Menzel, 2003; von Winter, 2004; Hummel, 2006). Die Bemühungen der europäischen Staaten, dem entgegenzuwirken, sind zwar allgegenwärtig, lassen aber zuweilen die politische Tatkraft vermissen. Offen ist, ob das Beispiel strikt national ausgerichteter Außenpolitik Schule macht oder die internationale Kooperation überwiegen kann. Die Alternativen für die zukünftigen internationalen Beziehungen scheinen sich klar abzuzeichnen: „Ein effektiver Multilateralismus oder die Rückkehr eines Wettbewerbs zwischen Großmächten und einer von zerstörerischen Kräften überwältigten Welt" (Haass, 2005).

4.3.3.2 Allgemeine Dynamiken weltpolitischen Wandels

Bei der Analyse der aktuell zu beobachtenden weltpolitischen Prozesse kristallisieren sich zwei Dynamiken heraus, die zeitlich parallel verlaufen, inhärent gegenläufig sind und beide das Potenzial besitzen, die Strukturen der Weltordnung nachhaltig zu prägen. Zum einen handelt es sich um das Phänomen global zunehmender und dabei komplexer werdender Interdependenz zwischen Staaten, Volkswirtschaften und Gesellschaften. Zum anderen geht es um den Trend zu unilateralem außenpolitischem Staatenhandeln, der für Phasen typisch ist, in denen sich das Mächtegleichgewicht der internationalen Beziehungen neu justiert.

Kooperativer Multilateralismus als Reaktion auf komplexe Interdependenz

Die Globalisierung der Welt im 20. und 21. Jahrhundert ist durch die komplexe Interdependenz zwischen Staaten, Volkswirtschaften und Gesellschaften charakterisiert (Held et al., 1999; Keohane und Nye, 2000). Infolge vielfältiger politischer, ökonomischer, kultureller, militärischer und nicht zuletzt ökologischer Verflechtungen sind selbst weitreichende einzelstaatliche Geltungsbereiche und Machtpotenziale nur noch bedingt zur Lösung von Problemen fähig. Deshalb erhöht die komplexe Interdependenz in der Welt gleichermaßen die Hemmschwelle zur gewaltsamen Austragung von Interessenkonflikten (weil die Opportunitätskosten solcher Konflikte mit zunehmender Verflechtung steigen) und den Anreiz zu institutionalisierter, regelgeleiteter Zusammenarbeit (die u. a. der Vertrauensbildung dient, indem sie wechselseitige Erwartungsverlässlichkeit erhöht; Keohane und Nye, 1977, 1987; Zürn, 2002).

Das rasche Wachstum internationaler Organisationen und Regime in den vergangenen Jahrzehnten bestätigt diese institutionalistische Sichtweise. Es entspricht dem Bedürfnis der Staaten, den komplexen Problemen der Welt im Rahmen eines stabilen Systems internationaler Institutionen zu begegnen.

Die kooperationsfördernde Wirkung zunehmender Interdependenz wird im Fall erfolgreicher regionaler Integration, wie der EU und anderer regionaler Zusammenschlüsse (z.B. ASEAN), besonders deutlich. Darin zeigt sich, dass verlässliche zwischenstaatliche Vereinbarungen auf Grundlage des Völkerrechts eine größere Bedeutung für die Sicherung von Frieden und Entwicklung haben können als militärische Machtpotenziale. Der Klimawandel versinnbildlicht die vielschichtige Komplexität der nicht mehr nur regionalen, sondern auch globalen Interdependenzen und die große daraus resultierende wechselseitige Verwundbarkeit. Dies wird z.B. durch mögliche Beeinträchtigungen der weltwirtschaftlichen Entwicklung und durch eine mögliche Zunahme der Zahl destabilisierter Staaten in Folge des Klimawandels deutlich (Kap. 8.3).

Erosion des Multilateralismus durch relative Machtverschiebung

Dem Ansatz, die internationalen Beziehungen durch die komplexe Interdependenz zu erklären, steht der auf Staaten, ihre Machtpotenziale und ein Primat der Sicherheitspolitik fixierte so genannte realistische Erklärungsansatz gegenüber. Danach bringen relative Verschiebungen der Machtpotenziale zwischen den zentralen Akteuren eines anarchischen internationalen Systems eine Eigendynamik mit sich, die kooperatives Verhalten unterminiert und dadurch eine Erosion multilateraler Politik nach sich zieht. Dann gewinnt unilaterales Handeln für mächtige Staaten an Attraktivität und wird als rationale Alternative gegenüber der Zusammenarbeit mit weniger mächtigen Staaten wahrgenommen.

So wird es zu weniger Global Governance und mehr traditioneller Politik zwischen souveränen Nationalstaaten kommen, wenn das außenpolitische Handeln der großen Mächte darauf zielt, den Frieden, beziehungsweise die eigene Sicherheit, durch klassische Balance-of-Power-Politik abzusichern. Dies ist vor allem dort zu erwarten, wo das Misstrauen in die Absichten der als Konkurrenten wahrgenommenen Staaten das Vertrauen in kooperative Problemlösungsansätze überwiegt. Eine solche Annahme entspricht einer Handlungslogik, die für die europäische Geschichte im 19. und frühen 20. Jahrhundert prägend war. Für den Verlauf der zu erwartenden Auseinandersetzungen zwischen den USA, China, Indien und anderen Staaten um die Grundpfeiler der Weltordnung des 21. Jahrhunderts wird also u.a. entscheidend sein, wie sehr (oder wie wenig) sich die Außenministerien der großen Mächte einer solchen Logik unterwerfen. Die in den vergangenen Jahren zu beobachtende Relativierung des Völkerrechts und des Gestaltungsspielraums der Vereinten Nationen könnten Vorboten einer Renaissance offensiver Machtpolitik sein (Messner et al., 2003).

Die dabei hervortretenden unilateral ausgerichteten Außenpolitiken beruhen auf klassischen Interpretationen von Souveränitäts-, Sicherheits- und Nationalstaatskonzepten, die im Widerspruch zum allgemein formulierten Bestreben nach globalen Lösungen für typisch transnationale Probleme wie Terrorismus, HIV/AIDS oder globale Erwärmung stehen. Dabei ist zu berücksichtigen, dass von aufstrebenden Mächten wie China und Indien kaum erwartet werden kann, dass sie das Konzept des souveränen Nationalstaats ohne Not zur Disposition stellen werden. Ein Staatsverständnis, wie es sich in Europa im Kontext der seit 50 Jahren währenden europäischen Einigung entwickeln konnte, kann hier nicht vorausgesetzt werden. Auch die derzeitige Führungsmacht USA lebt das klassische Souveränitätsverständnis in all seiner Widersprüchlichkeit vor. Es kann daher nicht überraschen, wenn sich die Regierungen Chinas und Indiens auf die Aussage des außenpolitischen Beraters der US-Regierung Robert Kagan berufen, wonach „Multilateralismus ein Konzept für schwache Akteure ist" (Humphrey und Messner, 2006b).

Vor diesem Hintergrund wird deutlich, dass die Entwicklung einer multipolaren, neuen Weltordnung prinzipiell offen ist. Ein Rückfall in eine Welt der großen Mächte ist ebenso denkbar und plausibel wie eine progressive Ausgestaltung der Welt als Netzwerk zwischenstaatlicher Kooperation (Messner et al., 2003). Die Diskussion verdeutlicht vielmehr, dass Multipolarität und Multilateralismus voneinander unabhängig sind. Auch deshalb ist ein Trend zur Multipolarität nicht per se als Problem oder als Verschlechterung gegenüber dem unipolaren Status quo zu betrachten; genausowenig, wie die derzeit noch gültige unipolare Weltordnung US-amerikanischer Prägung als „Sternstunde" des Multilateralismus gelten kann (Hummel, 2006). Gegenwärtig stellt weder eine kooperative Architektur der Global Governance einen Automatismus dar, noch ist das Verhalten neuer großer Mächte im anarchischen internationalen System eindeutig vorherbestimmt (Brzezinski und Mearsheimer, 2005).

Dennoch prägt die Parallelität der beiden hier beschriebenen Dynamiken wesentlich die Entwicklung der weltpolitischen Strukturen sowie der weltwirtschaftlichen Rahmenbedingungen. Letztlich werden die politischen Kraftanstrengungen und Interessen aller relevanten weltpolitischen Akteure das Zusammenspiel bestimmen und so darüber entscheiden ob die Anpassung der Weltordnung in einer eher friedlich-stabilen oder konfliktiv-instabilen Weise erfolgen wird.

4.3.3.3 China und Indien als Triebkräfte weltpolitischen Wandels

Mit ihren zusammengenommen über 2 Mrd. Einwohnern treten China und Indien als bevölkerungsreichste Länder der Welt im Vergleich zu den asiatischen Tigerstaaten der 1980er und 1990er Jahre nicht nur als aufstrebende Ökonomien, sondern auch als wesentliche Triebkräfte global wirksamer Prozesse auf (Humphrey und Messner, 2006a, c). Diese Veränderungsprozesse betreffen internationale Institutionen wie die Vereinten Nationen, die Weltbank und den Internationalen Währungsfonds ebenso wie die internationalen „Clubs" der G-8 und der G-20. Es ist also zu erwarten, dass diese Machtverschiebungen einen spürbaren Einfluss auf eine Reihe multilateraler Vertragswerke haben werden, wie z.B. das Kioto-Protokoll in der Klimapolitik oder die unter der Ägide der WTO stehenden Welthandelsabkommen sowie auf eine Vielzahl transnational agierender nichtstaatlicher Akteure und die unterschiedlichsten Governance-Mechanismen, über welche globale Akteure interagieren.

All diese Elemente der heute existierenden Global-Governance-Architektur werden einem starken Anpassungsdruck ausgesetzt sein, sobald China und Indien ihre neu gewonnene Macht weltpolitisch einzusetzen beginnen, während parallel die quasi-hegemoniale Dominanz der USA nachlässt. Eine, wenn nicht die entscheidende Frage ist dabei, ob die beiden asiatischen Staaten ebenso rasch an weltpolitischer Bedeutung gewinnen, wie ihnen dies bereits auf dem Weltmarkt gelungen ist (Heberer und Senz, 2006a).

Absehbar ist, dass sich dadurch in den internationalen Beziehungen nicht nur das seit jeher problematische Verhältnis zwischen Industrie- und Entwicklungsländern, sondern maßgeblich auch die Süd-Süd-Beziehungen verändern werden. So ist denkbar, dass Indien künftig seinem traditionellen Anspruch als Sprecher der Entwicklungsländer noch nachdrücklicher gerecht zu werden versucht, indem es fordernder und machtvoller auftritt als in der Vergangenheit. Wahrscheinlicher ist jedoch, dass China und Indien als aufstrebende Wirtschaftsmächte mittelfristig stärker als bisher Eigeninteressen verfolgen, die sich nicht mehr mit der Mehrzahl der übrigen Entwicklungsländer decken. Ein solcher Trend wird bereits heute durch einen Blick auf die asymmetrischen Wirtschaftsbeziehungen zwischen China und Indien und den meisten afrikanischen und lateinamerikanischen Volkswirtschaften erkennbar. Sollten beide in den kommenden Jahren zu relevanten Geberländern werden, könnten die Entwicklungsländer zwischen den Hilfsangeboten der OECD-Welt und den beiden asiatischen Riesen wählen, wodurch die entwicklungs- und geopolitische Dominanz der Industrieländer unterminiert würde.

Zu berücksichtigen ist dabei auch, dass im Fall der Volksrepublik China ein autoritärer Staat zu einer Gestaltungsmacht mit globaler Reichweite aufsteigt, was befürchten lässt, dass z.B. die Forderungen nach Einhaltung der Menschenrechte und Good Governance im internationalen System zukünftig noch schwieriger zu verteidigen sein werden als bisher (Kurlantzick, 2006). Auch Indien entspricht angesichts religiöser und sozialer Spannungen derzeit kaum den Erwartungen an eine globale Führungsmacht. Offen ist, was diese Entwicklung für die Legitimität von Global-Governance-Prozessen bedeutet, die wesentlich von der Anerkennung der an ihnen beteiligten Akteure abhängt.

Durch den Aufstieg Chinas und Indiens wird die unipolare Weltordnung, wie sie sich seit dem Ende des Kalten Krieges durch die Vorherrschaft der USA entwickelte, vermutlich eine historische Momentaufnahme bleiben. Setzt sich dabei der Aufstieg Chinas und Indiens in den kommenden zwei Dekaden ähnlich rasant fort, wird bald von einer westlich dominierten Weltordnung nicht mehr die Rede sein können.

Der aus dem Prozess einer globalen Machtverschiebung resultierende Wettbewerb um Macht und weltweite Gestaltungsmöglichkeiten könnte also einerseits zur zentralen Konfliktlinie der Global-Governance-Architektur der kommenden Dekaden werden und potenziell eine Situation heraufbeschwören, die dem Systemkonflikt des Kalten Krieges vergleichbar wäre. Andererseits könnte sich ein Wandel in den internationalen Beziehungen aber auch positiv ausgestalten und zu einer gleichberechtigteren globalen Zusammenarbeit zwischen den Weltregionen führen, die den Weltproblemen ungleich stärker und effektiver gegenüber treten könnte als bisher. Letztlich wird das zukünftige Zusammenspiel alter und neuer weltpolitischer Protagonisten ausschlaggebend dafür sein, ob und wie die globalen Herausforderungen und Risiken des 21. Jahrhunderts bearbeitet werden und welche Rolle andere Staaten dabei spielen können.

4.4 Ergebnisse

Wie die Ausführungen zu fragiler Staatlichkeit und Governance sowie zu den erwarteten Veränderungen im internationalen System zeigen, sind die nationalen und internationalen Institutionen und Akteure nur unzureichend auf die beschriebenen Herausforderungen vorbereitet. In Bezug auf fragile Staaten gibt es zwar momentan keine Belege dafür, dass Umweltdegradation die Konfliktrelevanz entscheidend verstärkt. Mit steigendem Problemdruck kann jedoch angenommen werden, dass solche Staaten, die selbst unter den heute bekannten Bedingungen kaum in der Lage sind, ein funktionierendes Gemeinwesen aufrecht zu erhalten, in Anbetracht wachsenden Umweltstresses überfordert sein werden. Es ist also zu erwarten, dass der Klimawandel in schwachen und fragilen Staaten zu einer weiteren Destabilisierung beitragen wird, was dann auch zu Verwerfungen in der internationalen Politik führen könnte.

Betrachtet man ferner den Status quo der Global-Governance-Architektur, wird deutlich, dass die internationale Politik auf absehbare Zeit nicht über die notwendigen Kapazitäten verfügt, um der beschriebenen Problematik wirksam zu begegnen. Wie der Abschnitt zur instabilen Multipolarität zeigt, steht die globale Weltordnung am Beginn eines fundamentalen und wahrscheinlich turbulenten Wandels. Es zeichnet sich ab, dass neu hinzukommende globale Akteure, vor allem China und Indien, die Spielregeln der internationalen Politik nachhaltig verändern könnten. Dieser neue Wettbewerb um Macht und Einfluss muss dabei nicht notwendigerweise konfliktreich verlaufen. Er nimmt aber wertvolle Zeit- und Handlungsressourcen in Anspruch, die dann anderweitig nicht mehr zur Verfügung stehen. In jedem Fall stellt sich die Frage nach dem Auf- bzw. Ausbau eines funktionierenden multilateralen Systems, welches auch den drohenden Risiken des Klimawandels effektiv entgegenwirkt. Ob und wie auf- und absteigende Weltmächte künftig zusammenarbeiten, wird nicht zuletzt für den Erfolg der internationalen Klimapolitik entscheidend sein (Kap. 8.2 und 8.3).

Klimawirkungen auf Naturraum und menschliche Nutzung

5

Für die Diskussion der zu erwartenden Klimaänderungen und deren Wirkungen werden als Grundlage zum einen die beobachteten Trends im Zeitraum 1975–2004 genutzt, zum anderen die Ergebnisse einer Reihe von Modellszenarien ausgewertet. Auf dieser Basis werden anschließend Regionen identifiziert, in denen besonders kritische Entwicklungen zu erwarten sind (Kap. 7).

5.1
Veränderungen der Klimaparameter

Der WBGU geht davon aus, dass der Klimawandel in den kommenden Jahrzehnten zum wichtigsten Treiber globaler Umweltveränderungen werden wird. Regional kommen unterschiedliche direkte Eingriffe des Menschen in die Umwelt hinzu, z. B. fördert die Begradigung von Flussläufen das Überschwemmungsrisiko und nicht nachhaltige Landnutzungspraktiken führen zu Bodendegradation.

Simulationen regionaler Klimaveränderungen sind grundsätzlich mit größeren Unsicherheiten behaftet als globale Mittelwerte, weil das regionale Klima stark von der atmosphärischen und ozeanischen Zirkulation geprägt wird (z. B. von den vorherrschenden Wetterlagen und Windrichtungen). Deren Veränderungen haben kaum Einfluss auf globale Mittelwerte, stellen aber regional einen nur bedingt berechenbaren Einflussfaktor dar. Ferner sind die Unsicherheiten in der Berechnung von Niederschlägen größer als bei der Temperatur, weil Niederschläge durch komplexe physikalische Prozesse bestimmt werden, während die Temperatur Ergebnis einer vergleichsweise einfachen Wärmebilanz ist. Daher sind insbesondere regionale Niederschlagsszenarien mit großer Unsicherheit verbunden und unterscheiden sich zwischen verschiedenen Modellen oft erheblich.

Extremereignisse wie tropische Wirbelstürme werden von Klimamodellen ebenfalls weniger gut erfasst, weil für deren Beschreibung das räumliche Auflösungsvermögen globaler Klimamodelle zumeist unzureichend ist und die relevanten Prozesse stark nichtlinear sind.

Im Folgenden werden Entwicklungen diskutiert, die als robust und gut gesichert gelten können. Angesprochen werden auch Risiken, die nach heutigem Wissensstand mit erheblicher Unsicherheit verbunden sind. Allerdings werden keine Entwicklungen aufgegriffen, die als „Ausreißer" nur in einzelnen Modellen aufgetreten sind. Der WBGU konzentriert sich vielmehr auf Phänomene, die sich zumindest in mehreren Klimamodellen abzeichnen. Zudem wird auf Beobachtungsdaten und physikalische Zusammenhänge Bezug genommen, um die Plausibilität der diskutierten Risiken zu untermauern. Damit kann zwar keine gesicherte Prognose erstellt werden, wo und wann bestimmte kritische Entwicklungen eintreten werden, aber es können plausible Risiken aufgezeigt werden.

Es wird zwischen zwei Arten von Klimarisiken unterschieden, die lose mit unterschiedlichen Zeiträumen verbunden sind. Erstens werden Klimaveränderungen im Zeitraum bis 2050 betrachtet, die relativ gut vorhersehbar sind und eine hohe Eintrittswahrscheinlichkeit besitzen. Vielfach handelt es sich dabei um Entwicklungen, die bereits heute beobachtbar sind, wie etwa der Trend zu zunehmender Stärke von Hurrikanen, das Verschwinden von Gebirgsgletschern oder Dürreprobleme in einigen Weltregionen. Zweitens werden in Kapitel 5.3 Risiken betrachtet, die mit möglichen stark nichtlinearen und qualitativen Veränderungen im Klimasystem einhergehen – ein Beispiel wäre eine tiefgreifende Veränderung des asiatischen Monsuns. Dabei handelt es sich um schwer kalkulierbare Ereignisse mit besonders schwerwiegenden Folgen, die typischerweise in der zweiten Hälfte des Jahrhunderts auftreten könnten, auch wenn ein früheres Eintreten oft nicht ausgeschlossen werden kann.

5.1.1 Temperatur

Die vergangene und mögliche künftige globale Temperaturentwicklung ist in Abbildung 5.1-1 dargestellt. Der weitere globale Temperaturanstieg bis 2030 ist gut absehbar: Die Temperaturerhöhung gegenüber dem Jahr 2005 wird sehr wahrscheinlich im Bereich von 0,4–0,6°C liegen, unabhängig vom angenommenen Emissionsszenario. Dieser Temperaturbereich bezieht sich auf den geglätteten Trend, unbeschadet der kleinen Schwankungen von Jahr zu Jahr, die diesen Langzeittrend überlagern. Eine einfache Fortschreibung des aktuellen Trends läge ebenfalls im oben genannten Bereich. Die geringe Bandbreite der verschiedenen Temperaturentwicklungen begründet sich zum einen dadurch, dass Emissionsszenarien von graduellen Veränderungen und nicht von drastischen Sprüngen der Emissionen ausgehen, zum anderen durch die Trägheit des Klimasystems, vor allem die thermische Trägheit der Weltmeere. Nur sehr rasche und einschneidende Veränderungen der Emission von Treibhausgasen oder Aerosolen, aber auch unvorhersehbare Ereignisse wie ein großer Vulkanausbruch oder Meteoriteneinschlag, könnten in den kommenden 25 Jahren zu deutlichen Abweichungen von der obigen Prognose führen. Graduelle Emissionsminderungen über die kommenden Jahrzehnte, wie sie bei einer effektiven Klimaschutzpolitik am wahrscheinlichsten sind, werden erst nach 2030 zu einem deutlichen Abbremsen des globalen Erwärmungstrends führen.

Regional wird die Erwärmung erheblich vom globalen Trend abweichen, dies ist bereits heute der Fall. Abbildung 5.1-2 zeigt die beobachteten Erwärmungstrends der letzten Jahrzehnte über Land. Während die globale Temperatur im angegebenen Zeitraum um 0,6°C angestiegen ist, zeigen einige Regionen bereits einen Anstieg um 2°C oder mehr. Zwei Effekte sind dabei besonders hervorzuheben. Erstens erwärmen sich die Kontinente stärker als der globale Mittelwert (regional bis zum doppelten Wert aufgrund der abmildernden Wirkung der Ozeane). Zweitens erwärmen sich die Regionen in den höheren Breiten besonders stark, weil die schrumpfende Schnee- und Eisbedeckung zur Aufnahme von mehr Sonnenstrahlung führt. Vor allem in zwei Regionen sind die Menschen daher besonders stark vom direkten Anstieg der mittleren Temperaturen betroffen: in den nördlichen Polargebieten (Alaska, Sibirien) wegen der besonders rasch steigenden Temperaturen und deren Auswirkungen auf Permafrostböden und Infrastruktur und in den tropischen Klimazonen wegen der dort ohnehin schon hohen Temperaturen.

Von besonderer Bedeutung sind Hitzewellen. Die europäische Hitzewelle im Sommer 2003 hat rund 30.000–50.000 Menschenleben gefordert und ist nach Angaben der Münchener Rück die größte Naturkatastrophe in Mitteleuropa seit Menschengedenken (Münchener Rück, 2004). Das Beispiel belegt, dass Hitzewellen selbst in gemäßigten Klimazonen und wohlhabenden Staaten verheerende Folgen haben können, wenn die Gesellschaft nicht darauf vorbereitet ist. In Deutschland war 2003 das Jahr mit der größten Ertragseinbuße bei Weizen seit mindestens 1960 (Sterzel, 2004). Diese Hitzewelle trat überraschend auf und lag weit oberhalb des langfristigen Tempe-

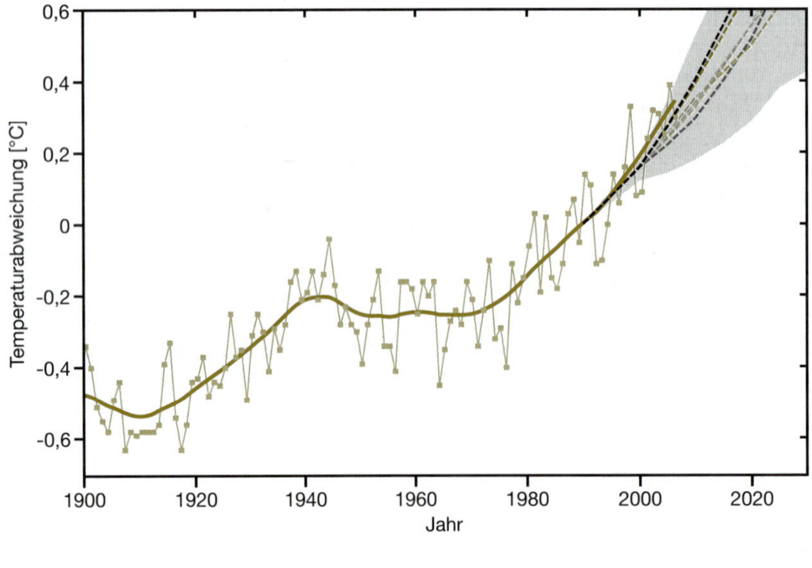

Abbildung 5.1-1
Globaler Temperaturverlauf über Land und Ozean bis 2006 nach dem Datensatz der NASA, Abweichungen bezogen auf 1990 (jährliche Datenpunkte, die durchgezogene Linie zeigt den über 11 Jahre geglätteten Verlauf). 2005 war das bisher wärmste Jahr seit Beginn der Aufzeichnungen. Der graue Bereich und die gestrichelten Linien zeigen die Zukunftsszenarien des IPCC (2001) bezogen auf das Basisjahr 1990. Die beobachtete Erwärmung liegt derzeit am oberen Rand dieser IPCC-Szenarien.
Quelle: Rahmstorf et al., 2007

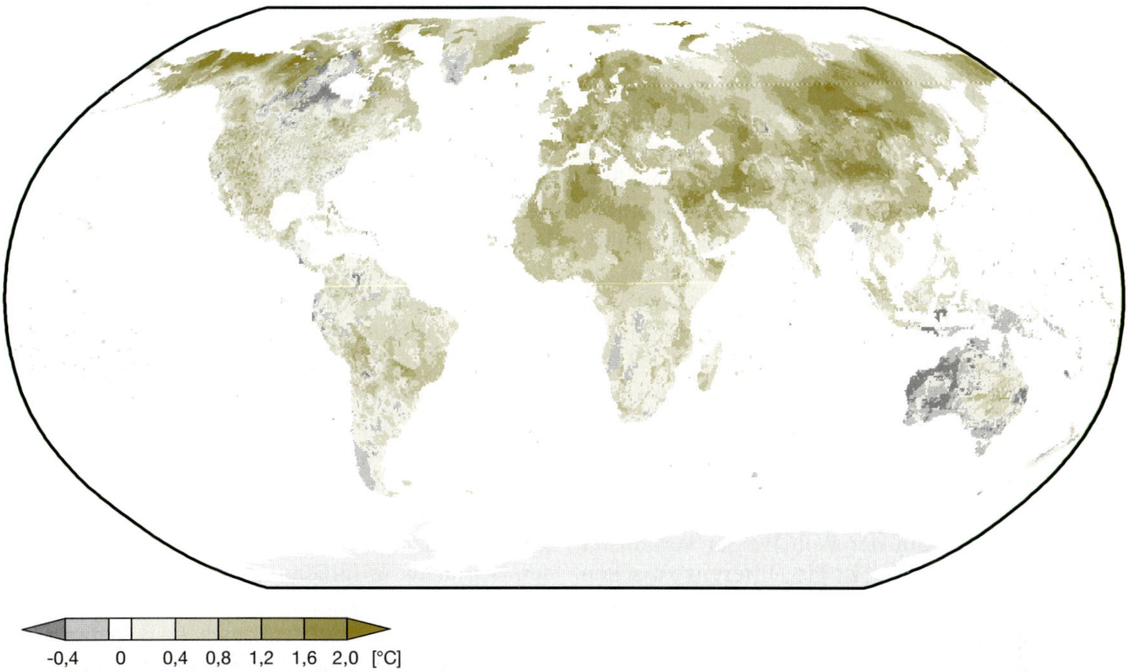

Abbildung 5.1-2
Gemessene lineare Temperaturtrends an Land im Zeitraum 1975–2004.
Quelle: WBGU; Daten: PIK-Klimadatenbank

raturtrends (in der Schweiz lagen die Juni-Temperaturen rund 3°C höher als im vorherigen Rekordsommer 2002), sie wäre also selbst bei Berücksichtigung des Erwärmungstrends so nicht zu erwarten gewesen. Der physikalische Mechanismus dieser Hitzewelle ist noch nicht verstanden, es werden derzeit mehrere Erklärungsansätze verfolgt. Daher kann auch nicht vorhergesagt werden, wo und wann künftig mit solchen extremen Hitzewellen zu rechnen ist. Um die Mitte des Jahrhunderts dürften jedoch derart hohe Sommertemperaturen wie 2003 in Europa keine Hitzewelle mehr darstellen, sondern zur Normalität geworden sein (Schär et al., 2004; Seneviratne et al., 2006).

Längerfristig (in der zweiten Hälfte des 21. Jahrhunderts) hängt die Temperaturentwicklung stark vom jeweiligen Emissionsszenario ab. Durch effektive Klimaschutzmaßnahmen (Stabilisierung der Treibhausgaskonzentration unterhalb von 450 ppm CO_2eq) kann die globale Erwärmung voraussichtlich auf maximal 2°C über dem vorindustriellen Niveau begrenzt werden. Ohne wirksamen Klimaschutz ist dagegen eine Erwärmung von 2–7°C über dem vorindustriellen Wert zu erwarten (IPCC, 2007a). Die hohen Werte können dadurch entstehen, dass bei starker Erwärmung eine verstärkende Rückkopplung aus dem Kohlenstoffkreislauf auftritt. Neuere Arbeiten zeigen sowohl auf Basis von Simulationsrechnungen als auch von Daten aus der Klimageschichte eine solche Rückkopplung (Friedlingstein et al., 2006; Scheffer et al., 2006), d.h. Ozean und Biosphäre können nur noch einen geringeren Anteil der anthropogenen Emissionen aufnehmen als bisher, so dass die CO_2-Konzentration überproportional zu steigen beginnt.

Bei der Auswirkung der Erwärmung muss bedacht werden, dass regional (insbesondere auf den Kontinenten) erheblich höhere Werte als im globalen Mittel auftreten dürften. Bei starker Erwärmung, im oberen Bereich der oben genannten Spanne, würden durch den Anstieg der Mitteltemperatur und durch eine höhere Temperaturvariabilität (Seneviratne et al., 2006) erhebliche Veränderungen in der Biosphäre eintreten, weil sich z. B. die Verbreitung der meisten Pflanzen und Tiere und die Konkurrenzgefüge in ihren bisherigen Lebensräumen verschieben würden. Gletscher würden rasch verschwinden, der arktische Ozean wäre im Sommer eisfrei und ein vollständiges Abschmelzen des Grönländischen Eisschilds würde sehr wahrscheinlich eingeleitet. Diese Effekte beginnen bereits bei „moderaten" Erwärmungsszenarien um global 3°C. Bei noch stärkerer Erwärmung würden sie umso rascher und sicherer eintreten.

5.1.2 Niederschläge

Im globalen Mittel nimmt die Niederschlagsmenge in einem wärmeren Klima zu. Pro Grad Erwärmung beträgt diese Zunahme je nach Modell 1–2 % (IPCC, 2007a). Ursache dafür ist die stärkere Verdunstung. Die verdunstete Wassermenge muss nach durchschnittlich einigen Tagen Verweildauer in der Atmosphäre auch wieder abregnen. Außerdem nimmt die in der Atmosphäre enthaltene Wassermenge zu, weil wärmere Luft mehr Wasser speichern kann, bis sie gesättigt ist. Bei gleich bleibender relativer Luftfeuchte (diese wird in Prozent des Sättigungswertes angegeben) sind dies 7 % mehr Wasser pro °C Erwärmung. Die mittlere relative Luftfeuchte bleibt annähernd konstant, weil ihr Anstieg zu verstärktem Abregnen führt.

Obwohl überall auf der Welt Wasser verdunstet und Niederschläge fallen, ist die Differenz zwischen beiden Größen regional sehr unterschiedlich. Abbildung 5.1-3a zeigt die regionale Verteilung der klimatischen Wasserbilanz, d. h. der Differenz zwischen Niederschlag und potenzieller Verdunstung (Evapotranspiration) im Referenzzeitraum 1961–1990. Das Grundmuster des globalen Wasserkreislaufs ist wie folgt: In den Tropen verdunstet durch die hohen Temperaturen viel Wasser, das aber mit den aufsteigenden Luftmassen in Äquatornähe (der innertropischen Konvergenzzone) auch rasch wieder abregnet; dies sind die tropischen Wolken- und Niederschlagsgürtel (z. B. Brasilien, Kongo, Indonesien). In den Subtropen verdunstet ebenfalls viel Wasser, aber die Niederschläge sind gering, denn aufgrund der absinkenden Luftmassen ist die Luft trocken und wolkenarm. In dieser Zone liegen daher die Wüstengebiete der Erde, in den nördlichen Subtropen u. a. die Sahara, in den südlichen die Namib und die australische Wüste. Ein großer Teil des in den Subtropen verdunsteten Wassers wird in mittlere und hohe Breiten transportiert und regnet dort ab, daher sind dort die Niederschläge größer als die Verdunstung.

Ein wichtiger Teilaspekt des Wasserkreislaufs ist die Monsunzirkulation, die in einigen Weltregionen (z. B. Südostasien) stark saisonale Niederschläge verursacht, von denen die Landwirtschaft und Nahrungssicherheit in einigen Staaten wie Indien und China abhängig sind. Angetrieben werden die Monsunwinde und -niederschläge durch den jahreszeitlich veränderlichen Temperaturunterschied zwischen Land und Meer. Es handelt sich um ein stark nichtlineares Phänomen, das sowohl durch Luftverschmutzung mit Aerosolen als auch durch die globale Erwärmung beeinflusst werden kann.

Die globale Erwärmung führt zu einer Verstärkung dieses Wasserkreislaufs. Die Verdunstung in den Subtropen nimmt zu, was im Mittel zu stärkeren Niederschlägen in mittleren und hohen Breiten führt. Dies lässt sich anhand von Beobachtungen bereits heute belegen. Im subtropischen Atlantik steigt seit Jahrzehnten der Salzgehalt, in hohen Breiten nimmt er ab. Zudem zeigen lange Zeitreihen der eurasischen Flüsse, die in den arktischen Ozean münden, dass deren Wasserführung seit Jahrzehnten stetig zunimmt, wie es durch eine Niederschlagszunahme in den höheren Breiten zu erwarten ist (Peterson et al., 2002). Durch diese Entwicklung trocknen die subtropischen Gebiete tendenziell aus, während die hohen Breitengrade feuchter werden, auch wenn es hier viele regionale, kleinräumige Besonderheiten gibt (Abb. 5.1-3b).

So sind z. B. viele aride Gebiete in den letzten Jahrzehnten noch trockener geworden, insbesondere im Bereich der Sahara und des Mittelmeers, im südlichen Afrika, im Südwesten der USA, im Nordosten Brasiliens, in Indien und in der Nordhälfte Chinas. Dafür sind allerdings nicht immer allein großklimatische Einflüsse ursächlich (z. B. Sahel: Zeng, 2003; Hutchinson et al., 2005), sondern auch die eingangs erwähnten regionalen Eingriffe des Menschen in die Umwelt, auf die später zum Teil eingegangen wird (Kap. 7 sowie Kap. 6.2 und 6.3).

Modellszenarien zeigen für die Zukunft ein klares Muster (Abb. 5.1-4). Die niederschlagsreichen Gebiete im tropischen Niederschlagsgürtel und in mittleren bis hohen Breiten werden überwiegend noch feuchter, während die ariden Regionen der Subtropen noch trockener werden. Auch deuten die Modelle insbesondere im Mittelmeerraum und im südlichen Afrika auf zunehmende Trockenheit hin. Für andere Regionen sind die Projektionen weniger robust, so werden z. B. für die Sahelregion durch unterschiedliche Modelle jeweils starke, aber im Vorzeichen voneinander abweichende Änderungen projiziert (IPCC, 2007a, b).

Bei den Niederschlägen kommt es jedoch nicht nur auf die Jahres- bzw. jahreszeitlichen Summen an, sondern ebenso auf Extremereignisse wie Dürrephasen und außergewöhnlich intensive Niederschläge. Sowohl Daten als auch Modellrechnungen zeigen einen Trend, wonach sich ein immer größerer Anteil der Jahresniederschläge auf diese intensiven Niederschläge konzentriert (also innerhalb weniger Tage fällt), während andererseits die Länge von Phasen ohne Niederschläge zunimmt. Diese Tendenz erhöht sowohl die Gefahr von Überschwemmungen als auch die Häufigkeit von Dürreperioden.

Abbildung 5.1-5 zeigt aus einem Modellszenario die Regionen, in denen die Dürregefahr durch längere Trockenperioden künftig stark zunehmen dürfte. Besonders hervorzuheben sind hier wiederum der Mittelmeerraum, das südliche Afrika und Brasilien,

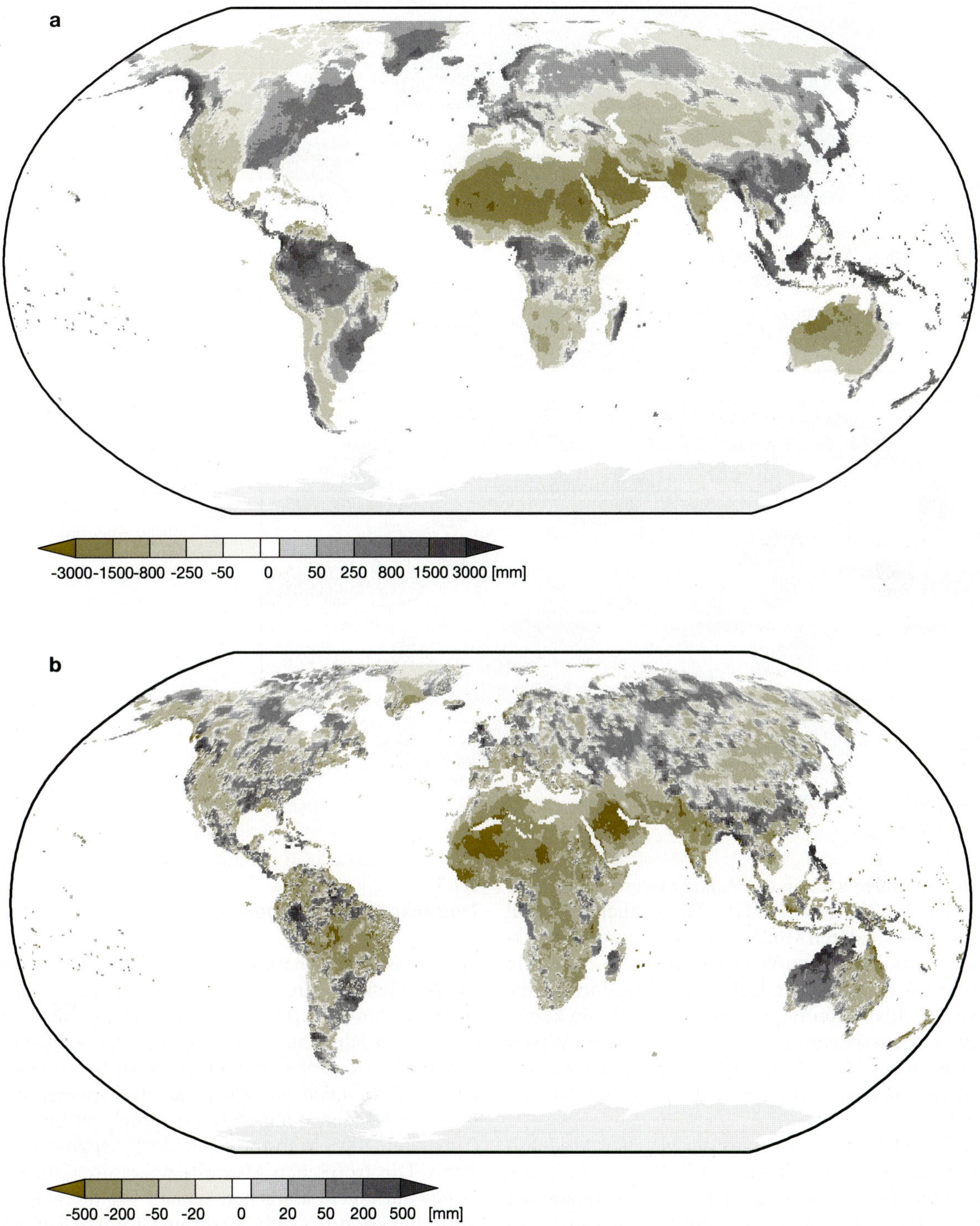

Abbildung 5.1-3
Klimatische Wasserbilanz: a) Mittelwert für den Zeitraum 1961–1990 und b) Veränderung der klimatischen Wasserbilanz aus Beobachtungsdaten im Zeitraum 1975–2004. Die klimatische Wasserbilanz ergibt sich aus der Differenz von Niederschlag und potenzieller Evapotranspiration.
Quelle: WBGU; Daten: PIK-Klimadatenbank

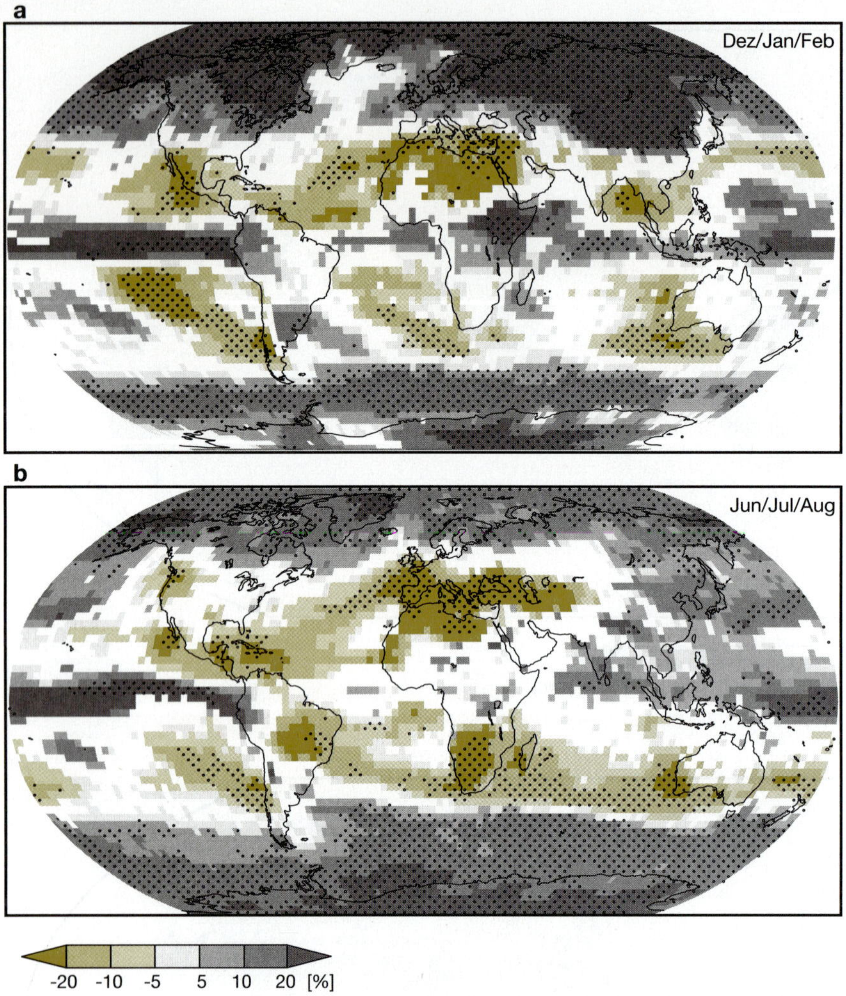

Abbildung 5.1-4
Prozentuale Veränderungen des Niederschlags gegen Ende des Jahrhunderts (relativ zu 1990) im SRES-A1B-Szenario. Gezeigt sind die Mittelwerte aller Klimamodelle des 4. IPCC-Berichts für zwei Jahreszeiten (oben: Dezember-Februar, unten: Juni-August). In den gepunkteten Bereichen stimmt das Vorzeichen der projizierten Änderungen in mehr als 90 % der betrachteten Modelle überein, in den weißen Bereichen stimmt das Vorzeichen in weniger als 60 % der Modelle überein. In diesen Regionen ist also kaum absehbar, in welche Richtung die Niederschläge sich ändern werden. Dennoch sind aber erhebliche Änderungen möglich.
Quelle: IPCC, 2007a

wo sich Dürre auch in das Amazonasgebiet ausbreitet. Einen weiteren Aspekt der Trockenheit zeigt (auf Basis eines anderen Modells) die projizierte Entwicklung der klimatischen Wasserbilanz (Abb. 5.1-6.). In den meisten Kontinentalgebieten, selbst dort, wo die Niederschläge absolut zunehmen, nimmt die klimatische Wasserbilanz ab. Es steht also weniger Wasser für die menschliche Nutzung zur Verfügung, weil die Verdunstung noch stärker zunimmt als die Niederschläge.

Abbildung 5.1-7 zeigt aus der gleichen Modellsimulation wie in Abbildung 5.1-5 die Zunahme von Extremniederschlägen in den meisten Teilen der Welt. Diese Zunahme ist wahrscheinlich überwiegend auf den oben erwähnten einfachen physikalischen Zusammenhang zurückzuführen, dass wärmere Luft mehr Wasserdampf enthalten kann.

5.1.3 Tropische Wirbelstürme

Spätestens seit der extremen Hurrikansaison 2005 ist die Gefahr durch tropische Wirbelstürme verstärkt in den Blickpunkt des Interesses gerückt. In den letzten Jahrzehnten ist eine deutliche Zunahme der Stärke tropischer Wirbelstürme zu beobachten, die wahrscheinlich vor allem auf den Anstieg der tropischen Meerestemperaturen zurückzuführen ist (Emanuel, 2005; Webster et al., 2005; Hoyos et al., 2006). Die tropischen Meerestemperaturen steigen bisher mit einem ähnlichen Verlauf wie die globale Mitteltemperatur (Abb. 5.1-1) und werden voraussichtlich auch in diesem Maß weiter ansteigen.

Dies bedeutet erstens eine erheblich verstärkte Bedrohung der bereits heute durch Hurrikane gefährdeten Gegenden, u. a. der Karibik und der Küsten Chinas (Abb. 5.1-8). In diesen Regionen könnten Zerstörungen durch Tropenstürme so häufig und stark werden, dass die sozioökonomische Entwick-

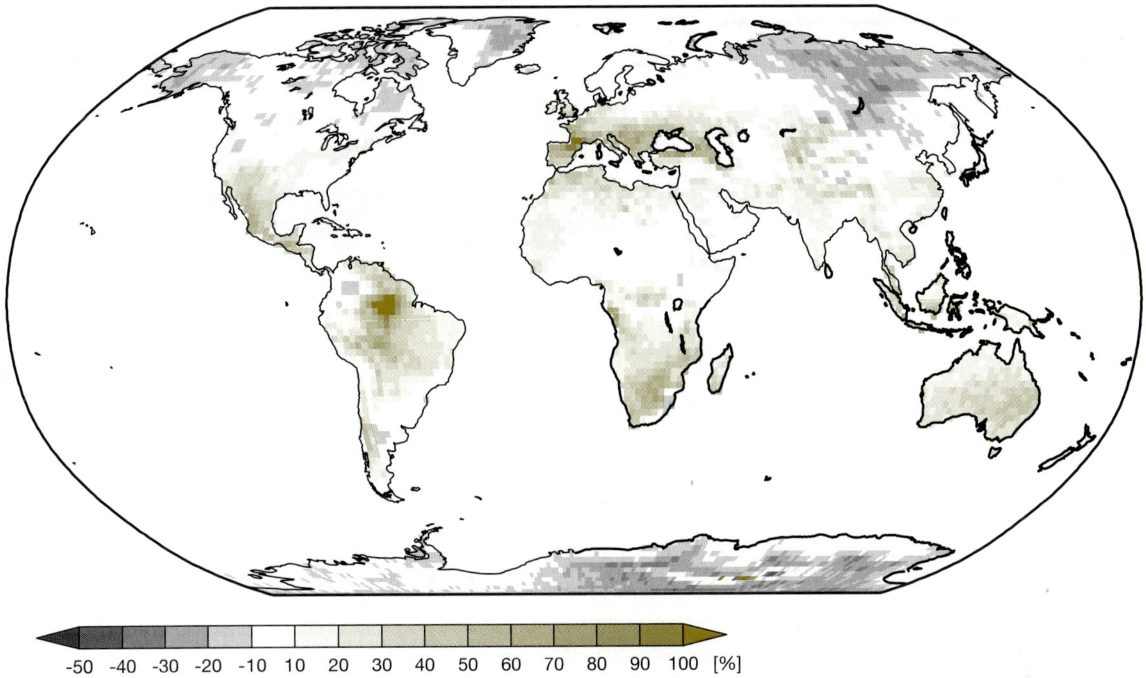

Abbildung 5.1-5
Prozentuale Änderung der maximalen Trockenperioden im Szenario A1B in einer Simulation des MPI Hamburg. Eine maximale Trockenperiode ist hier definiert als maximale Anzahl von aufeinander folgenden Tagen innerhalb eines Jahres mit einer täglichen Niederschlagsmenge unterhalb eines Schwellwertes von 1 mm. Dargestellt ist die prozentuale Änderung der 30-jährigen Mittelwerte im Zeitraum 2071–2100 bezogen auf die Mittelwerte der Jahre 1961–1990.
Quelle: MPI, 2006

lung der betroffenen Länder, insbesondere ärmerer Inselstaaten, massiv beeinträchtigt wird.

Zweitens können sich die durch Tropenstürme gefährdeten Regionen polwärts ausbreiten, weil sich in immer größeren Meeresgebieten die für Hurrikane günstigen warmen Meerestemperaturen einstellen. Äquatorwärts ist keine Ausbreitung zu erwarten, da in unmittelbarer Nähe des Äquators die Corioliskraft verschwindet und daher keine Wirbelstürme auftreten können. Anzeichen für eine mögliche Ausbreitung in Richtung der Pole lieferten bereits die letzten Jahre. Im Jahr 2004 trat mit Hurrikan Catarina vor der brasilianischen Küste der erste Hurrikan im Südatlantik auf. Im Jahr 2005 bewegten sich zwei Tropenstürme auf ungewöhnlicher Bahn auf Europa zu: Vince, der abgeschwächt das spanische Festland erreichte, und Delta, der auf den Kanaren erhebliche Schäden verursachte.

5.1.4
Anstieg des Meeresspiegels

Der Anstieg des Meeresspiegels ist im WBGU-Sondergutachten „Die Zukunft der Meere" (WBGU, 2006) ausführlich diskutiert worden. Daher werden im Folgenden nur die wichtigsten Aspekte zusammengefasst.

Im 20. Jahrhundert ist der Meeresspiegel um 15–20 cm angestiegen. Dies ist ein im Wesentlichen modernes Phänomen, denn in den tausend Jahren zuvor hat kein annähernd vergleichbarer Meeresspiegelanstieg stattgefunden (IPCC, 2007a). Daher muss der beobachtete Meeresspiegelanstieg überwiegend auf die globale Erwärmung zurückgeführt werden. Einige andere nicht klimatische anthropogene Effekte spielen eine untergeordnete Rolle, z. B. die Wasserspeicherung in Stauseen und die Nutzung „fossilen" Wassers aus dem Untergrund zu Bewässerungszwecken. Seit 1993 gibt es genaue Satellitenmessungen des Meeresspiegels, die seither einen Anstieg mit einer Rate von rund 3 mm pro Jahr zeigen (Abb. 5.1-9). Die Satelliten liefern im Gegensatz zu Pegelmessungen an den Küsten eine globale Abdeckung und zeigen interessante regionale Variationen. So gibt es einige Regionen mit fallendem Meeresspiegel, z. B. um die Malediven. Da die Wassermenge im globalen Ozean durch Schmelzwassereintrag anwächst und das Meerwasser im globalen Mittel wärmer wird, dürfte der globale Trend aber längerfristig derartige regionale Schwankungen übersteigen und überall zu einem Anstieg führen. Der Meeresspiegelanstieg relativ zu den Küsten ergibt sich aus dem absoluten

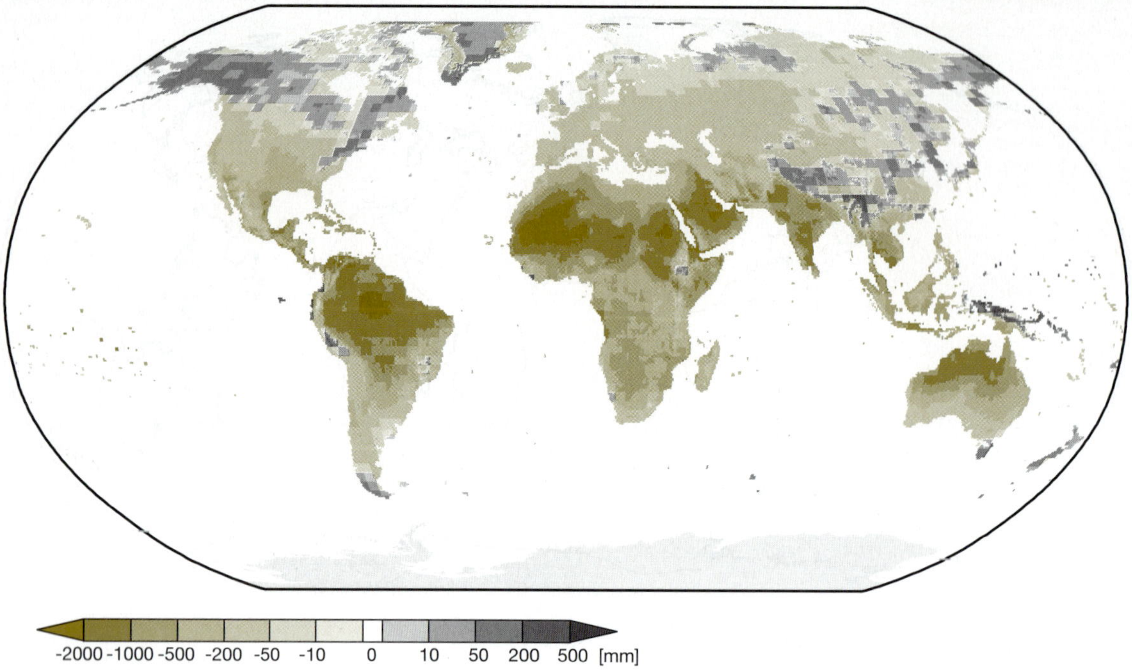

Abbildung 5.1-6
Künftige Entwicklung der Dürregefahr. Gezeigt sind die absoluten Änderungen der klimatischen Wasserbilanz aus einer Simulation des Hadley Centre im Zeitraum 2041–2070 gegenüber den ebenfalls simulierten Daten für den Zeitraum 1961–1990.
Quelle: WBGU; Daten: Hadley Centre

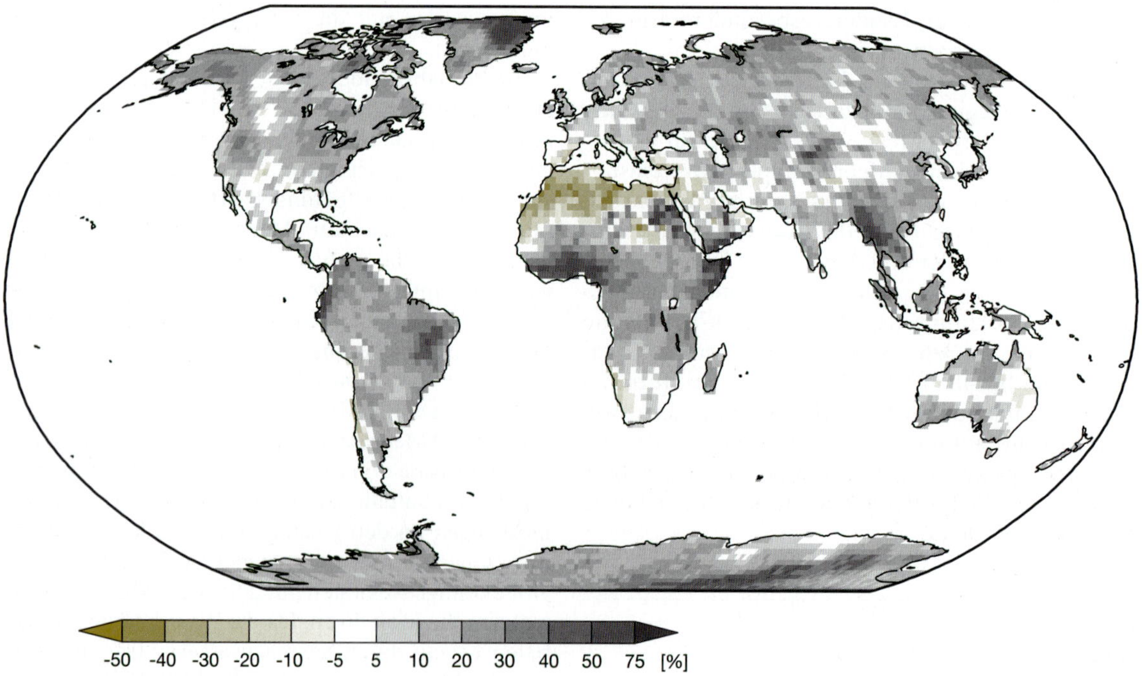

Abbildung 5.1-7
Prozentuale Änderungen von jährlichen Extremniederschlägen im Szenario A1B. Der jährliche Extremniederschlag ist hier definiert als maximale Niederschlagsmenge in einem 5-Tages-Zeitraum innerhalb eines Jahres. Dargestellt ist die prozentuale Änderung der 30-jährigen Mittelwerte im Zeitraum 2071–2100 bezogen auf die Mittelwerte der Jahre 1961–1990.
Quelle: MPI, 2006

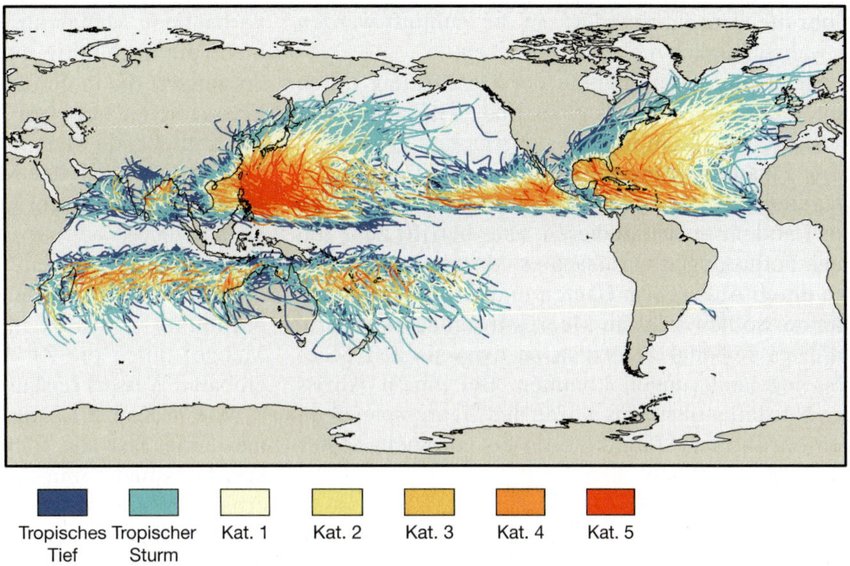

Abbildung 5.1-8
Gefährdung durch Tropenstürme: Zugbahnen und Intensitäten der letzten 150 Jahre.
Quelle: WBGU nach Rohde, 2006

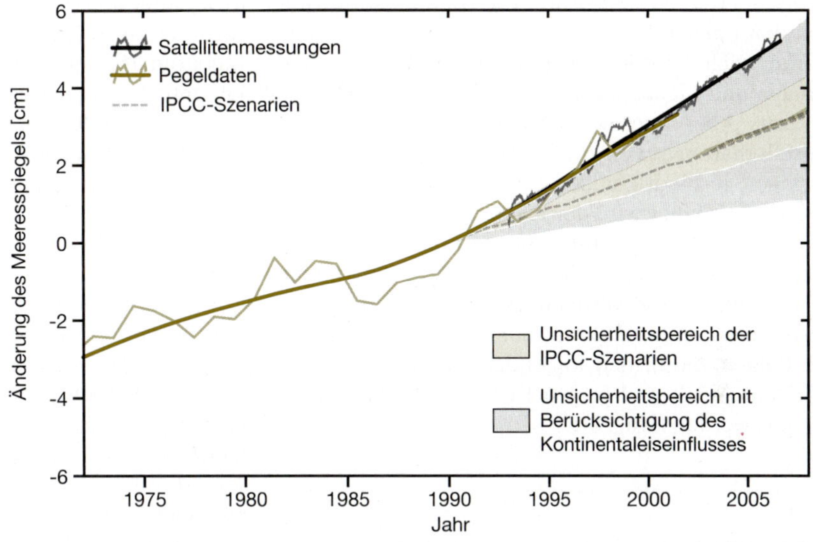

Abbildung 5.1-9
Anstieg des globalen Meeresspiegels aus Pegelmessungen (oliv) und Satellitenmessungen (schwarz). Die Werte sind als Abweichung gegenüber dem Meeresspiegel von 1990 angegeben. Die gestrichelten Linien zeigen zum Vergleich die verschiedenen Meeresspiegelprojektionen aus dem dritten Sachstandsbericht des IPCC von 2001 mit dem veranschlagten Unsicherheitsbereich.
Quelle: Rahmstorf et al., 2007

(von den Satelliten gesehenen) lokalen Anstieg und einem Beitrag durch die Hebung oder Senkung von Landmassen. Letztere ist überwiegend eine andauernde Reaktion auf die Entlastung der nördlichen Kontinente vom Eis der letzten Eiszeit und ist daher in den Tropen vernachlässigbar klein.

Der derzeitige Meeresspiegelanstieg wird etwa jeweils zur Hälfte durch Erwärmung der Meere (thermische Ausdehnung) und durch Schmelzwassereintrag verursacht, wobei die genauen Beiträge noch erhebliche Unsicherheiten aufweisen und vom betrachteten Zeitraum abhängen. Für den künftigen Meeresspiegelanstieg ist vor allem der Beitrag der schmelzenden Kontinentaleismassen sehr unsicher. Gleichzeitig ist hier langfristig das Gefährdungspotenzial am größten, weil in den Kontinentaleismassen Wassermengen enthalten sind, die den Meeresspiegel um bis zu 70 m anheben könnten. Durch die anthropogene Erwärmung besonders gefährdet sind der Grönländische Eisschild (ca. 7 m Meeresspiegelanstieg bei völligem Abschmelzen; Kap. 5.3) und der Westantarktische Eisschild (ca. 6 m Meeresspiegelanstieg). Der größere Ostantarktische Eisschild gilt selbst gegenüber einer stärkeren Erwärmung als weit gehend stabil, zumindest für viele Jahrhunderte.

Bis zum Jahr 2100 ist ohne Klimaschutz voraussichtlich etwa ein halber Meter globaler Meeresspiegelanstieg zu erwarten (IPCC, 2007a), möglicherweise aber auch deutlich mehr (Rahmstorf, 2007).

Über mehrere Jahrhunderte in die Zukunft werden es wahrscheinlich mehrere Meter sein.

Sucht man Brennpunkte der Gefährdung durch den Meeresspiegelanstieg, so sind dies zum einen tief liegende Inseln und Küstenregionen (insbesondere Flussdeltagebiete), und zum anderen solche Gegenden, wo Meeresspiegelanstieg und Absinken der Landmasse sich addieren. Dies betrifft zum Teil auch anthropogen verursachtes Absinken von Städten durch Auflast von Bauten und Grundwasserentnahme. Sollten sich die Meeresströmungen ändern, kann es regional zusätzlich zu dynamischen Meeresspiegeländerungen kommen. Bei einem Abriss des Nordatlantikstroms würde der Meeresspiegel an den nördlichen Atlantikküsten bis zu einem Meter zusätzlich ansteigen.

5.2 Klimawirkungen auf Mensch und Gesellschaft

Menschen und Gesellschaften werden umso stärker von den Folgen des Klimawandels betroffen sein, je stärker sich beispielsweise Temperaturen, Niederschläge und Meeresspiegel in der jeweiligen Region ändern. Aber auch die Anpassungsfähigkeit von Gesellschaften ist von großer Bedeutung. Sie ist umso geringer, je niedriger der Entwicklungsstand eines Landes ist. Daher wird der Klimawandel durch seine Wirkung auf Ökosystemleistungen, Gesundheit, Einkommen und zukünftige Wachstumsperspektiven die bestehende Armut verschärfen (WBGU, 2005). Als besonders konfliktträchtig identifiziert der WBGU die Folgen, die in den folgenden Kapiteln 5.2.1 bis 5.2.3 behandelt und in den Konfliktkonstellationen vertieft werden (Kap. 6).

5.2.1 Auswirkungen auf die Verfügbarkeit von Süßwasser

Der Klimawandel wirkt sich zunehmend auf die für den Menschen verfügbare Süßwassermenge aus. Süßwasser macht nur etwa 2,5 % der weltweiten Wasservorräte aus, wovon mehr als zwei Drittel schwer zugänglich in Form von Gletschern und permanenten Schneeschichten vorliegen – allein das Eis der Antarktis speichert 60 % des weltweit vorhandenen Süßwassers. Weitere 30 % liegen als Grundwasser vor, der Rest ist in Süßwasserseen, als Bodenfeuchte, in der Atmosphäre, in Mooren und Feuchtgebieten, in Flüssen sowie in den Lebewesen gespeichert (WBGU, 1998; UNESCO, 2003). Für die Nutzung des Wassers durch den Menschen ist aber weniger die zu einem gegebenen Zeitpunkt statisch vorhandene Menge an Süßwasser relevant als vielmehr die nachhaltig nutzbare, erneuerbare Menge. So umfasst die in den Flüssen weltweit gespeicherte Wassermenge nur etwa 2.000 km^3, während die jährlich abfließende Menge mehr als 40.000 km^3 beträgt. Die jährlich durch den Menschen entnommene Wassermenge beträgt zum Vergleich 3.800 km^3 (Oki und Kanae, 2006).

Süßwasser ist eine erneuerbare Ressource, deren Erneuerungsrate (und damit die über einen bestimmte Zeitraum maximal nachhaltig nutzbare Menge) durch die Zirkulationsgeschwindigkeit des globalen Wasserkreislaufs bestimmt wird.

Wie in Kap. 5.1.2 ausgeführt, beeinflusst der Klimawandel fast alle Elemente des globalen Wasserkreislaufs und damit auch die Verfügbarkeit erneuerbarer Wasserressourcen für den Menschen. Die wichtigsten Parameter dabei sind Änderungen des Niederschlags, der Verdunstung und der Schneeschmelze. Obwohl der Klimawandel den Wasserkreislauf verstärkt und die global verfügbare Wassermenge dadurch erhöht, kann es dennoch lokal und regional zu einem erheblichen Rückgang der verfügbaren Ressourcen kommen. Regionale Wasserknappheit kann in der Regel nicht überregional ausgeglichen werden und erfordert Lösungen vor Ort, denn Wassertransporte über weite Strecken aus wasserreichen in trockene Regionen (etwa in Kanälen) sind im großen Maßstab nur praktikabel, wenn dazu ein Gefälle genutzt werden kann (Oki und Kanae, 2006).

Es werden unterschiedliche Indizes verwendet, um Wassermangel, Wasserknappheit bzw. Wasserstress zu messen, ein Überblick wird in Kasten 5.2-1 gegeben. Abbildung 5.2-2 zeigt, in welchen Regionen gegenwärtig das Verhältnis zwischen Wasserentnahme und verfügbaren erneuerbaren Wasserressourcen auf Wasserknappheit schließen lässt (Oki und Kanae, 2006).

Gegenwärtig lebt fast ein Drittel aller Menschen in Regionen, in denen die absolut verfügbare Wassermenge 1.000 m^3 pro Kopf und Jahr unterschreitet (ca. 1,4 Mrd. Menschen, Arnell, 2006; ca. 2 Mrd. Menschen, Oki und Kanae, 2006). Projektionen unter Verwendung der SRES-Szenarien des IPCC zeigen, dass allein durch das angenommene Bevölkerungswachstum, d. h. ohne Berücksichtigung der Auswirkungen des Klimawandels, die Zahl der unter so definiertem Wasserstress lebenden Menschen bis zum Jahr 2025 auf 2,9–3,3 Mrd. und bis zum Jahr 2055 sogar auf 3,4–5,6 Mrd. ansteigen könnte (Arnell, 2004). Durch den Klimawandel erhöht sich der Wasserstress für die Bevölkerung in einigen Regionen (etwa im Mittelmeerraum, in Mittel- und Südamerika und im südlichen Afrika). Bis 2050 könnten dadurch je nach Szenario zwischen 60 Mio. und 1 Mrd. Menschen zusätz-

Kasten 5.2-1

Wassermangel für den Menschen: Indizes

Es werden unterschiedliche Indizes verwendet, um Wassermangel, Wasserknappheit bzw. Wasserstress für den Menschen zu messen. Für die beiden folgenden Indizes liegen umfangreiche Projektionen unter Berücksichtigung des Klimawandels vor:

- *Wasserverfügbarkeit pro Kopf (Falkenmark-Indikator):* Der Index beschreibt die im langfristigen Mittel verfügbare erneuerbare Menge an Wasser bezogen auf die Bevölkerung. Unterschreitet die verfügbare Wassermenge 1.000 m^3 pro Kopf und Jahr, wird dies als hoher Wasserstress für die Bevölkerung eingestuft (Abb. 5.2-1a).
- *Quotient zwischen Wasserentnahme und verfügbarer Menge:* Dieser Index verwendet den Quotienten zwischen der Wasserentnahme abzüglich des gewonnenen Wassers aus Meerwasserentsalzung einerseits (die gegenwärtige globale Kapazität für Meerwasserentsalzung liegt zwar nur bei ca. 13 km^3/Jahr (Gleick, 2006), regional kann die Bedeutung aber hoch sein) und der verfügbaren erneuerbaren Wasserressourcen andererseits. Bei diesem Index wird dann von Wasserstress gesprochen, wenn die Wasserentnahme 40 % der verfügbaren Ressource überschreitet, d.h. der Index größer als 0,4 ist (Abb. 5.2-1b).

Abbildung 5.2-1 zeigt für beide Indizes im Vergleich die Anzahl der Menschen, die nach den verschiedenen IPCC-SRES-Szenarien bis zum Ende des Jahrhunderts Wasserstress ausgesetzt sein könnten. Beide Indikatoren können nur als sehr grobe Anhaltspunkte für Wassermangel gewertet werden. So berücksichtigen sie beispielsweise weder die saisonale Verfügbarkeit des Wassers, noch können andere Auswirkungen des Klimawandels, etwa auf die Wasserqualität, abgebildet werden.

Neben der hydrologischen Wasserknappheit, bei der selbst mit Nutzung effizienter Technologie das Wasserangebot die aktuellen Bedürfnisse nicht nachhaltig befriedigen kann, gibt es weitere Konzepte für Wasserknappheit, die auch die gesellschaftlichen und ökologischen Dimensionen aufgreifen:

Ökonomische Wasserknappheit betrifft Regionen, in denen keine hydrologische Wasserknappheit herrscht, aber durch einen Mangel an Investitionen in Wasserinfrastruktur der Bedarf der Menschen nicht in ausreichendem Maß gedeckt werden kann oder marginalisierte Bevölkerungsgruppen keinen Zugang zu Wasser bekommen (z.B. in Afrika südlich der Sahara und in Teilen Asiens; IWMI, 2007; Abb. 6.2-2).

Ökologische Wasserknappheit – d.h. Wasserknappheit aus Sicht der Umwelt – liegt vor, wenn die für menschliche Nutzung entnommene Wassermenge so groß ist, dass die Integrität von Ökosystemen bedroht wird und somit die Menschen Schaden erleiden, die von den ökologischen Dienstleistungen dieser Systeme abhängen (Smakhtin et al., 2004).

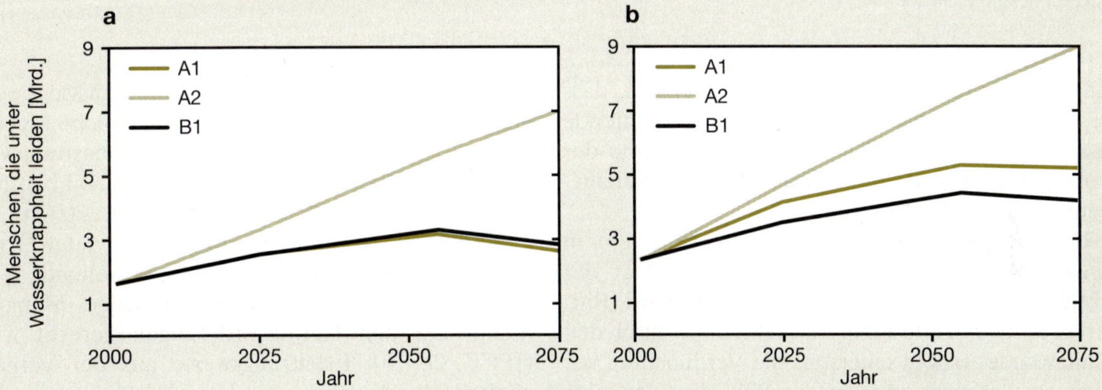

Abbildung 5.2-1
Projektionen der Bevölkerung unter hohem Wasserstress für drei SRES-Szenarien: a) Falkenmark-Indikator: verfügbare Wassermenge < 1.000 m^3/Kopf und b) Quotient zwischen Wasserentnahme und verfügbarer Menge > 0,4.
Quelle: Oki und Kanae, 2006

lich betroffen sein. Für 700 Mio. bis 2,8 Mrd. bereits betroffene Menschen würde sich der Wasserstress verschärfen. In anderen Regionen könnte durch den Klimawandel die Anzahl der betroffenen Menschen hingegen abnehmen. Dies würde je nach Szenario für 90 Mio. bis 1,4 Mrd. Menschen gelten, und für 1,8–4,3 Mrd. Menschen würde sich der Wasserstress verringern. Diese Reduktion betrifft fast ausschließlich Südasien und die nordwestpazifische Region. Da die Niederschlagszunahme den Simulationen zufolge in der Regenzeit erfolgt und daher möglicherweise nicht zu mehr verfügbarem Wasser in der Trockenzeit führt, ist der Nutzen dieser zusätzlichen Regenfälle jedoch eingeschränkt (Arnell, 2004).

Solche regionalen Projektionen der Wasserverfügbarkeit sind jedoch durch die Unsicherheiten der Niederschlagsprojektionen sehr unscharf. Diese Unsicherheiten der Niederschlagsprojektionen sind wiederum sehr abhängig von den betrachteten Regionen. In manchen Regionen weichen die Modellergebnisse so stark voneinander ab, dass teilweise nicht einmal klar ist, ob die Niederschläge zu- oder abnehmen werden (Kap. 5.1-2). Dies bedeutet jedoch nicht, dass in diesen Gebieten keine Niederschlagsände-

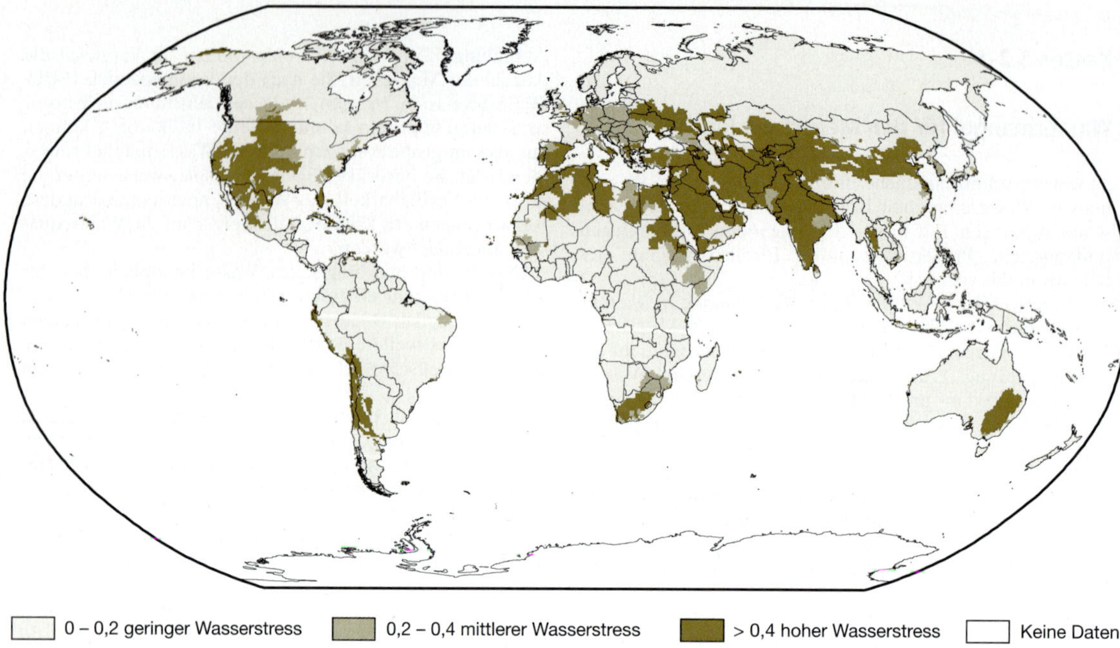

Abbildung 5.2-2
Gegenwärtige globale Verteilung des Wasserknappheitsindikators (Kasten 5.2-1). Werden in einer Region mehr als 40 % der erneuerbaren Wasserressourcen vom Menschen entnommen (Indikator > 0,4), dann leidet die Region unter Wasserstress.
Quelle: Alcamo et al, 2007

rungen stattfinden werden, sondern lediglich, dass sie schlecht prognostizierbar sind. Diese fehlende Prognostizierbarkeit stellt möglicherweise eine der größten Herausforderungen für das Wassermanagement in diesen Regionen dar.

Etwa ein Sechstel der Weltbevölkerung lebt in Regionen, in denen die saisonale Variabilität der Abflüsse durch Schneeschmelze bestimmt wird (Barnett et al., 2005). Die Temperaturzunahme durch den Klimawandel erhöht einerseits die Verdunstung vor allem im Sommer, andererseits fällt ein geringerer Anteil des Niederschlags als Schnee, und die Schneeschmelze nach dem Winter erfolgt früher im Jahr. In diesen Regionen werden sich daher die Abflüsse im Winter erhöhen, während sie im Frühjahr und Sommer abnehmen. Die Auswirkungen der Temperaturerhöhung sind noch schwerwiegender in Regionen, deren Wasserversorgung in der Trockenzeit von Schmelzwasser aus Gletschern abhängt. Hier kommt es durch das verstärkte Abschmelzen der Gletscher zunächst sogar zu einer Zunahme der Abflüsse. Sind die Gletscher einmal abgeschmolzen, verschwinden sowohl die zusätzliche Wasserquelle als auch die saisonale Wasserspeicherung durch den Gletscher (Kap. 6.2.2.1). Neben den geschilderten Auswirkungen auf die Quantität und zeitliche Verfügbarkeit von Süßwasser kann der Klimawandel auch die Qualität des Wassers beeinträchtigen. Dabei können sich höhere Wassertemperaturen, Starkregenereignisse oder auch Dürreperioden durch unterschiedliche Mechanismen negativ auswirken und die Belastung verschiedener Gewässer mit Sedimenten, Nährstoffen, Krankheitserregern usw. erhöhen (IPCC, 2007b).

Insgesamt führt der Klimawandel an vielen Orten zu einer Situation, in der weder die bestehende Wasserinfrastruktur noch die gegenwärtige Managementpraxis den Herausforderungen gerecht wird (IPCC, 2007b). Erfahrungswerte aus der Vergangenheit, die die naturräumliche Verfügbarkeit und Variabilität erneuerbarer Wasserressourcen betreffen, sind nicht mehr auf die Zukunft übertragbar (IPCC, 2001; 2007b). Dies betrifft insbesondere auch die Häufigkeit und Intensität von Extremereignissen wie Dürren oder Starkniederschlägen. Diese Erfahrungswerte verlieren damit als Planungsgrundlage des Wassermanagements an Bedeutung. Neue Planungsgrundlage müssen möglicherweise modellbasierte regionale Projektionen des Wasserdargebots sein, die den Klimawandel berücksichtigen. Da solche Projektionen mit den erwähnten, je nach Region zum Teil erheblichen Unsicherheiten behaftet sind, ist vielerorts mit einer Verschlechterung der naturräumlichen Planungsgrundlage für das Wassermanagement zu rechnen.

Die geschilderten Klimawirkungen können also in einigen Regionen zu einer dramatischen Verknappung von Süßwasser führen. Diese Krise kann wiederum bestehende innerstaatliche oder zwischenstaatliche und soziale Konflikte sowie die Konkurrenz zwischen unterschiedlichen Nutzern der knappen Wasserressourcen verschärfen und unter Umständen in gewaltsame Auseinandersetzungen münden. Dies ist Gegenstand der Konfliktkonstellation „Klimabedingte Degradation von Süßwasserressourcen" (Kap. 6.2).

5.2.2 Auswirkungen auf Vegetation und Landnutzung

Der Klimawandel und die steigende CO_2-Konzentration in der Atmosphäre wirken auf sehr unterschiedliche Weise auf die terrestrische Vegetation ein. Steigende atmosphärische CO_2-Konzentrationen können die Produktivität und die Wassernutzung der Vegetation direkt beeinflussen (Körner, 2006). Der Anstieg der Lufttemperaturen wirkt ebenfalls auf die Produktivität, aber auch auf die Artenzusammensetzung und die Verbreitung der Arten. Veränderungen in den Niederschlägen und somit in der Wasserverfügbarkeit beeinflussen sowohl Produktivität als auch Verbreitung der Arten (Kaiser, 2001). Die Vegetation reagiert auf Extremereignisse, z. B. auf extreme Temperaturen, große bzw. schnelle Temperaturschwankungen oder extreme Windgeschwindigkeiten (Potter et al., 2005; Reviews: z. B. Peñuelas und Filella, 2001; Walther et al., 2002).

Da Pflanzen CO_2 für die Photosynthese benötigen, ging man ursprünglich davon aus, dass eine erhöhte atmosphärische CO_2-Konzentration physiologisch einen großen direkten und positiven Einfluss auf die Kohlenstofffixierung hätte (CO_2-Düngeeffekt; z. B. Cure und Acock, 1986; Stockle et al., 1992). Während zahlreiche Gewächshausversuche in den 1980er Jahren diesen Düngeeffekt auf das Wachstum von Nutzpflanzen bestätigten (Cure und Acock, 1986), kommt es im Freiland zu einer Anpassung der Pflanzen an erhöhte CO_2-Konzentrationen. Die Spaltöffnungen in den Blättern, durch die der Gasaustausch von CO_2 und Wasser mit der Atmosphäre abläuft, werden weniger weit geöffnet, damit die Pflanzen ihre Wasserverluste verringern können. Die Produktionszuwächse fallen daher geringer aus und betragen meist weniger als 30 % (Körner, 2006). So zeigen CO_2-Begasungsversuche im Freiland, dass z. B. der Zuwachs der Getreideerträge durchschnittlich lediglich 11 % statt der erwarteten 23–25 % beträgt (Long et al., 2006). Der Düngeeffekt scheint bei Reis, Weizen und Soja viel geringer zu sein als bisher angenommen und bei Hirse und Mais nur einen sehr kleinen oder keinen Einfluss zu haben. Diese Ergebnisse bestätigen sich auch bei Wäldern (Norby et al., 2005; Asshoff et al., 2006). Daher kann der CO_2-Düngeeffekt die erwarteten Ernterückgänge aufgrund ansteigender Temperaturen (und daher erhöhte Atmungsverluste) und aufgrund abnehmender Bodenfeuchte global wesentlich weniger kompensieren als früher angenommen (Parry et al., 2004). Der Düngeeffekt kann zudem bei einem starken Klimawandel vollständig ausfallen.

Die Vegetation reagiert in ihrer Verbreitung auch auf Temperatur- und Niederschlagsveränderungen. Eine Verschiebung der Vegetation in situ kann auftreten, wenn vorher nicht- oder subdominante Arten einer Pflanzengesellschaft durch die veränderten Umweltbedingungen dominant werden oder Arten aus anderen Ökosystemen einwandern. Vermutlich greifen beide Mechanismen in- und nacheinander, so dass sich zuerst die Artenzusammensetzung innerhalb einer Pflanzengemeinschaft verschiebt und es somit einwandernden Arten erst ermöglicht, eine signifikante funktionelle Rolle in dieser Pflanzengemeinschaft zu übernehmen (Neilson et al., 2005). Anhand biogeographischer Vegetationsmodelle lässt sich z. B. zeigen, dass einwandernde exotische Pflanzenarten die Ökosysteme von Mittelmeerinseln in Zukunft dominieren könnten (Gritti et al., 2006). Empfindliche Arten können so verdrängt oder sogar vom Aussterben bedroht werden (Kienast et al., 1998; Thuiller et al., 2005). So verschwanden aus der mediterranen Flora im Zeitraum von 1886–2001 z. B. südliche Ökotypen weit verbreiteter eurosibirischen Arten. Thomas et al. (2004) mutmaßen, dass das Aussterberisiko von Pflanzenarten aufgrund des Klimawandels, aber auch durch Landnutzungsänderungen bis 2050 15–28 % der Arten betreffen könnte.

Dass sich Biome in Folge von Klimaänderungen als Ganzes verschieben, ist auf Grund von Modellrechnungen kaum zu erwarten (IPCC, 2001). Allerdings zeigen Vegetationsmodelle, dass sich bei einer Temperaturerhöhung von durchschnittlich 3 °C global etwa ein Fünftel aller Ökosysteme verändern werden, wobei große regionale Unterschiede zu erwarten sind (Abb. 5.2-3). Die Ausbreitung tropischer Wälder und Savannen wird bei einer Zunahme der Lufttemperatur um 1–3 °C relativ konstant bleiben (Leemans und Eickhout, 2004). Ein negativer Einfluss der Klimaveränderungen ist eher auf das steigende Wasserdefizit zurückzuführen. Afrikanische Tropenwälder könnten im Vergleich zu Savannen sensibler auf Niederschlagsänderungen reagieren, weil sie nicht nur stärker von der Niederschlagsmenge, sondern auch von deren jahreszeitlichem Auftreten abhängig sind (Hély et al., 2006). Aber auch Simulationen zur Biodiversität im Amazonasregenwald zeigen, dass sich auf Grund des Klimawandels bis 2095 der Lebensraum für 43 % der Pflanzenarten so stark verändern könnte, dass ihre Existenz gefährdet ist (Miles et al.,

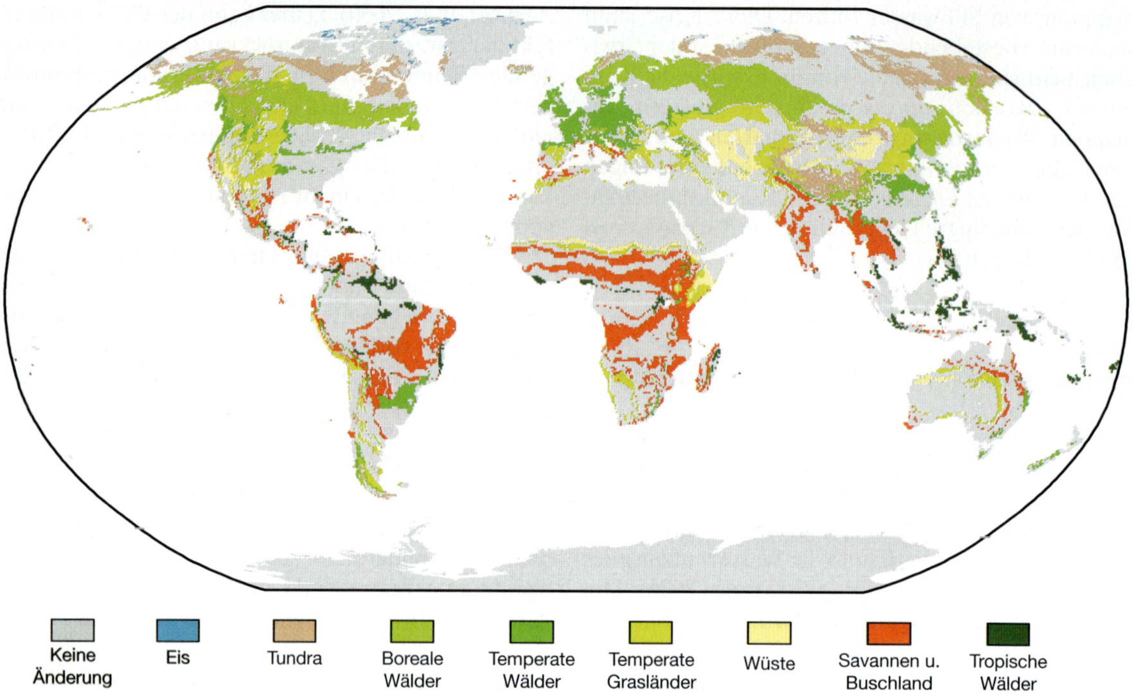

Abbildung 5.2-3
Terrestrische Ökosysteme, die bei einem globalen durchschnittlichen Temperaturanstieg um 3 °C von Veränderungen betroffen werden (nach HADCM-GCM).
Quelle: Leemans und Eickhout, 2004

2004). Am stärksten betroffen dürfte der Nordwesten Amazoniens sein, weil für dieses Gebiet die größten Änderungen der Niederschläge und ihrer Saisonalität erwartet werden (Kap. 5.3.4).

Die Arten der gemäßigten und borealen Wälder sind bei einem Temperaturanstieg der Atmosphäre einer größeren Veränderung unterworfen und werden sich in Richtung Pole verschieben. Hierbei wird erwartet, dass die Fläche der gemäßigten Wälder durchschnittlich zunimmt, während die Tundraflächen durch die Ausbreitung borealer Wälder stark reduziert werden dürften (Leemans und Eickhout, 2004). Eine Metaanalyse von Daten aus verschiedenen Studien zur Artenausbreitung zeigt, dass sich die Vorkommen der untersuchten Vogel-, Insekten- und Pflanzenarten durchschnittlich pro Dekade um über 6 km polwärts und 6 m in die Höhe verschieben (Parmesan und Yohe, 2003). Die Klimaänderung wirkt sich zudem auf saisonal abhängige Ereignisse wie das Blühen der Pflanzen und auf das Brüten von Vögeln oder die Aufzucht der Jungen aus. So hat sich der phänologische Frühlingsanfang in den gemäßigten Breiten bereits heute um rund 5 Tage pro Jahrzehnt nach vorne verschoben (Root et al., 2003). In Europa beginnt der Frühling um durchschnittlich 2,5 Tage pro Jahrzehnt früher, wobei in wärmeren Ländern die Temperaturzunahme einen stärkeren Einfluss auf den phänologischen Frühlingsbeginn hat (Menzel et al., 2006).

Zu den Wirkungen des Klimawandels auf die Vegetation kommen Umweltveränderungen durch die Landnutzung, die in ihrer Relevanz den direkten Klimawirkungen in nichts nachstehen (MA, 2005a). Physikalische und chemische Bodenprozesse, die stark und teilweise irreversibel durch menschliche Aktivitäten verändert wurden und werden, führen häufig zu einer Verschlechterung von Bodeneigenschaften (Abb. 5.2-4). Die Datengrundlage für die zukünftige Bodendegradation ist unzureichend. Basisdaten liegen auf globalem Maßstab nur unzureichend vor oder sind nicht aktuell. Die besten globalen Daten stammen aus der GLASOD-Studie aus den Jahren 1990 bis 1992 (Oldeman et al., 1991; Oldeman, 1992; WBGU, 1994). Viele Prozesse, die mit Veränderungen der Landnutzung zusammenhängen bzw. durch diese ausgelöst werden, sind in den globalen Modellen, die Stoffkreisläufe mit globalem Klima koppeln, noch nicht (ausreichend gut) repräsentiert (z. B. landwirtschaftliche Nutzung, Urbanisierung, Störungen von natürlichen und seminatürlichen Ökosystemen und von Böden). Aufgrund dieser unsicheren Informationsbasis sind Aussagen über die Zukunft von Landbedeckung und -nutzung mit großen Unsicherheiten behaftet. Im Folgenden

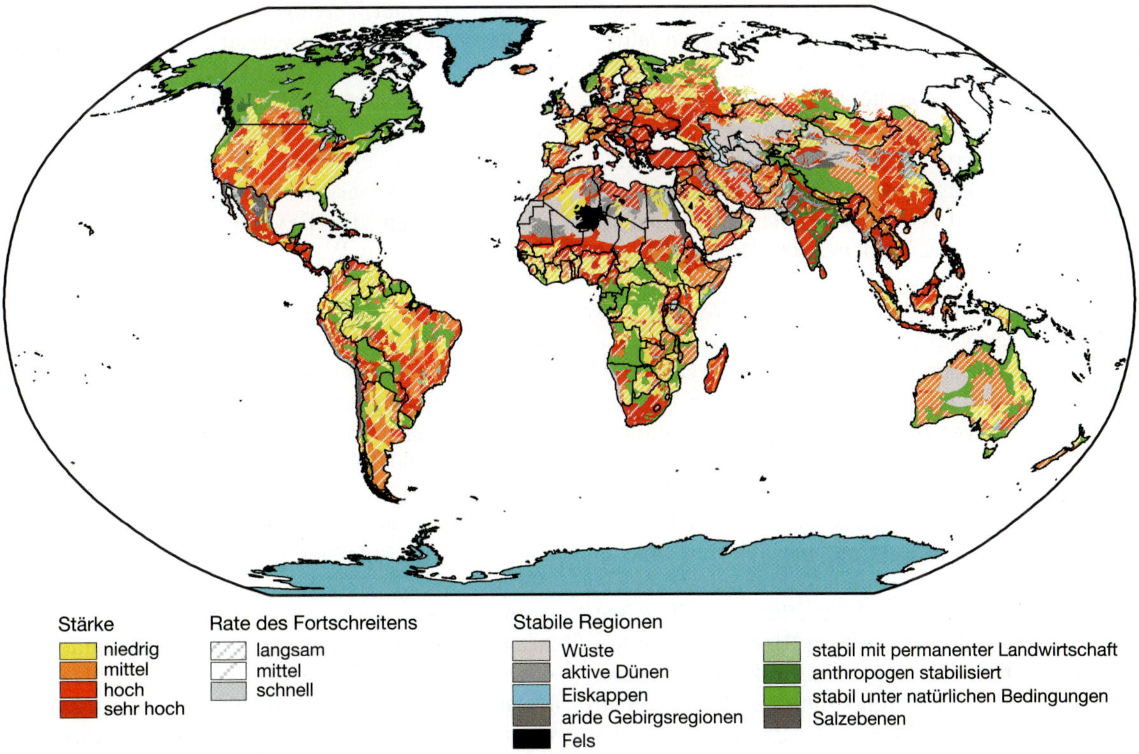

Abbildung 5.2-4
Globale Bodendegradation nach Stärke und Rate des Fortschreitens.
Quelle: Oldemann et al., 1991

wird daher auf Status-quo-Grundlagen zurückgegriffen (z.B. Oldeman et al., 1991; Oldeman, 1992; MA, 2005a) bzw. die Bevölkerungsentwicklung nur bis ca. 2025 berücksichtigt (Wodinski, 2006).

Erosion durch Wind und Wasser ist bereits heute ein großes Problem, das zukünftig durch höhere Temperaturen und damit erhöhte Austrocknung weiter verstärkt werden wird. So kann der Abtrag der obersten Bodenschicht noch schneller stattfinden, falls diese durch Landnutzungsänderungen über keine dichte Vegetationsdecke mehr verfügt und dadurch den Witterungseinflüssen direkt ausgesetzt ist, etwa nach Waldrodung oder Überweidung. Gerade mit dem Verlust des fruchtbaren Oberbodens bis hin zu Hangrutschungen aufgrund von fehlender Vegetationsdecke gehen wichtige Nährstoffe für das Pflanzenwachstum verloren, was wiederum zu verminderter landwirtschaftlicher Produktivität führt. Dieser Erosionsprozess ist oft mit einer Verfestigung und Verkrustung der Bodenoberfläche verbunden. Dies senkt die Wasserhaltekapazität des Bodens weiter und beschleunigt die Degradation zusätzlich (Schlesinger et al., 1990; Oldeman et al., 1991; Oldeman, 1992). Daher kommt diesem Faktor bei der Betrachtung des Klimawandels besondere Bedeutung zu. Schon heute ist Winderosion ein typisches Phänomen in semiariden und ariden Gebieten. Man findet sie in den Randgebieten der meisten Wüsten, wo die dünne Pflanzendecke sehr empfindlich auf Überweidung reagiert und die Ackerböden wegen des Klimas besonders austrocknungsgefährdet sind (z. B. Sahelzone). Aber auch die Westküste Südamerikas, der Mittelmeerraum, Vorderasien, Indien und der Nordosten Chinas sind von Winderosion betroffen (USDA, 1998). Es ist davon auszugehen, dass die Anfälligkeit für Bodendegradation aufgrund von Erosion in der Zukunft bei weltweit höheren Lufttemperaturen weiter steigt.

Neben diesen physikalischen Faktoren verursacht auch die chemische Bodendegradation durch unsachgemäße landwirtschaftliche Praxis Verluste organischer Substanz und von Nährstoffen vor allem in wenig fruchtbaren Böden, was wiederum durch Klimaänderungen verstärkt wird. Unsachgemäße, intensive Bewirtschaftung führt häufig zur Verarmung des Bodens und damit zu einem Rückgang der Ernteerträge. Als besonders kritisch ist die Bodenversalzung anzusehen, die natürlicherweise nur sehr selten vorkommt. In der Landwirtschaft tritt Bodenversalzung vor allem bei falscher Bewässerung in semiariden und ariden Gebieten auf, in denen die Verdunstungsrate sehr hoch ist. Das sind gerade die Gebiete, in denen zukünftig mit noch höheren oder extremen Temperaturen und sehr variablen, meist niedrigeren Jahresniederschlägen zu rechnen ist. Hierzu gehören z.B. Nordafrika, die arabische Halbinsel, Zentralasien, der Norden Indiens und Teile Pakistans. Auch China, Australien und Argentinien, Mexiko und die südamerikanische Westküste weisen große Gebiete mit versalzten Böden auf (Oldeman et al., 1991; Oldeman, 1992), mit steigender Tendenz. Mittelfristig kann der Rückgang der Erträge durch einen Fruchtwechsel zu salztoleranteren Pflanzen (z.B. Mais, Weizen) zwar vorerst begrenzt werden, doch werden der Landwirtschaft durch den pflanzlichen Stoffwechsel enge Grenzen gesetzt. Langfristig jedoch gehen versalzte Böden der Landwirtschaft und damit als Grundlage der Nahrungsmittelproduktion irreversibel verloren. Diese Entwicklung ist besonders für die Welternährung relevant, werden doch bereits heute global rund 40 % der Nahrungsmittel auf bewässerten Flächen erzeugt. Unter sich ändernden Klimabedingungen ist die vorhergesagte starke Ausbreitung des Bewässerungsfeldbaus daher mit großen Risiken verbunden.

Aber auch in Küstengebieten oder in Regionen mit salzhaltigen Aquiferen kann es zu Bodenversalzung kommen, wenn Meer- oder fossiles Salzwasser ins Grundwasser gelangt. Die Ursache dafür liegt ebenfalls in einer nicht fachgerechten und übermäßigen Wassernutzung (Oldeman et al. 1991).

Ob und wie der durch Klimawandel zu erwartende Rückgang der Nahrungsmittelproduktion zu Nahrungskrisen und Konflikten führt, wird in der Konfliktkonstellation „Klimabedingter Rückgang der Nahrungsmittelproduktion“ dargestellt (Kap. 6.3).

5.2.3 Auswirkungen des Klimawandels auf Sturm- und Flutereignisse

Stürme und Überschwemmungen sind bereits heute für fast 60 % aller Naturkatastrophen verantwortlich. Zwischen 2000 und 2006 gab es weltweit 1.885 erfasste Sturm- und Flutkatastrophen, wobei mehr als 57.000 Menschen zu Tode kamen. Knapp 1 Mrd. Menschen waren von diesen Katastrophen direkt betroffen, und die ökonomischen Schäden beliefen sich auf fast 390 Mrd. US-$ (CRED, 2006).

Der Klimawandel wird in vielen Regionen die Gefahr von Überschwemmungen und Sturmschäden erhöhen. Dafür sind die erwartete Häufung von Starkregenereignissen (Kap. 5.1.2), von intensiveren tropischen Wirbelstürmen (Kap. 5.1.3) sowie der steigende Meeresspiegel (Kap. 5.1.4) verantwortlich.

Diese auf den Klimawandel zurückgehenden Veränderungen werden durch weitere Faktoren verschärft. So führt die Entwaldung im Oberlauf von Flüssen zu einer Verringerung der Wasserspeicherfähigkeit und damit zu verstärktem Abfluss an der Oberfläche. Dies kann bei Starkregenereignissen zu Überflutungen führen (MA, 2005a). Die Gefährdung von Küstenstädten durch den Meeresspiegelanstieg und durch die zunehmende Intensität tropischer Stürme ist umso gravierender, je stärker in vielen Küstenregionen die Bevölkerungsdichte und die Konzentration von Werten und kritischer Infrastruktur zunehmen. Gegenwärtig leben zwischen 600 Mio. und 1,2 Mrd. Menschen bzw. 10–23 % der Weltbevölkerung in Küstennähe, d. h. innerhalb von 100 km Abstand zur Küste und unterhalb von 100 m Höhe zum Meeresspiegel. Zukünftig ist mit einer weiteren Zunahme der küstennahen Bevölkerung zu rechnen (IPCC, 2007b). Auch das beobachtete Absinken küstennaher Großstädte durch die Entnahme von Grundwasser und die Auflast der Gebäude trägt zu einer Verschärfung der Problematik bei (Nicholls, 1995).

Insgesamt können die beschriebenen Faktoren zusammen mit den durch den Klimawandel hervorgerufenen Änderungen der Niederschläge, der Intensität tropischer Stürme und des Meeresspiegels zu einer Zunahme von Sturm- und Flutereignissen vor allem auf Inseln und in Küstenregionen führen. Versagen in einer derartigen Situation die staatlichen Institutionen beim Katastrophenmanagement, so können ein Zusammenbruch der Infrastruktur und eine sich herausbildende humanitäre Katastrophe zu einer Krise führen. Diese Krise kann wiederum bestehende innerstaatliche und soziale Konflikte verschärfen, so dass diese in gewaltsame Auseinandersetzungen münden. Dies ist Gegenstand der Konfliktkonstellation «Klimabedingte Zunahme von Sturm- und Flutkatastrophen», die in Kap. 6.4 diskutiert wird.

5.2.4 Indirekte Auswirkungen des Klimawandels auf Wirtschaft und Gesellschaft

Über die direkten Wirkungen des Klimawandels – z. B. Verfügbarkeit von Süßwasser, Vegetation, Bodendegradation, Häufigkeit und Intensität von Sturm- und Flutereignissen – hinaus ergeben sich weitere Wirkungen auf Wirtschaft und Gesellschaft.

5.2.4.1 Folgen für ausgewählte Wirtschaftssektoren

Der Klimawandel wirkt auf viele wichtige Wirtschaftssektoren, indem er Angebot und Nachfrage nach Waren und Dienstleistungen beeinflusst. Zu

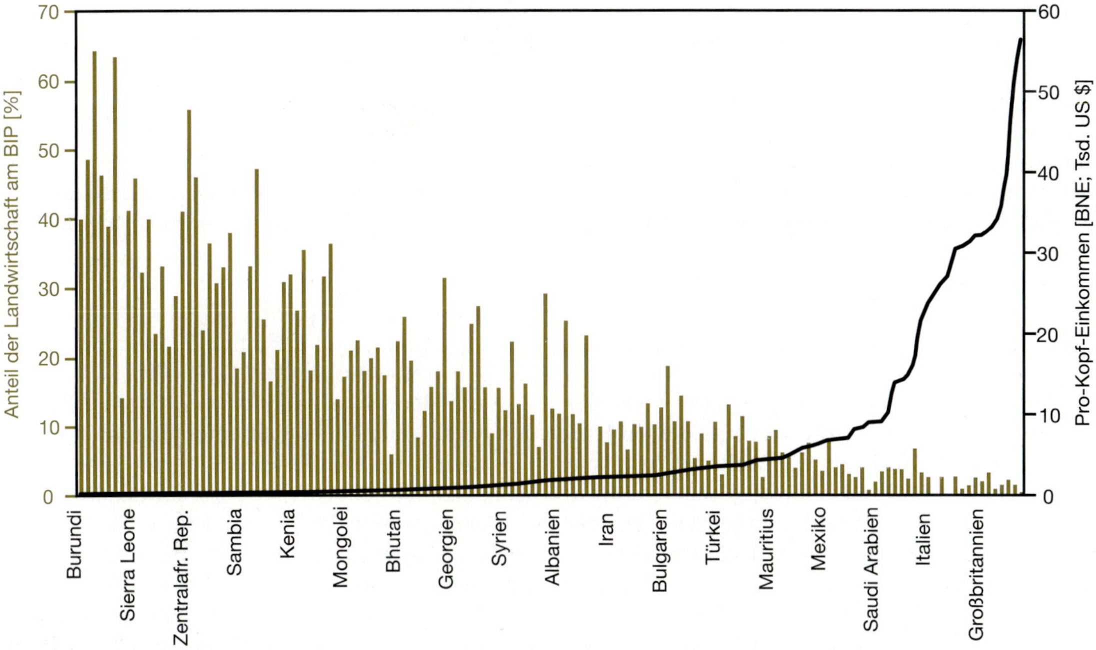

Abbildung 5.2-5
Anteil der Landwirtschaft am BIP und Pro-Kopf-Einkommen (2004).
Quelle: Stern, 2006

den am stärksten betroffenen Sektoren zählt die Landwirtschaft (Kap. 5.2.2). Da dieser Sektor in vielen Entwicklungsländern einen großen Anteil an der Wirtschaftsleistung hat, werden diese Länder besonders stark betroffen sein (Abb. 5.2-5).

Aber auch Forstwirtschaft und Fischerei, Industriesektoren (z. B. Energie- und Bauwirtschaft) sowie Dienstleistungssektoren (z. B. Versicherungswirtschaft, Tourismus) werden beeinflusst. Die aggregierten Effekte auf viele dieser Sektoren sind bisher wenig erforscht und deshalb unsicher (IPCC, 2007b).

Die globale landwirtschaftliche Produktion wird wahrscheinlich bei einer Temperaturerhöhung von 1–3 °C (gegenüber 1990) zunächst insgesamt zunehmen, weil Rückgänge in vielen Entwicklungsländern durch höhere Erträge in Regionen höherer Breitengrade (z. B. Kanada, Russland und Skandinavien) überkompensiert werden können. Besonders starke Rückgänge werden in Afrika zu verzeichnen sein, weil die landwirtschaftlich nutzbaren Flächen in ariden und semi-ariden Gebieten abnehmen und die Länge der Anbauperiode sowie die potenziellen Erträge zurückgehen werden. In einigen Ländern südlich der Sahara können die Erträge des Regenfeldbaus bis 2020 um bis zu 50 % sinken (IPCC, 2007b). Ab einer Erwärmung der globalen Mitteltemperatur von 2–4 °C wird die landwirtschaftliche Produktivität voraussichtlich weltweit zurückgehen. Ab einer Temperaturerhöhung von mehr als 4 °C ist schließlich mit erheblichen Beeinträchtigungen der globalen Landwirtschaft zu rechnen (IPCC, 2007b). Von diesen Veränderungen sind insbesondere Millionen von Kleinbauern in den Entwicklungsregionen betroffen, deren Produktion zu einem erheblichen Teil der Eigenversorgung dient. Während wohlhabendere Einkommensgruppen in Entwicklungsländern in der Lage sind, den Rückgang nationaler Nahrungsmittelproduktion durch Importe zu kompensieren, können Produktionsausfälle bei Subsistenzbauern direkt zu Ernährungsproblemen führen. Fast alle Projektionen gehen davon aus, dass die Weltmarktpreise für Getreide spätestens ab einer Erwärmung von 2 °C steigen werden (z. B. Adams et al., 1995; Fischer et al., 2002). Bei einer Erhöhung um 5,5 °C oder mehr kann es zu einer Erhöhung der Preise um durchschnittlich 30 % kommen (IPCC, 2007b). Negative Effekte des Klimawandels auf Vieh- und Forstwirtschaft sowie Fischerei erfolgen direkt über Qualität und Fläche des Weidelands, des Bodens (Kap. 5.2.2) bzw. der limnischen und marinen Ökosysteme (IPCC, 2007b).

Es ist unklar, wie sich die globale Nettoenergienutzung bei zunehmender Erderwärmung entwickeln wird (IPCC, 2007b). So wird eine wachsende Zahl von Klimaanlagen die Energienachfrage erhöhen, während sie aufgrund sinkenden Heizbedarfs abnehmen wird. Je weiter die Temperaturen steigen, desto wahrscheinlicher wird die globale Energienachfrage in der Bilanz zunehmen, weil die wachsende Nachfrage nach Kühlung den sinkenden Heizbedarf überkompensieren dürfte (Hitz und Smith, 2004). Der Klimawandel wird wahrscheinlich auch die Energieproduktion und damit das Angebot beeinflussen. Hier liegen allerdings erst wenige Forschungsergebnisse vor. Mögliche Einflussfaktoren sind beispielsweise die Zunahme von Wetterextremen und die Abhängigkeit einiger Regionen von Wasserkraft für die Energieerzeugung (negativer Einfluss) oder veränderte Bedingungen für Energie aus Biomasse, Wind oder Sonne (positiver oder negativer Einfluss; IPCC, 2007b). Ein konkretes Beispiel für die unmittelbare Relevanz von Wetterextremereignissen auf die Energieproduktion war der Hurrikan Katrina im Jahr 2005, in Folge dessen Raffineriekapazitäten ausfielen, was weltweit zu einem Anstieg der Treibstoffpreise führte. Eine verstärkte Nutzung von Biomasse für die energetische Anwendung kann zudem zu einer Steigerung der Lebensmittelpreise führen.

Da mit dem Klimawandel die Häufigkeit von Wetterextremen steigt, nehmen auch die Schadensrisiken für Vermögen und Infrastrukturen zu. Die Versicherungsunternehmen müssten deutlich mehr Kapital vorhalten, um auch künftig eine zu heute vergleichbare Schadensdeckung zu ermöglichen. Zum Beispiel müsste bei einer Erhöhung der Sturmintensität um 6 %, die mehrere Klimamodelle für Temperaturerhöhungen um 3 °C vorhersagen, das notwendige Kapital der Versicherer bei Hurrikanen in den USA um mehr als 90 % erhöht werden (Association of British Insurers, zit. in Stern, 2006). Der Versicherungsmarkt wird also absehbar wachsen, wobei die Prämien für die Versicherungen bei Klimafolgeschäden tendenziell steigen dürften, und zunehmend bestimmte Risiken gar nicht mehr versicherbar sein werden (IPCC, 2007b).

Auch im Tourismussektor wird es zu einigen Verschiebungen durch direkte und indirekte Wirkungen des Klimawandels kommen (z. B. Hamilton et al., 2005). Als direkte Effekte werden die höheren Breiten für den Tourismus attraktiver. In Regionen, in denen es jetzt schon heiß und trocken ist, können die Besucherzahlen hingegen zurückgehen. Inseln und Küsten können durch den Anstieg des Meeresspiegels und die Zunahme von Wetterextremen an Attraktivität verlieren, in Höhenlagen werden die für Skitourismus geeigneten Gebiete von Schneemangel betroffen sein. Indirekte Effekte des Klimawandels auf die Tourismuswirtschaft ergeben sich außerdem durch die Verfügbarkeit von Trinkwasser und die Kosten für Raumkühlung sowie durch klimabedingte Veränderungen von Landschaften (IPCC, 2007b).

5.2.4.2
Folgen für die globale Wirtschaft

Die Schätzungen der wirtschaftlichen Gesamtkosten des Klimawandels fallen je nach zugrunde liegenden Annahmen über die Zukunft und methodische Parameter (z. B. Klimasensitivität, Diskontrate und regionale Aggregation) sehr unterschiedlich aus. Die meisten Modelle kommen jedoch zu dem Schluss, dass es bei einem Temperaturanstieg von wenigen Grad Celsius zu einem globalen Wohlfahrtsverlust in einer Größenordnung von mehreren Prozent des weltweiten BIP kommen kann (IPCC, 2007b).

Nach den Berechnungen von Stern (2006) liegen diese Verluste im Fall eines ungebremsten Klimawandels bei mindestens 5 %, mit großer Wahrscheinlichkeit jedoch weit darüber. Die Wohlfahrtsverluste könnten laut Stern bis zu 20 % des BIP betragen, wenn eine hohe Klimasensitivität unterstellt wird, Schäden an nicht durch den Markt bewerteten Gütern (wie z. B. menschliche Gesundheit, biologische Vielfalt) und das Risiko von Katastrophen im Zuge sehr starker biophysikalischer Rückkopplungen stärker einbezogen werden sowie die verhältnismäßig höheren Wohlfahrtsverluste ärmerer Länder absolut stärker gewichtet werden. Sicherlich ist die Vorgehensweise von Stern ebenso wie die anderer Kostenschätzungen methodisch nicht ausgereift, und die normativen Annahmen sind stets angreifbar. Gleichwohl geben solche Schätzungen Anhaltspunkte über das quantitative Ausmaß der möglichen Wirkungen eines ungebremsten Klimawandels auf Wirtschaft und Entwicklung. Obwohl sich Stern dabei am oberen Ende vorliegender Schätzungen bewegt, sind auch in seinen quantitativen Schätzungen die ökonomischen Verwerfungen nicht enthalten, die als Folge von klimainduzierten Konflikten entstehen werden oder durch klimainduzierte Migration hervorgerufen werden könnten.

Die globale Aggregation der Wohlfahrtsverluste zeigt nicht, wie unterschiedlich die Wohlfahrtsverluste in einzelnen Weltregionen ausfallen können. Tendenziell werden die Regionen niederer Breiten stärker betroffen sein. Alle regionalen Studien sind sich darin einig, dass Afrika schon bei einer Temperaturerhöhung von 2 °C gegenüber 1990 mehrere Prozent seiner Wirtschaftsleistung einbüßen wird, manche kleinere Staaten sogar in einer Größenordnung von bis zu 30 % (IPCC, 2007b).

5.2.4.3
Folgen für die Gesellschaft

Es besteht die Gefahr, dass bis 2080 durch den ungebremsten Klimawandel 30–170 Mio. Menschen zusätzlich an Fehl- oder Unterernährung leiden werden. Drei Viertel dieser Menschen werden in Afrika südlich der Sahara leben (IPCC, 2007b), weil hier in besonderem Maß rückläufige Ernteerträge, eine hohe Abhängigkeit von der Landwirtschaft und geringe Kaufkraft zusammenwirken (Stern, 2006). Nach Stern (2006) können bis zum Ende des Jahrhunderts allein in Südasien und Afrika südlich der Sahara 145–220 Mio. Menschen zusätzlich unter die Armutsgrenze von 2 US-$ pro Tag fallen. Diese Zahlen verdeutlichen, wie sehr der Klimawandel die Erreichung der Millenniumsentwicklungsziele gefährden kann.

Besonders deutlich wird dies auch bei den Auswirkungen des Klimawandels auf die menschliche Gesundheit. Der Klimawandel war höchstwahrscheinlich bereits im Jahr 2000 für 0,3 % der globalen Todesfälle (150.000 Menschen) verantwortlich (IPCC, 2007b). Im Jahr 2100 könnten 165.000–250.000 Kinder mehr sterben, als das in einer Welt ohne Klimawandel der Fall wäre (Stern, 2006). Global gesehen ist es außerdem sehr wahrscheinlich, dass mit dem Anstieg der Temperaturen die gesundheitlichen Beeinträchtigungen durch Unterernährung, Krankheiten und Verletzungen zunehmen. Ursachen sind etwa Hitzewellen, Überschwemmungen, Stürme, Feuer und Dürren. Höhere Ozon- und Allergenkonzentrationen in der Luft können z. B. zu Herz-Kreislauf-Erkrankungen führen (IPCC, 2007b). Durch den Klimawandel wird sich außerdem Malaria in neue Gebiete ausbreiten. Es besteht die Möglichkeit, dass die Zahl der Malariafälle insgesamt zunimmt. Quantitative Aussagen stehen in der wissenschaftlichen Diskussion, weil die Verbreitung von Malaria auch von vielen nicht klimabedingten Faktoren abhängt (IPCC, 2007b).

Die Verteilung dieser gesundheitlichen Risiken wird bestehende regionale Disparitäten vergrößern. In gemäßigten Breiten werden zwar weniger Menschen durch Kälte sterben, aber besonders in Entwicklungsländern werden mit steigenden Temperaturen die negativen Gesundheitsfolgen überwiegen. Beispielsweise wird in Ost-, Süd- und Südostasien die Sterblichkeit aufgrund von Durchfallerkrankungen in Zusammenhang mit Überflutungen und Dürren zunehmen. Generell werden in allen Ländern besonders städtische Arme, ältere Menschen und Kinder, traditionelle Gesellschaften, Subsistenzbauern und Küstenbewohner betroffen sein. Kritische Einflussfaktoren für die gesundheitliche Situation sind der Bildungsstand, der Ausbau von gesundheitlicher Vorsorge und Infrastruktur sowie der wirtschaftliche Entwicklungsstand (IPCC, 2007b). Millionen von Menschen werden zudem durch Unterernährung, den Mangel an Zugang zu Trinkwasser und durch Siedlungen in Überschwemmungsgebieten dem Risiko von Migration ausgesetzt sein. 22 der 50 größten Städte der Welt liegen in Küstenregionen, deren Überflutungsrisiko in Folge des Klimawandels unmittelbar ansteigt, insbesondere wenn sie, wie New Orleans, unterhalb des Meeresspiegels liegen. Weltweit leben heute fast 200 Mio. Menschen in gefährdeten küstennahen Überflutungsgebieten, allein in Südasien sind es mehr als 60 Mio. Menschen (Stern, 2006).

Die unmittelbaren Folgen des Klimawandels auf Gesellschaften sind zunehmend besser erforscht. Untersuchungen zu den Wirkungen auf Institutionen, Governance-Strukturen und -Prozesse, auf soziale und ökonomische Verteilungsmuster sowie die politische Handlungsfähigkeit stehen hingegen noch ganz am Anfang. Ein besseres Verständnis dieser Zusammenhänge ist von großer Bedeutung, um die Auswirkungen des Klimawandels auf die Stabilität, Sicherheit und Wohlfahrt von Gesellschaften und Regionen angemessen zu verstehen.

5.3 Nichtlineare Effekte und Kipppunkte

Bis hierher wurden vergleichsweise kontinuierliche und vorhersehbare Entwicklungen im Klimasystem besprochen, die eine hohe oder sehr hohe Eintrittswahrscheinlichkeit haben. Bei großer globaler Erwärmung im Bereich jenseits von 2–3 °C entsteht jedoch zusätzlich ein wachsendes Risiko von qualitativen Änderungen im Klimasystem. Derartige stark nichtlineare Reaktionen von Systemkomponenten werden häufig als „Kipppunkte" des Klimasystems bezeichnet. Gemeint ist dabei ein Systemverhalten, bei dem nach Überschreiten einer kritischen Schwelle eine kaum noch steuerbare Eigendynamik des Systems einsetzt. Großskalige Teile des Erdsystems, die einen Kipppunkt überschreiten können, bezeichnet man als „Kippelemente" (Lenton et al., 2007). Beispiele sind etwa der Grönländische Eisschild, der durch positive Rückkopplungsmechanismen möglicherweise ab einer bestimmten kritischen Erwärmung ins Rutschen kommen und zerfallen könnte, oder der Amazonaswald, der ab einem kritischen Punkt irreversibel austrocknen könnte (Abb. 5.3-1). Die Klimageschichte belegt, dass das Klimasystem tatsächlich zu drastischen und sprunghaften Veränderungen in der Lage ist (z. B. Rahmstorf, 2002).

Solche nichtlinearen Phänomene sind generell wesentlich weniger berechenbar als glatte Trends. Daher gibt es bisher keine belastbaren Projektionen oder systematischen Risikoabschätzungen, sondern in der Regel nur Einzelergebnisse, die einen zumeist nur qualitativen Eindruck des Risikos vermitteln.

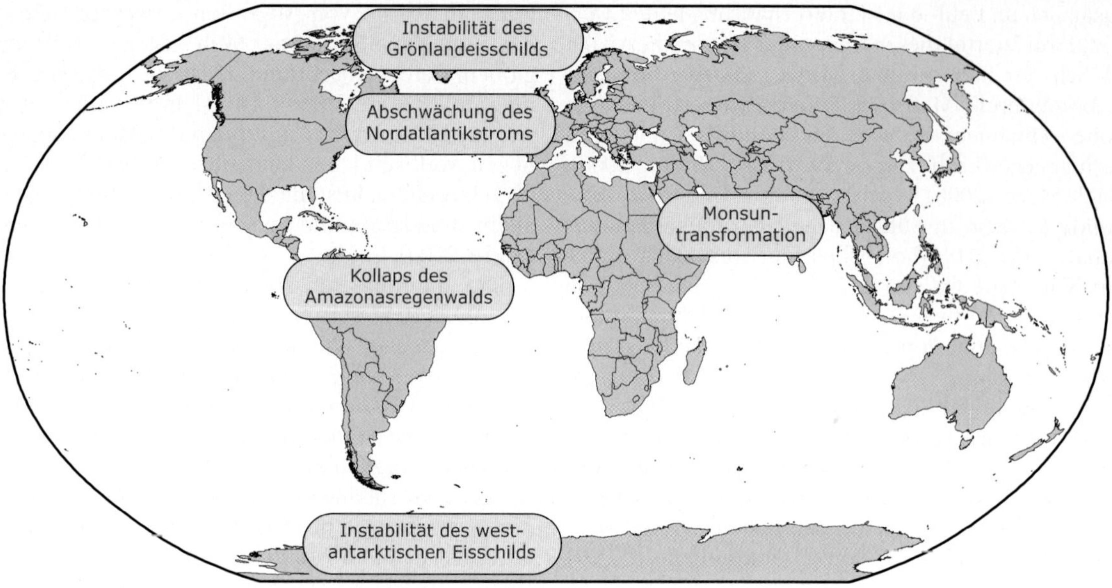

Abbildung 5.3-1
Karte mit einigen der im Text diskutierten Kippelemente des Klimasystems.
Quelle: WBGU nach Schellnhuber et al., 2005

Die großen Unsicherheiten bedeuten allerdings nicht, dass es sich um vernachlässigbare Gefahren handelt, die man ignorieren könnte.

5.3.1 Abschwächung des Nordatlantikstroms

Das wohl bekannteste Beispiel ist die thermohaline Zirkulation des Atlantiks, die sowohl durch Erwärmung als auch durch den damit verbundenen Süßwassereintrag deutlich abgeschwächt werden dürfte und durch hinreichend große Süßwassermengen sogar ganz zum Erliegen kommen könnte. Die Eintrittswahrscheinlichkeit eines solchen Ereignisses lässt sich noch nicht objektiv quantifizieren, weil Klimamodelle einige relevante Prozesse nicht richtig erfassen, z. B. die Gefahr eines starken Süßwassereintrags vom Grönländischen Eisschild. Eine Risikoabschätzung beruht daher auf Expertenurteil, unter Berücksichtigung aller Modellstudien, der aktuellen Trends in den Messdaten und der Daten aus der Erdgeschichte. Der jüngste Bericht des IPCC (2007a) bezeichnet eine Abschwächung der thermohalinen Zirkulation in diesem Jahrhundert bei ungebremstem Klimawandel als „sehr wahrscheinlich", während einem völligen Versiegen eine Wahrscheinlichkeit von bis zu 10 % beigemessen wird. Eine kürzlich durchgeführte detaillierte Expertenbefragung (Zickfeld et al., 2007) hat u. a. die Einschätzung der Wahrscheinlichkeit, dass in diesem Jahrhundert ein Versiegen der Zirkulation ausgelöst wird, in Abhängigkeit von der Erwärmung bis zum Jahr 2100 erfragt. Bis zu einer Erwärmung von 3 °C stimmen die meisten der 12 befragten Experten mit der IPCC-Einschätzung überein (Risiko bis zu 10 %), zwei Experten sehen allerdings das Risiko bei 30 % bzw. 40 %. Viele Experten sehen einen starken Anstieg der Gefahr bei höherer Erwärmung: bei 5 °C Erwärmung sieht immerhin die Hälfte der Befragten ein Risiko von 20 % oder mehr und ein Drittel ein Risiko von 50 % oder mehr.

Die Folgen einer so tiefgreifenden Umorganisation des Systems der globalen Ozeanzirkulation sind bisher nur in groben Zügen absehbar. Zwar ist eine starke Abkühlung unter heutige Temperaturen (das im Pentagon-Bericht untersuchte „kleine Eiszeitszenario"; Schwartz und Randall, 2003) kaum zu befürchten, weil die Erwärmung durch die Treibhausgase wahrscheinlich den Effekt nachlassenden Wärmetransports im Ozean mehr als kompensieren wird. Unter zwei Umständen kann es aber auch zu einer regionalen Abkühlung vor allem in Nordwesteuropa kommen: erstens, wenn die Strömung sich wider Erwarten sehr früh verändern sollte, bevor die Treibhauserwärmung mehrere Grad beträgt, und zweitens nach Jahrhunderten, wenn die Treibhauserwärmung wieder abklingt, die Strömung aber dauerhaft versiegt ist. Weitere Folgen beinhalten etwa einen zusätzlichen Meeresspiegelanstieg im Nordatlantikraum von bis zu 1 m (Levermann et al., 2005), eine Verschiebung von Niederschlagsgürteln in den Tropen (Peterson und Haug, 2006; Zhang und Delworth, 2005) sowie einen möglichen Einbruch im

Konfliktkonstellationen 6

6.1 Methodik

6.1.1 Auswahl und Definition

Im Zusammenhang mit Klimaänderungen denkbare Gewaltkonflikte lassen sich zu typischen Konstellationen zusammenfassen, die in vielen Regionen der Welt in ähnlicher Ausprägung auftreten können. Unter solchen Konfliktkonstellationen versteht der WBGU dabei Wirkungszusammenhänge an der Schnittstelle zwischen Umwelt und Gesellschaft, deren Dynamik zu gesellschaftlicher Destabilisierung oder Gewalt führen kann.

Bei der Herausarbeitung der Konfliktkonstellationen werden Modellergebnisse über zu erwartende Klimaänderungen, Erfahrungen mit Umweltkonflikten, Erkenntnisse der Kriegsursachen- und Konfliktforschung zu Dynamiken gewaltsamer Konfliktaustragung sowie Analysen zu fragiler Staatlichkeit und Multipolarität hinzugezogen (Kap. 3 und Kap. 4). Ziel ist es, Schlüsselfaktoren sowie Mechanismen für Gewaltentstehung im Kontext von Umweltveränderungen zu identifizieren, um daraus Handlungsempfehlungen zur Konfliktvermeidung und -bewältigung abzuleiten.

Der WBGU identifiziert drei große Bereiche, in denen durch den Klimawandel kritische Entwicklungen zu erwarten sind. Dazu zählen die Veränderung der Süßwasserverfügbarkeit, die Beeinträchtigung der Nahrungsmittelproduktion sowie die Zunahme von Wetterextremen. Als indirekte Folge dieser Entwicklungen kann in den betroffenen Regionen das Risiko für Migration steigen. Aus diesen Überlegungen leitet der WBGU die folgenden Konfliktkonstellationen ab. Dabei wird für jede Konstellation untersucht, ob und wie Konflikte und gesellschaftliche Destabilisierung bewirkt oder verstärkt werden können:

- *Konfliktkonstellation „Klimabedingter Rückgang der Süßwasserverfügbarkeit":* 1,1 Mrd. Menschen haben keinen sicheren Zugang zu ausreichend Trinkwasser. Die Situation kann sich in einigen Regionen der Welt weiter verschärfen, weil sich durch den Klimawandel die Variabilität der Niederschläge und die verfügbare Wassermenge verändern werden (Kap. 6.2).
- *Konfliktkonstellation „Klimabedingter Rückgang der Nahrungsmittelproduktion":* Derzeit sind weltweit über 850 Mio. Menschen unterernährt. Durch den Klimawandel ist eine Verschärfung dieser Lage vor allem in den Entwicklungsländern möglich, weil ein Rückgang der regionalen oder überregionalen Nahrungsmittelproduktion zu Ernährungskrisen führen kann (Kap. 6.3).
- *Konfliktkonstellation „Klimabedingte Zunahme von Sturm- und Flutkatastrophen":* Naturkatastrophen und die durch sie verursachten Schäden haben in den vergangenen vier Jahrzehnten stark zugenommen. Durch den Klimawandel ist insbesondere mit einer Zunahme von Sturm- und Flutkatastrophen zu rechnen (Kap. 6.4).
- *Konfliktkonstellation „Umweltbedingte Migration":* Durch die Folgen des Klimawandels ist künftig damit zu rechnen, dass Umweltveränderungen verstärkt zu Migration beitragen werden (Kapitel 6.5).

6.1.2 Narrative Szenarien zur Identifikation von Sicherheitsrisiken

Auf Grundlage der identifizierten Konfliktmechanismen werden mögliche Destabilisierungs- und Gewaltentwicklungen in Form geographisch expliziter, narrativer Szenarien durchgespielt, um schließlich daraus Vermeidungsstrategien abzuleiten (Kasten 6.1-1). Dabei werden je ein „Fiktives Konfrontationsszenario" und ein „Fiktives Kooperationsszenario" entwickelt und strategische Weichenstellungen identifiziert, die die Szenarien unterscheiden. Dabei liegt ein besonderer Fokus auf der Analyse der Auswirkungen solcher Entwicklungen, Handlungen bzw. Entscheidungen, die Pfadabhängigkeiten erzeugen. Diese Vorgehensweise, d.h. mittels der Szenariotech-

Kasten 6.1-1

Szenarien und Prognosen

Prognosen sind wissenschaftlich abgeleitete Aussagen über den wahrscheinlichen Ablauf künftiger Ereignisse in einem Zeitraum. Prognosen werden umso unsicherer, je komplexer das Untersuchungsfeld und je länger der Zeitraum ist. Unter solchen Umständen werden eher Szenarien verwendet, die einerseits die Bandbreite möglicher Entwicklungen in der Zukunft deutlich machen und den Blick vor allem auf kausale Prozesse, Einflussfaktoren und Weichenstellungen richten. Szenarien bestehen im Gegensatz zu Prognosen aus einer hypothetischen Aufeinanderfolge von Ereignissen, die zur Beachtung kausaler Zusammenhänge konstruiert wird. Sie sind nicht mit Wahrscheinlichkeiten versehen. Es gibt unterschiedliche Typen von Szenarien. Typische Schritte zur Erstellung von Szenarien sind

- die Festlegung der Rahmenbedingungen (Art des Szenarios, Zeitraum usw.),
- die Szenariofeldanalyse mit Identifikation der Einflussfaktoren und Ermittlung der Schlüsselfaktoren,
- die Szenarioprognostik mit Abschätzung der Entwicklung der Schlüsselfaktoren,
- die Zusammenfassung zu konsistenten Szenarien sowie die Szenarioauswertung.

Im Gutachten werden narrative Szenarien entwickelt, die die möglichen alternativen Entwicklungen in der Zukunft als „Geschichten" erzählen. Soweit möglich werden dabei Prognosen zu einzelnen Einflussfaktoren (z.B. Klimaveränderungen) zugrunde gelegt, andere Einflussfaktoren werden aus empirischen Erfahrungen mit anderen Prozessen argumentativ abgeleitet. Ziel ist es, den Blick für mögliche Entwicklungen zu öffnen und Hinweise und Zeitpunkte für politische Weichenstellungen zu identifizieren.

nik künftige mögliche Entwicklungen „durchzuspielen", ist eine seit langem gängige Methode, die auch bei großen Unternehmen, z.B. bei Versicherungen, und unter Militärstrategen verwandt wird. Das Ziel dieser Szenarien ist nicht, ein möglichst genaues Abbild der Zukunft zu entwerfen (Szenarien sind keine Prognosen). Vielmehr sollen sie dazu beitragen, mögliche risikoreiche Entwicklungen zu erkennen und dadurch zu vermeiden. Die regionale Auswahl für die Szenarien leitet sich aus den Analysen in Kapitel 5 ab. Die Szenarien beginnen um das Jahr 2020. Ihr Zeithorizont reicht bis zum Jahr 2050, teilweise auch bis 2100. In manchen Fällen wurden in der zweiten Hälfte des Jahrhunderts auch Risiken mit geringer Eintrittwahrscheinlichkeit, aber hohem Schadenspotenzial (Kipppunkte, Kap. 5.3), einbezogen.

Klimawandel bis Mitte des Jahrhunderts weitgehend vorbestimmt

Bis etwa Mitte des Jahrhunderts (2020–2050) wird ein stetig voranschreitender Klimawandel angenommen, der als „Bühnenbild" für mögliche sozioökonomische Entwicklungen dient. Aufgrund der Eigenzeit dieser Dynamiken können sich regional bereits einschneidende Auswirkungen des Klimawandels bemerkbar machen, wie z.B. Zunahme oder Verstärkung von Extremereignissen. Welche tatsächlichen Auswirkungen sich vor Ort ergeben, wird durch sozioökonomische Weichenstellungen entschieden, etwa ob ein schleichender Trend erkannt wird und entsprechende Anpassungsmaßnahmen ergriffen werden oder ob sich die allgemeine politische und gesellschaftliche Stabilität erhöht oder verschlechtert. Das Ausmaß des Klimawandels ist für diesen Zeitraum nur noch in einer geringen Bandbreite beeinflussbar.

Ab Mitte des Jahrhunderts nichtlineare Umweltentwicklung möglich

Bei der Entwicklung von Szenarien ab etwa Mitte des Jahrhunderts wird unterstellt, dass der Klimawandel eine neue Qualität zu entfalten beginnt: Sein Ausmaß hängt in diesem Zeitraum maßgeblich von den in der ersten Hälfte des Jahrhunderts getroffenen Entscheidungen und Handlungen ab, es sind daher grundsätzlich verschiedene Umweltentwicklungen denkbar. Hinzu kommen mögliche nichtlineare Dynamiken in der Klimaentwicklung, wie etwa das Versiegen des indischen Monsuns, Verschiebungen der innertropischen Konvergenzzone oder die Abschwächung des Nordatlantikstroms, die bei starkem Klimawandel zu einer weiteren Aufspaltung der Entwicklungslinien führen können. Es kann sich also das naturräumliche „Bühnenbild", auf dem sich die sozioökonomischen Entwicklungen abspielen, dramatisch ändern. Hier könnten große gesellschaftliche Herausforderungen entstehen, die entweder Kooperation oder Konflikte hervorrufen. In Kapitel 5.3 werden beispielhaft einige dieser nichtlinearen Umweltentwicklungen mit geringer Eintrittswahrscheinlichkeit, aber sehr hohem Schadenspotenzial dargestellt.

6.1.3 Ableitung von Handlungsempfehlungen

Für jede Konfliktkonstellation und die dazugehörigen Szenarien werden Handlungsempfehlungen abgeleitet, die zur Vermeidung oder Milderung der jeweiligen Problemlage beitragen können. Diese umfassen neben Vermeidungs- und Anpassungsstrategien für den Klimawandel auch Aspekte guter Regierungsführung, die zur Abwehr von Krisen bedeutsam sind. Obwohl die in der Analyse betrachteten Auswirkungen zum Teil weit in der Zukunft liegen, ist das Ziel die Erarbeitung von Handlungsempfehlungen für die Gegenwart und die nähere Zukunft.

6.2 Konfliktkonstellation „Klimabedingte Degradation von Süßwasserressourcen"

6.2.1 Gegenstand der Konfliktkonstellation

6.2.1.1 Kurzbeschreibung der Konfliktkonstellation

In der Konfliktkonstellation „Klimabedingte Degradation von Süßwasserressourcen“ werden Wirkungszusammenhänge zwischen umweltbedingten Veränderungen von Wasserverfügbarkeit und Konflikten um Wasser, Destabilisierung von Gesellschaften sowie Migration untersucht. Dabei geht es in erster Linie um solche Veränderungen der Wasserverfügbarkeit, die direkt oder indirekt durch den Klimawandel hervorgerufen werden (Kap. 5.2.1) und deren Ausmaß oder zeitliche Dynamik vermuten lassen, dass die notwendige Anpassung das Wassermanagement überfordern könnte. Grundlage der Konfliktkonstellation ist die Hypothese, dass der Anpassungsprozess selbst und erst recht ein Scheitern der Anpassung des Wassermanagements Konfliktpotenziale bergen. Als Folge könnten innerstaatliche oder internationale Interessenkonflikte ausgelöst oder verschärft werden, die unter ungünstigen Umständen in Gewalt umschlagen. In der Vergangenheit führten Interessenkonflikte um Süßwasserressourcen kaum zu gewaltsam ausgetragenen zwischenstaatlichen Konflikten („Wasserkriege“). Häufig wurden sogar durch zwischenstaatliche Vereinbarungen kooperative Lösungen induziert (Kap. 3.1). Es gibt aber durchaus eine Reihe von Beispielen, in denen auf der regionalen oder lokalen Ebene Konflikte um Wasser in Gewalt umschlugen, insbesondere, wenn keine formalen Regeln oder Abkommen über die Nutzung der Wasserressourcen vereinbart worden waren (Horlemann und Neubert, 2007). Durch die Häufung solcher Konflikte steigt die Gefahr, dass eine gesellschaftliche Destabilisierung ausgelöst oder verschärft wird (Kap. 3; Carius et al., 2006).

Ein häufigeres Auftreten dieser Konfliktkonstellation ist aus zwei Gründen zu erwarten. Erstens wird der Klimawandel in vielen Regionen den Wasserhaushalt so beeinflussen, dass sich die Wasserverfügbarkeit in Menge oder jahreszeitlicher Verteilung verschlechtert. Zweitens wird eine wachsende Weltbevölkerung mit steigenden Ansprüchen die Nachfrage nach Wasser in Zukunft deutlich vergrößern. Diese „sich öffnende Schere“ führt schon heute in einigen Regionen zu erheblichen zusätzlichen gesellschaftlichen Konflikten, die zu Destabilisierung beitragen können. Diese Wirkungszusammenhänge werden im Folgenden analysiert.

6.2.1.2 Wasserkrisen heute und morgen

Die Gesamtnutzung von Süßwasser hat sich im letzten Jahrhundert nahezu verachtfacht (Shiklomanov, 2000), und sie wächst weiter mit ca. 10 % pro Jahrzehnt. Der Mensch nutzt oder reguliert bereits über 40 % der erneuerbaren, zugänglichen Ressourcen (MA, 2006). Es wird zwischen „grünen“ und „blauen“ Wasserressourcen unterschieden: Grünes Wasser ist die Bodenfeuchtigkeit, die durch versickernde Niederschläge gespeist wird und landwirtschaftlich durch den Regenfeldbau nutzbar ist. Blaues Wasser ist das leichter verfügbare Oberflächenwasser (Seen, Flüsse) und Grundwasser, das für Bewässerungsfeldbau, Industrie und Siedlung angezapft werden kann (IWMI, 2007). Weltweit erfolgt die Nutzung von „blauem“ Wasser – bei erheblichen regionalen Unterschieden – zu ca. 70 % durch die Landwirtschaft, zu ca. 20 % durch die Industrie und zu ca. 10 % durch die privaten Haushalte (Cosgrove und Rijsberman, 2000; Abb. 6.2-1). Die große Bedeutung der Landwirtschaft, insbesondere der Bewässerungslandwirtschaft in Entwicklungsländern, macht Wasser zu einer wichtigen Grundlage für die Ernährungssicherung und somit auch für die Armutsbekämpfung (WBGU, 1998; Kap. 6.3). Des Weiteren trägt die Nutzung der Wasserkraft weltweit zu ca. 19 % der weltweiten Elektrizitätserzeugung bei, in

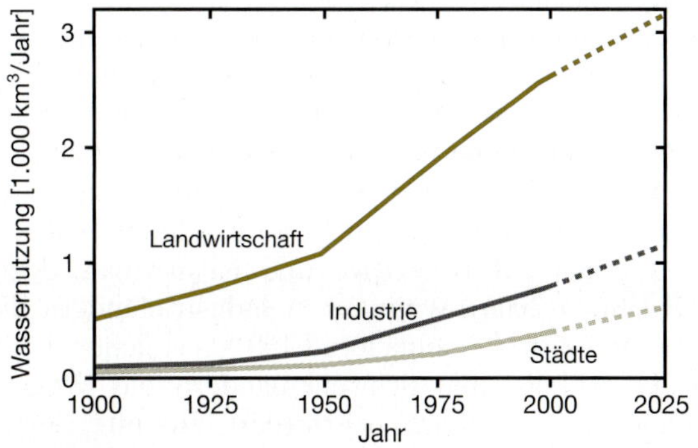

Abbildung 6.2-1
Wasserentnahme nach Sektoren.
Quelle: IWMI, 2007

einigen Ländern beträgt die Quote sogar über 90 % (WBGU, 2003a).

Zunehmend wird nicht nur die mengenmäßige Übernutzung zum Problem, sondern auch die Wasserverschmutzung. Landwirtschaft (Versalzung, Nährstoff- und Sedimenteintrag), Industrie und Haushalte (Nähr- und Schadstoffe) belasten Seen, Flüsse und Küstengewässer, so dass erhebliche Gesundheits- und Entwicklungsprobleme verursacht werden – am deutlichsten wird dies derzeit in China (Kap. 7.7). Zudem ist Wasser zentral für das Funktionieren der natürlichen Ökosysteme. Hier zeigen sich Nutzungskonkurrenzen: Durch die steigende Wassernutzung für menschliche Bedürfnisse leiden insbesondere aquatische Ökosysteme. Sie gelten als stark gefährdet, wodurch wichtige Ökosystemleistungen und -produkte ausfallen, wie z. B. Wasserreinigung, Hochwasserschutz oder Fischbestände (MA, 2006). In vielen Wassereinzugsgebieten fallen die Grundwasserspiegel, viele große Flüsse sind übernutzt, stark verschmutzt und biologisch verarmt, einige erreichen wegen der starken Wassernutzung kaum mehr die Küste (z. B. Gelber Fluss in China; Colorado in Nordamerika).

Ein Drittel der Menschen ist von Wasserknappheit betroffen, etwa 1,1 Mrd. Menschen haben keinen Zugang zu sauberem Trinkwasser. Wasserverschmutzung ist ein gleichermaßen großes Problem: 2,6 Mrd. Menschen fehlt der Zugang zu einer sanitären Grundversorgung, was unmittelbare Gefährdungen der menschlichen Gesundheit mit sich bringt (UNDP, 2006). Bis zu 80 % aller in Entwicklungsländern auftretenden Krankheiten stehen im Zusammenhang mit einem Mangel an sauberem Wasser (WI, 2004). Durchfallerkrankungen stehen dabei an der Spitze und verursachen weltweit jährlich 2–3 Mio. Todesfälle, meist Kinder (Gleick, 2003). Vor diesem Hintergrund wurde das Millenniumsentwicklungsziel vereinbart, die Anzahl der Menschen ohne Zugang zu Wasser bis 2015 gegenüber den Stand von 1990 zu halbieren (Millenniumsentwicklungsziel 7, Teilziel 10). Dieses Ziel ist bei entsprechender Anstrengung global erreichbar, auch wenn eine Verbesserung der Situation in einigen Regionen (z. B. Afrika südlich der Sahara, Ozeanien) unwahrscheinlich ist (WHO und UNICEF, 2004; WBGU, 2005).

Wasserkrisen treten heute vor allem wegen der schlechten Bewirtschaftung vorhandener Wasserressourcen auf (Cosgrove und Rijsberman, 2000; UNESCO, 2006). Während in Industrieländern die Versorgungsraten annähernd 100 % erreichen, ist in Entwicklungs- und Schwellenländern das Wassermanagement vielfach überfordert, ein integriertes Wasserressourcenmanagement (Kasten 6.2-1) noch kaum umgesetzt. Dabei gibt es erhebliche Unterschiede zwischen Städten und ländlichem Raum, der in der Regel schlechter versorgt ist. Auch zwischen den Regionen gibt es große Unterschiede, z. B. ist die Situation in Afrika südlich der Sahara deutlich schlechter als in Teilen Asiens und Lateinamerikas. Zu unterscheiden ist dabei zwischen Regionen mit „hydrologischer Wasserknappheit“ und Regionen mit „ökonomischer Wasserknappheit“ (Abb. 6.2-2; Kasten 6.2-1). Bei hydrologischer Wasserknappheit kann selbst mit Nutzung effizienter Technologie das Wasserangebot die aktuellen Bedürfnisse nicht nachhaltig befriedigen (vor allem in Nordafrika, im Nahen Osten und in Zentralasien). Angesichts der Wirkungen des Klimawandels wird dies in Zukunft wahrscheinlich noch weitere Regionen betreffen (Kap. 5.2.1 und 6.2.2.1). In Regionen mit ökonomischer Wasserknappheit würden die verfügbaren Wasserressourcen ausreichen, den Pro-Kopf-Bedarf sowie darüber hinausgehende Bedürfnisse zu decken, aber die Nutzbarmachung bleibt aufgrund fehlender institutioneller Kapazitäten oder finanzieller Ausstattung mangelhaft (IWMI, 2007).

Die globale Wassernutzung wird voraussichtlich deutlich zunehmen. Es ist zu erwarten, dass sich das Verhältnis der Wassernutzung zwischen den Sektoren bis 2025 nicht stark ändern wird. Der größte Unsicherheitsfaktor ist dabei die künftige Ausdehnung der Bewässerungslandwirtschaft. Angesichts der steigenden Nachfrage nach Wasser sowie der Veränderungen der regionalen Wasserverfügbarkeit durch den Klimawandel (Kap. 5.2.1), steht das bereits heute teilweise überforderte Wassermanagement künftig vor erheblichen zusätzlichen Herausforderungen (Cosgrove und Rijsberman, 2000).

6.2.2 Wirkungszusammenhänge

6.2.2.1 Vom Klimawandel zur Änderung der Wasserverfügbarkeit

Die wichtigsten Wirkungen des Klimawandels auf die Wasserverfügbarkeit sind Niederschlagsänderungen und steigende Temperaturen. Aber auch indirekte Effekte wie zum Beispiel eine mögliche veränderte Evapotranspiration durch Pflanzen führen zu Veränderungen (Kap. 5.1 und 5.2). Die durch den Klimawandel erwarteten Änderungen in den Niederschlagsmustern unterscheiden sich regional stark, wobei die Niederschläge tendenziell in den ohnehin trockenen Subtropen weiter abnehmen und in den hohen Breiten zunehmen werden. In vielen Regionen sind die absoluten Änderungen aber sehr schlecht prognostizierbar (Abb. 5.1-4). Saisonal kann es

Kasten 6.2-1

Integriertes Wasserressourcenmanagement

Versorgungsengpässe und Wasserkrisen abzuwenden und eine optimale Nutzung der Wasserressourcen zu sichern ist Aufgabe einer effektiven Wasserpolitik und eines nachhaltigen Wassermanagements (WBGU, 1998; Dalhuisen et al., 1999). In diesem Zusammenhang hat das Konzept des Integrierten Wasserressourcenmanagements (IWRM) an Bedeutung gewonnen. Mithilfe des IWRM sollen die bisher isolierten sektoralen und häufig ineffizienten Nutzungssysteme überwunden werden. Wasser, Land bzw. Boden und damit verbundene Ressourcen sollen in einem sektorübergreifenden, partizipativen Prozess auf nachhaltige Weise entwickelt und bewirtschaftet werden. IWRM ist ein relativ neues Konzept, das vornehmlich in den internationalen Foren der Forschung und Wasserpolitik (namentlich der Global Water Partnership; GWP, 2000) entwickelt und vorangebracht wurde. Es bietet als Leitbild strategische Anknüpfungspunkte für die Lösung von Wasserkrisen, auch wenn noch konzeptionelle Schwächen bestehen und die Berücksichtigung der politischen Dimension noch unzureichend ist. Parallel, teils auch übergeordnet über das Konzept des IWRM, wird der Begriff „water governance" verwendet (UNESCO, 2006).

Im IWRM werden die verschiedenen Instrumente und Optionen sowohl auf der Dargebots- als auch auf der Nachfrageseite zu einer an die örtlichen Gegebenheiten angepassten, holistischen Strategie gebündelt (UNESCO, 2003, 2006). Dabei zielen technische Optionen vorrangig auf eine Erweiterung der Verfügbarkeit oder Verbesserung der Wasserqualität. So kann z.B. die Speicherung in natürlichen und künstlichen Reservoiren saisonale Schwankungen ausgleichen, es können zusätzliche Wasserressourcen durch Nutzung von Grundwasservorräten oder Meerwasserentsalzung nutzbar gemacht und durch Kläranlagen die Einhaltung von Schadstoffgrenzwerten erreicht werden. Insbesondere bei großtechnischen Lösungen kann es allerdings schwierig oder unmöglich sein, den Anspruch auf Nachhaltigkeit zu erfüllen, z.B. wenn mit Großstaudammprojekten eine umfangreiche Umsiedlung von Menschen oder erhebliche ökologische Schäden verbunden sind (Kasten 6.2-2). Die Aufmerksamkeit in der Wasserpolitik und dem IWRM verschiebt sich derzeit von der Angebotsorientierung zu einer besseren Nutzung des „grünen Wassers" und zu ökosystemaren, integierten Ansätzen (IWMI, 2007). IWRM soll sowohl die effiziente und ökologisch nachhaltige Wassernutzung (d.h. wirtschaftliche und ökologische Dimension), als auch die gerechte Verteilung von Wasserressourcen und die Sicherstellung demokratischer Beteiligungsmöglichkeiten gewährleisten (d.h. soziale und politische Dimension; UNESCO, 2006). IWRM ist daher auch eingebettet in die breiten Debatten über Armutsbekämpfung sowie eine gerechte und nachhaltige Entwicklung (WBGU, 2005; Neubert und Herrfahrdt, 2005).

Trotz großer Effizienzreserven und vielversprechender Optionen wird der Wassersektor die Probleme allein nicht lösen können. Reformen in anderen Bereichen, wie z.B. dem Landwirtschafts-, Siedlungs- und Industriesektor sind notwendig, um zu einem nachhaltigen Umgang mit Wasser zu kommen. Ein wichtiger Baustein ist eine rationale Preispolitik für Wasser, die sich an den Kosten der Ressourcenerschließung orientiert oder zumindest die Ressourcenknappheit zum Ausdruck bringt (Dalhuisen et al., 1999). Dabei sollten Mindeststandards für die individuelle Grundversorgung mit Trinkwasser berücksichtigt werden (WBGU, 1998). Die Landwirtschaftspolitik sollte den Fokus auf den Regenfeldbau (grüne Wasserressourcen) legen und die wertvollen blauen Wasserressourcen möglichst sparsam einsetzen. Dieses kann z.B. durch eine bessere zeitliche Koordinierung der Wassernutzungen, die Erhöhung der Nutzungseffizienz und eine Nachfragesteuerung durch eine sinnvolle Preispolitik erzielt werden. Preissignale und Initiativen zur Bewusstseinsbildung sind auch geeignete Instrumente zur Förderung wassersparender Technologien in Haushalten, zur Unterstützung des Recyclings von Prozesswasser in der Industrie oder zur Verringerung der Verlustraten in der Leitungsinfrastruktur.

unterschiedliche Auswirkungen geben, z. B. eine Niederschlagszunahme im Winter und eine Abnahme im Sommer. Außerdem gibt es eine generelle Tendenz zu stärkeren Niederschlägen, selbst in Regionen, in denen die Niederschläge im Mittel abnehmen. In vielen Regionen wird eine erhöhte Niederschlagsvariabilität erwartet, die das Risiko sowohl von Überflutungen als auch von Dürren erhöht (IPCC, 2007a, b). Gleichzeitig erhöht sich durch die steigenden Temperaturen fast überall die Verdunstung, was tendenziell die verfügbare Wassermenge verringert. Der Gesamteffekt, die klimatische Wasserbilanz, ist regional sehr unterschiedlich (Abb. 5.1-3). In Regionen mit winterlichem Schneefall kann die Temperaturerhöhung zu einer jahreszeitlichen Verschiebung des abfließenden Wassers führen, d. h. die Flüsse werden einen größeren Anteil des insgesamt jährlich abfließenden Wassers im Winter führen. Etwa ein Sechstel der Weltbevölkerung lebt in Regionen, die davon betroffen sein werden (Barnett et al., 2005). Weitere Gefährdungen für die Wasserverfügbarkeit ergeben sich durch den ansteigenden Meeresspiegel, der in Küstengebieten zum Eindringen von Salzwasser in das Grundwasser führen kann.

Ein besonderes Augenmerk wird in diesem Kapitel auf Regionen gelegt, deren Wasserversorgung in der Trockenzeit von Schmelzwasser aus Gletschern abhängt. Die Gletscher stellen einen saisonalen Wasserspeicher dar, weil Niederschläge gespeichert werden und später auch zeitlich versetzt in der Trockenzeit als Schmelzwasser zur Verfügung stehen. Die Bedeutung dieser Pufferwirkung von Gletschern wird beispielsweise in der Region des Rio Santa in Peru beobachtet: Diejenigen Wassereinzugsgebiete, die eine höhere Gletscherbedeckung aufweisen, haben eine geringere jahreszeitliche Variabilität der Abflüsse (Mark et al., 2003; Kap. 6.2.3.1). Durch das verstärkte Abschmelzen von Gletschern kommt es zunächst zu einer Zunahme der Abflüsse, weil mehr Schmelzwasser zur Verfügung steht als durch

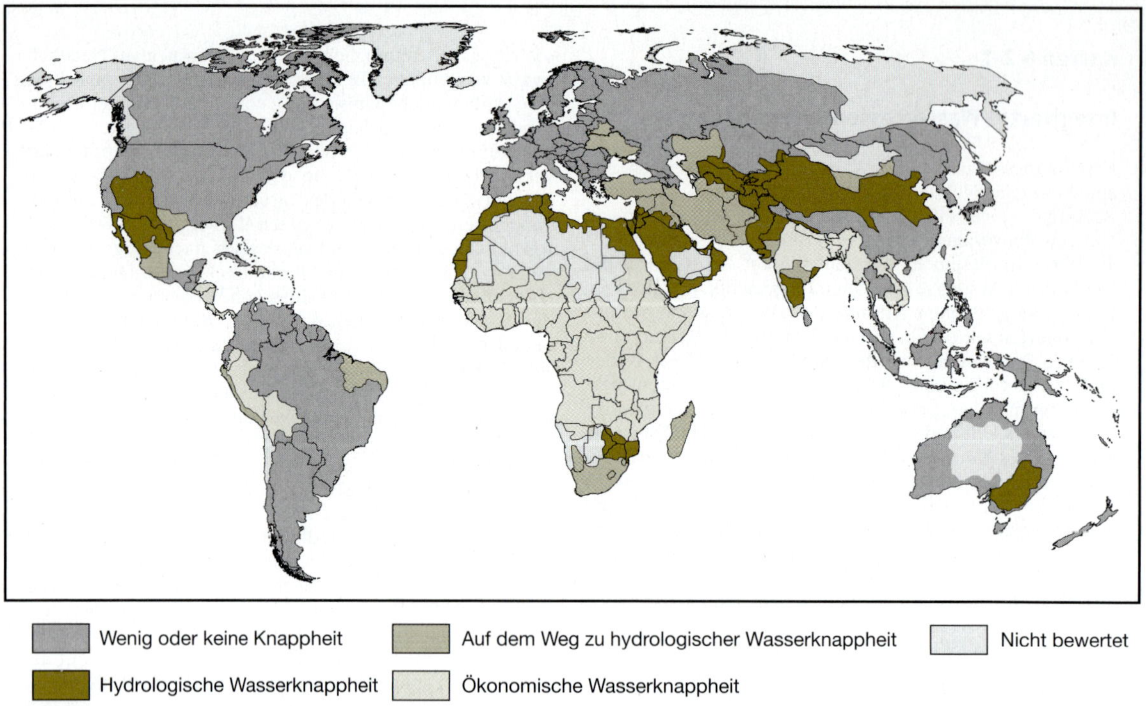

Abbildung 6.2-2
Regionen mit „hydrologischer" und „ökonomischer" Wasserknappheit.
Quelle: IWMI, 2007

Niederschläge angesammelt wird. Diese zusätzlichen Abflüsse können erheblich sein. So wird etwa geschätzt, dass die Hälfte des jährlichen Abflusses des Yanamarey-Gletschers in der Cordillera Blanca in Peru auf den Netto-Masseverlust des Gletschers zurückzuführen ist. Man rechnet mit dem Verschwinden dieses Gletschers innerhalb der nächsten 50 Jahre (Mark et al., 2003). Sind die Gletscher aber einmal abgeschmolzen, verschwindet nicht nur diese zusätzliche Wasserquelle, sondern auch die saisonale Wasserspeicherung durch den Gletscher, was zu einer starken Abnahme der Abflüsse in der Trockenzeit führen kann. Allein in den Anden sind mehrere zehn Millionen Menschen während der langen Trockenzeit auf Gletscherschmelzwasser angewiesen, und es ist damit zu rechnen, dass viele kleine Gletscher in Bolivien, Ecuador und Peru bereits in den nächsten Jahrzehnten verschwunden sein werden (IPCC, 2007b). Auch im Himalaya und Karakorum schmelzen die Eismassen. Hier ist mit negativen Auswirkungen auf die Wasserversorgung hunderter Millionen Menschen allein in Indien und China zu rechnen (IPCC, 2007b).

In einigen Regionen wird die Wasserverfügbarkeit also absolut gesehen abnehmen. Aber auch dort, wo die insgesamt verfügbare Wassermenge konstant bleibt oder sogar zunimmt, kann die veränderte jahreszeitliche oder zwischenjährliche Variabilität der Niederschläge oder der Abflüsse erhebliche Probleme nach sich ziehen. Der Klimawandel führt an vielen Orten zu einer Situation, in der Erfahrungswerte aus der Vergangenheit nicht mehr auf die Zukunft übertragbar sind (IPCC, 2007b). Diese Erfahrungswerte verlieren damit als Planungsgrundlage des Wassermanagements an Bedeutung. Neue Planungsgrundlage könnten modellbasierte regionale Projektionen des Wasserdargebots und der Nachfrage sein, die den Klimawandel berücksichtigen. Je nach Region sind solche Projektionen jedoch mit erheblichen Unsicherheiten behaftet. Vielerorts ist daher mit einer Verschlechterung der naturräumlichen Planungsgrundlage für das Wassermanagement zu rechnen.

6.2.2.2
Von der Veränderung der Wasserverfügbarkeit zur Wasserkrise

Es gibt vielfältige Gründe dafür, dass ein Wassermanagement nicht in der Lage ist, eine ausreichende Versorgung aufrecht zu halten, und es dadurch zu einer Wasserkrise kommt. Im Kern geht es darum, dass das Anpassungspotenzial des Managements nicht ausreicht, um die auftretenden Veränderungen in Wasserdargebot und -nachfrage aufzufangen (Klaphake

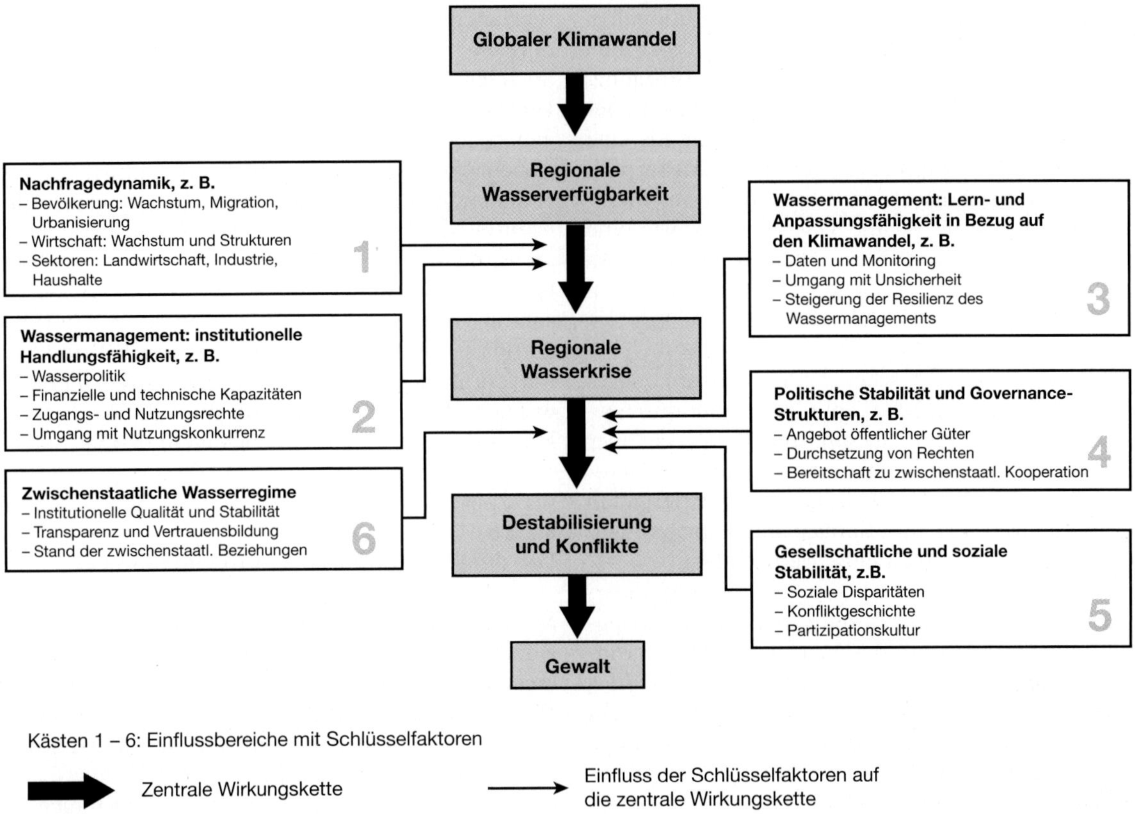

Abbildung 6.2-3
Konfliktkonstellation „Klimabedingte Degradation von Süßwasserressourcen“: Schlüsselfaktoren und ihre Wechselwirkungen.
Quelle: WBGU

und Scheumann, 2001). Versorgungsdefizite bei Wasserressourcen werden typischerweise dadurch ausgelöst, dass rasche, großräumige Veränderungen in der Verfügbarkeit und Nachfrage auftreten und damit selbst relativ gut entwickelte Managementsysteme überfordern. Dabei sind verschiedene Einflussbereiche relevant, in denen jeweils eine Reihe von Schlüsselfaktoren wirken:

Schlüsselfaktoren für regionale Versorgungsdefizite sind u. a. Nachfrageschübe. Eine regionale *[1] Nachfragedynamik* nach Wasser wird vielerorts durch ein rasches Bevölkerungswachstum einschließlich Migration (Kap. 6.5) hervorgerufen. Dies steigert zunächst die direkte Nachfrage nach Trink- und Brauchwasser durch private Haushalte und erhöht indirekt den Bedarf nach Wasser in der Nahrungsmittelproduktion, z. B. in der regionalen (Bewässerungs-)Landwirtschaft (Kap. 6.3). Eine steigende Nachfrage nach Wasser aus dem Agrarsektor kann aber auch durch Wirtschaftswachstum und den damit einhergehenden steigenden Pro-Kopf-Konsum angestoßen werden. Gleichzeitig kann eine zunehmende Integration regionaler Produzenten in den Weltmarkt und die steigende Nachfrage nach Nahrungsmitteln und anderen Primärgütern (u. a. Holz) aus dem Ausland die wasserintensive Produktion im Inland erhöhen. Die Wassernachfrage durch die Bewässerungslandwirtschaft (als häufig größter regionaler Nutzer) kann auf diesem Weg in kurzer Zeit spürbar ansteigen (UNESCO, 2006). Einkommens- und Konsumsteigerungen im Inneren und Exportwachstum erklären darüber hinaus eine wachsende Nachfrage nach Wasser, etwa für industrielle Produktionsprozesse (z. B. Energie, Papier oder Chemie) und für Dienstleistungen (insbesondere Tourismus).

Weitere Schlüsselfaktoren für Versorgungskrisen sind Defizite im Einflussbereich der *[2] institutionellen Handlungsfähigkeit des Wassermanagements.* Unzureichende Managementkapazitäten tragen wesentlich zum Entstehen von Wasserkrisen bei. Speziell für das integrierte Management werden – neben fehlender Koordination von Managementaktionen, institutioneller Fragmentierung und einem Mangel an geeigneten Instrumenten – Finanzierungsdefizite und fehlendes ausgebildetes Personal für ein Versagen verantwortlich gemacht. Die Handlungsspielräume des Wassermanagements können außerdem durch Beschränkungen des politisch-institutionellen Umfelds eingeengt werden. Beispiele sind Vorgaben aus anderen Politikfeldern (z. B. Agrar-, Naturschutz- oder Siedlungspolitik), die bei Entscheidungen über die Ausdehnung von Reservoirkapazitäten als eine mögliche Anpassungsmaßnahme in der Wasserpolitik zu berücksichtigen sind. Ein Mangel an öffentlichem Bewusstsein für die Wasserkrise sowie eine fehlende Beteiligung des Nicht-Regierungssektors tragen ebenso zum Scheitern von integrierten Managementansätzen bei (Neubert, 2002; UNESCO, 2006).

Anzeichen für ein scheiterndes Wassermanagement sind unzureichend definierte und durchgesetzte Zugangs- und Nutzungsrechte an knapper werdenden Wasserressourcen sowie eine De-facto-Verteilung der Rechte zwischen konkurrierenden Verwendungen, die im Hinblick auf Effizienz und Verteilungsgerechtigkeit unbefriedigend ist.

Unabhängig von den materiellen und Koordinierungsaspekten der institutionellen Handlungsfähigkeit kann ein Scheitern des Managements eher eintreten, wenn Planungsgrundlagen den Einfluss des Klimawandels auf die Wasserverfügbarkeit nicht oder nur unzureichend berücksichtigen. Wichtige Schlüsselfaktoren für Versorgungskrisen liegen demnach im Bereich der fehlenden *[3] Lern- und Anpassungsfähigkeit des Wassermanagements in Bezug auf den Klimawandel.* Zwar sind gegenwärtig Anpassungsdefizite und in der Folge Wasserkrisen immer noch stärker vom ineffizienten Management verursacht als von einer hydrologischen Wasserknappheit (UNESCO, 2006). Basierend auf den Ergebnissen aus Kapiteln 5 und 6.2.2.1 kann aber nicht ausgeschlossen werden, dass der Klimawandel regional drastische und bisher ungekannte Veränderungen des Dargebots auslöst, die das Wassermanagement in erheblichem Maß beanspruchen. Die Probleme in der Vorhersage dieser Veränderungen sind in Kapitel 6.2.2.1 beschrieben. Wenn die bisher in den meisten Fällen gängige Praxis, Beobachtungsdaten der letzten hundert Jahre zu Wasserverfügbarkeit und Variabilität als Planungsgrundlage für das Wassermanagement zu verwenden, fortgesetzt wird, dann ist bei fortschreitendem Klimawandel die Aufrechterhaltung der Wasserversorgung gefährdet und es können langfristig Wasserkrisen verursacht werden (IPCC 2001, 2007b; UNDP, 2006). Angesichts dieser sich abzeichnenden Entwicklung geht der WBGU davon aus, dass bei ausbleibendem Gegensteuern durch die Wasserpolitik die Wasserknappheit bzw. die Variabilität in der Wasserverfügbarkeit künftig ein zunehmendes Gewicht als Auslöser von Krisen bekommt.

Die verschiedenen naturräumlichen, ökonomischen und politisch-institutionellen Ursachen für Anpassungsdefizite und Wasserkrisen treten häufig gemeinsam auf, wodurch die Verwundbarkeit der doppelt betroffenen Regionen besonders hoch ist. So zeigt sich, dass Wasserkrisen bisher vermehrt in Entwicklungsländern auftreten, die bereits mit Aufgaben der Armutsbekämpfung belastet sind. Diese Länder sind häufig durch ungünstige naturräumliche Rahmenbedingungen benachteiligt und weisen nur unzureichend ausgestattete Wassermanagementsysteme auf. In jüngerer Zeit rückt auch die Verschlechterung der Rahmenbedingungen für die Wasserversorgung in einzelnen Industrieländern, z. B. in Südeuropa stärker in den Blickpunkt (u. a. WWF, 2006). Anders als in Entwicklungsländern werden hier aber weniger fehlende Ausstattungen als strukturelle Fehlentscheidungen im Management thematisiert.

6.2.2.3
Von der Wasserkrise zu Konflikt und Gewalt

Mit Wasserkrisen nimmt die Wahrscheinlichkeit von Konkurrenz zwischen Wassernutzungen und – wenn hierfür keine Regelsysteme bestehen – auch die von Wasserkonflikten zu. Die in Kapitel 6.2.2.2 beschriebenen naturräumlichen sowie politischen und gesellschaftlichen Einflussbereiche, deren Schlüsselfaktoren für Wasserkrisen relevant sind, sind auch für Wasserkonflikte bedeutsam. Wasserknappheit führt nicht zwangsläufig zu Konflikt und Gewalt. Wie Kapitel 3.3 beschreibt, liegen in den Bereichen *[4] politische Stabilität und Governance-Strukturen* sowie *[5] gesellschaftliche und soziale Stabilität* die maßgeblichen Schlüsselfaktoren für Konflikte, d.h. die Degradation von Wasserressourcen und damit einhergehende Wasserversorgungskrisen können mit anderen sozioökonomischen und politischen Faktoren zusammenwirken und so Konflikte verursachen.

Gleichzeitig gibt es auch eine Reihe von Beispielen dafür, dass (internationale) Nutzungskonflikte um knappe Wasserressourcen zu (zwischenstaatlicher) Kooperation geführt haben (Wolf et al., 2003). Dies lässt sich vor allem für Fließ- oder Binnengewässer mit mehreren Anrainerstaaten beobachten, bei denen zur Regelung der Wasserrechte ein grenzüberschreitendes Wassermanagement erforderlich ist (Gleick, 1993; Sadoff und Grey, 2002; UNESCO, 2003).

Für die Entstehung von Konflikten um Wasser ist weniger die Knappheit an sich von Bedeutung, sondern die Anpassungsfähigkeit des Wassermanagements bei neuen Anforderungen. Die Konfliktwahrscheinlichkeit nimmt in dem Maß zu, wie rasche Systemveränderungen in der Wassernutzung die *[2] institutionelle Handlungsfähigkeit* übersteigen (Wolf, 2006).

Neben den beschriebenen naturräumlichen Veränderungen (Kap. 6.2.2.1) sind es vor allem politische Faktoren, die zu raschen Systemveränderungen in der Wassernutzung beitragen. Konfliktrelevant sind politische Maßnahmen, die unilateral, d. h. ohne Absprache mit den übrigen Nutzern, durchgeführt werden und die zu einer Umverteilung von regional vorhandenen Wasserressourcen führen. Entscheidend ist dabei, dass sich die resultierende Umverteilung in einem relativ kurzen Zeitraum vollzieht und somit die von der Umverteilung Betroffenen bei nur langfristig veränderbaren Versorgungsinfrastrukturen einem hohen Anpassungsdruck ausgesetzt sind (Wolf, 2006).

Beispiele für derartige politische Maßnahmen sind zum einem Neuordnungen auf der institutionellen Ebene. Neuordnungen des Wassermanagements wurden z. B. durch Staatsgründungen nach Ende des Kolonialismus in Afrika und Südasien sowie in Zentralasien nach Auflösung der Sowjetunion ausgelöst. Durch die Staatsgründungen mussten Nutzungsansprüche an zuvor innerstaatlich regulierte Wasserressourcen zwischen den nun unabhängigen Staaten neu geregelt werden (Wolf, 2006). Noch häufiger wirken aber Infrastrukturmaßnahmen, wie der Bau von Staudämmen oder Kanälen, als Treiber für Wasserkonflikte. Dazu kommen Konflikte durch Umsiedlungen als Folge des Dammbaus (Kasten 6.2-2).

Mit der Aufgabe, Konflikte durch Wasserknappheit oder Umverteilung zu entschärfen bzw. gewalttätige Konflikte zu vermeiden, ergeben sich eine Reihe von Anforderungen an die *[2] institutionelle Handlungsfähigkeit des Wassermanagements*. Diese Anforderungen unterscheiden sich danach, ob die bewirtschafteten Wasserressourcen nur innerhalb nationaler Grenzen oder international genutzt werden.

Zwischenstaatliche Perspektive: „Wasserkriege“ oder Kooperation?

Eine fehlende *[6] institutionelle Qualität und Stabilität zwischenstaatlicher und internationaler Wasserregime* bei der Nutzung gemeinsamer Wasserressourcen ist ein Schlüsselfaktor für die Entstehung von Wasserkonflikten. International können Streitigkeiten um gemeinsame Wasserressourcen angespannte Beziehungen weiter verschlechtern und gewaltsame Konflikte induzieren. Häufiger ist aber, dass eine Einigung auf eine kooperative Nutzung die Beziehungen zwischen den beteiligten Staaten verbessert (Kap. 3.1; Sadoff und Grey, 2002; Wolf, 2006).

In der Vergangenheit sind deutlich häufiger Kooperationen zwischen Staaten über Wasserressourcen aufgetreten als Konflikte (Wolf et al., 2003). Der Ansatz des Vorteilsausgleichs (benefit sharing) war dabei ein wichtiges Element, um Kooperationen zu initiieren (Klaphake und Voils, 2006). Durch die Koordinierung und Optimierung der Wassernutzung über Ländergrenzen hinweg entsteht den beteiligten Anrainerstaaten ein zusätzlicher Nutzen aus der Kooperation, der bei einer entsprechend fairen Aufteilung eine Win-win-Situation für alle Beteiligten herbeiführt. Weitere positive Effekten entstehen etwa durch ein verbessertes Wassermanagement, den Schutz von Süßwasserökosystemen, Effizienzverbesserungen im Agrar- und Energiesektor oder eine politische (Friedens-)Dividende (Sadoff und Grey, 2002; Philips et al., 2006).

Es zeigt sich, dass eine Vereinbarung zur Kooperation eher geschlossen wird, wenn bestimmte Faktoren des Vorteilsausgleichs, wie z. B. die Kalkulierbarkeit wirtschaftlicher Vorteile, vorliegen. Dies galt bisher insbesondere bei Vereinbarungen über Wasserinfrastrukturen, wie etwa beim Staudammbau für eine gemeinsame Energieerzeugung oder bei Projekten zur Nutzbarmachung zusätzlicher Wasserressourcen. Vereinbarungen zur Anpassung an eine regional zunehmende Wasserknappheit, d.h. Vereinbarungen im Sinn eines Lastenausgleichs anstatt eines Vorteilsausgleichs, sind demgegenüber bisher selten zu beobachten (Klaphake und Voils, 2006). Es bleibt somit offen, inwieweit Vorteilsausgleich unter Bedingungen zunehmender, klimabedingter Wasserknappheit funktionieren und Kooperation befördern kann. Dennoch dienen Transparenz und Informationsaustausch als Grundlage für eine Zusammenarbeit: Informationen helfen, dass sich die beteiligten Parteien über die Ineffizienz unkoordinierter Aktivitäten bewusst werden und dass gemeinsame Interessen erkannt werden (Grossmann, 2006).

Fehlende Informationen über die tatsächliche Wassernutzung gepaart mit fehlendem Vertrauen in das Gegenüber sind häufig Nährboden für Konflikte (UNDP, 2006). Informationsgewinnung und -austausch sowie vertrauensbildende Maßnahmen sind letztlich Teil der Anforderungen an ein handlungsfähiges zwischenstaatliches Wassermanagement. Für das Konfliktpotenzial auf internationaler Ebene ist also von Bedeutung, ob ausreichende institutionelle Kapazitäten, d. h. effektive gemeinschaftliche Managementorgane und vertragliche Regelungen existieren, um Nutzungskonflikte kooperativ zu lösen. Dabei spielt auch der Status der zwischenstaatlichen Beziehungen eine Rolle (Einflussbereich *[4] politische Stabilität und Governance-Strukturen*).

Es ist fraglich, inwieweit zwischenstaatliche Wasserkriege künftig an Bedeutung gewinnen könnten. Nur ein politisch-militärisch handlungsfähiger Staat, der am Unterlauf eines Fließgewässers liegt, hätte einen Anreiz zur Kriegsführung (Wolf, 2006). Darüber hinaus müsste gemäß den Erfahrungen aus der Kriegsursachenforschung (Kap. 3.3) mindestens ein am Krieg beteiligter Staat autokratische Struk-

Kasten 6.2-2

Staudämme und Konflikte

Viele der großen Staudammprojekte der Vergangenheit haben die erhofften ökonomischen Vorteile erbracht (z. B. Elektrizitätsversorgung, Wasserspeicher für die Bewässerungslandwirtschaft, Hochwasserkontrolle oder Ausbau der Schifffahrtswege) und so wichtige Entwicklungsbeiträge geleistet. Dem stehen jedoch häufig ökologische und soziale Nachteile gegenüber, von denen Menschen direkt betroffen sind. Beispiele sind die Überflutung von fruchtbarem Land oder Siedlungsgebieten, wodurch bisher viele Millionen Menschen zwangsweise umgesiedelt wurden, oder die oft erheblichen ökologischen Nebenwirkungen der Dammbauten. In der Vergangenheit fand bei vielen Projekten nur ein unzureichender Interessenausgleich zwischen Nutznießer und Betroffenen statt, so dass viele Staudammprojekte Auslöser von – teils gewaltsamen – Konflikten wurden.

Carius et al. (2006) berichten, dass in mindestens 15 der 73 vorgestellten Fallstudien zu Umweltkonflikten der Bau von Staudämmen zu Konflikten beigetragen hat, die von langjährigen gewaltfreien Protesten bis zu Kriegsdrohungen zwischen Staaten reichten (Kap. 3.2). Derartige zwischenstaatliche Konflikte sind zumeist durch unterschiedliche Interessen von Oberlieger- und Unterliegerstaaten bei der Verteilung der Wasserressourcen aus grenzüberschreitenden Flüssen geprägt. Bisher haben diese Konflikte nicht unmittelbar zu einem Krieg geführt, wohl aber zu diplomatischen Konflikten, die meist mit Vertragswerken geregelt und beigelegt werden konnten. Innerhalb von Ländern bzw. Regionen stellt sich die Situation anders dar: Eine ungerechte Verteilung der ökonomischen Vorteile und der negativen ökologischen Konsequenzen der Dammbauten als Folge mangelnder Partizipation schafft erhebliches gesellschaftliches Konfliktpotenzial. Eine Reihe von Fallbeispielen zeigt, dass staatliche Stellen auf lokalen Widerstand gegen die Bauprojekte mit Unterdrückung und Gewalt reagiert haben (WCD, 2000).

Seit den 1970er Jahren wurde der lokale Protest gegen große Dammbauprojekte international bekannt. Der erhöhte politische Druck führte zum Umdenken in nationalen und internationalen Politiken, so dass der Umwelt- und Sozialverträglichkeit von Staudammprojekten bei den multilateralen Finanzierungsinstitutionen, z. B. der Weltbank, ein wesentlich höherer Stellenwert eingeräumt wurde. International fand die Nachhaltigkeitsdiskussion in den Analysen und Empfehlungen der World Commission on Dams (WCD) ihren vorläufigen Höhepunkt. Die Kommission hat in einem schwierigen politischen Umfeld Vertreter unterschiedlicher Interessen auf internationaler Ebene zusammengeführt und so eine Grundlage für die Bewertung großer Staudammprojekte erarbeiten können (WCD, 2000).

Der Bericht der Kommission und die dort enthaltenen Empfehlungen haben in den meisten Ländern (mit Ausnahme von z. B. China, Indien oder der Türkei) ein positives Echo hervorgerufen. Insbesondere die Empfehlungen zur Partizipation der betroffenen Bevölkerung und zur Stärkung der Institutionen vor Ort (Mediationsverfahren und Gerichte, Umweltverträglichkeitsstudien vor Festlegung der Projekte) werden als geeignet angesehen, das Konfliktpotenzial großer Staudämme zu mindern und langfristig das nachhaltig nutzbare Potenzial auszuschöpfen. Allerdings geht die Umsetzung der WCD-Empfehlungen nur zögerlich voran. So fördert die Weltbank ohne Anwendung der konkreten WCD-Empfehlungen wieder vermehrt große Dammbauprojekte, die von NRO-Seite als kritisch angesehen werden. Außerdem werden umstrittene Dämme bei ungenügender Nachhaltigkeitsprüfung zunehmend privat finanziert.

Quellen: WBGU, 1998, 2003a; WCD, 2000; Carius et al., 2006

turen aufweisen, weil weithin angenommen wird, dass Demokratien Konflikte nicht gewaltsam regeln. Diese Gesamtkonstellation ist weltweit kaum anzutreffen. Offensichtlich erkennen Regierungen, dass territoriale Kriege mit dem Ziel, sich Wasserressourcen außerhalb nationaler Grenzen einzuverleiben, selten eine strategisch geeignete und ökonomisch praktikable Option darstellen. Allerdings ist Wasser in der Außenpolitik meist auch kein allein stehendes, unabhängiges Problem, sondern steht im engen Zusammenhang mit anderen sozioökonomischen Problemfeldern (UNDP, 2006). Daher bleibt plausibel, dass Streit um Wasser in bestimmten Konstellationen durchaus direkt zu zwischenstaatlicher Gewalt beitragen kann.

Innerstaatliche Perspektive: Gewaltkonflikte um Wasser

Risiken für Gewaltkonflikte um Wasserressourcen werden auf innerstaatlicher und lokaler Ebene als wichtiger eingeschätzt als auf zwischenstaatlicher Ebene (Wolf et al., 2005). Versorgungsprobleme tragen zu Konfliktrisiken bei. Aber erst im Zusammenspiel mit ungünstigen sozioökonomischen Konstellationen, wie sie u. a. durch Schlüsselfaktoren der Einflussbereiche *[4] politische Stabilität und Governance-Strukturen* und *[5] gesellschaftliche Stabilität* beschrieben wurden, werden gewaltsame Konflikte ausgelöst.

Innerstaatliche Konflikte können durch zwei Typen von Versorgungsdefiziten angetrieben werden: zum einen durch eine fehlende Wassermenge, die durch Nutzungskonkurrenzen konfliktrelevant wird, zum anderen durch eine mangelnde Qualität der zugänglichen Wasserressourcen. Die Konfliktrelevanz entsteht hier häufig in Verbindung mit beobachtbarer gesellschaftlicher Diskriminierung beim Zugang zu qualitativ gutem Wasser.

Nutzungskonkurrenzen können zwischen sozialen Gruppen, zwischen Wirtschaftssektoren oder zwischen Verwaltungseinheiten auftreten. Bei Konflikten zwischen sozialen Gruppen steht die Verteidigung oder Anfechtung traditioneller Wassernutzungsrechte im Mittelpunkt. Meist kann dies in ariden und semi-ariden Gebieten beobachtet werden. Dabei geht es häufig um Konflikte zwischen Ackerbauern und mobilen Viehzüchtern (Carius et al., 2006; Flintan und Tamrat, 2006). Typische Nutzungskonflikte zwischen Wirtschaftssektoren sind die Umlenkung von Wasserressourcen von der Landwirtschaft hin zur Versorgung wachsender Großstädte, einschließlich der dort ansässigen Industrien (Molle und Berkhoff, 2006; UNDP, 2006). Insbesondere die *[1] Nachfragedynamik* kann hier bestehende Nutzungskonkurrenzen verschärfen. Nutzungskonkurrenzen und ein prekärer Zugang zu qualitativ gutem Wasser müssen nicht zwangsläufig in einen Konflikt münden. Die Frage ist, ob ein lokales oder regionales Wassermanagement *[2] institutionelle Handlungsfähigkeit* zeigt und in der Lage ist, sich abzeichnende innerstaatliche Konflikte um Wasser effektiv zu bearbeiten und damit gewalttätige Auseinandersetzungen und gesellschaftliche Destabilisierung gar nicht erst entstehen zu lassen.

Des Weiteren können Einschränkungen in der Versorgung mit qualitativ hochwertigem Trinkwasser vorhandene soziale Konflikte verschärfen und zur Gewalteskalation beitragen (Wolf, 2006). Dies zeigt sich z. B. deutlich anhand der Konfliktgeschichte in Zentralasien, wo Gesundheitsschädigungen wegen abnehmender Wasserqualität soziale Unruhen beeinflusst haben (Carius et al., 2004; Giese und Sehring, 2006). Beispiele zeigen, dass der Auslöser einer innerstaatlichen Gewalteskalation oft nicht schlechte Wasserversorgung, sondern die plötzliche Beschränkung im Zugang zu Wasser ist, von der ärmere Bevölkerungsgruppen häufig besonders betroffen sind. Solche abrupten Änderungen können durch Umstrukturierungen im Wassermanagement, z. B. durch Privatisierungen und den damit oft verbundenen Preissteigerungen, hervorgerufen werden. Bestehende soziale Disparitäten, eine Konfliktgeschichte sowie ein starkes Empfinden von Benachteiligung bei der Zuteilung von Wasserressourcen sind weitere Treiber für gewaltsame Konflikte. Ein bekanntes Beispiel für Konflikte dieser Art sind die gewaltsamen Proteste im Zuge der Privatisierung der Wasserversorgung in der bolivianischen Stadt Cochabamba (Lobina, 2000; Wolf et al., 2005). Auch wenn Konflikte wie in Cochabamba durch zum Teil drakonische Polizeimaßnahmen eingedämmt wurden (u. a. Verhängung des örtlichen Ausnahmezustands), können lokale oder regionale Wasserkonflikte die soziale und wirtschaftliche Entwicklung in den betroffenen Gebieten anhaltend stören oder beeinträchtigen. Sie können destabilisierend auf die nationale Ebene wirken und von dort auf die internationale Ebene ausstrahlen (Wolf et al., 2005; Conca, 2006). Die Vermeidung derartiger Konflikte ist entscheidend von Schlüsselfaktoren abhängig, wie sie insbesondere im Einflussbereich der *[5] gesellschaftlichen Stabilität* beschrieben sind. Das Risiko innerstaatlicher Gewaltkonflikte um Wasser wird letztlich mitbestimmt von den Voraussetzungen vor Ort. Konfliktrisiken können reduziert werden, wenn es lokal gelingt, eine sichere und stabile Versorgung mit sauberem Wasser in benachteiligten Gebieten zu gewährleisten und damit Gefahren für Leben und Gesundheit abzuwenden (Wolf, 2006).

Wechselwirkungen mit anderen Konfliktkonstellationen

Beispiele zeigen, dass Konflikte um die Übernutzung von Wasserressourcen häufig auch durch eine Übernutzung und Degradation von Böden gekennzeichnet sind (Carius et al., 2006). Dies gilt insbesondere für die Staaten in der Sahelzone und im südlichen sowie östlichen Afrika (Bauer, 2006). Die Wechselwirkung mit der Konfliktkonstellation „Klimabedingter Rückgang der Nahrungsmittelproduktion" (Kap. 6.3) gewinnt dadurch an Bedeutung (Kap. 8.1). Wasserkrisen und Wasserkonflikte rufen immer auch Wanderungsbewegungen von Menschen hervor. Die Beispiele in Carius et al. (2006) verdeutlichen, dass Migration an verschiedenen Stellen in der Wirkungskette auftreten kann: Erstens können Dürren in bestimmten Regionen Abwanderungen in weniger betroffene Regionen hervorrufen. Der Bevölkerungs- und damit Nachfragezuwachs in der Zielregion kann das dortige Wassermanagement überfordern. Zweitens kann Migration als Reaktion auf ein kollabierendes Wassermanagement auftreten. Drittens kann Migration die Reaktion auf (gewaltsame) Konflikte um den Zugang zu knappen Wasserressourcen sein. Darin berücksichtigt sind auch Zwangsumsiedlungen im Zusammenhang mit Staudammprojekten, die wiederum Treiber für eine Konflikteskalation sein können (Kasten 6.2-2).

6.2.3 Szenarien

In Kapitel 7 werden Regionen identifiziert, in denen es nach Auffassung des WBGU aufgrund eines ungebremsten Klimawandels und der sozioökonomischen Lage zu gewaltsamen Konflikten kommen könnte. Zwei dieser Regionen, die besonders anfällig für die Wirkungskette dieser Konfliktkonstellation scheinen, werden im Folgenden beispielhaft betrachtet: die Region um die peruanische Hauptstadt Lima (Kap. 7.9) sowie Zentralasien (Kap. 7.5). Für beide Regionen werden fiktive narrative Konfrontations- bzw. Kooperationsszenarien entwickelt (Kap. 6.1), um den Handlungsbedarf anschaulich zu machen und Ansätze für Präventions- und Anpassungsmaßnahmen abzuleiten.

6.2.3.1 Gletscherschwund, Wasserkrise und Gewaltkonflikte im Großraum Lima

Ausgangslage

Die Wasserversorgung Perus wie auch seiner Hauptstadt Lima ist in besonderer Weise von Gletschern abhängig. Mehr als die Hälfte der Einwohner Perus lebt in der trockenen Küstenregion westlich der Andenkette, in der sich auch die Hauptstadt Lima befindet. In dieser Region fallen im Jahresmittel nur etwa 10 mm Regen (Chambers, 2005; Mitchell et al., 2002). Ca. 80 % der Wasserressourcen in der Küstenregion stammen aus Gletscherschmelzwasser (Coudrain et al., 2005). In den kommenden Jahrzehnten wird die Wasserversorgung Limas von zwei Seiten unter Druck geraten: Zum einen durch eine steigende Wassernachfrage aufgrund des Bevölkerungswachstums, zum anderen durch eine erhöhte Variabilität in der Wasserverfügbarkeit als Folge der Gletscherschmelze. Mit mehr als 7 Mio. Einwohnern ist Lima die zweitgrößte Wüstenstadt, die bis 2030 auf etwa 12 Mio. Menschen anwachsen könnte (UN, 2004). Für seine Wasserversorgung ist Lima zu mehr als zwei Dritteln auf den Río Rímac angewiesen, der sich aus Gletscherschmelzwasser speist. Diese Gletscher haben aufgrund klimabedingter steigender Temperaturen (Coudrain et al., 2005) zwischen 1970 und 1997 etwa ein Drittel ihres Volumens verloren (Peru Cambio Climatico, 2001). Sie werden innerhalb der nächsten Jahrzehnte verschwunden sein, wenn sich der globale Erwärmungstrend fortsetzt. Gegenwärtig führt der Río Rímac in der Hochwasserperiode 35 m^3/s und in der Niedrigwasserperiode nur 13 m^3/s. Der staatliche lokale Wasserversorger SEDAPAL rechnet mit einer Nachfragesteigerung von 21,9 m^3/s (in 2000) auf 25,5–30,1 m^3/s (in 2030; Yepes und Ringskog, 2002). Schon heute wird in der Trockenzeit zusätzlich Grundwasser (6 m^3/s) genutzt und Wasser über Tunnel von jenseits der Wasserscheide der Anden herantransportiert (>10 m^3/s). Bei Wasserknappheit sehen die Gesetze vor, dass Haushalte Vorrang vor der Bewässerungslandwirtschaft haben (Molle und Berckhoff, 2006). Gegenwärtig sind etwa 85 % der Bevölkerung Limas an das Wassernetz angeschlossen, in den informellen Siedlungen der ärmeren Bevölkerung sind es 60 % (Golda-Pongratz, 2004). Etwa 1 Mio. Menschen sind auf eine Wasserversorgung durch Tankwagen oder öffentliche Brunnen angewiesen (Yepes und Ringskog, 2002).

Lima ist durch erhebliche soziale Ungleichheiten, Unterbeschäftigung und Armut gekennzeichnet, was in der Vergangenheit mit einer steigenden Kriminalitätsrate, mit Drogendelikten sowie Polizeikorruption einherging (Riofrío, 1996). Derzeit wächst die peruanische Volkswirtschaft deutlich, vor allem aufgrund des Exports von Gold und Kupfer (Rabobank, 2005). Die Abhängigkeit von den Weltrohstoffmärkten macht die Volkswirtschaft allerdings verwundbar. Etwa vier Fünftel der in Peru genutzten Elektrizität werden aus Wasserkraftwerken gewonnen (World Bank, 2006a), so dass die Elektrizitätsproduktion und damit der gesamte Entwicklungsprozess von den infolge der Gletscherschmelze schwankenden Wasserressourcen abhängig sind.

Politisch haben sich in Peru autoritäre Strukturen etabliert, in der Vergangenheit gab es nur phasenweise demokratisch gewählte Regierungen. Das staatliche Gewaltmonopol scheint weitgehend intakt. Das Angebot öffentlicher Leistungen, einschließlich Investitionen in das Wassermanagement, ist allerdings begrenzt. Öffentliche Institutionen sind leistungsschwach und von Korruption gekennzeichnet (Rabobank, 2005; Bertelsmann Stiftung, 2003).

Plausible Entwicklung Limas

Als Basis für die fiktiven Szenarien werden folgende Annahmen über die weitere Entwicklung Limas getroffen:

- *Bevölkerung Limas wächst deutlich:* Das Bevölkerungswachstum Limas stellt dauerhaft hohe Anforderungen an die Stadtverwaltung, denen diese angesichts ihrer beschränkten Ausstattung nicht immer gerecht werden kann. Die resultierenden Einschränkungen gehen überproportional zu Lasten ärmerer Bevölkerungsgruppen.
- *Wasserversorgung zunächst einigermaßen stabil:* Die Gletscherschmelze im Einzugsgebiet von Lima führt zunächst zu einem im Jahresmittel erhöhten Abfluss, so dass trotz steigender Nachfrage die Wasserversorgung und die Stromerzeugung aus Wasserkraft ganzjährig funktioniert. Die öffentliche Wahrnehmung der Gletscherschmelze nimmt zu und löst Diskussionen über die Sicherung der Wasserversorgung und die Verteilung der knapper werdenden Wasserressourcen aus.
- *Wirtschaftliches Wachstum und soziale Ungleichheit:* Die Rohstoffexporte sichern Peru und Lima in den nächsten Jahrzehnten eine Periode ohne merkliche wirtschaftliche Turbulenzen. Allerdings partizipiert die ärmere Bevölkerung nur wenig an der ökonomischen Entwicklung.

Fiktives Konfrontationsszenario: Mangelnde staatliche Vorsorge, Wasserknappheit und Destabilisierung

Folgendes Szenario ist vorstellbar: Der Sullcon-Gletscher und weitere Gletscher im Wassereinzugsgebiet haben das Maximum ihres Abschmelzens überschritten. In den Regenmonaten von Oktober bis April ist die Wassermenge des Río Rímac ungewöhnlich hoch, während in der Trockenzeit von Mai bis September die Durchflussmenge immer weiter schrumpft. Die Nutzungskonflikte zwischen Wasser- und Stromversorgern nehmen zu. Die relevanten Entscheidungsträger ignorieren zu lange die Prognosen der Experten zur künftigen Wasserversorgung Limas und treffen keine entsprechende Vorsorge. Der Bau einer neuen Fernwasserleitung sowie zusätzlicher Speicherbecken im Hochland ist durch Korruption und Missmanagement Jahre hinter dem Zeitplan. Die Wasserkraftwerke können nur noch während der Regenmonate Strom produzieren. Die sich abzeichnende Elektrizitätskrise in der Trockenzeit führt zu deutlichen Strompreiserhöhungen. Aufgrund politischer Einflussnahme gelingt es Großunternehmen und der Oberschicht, dass sie teilweise von den Preissteigerungen ausgenommen werden. Die industriellen Arbeitgeber reagieren auf die Verteuerung von Elektrizität mit Kurzarbeit und Entlassungen, gegen den Protest der Arbeitnehmer. Teile des informellen Sektors, die auf die Elektrizitätsversorgung angewiesen sind, können die gestiegenen Preise kaum zahlen, so dass ihr Einkommen zurückgeht. Die Benachteiligung sozial schwacher Gruppen verfestigt die bereits bestehenden sozialen Disparitäten.

Die Wasserpreise auf den informellen Märkten sind stark gestiegen. Dies fördert nicht nur die Unzufriedenheit bei den Nachfragern, sondern es etablieren sich auch kriminelle Strukturen. Um an Wasser zu gelangen, muss die Bevölkerung immer mehr Ressourcen aufwenden, die dadurch für den wirtschaftlichen Entwicklungsprozess nicht mehr zur Verfügung stehen. Die Wasserleitungen der SEDAPAL werden immer öfter illegal angezapft, wogegen Polizei und privat finanzierte Sicherungsdienste brutal vorgehen. Ein integriertes Wasserressourcenmanagement scheitert u. a. am politischen Widerstand in den privilegierten Bevölkerungsgruppen. In deren Wohnvierteln werden trotz offiziellen Verbots selbst in der Trockenzeit zum Teil noch Gärten bewässert und Schwimmbecken befüllt. In der Öffentlichkeit verfestigt sich der Eindruck, dass die staatlichen Institutionen vor allem die Ansprüche privilegierter Kreise absichern. Zivilgesellschaftliche Gruppen wie Kirchen, Bürgervereinigungen und andere Nichtregierungsorganisationen schließen sich im Protest gegen die vorherrschenden Verhältnisse zusammen. Als schließlich zu Beginn einer Trockenzeit absehbar ist, dass sich die Versorgungssituation gegenüber dem Vorjahr erheblich verschlechtern wird, gibt es Großdemonstrationen, die teils in gewaltsame Auseinandersetzungen münden. Durch die überzogenen Reaktionen der staatlichen Sicherheitskräfte eskaliert die Gewalt weiter. Es kommt zu Todesopfern und zur Zerstörung staatlicher Infrastruktur. Das öffentliche Leben bleibt über mehrere Wochen gelähmt. Vordergründig kann die öffentliche Ordnung nach einiger Zeit wiederhergestellt werden, jedoch kommt es zur Spaltung der Protestbewegung und Gründung militanter Untergrundorganisationen. Im Verlaufe des Konflikts erodiert das staatliche Gewaltmonopol und die Qualität staatlicher öffentlicher Leistungen sinkt weiter, wodurch wiederum die sozialen Disparitäten verschärft werden. Die Gesellschaft wird zunehmend destabilisiert und treibt in einen Bürgerkrieg mit vielen Opfern und negativen Auswirkungen auf die zwischenstaatlichen Beziehungen.

Fiktives Kooperationsszenario: Anpassung durch Investitionen und Wasserressourcenmanagement

Folgendes Szenario ist vorstellbar: Durch die vorteilhafte ökonomische Situation Anfang des 21. Jahrhunderts bekommt die Regierung Perus Spielräume, um Infrastrukturinvestitionen langfristig zu planen. Bedarfs- und Dargebotsanalysen werden unter Einbeziehung der Klimaänderungen durchgeführt. Die Modellierung zeigt, dass bereits in wenigen Jahrzehnten im Business-as-usual-Fall das Gletscherwasser in der Trockenzeit nicht mehr reichen wird, um die wachsende Stadt zu versorgen. Daraufhin werden auf Basis eines integrierten Wasserressourcenmanagements Anpassungsmaßnahmen geplant und – teilweise mit internationaler Unterstützung – zügig durchgeführt, sowohl auf der Nachfrageseite (Wassersparen durch geeignete Anreizsysteme und Technik) als auch auf der Angebotsseite (z. B. Bau von Speichern und Tunneln). Durch technische Neuerungen bei der Automatisierung verbilligt sich der Bau von Fernwasserleitungen erheblich. Auch die solarthermische Meerwasserentsalzung ist mittlerweile auf großtechnischem Stand und kann zur Versorgung der städtischen Bevölkerung beitragen. Beratungs- und Mediationsprogramme helfen, die Akzeptanz für ein effektives integriertes Wasserressourcenmanagement zu erhöhen. Zugleich gelingt es, durch eine gezielte Förderpolitik ländliche Wirtschaftsstrukturen zu verbessern und die Landflucht zu verlangsamen. Knappheit bei der Wasserversorgung und Ungleichverteilung können hierdurch nicht vollständig verhindert werden, aber es entstehen in Lima keine akuten Notsituationen. Staatliche Behörden achten stärker auf eine effiziente Wassernutzung, ohne dass es zu Ungerechtigkeiten bei der Wasserversorgung kommt. Anregungen aus der Zivilgesellschaft werden aufgenommen, der Protest wird institutionalisiert, so dass gewalttätige Auseinandersetzungen vermieden werden können. Insgesamt reicht das durch diese Politik erreichte Anpassungspotenzial aus, um einer moderaten Klimaerwärmung zu begegnen.

6.2.3.2 Gletscherschwund, Wasserkrisen und gewaltsame Konfrontation in Zentralasien

Ausgangslage

Die Region Zentralasien umfasst die ehemaligen Sowjetrepubliken Kasachstan, Kirgistan, Tadschikistan, Turkmenistan und Usbekistan sowie die Autonome Uigurische Region Xinjiang in der Volksrepublik China. Die Wasserversorgung der Region ist in erheblichem Maß von Gletscherschmelzwasser abhängig. Während die Gebirgsketten je nach Exposition ausreichend Niederschläge erhalten, sind die vorgelagerten Beckenbereiche ausgesprochen niederschlagsarm, so dass dort Wüsten und Halbwüsten vorherrschen. Die Wasserversorgung der Becken erfolgt daher fast ausschließlich durch die Flüsse (Giese und Sehring 2006; Kap. 7.5), die sich im Sommer in erheblichem Umfang (bis zu 75 %) durch Gletscherschmelzwasser speisen. Das Klima Zentralasiens erwärmt sich stärker als das globale Mittel, was die Gletscherschmelze beschleunigt. So haben beispielsweise die Gletscher Tadschikistans in der zweiten Hälfte des 20. Jahrhunderts bereits ein Drittel ihrer Fläche eingebüßt (UNDP, 2006). Die größeren Flüsse in der Region, wie z. B. der Syrdarja oder der Amudarja, durchqueren das Gebiet von mehreren zentralasiatischen Staaten. Die gebirgsreichen Republiken Kirgistan und Tadschikistan sind die Oberliegerstaaten und kontrollieren die Fließwasserressourcen. Turkmenistan und Usbekistan als Unterliegerstaaten sind die größten Abnehmer dieser Ressourcen (Giese et al., 2004; Karaev, 2005).

Bis zu 90 % der Wasserressourcen werden in diesen Ländern in der Bewässerungslandwirtschaft genutzt, ihr Anteil an der Anbaufläche liegt in den vier Republiken bei 75–100 % (Bucknall et al., 2003; Ahmad und Wasiq, 2004). Die Landwirtschaft hatte hier zuletzt einen Anteil von 20–40 % am BIP (World Bank, 2006b) und spielt somit eine wesentliche volkswirtschaftliche Rolle. Baumwolle ist das wichtigste Exportgut des Agrarsektors. Ihre sehr wasserintensive Produktion führt bei unsachgemäßer Bewässerungstechnik zu Bodenversalzung und abnehmender Bodenproduktivität. In Usbekistan sind bereits 50 %, in Turkmenistan 96 % der bewässerten Landflächen davon betroffen (Bucknall et al., 2003). Das Schicksal des Aralsees steht symbolhaft für diese Kombination von Austrocknung, Versalzung und Pestizidbelastung, die für die Region eine ökologische und soziale Katastrophe ausgelöst hat (Létolle und Mainguet, 1996; Giese, 1997). Die Elektrizitätsproduktion in Kirgistan und Tadschikistan basiert fast ausschließlich auf Wasserkraft, die mithilfe ausländischer Investoren für den Export weiter ausgebaut wird.

Die seit 1991 unabhängigen Staaten Zentralasiens sind von einer geringen Marktöffnung und schwachen staatlichen Strukturen und Korruption geprägt (Karaev, 2005; CIA, 2006). Sie weisen zudem eine konfliktträchtige Vergangenheit auf, wobei Verteilungskämpfe um Land- und Wasserressourcen eine große Rolle spielten. Den Hintergrund bilden extreme soziale Unterschiede bei der Teilhabe am Wirtschaftsleben, wobei eine kleine, zumeist aus der alten Nomenklatura stammende, reiche Schicht das Wirtschaftsleben kontrolliert. In Tadschikistan war eine abnehmende Wasserqualität durch Verschmutzung ein wichtiger Faktor für gewaltsame innerstaatliche Konflikte (Giese und Sehring, 2006; Wolf, 2006). Streitigkeiten zwischen Ethnien sowie Aktionen von separatistischen oder religiös-fundamentalistischen Gruppen wirken weiter destabilisierend. Zwischenstaatliche Konflikte haben ihre Ursache in den teilweise willkürlichen Grenzziehungen in der Vergangenheit und vor allem in der Nutzung der regional ungleich verteilten Wasserressourcen (Giese et al., 2004; Kreutzmann, 2004).

Plausible Entwicklung Zentralasiens

Über die weitere Entwicklung Zentralasiens werden folgende Annahmen unterstellt:

- *Fortschreitender Klimawandel und Gletscherschmelze:* In der Zukunft ist für Zentralasien mit einer starken Temperaturzunahme zu rechnen (IPCC, 2007a). Bis zum Jahr 2050 könnten in einigen Gebirgen Zentralasiens etwa 20 % der Gletscher verschwunden sein und sich das Gletschervolumen um etwa ein Drittel verringern (Giese und Sehring, 2006). Dies hat erhebliche Auswirkungen auf die Wasserversorgung.
- *Stromerzeugung aus Wasserkraft betroffen:* Die durch den Klimawandel beschleunigte Gletscherschmelze führt zunächst zu einer erhöhten Wasserverfügbarkeit in den Sommermonaten. Um die bestehende Infrastruktur der Hydroenergieerzeugung nicht zu gefährden, werden große Abflüsse und Überschwemmungen in den landwirtschaftlichen Gebieten der Flussunterläufe zugelassen. Mit einem langsamen Rückgang der Zuflüsse aus dem Abschmelzprozess wird der Energiesektor beeinträchtigt. Das hat merkliche volkswirtschaftliche Folgen.
- *Landwirtschaft in der Krise:* Die hohe Abhängigkeit der Landwirtschaft von immer knapper werdenden Wasserressourcen führt zu rapiden Produktionseinbrüchen bei Baumwolle und Grundnahrungsmitteln. Als Folge ungeeigneter landwirtschaftlicher Produktionsmethoden nehmen Bodendegradation und Desertifikation zu. Arbeitslosigkeit, Armut und Landflucht steigen in den ländlichen Regionen sprunghaft an. Der

Handlungsdruck auf eine Transformation des Agrarsektors hin zu einem nachhaltigen Ressourcenmanagement wächst (Herrfahrdt, 2004; Opp 2004), aber die Durchsetzung effizienter Landnutzungs- und Wassermanagementsysteme scheitert.

- *Zunehmende Sand- und Staubstürme:* Als Folge der Desertifikation und Wasserverknappung werden Siedlungsräume zunehmend durch Sand- und Staubstürme bedroht. Diese haben in mit Salz und Pestiziden kontaminierten Gebieten erhebliche Gesundheitsbeeinträchtigungen zur Folge (Giese und Sehring, 2006).
- *Soziale Disparitäten und schwache staatliche Institutionen bleiben vorherrschend:* Die ärmeren Bevölkerungsschichten haben weiterhin kaum Zugang zu Land- und Wasserressourcen und bleiben von den Exporterlösen ausgeschlossen. Die Macht bestehender Eliten bleibt ungebrochen, eine Stärkung staatlicher Strukturen, die effektive Durchsetzung des staatlichen Gewaltmonopols und ein verbessertes Angebot öffentlicher Güter bleiben aus.
- *Zwischenstaatliches Konfliktpotenzial bleibt bestehen:* Wiederkehrende Dürren und ein hoher Wasserbedarf in den Baumwollmonokulturen der Unterliegerstaaten stehen im Konflikt mit den Bedürfnissen der Oberliegerstaaten (Wasserkraft) und provozieren Streitigkeiten bei der Aufteilung der Wasserressourcen.

Fiktives Konfrontationsszenario: Nutzungskonflikte und zwischenstaatliche Spannungen

Folgendes Szenario ist vorstellbar: In den nächsten Jahrzehnten kommt es zu einer starken regionalen Temperaturzunahme und damit zu höherer Verdunstung in den Anbauflächen tieferer Lagen. In den Bergen beschleunigt sich die Gletscherschmelze. Dadurch erhöht sich zunächst der Wasserzufluss in die Talsperren, bevor er mit dem weiteren Rückgang der Gletscher wieder deutlich abnimmt. Zwischenstaatliche Nutzungskonflikte nehmen zu, weil die ärmeren Oberliegerstaaten ihren winterlichen Energiebedarf bei steigenden Weltmarkpreisen fossiler Energieträger zunehmend durch die Nutzung von Wasserkraft zu decken suchen. Dadurch steht im Sommer weniger Wasser aus den Stauseen für die Bewässerungslandwirtschaft der Unterlieger zur Verfügung, deren Bedarf durch den Temperaturanstieg jedoch steigt. Ausbleibende Investitionen in effiziente Bewässerungstechnik verstärken die Wasserknappheit. Die Ober- und Unterliegerstaaten verkennen ihre wechselseitigen Abhängigkeiten bei der Versorgung mit Wasser und fossiler Energie und versuchen, ihre nationalen Interessen unilateral durchzusetzen. Darauf folgende Vergeltungsmaßnahmen verschärfen die Konflikte. So sperren z. B. die Unterliegerstaaten die Zufahrtswege für die Oberliegerstaaten und beschränken deren Versorgung mit Gas. Der Konflikt führt zwar nicht zu einem zwischenstaatlichen Krieg, allerdings verschärfen sich die sozialen Disparitäten. Leidtragende sind die einkommensschwachen Bevölkerungen in den ländlichen Gebieten beider Staaten. Mit zunehmender Wasserknappheit – sei es durch zunehmende Trockenheit oder durch ein ineffektives Wassermanagement – werden sie ihrer Lebensgrundlage beraubt. Armut und Landflucht nehmen zu. Wiederkehrende Dürren, eine schleichende Verschlechterung der Lebensbedingungen sowie weiterhin fehlende politische Partizipationsmöglichkeiten tragen zu einer zunehmenden Unzufriedenheit der ländlichen Bevölkerung bei. Verschiedene religiöse und separatistische Gruppen instrumentalisieren die Unzufriedenheit für ihre Zwecke und die Spannungen entladen sich immer häufiger in ethnisch gefärbten Konflikten. Die herrschenden Eliten reagieren mit verstärkter Repression. Im Brennpunkt steht dabei das Fergana-Tal mit seiner relativ hohen Bevölkerungsdichte, ethnischen Vielfalt und wirtschaftlichen Bedeutung. Eine Serie von Naturkatastrophen in der Region offenbart das desolate Management der Regierungen, so dass sich Destabilisierung und gewaltsame Konflikte verstetigen. Die schwachen Staaten können die öffentliche Ordnung nur noch bedingt aufrechterhalten. Organisierte Kriminalität sowie international operierende Extremisten nutzen das Machtvakuum in der Region und bauen sich eine Handels- bzw. Rückzugsbasis auf.

Fiktives Kooperationsszenario: nachhaltiges Ressourcenmanagement und verbesserte Anpassungsfähigkeit

Folgendes Szenario ist vorstellbar: Die Regierungen der Unterliegerstaaten antizipieren die aufgrund der Gletscherschmelze langfristig drastisch zunehmende Wasserknappheit und fördern frühzeitig einen wirtschaftlichen Strukturwandel. Insbesondere die Exporterlöse aus dem Rohstoffsektor werden verhältnismäßig erfolgreich in eine angepasste, diversifizierte Wirtschaftsstruktur investiert. Dazu zählt auch der Bau von Windkraftanlagen, die das große Potenzial der Windenergie, z. B. in Kasachstan und Turkmenistan, für alle Länder der Region nutzbar machen und die Abhängigkeit von der Wasserkraft verringern. Flankiert durch internationale Entwicklungszusammenarbeit vollzieht sich dieser Transformationsprozess, ohne dass sich soziale Unterschiede allzu deutlich verschärfen. Unter internationaler Beteiligung werden schrittweise ein nachhaltiges Ressourcenmanagement im Agrarsektor sowie ein integriertes Wasserressourcenmanagement eingeführt. Aufgrund der effektiven Umsetzung dieser Politik kann das Ausmaß der Landdegradation und Wasserknappheit allmählich begrenzt und damit eine Vergrößerung der sozialen Gegensätze verhindert werden. Die Entwicklung des Industrie- und Dienstleistungssektors stärkt zivilgesellschaftliche Strukturen im Inland. Hilfe aus dem Ausland und politischer Druck durch internationale Organisationen gewährleisten, dass die internen wirtschaftlichen und gesellschaftlichen Prozesse nicht ins Stocken geraten. Durch vertrauensbildende Maßnahmen verlieren Grenzstreitigkeiten an Bedeutung. Im Ergebnis verbessert sich die gesellschaftliche Anpassungsfähigkeit in der Region.

6.2.4 Handlungsempfehlungen

Die heute zu beobachtende Wasserkrise ist vielerorts eher eine Krise des Wassermanagements als ein hydrologisches Ressourcenproblem (Kap. 6.2.1). Je nach Bevölkerungsentwicklung und Ausmaß des Klimawandels wird jedoch zukünftig in vielen Regionen die für den Menschen verfügbare Wassermenge abnehmen oder eine erhöhte Variabilität der Wasserverfügbarkeit das Management erschweren. Die Ziele Ernährungssicherheit, Armutsbekämpfung, wirtschaftliche Entwicklung sowie Ökosystemschutz bei fortschreitendem Klimawandel zu erreichen, erfordert die Überwindung sektoraler Ansätze und die breite Anwendung der Prinzipien des integrierten Wassermanagements. Der Klimawandel ist nur einer von mehreren Faktoren, die das künftige Wassermanagement unter Druck setzen. Er bringt jedoch auch dort, wo er nicht direkt zu einem Rückgang des Wasserangebots führt, eine erhebliche zusätzliche Planungsunsicherheit mit sich. Seine Auswirkungen werden am stärksten in Systemen zum Tragen kommen, die ohnehin bereits unter Wasserknappheit oder hoher Variabilität leiden (IPCC, 2001). Es gilt daher einerseits, die bestehenden Unzulänglichkeiten des Wassermanagements zu überwinden, und andererseits, das Wassermanagement explizit auf die künftigen Herausforderungen auszurichten. Dabei sind vor allem die Folgen des Klimawandels stärker als bisher in den Managementstrategien zu berücksichtigen. Nur so wird es möglich sein, Konflikte um Wasser einzugrenzen.

Entlang der Wirkungskette vom Klimawandel über die veränderte Wasserverfügbarkeit bis hin zu gewaltsamen Konflikten um Wasser (Abb. 6.2-3) lassen sich verschiedene politische Handlungsoptionen aufzeigen, um den Weg in den Konflikt abzuwenden. Dabei trägt die Ausprägung der Einflussbereiche *[4] politische Stabilität und Governance-Strukturen* und *[5] gesellschaftliche und soziale Stabilität* entscheidend dazu bei, ob sich aus einer Krise ein gewaltsamer Konflikt entwickelt oder eine Destabilisierung vermieden werden kann. Dies gilt unabhängig von der Verursachung der Krise, ist also übergreifender Natur und für alle Konfliktkonstellationen gleichermaßen relevant.

NACHFRAGEDYNAMIK STEUERN

Der WBGU geht davon aus, dass eine Dämpfung der Wassernachfrage das Wassermanagement generell erleichtert, insbesondere in Regionen, in denen das Wasserdargebot abnehmen oder unsicherer werden wird. Die folgenden Empfehlungen zielen auf eine solche Dämpfung der Nachfrage:

- *Wasserproduktivität verbessern:* Die Wasserproduktivität muss in allen Sektoren verbessert werden, wobei besonders in Entwicklungsländern große Potenziale genutzt werden können. Aber auch in den OECD-Ländern gibt es noch erhebliche Effizienzreserven in Regionen mit Wasserknappheit. Besonders relevant ist die Landwirtschaft, weil sie der größte Wassernutzer ist. Ansatzpunkte sind die Verbesserung von Infrastruktur und Verfahren, z. B. der Einsatz effizienter Bewässerungsmethoden, um mehr Agrarproduktion pro eingesetzter Wassermenge zu ermöglichen, sowie die Weiterentwicklung der Pflanzensorten (verbesserte Wassernutzung, Trocken- und Salztoleranz). Eine verbesserte Effizienz im Regenfeldbau, z. B. durch Techniken für eine „Wasserernte", kann ebenfalls helfen, den Produktivitätsdruck des Bewässerungsfeldbaus zu mindern. Beide Anbaumethoden sollten sich ergänzen. Allerdings muss eine erhöhte Effizienz der Wassernutzung in eine integrierte Strategie des Wassermanagements eingebunden sein, damit die Effizienzgewinne zu einer Nachfragesenkung führen.
- *Pauschale Subventionen für Wasser streichen:* Zu geringe Preise, die volkswirtschaftliche Kosten der Bereitstellung nicht angemessen widerspiegeln, begünstigen die Übernutzung von Wasserressourcen. Derartige pauschale Subventionen können zurückgeführt werden, ohne die Armutsbekämpfung zu konterkarieren (siehe Einflussbereich 2).
- *Virtuellen Wasserhandel beachten:* Die Nachfrage nach Wasser in Wasserkrisenregionen kann auch gesenkt werden, indem der Export „virtuellen Wassers" verringert wird, d.h. der Export von solchen Produkten, deren Herstellung bzw. Anbau viel Wasser benötigt (z. B. Zitrusfrüchte, Baumwolle). Gleichzeitig können wasserintensive Produkte vermehrt aus wasserreichen Ländern mit effizienterer Produktion importiert werden. Ob diese Möglichkeiten für ein individuelles Entwicklungsland durchführbar sind, muss im Einzelfall geprüft werden.

Institutionelle Handlungsfähigkeit des Wassermanagements sicherstellen

Damit das Wassermanagement zukünftigen Herausforderungen gewachsen ist, müssen zunächst die bereits heute bestehenden Unzulänglichkeiten beseitigt werden. Der WBGU hat in früheren Arbeiten detaillierte Empfehlungen hierzu gegeben (WBGU, 1998). Im Folgenden werden auswählte Aufgabenfelder skizziert:

- *Institutionen des Wassersektors stärken:* Gerade in Entwicklungsländern ist es zur Vorbeugung von Wasserkrisen notwendig, die institutionelle und finanzielle Ausstattung im Wassersektor einschließlich des Abwassermanagements zu verbessern. Nur so kann eine stabile und sichere Versorgung mit qualitativ gutem Wasser gelingen und damit lokalen Wasserkonflikten bestmöglich vorgebeugt werden.
- *Integriertes Wassermanagement anwenden:* Die durch den Klimawandel ausgelösten Veränderungen im Wasserhaushalt (Kap. 5.2.1) können Nutzungskonkurrenzen zwischen nachfragenden Sektoren verschärfen. Daher muss neben einer Dämpfung der Nachfrage auch eine effiziente Verteilung erreicht werden, wobei Interessenkonflikte kooperativ gelöst und Zugangs- und Nutzungsrechte gerecht verteilt werden sollten. Integriertes Wassermanagement bietet hierfür einen geeigneten Rahmen. Das integrierte Management von Land- und Wasserressourcen kann – insbesondere in Trockengebieten – die Wasserproduktivität verbessern helfen. Es muss nicht nur die Trinkwasserversorgung gewährleisten, sondern auch den Erfordernissen der Landwirtschaft und anderer Industriezweige sowie dem Ökosystemschutz gerecht werden. Dabei sind partizipative Verfahren unter Einbezug aller Anspruchsgruppen und die Förderung institutionellen Lernens unverzichtbar. Entwicklungsländer, denen die institutionellen Kapazitäten für die Umsetzung eines integrierten Wassermanagements fehlen, sollten geeignete Hilfe im Rahmen bilateraler und multilateraler Entwicklungszusammenarbeit erhalten.
- *Zugang zu Wasser für alle sicherstellen:* Unabhängig davon, ob sich das Versorgungssystem in privater oder in öffentlicher Hand befindet, muss der Staat dafür sorgen, dass jeder Bürger Zugang zu sauberem Trinkwasser erhält. Die Millenniumsentwicklungsziele zu Trinkwasser und sanitärer Versorgung stellen hierbei nur einen ersten Schritt dar. Da der Wassersektor viele der charakteristischen Merkmale eines öffentlichen Guts aufweist, sollte es eine starke Regulierungsbehörde geben, die durch Preisbildungsregeln und Investitionen das öffentliche Interesse wahrt. Pauschale Subventionen sollten vermieden werden (Einflussbereich 1), aber eine zielgerichtete Förderung, z. B. für den Anschluss armer Haushalte an das allgemeine Versorgungsnetz, kann notwendig sein (UNDP, 2006).

Anpassungsfähigkeit des Wassermanagements an Klimawandel stärken

Um die Anpassung an den Klimawandel im Wassersektor zu ermöglichen, müssen nicht notwendigerweise neue technologische oder institutionelle Lösungen entwickelt werden, sondern vor allem neue Verfahren, nach denen die verschiedenen bekannten Handlungsmöglichkeiten des Wassermanagements bewertet und ausgewählt werden (IPCC, 2001). Dabei erscheint es wichtig, die Anpassung an den Klimawandel als Prozess zu etablieren, nicht als bloße Umsetzung einmal erarbeiteter Maßnahmen. Dazu gehört auch die sinnvolle Verknüpfung von Maßnahmen zur Vermeidung von Treibhausgasemissionen mit Maßnahmen der Anpassung bzw. die Berücksichtigung von Wechselwirkungen (BMU, 2007).

- *Regionalmodelle verwenden und Datengrundlage verbessern:* Um das Wassermanagement an die Auswirkungen des Klimawandels anzupassen, dürfen als Planungsgrundlage nicht allein Erfahrungswerte aus der Vergangenheit, etwa über mittlere Niederschlagsmengen oder Variabilitäten der Niederschläge und Abflüsse, dienen. Ergebnisse aus Regionalmodellen, die den Klimawandel berücksichtigen, müssen einbezogen werden. Da es in vielen Regionen derzeit keine verlässlichen Niederschlagsprognosen gibt (Abb. 5.1-4) und auch in Zukunft mit fortbestehenden Unsicherheiten zu rechnen ist (IPCC, 2007b), sollten verstärkt Szenarien und Ensemblemodellierungen angewandt werden. Außerdem können verbesserte regionale Datensammlungen (z. B. Messungen von Klimaparametern wie Niederschlag oder Temperatur) eingesetzt werden, um regionale Modellierungen zu verbessern und anzupassen. Eine hohe Priorität sollten vor diesem Hintergrund die regelmäßige Auswertung und Bereitstellung von wissenschaftlichen Erkenntnissen über die regionalen Auswirkungen des Klimawandels auf die Wasserverfügbarkeit haben. Vor allem für Entwicklungsländer sind hier internationale Kooperationen unerlässlich. Es sollte geprüft werden, inwieweit von der internationalen Gemeinschaft eine allgemein zugängliche Datenbank mit interpretierten Regionaldaten als Grundlage für das Wassermanagement gepflegt und zur Verfügung gestellt werden kann.
- *Wassermanagement auf „Handeln unter erhöhter Unsicherheit" umorientieren:* Um sinnvoll zu han-

deln, muss vielfach nicht auf die Entwicklung geeigneter Modelle gewartet werden. Maßnahmen, die die Anpassung an die bestehende Klimavariabilität verbessern, sind häufig auch für die Anpassung an künftige Klimawirkungen geeignet. Dies betrifft besonders die Verbesserung der lokalen Speicherkapazität für Wasser (z. B. Regeneration von Aquiferen, Schutz von Süßwasserökosystemen, dezentrale Wasserspeicher) und Systeme zur Verteilung des gespeicherten Wassers. Allerdings können große Anlagen zur Speicherung – etwa mit Hilfe von Staudämmen – selbst Anlass für gewaltsame Konflikte sein (Kasten 6.2-2) sowie erhebliche unerwünschte soziale und ökologische Nebenwirkungen haben (WCD, 2000; WBGU, 2003a).

- *Klimafolgen bei Wassermanagement in der Entwicklungszusammenarbeit einbeziehen:* Der Klimawandel verschärft regional ungünstige natürliche Rahmenbedingungen und stellt in vielen Entwicklungsländern eine große zusätzliche Herausforderung für das Wassermanagement dar. Das Problem wurde von der Bundesregierung erkannt (BMZ, 2006a, b). Diese Erkenntnis muss systematisch in die bi- und mulilaterale Zusammenarbeit im Wassersektor einbezogen werden. Der neue Förderschwerpunkt des BMBF zum integrierten Wasserressourcenmanagement stellt einen interessanten Ansatzpunkt dar. Gerade in Entwicklungsländern, die aufgrund geringer ökonomischer und institutioneller Ressourcen häufig zu kurzfristigem und reaktivem Handeln gezwungen sind, fehlen oft das Verständnis und die Kapazitäten, sich mit den schleichenden Änderungen des Klimas zu befassen. Deshalb muss die Bewusstseinsbildung für die Möglichkeiten und Notwendigkeit der Anpassung an den Klimawandel bei Entscheidungsträgern und der Gesellschaft durch geeignete Öffentlichkeitsarbeit gestärkt werden (GTZ, 2003).

QUALITÄT UND STABILITÄT INSTITUTIONELLER REGIME ZWISCHENSTAATLICHER WASSERKOOPERATION VERBESSERN

Auch wenn sich Befürchtungen zunehmender Konflikte bei zwischenstaatlichen Gewässern („Wasserkriege“) bisher nicht bewahrheitet haben, sollten Maßnahmen gefördert werden, um auch weiterhin gewaltsame zwischenstaatliche Konflikte zu vermeiden.

- *Zur Förderung zwischenstaatlicher Kooperation präventiv handeln:* Die Initiierung zwischenstaatlicher Kooperation ist häufig ein langwieriger Prozess. Bei einer vielerorts absehbaren naturräumlichen Dargebotsverknappung besteht nur ein begrenztes Zeitfenster, um diesen Prozess einzuleiten. Die Schaffung einer anerkannten Datenbasis über gemeinsam genutzte Wasserressourcen ist ein geeigneter Ausgangspunkt für einen kooperativen Prozess im grenzüberschreitenden Wassermanagement (Grossmann, 2006). Schwache institutionelle Kapazitäten und Unterfinanzierung sind dagegen ein größeres Hindernis für Kooperation (UNDP, 2006). Durch internationale Hilfe sollten die Voraussetzungen für Kooperation verbessert werden.
- *Vorteilsausgleich fördern:* Strategisch kann ein Ansatz zum Vorteilsausgleich (benefit sharing) helfen, Nutzungskonflikte zu vermeiden und kooperative Lösungen zu unterstützen. Welche Möglichkeiten für Vorteilsausgleich angesichts regional knapper werdender Wasserresourcen bestehen, ist zu prüfen. Generell bietet der Ansatz aber eine gute Alternative zum Festhalten an nationalen Souveränitätsansprüchen bzw. existierenden bilateralen Abkommen auf Basis absoluter Wassermengen.
- *Kooperation bei grenzüberschreitenden Gewässern als Aufgabenfeld internationaler Organisationen festigen:* Bei vielen internationalen Gewässern fehlen ein offizieller Rahmen zur Ausgestaltung der Kooperation sowie wichtige Bestandteile einer institutionellen Struktur. Um Kooperation bei grenzüberschreitenden Gewässern zu unterstützen, bedarf es spezifischer Strategien und entschlossener Maßnahmen der internationale Organisationen (u. a. Weltbank, UNDP, UNESCO). Dieses Aufgabenfeld sollte daher innerhalb der internationalen Organisationen aufgebaut bzw. gestärkt werden.

6.3 Konfliktkonstellation „Klimabedingter Rückgang der Nahrungsmittelproduktion“

6.3.1 Gegenstand der Konfliktkonstellation

Globale Umweltveränderungen – insbesondere der Klimawandel – können die Umweltbedingungen so verändern, dass in einzelnen Ländern bzw. Weltregionen eine deutliche Abnahme der Agrarproduktion droht (IPCC, 2007b). Dies führt unter Umständen zu einem Rückgang der lokalen oder regionalen Nahrungsmittelproduktion, wodurch es zu Ernährungskrisen kommen kann, die Destabilisierung und gewalttätige Konflikte verschärfen oder gar erzeugen können (Homer-Dixon et al., 1993; de Soysa et al., 1999). Besonders anfällig für derartige Krisen sind bereits heute viele Entwicklungsländer, in

Abbildung 6.3-1
Globale Nahrungsmittelproduktion 1961–2003.
Quelle: Le Monde diplomatique, 2007

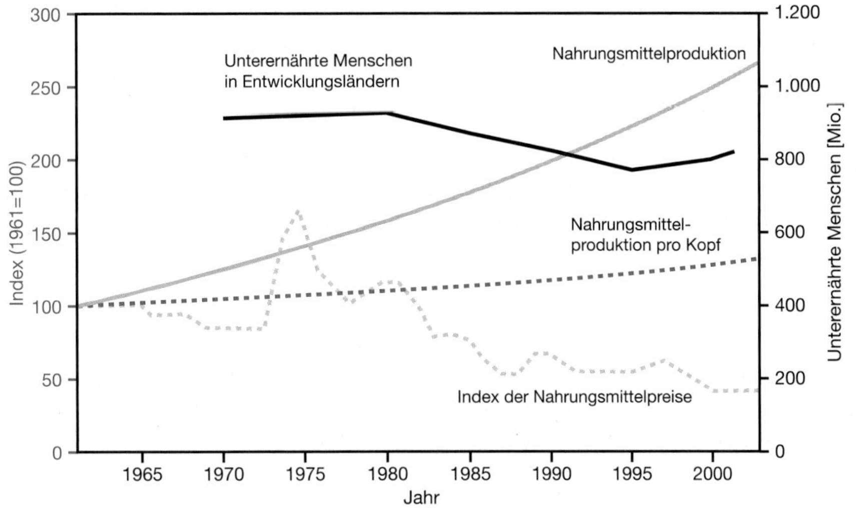

denen große Teile der Bevölkerung unmittelbar von der Landwirtschaft leben. Aber auch einige große Schwellenländer sind zukünftig potenziell gefährdet: beispielsweise sind in Indien 60 % der Bevölkerung in der Landwirtschaft beschäftigt, in China sind es 49 % (CIA, 2006). Gleichzeitig leben von den derzeit über 850 Mio. unterernährten Menschen rund die Hälfte in Indien und China. Europa oder Nordamerika könnten zunächst zwar nur wenig betroffen sein. Später könnten jedoch strukturelle Änderungen auf den Weltagrarmärkten oder eine hungers- bzw. gewaltbedingte Migration die Sicherheitslage auch hier unmittelbar verändern.

6.3.1.1
Globale Nahrungsmittelproduktion: künftige Angebots- und Nachfrageentwicklungen

Die globale Nahrungsmittelproduktion hat sich zwischen 1961 und 2003 mehr als verdoppelt (Abb. 6.3-1). Besonderen Anteil daran hatte die Getreideproduktion, die dank der „Grünen Revolution" um das Zweieinhalbfache anstieg (MA, 2005a): die Weltgetreideproduktion wuchs stärker als die Weltbevölkerung (Nussbaumer, 2003). Diese Steigerung der globalen Nahrungsmittelproduktion ging in den letzten 40 Jahren überwiegend (zu etwa 80 %) auf Steigerungen der Flächenproduktivität zurück. In den Entwicklungsländern war der Anteil der Flächenerschließung an der Steigerung der Agrarproduktion mit 29 % (Zeitraum 1961–1999) noch vergleichsweise hoch. Vor allem in Afrika wird dem wachsenden Nahrungsbedarf noch überwiegend mit der Erschließung neuer Kulturflächen begegnet: Zwei Drittel der Produktionssteigerungen gehen dort auf die Landgewinnung zurück (MA, 2005a).

Ein weiterer zentraler Faktor der Weltagrarproduktion sind die seit Jahren beobachtbaren Änderungen der Nachfragemuster: Der Fleischkonsum in den Entwicklungsländern wird zunehmen, während er in den OECD-Staaten voraussichtlich auf hohem Niveau stagnieren wird (OECD-FAO, 2006). Je weniger Fleisch konsumiert wird, desto effektiver können Anbauflächen und Getreidemengen zugunsten der menschlichen Ernährung genutzt werden. Ursprünglich erfand der Mensch die Viehzucht, weil Nutztiere Abfälle oder für Menschen ungenießbare Pflanzen wie Gras in Milch oder Fleisch umwandeln können. Heute werden die Tiere, die zur Fleischproduktion gemästet werden, größtenteils mit Getreide gefüttert. Ein Großteil des Getreides, das auf der Welt produziert wird, wird für die Fütterung von Nutztieren verbraucht. Nur etwa 10 % des verfütterten Getreides werden dabei in Fleischmasse umgewandelt.

In den Szenarien des Millennium Ecosystem Assessment (MA) wird bis 2050 von einer global steigenden Nachfrage nach Nahrungsmitteln um 60-85 % ausgegangen. Ursachen sind das prognostizierte Bevölkerungswachstum und Annahmen über die Entwicklungen der Konsummuster (MA, 2005a). Gleichzeitig wird in den MA-Szenarien eine Zunahme der globalen Nahrungsmittelproduktion und eine Steigerung der pro Kopf erzeugten Nahrungsmenge bis zum Jahr 2050 angenommen, allerdings mit regionalen Unterschieden. Dabei wird mit einer Stagnation bzw. einem Rückgang der pro Kopf erzeugten Nahrungsmenge (Grundnahrungsmittel) in Nordafrika, dem Nahen Osten sowie in Afrika südlich der Sahara gerechnet. Es wird erwartet, dass diese regionalen Defizite in der Nahrungsmittelproduktion durch Importe ausgeglichen werden können (MA, 2005a).

Zu ähnlicher Einschätzung gelangte die FAO. Sie prognostiziert, dass die jährliche Wachstumsrate der Weltgetreideproduktion von heute 1 % bis 2015 auf 1,4 % steigen wird und danach auf 1,2 % sinkt (1970er Jahre: 2,5 % pro Jahr; 1980er: 1,9 % pro Jahr; 1990er: 1 % pro Jahr). Viele Entwicklungsländer werden nach Einschätzung der FAO dabei immer abhängiger von Importen. Während 1997–1999 die Entwicklungsländer rund 9 % ihres Getreidebedarfs importierten, wird davon ausgegangen, dass dieser Wert im Jahr 2030 14 % erreicht (FAO, 2002; OECD-FAO, 2005, 2006). Laut FAO werden etwa 80 % der zukünftig zu erwartenden Produktionssteigerungen in den Entwicklungsländern durch Intensivierung wie höhere Flächenerträge, Zunahme des Mehrfruchtanbaus und kürzere Brachezeiten erzielt (FAO, 2002).

Gleichzeitig werden sich die Agrarflächen – so die Annahme im Millennium Ecosystem Assessment – in den Entwicklungsländern weiter ausdehnen, in den Industrieländern dagegen eher schrumpfen (MA, 2005a). Global betrachtet ist zwar prinzipiell ausreichend Agrarfläche vorhanden – nämlich etwa doppelt soviel wie derzeit bewirtschaftet wird (MA, 2005a). Allerdings kann und sollte z.B. wegen des Wald- und Ökosystemschutzes nur ein Teil tatsächlich genutzt werden. Große Flächenpotenziale werden in der FAO-Studie „World Agriculture – towards 2015/2030" in Afrika und Südamerika gesehen, während in Südasien die verfügbaren Anbauflächen weitgehend ausgeschöpft sind. Unberücksichtigt bei diesen Abschätzungen sind jedoch die Effekte der Degradation von Flächen durch Bodenerosion und Entwaldung sowie der Klimawandel (FAO, 2002, 2003; OECD-FAO, 2005, 2006).

Die FAO geht zudem davon aus, dass die Bewässerungslandwirtschaft künftig an Bedeutung zunehmen wird. 1997–1999 wurden in den Entwicklungsländern bereits 20 % der Agrarflächen bewässert. Auf diesen Flächen wurden rund 60 % der Ernten produziert. Es wird erwartet, dass die Bewässerungsfläche in den Entwicklungsländern bis zum Jahr 2030 von 202 Mio. ha (1997–1999) auf 242 Mio. ha steigt. Die für Bewässerung geeignete Fläche in den Entwicklungsländern umfasst nach FAO-Angaben 402 Mio. ha. Vor allem in Lateinamerika und Afrika wird derzeit nur die Hälfte genutzt (FAO, 2002). Ob bei dieser Abschätzung die Gefahr der Versalzung berücksichtigt wurde und ob es sich hier um nachhaltig nutzbare Flächen und z.B. nicht etwa Urwälder handelt, bleibt unklar.

Insgesamt wird sich laut FAO – und dabei sind die Effekte des Klimawandels nicht berücksichtigt – die Ernährungssicherheit global betrachtet künftig weiter verbessern. Nahrungsnachfrage und -angebot sollen bis 2015 global wachsen, wobei auch der Konsum und die Produktion der meisten Nahrungs- und Futtermittel bezogen auf die durchschnittlichen, globalen und jährlichen Wachstumsraten schneller bzw. stärker als die Bevölkerung wachsen würde (OECD-FAO, 2005, 2006). Der Anteil der Unterernährten, so die Prognose, wird von heute 17 % auf 11 % im Jahr 2015 und 6 % im Jahr 2030 sinken. Aufgrund des Bevölkerungswachstums dürfte die absolute Zahl der betroffenen Menschen allerdings nur langsam zurückgehen (FAO, 2002).

6.3.1.2
Rahmenbedingungen der globalen Nahrungsmittelproduktion im Wandel

Globale Klimaerwärmung und Agrarproduktion

Der Klimawandel wird sich regional sehr unterschiedlich auf die Nahrungsmittelproduktion auswirken. Bis Mitte des Jahrhunderts könnte gemäß den SRES-Szenarien (IPCC, 2000) mit einer Erwärmung von etwa 1,5–2,5 °C gegenüber dem vorindustriellen Niveau gerechnet werden, falls klimapolitische Maßnahmen nicht greifen. Bis zum Ende des Jahrhunderts ist, abhängig vom Verhalten des Menschen, eine Erwärmung von über 6 °C gegenüber 1990 möglich (IPCC, 2007a). Bezogen auf das vorindustrielle Niveau wären 0,5 °C zu addieren. Generell ist die Nahrungsmittelproduktion in den niederen Breiten durch die globale Erwärmung am stärksten gefährdet, insbesondere durch Ernteverluste bei Getreide und unzureichende Anpassungskapazitäten (IPCC; 2007b). In den niederen Breiten ist bereits bei einer Erwärmung bis zu 2 °C (bezogen auf das vorindustrielle Niveau) mit erhöhter Ernährungsunsicherheit zu rechnen (Hare, 2006). Die Zahl der von Hungerkrisen bedrohten Menschen wird sich unter diesen Bedingungen in einigen Entwicklungsländerregionen voraussichtlich deutlich erhöhen (Pilardeaux, 2004). In vielen, aber nicht allen Regionen der mittleren und höheren Breiten wird im Gegensatz dazu bei einer Temperaturerhöhung zwischen 1 und 3 °C (im Folgenden immer gegenüber 1990) zunächst mit einer Erhöhung der Agrarproduktion gerechnet. Ab einer Erwärmung der globalen Mitteltemperatur von 2–4 °C wird die landwirtschaftliche Produktivität voraussichtlich weltweit zurückgehen. Ab einer Temperaturerhöhung um 4 °C und darüber hinaus ist schließlich mit erheblichen Beeinträchtigungen der globalen Landwirtschaft zu rechnen (IPCC, 2007b).

Nach einer Studie von IIASA (zitiert in FAO, 2005c) wird der Klimawandel in den Entwicklungsländern bis 2080 zu einer Zunahme der Trockengebiete sowie der Flächen unter Wasserstress führen. In Afrika werden 1,1 Mrd. ha Ackerland bewirtschaftet, in denen die Wachstumsphase der Nutzpflanzen relativ kurz ist, d.h. unter 120 Tagen jährlich liegt. Durch den Klimawandel könnte sich in Afrika diese Fläche um 5–8 % erweitern, was 50-90 Mio. ha Ackerland entspräche. Die IIASA-Studie geht davon aus, dass gleichzeitig die Fläche der Regenfeldbaugebiete um 11 % abnehmen wird, so dass in Folge die Getreideproduktion sinkt. Die Studie kommt zu dem Ergebnis, dass in 65 Entwicklungsländern, in denen 1995 mehr als die Hälfte der Weltbevölkerung lebte, aufgrund des Klimawandels ein Getreideproduktionspotenzial von etwa 280 Mio. t verloren gehen würde. Beispielsweise würden demnach in Indien voraussichtlich 125 Mio. t Getreideproduktionspotenzial vernichtet. Das entspricht 18 % seiner derzeitigen Getreideproduktion unter Regenfeldbau. Dagegen würde sich in China nach dem Modell von IIASA das Potenzial für die Getreideproduktion unter Regenfeldbau im Vergleich zu heute um 15 % (um 24 Mio. t) erhöhen (FAO, 2005c). Zu den „Gewinnerregionen" werden nach mehrheitlicher Meinung Nordamerika, Nordeuropa, die Russische Föderation und Ostasien zählen (FAO, 2005c); allerdings teilen nicht alle Autoren diese optimistische Einschätzung (Long et al., 2006; Stern, 2006).

Unter der Annahme eines moderaten Klimawandels (bis etwa 2 °C global) wird insgesamt davon ausgegangen, dass die Produktionsausfälle in den Entwicklungsländern durch Produktionsgewinne in den Industrieländern tendenziell ausgeglichen werden können (FAO, 2005c; OECD-FAO, 2005, 2006). Folglich wird das weltweite Angebot in etwa gleich bleiben, so dass durch diesen Effekt lediglich mit moderaten Preissteigerungen auf den Weltgetreidemärkten gerechnet wird (FAO, 2005c). Für Niedrigeinkommensländer, die netto Nahrungsmittel importieren („net food importing developing countries"), könnten jedoch bereits geringfügige Preissteigerungen spürbare, oft entwicklungshemmende Auswirkungen haben. Da zudem in vielen dieser Länder die heimische Angebotslücke umweltbedingt zunimmt, also auch die Importmengen ansteigen, wächst die Gefahr, dass die ökonomische Leistungsfähigkeit dieser Länder überfordert wird. Die Weltmarktpreise könnten darüber hinaus parallel aus anderen Gründen ansteigen, wenn etwa die EU verstärkt Grundnahrungsmittel auf dem Weltmarkt nachfragt, z. B. weil der Europäische Agrarmarkt liberalisiert wird oder produktionsfördernde Agrarsubventionen beseitigt werden oder wenn sich langfristig die innereuropäischen Produktionsmöglichkeiten nach einer Phase der Produktionssteigerung klimawandelbedingt doch verschlechtern.

Degradation und Verknappung von Boden- und Wasserressourcen

In den kommenden 30 Jahren wird neben dem Klimawandel die Degradation der natürlichen Umwelt, etwa durch Desertifikation, Versalzung oder Süßwasserverknappung gravierende Folgen für die Landwirtschaft haben. Beispielsweise sind in Südasien und Nordafrika, wo das Bevölkerungswachstum hoch ist, die Flächenreserven für die Landwirtschaft bereits heute weitgehend ausgeschöpft (FAO, 2002). Neben der Degradation der Böden durch Erosion und Versalzung werden in diesen Regionen auch die Süßwasservorräte übernutzt, so dass die landwirtschaftliche Produktion durch die Absenkung des Grundwasserspiegels deutlich limitiert wird. Durch den Bau von Reservoirs und Dämmen hat sich die Süßwasserverfügbarkeit in vielen Regionen der Welt zwar deutlich verbessert. Gleichzeitig geht aber die Pro-Kopf-Verfügbarkeit zurück.

Die Degradation und Verknappung von Süßwasserressourcen betrifft nach Angaben des Millennium Ecosystem Assessment derzeit 1–2 Mrd. Menschen (MA, 2005a). Die UN schätzen die Zahl der Menschen ohne sicheren Zugang zu sauberem Trinkwasser auf 1,1 Mrd. (Kap. 6.2.1). Die Wasserentnahme in vielen OECD-Ländern nimmt seit dem Ende des 20. Jahrhundert ab, und es wird erwartet, dass sich dieser Trend auch im 21. Jahrhundert fortsetzt. Die Gründe hierfür sind die Sättigung des Pro-Kopf-Bedarfs, Effizienzsteigerungen sowie die Stabilisierung bzw. der Bevölkerungsrückgang. Dagegen wird für Regionen außerhalb der OECD erwartet, dass die Wasserentnahme steil ansteigt. Wirtschafts- und Bevölkerungswachstum spielen hierbei eine maßgebliche Rolle. In den Szenarien des Millennium Ecosystem Assessment wird entsprechend von einer Zunahme der globalen Wasserentnahme bis 2050 um 20–85 % ausgegangen. Derzeit gelten bereits 5–25 % der globalen Süßwassernutzung als nicht nachhaltig, weil die natürliche Erneuerungsrate überschritten wird. Besonders gefährdet sind weltweit die Bewässerungskulturen, von denen 15–35 % als nicht nachhaltig eingeschätzt werden.

Allerdings wird auch von einer Zunahme der globalen Wasserverfügbarkeit um 5–7 % ausgegangen (Lateinamerika 2 %, frühere Sowjetunion 16–22 %), weil die Klimaerwärmung den globalen Wasserkreislauf antreibt (MA, 2005a). Dies bedeutet aber nicht zwangsläufig, dass sich die Zugangsmöglichkeiten zu sauberem und sicherem Süßwasser verbessern.

Strukturveränderungen der Weltagrarmärkte

Die umweltbedingte Veränderung der landwirtschaftlichen Produktionsbedingungen wird voraussichtlich mit strukturellen Umwälzungen auf den Weltagrarmärkten einhergehen. Dabei spielt die Transformation der bevölkerungsreichen Länder China und Indien von Eigenversorgern zu bedeutsamen Nettonachfragern auf den Weltagrarmärkten eine wichtige Rolle (Heilig, 1999; Fischer, 2005; Worldwatch Institute, 2006). In diesen beiden Ländern leben heute 40 % der Weltbevölkerung. Seit 1985 haben China und Indien nicht mehr als 6 % bzw. 3 % ihres Getreidebedarfs importiert. Die Pro-Kopf-Getreidefläche ist in China (600 m^2) und Indien (650 m^2) im internationalen Vergleich aber bereits heute relativ gering (zum Vergleich: USA 1900 m^2). Da die für Landwirtschaft geeigneten Flächen weitgehend ausgeschöpft sind, in beiden Ländern die Bevölkerung in den kommenden beiden Dekaden weiter wächst und die Verstädterung zunimmt, gilt eine Abnahme der Pro-Kopf-Getreidefläche als sicher. Verstärkt wird der Trend zu wachsenden Nettonahrungsmittelimporten durch eine chronische Übernutzung der Wasserressourcen in Indien und im Norden Chinas. Zudem sinkt in beiden Ländern die Flächenproduktivität durch Bodendegradation, insbesondere in China. Hinzu kommt die wachsende Bodenversiegelung durch Bautätigkeit.

Flächennutzungskonkurrenz zwischen Energiepflanzen und Nahrungsmittelproduktion

Unklar ist, ob die Flächennutzungskonkurrenz zwischen Energiepflanzen und Nahrungsmittelproduktion zu Lasten der Ernährungssicherheit gehen wird. Ursächlich für eine zunehmende Konkurrenz könnte sowohl eine Brennstoffknappheit als auch der Klimaschutz sein. Um Angebotsrückgänge und Preissteigerungen bei fossilen Treibstoffen abzufedern und um vermehrt Biokraftstoffe einzusetzen, könnte die Nachfrage nach Bioenergie ansteigen, wodurch der Anbau von Energiepflanzen ausgedehnt würde. Ob zunächst stillgelegte und Grenzertragsflächen oder aber langfristig auch Nahrungsmittelanbauflächen beansprucht werden, lässt sich heute nicht vorhersagen und ist nicht zuletzt von energiepolitischen Weichenstellungen abhängig.

6.3.2 Wirkungszusammenhänge

Im Folgenden werden Faktoren diskutiert, welche die Konfliktwirkung von Rückgängen in der Nahrungsmittelproduktion und der Nahrungsversorgung wesentlich prägen. Es werden Einflussbereiche definiert, denen sich die relevanten Faktoren zuordnen lassen. Die Definition dieser Einflussbereiche sowie die Auswahl der Faktoren erheben keinen Anspruch auf Vollständigkeit.

6.3.2.1 Von der Veränderung der Umwelt zum Rückgang der Nahrungsmittelproduktion

Ausgehend vom Einflussbereich *[1] (regionale) Umwelt* (Abb. 6.3-2), wird zunächst der Frage nachgegangen, inwieweit sich ungünstige Änderungen der Umweltbedingungen auf die Nahrungsmittelproduktion auswirken können. Dieser Einflussbereich umfasst neben dem regionalen Klima (Temperatur- und Niederschlagsentwicklung; Ausmaß, Häufigkeit und räumliche Verteilung von Wetterextremen) auch die Verfügbarkeit und Zugänglichkeit natürlicher Ressourcen, wie Böden (z. B. Mächtigkeit, Fruchtbarkeit, Flächenneigung und -größe) und Wasser (z. B. Menge, zeitliche Variabilität). Die Wirkung von Umweltveränderungen auf die Nahrungsmittelproduktion hängt wesentlich von der Ausprägung des Einflussbereichs *[2] regionale Produktion* ab. Die Qualität dieser landwirtschaftlichen Produktionsbedingungen ergibt sich vor allem aus den agrarökologischen Standortbedingungen und der Landnutzung. Hier spielen die Größe der nachhaltig nutzbaren Fläche, die Bodenfruchtbarkeit, der Grad der Schädigung durch Bodendegradation, die Verfügbarkeit von Süßwasser, die Hitze- und Dürretoleranz von Pflanzen und Tieren, die Widerstandsfähigkeit des Agrarsystems gegenüber Schädlingsbefall sowie die Art der Bewirtschaftung (z. B. Mono- oder Mischkultur; Bewässerungs- oder Regenfeldbau) eine wesentliche Rolle. Entscheidend für die landwirtschaftliche Produktion ist auch die Anpassungsfähigkeit von Agrarsystemen an sich ändernde Klimabedingungen, z.B. durch die Wahl von Feldfrüchten, Neuzüchtungen oder andere Techniken der Flächenertragsstabilisierung.

Ebenfalls eine wesentliche Rolle spielt der Einflussbereich *[3] regionale Nachfrage- und Flächennutzungskonkurrenz,* insbesondere die Konkurrenz zwischen Nahrungsmittelproduktion und anderen Flächennutzungsformen (z.B. Energiepflanzen, Holzgewinnung). Je rentabler die alternativen Nutzungsformen erscheinen, desto größer ist die Gefahr, dass die Nahrungsmittelproduktion zurückgedrängt wird. Dies gilt insbesondere für Grenzertragsregionen mit steigender Bevölkerungsdichte. Nutzungskonflikte zwischen verschiedenen Produzentengruppen bergen unmittelbares Konflikt- und Gewaltpotenzial. Dies zeigt sich zum Beispiel bei der Flächennutzungskonkurrenz zwischen Produzenten verschiedener Nahrungsmittel in Afrika. Dabei kommt es in den Kontaktzonen zwischen mobilen Tierhaltern und sesshaften Ackerbauern bei zunehmender Boden- und Wasserknappheit häufiger zu gewaltsamen Konflikten (Oxfam, 2006). Nachfragekonkurrenz besteht nicht nur zwischen der Produk-

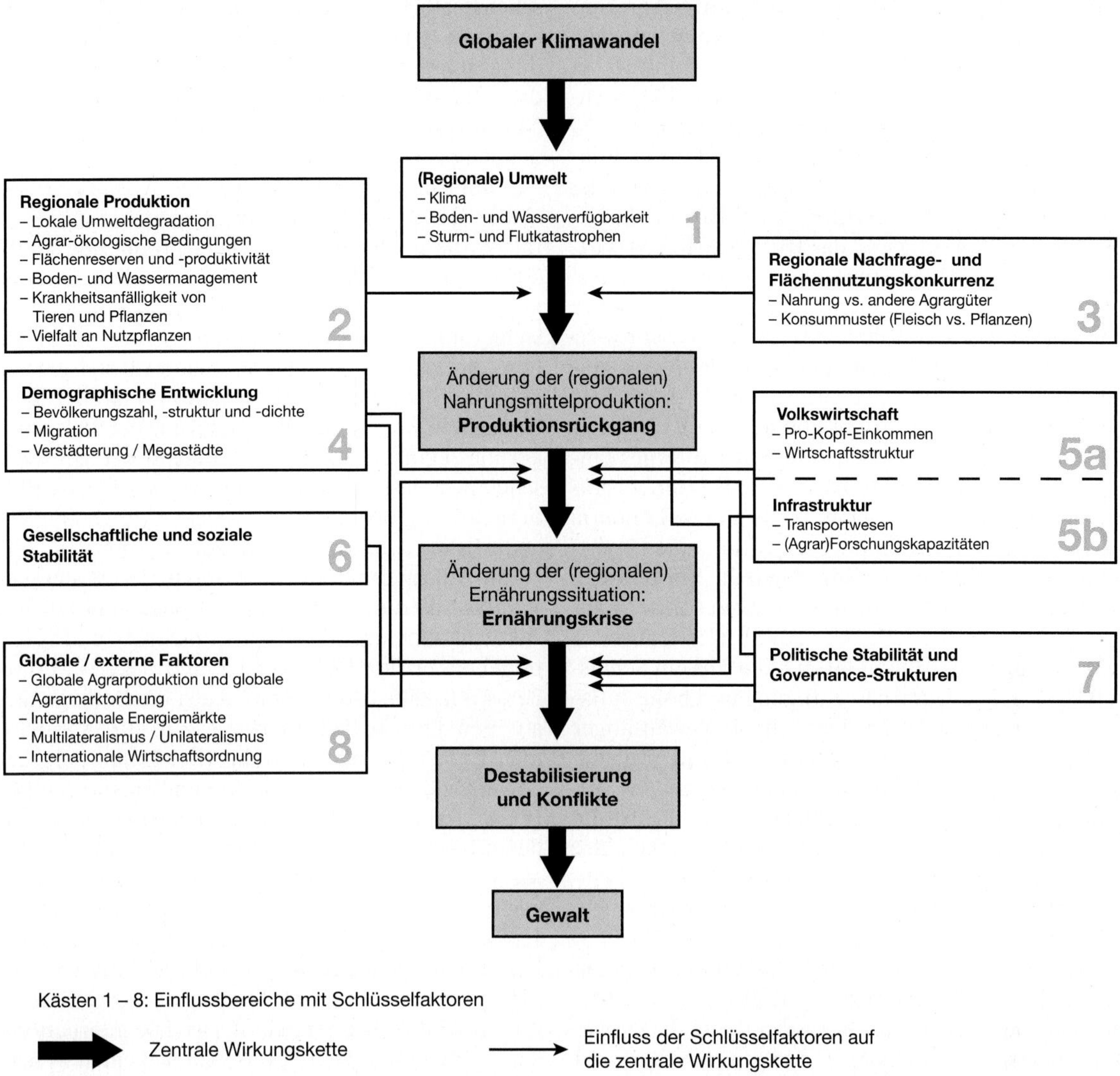

Abbildung 6.3-2
Konfliktkonstellation „Klimabedingter Rückgang der Nahrungsmittelproduktion“: Schlüsselfaktoren und ihre Wechselwirkungen.
Quelle: WBGU

tion von Nahrungsmitteln und anderen Agrargütern. Sie kann auch zwischen Fleischkonsum und dem Konsum pflanzlicher Lebensmittel bestehen (Kap. 6.3.1.1). Nimmt z. B. der zu beobachtende Trend steigenden Fleischkonsums nicht zuletzt in Schwellenländern wie China noch zu (Hubacek und Sun, 1999; FAO, 2002; Hubacek und Vazquez, 2002), steigt die Wahrscheinlichkeit von Nahrungsmittelengpässen. Dieser Faktor ist in den Prognosen der FAO nicht hinreichend berücksichtigt (Kap. 6.3.1.1).

6.3.2.2
Vom Rückgang der Nahrungsmittelproduktion zur Ernährungskrise

Ob der Rückgang der Nahrungsmittelproduktion zu einer Ernährungskrise führen kann, wird auch wesentlich vom Einflussbereich *[4] demographische Entwicklung* bestimmt. Der Einflussbereich *[5a] Volkswirtschaft* ist wichtig für die Fähigkeit eines Landes bzw. einer Region, mit Rückgängen der Agrar- und Nahrungsmittelproduktion umzugehen, ohne dass Krisen oder gar gewaltsame Konflikte entstehen. Je höher die Wirtschaftsleistung des Landes und das Pro-Kopf-Einkommen sind, desto leichter fällt es, Produktionsausfälle durch Agrarimporte zu kompensieren. Eine hohe Wirtschaftsleistung ermöglicht es ferner, hinreichend Transfers an Betroffene zu leisten und somit das Konfliktpotenzial zu mindern. Die Struktur der (regionalen) Volkswirtschaft einschließlich der Exportstruktur ist mindestens ebenso bedeutsam (Bender et al., 2003). Ist der Beitrag des Agrarsektors zum Bruttoinlandsprodukt (BIP) gering und das BIP hoch, haben wirtschaftlich Geschädigte eine gute Chance, sich alternative Einkommensquellen zu erschließen. Je höher der Anteil der Landwirtschaft an der gesamtwirtschaftlichen Beschäftigung und Wertschöpfung hingegen ist, umso stärker schlägt sich ein Rückgang der landwirtschaftlichen Produktion auf das BIP nieder und umso mehr Menschen sind von Ernterückgängen negativ betroffen (ADB, 2006b). Besonders gravierend ist dies in wirtschaftlich ärmeren Ländern, in denen der Export agrarischer Waren eine Haupteinnahmequelle für Devisen darstellt. Bei deutlich schrumpfendem BIP sinkt die Fähigkeit solcher Länder, Krisen abzuwenden oder gewaltfrei zu überstehen. Ökonomische Stabilität ist ebenfalls ein Schlüsselfaktor. Hohe Unterbeschäftigung und hohe Inflation erhöhen die Wahrscheinlichkeit gewalttätiger Konflikte. Die Höhe des staatlichen und privaten Sparens sowie die Höhe des Vermögens bzw. des Verschuldungsgrads spielen ebenfalls eine Rolle. Ist die Verschuldung sehr hoch, wird die Möglichkeit der Kreditaufnahme zur Finanzierung gestiegener Nahrungsmittelausgaben oder -importe spürbar eingeschränkt (BIS, 2006).

Der Einflussbereich *[5b] Infrastruktur* spielt ebenfalls eine herausragende Rolle. Die Qualität der landwirtschaftlichen Infrastruktur (z. B. Versorgungsnetzwerke für Dünger, Saatgut, Kredite), der Transport- und Verkehrsinfrastruktur sowie der Einrichtungen zur Katastrophenvorsorge sind im Fall einer Ernährungskrise wichtig zur Vermeidung von Destabilisierungs- und Konfliktrisiken (KfW, 2002). Das Ausmaß und die Qualität der Forschungskapazitäten sowie der Agrarforschungsinfrastruktur ist zudem entscheidend dafür, ob ein drohender Rückgang der landwirtschaftlichen Produktion in Folge von Umweltveränderungen durch Anpassung des Anbausystems oder den Einsatz von Neuzüchtungen abgewendet werden kann (Senat, 2005; Long et al., 2006).

Die Einflussbereiche *[6] gesellschaftliche und soziale Stabilität* sowie *[7] politische Stabilität und Governance-Strukturen* umfassen vor allem die Qualität der Staatlichkeit und der Regierungsführung sowie die Stabilität des politischen Systems und bestimmen wesentlich darüber, ob Ernährungskrisen in Destabilisierung und Gewalt münden können (Kap. 3.3). Ist die Fähigkeit und Bereitschaft eines Staats zu zwischenstaatlicher Kooperation sowie Einbindung in supranationale Foren und internationale Entscheidungsgremien hoch, steigt die Wahrscheinlichkeit, dass landwirtschaftliche Produktionsausfälle und Nahrungsmittelengpässe durch Lieferungen von außen abgefedert werden können.

Zum Einflussbereich *[8] globale/externe Faktoren* zählen das Ausmaß sowie die regionale und sektorale Struktur der globalen Agrarproduktion (FAO, 2006a). Wenn durch den Klimawandel großräumig Produktionseinbußen entstehen, ist mit Preissteigerungen auf den Weltagrarmärkten zu rechnen, die viele arme Länder finanziell überfordern könnten. Sinkt die weltweite Nahrungsmittelproduktion auf ein Niveau, das die Ernährung der Weltbevölkerung gefährdet, wird es zunehmend weniger wahrscheinlich, dass Rückgänge der regionalen Produktion bzw. regionale Angebotslücken durch Importe gedeckt werden können. Ein solches globales Defizit an Nahrungsmitteln wird durch eine wachsende Weltbevölkerung, wechselnde Konsummuster und weltweit zunehmende Flächennutzungs- und Nachfragekonkurrenz (Kap. 6.3.1.1 und 6.3.1.2) vergrößert (WI, 2005; FAO, 2006b). Auch die Bedingungen auf den übrigen Weltmärkten, z.B. für Agrarchemie, Treibstoffe oder Maschinen, können aufgrund der Interdependenz der Märkte und entsprechender Preisreaktionen den Verlauf einer Ernährungskrise beeinflussen. Damit wird auch der Zugang zu den Märkten anderer Länder zu einem Schlüsselfaktor, wenn der jeweilige Markt für die betrachtete Region als Beschaffungs- oder Absatzmarkt von spürbarer Bedeutung für die Volkswirtschaft (Einflussbereich *[5]*) oder die technische Dimension der Krisenbewältigung (Einflussbereich *[2]*) ist. Die internationalen Energiemärkte und -preise können einen wesentlichen Einfluss haben, insbesondere wenn hohe Energiepreise Anreize zur Ausweitung der Energiepflanzenproduktion setzen und Nahrungsmittel knapper und damit ebenfalls teurer werden (IEA, 2006a, b).

6.3.2.3 Von der Ernährungskrise zu Destabilisierung und Gewalt

Der Einflussbereich *[4] demographische Entwicklung* ist auch bei diesem Eskalationsschritt relevant: Die Verknappung und Verteuerung von Lebensmitteln führt in Großstädten häufiger zu gewalttätigen Konflikten („Brotaufstände") als in ländlichen Gebieten (Abel, 1974; Hecht, 2004; Lummel, 2002). Migration ist ebenfalls ein Schlüsselfaktor (Miyan, 2003). Abwanderung kann einerseits Nutzungsrivalitäten, z.B. zwischen marktorientierten Agrarproduzenten und Subsistenzbauern oder zwischen mobilen Tierhaltern und Ackerbauern, entschärfen, den Nutzungsdruck auf lokale Ressourcen reduzieren und die Gefahr gewalttätiger Nutzungskonflikte senken. Migration kann andererseits auch Ursache gewaltsamer Auseinandersetzungen sein, etwa wenn in Durchgangs- und Zielgebieten die Ressourcenknappheit durch die Migranten zunimmt (Kap. 6.5).

Das Konfliktpotenzial einer Gesellschaft wird auch durch die Einflussbereiche *[5a] Volkswirtschaft* (Kap. 6.3.2.2) sowie *[6] gesellschaftliche und soziale Stabilität* wesentlich mitbestimmt. Besonders wichtig sind die Verteilung von Vermögen und Einkommen sowie die Möglichkeit zur Teilhabe an gesellschaftlichen Entscheidungen (Imbusch und Zoll, 2005). Dies zeigt sich z.B. an den Bewegungen der Landlosen, deren Protest auch in Gewalt münden kann. Wenn im Extremfall die Mehrheit der Bevölkerung hungert, während eine kleine Minderheit von den Nahrungsmittelengpässen nahezu unberührt bleibt, kann es eher zu Gewaltausbrüchen kommen, als wenn die gesamte Bevölkerung negativ betroffen ist (Kaplan, 1985). Die Opferzahlen einer Nahrungskrise lassen wenig Rückschlüsse auf das Gewaltpotenzial zu: Bei den großen Hungersnöten mit zahlreichen Opfern war eine massenhafte Migration bzw. Flucht typisch, Gewalt spielte eine untergeordnete Rolle (Kasten 6.3-1).

Die Robustheit zivilgesellschaftlicher Strukturen ist gleichfalls ein Schlüsselfaktor. Die Konfliktgeschichte kann Einfluss auf den Verlauf der Konfliktkonstellation haben. Je nach Art der Verarbeitung können frühere Konflikterfahrungen dazu beitragen, Gewaltkonflikte zu vermeiden oder aber zu beschleunigen. Gleiches gilt für Erfahrungen im Umgang mit Ernährungskrisen (Verwimp, 2002). Weitere Schlüsselfaktoren sind aktuelle soziale Probleme (z.B. Unterbeschäftigung, prekäre Lebenslagen), die Kriminalitätsrate sowie das Ausmaß offener oder schwelender Konflikte (z.B. zwischen ethnischen Gruppen). Sie erhöhen die Gefahr, dass zunehmende (Boden-)Nutzungsrivalitäten oder Ernährungskrisen zu gewaltsamen Konflikten eskalieren oder dass es zu Plünderungen von Hilfslieferungen kommt (Kap. 6.4). Eine Durchsicht historischer Fälle zeigte auch, das dort, wo Gesellschaften bereits erheblich destabilisiert sind, die Gefahr groß ist, dass die durch Umweltveränderungen hervorgerufenen Konflikte „das Fass zum Überlaufen bringen“ oder sich begrenzte Gewaltkonflikte in unbeherrschbare Dimensionen ausweiten. Bereits bestehende (Gewalt-)Konflikte erhöhen darüber hinaus die Wahrscheinlichkeit, dass es infolge von Umweltveränderungen zu Rückgängen der Nahrungsmittelproduktion bzw. anschließend zu Ernährungskrisen kommt (z.B. Lefèbvre, 1932; Bigagaza et al.,2002; Diamond, 2005; Kasten 6.3-1).

Für das Gewaltpotenzial, das aus Nahrungsengpässen erwächst, ist es zudem bedeutsam, ob Verschwörungs- und Sündenbocktheorien in der Region Gehör finden, ob es z.B. Demagogen gelingt, größere Menschengruppen davon zu überzeugen, dass bestimmte innere (z.B. ethnische, religiöse oder politische Minderheiten) oder äußere „Feinde“ für die Situationsverschlechterung verantwortlich sind, und es als Folge zu Gewaltausbrüchen gegenüber den Beschuldigten kommt (Sommer und Fuchs, 2004). Akteure der Gewalt sind nicht notwendigerweise die Ärmsten oder die am stärksten von einer Ernährungskrise betroffenen Menschen, sondern können auch Mitglieder der Mittelschicht sein, die aufgrund von Preisanstiegen vom sozialen Abstieg bedroht sind (Kasten 6.3-1). Gesellschaftliche Stabilität manifestiert sich zudem auch in einer effektiven Katastrophenvorsorge und einem gutem Krisenmanagement sowie im Grad der Einbeziehung der von der Krise betroffenen Menschen. Somit ist die gesellschaftliche Partizipationskultur ein Schlüsselfaktor.

Auch der Einflussbereich *[7] politische Stabilität und Governance-Strukturen* beeinflusst wesentlich das gesellschaftliche Konfliktpotenzial. Das Risiko einer sich verschlechternden Sicherheitslage durch einen umweltbedingten Rückgang der Nahrungsmittelproduktion ist durch institutionelle Faktoren beeinflussbar. Ein negativer Verlauf dieser Konstellation ist umso weniger wahrscheinlich, je besser der Staat seine Kernfunktionen wahrnimmt. Der Staat sollte nach innen und außen souverän agieren, die elementaren öffentlichen Güter (z.B. Infrastruktur und öffentliche Sicherheit) in ausreichendem Maß bereitstellen. Ferner sollte der Staat den Schutz der Nutzungs-, Eigentums- und Partizipationsrechte der Bürger gewährleisten. Das Ausmaß der Korruption ist ein weiterer Schlüsselfaktor. Was die Gefahr grenzüberschreitender Gewalt angeht, ist es wesentlich, welche Beziehung ein Staat zu den Nachbarstaaten aktuell und historisch unterhält. Ob langjährige Feindschaft bzw. sogar kriegerische Konflikte das Verhältnis dominieren oder seit langem eine erfolgreiche Kooperation bzw. ein friedliches Nebeneinander die Situation prägen, ist entscheidend für den Konfliktverlauf.

Schließlich ist auch der Einflussbereich *[8] globale/externe Faktoren* von Wichtigkeit, weil internationale Wirtschaftsbeziehungen und ihr multilateraler Rahmen (internationaler Währungsfonds, Welthandelsorganisation usw.) den Konfliktbewältigungs- oder Eskalationsprozess wesentlich beeinflussen können.

Kasten 6.3-1

Beispiele für Destabilisierung und Gewalt durch Produktionsausfälle und Nahrungskrisen

Kartoffelpest, Hungersnot, Auswanderung und Freiheitskampf in Irland

Seit dem 17. Jahrhundert setzte sich die Kartoffel in Irland als Nahrungsmittel immer mehr durch, weil sie einen höheren Ernteertrag pro Flächeneinheit erzielte als Getreide und ihre Zubereitung weit weniger arbeitsintensiv war. Zu Beginn des 19. Jahrhunderts war die Kartoffel das Hauptnahrungsmittel in Irland und wurde überwiegend in Monokultur angebaut. Um das Jahr 1840 wurde ein Pilz *(Phytophthora infestans)* aus den USA eingeschleppt, der die Kartoffeln auf den Feldern verfaulen ließ. Die kurzen Fruchtfolgen in der Mitte des 19. Jahrhunderts sowie das milde und feuchte ozeanische Klima mit seltenen Bodenfrösten begünstigten die Vermehrung des Krankheitserregers. Die Kartoffelpest, die in den Jahren 1845/46 klimabedingt mit ungewöhnlich warmen Sommern begann und bis 1849/50 dauerte, führte zu einer großen Hungersnot mit über einer Million Toten. Über eine Million Menschen wanderten daraufhin in die USA aus. Irland war zu dieser Zeit ein britisches Protektorat. Englische Landlords in Irland nutzen die Krise bzw. die Sterbe- und Auswanderungswelle aus, um ihren Landbesitz auszuweiten. Zudem exportierten sie die restliche, noch brauchbare Kartoffelernte. Auch die Getreideernte wurde zum Teil exportiert, weil die irische Bevölkerung das Mehl nicht hätten bezahlen können. Es kam zwar nur zu vereinzelten Aufständen gegen Lokalbehörden und Getreidebesitzer (Abel, 1974), dennoch motivierte das englische „Fehlverhalten" – keine Nahrungsmittelhilfe und keine Preissubventionierung für Lebensmittel, sondern sogar Entzug bzw. Export der geringen Kartoffelernte – in der Kartoffelkrise den irischen Befreiungskampf gegenüber der englischen Herrschaft zusätzlich.

Ethnische Konflikte, Ressourcenverknappung und chronische Ernährungskrise: Genozid in Ruanda 1994

Mehrere Analysen zeigen, dass die Verknappung natürlicher Ressourcen ein wesentlicher Faktor bei der Entstehung des Genozids 1994 in Ruanda war (Percival und Homer-Dixon, 1995; Gasana, 2002; Bigagaza et al., 2002; Verwimp, 2002). Gasana (2002) illustriert, wie sich in den 1980er Jahren in Ruanda die Umweltkrise durch Bodendegradation, anhaltendes Bevölkerungswachstum und ungleiche Landverteilung zu einer landesweiten Krise entwickelte. Hungernde flüchteten z.B. nach Tansania, große Teile der Bevölkerung waren unzufrieden. So bot sich für radikale Kräfte eine Gelegenheit, ihre politisch-ethnischen Machtrivalitäten auszutragen. Bigagaza et al. (2002) kommen in ihrer Analyse zu sehr ähnlichen Schlussfolgerungen. Aus ihrer Sicht lag dem ethnischen Konflikt ein Konflikt um die Kontrolle des knappen Landes zugrunde.

6.3.3 Szenario Agrarproduktionskrise, Ernährungskrise und Gewalt im südlichen Afrika

Ausgangssituation

Im Folgenden wird ein fiktives, narratives Konfrontations- bzw. Kooperationsszenario entwickelt, um den Handlungsbedarf anschaulich zu machen und Ansätze für Präventions- und Anpassungsmaßnahmen abzuleiten (Kap. 6.1.2). Afrika ist agrarwirtschaftlich geprägt, zwei Drittel der Bevölkerung sind heute in der überwiegend kleinbäuerlich strukturierten und subsistenzwirtschaftlich orientierten Landwirtschaft tätig (Spencer, 2001). Rund ein Drittel der Bevölkerung in Afrika südlich der Sahara ist fehl- bzw. unterernährt (FAO, 2005c). Dieser hohe Anteil wird voraussichtlich auf absehbare Zeit bestehen bleiben. Im Gegensatz zum globalen Trend ist die Pro-Kopf-Nahrungsmittelproduktion in Afrika seit über 20 Jahren rückläufig, die „Grüne Revolution" erlebte hier im Gegensatz zu Asien keinen Durchbruch. Zwar konnte die absolute Produktion erhöht werden, die Steigerungen konnten aber das hohe Bevölkerungswachstum nicht kompensieren. Die Pro-Kopf-Agrarfläche ist zwischen 1965 und 1990 von 0,5 ha auf 0,3 ha gesunken (IPCC, 2001; UNEP, 2002b). Neben Ressourcenverknappung zählen Defizite in der Agrarpolitik, mangelnde Investitionen in die Landwirtschaft und eine vernachlässigte ländliche Entwicklung zu den wesentlichen Ursachen für die Schwächen des Agrarsektors. Besonders im südlichen Afrika ist die extrem ungleiche Landverteilung ein Problem. Die Bewässerungslandwirtschaft spielt im südlichen Afrika eine vergleichsweise geringe Rolle: Nur 10 % der Agrarproduktion (ohne Viehwirtschaft) stammen aus der Bewässerungslandwirtschaft. Die FAO schätzt, dass insgesamt weniger als 30 % der geeigneten Fläche derzeit in Afrika bewässert werden (FAO, 1997). Von der heute unter Bewässerung stehenden Fläche Afrikas sind bereits die Hälfte sanierungsbedürftig (rund 12 Mio. ha) (FAO, 1997). Oberflächen- und Grundwasser sind in Afrika räumlich sehr ungleich verteilt. Hinzu kommt eine große Variabilität der Niederschlagsmengen. Mindestens 13 Länder litten 1990 unter schlechter Wasserversorgung oder Wasserknappheit (Trinkwasser und Bewässerung). Prognosen zufolge wird sich die Zahl dieser Länder bis 2015 verdoppeln (EU Commission, 2005). Afrika besitzt 17 % der globalen Waldflächen. Die Entwaldung dieser Flächen durch Nutzholzgewinnung und landwirtschaftliche Rodung schreitet ungehindert voran. Im Zuge der agrarwirtschaftlichen Entwicklung der letzten dreißig Jahre wurden zwar überwiegend Randgebiete kultiviert, aber auch wichtige natürliche Lebensräume wie Wälder und Feuchtgebiete gerodet bzw. trockengelegt. Solche Konversionsmaßnahmen sind die Hauptursache für Bodendegradation (EU Commission, 2005). Besonders anfällig für Bodendegradation sind Trockengebiete: Zwei Drittel der gesamten afrikanischen Landfläche liegen in Trocken- und Halbtrockengebieten, davon sind bereits bis zu 20 % von Desertifikation betroffen (MA, 2005a). In den Trockengebieten Afrikas sind Desertifikation und Dürre ein Hauptrisikofaktor für die Nahrungsmittelproduktion. Rund 34 % der afrikanischen Bevölkerung leben in ariden Gebieten (Europa: 2 %). Insgesamt wird Afrika vom Klimawandel besonders betroffen sein (FAO, 2005c; Hare, 2006). Hauptfaktoren sind die Ausbreitung von Trockengebieten und Regionen, die unter Wasserstress leiden.

Plausible Entwicklung bis 2020

Auf Grundlage der Ausführungen in den Kapiteln 5, 6.3.1.1 und 6.3.1.2 werden über die Entwicklung des südlichen Afrikas bis 2020 folgende Annahmen getroffen:

- Die Landwirtschaft leidet aufgrund der Klimaerwärmung und verstärkt auftretender Extremereignisse zunehmend unter einer Verringerung der Erträge. Durch das Bevölkerungswachstum sinkt die Pro-Kopf-Nahrungsmittelproduktion zusätzlich.
- Ein Großteil der Beschäftigten verbleibt in der Landwirtschaft. Die Erschließung von Einkommensalternativen im sekundären und tertiären Sektor kommt nicht voran.
- Insbesondere die Lage der ländlichen Armen wird durch die klimawandelbedingte Agrarkrise deutlich verschärft, so dass weiterhin ungebremst immer mehr Menschen eine Überlebensalternative in den Städten suchen.

Fiktives Konfrontationsszenario: Anarchie und bewaffnete Rebellengruppen dominieren

Folgendes Szenario ist vorstellbar: Die Nahrungsmittelproduktion im südlichen Afrika kann ab etwa 2020 immer weniger mit dem Bevölkerungswachstum mithalten, Nahrungskrisen treten deshalb häufiger auf. Auch der Import von Nahrungsmitteln ist aufgrund der geringen Kaufkraft der überwiegend bäuerlichen Bevölkerung sowie der wirtschaftlich schwachen Staaten nicht möglich und erfolgt nur in Form von Hilfslieferungen. Probleme bereiten vor allem die rückläufigen Erträge in den Regenfeldbaugebieten. Die Erschließung landwirtschaftlicher Nutzflächen geht weiter zu Lasten unberührter Ökosysteme. Die Degradation der Böden und Nutzung der Wasservorräte schwächt in vielen Regionen die Subsistenzbasis der kleinbäuerlichen Bevölkerung. Die Ertragseinbußen durch steigende Jahresmitteltemperaturen und zunehmende Witterungsextreme (vor allem Dürren) bereiten den Subsistenzbauern große Probleme. Diese können sich nicht mehr schnell genug den veränderten Umweltbedingungen anpassen. Traditionelle Anpassungsstrategien greifen nicht mehr.

Nach 2020 unterbleiben die Investitionen, die zur Entwicklung der Landwirtschaft auf breiter Front dringend erforderlich wären. Eine auf die Bedürfnisse Afrikas zugeschnittene „Grüne Revolution" scheitert. Nur wenige Staaten, die über zusätzliche Einnahmen aus dem Export mineralischer Rohstoffe verfügen (z.B. Südafrika, Botswana), können mit Hilfe umfassender „Food-for-Work-Programme" mangelnde Einkommensmöglichkeiten punktuell ausgleichen. In den anderen Staaten verbleibt ein großer Teil der Bevölkerung in der Subsistenzwirtschaft. Sowohl in den städtischen als auch in den ländlichen Regionen Afrikas wachsen Arbeitslosigkeit und Unterbeschäftigung. Der in den Ökonomien des südlichen Afrika dominierende informelle Sektor bietet keine ausreichenden Beschäftigungsmöglichkeiten. Einerseits wird dadurch die Binnenmigration auf dem afrikanischen Kontinent verstärkt, bei der Millionen von Menschen auf der Suche nach einem Auskommen von Region zu Region wandern und dadurch „Korridore der Destabilisierung" erzeugen. Andererseits versuchen andere, wenigstens einzelnen Familienmitgliedern eine Emigration in die EU mit Hilfe von Schleusern zu finanzieren, in der Hoffnung, künftig mit den Rücküberweisungen besser überleben zu können. Indes erreichen aufgrund intensivierter Überwachung der EU-Außengrenzen nur noch wenige Migranten ihr Ziel. Der Druck auf die Durchgangsländer Nordafrikas steigt. Dort sind die Migranten zunehmend Repression und gewalttätigen Übergriffen ausgesetzt.

Die unkontrolliert wachsenden Elendsviertel in den Städten Afrikas erweisen sich zunehmend als Brutstätten der Kriminalität und der Gewalt. Die gravierenden Sicherheitsprobleme in den afrikanischen Metropolen verschlechtern sich derart, dass die Eliten und die wenigen Wohlhabenden nur noch in paramilitärisch geschützten Wohnkomplexen mit kompletter Versorgungsinfrastruktur leben können. Angesichts der Hoffnungslosigkeit, der chronischen Ernährungskrise und des provokanten Reichtums der wenigen Privilegierten kommt es Mitte des Jahrhunderts immer häufiger zu Unruhen in den Städten, die sich vor allem gegen die Wehrsiedlungen der Reichen richten. Bald springt der Funke aber auf die ländlichen Gebiete über, wo sich die Ernährungssituation der Kleinbauern ständig verschlechtert hat. Die Marginalisierten schließen sich in wachsender Zahl in bewaffneten Rebellengruppen zusammen und ziehen marodierend umher. Es entstehen immer größere rechtsfreie Räume im südlichen Afrika. Die Destabilisierung mündet in mehreren Gebieten der Region in einen offenen Bürgerkrieg, bei dem sich eine Gemengelage aus politischem Befreiungskampf gegen die Regierung, ethnischen Konflikten und Beschaffungskriminalität lokaler Kriegsfürsten („warlords") bildet. Die Sicherheitslage kippt, die meisten Stadtviertel der Metropolen in der Region und weite Landstriche versinken in Anarchie.

Fiktives Kooperationsszenario: Entspannung durch konzertierte Massnahmen der Staatengemeinschaft

Folgendes Szenario ist vorstellbar: Die Belastung der Agrarwirtschaft durch zunehmende Umweltdegradation und Klimawandel im südlichen Afrika erhöhen ab 2020 den Handlungsdruck auf die internationale Gemeinschaft. Durch konzertierte internationale Anstrengungen gelingt es, eine auf die Bedürfnisse Afrikas zugeschnittene „Grüne Revolution" in Gang zu setzen. Gleichzeitig gelingt es, die Landwirtschaft auf die Herausforderungen des Klimawandels einzustellen. Es werden geeignete Sorten eingesetzt, große Bewässerungspotenziale erschlossen und ackerbaulich geeignetes Land unter den Pflug genommen. Eine bessere Wasserinfrastruktur fördert den nachhaltigen Umgang mit den Grundwasservorräten. Gleichzeitig gelingt es, die Entwaldung zu stoppen, weil die prosperierende Landwirtschaft genügend Beschäftigung schafft und illegaler Holzeinschlag sowie Brandrodung vergleichsweise unrentabel geworden sind. Die Flächenerträge in den Gunstgebieten steigen, während landwirtschaftlich marginale Regionen entvölkert werden. Es entwickeln sich wie bereits in Südasien „Kornkammern".

Vor allem durch die Kooperation mit China, das Afrika zusehends als strategischen Partner in Fragen der Versorgung mit Ressourcen und anderen Gütern betrachtet, wird die verkehrstechnische Erschließung der innerafrikanischen Verbindungen vorangetrieben. Dies geht mit der Entwicklung der Kornkammern und dem verstärkten Anbau exportfähiger Agrarprodukte einher. Es gelingt auch, die Fehler der alten „Grünen Revolution" nicht zu wiederholen: Der Wandlungsprozess hat eine sozio-ökonomische Breitenwirksamkeit und senkt die Zahl der Unterernährten drastisch – und zwar trotz des sich bis Mitte des Jahrhunderts fortsetzenden Bevölkerungswachstums.

Die Binnennachfrage nach Nahrungsmitteln kann bedient werden, während die Exportwirtschaft bei Zucker, Kaffee und anderen Marktfrüchten Zunahmen verzeichnet. Die Weltmarktpreise bleiben vergleichsweise stabil. Die Exporterlöse steigen aufgrund des erhöhten Handelsaufkommens an. Der NEPAD-Prozess (New Partnership for Africa´s Development) verläuft erfolgreich und verbessert die innerafrikanische Zusammenarbeit erheblich. In den Städten des südlichen Afrika wächst bis Mitte des Jahrhunderts der Wohlstand durch den Aufbau von Kleinindustrien, die auch für den Weltmarkt produzieren. Die Städte bieten zahlreiche Einkommensalternativen zur Landwirtschaft, zunächst vor allem im informellen Sektor. Das unkontrollierte Wachstum der Elendsviertel kann durch Ansätze der Dezentralisierung und partizipative Stadtplanungsprozesse zunächst gesteuert und dann gestoppt werden. In vielen afrikanischen Metropolen beginnt die seit Jahren gestiegene Mordrate erstmals wieder zu sinken. Viele Arbeitsmigranten sind am Aufbau integrierter Küstenschutzprojekte in den großen Küstenmetropolen Mombasa, Daressalam, Maputo, Kapstadt, Port Elizabeth und Durban beteiligt. Demokratie und gute Regierungsführung setzen sich immer mehr durch.

Auch die Zahl der zwischen- und innerstaatlichen gewalttätigen Konflikte nimmt stark ab. Die Erlöse aus den zahlreichen Bodenschätzen werden erstmals in nennenswertem Ausmaß zugunsten der Allgemeinheit verwendet, in der ganzen Region steigt das Pro-Kopf-Einkommen. In vielen Teilen des südlichen Afrika gewinnt der Anbau von Energiepflanzen für moderne Biomassenutzung zunehmend an Bedeutung. Ein weiterer wichtiger Faktor sind die Rücküberweisungen afrikanischer Arbeitsmigranten, die im Arbeitskräfte suchenden Europa zunehmend Arbeit finden und bis zu 10 % des Volkseinkommens ihres afrikanischen Herkunftslands beitragen. Im Zuge des wirtschaftlichen Aufschwungs im südlichen Afrika entschließen sich mehr und mehr Migranten zur Rückkehr in ihre Heimat. Bis Mitte des Jahrhunderts können Entwaldung und Bodendegradation weitgehend gestoppt werden, die Anpassung an den Klimawandel gelingt.

6.3.4 Handlungsempfehlungen

Ernährungskrisen und Hungerkatastrophen sind keine unabwendbaren Ereignisse, sie treten keineswegs zufällig ein (Nussbaumer, 2003). Es gibt besonders erfolgversprechende Hebel, um Konflikte, die sich aus Produktions- bzw. Ernährungskrisen ergeben können, zu bewältigen oder zu vermeiden. So kommt den Einflussbereichen *[5b] Infrastruktur* sowie *[6] gesellschaftliche und soziale Stabilität* sowie *[7] politische Stabilität und Governance-Strukturen* zentrale Bedeutung für Maßnahmen zur Krisenprävention zu. Da auch bei konsequenter Klimaschutzpolitik Umweltveränderungen nicht mehr zu vermeiden sind, muss die Landwirtschaft an die sich ändernden Produktionsbedingungen angepasst werden (*[2] regionale Nahrungsmittelproduktion*). Nicht weniger wichtig ist der Aufbau einer effektiven Katastrophenvorsorge. Generell ist das gesellschaftliche Konfliktpotenzial dort hoch, wo Partizipationsmöglichkeiten der Zivilgesellschaft unzureichend sind und eine extrem hohe ökonomische Ungleichverteilung vorherrscht. Handlungsansätze sind deshalb in einer Politik zu sehen, die auf Entwicklung, sozialen Ausgleich und gesellschaftliche Teilhabe ausgerichtet ist. Die Qualität der Staatlichkeit ist schließlich entscheidend für die Fähigkeit eines Landes, Ernährungskrisen zu meistern. Daher ist „gute Regierungsführung“, die nicht nur die Bereitstellung öffentlicher Güter und den Schutz der Menschen umfasst, ein ganz wesentliches Element der Maßnahmen zur Krisenprävention. Im Folgenden werden einige Handlungsempfehlungen zusammengefasst, die an den Faktoren mit besonders großer Handlungsrelevanz ansetzen.

- *Klimawandel und Umweltdegradation bei Szenarioentwicklung stärker berücksichtigen:* Klimawandel und Umweltdegradation sind Themen, die von der FAO erst in den letzten Jahren aufgegriffen wurden. Bei globalen Szenarien zur Entwicklung der Landwirtschaft und besonders zu landwirtschaftlichen Potenzialen werden diese Faktoren von der FAO jedoch noch nicht ausreichend berücksichtigt und könnten daher vor allem bei langfristigen Prognosen in die Irre leiten. Zudem kommt gerade unter sich ändernden und stark schwankenden Klimabedingungen der Ertragssicherheit bei der Entwicklung einer Landwirtschaftsstrategie größte Bedeutung zu. Bei Aussagen über die künftige Entwicklung der globalen Nahrungsmittelproduktion und Ernährungssicherheit sollten daher Umweltveränderungen als wichtige Faktoren gebührend berücksichtigt werden.
- *Agrarentwicklungsstrategien besser auf die Herausforderungen des Klimawandels und der ungebremsten Umweltdegradation einstellen:* Der zu erwartenden Belastung der Landwirtschaft insbesondere vieler Entwicklungsländer sollte durch eine deutliche Aufwertung des Politikfeldes „Ländliche Entwicklung“ im Rahmen der deutschen und europäischen Entwicklungszusammenarbeit stärker Rechnung getragen werden. So ist beispielsweise in der Afrikastrategie der EU die Landwirtschaft erstaunlicherweise kein wichtiges Thema (EU Commission, 2005), obwohl ein Großteil der Menschen Afrikas von der Agrarproduktion ökonomisch und sozial abhängig ist, der Klimawandel dort unmittelbar zu Ertragseinbußen führen wird und nicht darauf gehofft werden kann, dass der Marktmechanismus (z.B. Wirtschaftsstrukturänderungen, aber auch marktinduzierte Ernteausfall-Versicherungen) greift und allein für eine effektive Problembewältigung sorgt. Angesichts des potenziellen Spannungsfelds zwischen Nahrungsmittelproduktion und dem Anbau von Energiepflanzen sollte zudem behutsam vorgegangen werden, wenn Ausbauziele für Energiepflanzen in Afrika aufgestellt werden oder die Entwicklungs- und Energiepolitik gar die Idee umsetzt, eine Spezialisierung der Region auf Energiepflanzen als „Marktfrüchte der Zukunft“ zu fördern. Dieses Plädoyer für die Förderung der Landwirtschaft soll indes nicht als Verzicht auf die Entwicklung anderer Sektoren interpretiert werden. Vielmehr bedarf es sowohl eines gut entwickelten und anpassungsfähigen Agrarsektors, um klimawandelbedingte Agrarproduktionsrückgänge möglichst gering zu halten, als auch der volkswirtschaftlichen Diversifizierung, damit sich unter anderem die sozioökonomischen Folgen unausweichlicher Agrarrückgänge bewältigen lassen.
- *Weltagrarmärkte reformieren:* Die Reform der internationalen (und nationalen) Agrarmärkte sollte beherzt angegangen werden, damit sich die Marktzugangsmöglichkeiten für Entwicklungsländer grundsätzlich verbessern und sich marktwirtschaftliche Produktionsanreize in Entwicklungsländern entfalten. Gerade angesichts der 2006 ausgesetzten Doha-Runde der Welthandelsorganisation (WTO), zu deren Kernstücken der Abbau der Zugangsbarrieren zu den Agrarmärkten der Industrieländer und der Abbau entwicklungsschädlicher Subventionen zählte, ist diese Botschaft dringlicher denn je. Allerdings schadet die Liberalisierung aufgrund zu erwartender Preissteigerungen kurz- bis mittelfristig den Niedrigeinkommensländern, die netto Nahrungsmittel importieren. Diese Problematik ist seit langem bekannt, und bereits in den 1990er Jahren befassten sich hiermit die Vertragsparteien des Allgemeinen Zoll- und Handelsabkommens (heute WTO) und sagten Kompensationsmaßnahmen für diese wirtschaftlich schwachen und von Agrarpreissteigerungen extrem negativ betroffenen Länder zu (gemäß Artikel 16 des WTO-“Agreement on Agriculture“). Subventionen und verbilligte Kredite für Nahrungsimporte in diese Niedrigeinkommensländer einschließlich effektiver Finanzierungsinstrumente (z.B. Fonds) sind ebenso angedacht wie Fazilitäten bzw. Programme von IWF und Weltbank. Die betroffenen Länder haben die Einrichtung eines „revolving fund“ bereits im Jahr 2001 vorgeschlagen; die Beratungen dauern an (WTO, 2005a, b, 2006). Aus einem solchen Fonds könnten sich die Staaten notfalls Gelder leihen, um ausschließlich die teurer gewordenen Nahrungsmittelimporte zu finanzieren, wobei die Gelder aus der späteren Kredittilgung – mit oder ohne einen Kreditzins – wieder in diesen zweckgebundenen Fonds zurückfließen müssen. Wirtschaftlich starke Länder könnten bzw. sollten dafür sorgen, dass der

Fonds stets ausreichend gefüllt ist, sofern die Kreditnehmer ihre Schulden nicht in der vereinbarten Zeit bedienen können.

- *Wachsende Importabhängigkeit betroffener Entwicklungsländer bei Nahrungsmitteln berücksichtigen:* Die Liberalisierung der Agrarmärkte und vorübergehende Kompensationen reichen nicht aus, um die langfristigen Angebots- und Nachfrageprobleme vieler Entwicklungsländer zu lösen. Um der nicht zuletzt aufgrund des Klimawandels zu erwartenden zunehmenden Importabhängigkeit einiger Entwicklungsländer bei Nahrungsmitteln besser begegnen zu können, sollten die bestehenden Mechanismen, z.B. der WTO, genutzt werden und gegebenenfalls weitere Transfermechanismen und Finanzinstrumente zum Einsatz kommen, die die zusätzlichen finanziellen Belastungen ausgleichen helfen. Darüber hinaus sollten solche Fragen auch in der internationalen Klimaschutzpolitik berücksichtigt werden. Zum Beispiel wäre zu erwägen, ob die Staaten, die den globalen Klimawandel im Wesentlichen hervorrufen, negativ betroffene Entwicklungs- und Schwellenländer für Weltmarktpreissteigerungen und klimawandelbedingte Agrarproduktionsrückgänge entschädigen.
- *Risikopotenzial von Landverteilung stärker berücksichtigen:* Im Zuge des Klimawandels ist insbesondere in Trockengebieten mit zunehmender Dürrehäufigkeit und Desertifikation zu rechnen. Daneben nimmt die Pro-Kopf-Verfügbarkeit von Land in diesen Regionen häufig aufgrund des hohen Bevölkerungswachstums ab. Aus der Umweltkonfliktforschung ist bekannt, dass die Verknappung von Ressourcen wie Wasser oder Böden häufig zu gewalttätigen Konflikten führt und dass die Konfliktwahrscheinlichkeit steigt, wenn Landnutzungsrechte sehr ungleich verteilt sind. Behutsame Landreformen sollten also stärker in die entwicklungspolitische Strategie der Bundesregierung Eingang finden. Entsprechend sollte der Stellenwert der ländlichen Entwicklung in der Entwicklungszusammenarbeit erhöht werden.
- *Katastrophenvorsorge nicht vernachlässigen:* Die Infrastruktur zur Hilfe im Krisenfall sollte verbessert werden. Insbesondere der Transport und die Verteilung von Nahrungsmitteln und anderen elementaren Versorgungsgütern, etwa durch das Welternährungsprogramm oder im Rahmen anderer Nothilfemaßnahmen, muss im Fall einer Ernährungskrise gewährleistet sein.

6.4 Konfliktkonstellation „Klimabedingte Zunahme von Sturm- und Flutkatastrophen"

6.4.1 Gegenstand der Konfliktkonstellation

Sturm- und Flutkatastrophen stellen plötzliche und drastische Einschnitte in die menschliche Lebens- und Wirtschaftsweise dar und bergen somit das Potenzial für tief greifende gesellschaftliche und politische Veränderungen. Stürme und Überschwemmungen fordern bereits heute ähnlich viele Todesopfer wie Erdbeben, Tsunamis und Vulkanausbrüche zusammen (Berechnungen nach Daten des CRED, 2006). Mit der Zunahme von schweren Stürmen und Überschwemmungen ist somit zu befürchten, dass dadurch ausgelöste Konflikte künftig häufiger und verschärfter auftreten können.

Um zu analysieren, welche Konfliktwirkung Naturkatastrophen entfalten können, wurden vergangene Sturm- und Flutkatastrophen auf ihre gesellschaftlichen und politischen Auswirkungen untersucht. Dabei zeigte sich, dass von den großen Sturm- und Flutkatastrophen mit mindestens 1.000 Todesopfern seit 1950 mindestens 13 zu einer Verschärfung bestehender Konflikte geführt haben. Kurzbeschreibungen dieser Fälle sind in Kapitel 3.2.2 dargestellt. Konfliktentschärfende Wirkungen von Naturkatastrophen sind in drei Fällen bekannt, diese standen aber in keinem Fall im Zusammenhang mit Sturm- und Flutkatastrophen, sondern mit Erdbeben und Tsunamis, die nicht durch den Klimawandel beeinflusst werden (Kap. 6.4.2.3).

6.4.2 Wirkungszusammenhänge

6.4.2.1 Von der Veränderung der Umwelt zur Zunahme von Sturm- und Flutkatastrophen

Auf die erwarteten Veränderungen der Umwelt, insbesondere die erwartete Intensivierung tropischer Wirbelstürme, die Zunahme von Witterungsextremen und den Anstieg des Meeresspiegels, wurde bereits ausführlich in Kapitel 5 eingegangen. Doch nicht nur klimatisch-meteorologische Mechanismen und ansteigender Meeresspiegel führen zu erhöhten Katastrophenrisiken: Die Entwaldung in Oberläufen von Flüssen und die Landabsenkung im Großraum urbaner Zentren sind wichtige Faktoren dieser Entwicklung. Hinzu kommen eine steigende Konzentration von Städten und Siedlungen in Küstenregionen, der hohe Anteil ökonomisch schwacher Bevölkerungsgruppen in Entwicklungs- und Schwellenländern und eine besondere Anfälligkeit der urbanen und industriellen Infrastruktur.

Entwaldung von Einzugsgebieten

Keine andere Landbedeckung wirkt sich ausgleichender auf das Abflussverhalten von Bächen und Flüssen aus als Wälder. Sie speichern einen großen Teil der Niederschläge und verzögern so den Oberflächenabfluss von Starkniederschlägen (FAO, 2005a). Punktuelle Untersuchungen zeigen, dass die Oberflächenabflüsse in Wäldern zum Teil weniger als ein Tausendstel von denen auf Grasland betragen (IPCC, 2001). Zwar können Wälder Überschwemmungen nicht vollständig verhindern, die Scheitelabflüsse fallen aber bei bewaldeten Einzugsgebieten in der Regel deutlich niedriger aus als in unbewaldeten Gebieten. Insgesamt ist dieser Effekt in großen Flusssystemen zwar schwächer als in kleinen. Besonders im Fall des Yangtses, einem der längsten Flüsse Ostasiens, wurde die Entwaldung am Oberlauf aber als wesentliche Ursache für die immer wiederkehrenden katastrophalen Überschwemmungen identifiziert (UNEP, 2002a; MA, 2005a). Auch in anderen Regionen gilt die Entwaldung von Einzugsgebieten als wichtiger Faktor für Überschwemmungsrisiken. Dies gilt unter anderem für Haiti, Honduras, Nicaragua und Bangladesch, die in der Vergangenheit wiederholt von schweren Sturm- und Flutkatastrophen heimgesucht wurden.

In vielen dieser Regionen schreitet die Entwaldung weiter fort: Während die Waldflächen in Europa und Nordamerika in den vergangenen Jahren im Durchschnitt leicht zunahmen, verzeichneten Afrika, Lateinamerika und der asiatisch-pazifische Raum zum Teil deutliche Rückgänge. So schrumpft die Waldfläche in Afrika um jährlich 0,7 %, in Lateinamerika und der Karibik um jährlich 0,5 % (UNEP, 2002b). In einigen Ländern liegen die Werte allerdings höher. So verschwinden in Honduras jährlich knapp 3 % der verbleibenden Wälder (Berechnungen nach Daten der FAO, 2005b).

Landabsenkung

Viele Küstenstädte sind an den Mündungen großer Flüsse entstanden. Diese Orte haben in ihrer Funktion als Umschlagplätze zwischen See- und Binnenschifffahrt traditionell große wirtschaftliche und politische Bedeutung. Zudem bieten Flussmündungen in der Regel auch der Landwirtschaft viele Vorteile (fruchtbare Böden, Möglichkeit der Bewässerung). Ein spezifisches Problem dieser Standorte ist allerdings die Zusammensetzung des geologischen Untergrunds aus jungen, wenig verfestigten Sedimenten. Wird diesen Sedimentkörpern eine übermäßig große Menge an Grundwasser entzogen, verdichtet sich der Untergrund und es kommt zur Absenkung der Landoberfläche (Nicholls, 1995; Galloway et al., 1999). Auch schwere Auflasten können zu einer Setzung des Untergrunds führen und somit zur Landabsenkung beitragen. Beide Ursachen sind Folgen einer typisch urbanen Wirtschaftsweise: Aufgrund der schlechten Qualität von Oberflächenwässern wird oft ein großer Teil des städtischen Wasserbedarfs durch Grundwasser gedeckt. Zudem schafft die urbane Bautätigkeit beträchtliche Auflasten. Nach Nicholls (1995) und Klein et al. (2002) erfuhren mindestens 8–10 der 21 größten Küstenstädte im 20. Jahrhundert eine merkliche Absenkung, darunter Tianjin, Shanghai, Osaka, Tokio, Bangkok, Manila, Jakarta und Los Angeles. Dabei betrug die Geschwindigkeit der Absenkung bis zu 1 m pro Jahrzehnt (Nicholls, 1995), in Shanghai wurden sogar Maximalwerte von 30 cm pro Jahr gemessen (Hu et al., 2004). Aber nicht nur Megastädte unterliegen diesem Phänomen: Laut Barends et al. (1995) sind weltweit mehr als 150 Regionen betroffen. Allein in China wird die Zahl der betroffenen Städte und Gemeinden auf 45 geschätzt (Hu et al., 2004).

Landabsenkung wird heute in vielen Städten vor allem deshalb als Problem wahrgenommen, weil sie zu einer Schädigung von Gebäuden und Infrastruktur führt (Galloway et al., 1999). Probleme entstehen aber auch dort, wo Städte nur wenige Meter über dem Meeresspiegel gebaut sind und jede Absenkung einen empfindlichen relativen Anstieg des Meeresspiegels bedeutet (Coplin, 1999). Welche Auswirkungen ein solch relativer Meeresspiegelanstieg haben kann, wurde durch Hurrikan Katrina in New Orleans sichtbar. Auch New Orleans sank in den vergangenen Jahrzehnten deutlich ab, einige Stadtteile auf ein Niveau von bis zu 3 m unter dem Meeresspiegel (Burkett et al., 2005). Viele Stadtteile konnten nur durch den Bau von Dämmen und den Einsatz großer Pumpstationen dauerhaft trocken gehalten werden. Als Hurrikan Katrina im August 2005 den Golf von Mexiko überquerte, brachen die Deiche des benachbarten Lake Pontchartrain und die Stadt wurde überflutet (Kap. 3.2.2).

Zwar ist die besondere Gefährdungslage von New Orleans nicht auf alle Küstenstädte übertragbar, allerdings gibt es zahlreiche Städte wie Naga (Philippinen), Bangkok (Thailand) und Semarang (Indonesien), von denen große Teile unterhalb des Meeresspiegels liegen (Douglas, 2005; Phienwej und Nutalaya, 2005; Effendi et al., 2005). Aber selbst für Flächen über dem Meeresspiegel erhöht die Landabsenkung die Gefahr schwerwiegender Überschwemmungen. Einerseits verzögert ein geringes Gefälle den Abfluss von Regenwasser, andererseits werden die jeweiligen Flächen auch anfälliger gegenüber Sturmfluten und Flutwellen vom Meer. Naheliegende Gegenmaßnahmen wie der Bau von Deichen haben den Nachteil, dass die geschützten Flächen nur noch mit dem Einsatz von Pump-, Sperr- und Sielwerken entwässert werden können.

Neben diesen reaktiven Maßnahmen ist es deshalb unabdingbar, auch die Hauptursache der Landabsenkung, die Übernutzung lokaler Grundwasserressourcen, anzugehen. Zwar haben z.B. Shanghai, Tokio und Osaka in diesem Bereich bereits deutliche Erfolge erzielt, in Tianjin, Bangkok, Manila und Jakarta geht die Landabsenkung aber ungebremst weiter (Nicholls, 1995; Klein et al., 2002). Zudem ist zu erwarten, dass durch eine fortschreitende Urbanisierung und einen erhöhten städtischen Wasserbedarf ähnliche Probleme auch in anderen Städten auftreten können. Von Klein et al. (2002) werden in diesem Zusammenhang die Städte Rangoon (Myanmar) und Hanoi (Vietnam) genannt. Ihre besondere Gefährdung ergibt sich aus den hohen Wirbelsturmrisiken in süd- und südostasiatischen Küstenregionen (Abb. 6.4-1).

6.4.2.2
Von der Zunahme von Sturm- und Flutkatastrophen zur Krise

Die International Strategy for Disaster Reduction der Vereinten Nationen definiert eine Katastrophe als schwere Funktionsstörung einer Gesellschaft mit umfassenden menschlichen, materiellen, ökonomischen oder ökologischen Verlusten, welche die eigenen Bewältigungskapazitäten der betroffenen Gesellschaft übersteigen (UNISDR, 2006). Aus dieser Definition lässt sich ableiten, dass Naturkatastrophen üblicherweise mit einem vorübergehenden, lokalen Zusammenbruch staatlicher Funktionen einhergehen. Zerstörte Infrastruktur blockiert Hilfslieferungen von außen, die Wasser- und Stromversorgung ist unterbrochen, und Krankenhäuser sind überlastet. In solchen Situationen ist auch der Handlungsspielraum staatlicher Akteure oft so stark eingeschränkt, dass von einem kompletten Zusammenbruch der staatlichen Funktionen gesprochen werden kann. Dieser Verlust des staatlichen Handlungsspielraums in Katastrophensituationen kann in mehrfacher Hinsicht Probleme für die politische Stabilität zur Folge haben.

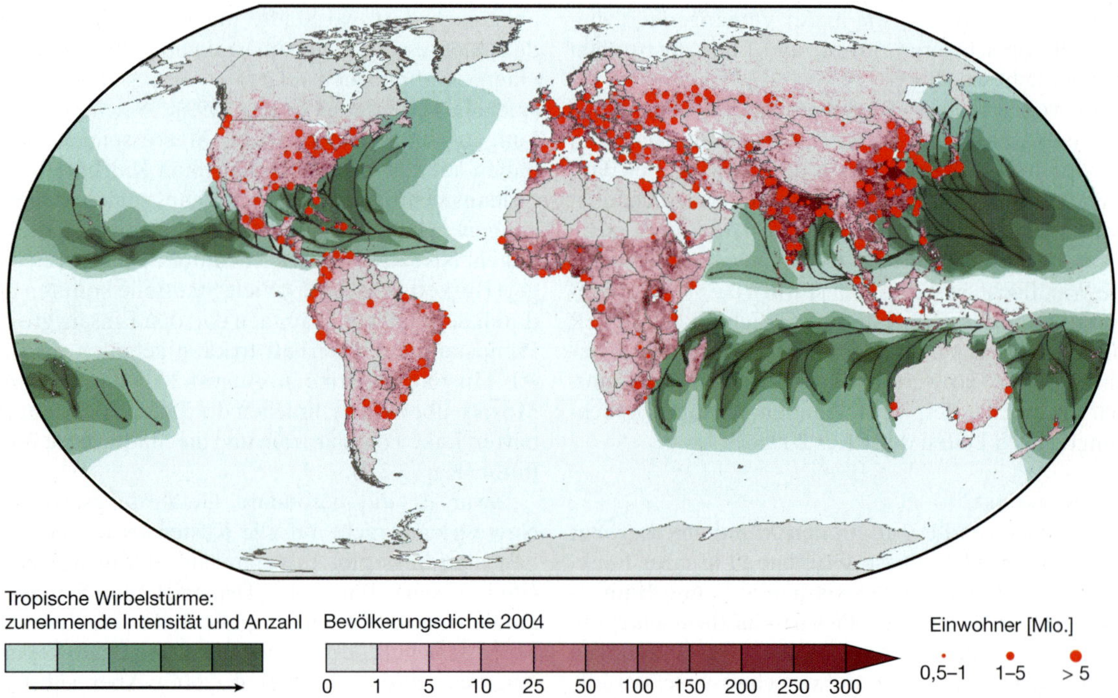

Abbildung 6.4-1
Gefährdung städtischer Verdichtungsgebiete durch tropische Wirbelstürme.
Kartographie: Cassel-Gintz, 2006.
Quelle: WBGU

schaftszonen im Osten Chinas nimmt in den beiden kommenden Jahrzehnten weiter zu. Aus diesem Grund startet die chinesische Regierung verschiedene Initiativen zur Förderung der wenig entwickelten Provinzen im Westen des Landes, welche aber weitgehend an der ineffizienten Bürokratie und der überwältigenden wirtschaftlichen Attraktivität der bestehenden Industriegebiete scheitern. Das Pro-Kopf-Einkommen in den küstennahen Metropolen wie Hong Kong, Shenzhen, Shanghai und Tianjin steigt weiter, allerdings begünstigt diese Entwicklung hauptsächlich die etablierte Unternehmerschaft sowie gut ausgebildete Fachkräfte.

- In den benachteiligten Bevölkerungsgruppen – allen voran die ländliche Bevölkerung – steigt die Konfliktneigung und erreicht einen Punkt, an dem Auseinandersetzungen mit dem Regime nicht mehr nur spontan verlaufen, sondern von verschiedenen kleineren Gruppen auch längerfristig vorbereitet werden. Auch unter den Arbeitslosen, Unterbeschäftigten, Wanderarbeitern und einfachen Arbeitnehmern wächst die Unzufriedenheit. Mehrere hunderttausend, gering qualifizierte Arbeitskräfte finden keine oder nur sehr gering entlohnte Erwerbsmöglichkeiten. Besonders ältere Arbeitskräfte haben es schwer, in diesem System zu bestehen und sind oft vollständig auf die kargen Unterstützungen ihrer Familienmitglieder angewiesen. Die inzwischen entstandene Mittelschicht erreicht hingegen eine deutliche Verbesserung ihres Lebensstandards, die Jahre des Aufschwungs während der Jahrtausendwende scheinen aber weitgehend beendet.
- Stabilisiert wird das System vor allem von Privatunternehmern, die enge profitable Beziehungen zu den verschiedenen Ebenen der staatlichen Administration unterhalten. Die Volksbefreiungsarmee hat sich seit 1989 immer mehr politisiert, gleichzeitig stark von der wirtschaftlichen Liberalisierung durch den Aufbau eines privaten Finanzimperiums unter ihrem Dach profitiert und an Stärke gewonnen. Das wirtschaftliche Wachstum erreicht weiterhin mehrere Prozentpunkte pro Jahr. Zahlreiche Handelspartner schützen sich mit verdeckten Importquoten gegen die Warenflut aus der Volksrepublik, um ihr Außenhandelsdefizit gegenüber China in den Griff zu bekommen.

Fiktives Konfrontationsszenario: Machterhalt und Nationalismus

Folgendes Szenario ist vorstellbar: Der chinesische Staat ist den Herausforderungen aufgrund struktureller Schwächen nur unzureichend gewachsen und wird von der Bevölkerung zunehmend als handlungsunfähig wahrgenommen. In der Folge konzentriert die Regierung einen wesentlichen Teil ihrer Energie in den Machterhalt und versucht zivilgesellschaftliche Akteure mit repressiven Methoden ins politische Abseits zu drängen. Soziale und ökologische Probleme bleiben weitgehend ungelöst. Die Verschmutzung von Gewässern, Luft und Böden, Ernteausfälle durch Dürren im Nordteil des Landes, Engpässe in der Energieversorgung und die Ausbeutung von Arbeitskräften dominieren die internationale Berichterstattung. Die Ostküste wird von immer stärkeren Taifunen und Überschwemmungen heimgesucht. Dabei kommt es vielfach zur Beschädigung von Industrieanlagen und zu lokal extremen Umweltverschmutzungen durch auslaufende Industriechemikalien. Zwar versucht der Staat, den Katastrophenschutz zu verbessern, die wachsende Kluft zwischen der Regierung und zivilgesellschaftlichen Kräften erschwert aber alle umfassenden Ansätze einer vorausschauenden Katastrophenvorsorge.

Im Jahr 2025 wird die chinesische Ostküste von einer ungewöhnlichen Serie starker Taifune heimgesucht. Die Region des Perlflussdeltas ist besonders stark betroffen: Flutwellen in bisher unbekannter Höhe dringen über die verzweigten Kanäle des Deltas weit ins Landesinnere ein, und sintflutartige Regenfälle führen zu einem bisher unbekannten Anschwellen der Flüsse. Bereits beim ersten Taifun werden große Teile der Siedlungen und Industrieanlagen in der Region überschwemmt. Noch bevor sich die Lage im Katastrophengebiet normalisiert hat, verwüstet ein zweiter Taifun den Küstenabschnitt bei Fuzhou.

Die Behörden sind aufgrund des Ausmaßes der Katastrophen völlig überfordert. An einigen, eigentlich nur wenig gefährdeten Orten werden Zwangsevakuierungen durchgeführt, während die Bewohner anderer Siedlungen der Überflutung preisgegeben werden. Die Nothilfe läuft vielerorts nur äußerst schleppend an, und erst nach mehr als einer Woche erreichen die Hilfslieferungen die am schwersten betroffenen Regionen. Verzweifelte Katastrophenopfer brechen in Geschäfte und Lagerhallen ein. An den Verteilungsstellen für Hilfsgüter kommt es zu tumultartigen Auseinandersetzungen. Als die Regierung die Volksbefreiungsarmee beauftragt, die öffentliche Ordnung in den Katastrophengebieten wieder herzustellen, kommt es wiederholt zu Zusammenstößen zwischen der aufgebrachten Bevölkerung und Sicherheitskräften. Augenzeugen berichten von Schüssen in die Menge und standrechtlichen Hinrichtungen mutmaßlicher Plünderer. Am Ende der Hurrikansaison beruhigt sich die Lage in den Katastrophengebieten wieder, das Vertrauen der Bevölkerung in die politische Führung bleibt aber schwer beschädigt. Darüber hinaus wirken sich die Vorfälle auf die Wirtschaft des Landes aus. Zwar setzt die Regierung alles daran, die Katastrophenregionen möglichst schnell wieder aufzubauen, ausländische Investoren bewerten die Standortqualität der chinesischen Küste aber zunehmend skeptisch. Neben der Gefährdung durch Taifune und Überschwemmungen ist es vor allem die angespannte innenpolitische Lage, die viele wirtschaftliche Entscheidungsträger dazu bewegt, geplante Investitionen besser in anderen Ländern zu tätigen. In der Folge gerät das Land in einen wirtschaftlichen und politischen Abwärtstrend. Bei steigender Arbeitslosigkeit und sozialer Not gehen die Staatseinnahmen zurück und reichen nicht mehr aus, um grundlegende soziale Einrichtungen zu finanzieren. Die Legitimität der Regierung wird immer offener in Frage gestellt und verschiedene Provinzregierungen gehen öffentlich auf Distanz zur Zentralregierung. Die Regierung beschwört eine Politik der nationalen Einheit und macht verschiedene ethnische Minderheiten und den Nachbarn Russland für die wachsende Instabilität verantwortlich. Beobachter interpretieren diesen Schritt zum Nationalismus als gezielte Ablenkung von den ungelösten innenpolitischen Herausforderungen. In der Folge kommt es zu militärischen Operationen in den westlichen Randprovinzen.

Fiktives Kooperationsszenario: Reformen und Entwicklung

Folgendes Szenario ist vorstellbar: Auf die Herausforderungen der politischen und ökonomischen Transformation reagiert die chinesische Führung offensiv. Eine umfassende Reform der Verwaltung schafft zunehmende Transparenz bei administrativen Entscheidungen. Die Rechtssicherheit wird gestärkt und besonders auf lokaler Ebene kommt es zur Aufwertung demokratischer Politikelemente. Zivilgesellschaftliche Akteure werden gezielt zur Mitarbeit bei der Lösung der sozialen und ökologischen Probleme ermutigt und zunehmend als wichtige Ideengeber in politischen Entscheidungsprozessen wahrgenommen. Durch hohe Investitionen im Umweltbereich schafft es China, vielerorts das Ausmaß der Umweltverschmutzung deutlich zu reduzieren und die Lebensqualität in den urbanen Zentren zu verbessern. Über Effizienzsteigerungen und einen massiven Ausbau der regenerativen Energien gelingt es zudem, den Ausstoß von Treibhausgasen deutlich zu reduzieren. Dennoch wird die Ostküste von immer stärkeren Taifunen und Überschwemmungen heimgesucht. Dabei kommt es vielfach zur Beschädigung von Industrieanlagen und extremen Umweltverschmutzungen durch Chemieunfälle. Aus dieser Erfahrung heraus wird der Katastrophenschutz umfassend reorganisiert. Dabei wird erstmals der Vorsorge Priorität einräumt, und es werden auch zivilgesellschaftliche Gruppen einbezogen.

Im Jahr 2025 wird die chinesische Ostküste von einer Serie starker Taifune heimgesucht. Die Region des Perlflussdeltas ist besonders stark betroffen. Flutwellen in bisher unbekannter Höhe dringen über die verzweigten Kanäle des Deltas ins Landesinnere ein und sintflutartige Regenfälle führen zu einem Anschwellen der Flüsse. Bereits beim ersten Taifun werden Teile der Siedlungen und Industrieanlagen in der Region überschwemmt. Zwei Wochen später verwüstet ein zweiter Taifun den Küstenabschnitt bei Fuzhou.

Trotz einiger Schwächen wird den Behörden eine kompetente Reaktion auf die Ereignisse bescheinigt. In Zusammenarbeit mit der Bevölkerung kommt es zur geregelten Evakuierung gefährdeter Wohngebiete, während die Armee Dämme zur Sicherung von Infrastruktur und Siedlungen errichtet und die Versorgung mit Nahrungsmitteln, Trinkwasser und Medikamenten gewährleistet. Am Ende der Hurrikansaison beruft die Regierung einen nationalen Dialogprozess ein, um den zukünftigen Umgang mit solchen Katastrophen zu diskutieren. Ein wesentliches Ergebnis ist die Einsicht, den steigenden Katastrophenrisiken nur im multilateralen Rahmen begegnen zu können. In der Folge intensiviert sich Chinas Engagement in den Gremien der Vereinten Nationen. Die Wirtschaft Chinas wächst weiter, nicht zuletzt aufgrund der hohen Rechtssicherheit und der allgemeinen politischen Stabilität.

6.4.3.2 Hurrikanrisiken im Golf von Mexiko und in der Karibik

Ausgangssituation

Aufgrund der relativ warmen Oberflächentemperaturen des Meerwassers werden der Golf von Mexiko und die Karibik seit jeher von Hurrikanen heimgesucht. Gefährdet sind nicht nur die karibischen Inseln, sondern auch die angrenzenden Küsten Zentralamerikas und der USA. Besonders die Golfküste der USA und Mexikos weisen ein überwiegend flaches Profil auf. Lediglich einige vorgelagerte Sandbänke, Inseln und Feuchtgebiete bieten Schutz vor Flutwellen, vielerorts sind diese aber einem schnellen Erosionsprozess unterworfen (USGS, 2005). Besonders in den USA ist eine steigende Konzentration von Sachwerten an den Küsten festzustellen. Grund hierfür ist eine hohe Wertschätzung der dortigen Freizeitmöglichkeiten sowie die Präsenz einiger wirtschaftlicher Zentren (Houston-Galveston, New Orleans, Miami). Die Siedlungsgebiete der amerikanischen Golfküste sind vielerorts einem Senkungsprozess unterworfen.

So liegen Teile von New Orleans bereits drei Meter unterhalb des Meeresspiegels, und auch einige Stadtteile von Houston-Galveston befinden sich bereits auf und unter Meeresniveau.

Der Golf von Mexiko beherbergt beträchtliche Öl- und Gasvorkommen, die mit Hilfe von Bohrinseln und einem weit verzweigtem Pipelinesystem gefördert werden. An der Küste konzentrieren sich Raffinerieanlagen, die nicht nur das lokal geförderte Rohöl weiterverarbeiten, sondern auch einen Großteil der Ölimporte zu hochwertigen Produkten für den US-amerikanischen Markt umwandeln (Jones, 2005). Die gesamte Öl- und Gasinfrastruktur im Golf von Mexiko gilt als hoch vulnerabel gegenüber starken Hurrikanen. Während Hurrikan Katrina durch den Golf von Mexiko zog, mussten 90 % der vorhandenen Raffineriekapazität stillgelegt werden. Die Bohrinseln werden bei Sturmwarnungen regelmäßig evakuiert, die Öl- und Gasförderung liegt dann weitgehend still. Je nach Ausmaß der Schäden können bis zur Wiederaufnahme der vollen Förderkapazität mehrere Wochen vergehen. Im Jahr 2005 waren die USA verstärkt auf den Import raffinierter Ölprodukte angewiesen (Jones, 2005). Auch ein Großteil der Raffinerien konnte aufgrund von Sturm- und Wasserschäden nur mit beträchtlichen Verzögerungen wieder in Betrieb genommen werden. Im Sommer 2005 zogen zwei starke Hurrikane im Abstand von einem Monat über den Golf von Mexiko hinweg (Hurrikan Katrina und Hurrikan Rita), so dass die Förderkapazitäten über Monate hinweg stark beeinträchtigt blieben (Energy and Environmental Analysis, 2005). Hurrikan Ivan (2004) löste zahlreiche Schlammlawinen im Meer aus, die beträchtliche Schäden an den küstennahen Pipelines anrichteten (Münchener Rück, 2006).

Die Hurrikan-Saison 2005 zeigte eine ungewöhnliche Häufung sehr starker Hurrikane. Zeitgleich wurden überdurchschnittlich hohe Oberflächentemperaturen im Golf von Mexiko gemessen. Viele Wissenschaftler gehen davon aus, dass sich die Intensität der Hurrikane bei fortschreitendem Klimawandel erhöhen wird (Kap. 5.1.3).

Plausible Entwicklung bis 2020

Auf Grundlage dieser Ausgangssituation sind bis 2020 folgende Entwicklungen denkbar:

- Die Oberflächentemperaturen im Golf von Mexiko steigen weiter an. In der Folge nimmt die Häufigkeit von Hurrikanen der höchsten Kategorien 4 und 5 im statistischen Mittel zu. Zudem wird beobachtet, dass die Hurrikansaison immer früher im Jahr beginnt und später endet.
- Die Sach- und Wertekonzentration in gefährdeten Gebieten bleibt hoch. Die Versicherungen ziehen sich aus dem Geschäft mit Sturm- und Flutversicherungen für Privatkunden zurück, weil die zu erwartenden Schadenspotenziale das am Markt durchsetzbare Prämienaufkommen bei weitem übersteigen. Lediglich der Versicherungsschutz von Großanlagen wird mit Hilfe staatlicher Garantien weiter aufrechterhalten. Aufgrund der nicht mehr möglichen Versicherbarkeit privater Werte in besonders gefährdeten Gebieten orientieren sich private Neuinvestitionen der Bürger auf besser geschützte Binnenregionen. Die Großanlagen werden zunächst aber weiter ausgebaut. Zwar werden von staatlicher Seite vor allem für wichtige Infrastruktureinrichtungen ausgefeilte Katastrophenschutzpläne erstellt und umgesetzt, die privatwirtschaftliche Öl- und Gasinfrastruktur bleibt von diesen Maßnahmen aber weitgehend unberührt. Die Industrie ist vielmehr damit beschäftigt, die Raffineriekapazitäten für Rohöl aus neuen Fördergebieten umzurüsten und weiter auszubauen. Eine räumliche Neuorientierung der Industrie wird nicht erwogen. Problematisch ist die Lage der Besitzer von Immobilien in Gefährdungszonen der US-amerikanischen Süd- und Ostküste, die inzwischen als praktisch unverkäuflich gelten. Viele Bewohner sind der Überzeugung, dass ein Ausbau der physischen Infrastruktur als Reaktion auf die gestiegenen Sturm- und Flutrisiken ausreichend sei. Dahinter steht der verzweifelte Versuch, das von Zerstörung bedrohte nicht mehr versicherbare Eigentum doch noch retten zu können.
- Insgesamt nimmt die US-Regierung seit den Erfahrungen mit Hurrikan Katrina die Gefahren des Klimawandels ernster. Allerdings reagieren die Behörden immer noch zu langsam. Die Warnhinweise der National Oceanic and Atmospheric Administration, des US Geological Surveys und der Federal Emergency Management Agency führen zwar vereinzelt zur Verlagerung von Funktionen aus gefährdeten Gebieten, insgesamt verbleibt aber ein wesentlicher Anteil teurer Infrastruktur und Sachwerte in den Küstenzonen.
- Hurrikanexperten diskutieren um 2020 die Erweiterung der Saffir-Simpson-Skala zur Einteilung von Hurrikanstärken um eine sechste Stufe. Grund für diese Überlegung ist die Feststellung, dass wiederholt Hurrikane mit Windgeschwindigkeiten von über 300 km/h aufgetreten sind.

Fiktives Konfrontationsszenario: Sturm-, Flüchtlings- und Ölkrisen

Folgendes Szenario ist vorstellbar: Zwischen 2020 und 2030 kommt es in jedem Jahr zu knapp zwei Dutzend schwerster Hurrikane im Golf von Mexiko und der Karibik. Zudem ereignen sich jährlich bis zu vier schwere Hurrikane im Atlantik. Große Teile der

Atlantikküste Floridas, Georgias, South und North Carolinas sowie die US-amerikanische und mexikanische Golfküste werden immer wieder durch Unwetter verwüstet. Viele küstennahe Sandbänke, Inseln und Feuchtgebiete werden durch die Flutwellen der Hurrikane schwer beschädigt und sind schutzlos der Erosion preisgegeben. In der Folge sind besiedelte Küstenregionen immer stärker der Wucht von Sturmfluten ausgesetzt. Miami, New Orleans sowie zahlreiche kleinere Orte werden in verschiedenen Katastrophen so stark zerstört, dass ein überwiegender Teil der Bevölkerung dauerhaft abwandert. Zurück bleiben vor allem einkommensschwache Bevölkerungsschichten. Die wohlhabendere Bevölkerung zieht sich in speziell angelegte Schutzsiedlungen zurück. Diese befinden sich zwar immer noch in der Nähe zur Küste, sind aber auf künstlich aufgeschütteten Plateaus errichtet und verfügen über alle wesentlichen, auch autark funktionierenden Infrastruktureinrichtungen. Auch auf den Karibikinseln und in den zentralamerikanischen Staaten kommt es vermehrt zu großen Sturm- und Flutkatastrophen. Die dortigen Regierungen sind immer weniger in der Lage, die humanitären Auswirkungen dieser Ereignisse in den Griff zu bekommen. In Honduras, Jamaika und der Dominikanischen Republik kommt es immer wieder zu gewalttätigen Protesten von Katastrophenopfern gegen die amtierenden Regierungen. Unabhängige Beobachter attestieren den drei Ländern das Abgleiten in „haitianische Zustände". Zugleich verstärken sich die Flüchtlingsströme in Richtung USA. Besonders nach dem Ende jeder Hurrikansaison versuchen viele Menschen mit Hilfe von Booten und Flößen die US-amerikanische Küste zu erreichen.

Als ein Hurrikan der Stärke 6 über Houston-Galveston hinweg zieht, wird ein großer Teil der dortigen Öl- und Gasinfrastruktur zerstört. Zwar versucht die amerikanische Regierung einen Anstieg der Ölpreise über die Vermarktung der strategischen Ölreserven abzudämpfen, aufgrund des langfristigen Ausfalls eines großen Teils der Raffineriekapazitäten gelingt dies jedoch nur für einen Zeitraum von wenigen Wochen. In der generell angespannten weltpolitischen Lage nutzen verschiedene, mit den USA rivalisierende Staaten diese Schwäche der amerikanischen Wirtschaft und Regierung und bewirken Verzögerungen bereits zugesagter Öllieferungen. In weiten Teilen der politischen Klasse der USA werden diese Maßnahmen als eindeutige Provokation empfunden. Der Ruf nach der militärischen Sicherung von Interessensphären wird lauter.

Fiktives Kooperationsszenario: Transnationale Kooperation

Folgendes Szenario ist vorstellbar: Große Teile der Atlantikküste Floridas, Georgias, South und North Carolinas sowie die US-amerikanische und mexikanische Golfküste werden immer wieder durch Unwetter verwüstet. Viele der küstennahen Sandbänke, Inseln und Feuchtgebiete werden durch die Flutwellen der Hurrikane schwer beschädigt, vorausschauende Küsten- und Biotopschutzprogramme können allerdings eine vollständige Erosion vielerorts verhindern. Aufgrund der hohen Schäden verabschiedet der amerikanische Kongress ein dreistufiges Sofortprogramm, das vorsieht, dass erstens alle öffentlichen und privaten Einrichtungen in sturm- und flutgefährdeten Gebieten innerhalb eines halben Jahres mit bestimmten physischen Schutzmaßnahmen ausgerüstet sein müssen, dass zweitens Katastrophenvorsorge innerhalb von zwei Jahren oberstes Ordnungsprinzip in Bebauungsplänen wird und dass drittens innerhalb von acht Jahren lokale und nationale Umweltschutz- und Emissionsbegrenzungsmaßnahmen verwirklicht werden. Dabei wird vor allem zur Umsetzung der kurzfristigen Maßnahmen staatliche Förderung für einkommensschwache Bevölkerungsgruppen in Aussicht gestellt, während die Nichtumsetzung mit Bußgeldern geahndet wird. Trotz einiger kritischer Stimmen setzt die Verordnung große Investitionen in physische und organisatorische Katastrophenschutzprojekte in Gang. Bereits nach einigen Jahren kann auch im statistischen Mittel ein Rückgang der durchschnittlichen Schadenshöhen festgestellt werden, und das, obwohl bis dahin noch kein Rückgang in der Häufigkeit und Intensität von Hurrikanen zu verzeichnen war. Schon sechs Jahre nach Verabschiedung des Programms sind sich Wirtschaftswissenschaftler und Katastrophenschützer einig, dass die verhinderten Schäden die getätigten Investitionssummen für die Maßnahmen eins und zwei bereits bei weitem übersteigen.

Auch auf den Karibikinseln und in den zentralamerikanischen Staaten kommt es vermehrt zu großen Sturm- und Flutkatastrophen. Die dortigen Regierungen sind immer weniger in der Lage, die humanitären Auswirkungen dieser Ereignisse in den Griff zu bekommen und nach jeder Hurrikansaison versuchen viele Menschen, mit Hilfe von Booten und Flößen die US-amerikanische Küste zu erreichen. Aufgrund dieses anhaltenden Problems und der positiven Erfahrungen im eigenen Land, initiiert die US-amerikanische Regierung ein groß angelegtes Katastrophenschutz- und Vorsorgeprogramm für diese Region. Neben der bilateralen technischen Unterstützung und Beratung bei der Implementierung einzelner Projekte werden auch Kooperationen auf politischer und zivilgesellschaftlicher Ebene verstärkt. In der Folge verbessert sich das politische Klima zu allen südlichen Nachbarn der USA.

Als ein Hurrikan der Stärke 6 über Houston-Galveston hinweg zieht, wird ein Teil der dortigen Öl- und Gasinfrastruktur beschädigt. Zwar sind große Teile der amerikanischen Raffineriekapazitäten in ihrer Funktion beeinträchtigt, dennoch kann ein Anstieg der Ölpreise, nicht zuletzt wegen kurzfristiger Lieferzusagen Venezuelas, weitgehend verhindert werden.

6.4.4 Handlungsempfehlungen

In vielen Fällen bleibt der vorbeugende Katastrophenschutz auf die Errichtung physischer Infrastruktur beschränkt. Die Möglichkeiten einer umfassenden Vorsorge sind dabei aber bei weitem noch nicht ausgeschöpft. Besonders bei der organisatorischen Notfallvorsorge und -übung, der schulischen Bildung, der Landnutzungsplanung und der frühzeitigen Klärung von Entscheidungsstrukturen bestehen oft noch erhebliche Verbesserungspotenziale. In der bi- und multilateralen Zusammenarbeit mit katastrophenanfälligen Staaten sollten entsprechende Ansätze stärker unterstützt und gefördert werden.

- *Urbane Landabsenkung mindern:* In küstennahen und schnell wachsenden urbanen Räumen wird Landabsenkung ein zunehmendes Problem, das in Verbindung mit dem Meeresspiegelanstieg und der Häufung meteorologischer Extremereignisse die Katastrophenrisiken deutlich erhöht. Um die Absenkung in Grenzen zu halten, müssen vielerorts Alternativen zur derzeitigen Wasserversorgung entwickelt werden. Hier gilt es, die bestehenden Erfahrungen aus Ländern mit ähnlichen Problemen zu sammeln und den schnell wachsenden Küstenmetropolen der Schwellenländer zur Verfügung zu stellen. Geeignete Ansprechpartner und Koordinatoren wären internationale Zusammenschlüsse von Städten und Gemeinden, wie die Organisation Local Governments for Sustainability (ICLEI).
- *Nachhaltige Konsummuster zum Schutz von Wäldern stärken:* Die Entwaldung von Wassereinzugsgebieten und die Vernichtung von Mangrovenwäldern führt fast immer zu einer Erhöhung der Flutrisiken. Dem Schutz von Wäldern und Küstenökosystemen kommt aus diesem Grund eine große Bedeutung zu. Hier muss besonders in ärmeren Regionen ein Interessenausgleich zwischen verschiedenen Akteuren (z.B. Holzwirtschaft, Landwirtschaft, Ober- und Unterlieger) gefunden werden. Auch ist zu ermitteln, wie neue Produktgruppen und ein verändertes Konsumverhalten verstärkt für den Erhalt von Wäldern in Wert gesetzt werden können. So kann eine erhöhte Nachfrage nach forstlichen Nicht-Holzprodukten (z.B. für die Kosmetik- und Pharmaindustrie) zu einer ökonomischen Aufwertung intakter Waldbestände führen. Über die schnell wachsende Nachfrage nach nachhaltig produzierten Nahrungsmitteln (Bio- und Fair-Zertifikate) kann zudem auf die Umwandlung von Wäldern in landwirtschaftliche Nutzflächen Einfluss genommen werden. Nicht zuletzt bietet die Zertifizierung von Holzprodukten die Möglichkeit, nachhaltige Forstwirtschaft wirtschaftlich zu stärken. Hier gilt es, neben einer wissenschaftlichen Betrachtung auch politische Rahmenbedingungen zur Förderung nachhaltiger Konsummuster zu schaffen.
- *„People centered early warning systems“ aufbauen:* Frühwarnsysteme sind elementare Bestandteile von Katastrophenvorsorge. Um Opfer und Schäden durch Katastrophen effektiv zu reduzieren, müssen die Warnsysteme technisch funktionsfähig und die schnelle und zeitnahe Übertragung der Informationen zur potenziell betroffenen Bevölkerung gesichert sein. Zusätzlich zu den technologischen Herausforderungen müssen auch administrative Informations- und Entscheidungswege festgelegt und eingeübt werden. Viele Beispiele zeigen, dass die Umsetzung entsprechender Warnungen in allgemein verständliche Verhaltenshinweise häufig eine Schwachstelle darstellt. Oft vernachlässigt wird auch der Einbezug potenziell betroffener Bevölkerungsgruppen, denn nur so können Warnungen auf die kulturellen und politischen Rahmenbedingungen zugeschnitten werden. Zusätzlich sind langfristige Bildungs- und Trainingsprogramme in den Risikogebieten erforderlich, damit die Akteure in den betroffenen Gebieten auch wissen, wie im Fall einer Katastrophenwarnung die Zuständigkeiten verteilt sind und wie sich Betroffene in einer solchen Situation verhalten sollen. Entsprechende Ansätze sollten auf allen Ebene vorangetrieben und miteinander verzahnt werden (Kap. 9.1.3 und 10.3.4.1).
- *Katastrophenvorsorge als Ansatzpunkt für gute Regierungsführung nutzen:* Effektive Katastrophenvorsorge setzt ein langfristiges und vorausschauendes Zusammenspiel zahlreicher gesellschaftlicher und politischer Akteure voraus. Zwar tragen in den meisten Fällen Regierungsstellen die finanzielle und organisatorische Hauptverantwortung, umfassende Strategien sind aber auf eine enge Kooperation mit zivilgesellschaftlichen Gruppen und der Privatwirtschaft angewiesen. Innerhalb des politischen Systems ist die klare Verteilung von Kompetenzen und Entscheidungsbefugnissen unbedingte Voraussetzung für

effektive Vorsorge- und Notfallmaßnahmen. Dies gilt sowohl für das Zusammenspiel von Ministerien, Regierungsstellen und Behörden als auch für die Kompetenzverteilung zwischen nationaler und lokaler Ebene.
Besonders in Entwicklungs- und Schwellenländern sind diese Aspekte der Regierungsführung oft nur unzureichend ausgebildet und stellen nicht nur für die Katastrophenvorsorge, sondern auch für die gesamte politische und wirtschaftliche Entwicklung ein wesentliches Hemmnis dar. Darüber hinaus ist Katastrophenvorsorge besonders gut geeignet, Governance-Strukturen zu verbessern. Im Idealfall erhalten bei entsprechenden Reformbestrebungen in katastrophenanfälligen Staaten viele politische und gesellschaftliche Gruppen Unterstützung, so dass ein Klima entstehen kann, in dem eingefahrene institutionelle Dynamiken verhältnismäßig leicht überwunden werden können. Im Hinblick auf die Reformbemühungen der Partnerländer Deutschlands wird deshalb empfohlen, das Thema Katastrophenvorsorge verstärkt im Rahmen von Beratungsansätzen zu nutzen.

- *Gezielte Konfliktbearbeitung nach Naturkatastrophen fördern:* Sind konfliktträchtige Regionen von Naturkatastrophen betroffen, bestehen erhebliche Risiken einer weiteren Konfliktverschärfung. Hier ist es Aufgabe der jeweiligen Regierung und der internationalen Gemeinschaft, schnell und effektiv humanitäre Hilfe zu leisten und wachsendem Unmut in der Bevölkerung entgegenzutreten. Neben der Linderung des menschlichen Leids und der Vermeidung von Konflikteskalationen besteht in diesen Situationen aber durchaus die Möglichkeit, Konfliktparteien zu Verhandlungen zu bewegen. Besonders in Fällen, in denen die Bewältigung humanitärer Krisen die Kooperation über Konfliktgrenzen hinweg erfordert, sollte die internationale Gemeinschaft auf eine Verstetigung und Vertiefung der Kooperation dringen.
- *Auch Industrieländer auf unvermeidbaren Klimawandel einstellen:* Entwicklungsländer sind zwar am meisten betroffen, Industrieländer dürfen sich aber nicht in Sicherheit wiegen: Auch sie haben eine Verletzlichkeit, die zu sicherheitsrelevanten Problemen führen bzw. diese verstärken kann. Die Leistungsfähigkeit moderner Industriegesellschaften ist in hohem Maß von Verkehrs-, Energie- und Informationsnetzen abhängig. Die große Bedeutung, aber auch die Sensibilität dieser Infrastrukturnetzwerke in einer globalisierten und hochvernetzten Welt wird bei Stromausfällen, Verkehrsbehinderungen durch Wetterereignisse oder Überlastung von Telekommunikationsleitungen immer wieder deutlich.
Der WBGU empfiehlt die Überprüfung der Instrumente der Katastrophenvorsorge in den Industrieländern im Hinblick auf die Herausforderung des fortschreitenden Klimawandels. Bei der Planung hochsensibler Infrastruktur müssen die zu erwartenden Folgen der Klimaveränderungen berücksichtigt werden. So sollten beispielsweise wichtige Infrastruktur sowie neuer Wohnraum nicht in überschwemmungsgefährdeten Gebieten errichtet werden. Bei bestehenden Einrichtungen ist zu prüfen, ob eine Verlagerung sinnvoll sein könnte. Für küstennahe Städte müssen angesichts des steigenden Meeresspiegels und möglicher wachsender Gefahr von Stürmen die Küstenschutzpläne überprüft und den Anforderungen des Klimawandels angepasst werden.

6.5 Konfliktkonstellation „Umweltbedingte Migration“

6.5.1 Gegenstand der Konfliktkonstellation

Die Flucht hunderttausender Menschen vor dem Hurrikan Katrina bezeichnete das Earth Policy Institute in Washington im September 2006 als „erste dokumentierte Massenbewegung von Klimaflüchtlingen“ (Brown, 2006). Obwohl ein direkter Zusammenhang zwischen dem anthropogen verursachten Klimawandel und dem Auftreten eines einzelnen Hurrikans nicht wissenschaftlich nachgewiesen werden kann, belegt der Fall doch eindrücklich, welches Ausmaß Umweltmigration bereits heute erreicht.

Migration zählt zu den ältesten Bewältigungsstrategien im Umgang mit variablen Umweltbedingungen (Kasten 6.5-1), etwa als Reaktion auf Dürreperioden. Dennoch sprechen verschiedene Autoren mit Blick auf die Zunahme der Intensität und Großräumigkeit von Umweltveränderungen von Umweltmigration als einem neuartigen Phänomen (Bächler und Schiemann-Rittri, 1994; Suliman, 1994; Nuscheler, 2004).

Welche Chancen und Risiken Umweltmigration birgt, wird dabei äußerst kontrovers diskutiert. Die Auswirkungen von Migration sind im Allgemeinen vielschichtig. So leisten Arbeitsmigranten häufig einen wesentlichen Beitrag zur wirtschaftlichen und gesellschaftlichen Entwicklung des Ziellands. Rücküberweisungen haben aber auch einen positiven Einfluss auf die ökonomische und soziale Situation im Herkunftsland der Migranten. Trotz der positiven Effekte von Migration dominiert in der öffentlichen Diskussion ein mit emotionsgeladenen Metaphern

Kasten 6.5-1

Migration – Definitionen und Trends

Begriffe und Definitionen der Migration

Der Begriff Migration umfasst allgemein alle Formen von freiwilligen oder unfreiwilligen, grenzüberschreitenden oder innerhalb von Staatsgrenzen erfolgenden Wanderungs- und Fluchtbewegungen (Jahn, 1997; GCIM, 2005; UNHCR, 2006a, b). Vollzieht sich Migration innerhalb von Staaten, so wird auch von Binnenmigration gesprochen. Soweit Binnenmigranten zum Verlassen ihres Herkunftsorts aus Gründen gezwungen sind, die im Wesentlichen auch für Flüchtlinge im Sinn der Flüchtlingskonvention gelten, werden diese Migranten als Internally Displaced Persons (IDPs) bezeichnet (vgl. zur Definition auch Geißler, 1999).

Migrationsbewegungen unterscheiden sich auch im Hinblick auf den auslösenden Faktor (Krieg, politische Verfolgung, Naturkatastrophen), die Reichweite (Wanderungen innerhalb eines Staats, Süd-Nord-Migration), die zeitliche Dauer (vorübergehender Weggang aus der Ursprungsregion, dauerhafte Abwanderung), das Ziel (Land-Stadt-Migration, Süd-Süd-Migration, Süd-Nord-Migration) sowie die Auswirkungen im Herkunfts- und Zielland (erfolgreiche Integration im Zielland, Rückkehr ins Ursprungsland, Konflikt) (Black, 2001; Kröhnert, 2003; Paul, 2005; Clark, 2006).

Zahlen und Trends zum internationalen Migrationsgeschehen

Migration ist heute wesentliches Strukturelement einer immer stärker ökonomisch, politisch und kulturell vernetzten Welt. Allerdings vollzieht sich ein Wandel des internationalen Migrationsgeschehens, ausgelöst durch moderne Kommunikationsnetze, demographische Trends sowie zunehmende Mobilität der Arbeitskräfte. Während in der Vergangenheit die geographische Reichweite vergleichsweise gering war und Migration häufig ein singuläres Ereignis im Laufe eines Lebens blieb, stellt sie sich heute zunehmend als sich wiederholender und umkehrbarer kollektiver Handlungsprozess dar. Personengruppen, wie Haushalte oder Organisationen, nutzen dabei komplexe Migrationsnetzwerke oder sind im Rahmen historisch gewachsener institutioneller Migrationssysteme beteiligt (Hillmann, 1996; Massey et al., 1998; Gogolin und Pries, 2003).

Die Zahl der internationalen Migranten hat in den letzten Jahrzehnten stetig zugenommen und wird auf derzeit 191 Mio. Menschen geschätzt (GCIM, 2005; IOM, 2006). Von ihnen gelten 30–40 Mio. als „irreguläre Migranten", was einen Anteil von 15–20 % der internationalen Migranten ausmacht. Insgesamt leben damit etwa 3 % der Weltbevölkerung nicht in ihren Herkunftsländern.

Die Gruppe der Flüchtlinge ist in den Migrationsstatistiken bereits enthalten. Die Anzahl der registrierten Flüchtlinge schätzt der UNHCR im Jahr 2006 auf weltweit 8,4 Mio. Die Flüchtlingszahlen schwanken dabei stark im Zeitverlauf, weil sich selbst innerhalb weniger Monate das Ausmaß von Flüchtlingsströmen in Abhängigkeit von den sozioökonomischen und politischen Gegebenheiten vor Ort erheblich verändern kann. Die Anzahl der Binnenmigranten gibt der UNHCR (2006a) mit derzeit 23,7 Mio. an.

Für die Zukunft wird erwartet, dass Migration weiter an Bedeutung gewinnt (IOM, 2006; UNHCR, 2006b), wobei vor allem qualifizierte Arbeitskräfte von den Vorteilen der Migration profitieren, während die Barrieren für ärmere, schlecht ausgebildete Menschen immer höher werden (UNFPA, 2006). Der viel zitierte Massenansturm von Migranten aus den Ländern Asiens und Afrikas auf die „Festung Europa" hat bisher nicht stattgefunden (UNDP, 2002; Nuscheler, 2004). Trotz der vergleichsweise geringen Anzahl asiatischer und afrikanischer Flüchtlinge, denen der Weg nach Europa gelang, ist in den letzten Jahren die Aufmerksamkeit für das Thema gewachsen. Es zeigt sich, dass selbst diese geringen Zahlen politische Sprengkraft haben.

belegter Risikodiskurs. Gerade nach den Terroranschlägen 2001 werden Migranten in den Zielländern nicht selten als Bedrohung der inneren Sicherheit wahrgenommen (Nuscheler, 2004; Faist, 2005; Tränhard, 2005; Leighton, 2006). Dabei ist zu betonen, dass die mediale Aufbereitung des Themas und damit die öffentliche Wahrnehmung häufig nicht auf Ergebnisse wissenschaftlicher Analysen gestützt sind. So ziehen in der EU die an der spanischen Küste anlandenden westafrikanischen „Boatpeople" immer wieder eine hohe mediale Aufmerksamkeit auf sich, obwohl sie zahlenmäßig nur einen Bruchteil der weltweiten Flüchtlings- und Migrationsbewegung ausmachen.

6.5.1.1 Struktur der Konfliktkonstellation

Im Mittelpunkt dieser Konfliktkonstellation steht Migration als typischer Übersetzungsmechanismus zwischen schleichender Umweltdegradation oder Wetterextremen einerseits und Konflikt andererseits. Damit wird eine Mensch-Umwelt-Beziehung beschrieben, die durch zwei Phasen gekennzeichnet ist: In einer ersten Phase verlassen Menschen aufgrund von Umweltdegradation oder Wetterextremen ihre Herkunftsgebiete. Diese umweltbedingte Migration kann dabei erstens direkt durch Umweltveränderungen ausgelöst werden. Das ist der Wirkungsmechanismus, auf den die Konfliktkonstellation fokussiert. Zweitens kann Migration durch Umweltveränderungen indirekt ausgelöst werden, nämlich dann, wenn Umweltveränderungen zunächst zur Verschärfung bzw. Entstehung von Konflikten beitragen und hieraus Migration entsteht (Kap. 6.2, 6.3 und 6.4). In der zweiten Phase der Konfliktkonstellation kann umweltbedingte Abwanderung Konflikte in den Ausgangs-, Durchgangs- oder Zielregionen der Migranten sowie bei der Rückkehr in ihre Ursprungsregion auslösen oder bereits existierende Konflikte verschärfen. Eine Spirale aus Umweltdegradation oder Wetterextremen, Migration und Konflikt, die sich in anderen Regionen fortsetzt, kann in Gang gesetzt werden, wenn diese Konflikte ihrerseits mit der Zerstörung der natürlichen Umwelt verbunden sind und wiederum Migrationsbewegungen hervorrufen.

6.5.1.2 Umweltmigration als Kernelement der Konfliktkonstellation

Begriffliche Abgrenzung

Im Zusammenhang mit dem Thema umweltbedingte Migration ist häufig von „Umweltflüchtlingen" die Rede. Diese können El-Hinnawi (1985) zufolge verstanden werden als „Menschen, die aufgrund einer deutlichen Umweltveränderung (...), die ihre Existenz gefährdete und/oder ihre Lebensqualität ernsthaft beeinträchtigte, gezwungen wurden, ihre traditionellen Lebensräume vorübergehend oder dauerhaft zu verlassen".

Der Begriff „*Umwelt*flüchtling" ist in der Literatur allerdings stark umstritten. Kritisiert wird erstens die Annahme, dass Umweltveränderungen alleinige Auslöser für die Abwanderung sind (Keane, 2004). Hierfür lässt sich bis heute keine empirische Evidenz finden. Vielmehr kommen Umweltveränderungen in der komplexen Interaktion mit politischen und sozioökonomischen Faktoren zum Tragen (Lonergan, 1998; Biermann, 2001; Black, 2001; Castles, 2002): Wer flieht, weil sein Acker kein Bewirtschaften mehr erlaubt, verlässt seine Heimat aus Armut, weil Alternativen zum Lebensunterhalt fehlen, und ist damit letztlich als Wirtschaftsflüchtling zu bezeichnen. Wer flieht, weil aus ökologischen Problemen gesellschaftliche Brennpunkte wurden, wie in Ruanda, flieht letztlich vor Krieg und Gewalt. Diese Flüchtlinge sind demnach Kriegsflüchtlinge. Der Begriff „Umwelt*flüchtling*" wird zweitens kritisiert, weil er aus rechtlicher Sicht irreführend ist. Gemäß Art. 1A Ziff. 2 des Abkommens über die Rechtsstellung der Flüchtlinge von 1951 (Genfer Flüchtlingskonvention; ergänzt durch das Zusatzprotokoll von 1967) sind „Flüchtlinge" Personen, die „aus begründeter Furcht vor Verfolgung wegen ihrer Rasse, Religion, Nationalität, Zugehörigkeit zu einer bestimmten sozialen Gruppe oder wegen ihrer politischen Überzeugung" ihren Heimatstaat verlassen mussten. Weil für Migration, die primär umweltverursacht ist, diese Kriterien nicht zutreffen, gelten für die hiervon Betroffenen auch die an den Flüchtlingsstatus geknüpften Schutzgarantien des Völkerrechts nicht.

Sowohl das Flüchtlingskommissariat der Vereinten Nationen (UNHCR) als auch die Internationale Organisation für Migration (IOM) haben sich deshalb gegen die Verwendung des Begriffs „Umweltflüchtling" ausgesprochen. Vielmehr soll von environmentally displaced persons gesprochen werden, d.h. „Menschen, die Flüchtlinge im eigenen Land sind oder die Landesgrenzen überschritten haben, wobei Umweltdegradation den Hauptgrund, aber nicht notwendigerweise den einzigen Grund für die Migration darstellt." (IOM, 1996; Keane, 2004). Der WBGU verwendet vor dem Hintergrund der angeführten Kritik und in Anlehnung an die Definition von UNHCR und IOM den Terminus „Umweltmigrant", weil der Begriff „Migrant" sehr viel weiter gefasst ist als der rechtliche Begriff „Flüchtling" (Marugg, 1990; Jahn, 2000). Im Folgenden werden alle diejenigen Personen als Umweltmigranten bezeichnet, die abwandern, weil Umweltveränderungen das Lebensumfeld direkt derart ungünstig verändern, dass erreichte Einkommens- und Lebensstandards nicht mehr aufrechterhalten werden können oder Strukturen zerstören, die zur Aufrechterhaltung dieser Standards notwendig sind (Lonergan, 1998; Wenzel, 2002; Salehyan, 2005). In Abhängigkeit von der Art der Umweltveränderung sowie den verfügbaren Handlungsoptionen der Betroffenen wird zudem zwischen der geplanten Umweltmigration angesichts schleichender Umweltdegradation und der plötzlichen Umweltmigration als Reaktion auf Wetterextreme unterschieden, wobei die Grenzen fließend sind (Hugo, 1996; Clark, 2006).

Schätzungen und Prognosen zur derzeitigen und künftigen Umweltmigration

Je nach Definition und Basisdaten schwanken die Angaben über die Zahl der weltweiten Umweltmigranten. So errechnete z.B. Myers (1993, 2002) für Mitte der 1990er Jahre mindestens 25 Mio. Umweltmigranten und erwartet insgesamt 50 Mio. im Jahre 2010 bzw. bis zu 150 Mio. im Jahr 2050. Diese Zahlen wurden vielfach aufgegriffen – u.a. vom Internationalen Roten Kreuz (IFRC, 1999), vom IPCC (2001) oder vom Institute for Environment and Human Security der UN-Universität (UNU-EHS, 2005) –, in der Literatur aber harsch kritisiert, weil sie nicht nachvollziehbar und inkonsistent sind und vor allem die Möglichkeit der Anpassung an die Auswirkungen des Klimawandels vernachlässigen. Werden Küsten beispielsweise durch Deiche geschützt, reduziert sich die Zahl der Küstenbewohner, die aufgrund von Überflutungen infolge des Meeresspiegelanstiegs abwandern müssen und damit die Zahl der Umweltmigranten (McGregor, 1993; Kibreab, 1994; Black, 2001). Nuscheler kommt denn auch zu dem Schluss, dass „wir nicht wissen, wie hoch die Anzahl der Umweltmigranten derzeit ist" (Nuscheler, 2004). Stern betont jedoch, dass die Schätzungen Myers als plausibel im Rahmen aktueller Klimamodelle gelten können (Stern, 2006).

Mit größerer Sicherheit lassen sich Angaben über die Struktur der Umweltmigration machen. So wird vermutet, dass sich Umweltmigration derzeit mehrheitlich innerhalb von Staatsgrenzen vollzieht und dies auch zukünftig der Fall sein wird. Umweltmigranten werden demnach eher als Vertriebene im eigenen Land in Erscheinung treten und seltener der Gruppe grenzüberschreitender Migranten zuzuordnen sein. Grenzüberschreitende Umweltmigration wird sich vermutlich vor allem als Süd-Süd-Migration zeigen. Ein Trend zu großen Süd-Nord-Wanderungen ist hingegen nicht zu erkennen (UNPD, 2002; Nuscheler, 2004; Clark, 2006; UNFPA, 2006).

Vermutet wird zudem, dass durch schleichende Umweltdegradation deutlich mehr Menschen zur Abwanderung gezwungen sein werden als durch Wetterextreme. Dem Zusammenhang zwischen schleichender Bodendegradation und Migration wird bereits heute in der Desertifikationskonvention (UNCCD) Beachtung geschenkt (Präambel und insb. Art. 17 Abs. 1 Bst. e UNCCD; UNCCD, 1994).

Trotz zahlreicher Unsicherheiten über die definitorische Abgrenzung von Umweltmigranten und deren Messung lässt sich vor dem Hintergrund der erwarteten Auswirkungen des anthropogen verursachten Klimawandels eines jedoch mit großer Sicherheit festhalten: Umweltdegradation und Wetterextreme werden künftig als Ursachen für Migration zunehmen (Lonergan, 1998; Biermann, 2001; Nuscheler, 2004; Salehyan, 2005; Stern, 2006; IPCC, 2007a).

6.5.2 Wirkungszusammenhänge

In der Umweltkonfliktforschung zählt der Zusammenhang Umweltveränderung–Migration–Konflikt zu den am häufigsten aufgeführten Szenarien und Fallstudien (Nordås und Gleditsch, 2005).

6.5.2.1 Von der Veränderung der Umwelt zur Migration

Die erste Phase der Konfliktkonstellation wird durch Umweltveränderungen ausgelöst (Kap. 6.2, 6.3 und 6.4). Diese sind so stark, dass sie zur Verschlechterung der Lebensgrundlagen führen, das Einkommen zukünftig gefährden oder die Gesundheit beeinträchtigen, weshalb die betroffenen Menschen gezwungen sind zu emigrieren (El-Hinnawi, 1985; Hugo, 1996; IOM, 1996; Keane, 2004). Inwieweit Umweltveränderungen tatsächlich Umweltmigration hervorrufen, ist dabei neben individuellen Merkmalen der Betroffenen auch von äußeren Rahmenbedingungen abhängig (Phase 1 der Abbildung 6.5-1):

Einflussbereich *[1] Individuelle Merkmale:* Umweltmigration wird als Bewältigungsstrategie meist individuell gewählt. Die Entscheidung zur Migration ist daher grundsätzlich von individuellen Merkmalen, wie Alter, Bildungsstand (z.B. Sprachkenntnisse), dem Grad der Traumatisierung nach Naturkatastrophen (Grote et al., 2006) oder der subjektiven Wahrnehmung struktureller Rahmenbedingungen geprägt (Lee, 1972; Kröhnert, 2003). Fallstudien weisen zudem auf die Bedeutung einer Migrationsgeschichte hin. Menschen verlassen demnach ihre Heimatregion eher, wenn die Bewältigungsstrategie Migration bereits im Familienverbund bzw. in der Gemeinschaft bekannt ist (Epstein und Gang, 2004).

Einflussbereich *[2] Vulnerabilität:* Das Ausmaß der Umweltmigration wird neben diesen persönlichen Merkmalen vor allem durch die Anfälligkeit der betroffenen Menschen gegenüber den Umweltveränderungen und einer Vielzahl politischer und sozioökonomischer Faktoren beeinflusst. Dabei können sich die Faktoren gegenseitig überlagern oder wechselseitig verstärken. So erhöhen ungünstige Ausprägungen der regionalen Wirtschaftsstruktur bzw. des regionalen Wirtschaftsniveaus, wie beispielsweise ein geringes oder zeitlich stark schwankendes Pro-Kopf-Einkommen, ungleiche Besitzverhältnisse, Beschränkungen im Zugang zu Märkten (Arbeits-, Kredit-, Absatzmärkte) oder fehlende Sozialversicherungen die ökonomische Vulnerabilität von Haushalten (Kalter, 2000; Clark, 2006).

Einflussbereich *[3] Funktionsfähige Institutionen/Governance-Strukturen:* Gerade das Beispiel der Bewältigung von Naturkatastrophen zeigt zudem, dass das Ausmaß von Migration maßgeblich von der Funktionsfähigkeit der verantwortlichen lokalen und nationalen Institutionen bestimmt ist. In Staaten, in denen Frühwarnsysteme oder Evakuierungspläne fehlen, verursachen Wetterextremereignisse vergleichsweise größere Schäden und zwingen mehr Menschen zur Flucht als in Staaten, die für den Notfall auch institutionell gut vorbereitet sind (Kap. 6.4). Gleiches gilt für die Bewältigung schleichender Umweltdegradation. So wurde beispielsweise in Kapitel 6.3 gezeigt, dass anhaltende Bodendegradation durch effiziente Landnutzungstechnologien und Landnutzungssysteme vermieden werden kann.

Einflussbereich *[4] Umweltbedingte Konflikte:* Migration kann auch durch umweltbedingte Konflikte hervorgerufen werden. Der Zusammenhang zwischen Umweltveränderung und Migration ist dann indirekt, weil durch Umweltveränderungen in einem ersten Schritt Konflikte ausgelöst werden (Bächler, 1998) und die betroffenen Menschen erst in einem zweiten Schritt gezwungen sind, die politisch instabilen und durch Gewalt gekennzeichneten Regionen zu verlassen. Auf den ersten Blick fallen diese Flüchtlinge unter die Kategorie der Kriegsflüchtlinge. Tatsächlich zählen aber auch sie zur Kategorie der Umweltmigranten, weil Umweltver-

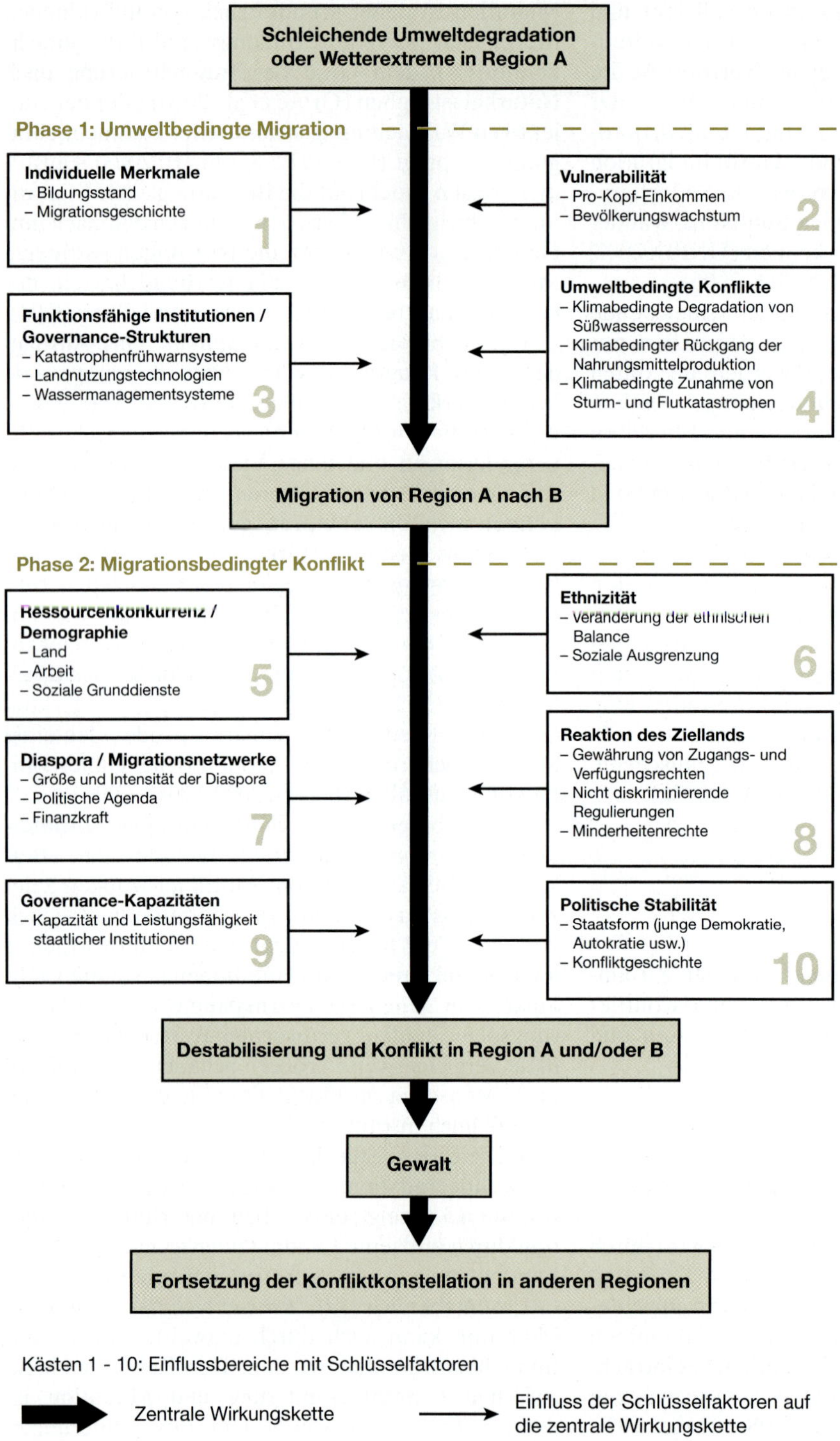

Abbildung 6.5-1
Konfliktkonstellation „Umweltbedingte Migration“: Schlüsselfaktoren und ihre Wechselwirkungen.
Quelle: WBGU

änderungen ursächlich für die Migration sind und Konflikte aus dieser Perspektive als Übersetzungsmechanismus interpretiert werden können (Homer-Dixon, 1999; Salehyan, 2005). In diesem Zusammenhang wird immer wieder auf das Beispiel Ruanda hingewiesen (Kasten 6.3-1). So vertreten einige Wissenschaftler die Ansicht, dass der Völkermord im Jahr 1994 neben der Politisierung der Ethnizität der beteiligten Gruppen auch als Folge der Verarmung weiter Bevölkerungsschichten aufgrund von Bodenerosion und hoher Bevölkerungsdichte verstanden werden kann (Percival und Homer-Dixon, 1995; Gasana, 2002; Diamond, 2005).

6.5.2.2 Von der Migration zum Konflikt

Führen Umweltveränderungen tatsächlich zu Umweltmigration, dann stellt sich die Frage, über welche Mechanismen Umweltmigration Konflikte auslösen oder verschärfen könnte. In der jüngeren Vergangenheit findet man kaum Belege darüber, dass große Migrationsbewegungen in Konflikten mündeten. Dennoch gibt es einige empirische Evidenz dafür, dass Migration die Konfliktwahrscheinlichkeit (zum Teil erheblich) erhöhen kann (Goldstone, 2002). Dabei lässt sich grundsätzlich festhalten, dass unterschiedliche Arten der Migration verschiedene Sicherheitsrisiken nach sich ziehen (Lohrmann, 2000). Plötzliche Massenflucht nach Wetterextremereignissen bzw. geplante Umweltmigration angesichts schleichender Umweltdegradation stellen unterschiedliche Herausforderungen an die betroffenen Gesellschaften (Phase 2 der Abbildung 6.5-1).

Einflussbereich *[5] Ressourcenverfügbarkeit/Demographie:* Die Wahrscheinlichkeit migrationsbedingter Konflikte steigt, wenn Umweltmigranten mit den eingesessenen Bewohnern in Konkurrenz um knappe Ressourcen wie Land, Siedlungen, Wasser, Beschäftigung und soziale Grunddienste treten oder die Zuwanderer als Konkurrenten wahrgenommen werden. Eine derartige Konkurrenzsituation ist dabei gerade in Regionen zu beobachten, die durch ein starkes Bevölkerungswachstum gekennzeichnet sind (Hugo, 1996; ODI, 2005; Urdal, 2005; Clark, 2006; Kap. 3.3.2.2 und 3.3.3.1). Ressourcenkonkurrenz als Konfliktauslöser kann auch bei der Rückkehr von Migranten in ihre Ursprungsregionen eine Rolle spielen. So ist es möglich, dass Rückkehrer Anspruch auf ihr Eigentum, z.B. auf Land erheben, die Eigentums- oder Nutzungsrechte aber in der Zwischenzeit anderen Besitzern zugesprochen wurden (Hensell, 2002; Black und Gent, 2006; Hansen, 2006).

Einflussbereich *[6] Ethnizität:* Die Wahrscheinlichkeit ethnischer Konflikte wächst, wenn sich durch Umweltmigranten das „ethnische Gleichgewicht“ in der Aufnahmeregion verändert und sich hieraus Fremdenfeindlichkeit und gewalttätige Auseinandersetzungen entwickeln bzw. wenn ein ohnehin schon labiles ethnisches Gleichgewicht weiter destabilisiert wird (Homer-Dixon, 1999). Goldstone (2002) spricht auch vom „Zusammenstoß nationaler Identitäten“, die durch Einwanderung bedingt werden können, wenn die Dominanz einer einheimischen ethnischen Gruppe bedroht wird. Ethnizität wirkt zudem konfliktverschärfend, wenn ethnische Unterschiede im Migrationskontext zu politischen Zwecken instrumentalisiert werden (Lohrmann, 2000) oder wenn die Zugehörigkeit zu einer ethnischen Gruppe zur gesellschaftlichen und sozialen Ausgrenzung der Migranten im Zielland führt (Bade, 1996; Rydgren, 2004; Kap. 3.3.3.2).

Einflussbereich *[7] Diaspora/Migrationsnetzwerke:* In den letzten Jahren ist das Vorhandensein einer Diaspora als Konfliktursache besonders in den Fokus von Wissenschaft und Politik gerückt (Lohrmann, 2000). Unter einer Diaspora wird eine religiöse oder ethnische Gruppe verstanden, die ihre angestammte Heimat verlassen hat und über weite Teile der Welt zerstreut ist. Collier und Hoeffler (2004) finden einen starken positiven Zusammenhang zwischen wiederholter Konfliktanfälligkeit sowie Konfliktintensität und der Größe der Diaspora im Ausland. Solche Migranten können durch einen erheblichen Anteil an der Finanzierung auch unmittelbar zur Entstehung, Verschärfung oder Verlängerung von Konflikten beitragen. Sie können auch als Angehörige von Rebellengruppen Waffen oder gewalttätige Ideologien in den Durchgangs- und Zielgebieten verbreiten. Gerade im Hinblick auf Flüchtlingslager besteht die Gefahr, dass diese als logistische Plattformen für Rebellengruppen fungieren und für strategische Zwecke missbraucht werden (Lohrmann, 2000; UNHCR, 2006b). Bestehende Konflikte werden auf diese Weise in andere Regionen exportiert.

Einflussbereich *[8] Reaktion der Regierung des Ziellands/der Zielregion:* Inwieweit die bereits erläuterten Konfliktfaktoren zum Tragen kommen, wird nicht zuletzt durch die Reaktion der Regierung des Ziellands bestimmt. Bereits heute sind Regierungen mit der Steuerung von Migration häufig überfordert. Vor allem die institutionelle Bewältigung plötzlicher Migration stellt die betroffenen Regierungen vor große Herausforderungen, wie nicht zuletzt die periodisch auftretenden Probleme Spaniens im Umgang mit westafrikanischen Bootsflüchtlingen oder die Schwierigkeiten der US-amerikanischen Regierung im Umgang mit den 1,3 Mio. Binnenflüchtlingen nach dem Hurrikan Katrina im August 2005 zeigen. Nicht diskriminierende Regulierungen, großzügige Minderheitenrechte sowie Möglichkeiten zur Einbindung von Minderheiten in politische Entscheidungsprozesse dürften dabei vor allem die Wahrscheinlichkeit für (ethnische) Konflikte verringern (Cramer, 2003; Addison und Murshed, 2003; Korf, 2005; Reynal-Querol, 2005; Nordås und Gleditsch, 2005; Regan und Norton, 2005). Konfliktpotenzial birgt insbesondere die Behandlung von Umweltmigranten als „temporäre Gäste“ und die dadurch bedingten Einschränkungen von Rechten im Bereich der Freizügigkeit, der Niederlassungsfreiheit, des Eigentumserwerbs und des Zugangs zum Arbeitsmarkt (Jacobsen, 2002; Crips, 2003). Andererseits kann, wie bereits erläutert, gerade die großzügige Gewährung von Zugangs- und Verfügungsrechten konfliktfördernd wirken, zum Beispiel, wenn Umweltmigranten auf einem schwierigen Arbeitsmarkt in Konkurrenz mit den Einheimischen treten (Martin, 2005). Im Fall plötzlicher Umweltmigration nach Wetterextremen entscheidet nicht zuletzt das Katastrophenmanagement über den weiteren Verlauf einer Krise bis hin zum Konflikt (Jacobsen, 2002).

Einflussbereich *[9] Governance-Kapazitäten* sind im Hinblick auf Umweltmigration besonders relevant, weil erwartet wird, dass ein Großteil aller Umweltmigranten Zuflucht in Entwicklungsländern mit schwachen Regierungsstrukturen sucht. Die Zielländer sind in der Regel ohne fremde Hilfe kaum fähig, sich den verändernden Situationen anzupassen, weil ihre Institutionen schwach ausgebildet sind und ein genereller Mangel an Ressourcen und Wissen besteht. Konfliktträchtig sind demnach also Situationen, in denen Migranten die staatlichen Kapazitäten der Aufnahmeregion überfordern. In Ländern, die zudem durch wirtschaftliche Krisen gekennzeichnet sind, erhöht der Zustrom von Umweltmigranten die Konfliktanfälligkeit zusätzlich (Reuveny, 2005).

Einflussbereich *[10] Politische Stabilität:* Aus der Konfliktforschung ist bekannt, dass die Wahrscheinlichkeit innerstaatlicher Konflikte von der politischen Stabilität des Landes abhängt (Kap. 3.3.6). Die Konfliktwahrscheinlichkeit steigt, wenn Konflikte bereits in der jüngeren Vergangenheit ausgetragen wurden, d.h. eine Konfliktgeschichte besteht, sich kürzlich ein Regimewechsel vollzog oder das betreffende Land seine Unabhängigkeit erst unlängst erworben hat (Sambanis, 2001; Gates, 2002).

6.5.3 Szenarien

Im Folgenden werden für Bangladesch sowie das nördliche Afrika und den angrenzenden Mittelmeerraum fiktive, narrative Konfrontations- bzw. Kooperationsszenarien entwickelt, um den Handlungsbedarf anschaulich zu machen und Ansätze für Präventions- und Anpassungsmaßnahmen abzuleiten (Kap. 6.1). Diese Szenarien wurden auf der Basis von Fakten zur derzeitigen Situation in den ausgewählten Regionen und deren vermuteter Entwicklung unter besonderer Beachtung der erwarteten Auswirkungen des Klimawandels in den nächsten Jahrzehnten entwickelt. Dabei geht es nicht vorrangig darum, die für am wahrscheinlichsten gehaltenen Entwicklungen darzustellen.

6.5.3.1 Umweltmigration und Konflikte in Bangladesch

Ausgangssituation

Bangladesch ist bereits heute jährlich von Naturkatastrophen betroffen. Die geographische Lage von Bangladesch am Golf von Bengalen und im Deltabereich der drei großen Flüsse Ganges, Bramaputra-Jamuna und Meghna sowie die prekären sozioökonomischen Bedingungen machen das Land für Überschwemmungen anfällig. Mit einem jährlichen Pro-Kopf-Einkommen von 440 US-$ gehört Bangladesch zu den am wenigsten entwickelten Ländern der Welt. 144 Mio. Menschen leben auf 144.000 km^2, also auf einer Fläche, die gerade 40 % der Fläche Deutschlands entspricht. Damit ist Bangladesch das am dichtesten besiedelte Land der Welt. Sturmfluten, Überschwemmungen während des Sommermonsuns und Dürren richten immer wieder große Zerstörungen an und zwingen Millionen von Menschen zur vorübergehenden und teilweise auch dauerhaften Abwanderung. Allein die Zahl derer, die ihre Wohnorte aufgrund der Erosion von Flussufern jedes Jahr verlassen müssen, beläuft sich auf schätzungsweise eine Million (Zaman, 1991; Schmeidl, 1997). Durch tropische Wirbelstürme und Tornados entstehen zudem jährlich Schäden an Sachwerten in Höhe von mehreren Milliarden US-$ (Ali, 1999; Kap. 7.6).

Plausible Entwicklung bis 2020

Auf Grundlage dieser Ausgangssituation sind bis 2020 folgende Entwicklungen denkbar:

- Es wird angenommen, das sich Bangladesch in den 2020er Jahren in einer wirtschaftlich äußerst instabilen Lage und einer tiefgreifenden Staatskrise befindet. Erste positive Entwicklungstendenzen, wie die Halbierung der Armut und die breitere Weltmarktintegration, kommen aufgrund der schwierigen Machtverhältnisse im Land nicht zur Entfaltung. Politische Eliten lähmen den Demokratisierungsprozess, dringend notwendige Reformen werden verschleppt. Die weit verbreitete Korruption stellt ein erhebliches Entwicklungshemmnis dar. Eine breite Mittelschicht, die wirtschaftliche und politische Reformen anstoßen könnte, bildet sich nur sehr langsam aus (Kap. 6.6). Darüber hinaus belaufen sich die jährlichen Schäden aus Naturkatastrophen mittlerweile auf fast 15 % des BIP. Bangladesch könnte 2020 zu denjenigen Ländern gehören, in denen sich die Auswirkungen des anthropogen verursachten Klimawandels, Überflutungen, Dürren und Küstenerosion bereits sehr deutlich zeigen.
- Der merklich gestiegene lokale Meeresspiegel – etwa 12 cm seit 2000 – stellt die größte Bedrohung dar. An den Küsten des Golfs von Benga-

len gehen deshalb stetig wertvolle Siedlungsgebiete, fruchtbare Ackerflächen und Küstenökosysteme, wie die Sundarbans, verloren, weltweit einmalige Mangrovenwälder, von denen allein über 2 Mio. Menschen in Bangladesch leben. 3 Mio. Menschen haben ihre Heimat aufgeben müssen und verstärken durch Zuwanderung, vor allem in die städtischen Slums, die Verstädterung erheblich. Die schwerwiegendsten Schäden hinterlassen Sturmfluten, deren Anzahl und Zerstörungskraft infolge des Meeresspiegelanstiegs in den letzten Jahrzehnten stark zugenommen hat. Immer größere Flutwellen treffen auf die Küsten und treiben Brackwasser bis weit in das Landesinnere. Dies führt zusätzlich zu den regelmäßigen Überschwemmungen während des Sommermonsuns zur Überflutung weiter Teile des Landes. Bangladesch versinkt im Wasser. Die wenigen Schutzbauten, die Anfang des Jahrhunderts im Rahmen eines integrierten Küstenzonenmanagements errichtet und durch internationale Hilfe finanziert wurden, bieten nur noch unzureichende Sicherheit für die an den Küsten konzentrierten Siedlungsräume und Wirtschaftsstrukturen. Bestehende Frühwarnsysteme erweisen sich als nutzlos, weil die Bevölkerung nicht geschult ist, um auf Warnungen adäquat zu reagieren und weil fehlende Straßen eine schnelle Evakuierung unmöglich machen. Für den Bau moderner Schutzanlagen fehlen sowohl die finanziellen als auch technischen Kapazitäten und nicht zuletzt der politische Wille. Die Mitfinanzierung eines umfangreichen Küstenschutzprojekts wurde von der Weltbank abgelehnt. Rückzug in das Landesinnere als Anpassungsstrategie stellt keine Option dar, weil es hierfür an Platz mangelt.

Fiktives Konfrontationsszenario: Katastrophenmanagement versagt

Folgendes Szenario ist vorstellbar: Zunehmend stärkere Zyklone treffen auf die Küste von Bangladesch. Das durch Sturmfluten stark vorgeschädigte Gangesdelta hat der Zerstörungskraft der Wirbelstürme wenig entgegenzusetzen. Windgeschwindigkeiten von bis zu 180 km/h noch auf dem Festland und Flutwellen von bis zu 12 m Höhe verursachen verheerende Verwüstungen. Hunderttausende Menschen sterben. Millionen Küstenbewohner werden obdachlos und fliehen aus den Katastrophengebieten.

Die Regierung von Bangladesch erweist sich nach den Katastrophen als handlungsunfähig: Effektive Nothilfepläne existieren nicht. Zudem führen Unklarheiten bei der Kompetenzzuordnung und im Informationsaustausch zwischen der Regierung, lokalen Verantwortlichen und internationalen Organisationen regelmäßig zu chaotischen Zuständen. Weil Straßen in die betroffenen Regionen fehlen oder verschüttet sind, erreicht die dringend notwendige Hilfe die Katastrophenopfer nur schleppend. Zudem wird bekannt, dass korrupte Eliten Hilfsgüter veruntreuen. In eilig errichteten Flüchtlingslagern fehlt es an Nahrung, Medikamenten, Sanitäreinrichtungen und Ärzten.

Die internationalen Hilfsorganisationen benötigen Monate, um die Situation vor Ort zu stabilisieren. Jedoch bleibt das Schicksal der Umweltmigranten ungewiss. Diejenigen, die physisch und psychisch dazu in der Lage sind, verlassen die Flüchtlingslager so schnell wie möglich. Zahlreiche landlose Bauern kehren jedoch nicht in die Küstenregionen zurück, weil Ackerflächen durch Versalzung zerstört sind und keine Lebensgrundlage mehr bieten. Sie flüchten weiter in das Landesinnere. Aber auch dort ist die Versorgung kaum besser. Die lokale Bevölkerung leidet selbst an Hunger und fehlenden Medikamenten. Landlosigkeit, Unterbeschäftigung und Armut prägen die Gesellschaft. Die Neuankömmlinge werden als Konkurrenten um die wenigen Ressourcen wahrgenommen. In einigen Dörfern kommt es zur Enteignung hinduistischer Familien durch moslemische Umweltmigranten. Das Militär schaut zu, greift aber nicht ein. Die durch die Gewährung von Minderheitenrechten bereits beigelegt geglaubten ethnischen Konflikte zwischen Hindus und Moslems flammen erneut auf und veranlassen etwa 2 Mio. Hindus zur Abwanderung ins benachbarte Indien.

Indien ist nicht nur für die hinduistische Minderheit aus Bangladesch Zufluchtsort. Aufgrund seiner geographischen Nähe sowie allgemein besserer Lebensbedingungen wird Indien auch zunehmend für Umweltmigranten zum Wanderungsziel. Ein Großteil dieser Migranten überquert die Grenze illegal, häufig mit Hilfe von Schleppern, um den von Indien gebauten Grenzzaun überwinden zu können. Zahlreiche Menschen sterben bei diesem Versuch.

Indien selbst ist bereits seit Jahren über den Einwandererstrom aus Bangladesch besorgt. Schätzungsweise 40 Mio. Menschen leben hier mittlerweile illegal. Die mehrheitliche Hindu-Bevölkerung lehnt die muslimischen Migranten aufgrund der historisch belasteten Beziehungen ab. Die Zuwanderer werden für den Anstieg der Kriminalitätsrate um 20 % verantwortlich gemacht und stehen unter Verdacht, militante islamistische Gruppen zu unterstützen. Eine dauerhafte Integration wird ihnen nicht in Aussicht gestellt. Eine Arbeitserlaubnis erhalten die wenigsten. Besonders angespannt ist die Situation in den grenznahen indischen Bundesstaaten Bihar, West Bengal und Assam, in denen sich die meisten Migranten niederlassen. Die Zuwanderung in diese Bundesstaaten ist so stark, dass die einheimische Bevölkerung teilweise nur noch eine Minderheit darstellt und sich in ihrer Existenz bedroht sieht. Lokal kommt es daher immer wieder zu Unruhen.

Darüber hinaus ist die grenzüberschreitende Migration auch Auslöser für diplomatische Spannungen zwischen beiden Staaten: Indien wirft Bangladesch vor, keine geeigneten Maßnahmen zur Reduktion der Umweltmigration zu ergreifen, um das Problem des rasanten Bevölkerungswachstums und die damit verbundenen sozialen, gesellschaftlichen und ökonomischen Probleme auf Kosten Indiens zu lösen. Weil beide Seiten nicht zum politischen Dialog bereit sind, werden die Umweltmigranten zum Sicherheitsproblem. Der politische Konflikt zwischen beiden Staaten eskaliert, als Indien Bangladesch unter dem Vorwand der terroristischen Bedrohung durch die Umweltmigranten mit einer „humanitären Intervention“ droht.

Fiktives Kooperationsszenario: Krisenbewältigung gelingt

Folgendes Szenario ist vorstellbar: Anfang der 2020er Jahre nimmt der Unmut in der Bevölkerung gegen die Regierung zu, die der akuten Bedrohung durch den Klimawandel nicht gewachsen zu sein scheint. Die Bevölkerung fordert die lange Zeit verschleppten wirtschaftlichen und politischen Reformen und Maßnahmen zu ihrem Schutz gegen Naturkatastrophen ein. Ihren Zorn bringen die Menschen in Demonstrationen zum Ausdruck. Auch auf der internationalen Ebene wächst der politische Druck. Internationale Geber drängen darauf, die zur Verfügung gestellten Finanzmittel verstärkt in die Katastrophenvorsorge zu investieren, anstatt diese immer wieder allein für Nothilfeprogramme und Wiederaufbaumaßnahmen einzusetzen. Zudem werden die Zugangsbedingungen zu Finanzmitteln verschärft. Diese beeinhalten vor allem die Bekämpfung der Korruption und die Förderung der Demokratisierung des Aufnahmelands.

In Bangladesch zeigen diese Maßnahmen Erfolg. Die Regierung beugt sich dem politischen Druck und leitet die dringend notwendigen Reformen ein: In einem ersten Schritt verabschiedet die Regierung ein integriertes Küstenzonenmanagement, welches in Zusammenarbeit mit internationalen Experten erstellt wird und sowohl die Anliegen der lokalen Bevölkerung berücksichtigt als auch klimawandelbedingte Umweltveränderungen antizipiert. Weil für die Umsetzung sowohl die finanziellen Mittel als auch das technische Wissen fehlen, sucht Bangladesch zunehmend die Annäherung an internationale Organisationen. So werben Regierungsvertreter auf der Weltumweltkonferenz im Jahr 2025 mit Erfolg um die internationale Unterstützung für den Aufbau moderner Schutzanlagen. Im Rahmen der Nachverhandlungen der Geberländer wird ein bisher einmaliges Küstenschutzprojekt im Umfang von 40 Mrd. US-$ initiiert, wobei die Finanzierungsmittel aus dem im Jahr 2018 ins Leben gerufenen Klimakompensationsfonds ausgeschüttet werden. In diesen Fonds zahlen die Industrieländer als Hauptemittenten globaler Treibhausgase ein, um Anpassungsmaßnahmen in Entwicklungsländern zu finanzieren. Besondere Beachtung finden in diesem Prozess die Sundarbans, die für die Westküste Bangladeschs einen unersetzbaren natürlichen Schutzwall gegen die tropischen Zyklone darstellen. Wiederaufforstungsmaßnahmen, Regulierungen zur Vermeidung illegaler Abholzung sowie eine nachhaltige Raumnutzungsplanung tragen zum Erhalt des Ökosystems und damit zum Küstenschutz bei.

In den Sommermonaten 2038 wird Bangladesch durch eine ungewöhnlich starke Zyklonsaison heimgesucht. Innerhalb weniger Wochen landen an den Küsten des Golfs von Bengalen mehrere starke Zyklone, die massive Verwüstungen anrichten. Die Zahl der Todesopfer ist dank effektiver Frühwarnsysteme jedoch klein. Trotzdem sind die Schäden insbesondere an den Küsten erheblich, so dass tausende Umweltmigranten nicht sofort in ihre Dörfer zurückkehren können und im Landesinneren in Flüchtlingslagern versorgt werden müssen. Die Regierung von Bangladesch handelt schnell und erbittet unmittelbar nach den Katastrophen die internationale Gemeinschaft um Unterstützung bei der Versorgung der Umweltmigranten. Obschon Transportwege verschüttet sind und die Anzahl an Notleidenden hoch ist, ermöglichen effizientes Katastrophenmanagement sowie die gute Zusammenarbeit zwischen Regierung, internationalen Organisationen und lokalen Verantwortlichen eine schnelle Hilfe und in den Monaten darauf einen zügigen Beginn des Wiederaufbaus. Entmutigt durch die Zerstörung und die anhaltende Bedrohung durch zukünftige Sturmfluten und Zyklone versuchen dennoch schätzungsweise eine Million Menschen ins benachbarte, wirtschaftlich prosperierende Indien zu gelangen.

Indien ist wegen des sehr hohen Zustroms illegaler Einwanderer aus Bangladesch schon seit Jahren besorgt und baut einen hoch technisierten, fast 4000 km langen Grenzzaun zu Bangladesch. Diese Haltung Indiens und der Unwille zum politischen Dialog schüren einen seit Jahren schwelenden politischen Konflikt zwischen beiden Nachbarstaaten. Die internationale Gemeinschaft und allen voran die Association of South-East Asian Nations, in welcher beide Staaten assoziierte Mitglieder sind, zeigt sich tief besorgt um die Sicherheitslage in der Region.

Weil selbst nach Naturkatastrophen die Grenzen Indiens für bengalische Umweltmigranten geschlossen bleiben, erhöht die internationale Staatengemeinschaft den politischen Druck. Nach Jahren des schwelenden Konflikts kommt es hierdurch endlich zu Verhandlungen, in deren Rahmen ein Strategiepapier zum Umgang mit illegalen Migranten verabschiedet wird. Darin enthalten sind u.a. Vereinbarungen, die Bangladesch verpflichten, Strategien zur Begrenzung der Abwanderung zu entwickeln. Indien verpflichtet sich im Gegenzug, Bangladesch insbesondere bei Maßnahmen zur Katastrophenvorsorge zu unterstützen. Auch eine Initiative für ein über die Ländergrenzen hinweg koordiniertes Küstenmanagement sowie zur Erarbeitung einer gemeinsamen Nothilfestrategie wird von den Verhandlungspartnern beschlossen.

Unter Beobachtung der Vereinten Nationen geht die Umsetzung der Vereinbarungen in den folgenden Jahren zügig voran, was zusehends zur Verbesserung der diplomatischen Beziehungen zwischen beiden Staaten führt.

6.5.3.2 Umweltmigration und Konflikte im nördlichen Afrika und dem angrenzenden Mittelmeerraum

Ausgangssituation

Die Region umfasst die nordafrikanischen Anrainerstaaten des Mittelmeers (Marokko, Algerien, Tunesien, Libyen und Ägypten) sowie die Sahelzone (d.h. hauptsächlich die Staaten Mauretanien, Mali, Niger, Tschad und Sudan; weite Teile von Burkina Faso, Senegal, Nigeria, Äthiopien bis Eritrea und Djibouti). Die gesamte Region ist bereits heute von gravierenden Problemen wie Süßwasserverknappung, Bodendegradation und Desertifikation betroffen, wobei sich die Situation als Folge der Klimaänderung, insbesondere durch den bereits spürbaren Rückgang der Niederschläge, laufend verschärft (Kap. 7.2 und 7.3). Desertifikation und die damit verbundenen Effekte sind zudem im Sahel aufgrund dessen geographischer Lage besonders virulent (Kap. 6.3).

Einen zentralen Faktor der aktuellen wie auch künftigen Probleme der Region bildet die demographische Entwicklung: Alle genannten Staaten sind aktuell durch ein starkes Bevölkerungswachstum und hohe Urbanisierungsraten gekennzeichnet. Migrationsbewegungen sind bereits heute zu beobachten. Dabei ist einerseits die Binnenmigration aus ländlichen Regionen in die städtischen Zentren, andererseits eine zunehmende grenzüberschreitende, nordwärts orientierte Migration vor allem junger Menschen zu unterscheiden. Die nordafrikanischen Staaten spielen bei den Migrationsbewegungen eine besondere Rolle, indem sie selbst Migrationsziele (Binnen- wie auch grenzüberschreitende Migration) bilden, gleichzeitig aber auch ein Transitraum für Menschen aus afrikanischen Ländern südlich der Sahara, teilweise sogar aus Asien geworden sind, die mit dem Ziel unterwegs sind, nach Europa zu gelangen. Dies führte vereinzelt bereits zu Problemen wie sozialen Unruhen, Übergriffen auf Migranten, Menschenhandel und Todesopfern bei Flucht über das Meer. In Bezug auf die politische Stabilität ist festzustellen, dass die gesamte Region – mit Abstufungen – durch schwache Governance-Strukturen geprägt ist. Hinzu kommt das Problem radikalisierter fundamentalistisch-religiöser Bewegungen, das in allen erfassten Staaten virulent ist.

Plausible Entwicklung bis etwa 2020

Vor diesem Hintergrund sind für den Zeitraum bis zum Jahr 2020 folgende Entwicklungen denkbar:

- Die bereits spürbaren Auswirkungen des globalen Klimawandels (Hitze, Verringerung der Niederschläge) verschärfen die Ressourcenprobleme weiter. Desertifikation und Wassermangel nehmen in Nordafrika und in allen Sahelstaaten zu. Einerseits erhöht sich der Bedarf für Trinkwasser und Bewässerung, andererseits nehmen die Niederschläge (so etwa im Atlasgebirge) kontinuierlich ab. Die landwirtschaftliche Produktivität sinkt aufgrund der Übernutzung der Böden auch an der Mittelmeerküste und im Niltal, den fruchtbarsten Gebieten der Region. Die Bevölkerungsdichte an der Mittelmeerküste erhöht den Umweltstress in dieser Region in bisher beispielloser Weise.
- In der Sahelzone gehen bis zum Jahr 2025 in erheblichem Ausmaß landwirtschaftlich nutzbare Böden verloren. In den ländlichen Regionen des Sahel, aber auch in den nordafrikanischen Mittelmeeranrainern schwindet der traditionelle Lebensraum als Folge der Desertifikation rapide. Der großen Masse der Landbevölkerung gelingt es nicht, die negativen Folgen des Klimawandels durch entsprechende Maßnahmen auszugleichen. Strategien, die seit Jahrtausenden das Überleben unter den vorherrschenden klimatischen Bedingungen ermöglichten, erweisen sich nun als unzureichend. Abgesehen vom Faktor Klima bildet die verbreitete Armut eine wesentliche, angesichts der Bevölkerungsentwicklung sich weiter verstärkende Mitursache der Desertifikation. Im Jahr 2020 wird sich die Bevölkerungszahl in den Ländern der Sahelzone im Vergleich zu 1960 vervierfacht haben. Schätzungen gehen ferner davon aus, dass im Zeitraum zwischen 2025 und 2050 die Bevölkerung in den nordafrikanischen Staaten um weitere rund 50 Mio. ansteigen wird (UN DESA, 2005). Selbst wenn es in den kommenden Jahrzehnten gelingen sollte, das Bevölkerungswachstum zu stabilisieren, werden sich die Landflucht und die Konzentration der Bevölkerung in den Städten weiter verstärken. Aufgrund der ständi-

gen Abnahme der Ernährungssicherheit als Folge der Umweltdegradation sehen sich ganze Dorfgemeinschaften gezwungen, ihr Land zu verlassen und in städtischen Agglomerationen ein neues Leben zu beginnen.

Fiktives Konfrontationsszenario: Destabilisierung Nordafrikas wirkt bis Europa

Folgendes Szenario ist vorstellbar: Neben der besorgniserregenden demographischen Entwicklung mitsamt ihren negativen Begleiteffekten verschlechtert sich die natürliche Ressourcenbasis ab dem Jahr 2020 weiter. Der Faktor Klima verschärft die Ressourcenproblematik in dramatischer Weise. Dabei wird etwa Mitte des 21. Jahrhunderts auch der Anstieg des Meeresspiegels zu einem akuten Problem. Dadurch werden vor allem in Ägypten Küstenstädte (Alexandria sowie weitere Städte des Nildeltas) in ihrer Existenz bedroht. Für die Sahelstaaten haben die klimatischen Veränderungen zur Folge, dass die Produktivität ganzer ehemals land- und viehwirtschaftlich genutzter Regionen derart zurückgeht, dass bis Mitte des 21. Jahrhunderts lediglich eine „Restbevölkerung" verbleibt. Hungersnöte treten beinahe jährlich auf. Unter den ansässigen Ethnien, insbesondere zwischen ehemals nomadisierenden und traditionell sesshaften Bevölkerungsgruppen, kommt es regelmäßig zu gewaltsamen Auseinandersetzungen um die Verteilung der wenigen noch verbliebenen Gebiete, in welchen Ackerbau und Viehzucht noch möglich sind.

Der Mangel an Zukunftsperspektiven in allen Ländern der Region führt dazu, dass vor allem junge Menschen ihre einzige Chance in der Migration nach Europa sehen. Für Migranten aus der Sahelzone bilden dabei die Maghrebstaaten meist die erste Zwischenstation, um über das Mittelmeer nach Südeuropa zu gelangen. Die Migration vor allem junger Männer aus den Sahelstaaten in Richtung Norden nimmt gegen Mitte des 21. Jahrhunderts Ausmaße an, die einer Völkerwanderung gleichkommen. Jährlich gelangen Hunderttausende von Menschen aus dem Sahel und dem tropischen West- und Zentralafrika in die nordafrikanischen Küstenregionen. In den Agglomerationen der Großstädte im Maghreb entstehen dabei riesige Slumsiedlungen gestrandeter Emigranten.

Ab dem Jahr 2020 setzt in allen betroffenen Ländern eine soziale und politische Destabilisierung ein. Die desertifikations- und dürrebedingte Landflucht verstärkt die Urbanisierung weiter und führt zu einer sehr hohen Bevölkerungsdichte und einer Ausweitung der städtischen Elendsviertel. Die hoffnungslose Wirtschaftslage schafft ein hohes politisches Destabilisierungspotenzial von jungen Menschen ohne Zukunftsperspektive. Die städtischen Slums drohen zu rechtsfreien Räumen zu werden. Dies bildet einen fruchtbaren Nährboden für die weitere Radikalisierung und Ausbreitung extremistisch-religiöser Bewegungen.

Die Regierungen der meisten betroffenen Staaten halten sich (noch) an der Macht, indem sie die religiös geprägten politischen Bewegungen zunehmender Repression unterwerfen. Dabei können die Regimes auf die Unterstützung unterschiedlicher Staaten zählen, mit welchen sie Kooperationsverträge zur Ausbeutung von Erdöl- und Erdgasvorkommen sowie anderer Ressourcen (Uran in Niger) abgeschlossen haben. Die Zahl der Staaten, die in der Region ihre Interessen an Rohstoffen verfolgen, hat sich kontinuierlich erhöht, wobei zu den traditionellen Akteuren wie Frankreich, Großbritannien und den USA auch Russland und China hinzugekommen sind. In der Bevölkerung der Region wächst indessen der Unmut über den „Ausverkauf" der nationalen Ressourcenvorkommen, was sich mit zunehmender Häufigkeit in gewaltsamen Anschlägen gegen die Infrastruktur zur Ressourcenausbeutung bemerkbar macht. Eine immer wichtigere Rolle kommt schließlich in den ersten Jahrzehnten des 21. Jahrhunderts dem politischen und ökonomischen Einfluss Chinas zu. Mittlerweile hinter den USA zur zweitgrößten Volkswirtschaft aufgestiegen, beginnt China, sich bei der Verfolgung seiner Rohstoffinteressen mit den Machthabern in der Region zu arrangieren, was aus Sicht der westlichen Staaten zunehmend als Bedrohung eigener Interessen wahrgenommen wird.

Die drastische Zunahme des Wassermangels in der gesamten Region führt im Einzugsgebiet des Nils zu einer bewaffneten zwischenstaatlichen Konfrontation: Ägypten ist zu 95 % vom Wasserzufluss des Nils abhängig und durch das Vorhaben Äthiopiens beunruhigt, welches seinen Wasserbedarf durch einen Staudamm am Blauen Nil sicherstellen will. Bemühungen, unter Vermittlung der internationalen Gemeinschaft einen völkerrechtlichen Vertrag abzuschließen, welcher die Nutzung des Nilwassers unter gleicher Berücksichtigung der Interessen aller Anliegerstaaten regeln soll, scheitern. Darauf sendet die ägyptische Regierung Truppen, welche die nordwestliche äthiopische Provinz Amhara besetzen.

Die Entwicklungen im nordafrikanischen Raum wirken sich in erheblichem Maß auch auf Europa aus. In den europäischen Ländern, welche primäre Migrationsziele bilden, besteht zwar ein gewisser Bedarf an Arbeitskräften, der aber durch die illegale Einwanderung bei weitem überstiegen wird. Die fehlende Integration vor allem illegaler Migranten führt zu verstärkter Ghettoisierung nordafrikanischer Einwanderer. Fremdenfeindlichkeit nimmt zu. Die Einwanderer wiederum reagieren auf ihre schwierige Lage durch eine starke Hinwendung zu radikal-religiösen Gruppierungen (begünstigt durch den Umstand, dass diese Bewegungen in den Heimatländern der Migranten enormen Zulauf haben). Die Furcht der europäischen Staaten, im Zuge der Immigration aus Nordafrika sickerten vermehrt Anhänger extremistischer Gruppierungen nach Europa ein, führt zu einer weiteren Verstärkung der „Festung Europa". Im Rahmen der Gemeinsamen Außen- und Sicherheitspolitik der EU wie auch der Politik der NATO hat die Kontrolle des Mittelmeers zur Eindämmung der illegalen Migration eine immer höhere Priorität. Mit Ausnahme von Ägypten haben alle nordafrikanischen Regierungen mit der EU Abkommen abgeschlossen, wonach sie – gegen finanzielle Ausgleichszahlungen – die Migrationsbewegungen in ihren eigenen Ländern aufzuhalten haben. Am Rand der Sahara werden mit Unterstützung europäischer Staaten Internierungslager angelegt, wobei von Lagerrevolten und menschenrechtswidrigem Gewalteinsatz seitens der Sicherheitskräfte berichtet wird.

Fiktives Kooperationsszenario: Anpassung gelingt mit internationaler Hilfe

Folgendes Szenario ist vorstellbar: Das positive Zukunftsszenario geht von ähnlichen Veränderungen der natürlichen Umwelt aus. Gleichzeitig basiert es aber auf der Annahme, dass sowohl innerstaatlich wie auch international die notwendigen Maßnahmen rechtzeitig erkannt und auch getroffen werden.

Mit erheblicher Unterstützung der internationalen Gemeinschaft zugunsten nachhaltiger Methoden des Ressourcenmanagements und der Bodenbewirtschaftung kann die Desertifikation in vielen Teilen der Region verlangsamt und teilweise sogar gestoppt werden. Zwar gehen diese Maßnahmen mit einer Extensivierung der Landwirtschaft einher, der Verlust an Arbeitsplätzen wird aber dadurch abgewendet, dass einerseits die Mechanisierung der Landwirtschaft unterbleibt und andererseits der Markt für nachhaltig produzierte Produkte steigende Absatzchancen und Preise auf dem Weltmarkt garantiert. In großen Teilen der Sahelzone konnte so erreicht werden, dass ansässige Gemeinschaften nunmehr über existenzsichernde Einkommen verfügen, wodurch eine ehemals treibende Kraft der Migration deutlich nachgelassen hat. Durch die konsequente Förderung partizipativer und föderativer politischer Strukturen gelingt es, Konflikte zwischen regionalen Volksgruppen und Zentralstaaten einzudämmen, so etwa die seit Jahrzehnten schwelende Auseinandersetzung zwischen den Tuareg und den Regierungen verschiedener Sahelstaaten.

Dank der laufend steigenden Einnahmen aus dem Abbau mineralischer Ressourcen erlangen insbesondere die nordafrikanischen Staaten die Mittel, um ökonomische und politische Reformen in die Wege zu leiten, welche zu einer Milderung der sozialen Probleme führen. Die bisher mehrheitlich autokratischen Regime öffnen sich zusehends. Gleiches gilt für einen Teil der Sahelstaaten, wo Einnahmen aus dem Rohstoffsektor verstärkt zur Finanzierung der sozialen Infrastruktur verwendet werden. Zur positiven Entwicklung trägt zudem die internationale Zusammenarbeit entscheidend bei: Es gelingt, den Mittelmeerraum im Rahmen des Barcelona-Prozesses der Europäisch-Mediterranen Partnerschaft als Region zu etablieren, welche grenzüberschreitende Zusammenarbeit auch über religiöse und kulturelle Grenzen hinweg nicht nur propagiert, sondern in konkreter Weise Wirklichkeit werden lässt. Exemplarisch ist hierfür das migrationspolitische Modell, das eine jährliche Aufnahme von Arbeitsmigranten durch europäische Staaten vorsieht. Dabei sind Quoten für Bürger nordafrikanischer Staaten und auch anderer afrikanischer Staaten vorgesehen. Dies führt zu einer Entspannung. Unter den betroffenen Staaten erfolgt ebenfalls eine verstärkte Annäherung. Die nordafrikanischen Staaten haben sich im Rahmen der Maghreb-Union auf die Schaffung eines regionalen Wirtschaftsraums geeinigt und beginnen, diesen in ersten Ansätzen zu verwirklichen. Auch im Einzugsgebiet des Nils hat sich mit der institutionellen Weiterentwicklung der Nile Basin Initiative ein erfolgreiches internationales Kooperationsprogramm gebildet, das wesentlich zur Bekämpfung der Desertifikation wie auch zur politischen Stabilität in der Region beiträgt.

6.5.4 Handlungsempfehlungen

Umweltveränderungen entfalten nur dann ihr konfliktauslösendes Potenzial, wenn sie durch die sozialen, gesellschaftlichen, ökonomischen und politischen Gegebenheiten verstärkt werden (Clark, 2006). Wie gezeigt, gibt es eine Vielzahl von Schlüsselfaktoren, die auf die unterschiedlichen Phasen der Konfliktkonstellation einwirken. Entsprechend vielgestaltig sind mögliche politische Handlungsstrategien zur Vermeidung von Konflikten. Vor dem Hintergrund der Analyse der Wirkungszusammenhänge sowie der Ergebnisse der Szenarien werden im Folgenden mögliche Strategien näher erläutert.

6.5.4.1 Vermeidung von Umweltmigration

- *Vermeidung eines gefährlichen Klimawandels:* Bei der Wahl effizienter und effektiver politischer

Strategien sollte ein erster Fokus auf der Vermeidung von Umweltmigration liegen. Die wichtigste Strategie ist hierbei das Vermeiden eines gefährlichen Klimawandels (Kap. 10.3.2).

- *Senkung der Vulnerabilität:* Auch durch umfangreiche Vermeidungsmaßnahmen heute lassen sich die Auswirkungen des Klimawandels nicht vollständig abwenden. Deshalb sollten insbesondere regional und national Strategien entwickelt werden, welche die Anfälligkeit der Bevölkerung und Strukturen gegenüber diesen Auswirkungen verringern und auf diese Weise zur Reduzierung von Umweltmigration beitragen. Effizientes Küsten- oder Bewässerungsmanagement gehören hierzu ebenso wie Katastrophenvorsorge, Frühwarnsysteme, Nothilfepläne und Pläne zur Koordinierung von Wiederaufbaumaßnahmen nach Naturkatastrophen (Kap. 6.2, 6.3, 6.4; WBGU, 2006). Auch durch die Einflussnahme auf gesellschaftliche, wirtschaftliche und politische Faktoren lässt sich Abwanderung reduzieren, etwa durch wirtschaftliches Wachstum und eine größere Verteilungsgerechtigkeit. Im Einzelnen verringern effektive Sozial- und Mikroversicherungssysteme, eine ausreichende Gesundheitsversorgung sowie handlungsfähige staatliche Institutionen die Vulnerabilität der Menschen (WBGU, 2005, 2006).

6.5.4.2
Steuerung von Umweltmigration

Lassen sich Migrationsströme nicht aufhalten, dann können Strategien zur Steuerung der Umweltmigration helfen, Konflikte zu vermeiden. Umweltmigranten müssen kein Sicherheitsrisiko darstellen, wenn Aufnahmeländer geeignete Maßnahmen ergreifen.

Plötzliche Umweltmigration nach Extremereignissen

- *Begleitende Maßnahmen:* Bei der Steuerung einer temporären Umweltmigration nach Wetterextremen geht es zunächst um Nothilfe und hier vor allem um die Errichtung von Flüchtlingslagern. Um Konfliktpotenzial zu reduzieren, ist die ausreichende Versorgung mit Nahrung und medizinischer Betreuung zu gewährleisten. Zudem sollten Maßnahmen ergriffen werden, die das Eindringen von Rebellen und die Verbreitung von Waffen in Flüchtlingslagern verhindern. Diese sollten überdies in möglichst großem Abstand zu Konfliktregionen und in ausreichender Distanz zu Staatsgrenzen errichtet werden, um ein Überschwappen bestehender Konflikte zu vermeiden. Da Differenzen im Zugang zu Hilfsgütern und lokal vorhandenen Ressourcen durch unterschiedliche ethnische Gruppen Konflikte hervorrufen können, sollten Hilfsmaßnahmen an den lokalen Bedürfnissen ausgerichtet werden, wobei die ansässige Bevölkerung in die relevanten Entscheidungsprozesse einzubeziehen ist (OECD-DAC, 2003). Durch Wetterextreme können viele Menschen kurzfristig zur Abwanderung gezwungen werden, welche die Kapazität einer Aufnahmeregion übersteigen. In diesem Fall können multilaterale Strategien, wie beispielsweise Vereinbarungen zur temporären Aufnahme von Umweltmigranten durch andere Staaten, notwendig werden. Im Hinblick auf Entwicklungsländer, die hierfür in der Regel auf die finanzielle Unterstützung internationaler Geber angewiesen sein werden, könnte die Finanzierung und Umsetzung solcher Strategien wie schon bisher unter der Ägide der Vereinten Nationen, insbesondere des UNHCR, koordiniert werden.
- *Staatlich induzierte Umweltmigration:* Ist die Bedrohung durch plötzliche Umweltveränderungen in einer Region so erheblich, dass sich Schutzmaßnahmen politisch und ökonomisch nicht mehr begründen lassen, könnte Umweltmigration auch durch staatliche Institutionen eingeleitet werden. In Hochrisikogebieten, beispielsweise an für Wirbelstürme und Sturmfluten exponierten Küsten, würden langfristig geplante staatliche Umsiedlungsprogramme gewährleisten, dass Abwanderungsprozesse geordneter verlaufen, als dies bei plötzlicher Massenflucht nach einem Wetterextremereignis zu erwarten wäre. Außerdem könnten die Menschen in den Zielgebieten bessere Rahmenbedingungen zur Integration vorfinden (WBGU, 2006). Die Erfahrungen aus bereits abgeschlossenen staatlichen Umsiedlungsprogrammen (z.B. die Verlagerungen der Siedlungen Garzweiler und Großgrimma infolge des Braunkohlentagebaus oder das Projekt „Transmigrasi" in Indonesien) zeigen jedoch, dass selbst bei sorgfältiger und umsichtiger Planung, dem Bemühen der Entscheidungsträger um Sozialverträglichkeit sowie der Einsicht in die Notwendigkeit von Umsiedlung bei den betroffenen Personen, derartige Strategien beträchtliches Konfliktpotenzial haben. Auslöser für Konflikte können beispielsweise die Höhe staatlicher Kompensationszahlungen, die subjektiv wahrgenommene Bevorzugung einzelner Bevölkerungsteile, aber auch die generelle Frustration über den Verlust der Heimat sein. Zudem ist mit einer Verschärfung von Nutzungskonflikten mit der Bevölkerung in der Aufnahmeregion zu rechnen (Scholz, 1992; Berkner, 2000, 2001; Hansen, 2003; WBGU, 2005; ADB, 2007). Die sorgfältige Abwägung von Sicherheitsrisiken mit den Bedürfnissen der lokalen Bevöl-

kerung ist daher im Rahmen staatlicher Umsiedlungsprogramme unabdingbar (Kap. 9.3.4).

Umweltmigration als Folge schleichender Umweltdegradation

- *Integration in den Zielregionen der Umweltmigranten:* Bei der Steuerung von Umweltmigranten, die dauerhaft aus ihren Herkunftsregionen abwandern, sind Maßnahmen zur Integration in der Zielregion entscheidend. Hierzu gehört beispielsweise der legale Zugang zu Beschäftigung. Der Dialog mit lokalen Gemeinden trägt dazu bei, ökonomische und soziale Spannungen frühzeitig zu erkennen und abzubauen. Beispiele belegen zudem, dass gewalttätige Ausschreitungen häufig durch den Mangel entstehen, kulturelle Unterschiede zwischen der lokalen Bevölkerung und den Einwanderern wahrzunehmen und als Bestandteil der Integrationspolitik einzubeziehen. Auch hier können Regierungen Einfluss nehmen: So wirken Maßnahmen, die der Diskriminierung von Einwanderern vorbeugen, wie die Erleichterung des Zugangs zu öffentlichen Dienstleitungen und gesellschaftlichen Aktivitäten, konfliktmindernd. Aber auch das Setzen rechtlicher Rahmenbedingungen, welche es den Einwanderern ermöglichen, mittelfristig die Staatsbürgerschaft zu erhalten, helfen die Integration zu erleichtern. Die Gefahr ethnischer Spannungen wird nicht zuletzt durch die Gewährung von Minderheitenrechten, einschließlich einer entsprechenden Ausgestaltung des Wahlsystems und föderaler Strukturen, verringert, wobei begleitende Maßnahmen zur Integration und zur Förderung der Toleranz der lokalen Bevölkerung unabdingbar sind, d. h. politisch aktiv gefördert werden sollten.
- *Multilaterale Koordinierung:* Findet Umweltmigration grenzüberschreitend statt, sollten Rahmenbedingungen geschaffen werden, welche die illegale Zuwanderung verhindern. Die politische Annäherung der betroffenen Herkunfts- und Empfängerländer kann dazu beitragen, mögliche Spannungen abzubauen. So können im Rahmen internationaler Zusammenarbeit Strategien wie die Gewährung von Aufnahmekontingenten ausgearbeitet werden.
- *Rückkehrvereinbarungen mit Umweltmigranten:* Ein besonderes Augenmerk nationaler und internationaler Politik muss nicht zuletzt auf der Rückführung von Umweltmigranten liegen. Insbesondere sollten Eigentums- und Nutzungsansprüche durch die staatlichen Behörden geregelt werden, vor allem dann, wenn Umweltmigranten erst nach vielen Jahren in ihre Ursprungsregionen zurückkehren. Hierdurch stellt sich regelmäßig die Notwendigkeit von Schlichtungsmechanismen ein. Diese sollten durch die Bereitstellung von Mediationsverfahren primär auf eine konsensuale Beilegung von Streitigkeiten hinwirken, den Beteiligten subsidiär aber auch den Zugang zu Gerichten ermöglichen. Bei der Rückkehr in frühere Konfliktgebiete helfen Rückkehrvereinbarungen, die im Dialog mit den ehemaligen Konfliktparteien ausgearbeitet werden, potenziell konfliktauslösenden Faktoren zielgerichtet entgegenzuwirken.

6.5.4.3
Unterstützung von Entwicklungsländern

Derzeit findet Migration hauptsächlich innerhalb und zwischen Entwicklungsländern statt, und auch im Hinblick auf Umweltmigration scheint sich dies zu bestätigen (Clark, 2006). Aufgrund unzureichender Infrastruktur, dem Mangel an politischer und ökonomischer Stabilität und geringer ökonomischer Leistungsfähigkeit sind Entwicklungsländer besonders konfliktanfällig. Um die oben beschriebenen Maßnahmen zur Bewältigung von Umweltmigration in diesen Ländern umsetzen zu können, bedarf es der Koordination und Finanzierung durch internationale Geber. Als Diskussionsforum könnte hierzu der 2001 durch die Internationale Organisation für Migration ins Leben gerufene internationale Dialog über Migration dienen (IOM, 2001). Der Dialog könnte auch eine geeignete Plattform sein, im Rahmen dessen ein fairer und effizienter Lastenausgleich zwischen von Umweltmigration betroffenen und nicht betroffenen Ländern organisiert werden könnte (Kap. 10.3.4.3).

Eine besondere Herausforderung stellt der Umgang mit Umweltmigranten dar, die im eigenen Land vertrieben werden und somit im weiteren Sinn der Kategorie der Internally Displaced Persons (IDPs) zuzuordnen sind. IDPs genießen, selbst wenn sie Opfer innerer Unruhen und bewaffneter Auseinandersetzungen sind, im Vergleich zu grenzüberschreitenden Flüchtlingen einen lediglich lückenhaften völkerrechtlichen Schutz (Geißler, 1999; Phuong, 2004). Die internationale Gemeinschaft kann in diesen Fällen nur ergänzend zu staatlichen Maßnahmen tätig werden, wenn betroffene Regierungen den Schutz der intern Vertriebenen nicht selbst gewährleisten können. Die führende Rolle bei der Betreuung von IDPs kommt dem UNHCR zu. Im Sinn eines kooperativen Ansatzes wird es dabei durch andere UN-Organisationen und beteiligte NRO (so insbesondere das Internationale Rote Kreuz und die Internationale Organisation für Migration) unterstützt (Phuong, 2004; OHCHR, 2006; UNHCR, 2006a). Allerdings steht die verbindliche Zuweisung von Verantwortlichkeiten im Rahmen internationaler Vereinbarungen bisher noch aus. Um den drängenden Problemen interner Umweltmigration künftig gerecht werden zu können, sollten diese Regelungslücken im Rahmen internationaler Verhandlungen geschlossen werden.

Wirtschaftliche und soziale Entwicklung stellt an sich eine effektive Strategie zur Prävention von Umweltmigration dar, weil hierdurch die Anpassungsfähigkeit von Ländern an Umweltveränderungen gestärkt, die institutionelle Steuerungsfähigkeit von Migrationsbewegungen erhöht und damit die Anfälligkeit gegenüber Sicherheitsrisiken durch Umweltmigration gesenkt wird. Zudem sollte die stärkere Verzahnung von Entwicklungs-, Umwelt- und Migrationspolitik vorangetrieben werden. Hierdurch könnten miteinander verknüpfte Problemstellungen leichter identifiziert und Synergieeffekte bei der Wahl geeigneter Instrumente genutzt werden (WBGU, 2005; Kap. 10.3.4.3).

6.5.4.4 Völkerrechtliche Instrumente

Das Problem umweltbedingter Migration erfordert angesichts des zu erwartenden Anstiegs der Zahl der Betroffenen und weil sich Migration zunehmend länderübergreifend vollzieht, dringend völkerrechtliche Regelungen (Kap. 10.3.3.3). Weil Umweltmigranten nicht in den Schutzbereich der Genfer Flüchtlingskonvention fallen, aber das bestehende völkerrechtliche Flüchtlingsregime nicht aufgebrochen werden sollte, müssen die erforderlichen Maßnahmen außerhalb des existierenden Flüchtlingsregimes erfolgen. Am sachgerechtesten dürfte es dabei sein, die Regelung der Rechtsstellung von Umweltmigranten durch die Entwicklung einer besonderen, bereichsübergreifenden multilateralen Konvention anzustreben.

Im Rahmen eines künftigen Schutzregimes zugunsten von Umweltmigranten sollten im Sinn eines Mindeststandards die folgenden Aspekte berücksichtigt werden, jeweils unter Einbezug der gesamten internationalen Gemeinschaft: Anerkennung von Umweltschäden als Ursache von Umweltmigration; Schutz von Umweltmigranten durch die Gewährleistung zumindest vorübergehender Aufnahme; Festlegung eines Verteilungsschlüssels in Bezug auf die Aufnahme von Umweltmigranten, welcher gewährleistet, dass keine Überlastung einzelner potenzieller Aufnahmestaaten entsteht; Entwicklung eines gerechten Verteilungsschlüssels in Bezug auf die Kosten der Aufnahme; Ausgleich der finanziellen Lasten im Zusammenhang mit klimabedingten Umweltschäden.

Brennpunkte des Klimawandels: ausgewählte Regionen 7

Der WBGU identifiziert mit Blick auf die in Kapitel 5 diskutierten Zusammenhänge über die Auswirkungen der Erderwärmung eine Reihe von Regionen, in denen der Klimawandel aufgrund der ökologischen, demographischen oder sozioökonomischen Besonderheiten in den nächsten Jahrzehnten besonders große Herausforderungen mit sich bringen wird. Als Grundlage für die Bewertung der Problemlösungsfähigkeit und Konfliktanfälligkeit in den Regionen dienen dabei die Kapitel, in denen Erkenntnisse der Umweltkonfliktforschung und der Kriegsursachenforschung aufgearbeitet sowie vergangene umweltbezogene Konfliktherde identifiziert (Kap. 3), die Bedeutung fragiler Staatlichkeit und eines sich wandelnden internationalen Systems für Konfliktdynamiken erörtert (Kap. 4) sowie charakteristische, durch den erwarteten Klimawandel geprägte Konfliktkonstellationen erarbeitet wurden (Kap. 6).

Die Zusammenschau der Konfliktforschung (Kap. 3) ließ vor allem erkennen, dass erstens Umweltdegradation stets nur einer von mehreren komplex zusammenhängenden Faktoren ist, der Konflikte verstärken oder auch auslösen kann. Ob sich Umweltdegradation in Destabilisierung, Zerfall von Ordnungsstrukturen und Konflikte übersetzt, hängt von spezifischen gesellschaftlichen Rahmenbedingungen ab. Zweitens waren die Umweltkonflikte der Vergangenheit lokal begrenzt und stellten keine Herausforderung für die internationale Stabilität und Sicherheit dar. Drittens wurde deutlich, dass der Problemlösungsfähigkeit von Staaten, aber auch von gesellschaftlichen Akteuren sowohl bei der Entstehung als auch bei der Bearbeitung von Konflikten eine zentrale Bedeutung zukommt. Dabei zeichnet sich ab, dass insbesondere solche Staaten und Gesellschaften für Gewaltkonflikte anfällig sind, die durch mehrere der folgenden Merkmale gekennzeichnet sind:

- Sie befinden sich in einem politischen Übergangsprozess (d.h. sie sind weder eindeutig demokratisch, noch eindeutig autokratisch verfasst).
- Sie sind durch ein niedriges wirtschaftliches Entwicklungsniveau und starke soziale Gegensätze gekennzeichnet.
- Sie sind durch eine große Bevölkerung oder hohe Bevölkerungsdichte charakterisiert.
- Sie sind durch unwegsames Gelände gekennzeichnet oder grenzen an ein Nachbarland, in dem ein gewaltsamer Konflikt ausgetragen wird.
- Sie haben in der jüngeren Vergangenheit auf ihrem Staatsgebiet selbst gewaltsame Auseinandersetzungen erlebt.

Die genannten Merkmale führen vor allem dann häufig zu Konflikten, wenn sie in Gesellschaften auftreten, die über schwache staatliche Strukturen und Kapazitäten sowie eine geringe Problemlösungsfähigkeit der gesellschaftlichen Akteure verfügen.

Die Ausführungen zu fragiler Staatlichkeit und Governance sowie zu wahrscheinlichen Turbulenzen im internationalen System machen darüber hinaus deutlich, dass nationale wie internationale Akteure auf die bevorstehenden Herausforderungen kaum vorbereitet sind (Kap. 4). Es muss insbesondere davon ausgegangen werden, dass der klimabedingte, wachsende Problemdruck solche Staaten, die schon heute als schwach oder fragil gelten, in der Wahrnehmung der zentralen Governance-Funktionen vollends überfordern wird. Die derzeitige Global-Governance-Architektur verfügt indes nicht über die notwendigen Kapazitäten, um dieser Problematik wirksam zu begegnen.

Die in Kapitel 6 dargestellten Konfliktkonstellationen veranschaulichen, wie sich aus dem Wechselspiel unterschiedlicher naturräumlicher, politischer und sozioökonomischer Faktoren Konflikte entwickeln können. Derartige Konflikte können grundsätzlich die menschliche Sicherheit gefährden, zur Destabilisierung von Gesellschaften bis hin zum Staatszerfall beitragen, die Gewaltneigung sowohl innerhalb als auch zwischen Staaten erhöhen sowie zu grenzüberschreitender Unsicherheit führen. In diesem Sinn hat der WBGU den klimabedingten Rückgang der Süßwasserverfügbarkeit, den klimabedingten Rückgang der Nahrungsmittelproduktion, die klimabedingte Zunahme von Sturm- und Flutkatastrophen sowie umweltbedingte Migration als zukünftig wahrscheinliche Konfliktkonstellationen identifiziert.

Weil diese Konfliktkonstellationen in verschiedenen Weltregionen in unterschiedlicher Häufung und Intensität auftreten können, werden nun in diesem Kapitel die regionalspezifischen Auswirkungen der Klimaänderungen mit ihren Folgen auf Naturraum und menschliche Nutzung beschrieben. Daran anschließend wird jeweils die politische und sozioökonomische Situation erörtert, um zu einer Einschätzung der jeweiligen Problemlösungsfähigkeit und Konfliktanfälligkeit zu gelangen.

Es sollte an dieser Stelle noch einmal betont werden, dass der WBGU klimainduzierte Konflikte etwa ab Mitte der 2020er-Jahre für denkbar hält, wenn der Klimawandel ungebremst voranschreiten sollte. Die Sozialwissenschaften verfügen nicht über Instrumentarien, um gesellschaftliche Entwicklungen über so lange Zeiträume verlässlich zu prognostizieren. Die folgende Analyse konzentriert sich daher auf gegenwärtige Entwicklungen in den ausgewählten Regionen und erarbeitet darauf aufbauend im Sinn einer Risikoanalyse plausible Entwicklungstrends. Der WBGU behauptet nicht, dass die skizzierten Trends so eintreten müssen. Präventive Sicherheits- und Entwicklungspolitik ist jedoch darauf angewiesen, auch auf der Grundlage unsicheren, aber möglichst soliden Wissens Zukunftsentscheidungen zu treffen.

Die hier vorgestellte Darstellung der Regionen ist nicht vollständig, sondern identifiziert mit Blick auf erwartete Klimaänderungen und konkrete regionale Entwicklungen eine Auswahl besonders gefährdeter Regionen. Der WBGU impliziert damit keineswegs, dass der Klimawandel in anderen Regionen zukünftig keine sicherheitsrelevanten Auswirkungen haben kann. Im Gegenteil sind auch in einer Reihe hier nicht behandelter Regionen erhebliche gesellschaftliche Auswirkungen des Klimawandels zu erwarten. Allerdings scheint es aus heutiger Sicht zumindest in den westlichen Industriestaaten (z. B. in Australien, den USA oder Mitteleuropa) wenig wahrscheinlich, dass daraus in den kommenden 20–30 Jahren Sicherheitsprobleme im Sinn gewaltsam eskalierender Konflikte erwachsen könnten. Im Gegensatz dazu ist in notorisch konfliktbeladenen Regionen wie z. B. dem Nahen und Mittleren Osten oder dem Horn von Afrika offensichtlich, dass die zu erwartenden klimabedingten Stressfaktoren eine politische Entspannung zusätzlich erschweren werden. Das Gutachten will aber vor allem diejenigen Regionen ins Blickfeld sicherheitspolitischer Erwägungen rücken, die bisher nicht hinreichend Beachtung fanden.

7.1 Arktis und Subarktis

7.1.1 Klimawirkungen auf Naturraum und menschliche Nutzung

Der Klimawandel führt in der Arktis zu einer starken Erwärmung. Dies hat das Auftauen der Permafrostböden der arktischen Tundra sowie das Schmelzen der Gletscher und des Meereises zu Folge.

Die Arktis ist geographisch nicht eindeutig festgelegt, wird aber meist als die Region nördlich des Polarkreises definiert. Alternativ werden häufig klimatische (10°-Juli-Isotherme) und vegetationsgeographische Kriterien (Baumgrenze) zur Eingrenzung der Region verwendet. Hier umfasst die Region das Nordpolarmeer und Teile angrenzender Meere einschließlich der zahlreichen Inseln und der angrenzenden Teile des nordamerikanischen, europäischen und asiatischen Festlands. Die Subarktis umfasst die südlich an die Arktis angrenzende Klimazone der borealen Nadelwälder.

Die für das Jahr 2100 erwartete Erhöhung der jährlichen Mitteltemperatur in der Arktis ist für das A1B-Szenario mit 2,8–7,8 °C (Mittelwert 5 °C) ungefähr doppelt so hoch wie im globalen Mittel (ACIA, 2005; IPCC, 2007a). Dabei ist die Erwärmung im Winter mit 4,3–11,4 °C deutlich stärker als im Sommer (1,2–5,3 °C). Der erwartete Temperaturanstieg steht in guter Übereinstimmung mit den in der zweiten Hälfte des 20. Jahrhunderts gemessenen Temperaturtrends. Die erwartete Erwärmung geht mit einer Erhöhung der jährlichen Niederschlagsmenge um 10–28 % einher (IPCC, 2007a).

Die Auswirkungen dieser starken Klimaerwärmung lassen sich bereits heute beobachten und werden sich bei ungebremstem Klimawandel in den nächsten Jahrzehnten weiter verschärfen (ACIA, 2005). Das Auftauen der Permafrostböden der arktischen Tundra, die schrumpfende Eisbedeckung des Polarmeers sowie das Schmelzen der Gletscher und Eisschilde in der Region können den globalen Klimawandel durch die stärkere Absorption von Sonnenstrahlung nicht vereister Oberflächen sowie durch die Freisetzung von Methan sowohl aus den Permafrostböden als auch aus den Methanhydratvorkommen am Meeresboden zusätzlich verstärken. Außerdem trägt das Abschmelzen der arktischen Gletscher und Eisschilde zum Ansteigen des Meeresspiegels bei (IPCC, 2007b). So schätzt der WBGU (2006), dass bei einer Stabilisierung der globalen Erwärmung bei 3 °C über dem vorindustriellem Wert der Grönländische Eisschild bis zum Jahr 2300 0,9–1,8 m zum Anstieg des Meeresspiegels beitragen wird.

Der Rückgang des arktischen Meereises führt zu einer zunehmenden Küstenerosion durch Wellenschlag und Stürme, die durch den Anstieg des Meeresspiegels und das Auftauen der Permafrostböden noch verstärkt wird. Dadurch kommt es zu einer Gefährdung küstennaher Siedlungen. Zudem steigt das Risiko von Geröllawinen und Schlammfluten. Die Erwärmung führt außerdem zu einer Verschiebung der Vegetationszonen nach Norden, die aber durch das Nordpolarmeer begrenzt ist. Diese Verschiebung hat Auswirkungen auf zahlreiche arktische Tier- und Pflanzenarten. Ebenso werden die traditionellen Verbreitungsgebiete der wichtigsten Fischbestände durch die Erwärmung der Arktis beeinflusst (ACIA, 2005; WBGU, 2006). Schließlich könnten die starke Erwärmung durch Hitze- und Wasserstress, die Ausbreitung von Schädlingen sowie häufigere Waldbrände zu einer nachhaltigen Schädigung der borealen Nadelwälder der Subarktis führen (IPCC, 2007b).

7.1.2 Politische und wirtschaftliche Situation in der Region

Die größten Landgebiete der Arktis erstrecken sich über das nördliche Skandinavien, Russland, den US-Bundesstaat Alaska und Kanada sowie die größeren Inseln wie Grönland, Island, Spitzbergen, Nowaja Semlja und die zahlreichen Inseln des Kanadischen Archipels. Politisch ist die Arktis in mehrere Sektoren aufgeteilt, die von Russland, den USA, Norwegen und Dänemark beansprucht werden. In der hier betrachteten Region leben etwa 4 Mio. Menschen. Davon zählen etwa 10 % zu indigenen Völkern, wobei dieser Anteil subregional über 50 % hinaus gehen kann, z.B. in Teilen der kanadischen und grönländischen Arktis (ACIA, 2005). Insgesamt ist die Region sehr dünn besiedelt. In den arktischen Regionen Alaskas, Kanadas und Grönlands gibt es nur wenige größere Siedlungen. In Skandinavien und Russland hingegen gibt es einige größere Städte, wie z.B. Murmansk und Norilsk in Russland und Tromsø in Norwegen. Auch die isländische Hauptstadt Reykjavík ist ein für die Region wichtiges urbanes Zentrum.

Basierend auf dem Index für menschliche Entwicklung (Human Development Index – HDI) des Entwicklungsprogramms der Vereinten Nationen werden alle Länder der Region – mit Ausnahme von Russland – als hochentwickelt eingestuft (UNDP, 2006). Zwar bestehen gerade in den arktischen Landgebieten Entwicklungsdefizite und einseitige, auf Rohstoffausbeutung konzentrierte Ökonomien, die teilweise Governance-Probleme aufweisen. Die politische Situation der Region ist aber insgesamt stabil. Die wirtschaftlichen Aktivitäten in der Region umfassen in erster Linie den Fischfang und die Förderung bzw. den Abbau umfangreicher Vorkommen wichtiger Rohstoffe, darunter u.a. Erdöl, Erdgas, Eisenerz, Nickel, Zink, Kohle, Uran, Zinn, Diamanten, Gold und Kryolith.

Das Auftauen der Permafrostböden wirkt sich erheblich auf die Struktur von Wohnsiedlungen und deren Ver- und Entsorgung sowie auf die Sektoren Bergbau und Verkehr aus. Transporte werden auf den aufgeweichten Böden zunehmend schwieriger. So wurde in Alaska in den letzten 30 Jahren bereits die Zahl der Tage, in denen das Befahren der Tundra erlaubt ist, von 200 auf 100 gesenkt (ACIA, 2005). Küstennahe Industrieanlagen, wie die für den Export von Bodenschätzen wichtigen Häfen, sind zunehmend durch Küstenerosion gefährdet. Wirtschaftliche Aktivitäten könnten daher durch die Klimaveränderung zunehmend eingeschränkt werden.

Der Klimawandel bietet der Region aber auch Chancen. Wenn sich das Polareis immer weiter zurückzieht, werden die Ausbeutung natürlicher Ressourcen erleichtert und neue Schifffahrtsrouten möglich. Auch eine Ausweitung oder Verbesserung landwirtschaftlicher Nutzflächen wird oft diskutiert. Sie wird aber durch die geringe Qualität der Böden, die Entwicklung der Niederschläge, mangelnde Infrastruktur, den geringen Umfang des lokalen Marktes und die großen Entfernungen zu potenziellen größeren Absatzmärkten begrenzt (ACIA, 2005). Neue Chancen können sich allerdings auch als potenzielle Konfliktquellen entpuppen: Mit der neuen Schiffbarkeit drohen ökologische Probleme, wie z.B. die steigende Gefahr von Tankerunfällen, die in der Arktis aufgrund des langsamen Abbaus von Ölteppichen zu ungleich schwerwiegenderen Schäden führt als andernorts. Gewarnt wird auch vor neuen sozialen und sicherheitspolitischen Gefahren aufgrund potenzieller Konflikte um frei werdende Bodenschätze (Herrmann, 2006). Die bis in die Sowjetzeit zurückreichenden Auseinandersetzungen zwischen Russland und Norwegen um die Barentssee zeigen, dass das Risiko von Ressourcenkonflikten als durchaus plausibel einzuschätzen ist (du Castel, 2005).

Die in der Region lebende Bevölkerung ist damit auf vielfältige Weise von den Klimafolgen betroffen. Besonders gilt dies für die indigene Bevölkerung. Durch das klimabedingte Abschmelzen der Meereisdecke und die Veränderung der Tierpopulationen sowie durch die größere Variabilität der Witterung wird nicht zuletzt die traditionelle Jagd schwieriger, was gravierende Auswirkungen auf die kulturelle Identität der indigenen Völker hat (Bangert et al., 2006).

7.1.3 Schlussfolgerungen

Arktis und Subarktis gehören zu denjenigen Regionen, die vom Klimawandel besonders stark betroffen sind. Die starke Erwärmung und das dadurch verursachte Auftauen der Permafrostböden sowie das Schmelzen der Gletscher und des Meereises haben nicht nur negative Auswirkungen auf die Umwelt, sondern auch auf Wirtschaft und Gesellschaft. Umsiedlungen von Bewohnern gefährdeter Küstenregionen sowie zwischenstaatliche Auseinandersetzungen um Gebietsansprüche und Bodenschätze könnten zukünftig zu Konflikten führen. Da die betroffenen Regionen aber sehr dünn besiedelt sind, überwiegend in politisch und wirtschaftlich stabilen Staaten liegen und bereits verschiedene Formen regionaler Zusammenarbeit bestehen, schätzt der WBGU die sicherheitspolitische Bedeutung der Arktis insgesamt als gering ein.

7.2 Südeuropa und Nordafrika

7.2.1 Klimawirkungen auf Naturraum und menschliche Nutzung

Die Hauptfolge des Klimawandels im mediterranen Raum ist eine zunehmende Trockenheit. Die Auswirkungen auf die landwirtschaftlichen Erträge können regional beträchtlich sein, in Ägypten könnte es z. B. bis 2050 zu einem Rückgang der Sojaproduktion um fast 30 % kommen (IPCC, 2007b). Bis zum Jahr 2100 wird durch den Klimawandel für Nordafrika ein Rückgang der Agrarproduktion entsprechend 0,4–1,3 % des BIP als wahrscheinlich angesehen (IPCC, 2007b).

In Südeuropa und in den Küstengebieten der nordafrikanischen Staaten herrscht mediterranes Klima. Während das subtropische Hochdruckgebiet für heiße, trockene Sommer sorgt, werden die Winter mit kühler, regnerischer Witterung von der sich südwärts verlagernden Westwindzone geprägt. Die küstenfernen Gebiete Nordafrikas liegen im Bereich des Nordostpassats und weisen ein heißes, trockenes Wüstenklima auf. Die Temperaturen im Mittelmeergebiet werden nach Modellrechnungen unter Verwendung des A1B-Szenarios bis Ende des Jahrhunderts gegenüber der Periode 1980–1999 um 2,2–5,1 °C (Mittelwert 3,4 °C) ansteigen, was geringfügig über der durchschnittlichen globalen Erwärmung liegen dürfte (IPCC, 2007a). Modellrechnungen ergeben die höchste Erwärmung im Sommer bei allerdings größeren Temperaturschwankungen, im Winter ist die Temperaturvariabilität geringer (Giorgi und Bi, 2005). Der prognostizierte Anstieg des Meeresspiegels kann Küstenregionen bedrohen, hier ist insbesondere das Nildelta zu nennen.

In den letzten 50 Jahren waren die Winterniederschläge im Mittelmeerraum rückläufig, was auf einen Trend der Nordatlantischen Oszillation zurückgeführt wird (Xoplaki et al., 2004; Scaife et al., 2005). Die größten Niederschlagsrückgänge werden in Zukunft im Sommer erwartet. Die durchschnittliche jährliche Niederschlagsrate dürfte bis Ende des Jahrhunderts in Südeuropa um 4–27 % und in Nordafrika um durchschnittlich 20 % abnehmen. Durch die zukünftig höheren Temperaturen wird die Verdunstungsrate des im Boden vorhandenen Wassers zunehmen und die bereits heute in vielen Ländern Südeuropas und Nordafrikas beobachtete sommerliche Wasserknappheit verschärfen (IPCC, 2007b). Auch Flüsse sind betroffen: Die saisonalen Unterschiede ihrer Wasserführung werden größer, mit höheren Wasserständen im Winter und niedrigeren im Sommer, wenn die Wassernachfrage am größten ist (Santos et al., 2002). Dieser sich verschärfende Wassermangel hat besonders negative Auswirkungen auf die land- und forstwirtschaftlichen Erträge und auf die Stromerzeugung durch Wasserkraft (IPCC, 2007b).

Die erwarteten klimatischen Trends werden in Südeuropa aber nicht nur die Bodenaustrocknung beschleunigen, sondern auch die Gefahr der Winderosion erhöhen und zu Feuern und Waldbränden führen, was die Vegetationsdecke weiter in Mitleidenschaft ziehen wird. Schleichend kann so eine Vegetationsverschiebung von Wald zu Buschland entstehen (Mouillot et al., 2002). Eine solche ökosystemare Veränderung wird sich wiederum auf die Wasserhaltekapazität und Bodenqualität, den Kohlenstoffkreislauf und das lokale Klima auswirken. Die Verstärkung der Sommertrockenheit und die daher abnehmende Bodenfeuchte wird die durch unangepasste Land-, Forst- und Viehwirtschaft verursachte Bodendegradation (Kap. 5.4) weiter vorantreiben, so dass sich ohne nachhaltigere Bewirtschaftungsmaßnahmen die Übernutzung der mediterranen Böden weiter verschärfen dürfte. Einer Erhöhung der Produktivität durch Bewässerung, um auf die Trockenheit und insbesondere auf zukünftige Extremperioden zu reagieren, muss mit großer Vorsicht begegnet werden: die Wasserressourcen sind bereits heute knapp und bei übermäßiger Bewässerung ist mit Versalzung zu rechnen. Schon heute sind die Böden in großen Teilen Spaniens und in einzelnen Regionen Italiens und Griechenlands versalzen (MA, 2005a). Setzt sich dieser Trend fort, kann das zu Desertifikation und zum Verlust dieser Böden für die landwirtschaftliche Nutzung führen.

Die Ausgangssituation der nordafrikanischen Mittelmeeranrainer ist bereits heute schlechter als die ihrer südeuropäischen Nachbarn: In weiten Teilen Algeriens, Libyens und Ägyptens und regional in Marokko und Tunesien droht eine rasche Zunahme der schon heute großflächig auftretenden Bodenversalzung. Die Böden sind aufgrund von Überweidung, Entwaldung und nicht nachhaltiger Bewässerungspraxis stark erodiert. Die Vegetationsdecke ist sehr lückenhaft und droht sich weiter zu verringern. Folgen sind dann erneut geringere Luftfeuchte und weniger Niederschläge, ein sich selbst verstärkender Kreislauf. Bewässerung der Landwirtschaftsflächen mit fossilem Grundwasser ist keine nachhaltige Lösung, die aus diesem Teufelskreis herausführt. Nach den IPCC-SRES-Szenarien wird der Oberflächenabfluss in Nordafrika bis 2050 signifikant abnehmen (Arnell, 2004). Es ist zu erwarten, dass sich die Geschwindigkeit der Bodendegradation, die bereits heute in Ägypten als schnell eingestuft wird, im gesamten nordafrikanischen Gebiet weiterhin erhöht (Oldeman et al., 1991). Letztlich ist die Gefahr der Desertifikation in allen Staaten, vor allem aber an den nördlichen Rändern der Sahara vorhanden (USDA, 1998; MA, 2005a). Es wird daher deutlich, wie zukünftige klimatische Veränderungen die bereits heute nicht nachhaltige Landnutzung weiter unter Druck setzen werden.

7.2.2 Politische und wirtschaftliche Situation in der Region

Südeuropa, d.h. Portugal, Spanien, Frankreich, Italien und Griechenland (die Balkan-Region wird hier ausgespart), und Nordafrika, d.h. Marokko, Algerien, Tunesien, Libyen und Ägypten, unterscheiden sich deutlich in ihrer Verwundbarkeit und Problemlösungsfähigkeit. Die südeuropäischen Länder sind konsolidierte Demokratien mit funktionierenden Governance-Strukturen, die überdies in die Europäische Union eingebunden sind. Demgegenüber regieren in Nordafrika weitgehend autokratische Regime, die sich in einer politischen Übergangsphase befinden (Jacobs und Mattes, 2005; Kaufmann et al., 2006). Nach Schneckener (2004) handelt es sich bei allen nordafrikanischen Ländern um schwache Staaten, d. h. Staaten, deren Gewaltmonopol (noch) weitgehend gewährleistet ist, die aber teils erhebliche Defizite bei der Wohlfahrts- und Rechtsstaatsfunktion aufweisen (Kap. 4.2). Hinzu kommen eine virulente Konfliktgeschichte (z.B. Bürgerkrieg in Algerien, Nachbarschaftskonflikte in Marokko), periodisch auftretende soziale Ausschreitungen, eine gewaltbereite Opposition sowie radikalisierte fundamentalistisch-religiöse Bewegungen. Diese Situation schafft vielfältige Probleme für die Sicherheit der Menschen und die Stabilität und Problemlösungsfähigkeit der nordafrikanischen Mittelmeeranrainer.

Diese regionalen Diskrepanzen spiegeln sich auch in der wirtschaftlichen und sozialstaatlichen Leistungsfähigkeit wider. In den südeuropäischen EU-Staaten beträgt das jährliche Pro-Kopf-Einkommen 19.000–29.000 US-$, in den nordafrikanischen Ländern dagegen nur 4.000–7.500 US-$ (in Kaufkraftparitäten; World Bank, 2006a). Die Länder der Europäischen Union verfügen über etablierte marktwirtschaftliche Strukturen, sozialstaatliche Netze und supranationale Ausgleichssysteme wie den Europäischen Strukturfond. Neben den weitgehend etablierten staatlichen Mechanismen, die im Fall von Dürre oder Überschwemmungen Wissen und finanzielle Mittel bereitstellen können, besteht ein weit verzweigtes Netz privater Versicherungen und die Möglichkeit europäischer Beihilfen z.B. über den Europäischen Katastrophenfonds.

Für die südlichen Anrainer des Mittelmeers ergibt sich ein anderes Bild. Hier bestehen erhebliche ökonomische Entwicklungsdefizite. Einzelne Länder wie Algerien verfügen zwar über wertvolle fossile Rohstoffvorkommen, gleichzeitig sind die nordafrikanischen Gesellschaften jedoch von Armut, hoher Jugendarbeitslosigkeit, großen sozialen Diskrepanzen und einem wenig etablierten staatlichen sozialen Netz geprägt. Der Index für menschliche Entwicklung zeichnet lediglich für Libyen ein besseres Bild (UNDP, 2006). Regionale Integrationsbemühungen zwischen den nordafrikanischen Staaten – alle Staaten sind Mitglieder der arabischen Liga – erwiesen sich bisher als weitgehend erfolglos, so dass keine belastbaren institutionalisierten Strukturen bestehen. Auch im Rahmen der Euro-Mediterranen Partnerschaft (Barcelona-Prozess) spielen Fragen des Klimawandels und der Auswirkungen für die Region bisher kaum eine Rolle (Brauch, 2006).

Sowohl in Südeuropa als auch in Nordafrika besteht eine relativ hohe Abhängigkeit der Wirtschaft von klimasensiblen Sektoren. So liegt beispielsweise der Anteil der Landwirtschaft am BIP in Griechenland bei 7–8 % (World Bank, 2006a), der Anteil des Tourismus als weiterer wasserintensiver Sektor in Spanien bei 9 % (Chatel, 2006). Außerdem spielt Wasserkraft in Südeuropa bei der Energieerzeugung eine relativ wichtige Rolle. Damit sind auch die europäischen Volkswirtschaften mit ihren ressourcenintensiven Bewirtschaftungssystemen und bestehenden ökologischen Problemen anfällig für die erwarteten Klimawirkungen (WWF, 2006; IPCC, 2007a). Der durch Wasserknappheit, Bodenerosion und Versalzung verursachte Wegfall von Weide- und Ackerland ist für die Länder südlich des Mittelmeers jedoch wesentlich gravierender. So ist z.B. in Marokko und Ägypten ein weitaus größerer Anteil der Bevölkerung direkt in der Landwirtschaft beschäftigt (44 % bzw. 28 %) und der Anteil des Agrarsektors am BIP ist mit 15 % höher (World Bank, 2006a). Die Tourismusindustrie trägt dort knapp 8 % zum BIP bei. Steigende Wasserknappheit verschärft zudem die Nutzungskonkurrenz zwischen Tourismus, Landwirtschaft und Trinkwasserversorgung. Die Mittel und Institutionen für Schutz- und Anpassungsmaßnahmen, z.B. für ein effizienteres Wassermanagement, sind kaum vorhanden.

Die klimabedingten Umweltveränderungen werden vor allem in Verbindung mit der demographischen Entwicklung zum Problem: Schätzungen gehen davon aus, dass die Bevölkerung in Nordafrika und im östlichen Mittelmeerraum bis 2025 um 40 % wächst und sich die Gesamtbevölkerung um 95 Mio. Menschen erhöht, wovon 31 Mio. zusätzlich im Küstengebiet leben werden (Brauch, 2006). Der stagnierenden landwirtschaftlichen Produktion wird daher bis 2025 eine stetig wachsende Bevölkerung gegenüber stehen. Ein Faktor, der den Bevölkerungsdruck weiter verstärkt, ist die Migration von Menschen aus dem Sahelgebiet. Die nordafrikanischen Länder sind Ziel- und Durchgangsgebiet für Migranten, was in der Vergangenheit schon zu gewaltsamen Konflikten geführt hat (Kap. 6.5).

Da bereits heute die starke Übernutzung zentraler Ressourcen wie Wasser und Böden die Ernährungssicherheit der Region beeinträchtigt, könnten in Zukunft durch Klimawandel bedingte Dürren den Rückgang der Nahrungsmittelproduktion weiter beschleunigen. 1984 haben Dürrekatastrophen und Missernten in Marokko in Verbindung mit einer Erhöhung der Brotpreise zu gewaltsamen Unruhen geführt, die militärisch niedergeschlagen wurden (Brauch, 2006). Heute sind vor allem Ballungszentren wie Kairo, wo ein hoher Bevölkerungsdruck mit einer nicht nachhaltigen Landwirtschaft zusammen kommt, durch zukünftige Klimaereignisse besonders verwundbar. Ein Anstieg des Meeresspiegels im Mittelmeer um 50 cm würde beispielsweise dazu führen, dass Salzwasser 9 km weit in die Küstenaquifere des Nildeltas eindringen könnte. Dies hätte Auswirkungen für den Agrarsektor (Versalzung) und die gesamte Wirtschaft. Ägyptens Trink- und Brauchwasserversorgung ist zudem zu rund 95 % vom Nilzufluss abhängig. Klimabedingte Veränderungen im Niederschlag und in der Wasserverteilung könnten zu Wasserkonflikten zwischen den zehn Anrainern des Nils führen, vor allem aber zwischen Ägypten und Äthiopien. Krisen konnten bisher über die Gründung der Nile Basin Initiative kooperativ gelöst werden (Stroh, 2005). Mit steigendem Problemdruck könnten diese Konfliktlösungsmechanismen jedoch überfordert sein (Brauch, 2006; Stern, 2006).

7.2.3 Schlussfolgerungen

Südeuropa und Nordafrika sind durch Temperaturanstieg, Niederschlagsvariabilität und Meeresspiegelanstieg in Verbindung mit bestehenden Umweltproblemen stark vom Klimawandel betroffen. Beide Großregionen unterscheiden sich jedoch deutlich im Hinblick auf ihre Verwundbarkeit und Problemlösungsfähigkeit. Umweltveränderungen wie Dürre- und Hitzewellen werden in absehbarer Zeit in Südeuropa voraussichtlich kaum zu gewaltsamen Auseinandersetzungen führen. Eine relativ hohe wirtschaftliche und soziale Leistungskraft sowie Unterstützung seitens der EU werden die Auswirkung mildern und langfristige Anpassung ermöglichen. Die nordafrikanischen Staaten hingegen sind weitaus verwundbarer, weil ihre Umweltsituation im Vergleich zu Südeuropa deutlich schlechter ist und ihre Gesellschaften über wenig Problemlösungskapazität verfügen. Das Zusammenspiel von hohem Bevölkerungswachstum, der kritischen Bedeutung der Landwirtschaft für Wirtschaft und Gesellschaft, schwachen Governance-Kapazitäten und bereits bestehenden gesellschaftlichen Konflikten machen die in politischen Reformprozessen befindlichen Staaten besonders anfällig für die Folgen des Klimawandels. Mit zunehmender Verknappung der nutzbaren Böden und Wasserressourcen und weiterhin nicht nachhaltigen Bewirtschaftungsmethoden werden Verarmungsprozesse durch Desertifikation zunehmen und das Risiko für innerstaatliche regionale und lokale Wasser- und Bodenkonflikte in allen Ländern Nordafrikas steigen (Brauch, 2006).

Dies birgt jedoch nicht nur innerstaatliches Destabilisierungspotenzial, sondern kann Konsequenzen für die Stabilität der gesamten Region haben. Eine Folge des Klimawandels wird die weitere Abwanderung aus den ländlichen Gebieten in die Städte und eine Migration über die Staaten Nordafrikas in die EU-Länder sein. Migrationsfragen werden deshalb weiter an Brisanz gewinnen, was gerade in den südeuropäischen Ländern Konflikte mit Gewaltpotenzial auslösen könnte (z.B. die Jugendunruhen in Frankreich 2005). Wasserkonflikte, im Extremfall auch gewaltsame zwischenstaatliche Auseinandersetzungen, sind auf lange Sicht, d.h. nach 2025/30, zwischen Ägypten und einzelnen Staaten des Nilbeckens nicht auszuschließen, wenn die Wasserzufuhr für Ägypten durch Maßnahmen der Oberanlieger signifikant gesenkt und damit die Überlebensfähigkeit Ägyptens gefährdet werden sollte (Brauch,

2006). Die sicherheitspolitischen Konsequenzen einer solchen Eskalation könnten weit über die Region hinaus zu spüren sein.

7.3 Sahelzone

7.3.1 Auswirkungen des Klimawandels auf Naturraum und menschliche Nutzung

Während derzeitige Klimamodelle eine klare Erwärmung der Sahelzone erwarten lassen, gibt es keine verlässlichen Vorhersagen über die künftige Veränderung der mittleren Niederschläge in der Sahelzone. Es muss mit einer zunehmenden Trockenheit und somit einer Ausweitung der von Dürre betroffenen Gebiete gerechnet werden.

Als Sahelzone bezeichnet man den semiariden, von West nach Ost verlaufenden Streifen, der die Saharawüste im Norden von der südlich anschließenden Savanne trennt und durch die Länder Senegal, Mauretanien, Mali, Burkina Faso, Niger, Nigeria, Tschad und Sudan verläuft. Bereits heute ist die Sahelzone eine der am häufigsten von Dürren betroffenen Regionen Afrikas. Zwischen 1950 und 1980 gab es im Sahel einen starken Trend in Richtung Trockenheit, der anschließend zum Teil wieder aufgehoben wurde, ohne dass allerdings die Niederschlagsmengen vor 1950 wieder erreicht wurden. Dies wurde als „Ergrünung der Wüste" beschrieben. In Modellergebnissen von Held et al. (2005) stellt sich diese Beobachtung allerdings als eine Überlagerung natürlicher Variabilität über einen langfristigen anthropogenen Trend zur Austrocknung dar.

Die für einen solchen Lebensraum relativ hohen Bevölkerungsdichten und der damit verbundene Nutzungsdruck haben bereits vielerorts zu Überweidung, starker Bodendegradation und Desertifikation geführt. Die natürliche Bodenbedeckung wurde vermindert oder zerstört und so die Albedo (Rückstrahlungsvermögen) erhöht. Dies reduzierte die Verdunstung durch die geringere oder völlig fehlende Vegetationsdecke, was zu weniger Wasserdampf in der Atmosphäre und wiederum zu weniger Niederschlag führt (Schlesinger et al., 1990).

Die erwartete Erwärmung dürfte nach Klimasimulationen unter Verwendung des A1B-Szenarios bis Ende des Jahrhunderts 2,6–5,4 °C (Mittelwert 3.6 °C) betragen und damit etwas über der globalen Temperaturerhöhung liegen (IPCC, 2007a). Derzeitige Klimamodelle lassen allerdings keine verlässlichen Vorhersagen über die künftige Veränderung der mittleren Niederschläge in der Sahelzone zu. Insbesondere für die Westsahara liefern die Modelle widersprüchliche Ergebnisse, wobei einige ein erhebliches weiteres Austrocknen der Region erwarten, andere eine zunehmende Feuchtigkeit und ein Vordringen der Vegetation in die Sahara (IPCC, 2007b). Dennoch sind Szenarien mit stark zunehmender Trockenheit als mögliche zukünftige Entwicklung und somit eine Ausweitung der von Dürre betroffenen Gebiete in Betracht zu ziehen (IPCC, 2007b). Darüber hinaus zeigen Modelle für die Sahara eine erhöhte zwischenjährliche Variabilität der Niederschläge, die sich in einer Zunahme sowohl von extrem trockenen als auch von extrem feuchten Jahren zeigt (IPCC, 2007b).

Die durch den Klimawandel erwartete Erhöhung der Jahrestemperaturen bei gleichzeitig wachsender Variabilität der Niederschläge legen nahe, dass in Zukunft die Vegetationsbedeckung weiter reduziert, eine Regeneration oder Neuansiedlung der Vegetation erschwert wird und vermehrt Bodenerosion und Desertifikation auftreten (MA, 2005a). Dadurch wird sich die Gefahr von Ernteausfällen eher noch erhöhen, besonders wenn in der Bewirtschaftung keine Anpassungen vorgenommen werden.

Weitere Verluste potenziellen Ackerlandes werden nicht nur für die Sahelzone, sondern für die gesamte Region südlich der Sahara erwartet, so dass sich die Nahrungsmittelproduktion bis 2080 in manchen Ländern weiter verschlechtern wird (IPCC, 2007b). Laut MA (2005a) wird sich in Zukunft die Anzahl der Menschen, die Wasserknappheit ausgesetzt sind, pro Generation verdreifachen und zu schweren Krisen u. a. in der Nahrungsmittelproduktion führen. Als Folge könnte es sowohl zu verstärkter Binnenmigration als auch zu Migration über die betroffenen Regionen hinaus kommen (Brauch, 2006).

7.3.2 Politische und wirtschaftliche Situation in der Region

Die hohe Verwundbarkeit der Sahelzone gegenüber dem Klimawandel wird durch die große sozioökonomische Krisenanfälligkeit der Region wesentlich verstärkt. Alle Länder der Sahelzone weisen einen hohen Anteil absoluter Armut auf, gehören zu den am wenigsten entwickelten Ländern und liegen am unteren Ende des Index für menschliche Entwicklung (UNDP, 2006). Die Sahelstaaten sind zudem durch wenig entwickelte Verkehrs- und Kommunikationsinfrastrukturen, schwache Märkte, hohes Bevölkerungswachstum und schwache Governance-Kapazitäten charakterisiert (Karim und Gnisci, 2004). Entsprechend ist im internationalen Vergleich das Volumen der ausländischen Direktinvestitionen in dieser

Region sehr gering. Viele Staaten besitzen keine eigenen Seehäfen, eine Tatsache, die bei der schwachen innerafrikanischen Verkehrsinfrastruktur ein großes Hemmnis für Entwicklung darstellt und importierte Waren durch erhöhte Transportkosten verteuert.

Die unzureichende Wirksamkeit staatlichen Handelns äußert sich in vielen Ländern der Sahelzone schon heute in fehlender physischer Sicherheit (Grimm und Klingebiel, 2007). Ein funktionierendes staatliches Gewaltmonopol ist oft nicht gegeben. In den meisten gewaltsamen Auseinandersetzungen spielen nichtstaatliche Akteure wie Rebellengruppen, Warlords und traditionelle Autoritäten eine große Rolle. Der völlige Zusammenbruch staatlicher Strukturen bleibt jedoch in der Sahelzone eine Ausnahme (Somalia). Allerdings sind zahlreiche Länder der Region strukturell instabil. Fast alle Flächenstaaten, wie z.B. der Sudan, können ihr Gewaltmonopol nicht überall durchsetzen. Auch in relativ stabilen Staaten ist im ländlichen Raum nicht überall ein staatliches Gewaltmonopol gesichert. Die ökonomische und politische Handlungsfähigkeit der Sahelstaaten hängt zudem wesentlich von Außenunterstützung durch die Entwicklungszusammenarbeit ab (Grimm und Klingebiel, 2007).

Einzelne Länder dieser Zone werden bereits seit vielen Jahren von schweren Krisen, Bürgerkriegen und staatlich gestützter Gewalt beherrscht. In der sudanesischen Provinz Darfur findet seit Jahren ein gewaltsamer Konflikt mit bisher über 200.000 Toten und 2,2 Mio. Flüchtlingen statt (Stand Ende 2006; UNHCR, 2007). Im Tschad kämpfen gleich mehrere Rebellengruppen um die Vorherrschaft im Land. Im Senegal sind die Autonomiebestrebungen der Casamance ein Dauerkonflikt. Neben Darfur gibt es im Sudan weitere Krisengebiete, in denen ethnisch geprägte Konflikte gewaltsam ausgetragen werden. Einige Auseinandersetzungen sind auch zwischenstaatlicher Natur, etwa der Grenzkonflikt zwischen Tschad und Sudan, die sich gegenseitig die Unterstützung von Rebellengruppen vorwerfen (HIIK, 2006). Von schwersten Krisen und Bürgerkriegen ist auch das benachbarte Somalia betroffen. Diese hohe politisch-ökonomische Fragilität der Region drückt sich in der großen Anzahl von Flüchtlingen aus: Sudan (über 690.000 Menschen) und Somalia (über 390.000 Menschen) zählen derzeit zu den wichtigsten Herkunftsländern von Flüchtlingen (UNHCR, 2006b). Die Zahl der Binnenvertriebenen ist noch deutlich größer: Derzeit sind allein innerhalb des Sudan über 840.000 Menschen auf der Flucht (UNHCR, 2006b).

Neben Gewalt und Bürgerkrieg verursachten auch die extremen Dürren 1972/73 und 1984/85 zahlreiche Flüchtlingsbewegungen in der Region, von denen hunderttausende Menschen betroffen sind (Richter, 2000). Dass die Konfliktträchtigkeit der Region bereits in der Vergangenheit durch Umweltdegradation, insbesondere durch Nutzungskonflikte um sich verknappende Ressourcen, mitbestimmt wurde, lässt sich an zahlreichen Einzelbeispielen belegen (Kasten 6.3-1; Kap. 6.3.2.3). Hauptproblem ist die Desertifikation als Folge von Übernutzung. Dieses primär „hausgemachte" Problem wird durch Dürren verschärft. Ob der Klimawandel bereits ein wesentlicher Treiber der in den 1980er und 1990er Jahren erlebten Degradation der natürlichen Umwelt des Sahel darstellt und damit schon heute zu Konflikten in der Region beiträgt, ist nicht erforscht. Es gibt Stimmen, die den Klimawandel als die Hauptursache des Darfur-Konflikts bezeichnen (Faris, 2007).

Der in den Ökonomien der Sahelzone dominierende Agrarsektor ist besonders anfällig für Klimaänderungen. Dadurch wird vor allem die Ernährungssicherheit der überwiegend als Viehzüchter und als Kleinbauern wirtschaftenden Bevölkerung bedroht. Die Bauern betreiben vorwiegend subsistenzwirtschaftlich orientierten Hirse-, Sorghum- und teilweise Erdnuss- sowie Sesamanbau. Das wichtigste landwirtschaftliche Exportgut ist Baumwolle. Das zweite Standbein der Landwirtschaft in der Region ist Viehzucht, die in den trockneren Regionen in ihrer Bedeutung zunimmt (nördlich der Ackerbaugrenze). Aufgrund der durch das Bevölkerungswachstum abnehmenden verfügbaren Flächen kam es in der Vergangenheit immer wieder zu Nutzungskonflikten zwischen mobilen Tierhaltern und Ackerbauern. Zwar haben Nomaden tradierte Anpassungsstrategien gegen Dürren entwickelt (Wanderzyklen, angepasste Bestockungsdichten usw.). Für die künftigen Folgen des Klimawandels werden diese Strategien aber voraussichtlich nicht mehr ausreichen. Bereits heute sind die Anpassungskapazitäten durch die zunehmende Verknappung der natürlichen Ressourcen aufgrund von Desertifikation und Bevölkerungswachstum vielfach überfordert.

Nach den katastrophalen Dürrekrisen Anfang der 1970er Jahre wurde das supranationale Comité Inter Etats de Lutte Contre la Sécheresse dans le Sahel (CILSS) gegründet, dem fast alle Sahelstaaten beigetreten sind. CILSS ist ein regionales Kompetenzzentrum für Ernährungssicherung, Management natürlicher Ressourcen und Bekämpfung der Desertifikation. Die CILSS-Länder verstehen sich als eine Solidargemeinschaft, nicht nur in der Not, sondern verstärkt in der regionalen Entwicklung. Allerdings steckt die zwischenstaatliche Zusammenarbeit noch in den Anfängen. Neben CILSS ist der Sahel and West Africa Club der OECD die zweite wichtige Plattform, in der die Sahelstaaten und die wichtigsten Geberstaaten in einem informellen Bund zusammengeschlossen sind. Der OECD-Club bemüht sich auch um friedensstiftende Maßnahmen in der Region.

7.3.3 Schlussfolgerungen

Derzeitige Klimamodelle lassen keine verlässlichen Vorhersagen über die künftige Veränderung der mittleren Niederschläge in der Sahelzone zu. Insbesondere in der Westsahara liefern die Modelle widersprüchliche Ergebnisse, wobei einige ein erhebliches weiteres Austrocknen der Region zeigen, andere eine zunehmende Feuchtigkeit und ein Vordringen der Vegetation in die Sahara. Szenarien mit stark zunehmender Trockenheit müssen also als mögliche zukünftige Entwicklung in Betracht gezogen werden. Darüber hinaus ist für die Sahara von einer erhöhten Variabilität der Niederschläge auszugehen. Der ohnehin bereits von Trockenheit betroffene Sahel könnte dadurch verstärkt unter Dürren und Desertifikation leiden und damit einem erhöhten Risiko von Nahrungskrisen ausgesetzt sein.

Die hohe Verwundbarkeit der Sahelzone gegenüber dem Klimawandel wird durch die regionale Häufung schwacher und fragiler Staaten, innergesellschaftliche Gewaltkonflikte und die hohe sozioökonomische Krisenanfälligkeit der Region verstärkt. Ein funktionierendes staatliches Gewaltmonopol ist oft nicht gegeben, ein Großteil der Länder der Region zählt zu den am wenigsten entwickelten Ländern der Erde. Neben Gewalt, Bürgerkrieg und absoluter Armut sind extreme Dürre und Umweltdegradation Ursachen von Migration. Nach wie vor dominiert dabei die Binnenmigration. Allerdings kam es in den letzten Jahren auch vermehrt zu internationaler Migration, etwa illegaler Einwanderung nach Südeuropa. Insgesamt ist die Nahrungsmittelproduktion gegenüber dem Klimawandel besonders anfällig. Bereits bei einer Erwärmung bis zu 2 °C gegenüber dem vorindustriellen Niveau sind Produktionseinbußen zu erwarten, so dass die Abhängigkeit von Nahrungsmittelimporten vermutlich in der gesamten Region steigen wird (Kap. 6.3). Für Länder ohne eigene Seehäfen steigt dabei mit Blick auf notwendige Nahrungsmittelimporte zusätzlich das Risiko von Versorgungsengpässen durch saisonale Unterbrechungen der Verkehrsverbindungen (etwa während der Regenzeit). Sie werden außerdem durch hohe zusätzliche Transportkosten betroffen sein. In der Summe ist daher für die Sahelzone in Folge des Klimawandels eine fortschreitende regionale Destabilisierung einschließlich der Zunahme potenziell gewaltsamer Konflikte zu befürchten.

7.4 Südliches Afrika

7.4.1 Auswirkungen des Klimawandels auf Naturraum und menschliche Nutzung

Die hohe Vulnerabilität des afrikanischen Kontinents gegenüber dem Klimawandel schließt auch das südliche Afrika ein. Insbesondere wird erwartet, dass der Klimawandel Änderungen der Wasserverfügbarkeit nach sich ziehen und den Wasserstress in Teilen des südlichen Afrikas erhöhen wird. Dadurch wird die ohnehin krisenanfällige Nahrungsmittelsicherheit in der Region wahrscheinlich weiter geschwächt (IPCC, 2007b).

Die Region „Südliches Afrika“ liegt im tropischen und subtropischen Klimagürtel und umfasst neben der Republik Südafrika die Staaten Angola, Botswana, Lesotho, Mosambik, Namibia, Swasiland, Tansania, Sambia, Simbabwe, Malawi und Madagaskar. Das Klima im nördlichen Teil des südlichen Afrikas reicht von feuchttropisch (im Norden Angolas) bis trockentropisch arid mit langen Trockenperioden und unregelmäßigen Regenfällen (Kalahari, Namib). Die Kapregion ist durch subtropisch-mediterranes Klima mit einer ariden Sommerperiode und Winterniederschlägen geprägt. Projektionen gehen von einem deutlichen Niederschlagsrückgang in den (Süd-)Wintermonaten aus, besonders im äußersten Südwesten der Region. Dieser ist prozentual von Juni bis August am höchsten. Dies sind allerdings die Trockenmonate, so dass es sich um nur geringe absolute Änderungen handelt. Etwa die Hälfte des jährlich gemittelten Niederschlagsrückgangs erfolgt im Frühjahr (September–November), was sich letztlich wie ein verspätetes Einsetzen der Regenzeit auswirken wird (IPCC, 2007a). Daneben lässt die Verschiebung der Konvektion über dem Südatlantik und dem Indischen Ozean polwärts die Tagestemperaturen und die Dauer von Trockenperioden in der Region ansteigen (Tadross et al., 2005; New et al., 2006). Schließlich wird sich der Anstieg des Meeresspiegels auf die südafrikanischen Küstenstaaten auswirken, wobei die flache, durch Lagunen geprägte Küste Angolas sowie rasch wachsende Küstenstädte wie Daressalam, Kapstadt und Maputo besonders gefährdet sind.

Abnehmende Niederschläge und zunehmende Temperaturen wirken sich nicht nur auf die Wasserverfügbarkeit und die Nahrungsmittelproduktion in der Region und damit auf die Lebensbedingungen der Bevölkerung aus, sondern betreffen auch bereits durch verschiedene andere Faktoren geschwächte Ökosysteme. So gelten Teile des südlichen Afrikas als

Biodiversitäts-Hotspots, die durch den Klimawandel unter Stress geraten (Cape Floristic Region, Succulent Karoo, Maputaland-Pondoland-Albany). Auch wenn die Artenvielfalt und die damit verbundenen Ökosystemleistungen in der Region als bemerkenswert robust gelten, manifestieren sich vermehrt Symptome, die auf eine zunehmende Bedrohung durch den Klimawandel hindeuten (MA, 2005b; AMCEN und UNEP, 2006). Dies gilt ebenso für die vor allem anthropogen verursachte Degradation der Böden, die im südlichen Afrika im globalen Vergleich bereits heute sehr hoch ist und vor allem im Osten der Region mit großer Geschwindigkeit verläuft (Oldeman et al., 1991). Sie geht im Wesentlichen auf Überweidung, Entwaldung und nicht nachhaltigen Ackerbau zurück. Nach unterschiedlichen Modellen dürften in ganz Afrika aride und semiaride Gebiete bis 2080 zwischen 5 bis 8 % oder um 60–90 Mio. ha zunehmen (Fischer et al., 2005). Schon deutlich unterhalb der als kritisch angesehenen Grenze von 2 °C Erwärmung ist zu erwarten, dass in den ariden und semi-ariden Zonen des südlichen Afrikas Wälder nach und nach von Savannen und Savannen von Wüsten verdrängt werden (Scholz und Bauer, 2006).

Der landwirtschaftliche Wasserverbrauch gilt heute in den meisten Staaten Südafrikas als knapp ausgeglichen bis leicht nicht nachhaltig (USDA, 1998; MA, 2005b). Mit Ausnahme von Malawi, Mosambik und Sambia, wo das Wasserangebot die Nachfrage bisher übersteigt, sind bei abnehmenden Niederschlägen und gleichzeitig weiter ansteigendem Wasserbedarf ohne anpassungsfähiges Wassermanagement weitere negative Folgen für Mensch und Umwelt vorgezeichnet. Bereits ohne Klimawandel wird nach Arnell (2004) die Anzahl der Personen im südlichen Afrika, die Wasserstress (d.h. weniger als 1.000 m^3 Wasser pro Jahr und Kopf) ausgesetzt sind, von 3,1 Mio. im Jahr 1995 auf 33–38 Mio. (Jahr 2025), 50–127 Mio. (Jahr 2055) bzw. 50–188 Mio. (Jahr 2085) ansteigen. Insbesondere muss davon ausgegangen werden, dass eine Bewässerungslandwirtschaft, mit der heute noch die regionale Wasserverfügbarkeit verstetigt werden kann, zukünftig nur noch eingeschränkt möglich sein wird. Generell wird die Lösung der vor allem sozioökonomisch und politisch bedingten Probleme der Wasserversorgung durch sinkende Grundwasserspiegel und zunehmende Versalzung zusätzlich erschwert werden (Scholz und Bauer, 2006).

Aus dem gleichzeitigen Auftreten von Desertifikation, Versalzung und regionaler Wasserknappheit lässt sich ableiten, dass im gesamten südlichen Afrika die Getreideernten zurückgehen werden. Fischer et al. (2005) berechnen, dass bis zum Jahr 2080 zusätzliche 11 % der Gesamtfläche im südlichen Afrika durch den Klimawandel nicht mehr für den Getreideanbau geeignet sein könnten. Speziell der Weizenanbau könnte bis dahin vollständig vom afrikanischen Kontinent verschwunden sein (IPCC, 2007b).

Den rückläufigen Getreideernten steht ein wachsender Bevölkerungsdruck durch Bevölkerungswachstum und Migration gegenüber. So wird sich die Bevölkerung aller Staaten des südlichen Afrikas bis 2050 voraussichtlich verdoppelt haben, wobei sich der Zuwachs vor allem in Städten vollziehen wird (UNDP, 2005b; Swatuk, 2007). Ausnahmen vom allgemeinen Trend bilden Botswana, Lesotho, Südafrika und Simbabwe, deren Bevölkerungen vor allem in Folge der HIV-/AIDS-Pandemie stagnieren oder sogar abnehmen werden. Ein zuwanderungsbedingtes regionales Bevölkerungswachstum speist sich aus Arbeitsmigranten und Flüchtlingen. Neben der Zunahme der Arbeitsmigration aus West- und Zentralafrika in die Republik Südafrika fliehen vor allem viele Menschen aus instabilen benachbarten Staaten und Bürgerkriegsregionen, vor allem der ostafrikanischen Seenregion, in die vergleichsweise stabileren Staaten im Süden wie Malawi, Tansania und Sambia (Tull, 2004; Swatuk, 2007).

7.4.2 Politische und wirtschaftliche Situation in der Region

Die politische und wirtschaftliche Situation des südlichen Afrikas ist wesentlich vom Ende des Apartheid-Regimes geprägt, dessen Wirken die Entwicklung der Region über Jahrzehnte bestimmt hat. Als wirtschaftlich wie politisch aufstrebender Regionalmacht kommt der Republik Südafrika heute eine überragende Bedeutung zu. Aus Sicht der benachbarten Staaten sind daran einerseits große Hoffnungen bezüglich der regionalen Entwicklung geknüpft, andererseits aber auch konkrete Befürchtungen angesichts eines in jeder Hinsicht übermächtigen Nachbarn.

Demnach bleiben sowohl die Republik Südafrika als auch das südliche Afrika insgesamt von großer Armut und sozialer Ungleichheit sowie schwachen politischen und wirtschaftlichen Strukturen gekennzeichnet. Auch wenn es in den vergangenen 10–20 Jahren (mit Ausnahme der fortschreitenden Autokratisierung Simbabwes unter Robert Mugabe) erkennbare Fortschritte in Hinblick auf politische Liberalisierung und gute Regierungsführung gegeben hat, ist doch insgesamt von einer nur geringen Leistungsfähigkeit der staatlichen Institutionen und sozioökonomischen Verbesserungen auf einem niedrigen Niveau zu sprechen. Außer Südafrika, Namibia, Botswana und dem Kleinstaat Swasiland zählen alle Staaten der Region zu den unteren 30 der im Index für menschliche Entwicklung erfassten 177 Staaten (UNDP, 2006). In diesen etwas besser gestellten Staaten ist jedoch die Arbeitslosigkeit hoch und das Volkseinkommen extrem ungleich verteilt. Gemessen am Gini-Koeffizienten, der ein Maß für die Ungleichverteilung von Einkommen darstellt, belegt Namibia mit einigem Abstand den letzten Platz; Botswana, Swasiland und Südafrika folgen im unteren Dutzend (UNDP, 2006; Swatuk, 2007).

Andererseits kann die Region zumindest im gesamtafrikanischen Vergleich als stabil und friedlich gelten: Botswana gilt gemeinhin als die einzige etablierte Mehrparteien-Demokratie Kontinentalafrikas, Namibia und Mosambik haben sich in den vergangenen Jahren erkennbar konsolidiert, und nicht zuletzt tragen wirtschaftliche Zugkraft und politisches Gewicht der Republik Südafrika zur regionalen Stabilität bei. Insbesondere hat sich die über Jahrzehnte hinweg am bewaffneten Befreiungskampf gegenüber dem Apartheid-Regime orientierte regionale Zusammenarbeit von „Frontlinienstaaten" inzwischen in eine von Südafrika angetriebene Integrationsdynamik umgekehrt, die sich vor allem im Rahmen der Southern African Development Community vollzieht (Hofmeier, 2004). Bezogen auf den Schutz regionaler und globaler Umweltgüter tragen auch verschiedene grenzübergreifende Initiativen zu Naturschutz und Ressourcenmanagement dazu bei, das Kooperationsklima in der Region zu verbessern. Exemplarisch seien hier die Gaza-Kruger-Gonarezhou Transfrontier Conservation Area im Grenzgebiet von Mosambik, Südafrika und Simbabwe, die Four Corners Initiative zwischen Botswana, Namibia, Sambia und Simbabwe oder die OKACOM-Flusskommission der Okavango-Anrainer Angola, Botswana und Namibia genannt, auch wenn Akzeptanz und Wirksamkeit dieser und ähnlicher Initiativen in der Region differenziert zu betrachten sind (Swatuk, 2005; Lindemann, 2006). In Anbetracht der gewaltreichen Geschichte der Region stellt die derart institutionalisierte zwischenstaatliche Kooperation einen kaum zu überschätzenden Wert dar.

Dennoch greift die oberflächliche Betrachtung stabiler staatlicher Strukturen in Hinblick auf die Sicherheit der südafrikanischen Gesellschaften zu kurz. Für eine Reihe strukturell benachteiligter Bevölkerungsgruppen spielt der Staat im südlichen Afrika eine nebensächliche Rolle, vielfach stellt er eher ein zusätzliches Problem als einen Garanten von Sicherheit und Wohlfahrt dar (Booth und Vale, 1997; Swatuk, 2007). Die sehr große soziale Ungleichheit, verknüpft mit der Bedeutung der Subsistenzlandwirtschaft und dem Vorherrschen von Landnutzungsfragen, bergen innerhalb der südafrikanischen Gesellschaften ein erhebliches Konfliktpotenzial. Auch wenn die Eskalation der Landfrage in Simbabwe vor allem als Folge von schlechter Regierungsführung zu betrachten ist, ist sie doch auch ein mahnendes Beispiel. Es ist keineswegs gewährleistet, dass die grundsätzlich vergleichbaren Interessenkonflikte in Namibia oder Botswana dauerhaft friedlich gelöst werden, zumal auch dort rassistische und fremdenfeindliche Tendenzen gegenüber eingesessenen Siedlern, Gastarbeitern und Minderheiten virulent sind (Swatuk, 2007). Absehbar ist lediglich, dass sich die nutzbare Landfläche in diesen Ländern in Folge des Klimawandels weiter verknappen wird.

7.4.3 Schlussfolgerungen

Die mittel- bis langfristig erwarteten Auswirkungen des Klimawandels deuten für das südliche Afrika auf eine zunehmende Verschlechterung der allgemeinen Lebensbedingungen hin, die von dynamischen „Wohlstandsinseln" punktuell konterkariert werden. Geprägt von massiver Armut, sozialer Ungleichheit und schwachen Staaten stehen die Gesellschaften der Region bereits ohne schwerwiegende Auswirkungen des Klimawandels vor großen Herausforderungen, wie zum Beispiel der Eindämmung der HIV-/AIDS-Pandemie. Ohne einen anhaltenden Wirtschaftsaufschwung, der derzeit kaum absehbar ist, ist kaum mit verbesserten Lebensbedingungen zu rechnen. Vielmehr lassen die für die Region erwarteten Auswirkungen der globalen Erwärmung befürchten, dass zusätzlich zu den bestehenden Problemen die regionale Nahrungsmittelproduktion und Wasserversorgung stark beeinträchtigt werden, die Degradation der Böden beschleunigt wird und damit Landflucht und Binnenmigration weiter zunehmen werden.

Unabhängig von der Frage nach den grundsätzlich vorhandenen Handlungskapazitäten ist zur Zeit noch nicht erkennbar, dass staatliche und gesellschaftliche Entscheidungsträger im südlichen Afrika die Notwendigkeit erkennen, sich vorsorgend mit diesen Wirkungszusammenhängen zu befassen und eine proaktive Anpassungspolitik zu betreiben. Ob und wann sich dies ändern wird, dürfte wesentlich von der weiteren Entwicklung regionaler Hoffnungsträger wie Namibia, Mosambik und Tansania, dem Verhalten des regionalen Primus Südafrika und Art und Umfang externer Unterstützung abhängen.

Aus der Perspektive menschlicher Sicherheit wäre der Verzicht auf präventive klimapolitische Anpassungsmaßnahmen im südlichen Afrika äußerst fahrlässig, ohne dass es deshalb zwangsläufig zu großflächig eskalierenden Konflikten kommen muss. Da aber gesellschaftliche Spannungen entlang ethnischer und sozialer Linien bereits virulent sind und vermutlich weiter zunehmen werden, ist eine Zunahme lokal begrenzter und potenziell gewalttätiger Ressourcenkonflikte nach dem Muster bekannter „Umweltkonflikte" (siehe Kap. 3.1 und 3.2) wahrscheinlich.

7.5 Zentralasien

7.5.1 Klimawirkungen auf Naturraum und menschliche Nutzung

Der Klimawandel wird in Zentralasien starke Auswirkungen haben. Die ausgeprägte Temperaturerhöhung, eine Zunahme von Dürreperioden sowie langfristig das Abschmelzen der Gletscher werden die Süßwasserversorgung in der Region gefährden (IPCC, 2007b).

Als Zentralasien werden hier die Länder Kasachstan, Kirgistan, Tadschikistan, Turkmenistan und Usbekistan sowie die Autonome Uigurische Region Xinjiang in der Volksrepublik China zusammengefasst. Auf letztere wird jedoch nur am Rande eingegangen. Zentralasien ist durch hohe Gebirgsketten und große, abflusslose Becken charakterisiert und weist auf kurzen Strecken zum Teil extreme Höhenunterschiede auf. Es herrscht ein kontinentales Klima mit deutlichen Temperaturunterschieden zwischen Sommer- und Wintermonaten. Während die Gebirgsketten je nach Exposition jährliche Niederschlagsmengen von über 400 mm, zum Teil von über 600 mm, erhalten, fallen in den dichter besiedelten Beckenregionen im Tiefland nicht mehr als 150–200 mm pro Jahr, so dass dort Wüsten und Halbwüsten vorherrschen (Giese und Sehring, 2006). Zur Kontinentalität des Klimas tritt hier Aridität hinzu.

In den letzten Jahrzehnten hat sich das Klima der Region stark verändert: Seit Anfang der 1970er Jahre ist die gemessene Lufttemperatur mit 0,3-0,4 °C pro Jahrzehnt mehr als doppelt so stark gestiegen wie im weltweiten Mittel. Ein Trend für die Veränderung der jährlichen Niederschlagsmenge kann für den gleichen Zeitraum nicht festgestellt werden (Giese und Moßig, 2004). In Übereinstimmung mit diesen beobachteten Klimatrends berechnen Modelle für die zukünftige Klimaentwicklung Zentralasiens unter Verwendung des A1B-Szenarios einen Anstieg der Jahresmitteltemperatur um 3,7 °C (bei einer Schwankungsbreite von 2,6 °C bis 5,2 °C) bis zum Jahr 2100 (IPCC, 2007a). Ebenso wird ein geringer Rückgang der jährlichen Niederschlagsmenge um 3 % (-18 % bis +6 %) erwartet, wobei die Niederschläge im Winter leicht zu-, während der Trockenzeit im Sommer hingegen leicht abnehmen werden. Dadurch wird das bereits bestehende Ungleichgewicht in der jährlichen Niederschlagsverteilung weiter verstärkt.

Im ausgeprägt kontinentalen Klima Zentralasiens dominieren Graslandsysteme und Steppen die Landschaft. Temperatur und Wasserverfügbarkeit limitieren die pflanzliche Produktivität der vorwiegend als Weideland genutzten Gebiete (UNEP, 2002a; Nemani et al., 2003). Steigende Temperaturen in den bereits heute warmen und trockenen Sommermonaten erhöhen die Verdunstungsraten und somit den Wasserverbrauch. Steigende Winterniederschläge können den Böden arider Gebiete jedoch wegen der mangelnden Wasserspeicherkapazität nicht zu Gute kommen (Barnett et al., 2005). Mehr Regen und weniger Schnee bedeuten zwar mehr Oberflächenabfluss, helfen aber nicht in den Zeiten, in denen die Vegetation den größten Wasserbedarf hat. Dies wird die schon jetzt stark ausgeprägte Saisonalität der pflanzlichen Produktivität weiter verschärfen und die Bewirtschaftung erschweren. Die Klimaveränderungen werden sich daher auf die zukünftige landwirtschaftliche Nutzung negativ auswirken. Für die zentralasiatischen Republiken, die in hohem Maß vom Anbau wasserintensiver Pflanzen wie Baumwolle und Reis abhängig sind und wo 90 % des Wassers in der Landwirtschaft genutzt wird, sind diese Entwicklungen folgenschwer.

In Zentralasien hat zudem fehlerhafte Bewässerung für den Ackerbau zur Versalzung weiter Gebiete geführt, vor allem in Turkmenistan und Usbekistan (USDA, 1998). Abholzung von Wäldern, Überweidung und nicht nachhaltiger Ackerbau führen zu einer erheblichen Bodendegradation (MA, 2005a). Diese Entwicklung wird zukünftig durch die erwarteten Perioden mit sehr hohen Temperaturen (bis Ende des Jahrhunderts fast jeden Sommer) und geringen Niederschlägen verschlimmert. Daher ist zu erwarten, dass die bereits vorhandene hohe Anfälligkeit für Desertifikation in Zentralasien weiter steigt (USDA, 1998; MA, 2005a). Diese Umweltveränderungen beeinflussen auch die Nahrungsmittelproduktion. Modellrechnungen zeigen, dass die Ernteerträge in Zentralasien durch den Klimawandel um bis zu 30 % abnehmen könnten, selbst wenn positive physiologische Effekte durch den CO_2-Anstieg berücksichtigt werden (IPCC, 2007b).

Eine weitere wichtige Auswirkung der höheren Lufttemperaturen ist das seit Anfang des 20. Jahrhunderts beobachtete Abschmelzen der Gletscher der Region (Dikich und Hagg, 2004). Dieser Abschmelzprozess hat seit Anfang der 1970er Jahre deutlich an Intensität zugenommen. Unterstellt man einen Anstieg der Sommertemperaturen von 5 °C in den nächsten 100 Jahren und geht davon aus, dass die jährlichen Niederschlagsmengen konstant bleiben, dann werden sich z.B. bis zum Jahr 2050 etwa

20 % der Gletscher im kirgisischen Teil des Tienschan aufgelöst haben und das Gletschervolumen wird um rund 32 % geschrumpft sein (Giese und Sehring, 2006). Da im Sommer der Gletscherwasseranteil der Flüsse bis zu 75 % beträgt, kann dieser Prozess weitreichende Folgen haben, weil mit dem Versiegen des Wasserzuflusses die Grundlage für den Bewässerungsfeldbau im Vorland verloren geht. Mit dem Abschmelzen der Gletscher sowie dem Trend zu mehr Starkregenereignissen wächst außerdem die Gefahr von Bergstürzen, Hangrutschungen sowie Schlamm- und Geröllawinen.

7.5.2 Politische und wirtschaftliche Situation in der Region

Zentralasien ist ein konfliktanfälliger Raum. Alle Staaten Zentralasiens sind durch ein großes Demokratiedefizit, autokratisch-paternalistische Regierungsformen und schwache Governance-Strukturen gekennzeichnet (Kaufmann et al., 2006; Grävingholt, 2007). Die postsowjetischen politischen Institutionen zeichnen sich durch einen Mangel an Legitimation und Rechtstaatlichkeit aus. Ineffiziente Verwaltungen und eine weit verbreitete Korruption behindern die wirtschaftliche und gesellschaftliche Entwicklung. Unerfüllte materielle und partizipative Bedürfnisse fördern die Unzufriedenheit in der Bevölkerung, was sich vermehrt in innenpolitischen Konflikten äußert. Politische Spannungen sind zumeist ethnisch/religiös überlagert, weil die gesamte Region durch unterschiedliche Volksgruppen und eine Erstarkung islamistischer oppositioneller Bewegungen gekennzeichnet ist (Lüders, 2003). Willkürliche Grenzziehungen zwischen den Volksgemeinschaften verschärfen die Situation zusätzlich. Als Folge wurde die innere Stabilität der Länder in jüngster Vergangenheit immer wieder durch terroristische Aktionen (Usbekistan), Bürgerkrieg (Tadschikistan) und eine kriminelle Durchdringung der Politik erschüttert. Aufgrund ihrer mangelhaften Governance-Kapazitäten werden manche Staaten als derart schwach und fragil eingestuft, dass wenige kritische Ereignisse ausreichen könnten, um den staatlichen Kollaps herbeizuführen.

Die instabile innere Lage wird durch globale Entwicklungen weiter gefördert: Im Zusammenhang mit dem „Krieg gegen den Terror" hat die geostrategische Bedeutung der Region zugenommen (Halbach, 2002). Aufgrund seiner Nähe zu Afghanistan gilt Zentralasien außerdem als Drehscheibe des internationalen Drogenhandels. Im Zusammenhang mit der Sicherung der globalen Rohstoff- und Energieversorgung steht die ressourcenreiche Region auch zunehmend im Spannungsfeld der Interessen von Mächten wie den USA, Russland und China (Lüders, 2003; Amineh, 2006).

Zentralasien ist teilweise durch große Armut geprägt. Beispielsweise leben in Kasachstan 16 %, in Kirgistan 21 % und in Tadschikistan sogar 43 % der Bevölkerung unterhalb der Armutsgrenze von weniger als 2 US-$ pro Tag (World Bank, 2006e). Beim Index für menschliche Entwicklung liegen die Länder der Region dicht beieinander und im internationalen Vergleich im unteren Mittelfeld (UNDP, 2006). Einzige Ausnahme ist Kasachstan, das besser abschneidet als seine Nachbarn. Ein großer Teil der Bevölkerung Zentralasiens ist von Arbeitslosigkeit betroffen und kämpft um Verdienstmöglichkeiten zur Existenzsicherung. Nur in Kasachstan, Usbekistan und Turkmenistan kommt der Staat seinen Fürsorgeverpflichtungen auf sehr niedrigem Niveau nach (Schmitz, 2004). Begleitet wird diese Entwicklung von extremen sozialen Unterschieden. Ein großer Anteil der Erlöse aus den Gas- und Ölexporten in den drei genannten Ländern kommt nur einer kleinen, wohlhabenden Schicht zu Gute.

Die Wirtschaftsstrukturen sind hochgradig von natürlichen Ressourcen abhängig. Hinzu kommen nach wie vor bestehende planwirtschaftliche und ineffiziente Managementstrukturen, was im Bereich der Wasserversorgung von besonderer Bedeutung ist. Landwirtschaft bildet die wichtigste Lebensgrundlage für große Teile der Bevölkerung und trägt bis zu 40 % zum BIP bei. Der Anteil der zu bewässernden Fläche liegt dabei bei 75–100 % (Bucknall et al., 2003; Giese und Sehring, 2006). Der nicht nachhaltige Monokulturanbau hat weitreichende Folgen. Neben Bodenversalzung, abnehmenden Weide- und Ackerflächen sowie der Verschlechterung der Wasserqualität durch Düngemittel und Pestizide hat die große Wasserentnahme aus den Flüssen Syrdarja und Amudarja zur allmählichen Verlandung des Aralsees geführt. Das hat verheerende Auswirkungen auf die regionalen Klima- und Umweltbedingungen sowie für die sozioökonomische und gesundheitliche Situation der Bevölkerung (WBGU, 1998). Gesundheitsschäden, verursacht durch schlechtes Trinkwasser und Sandstürme, hohe Arbeitslosigkeit und Verarmung haben soziale Unruhen und Wanderungsbewegungen in der Region befördert. Die Verteilung der knappen Wassermengen in Verbindung mit umstrittenen Maßnahmen, wie beispielsweise dem Bau des Golden-Century-Stausees, belastet auch die zwischenstaatlichen Beziehungen zwischen Usbekistan und Turkmenistan bzw. Kasachstan. Das Destabilisierungspotenzial ist daher durch die zu erwartenden Klimaauswirkungen in der Aralsee-Region besonders hoch (Giese und Sehring, 2006).

Neben der Landwirtschaft ist die Energieproduktion durch Wasserkraft für den heimischen und zunehmend auch für den Exportmarkt ein weiterer wichtiger Wirtschaftszweig. Hinsichtlich der Nutzung und Verteilung des Wassers bestehen zwischen Ober- und Unteranliegern der grenzüberschreitenden Flüsse teilweise divergierende Interessen: So steht die Energiegewinnung im Winter (Kirgistan, Tadschikistan) der Bewässerungslandwirtschaft im Sommer (Usbekistan, Kasachstan, Turkmenistan) gegenüber. Seit der politischen Unabhängigkeit der zentralasiatischen Republiken haben diese Interessensgegensätze zwischen den Anrainerstaaten vermehrt zu zwischenstaatlichen Auseinandersetzungen über die Durchlaufmengen von Wasser geführt. Eine zunehmende, drastische Verschlechterung der Wasserversorgung im Sommer würde das bereits bestehende Konfliktpotenzial wesentlich erhöhen und die vorhandenen regionalen Strukturen des Wassermanagements wie die Interstate Commission for Water Coordination, die später dem International Fund for Saving the Aral Sea untergeordnet wurde, weit überfordern (Kap. 6.2.3.2).

Eine besonders konfliktträchtige Region Zentralasiens bildet dabei das Fergana-Becken. Das in der Region wichtigste Agraranbaugebiet und die am dichtesten besiedelte Region erstreckt sich über die Länder Usbekistan, Kirgistan und Tadschikistan. Seit dem Ende der 1980er Jahre kam es immer wieder zu Konflikten um den Zugang zu Ressourcen, die ethnisch instrumentalisiert wurden. Der mit dem Klimawandel zu erwartende zunehmende Verlust wertvollen Ackerlands, die Gefährdungen durch Hangrutschungen und schließlich die Verknappung nutzbarer Wasserressourcen im Sommer bergen hier aufgrund sozialer Verelendung und bestehender ethnischer Spannungen ein hohes sicherheitspolitisches Risiko – nicht nur für das Tal selbst, sondern für die gesamte Region.

Auch in der angrenzenden Autonomen Uigurischen Region Xinjiang in der Volksrepublik China sind knappe Wasser- und Bodenressourcen bereits heute die Hauptursache für Auseinandersetzungen zwischen den Volksgruppen. Die Spannungen zwischen zugewanderten, kontrollierenden Chinesen auf der einen Seite und den einheimischen Völkern (islamische Turkvölker wie Uiguren, Kasachen, Kirgisen sowie buddhistisch-lamaistische Mongolen) auf der anderen Seite haben in der jüngeren Vergangenheit an Schärfe zugenommen und sind offen zu Tage getreten. Von der weiteren Entwicklung der Provinz könnte eine destabilisierende Wirkung für die gesamte Volksrepublik ausgehen (Kap. 7.7).

7.5.3 Schlussfolgerungen

Zentralasien ist eine stark vom Klimawandel betroffene Region. Bereits heute wird eine zunehmende Wasserverknappung beobachtet. Die überdurchschnittliche Erwärmung Zentralasiens und die zunehmende Variabilität der Niederschläge werden diese Problematik verschärfen. Gekoppelt mit steigenden Nutzungsanforderungen führt dies zu weiterer Wasserverknappung in grenzüberschreitenden Gewässern, einer Verlandung der Binnenseen und zu Desertifikation. Obwohl das Abschmelzen der Gletscher kurz- bis mittelfristig die Abflüsse erhöht, wird es langfristig die Wasserverknappung zusätzlich verschärfen. Da Wasser sowohl eine Schlüsselressource für die Landwirtschaft (Überlebenssicherung der Bevölkerung) als auch eine strategische Ressource (Energiegewinnung) der Staaten darstellt und die Region bereits durch politische und soziale Spannungen, das Erstarken islamistischer Bewegungen, Bürgerkrieg und Ressourcenauseinandersetzungen charakterisiert ist, besteht hier ein großes zusätzliches Konfliktpotenzial.

Die sozioökonomischen Folgen der Klimaerwärmung haben im Besonderen die Kleinbauern zu tragen. Von der Umweltdegradation sind vor allem auch Regionen betroffen, die politisch und wirtschaftlich marginalisiert sind, und deren Probleme keine Priorität bei den Regierenden besitzen (Giese und Sehring, 2006). Dies kann zu Unruhen oder Verschärfungen bestehender Spannungen führen, vor allem wenn die Probleme, wie beispielsweise im Fall des Fergana-Tals oder Xinjiang, ethnisch oder nationalistisch instrumentalisiert werden.

Die Klimaänderungen könnten aber auch die strategischen Interessen der Anrainer berühren. Einbußen bei den Agrarexporten (Baumwolle) und die Streitigkeiten über die Durchlaufmengen des Wassers betreffen die Volkswirtschaften einiger Staaten. Die Staaten selbst haben äußerst schwache Kapazitäten, um mit den Umwelt- und Klimafolgeproblemen umzugehen. Das betrifft sowohl die Umsetzung nationaler als auch internationaler Abkommen sowie innenpolitische Reformen. Überlagert werden die Wassermanagementprobleme zusätzlich durch geostrategische und wirtschaftliche Interessen regionaler Großmächte sowie die geographische Lage wie etwa der Nähe zu Afghanistan. Von der Lösung dieser kritischen sozioökonomischen und ökologischen Gemengelage könnte die weitere Entwicklung der Region entscheidend abhängen.

7.6 Indien, Pakistan und Bangladesch

7.6.1 Auswirkungen des Klimawandels auf Naturraum und menschliche Nutzung

Der Klimawandel trifft die südasiatischen Länder Indien, Pakistan und Bangladesch besonders stark. Zu den Folgen zählen der Anstieg des Meeresspiegels, der z. B. das dicht besiedelte Gangesdelta bedroht, die Beeinflussung des für die Landwirtschaft so wichtigen Monsunregens, das Abschmelzen der Gletscher in der Hindukush-Karakorum-Himalaya-Region, deren Schmelzwasser für die Wasserversorgung in den trockenen Jahreszeiten von entscheidender Bedeutung ist, sowie die absehbare Zunahme von Starkregenereignissen und der Intensität tropischer Wirbelstürme (IPCC, 2007b).

Die Klimamodelle rechnen für den indischen Subkontinent, der die Staaten Indien, Pakistan und Bangladesch umfasst, mit einer Erwärmung von 2–4,7 °C mit einem wahrscheinlichsten Wert von etwa 3,3 °C bis zum Jahr 2100 (A1B-Szenario; IPCC, 2007a). Dabei ist die Erwärmung im Winterhalbjahr mit 3,6 °C ausgeprägter als im Sommer, wo sie bei 2,7 °C liegt, und sie ist im Norden stärker als im Süden. Die meisten Modelle zeigen eine Abnahme der Niederschlagsmenge für die winterliche Trockenzeit (mittlere Änderung -5 %, Spanne -35 % bis +15 %) sowie eine Zunahme für den Rest des Jahres (mittlere Änderung +11 %, Spanne -3 % bis +23 %). Gleichzeitig ist eine Zunahme von Starkregenereignissen vor allem im Norden Indiens, in Pakistan und in Bangladesch wahrscheinlich.

Für die jährliche Niederschlagsbilanz des indischen Subkontinents ist der Sommermonsun von entscheidender Bedeutung (Lal et al., 2001). Zwar ist noch weitgehend unklar, wie sich die globale Erwärmung auf den indischen Monsun auswirken wird, eine größere Variabilität der Monsunregen ist allerdings wahrscheinlich (Kap. 5.3.2; IPCC, 2007a). Darüber hinaus könnte die Stärke tropischer Wirbelstürme zunehmen, die eine Gefahr für die ostindische Küste sowie für Bangladesch darstellen (IPCC, 2007a). Dies wird durch den vom Klimawandel verursachten Meeresspiegelanstieg noch verschärft (WBGU, 2006).

Für Indien sind die Klimafolgen regional unterschiedlich. Besonders empfindlich dürften die Auswirkungen möglicher Veränderungen der Monsunintensität sein, weil weite Teile Indiens einen Großteil ihrer jährlichen Niederschläge während der sommerlichen Monsunregen erhalten und diese regional deutlich verschieden ausgeprägt sind (Lal et al., 2001). Die Landwirtschaft ist in hohem Maß vom Monsun abhängig und daher sensibel für Änderungen der Monsunintensität. So haben bereits in der Vergangenheit variable Monsunregen zu Ertragseinbußen durch Dürren oder Starkregen geführt. Für die indische Ostküste, die auf der Zugbahn tropischer Wirbelstürme aus dem Golf von Bengalen liegt, besteht eine besondere Gefährdung für sturmbedingte Schäden und Überflutungen (Emanuel, 2005; IPCC, 2007a).

Pakistan ist sowohl von der zunehmenden Variabilität der Niederschläge als auch durch das beschleunigte Abschmelzen der Gletscher im Himalaja betroffen. Die für den Norden des indischen Subkontinents erwartete Häufung von Starkregenereignissen wird zu einer Zunahme von Überflutungen führen. Gleichzeitig stellt der durch die Erhöhung der Temperatur verursachte Schwund der Gletscher die Wasserversorgung Pakistans vor eine große Herausforderung, weil die großen Flüsse des Landes von Gletscherschmelzwasser gespeist werden (IPCC, 2007b).

Bangladesch wird von den Auswirkungen des Klimawandels besonders stark betroffen sein. Dies liegt an seiner Küstenlage am Golf von Bengalen und seiner Geographie, die durch die ausgedehnten Mündungsdeltas der großen Flüsse Ganges und Brahmaputra geprägt ist. Große Bereiche des Landes sind weitgehend eben und erheben sich nur wenige Meter über den Meeresspiegel. Dadurch wird das ohnehin von Überschwemmungen heimgesuchte Land durch den klimabedingten Anstieg des Meeresspiegels und durch intensivere tropische Wirbelstürme über dem Golf von Bengalen zusätzlich bedroht (Ali, 1999; IPCC, 2001; IPCC, 2007a).

Im größten Teil Indiens ist die Entwaldung und eine nachfolgende nicht nachhaltige Landnutzung die Hauptursache für degradierte Böden. In nördlichen Regionen spielt auch Überweidung eine Rolle. Vor allem im Nordwesten Indiens, aber auch in verschiedenen Teilen Pakistans tritt Bodenversalzung auf. In beiden Regionen ist die Bodenübernutzung die Hauptursache für Degradation (Kap. 5.2). Auch in Bangladesch ist die Landwirtschaft verantwortlich für die Degradation der Böden. Hinzu kommt die Versalzung der Böden durch Meerwasserintrusion. Die Bodendegradation verläuft in Indien mittelschnell, in Pakistan und Bangladesch langsam (Oldeman et al., 1991). Eine sehr große Gefahr der Desertifikation besteht im Westen Pakistans und im Nordwesten Indiens sowie in Zentralindien. In allen diesen Gebieten wird in der Landwirtschaft häufig nicht nachhaltig bewässert (USDA, 1998; MA, 2005a). Für die gesamte Region muss mit klimabedingten Einbußen in der Landwirtschaft und der Nahrungsmittelproduktion gerechnet werden, die durch die anthropogene Degradation noch verschärft wird. Studien zeigen etwa, dass in Bangladesch die Produktion von

Reis und Weizen bis Mitte des Jahrhunderts um 8 % bzw. 32 % sinken könnte, in Indien würde ein Anstieg der Wintertemperaturen um 0,5 °C die Weizenernte um 0,45 t pro ha reduzieren (IPCC, 2007b).

7.6.2 Politische und wirtschaftliche Situation in der Region

Der Klimawandel betrifft in der Region Staaten mit teilweise überforderten politischen Strukturen, großen wirtschaftlichen und gesellschaftlichen Problemen und einer Reihe bereits bestehender inner- und zwischenstaatlicher Konflikte. Kennzeichnend für die Region sind die hohen Bevölkerungszahlen und eine rasant zunehmende Urbanisierung. Bis 2020 wird für Indien eine Bevölkerung von rund 1,4 Mrd. prognostiziert, für Pakistan 212 Mio. und für Bangladesch 181 Mio. (UN DESA, 2006). Die Bevölkerungsdichte ist in Bangladesch mit 1.079 Menschen pro km² (2004) bereits heute extrem hoch, entsprechend stark ist der Wanderungsdruck in die Städte und in andere Regionen. Die städtische Bevölkerung wächst schneller als die ländliche (UNPD, 2005). Die küstennahen Megastädte Chennai (2005: 6,9 Mio. Einwohner), Dhaka (12,4 Mio.), Karachi (11,6 Mio.), Kolkata (14,3 Mio.) und Mumbai (18,2 Mio.) liegen meist nur wenige Meter über dem Meeresspiegel. Durch den hohen Bevölkerungsdruck in Verbindung mit der klimabedingten zunehmenden Intensität von Wirbelstürmen sowie dem ansteigenden Meeresspiegel sind zukünftig Millionen Menschen von Sturm- und Flutkatastrophen bedroht (Ali, 1999).

Indien hat als die größte Demokratie der Welt vielfältige Erfahrungen mit der effizienten Durchführung von Wahlen, regelmäßigen Regierungswechseln, der Bildung von Koalitionen und dem komplexen Zusammenspiel zwischen Regierungen auf nationaler und Bundesstaatsebene. Die Judikative übt, z.B. im Umweltbereich, in Einzelfällen erheblichen Einfluss aus. Allerdings variieren die Governance-Verhältnisse zwischen den Bundesstaaten erheblich. Das Ansehen von Politikern ist durch häufige Korruptionsaffären und kriminelle Einflüsse beeinträchtigt. Die Komplexität des Systems erschwert und verlangsamt Entscheidungsprozesse. Insgesamt kann das Land aber politisch als stabil betrachtet werden.

Anders ist die Situation in Pakistan. Kurze demokratische Phasen wurden immer wieder von Militärputschen unterbrochen. Heute sieht sich die Regierung Pakistans gefangen zwischen der Notwendigkeit, sich als Verbündete im weltweiten Kampf gegen den Terrorismus zu bewähren, und Versuchen, gegenüber radikalen islamistischen Parteien und Gruppierungen zu bestehen. Die Regierung stabilisiert die Lage durch Aushandlungen und Kompromisse, greift aber auch auf repressive Maßnahmen zurück. Auch nach den Wahlen von 2002 ist das Militär der entscheidende Machtfaktor, das die großen Volksparteien sowie die kleinen religiösen Parteien für seine Interessen nutzt. Dadurch werden Strukturen und Einfluss radikaler Gruppen gestärkt und Risiken konfessioneller Auseinandersetzungen gesteigert. In Teilen des Landes kann die Regierung das Gewaltmonopol des Staats nicht durchsetzen, z.B. in den Federally Administered Tribal Areas an der Grenze zu Afghanistan.

Politische Stabilität in Bangladesch war lange Zeit von der Feindseligkeit zwischen den beiden großen Parteien bedroht, wodurch das politische System gelähmt war. Seit 2001 gibt es einen zunehmenden Einfluss militanter islamistischer Kräfte (International Crisis Group, 2006). Korruption, Gewalt innerhalb und außerhalb der Politik sowie Schwächen bei Justiz und Sicherheitsorganen gehören zu den Problemen des Landes. Als stabilisierende Faktoren stehen dem eine freie und aktive Presse, eine lebendige Zivilgesellschaft und eine Tradition des liberalen Säkularismus gegenüber. Leistungsfähige nichtstaatliche Organisationen haben u.a. dazu beigetragen, dass Erfolge bei sozialen Indikatoren wie der Reduktion von Kindersterblichkeit erreicht wurden und Bangladesch im Vergleich besser dasteht als der Durchschnitt der armen Entwicklungsländer (Houscht, 2003; World Bank, 2006d).

Trotz des wirtschaftlichen Wachstums der vergangenen Jahre leben noch rund 410 Mio. Arme in Südasien. Hinzu kommen große regionale Ungleichheiten innerhalb der Länder. Bei der sozialen Entwicklung hat Südasien trotz deutlicher Fortschritte bisher mit anderen Regionen wie Südostasien oder Ostasien nicht Schritt gehalten (UNDP, 2006). In Indien konzentriert sich die Armut vor allem in den Flächenstaaten Nordindiens und im besonders konfliktanfälligen Nordosten. Während 1999 die Armut (weniger als 1 US-$ pro Tag) im nationalen Durchschnitt Indiens 26,1 % betrug, lag sie in Bihar bei 42,6 % und in den nordöstlichen Bundesstaaten Assam und Meghalaya bei 36,1 % bzw. 33,9 % (ADB, 2006a). Armut und soziale Benachteiligung sind überwiegend ländliche Phänomene. Die Anteile der Landwirtschaft am BIP gehen zurück, sie lagen 2005 in allen drei Staaten bei etwa 20 % (World Bank, 2006a, c). Dennoch sichert sie nach wie vor die Existenzgrundlage großer Bevölkerungsteile, in Pakistan 42 %, in Bangladesch und Indien ca. 60 % (Südasien Info, 2006). Besonders Pakistan ist mit seinen geringen Niederschlägen in hohem Maß von der Bewässerungslandwirtschaft (ein Viertel des BIP, zwei Drittel der Beschäftigung und 80 % der Exporte) und vom Flusssystem des Indus abhängig (World Bank, 2005a). Die Klimaänderungen lassen deshalb eine weitere Zunahme der innenpolitischen Konflikte befürchten.

Die sicherheitspolitische Entwicklung der Region ist wesentlich vom Kaschmir-Konflikt zwischen Indien und Pakistan beeinflusst. Die Spannungen zwischen beiden Ländern dauern trotz der Aufnahme eines Dialogprozesses an. Beide Regionalmächte verfügen über Atomwaffen, wodurch dieser Dialog nicht vereinfacht wird. Im Zusammenhang der indisch-pakistanischen Beziehungen sind überdies auch die geostrategischen Interessen der USA ein wichtiger Einflussfaktor für die regionale Sicherheit Südasiens. Weitere Sicherheitsprobleme sind der grenzüberschreitende Extremismus, der Drogenhandel in Afghanistan und Myanmar sowie die schwelenden Bürgerkriege in Nepal und Sri Lanka (South Asia Intelligence Review, 2003). In Indien wird der wachsende Einfluss militanter kommunistischer Gruppen (Naxaliten) als größte innenpolitische Bedrohung angesehen (SATP, 2007).

In Südasien gibt es Regionalorganisationen wie die South Asian Association for Regional Cooperation oder die Bay of Bengal Initiative for Multisectoral Technical and Economic Cooperation und internationale NRO wie das International Centre for Integrated Mountain Development, die sich in unterschiedlichem Maß mit grenzübergreifenden Umweltproblemen und Klimafolgen befassen. Darüber hinaus gibt es zwischenstaatliche Regelungen, mit denen Wasserkonflikte bisher erfolgreich beigelegt werden konnten. Hierzu zählt der Indus-Wasservertrag zwischen Indien und Pakistan, der 1960 unter Vermittlung der Weltbank zustande kam. Dieser regelt die Wasserverteilung in Kaschmir und wurde jüngst bei der Beilegung des Streits über den Baglihar-Damm genutzt (BBC-Meldung 13.2.2007). Zwischen Indien und Bangladesch gab es lange Zeit Konflikte um die Verteilung des Wassers aus grenzüberschreitenden Flussläufen (Ali, 2006; Tänzler et al., 2006). Der Konflikt um die von Indien einseitig betriebene Ableitung großer Wassermengen aus dem Ganges (Farakka-Damm), die hohe wirtschaftliche und ökologische Schäden für Bangladesch bedeutete, konnte 1996 durch einen Vertrag über die Wasserverteilung beigelegt werden (Lailufar, 2004). Das Management der Klimafolgen könnte zum Testfall dieser zwischenstaatlichen Vereinbarungen werden.

Auf nationaler Ebene gibt es eine Reihe ungelöster politischer Auseinandersetzungen, die mit Umweltfragen in Verbindung stehen. So gibt es z.B. in Indien und Pakistan Wasserkonflikte zwischen den Bundesstaaten bzw. Provinzen, die bisher nicht beigelegt werden konnten und immer wieder zu gewaltsamen Ausschreitungen führen. Bedingt durch Armut, Naturkatastrophen, Landmangel und Bodendegradation findet seit vielen Jahren in Bangladesch neben der Binnenwanderung auch Auswanderung in die angrenzenden indischen Bundesstaaten statt. Dort ist es wiederholt zu gewaltsamen Ausschreitungen einheimischer Bevölkerungsgruppen gegen die Einwanderer aus Bangladesch gekommen (Pathania, 2003; Reuveny, 2005; Kapitel 6.5.3.1).

7.6.3
Schlussfolgerungen

Südasien wird in vielfacher Hinsicht besonders stark durch den Klimawandel betroffen sein, nicht zuletzt im Gangesdelta, das gleichermaßen dicht besiedelt und Kornkammer einer ganzen Region ist: Der Anstieg des Meeresspiegels, die Auswirkungen in Ergiebigkeit und Muster der Monsunregen auf Land- und Forstwirtschaft, das rasche Abschmelzen der Gletscher mit der Folge drastischer Wasserverknappung in den trockenen Jahreszeiten, die Beeinflussung der Landwirtschaft durch gestiegene Temperaturen und Wetterextreme sowie die erwartete Erhöhung der Intensität tropischer Wirbelstürme werden die Region mit außerordentlichen Belastungen konfrontieren. Diese Folgen sind für eine Region zu erwarten, die ohnehin zu den konfliktträchtigsten der Welt zählt (World Bank, 2006a) und deren staatlich-institutionelle und zwischenstaatliche Kapazitäten nur schwach ausgebildet sind. Es ist daher absehbar, dass der Klimawandel die existierenden politischen Strukturen überfordern sowie die wirtschaftlichen und gesellschaftlichen Probleme weiter verschärfen wird.

Die Folgen der Klimaveränderung werden wahrscheinlich vor allem die ärmeren Schichten der Bevölkerung treffen, z.B. Subsistenzbauern oder die Bewohner der Elendsquartiere in den Ballungszentren. Es gibt Anzeichen dafür, dass sie die Verhältnisse weniger geduldig ertragen als frühere Generationen (Imhasly, 2006). Zusammen mit der Erfahrung zunehmender sozialer Ungleichheit und unzureichendem Zugang zu sozialen Leistungen wird dies die ohnehin schon gegebene, von ethnischen und religiösen Spannungen überlagerte Anfälligkeit für gewaltsam ausgetragene Konflikte steigern.

Die Folgen des Klimawandels für die Volkswirtschaften sind unterschiedlich: Pakistans Bewässerungslandwirtschaft könnte erheblich beeinträchtigt werden. Flutkatastrophen könnten die Kapazitäten Bangladeschs zur Katastrophenbewältigung und schließlich zur Nahrungsmittelproduktion für die Bevölkerung weit überfordern. Aufgrund drohenden Verlusts von Acker- und Siedlungsflächen durch Überschwemmungen ist damit zu rechnen, dass sich die Migration in Richtung Indien intensiviert und sich bestehende Konflikte verschärfen.

Die Instabilität im Osten des Subkontinents würde erhöht und die Beziehungen zwischen den Ländern zusätzlich belastet.

In Indien werden voraussichtlich vor allem die ärmeren Bundesstaaten im Norden und Nordosten von den Klimafolgen betroffen sein. Das innere wirtschaftliche und soziale Ungleichgewicht des Landes dürfte sich weiter verschärfen. Abnehmende Wasserverfügbarkeit in den trockenen Jahreszeiten wird vermehrt zu Nutzungskonflikten führen, die sowohl lokal als auch grenzübergreifend sein könnten. Wegen des knapper werdenden Gletscherwassers aus dem Himalaja stellen nicht zuletzt Wasserkonflikte zwischen den südasiatischen Ländern und China ein potenzielles Problem dar.

7.7 China

7.7.1 Auswirkungen des Klimawandels auf Naturraum und menschliche Nutzung

China stellt ein vom Klimawandel besonders betroffenes Land dar. Für China zeigen Modelle eine überdurchschnittliche Zunahme der Temperatur sowie von Dürrephasen und Starkregenereignissen. Dies wird einerseits ein Fortschreiten der Bodendegradation und Desertifikation vor allem im Norden Chinas bewirken und andererseits – zusammen mit dem Abschmelzen der Gletscher im Nordwesten Chinas – die Wasserversorgung weiter Landstriche gefährden (IPCC, 2007b).

Auf dem A1B-Szenario des IPCC basierende Modelle zeigen für das Jahr 2100 eine Erhöhung der mittleren Temperatur in Ostchina um 2,3–4,9 °C, für das Hochland Tibets sogar um 2,8–5,1 °C (IPCC, 2007a). Diese Erwärmung ist, insbesondere im östlichen China, im Winter stärker als im Sommer. Für den gleichen Zeitraum wird für den Osten Chinas eine Zunahme der jährlichen Niederschlagsmenge um 2–20 % vorhergesagt. Diese Zunahme ist gleichmäßig über die Jahreszeiten verteilt. Dabei ist sehr wahrscheinlich mit häufigeren Starkregenereignissen sowie einer Zunahme von Hitzewellen und Dürrephasen zu rechnen, die Variabilität der Niederschläge wird deutlich zunehmen (Gao et al., 2002). Für den Westen Chinas werden dagegen mehr Niederschläge im Winter und weniger im Sommer erwartet (IPCC, 2007a). Unsicherheiten in den Niederschlagsprojektionen sind durch die komplexe Topographie der Bergregionen Westchinas sowie die unklare Entwicklung des asiatischen Monsuns und des Verhaltens von El Niño/Südlicher Oszillation (ENSO) begründet. Insgesamt ist vor allem der Norden Chinas von zunehmender Dürre bedroht (Kap. 5.1.2).

Wenn sich die derzeitige Erwärmung fortsetzt, könnte die Ausdehnung der Gletscher des tibetischen Hochlands um mehr als 60 % abnehmen. Gemeinsam mit der deutlich früheren Schneeschmelze würde dies zu einer erheblichen saisonalen Verminderung der Abflüsse führen (IPCC, 2007b), was langfristig die Wasserversorgung dieser bereits sehr trockenen Region zusätzlich gefährdet. Bereits heute haben über 200 Mio. Chinesen keinen Zugang zu sauberem Trinkwasser. Im Zusammenhang mit der Umweltverschmutzung und der regional sehr ungleichen Verteilung der Wasserressourcen (vom Austrocknen bedrohte Flüsse im Norden, wasserreiche Ströme im Süden) ist der mit 1,3 Mrd. Einwohnern bevölkerungsreichste Staat der Welt besonders empfindlich gegenüber Temperaturänderungen, Gletscherschmelze und Niederschlagsvariabilität. In Regionen mit abnehmenden Niederschlägen bei gleichzeitig steigenden Temperaturen wird die Verfügbarkeit von Wasser für die menschliche Nutzung weiter abnehmen. Es wird angenommen, dass schon im Jahr 2015 die Wasserversorgung der ländlichen Bevölkerung nur zu ca. 85 % gedeckt werden kann (ADB, 2005; Oki und Kanae, 2006).

Die Küste Chinas ist darüber hinaus durch den ansteigenden Meeresspiegel gefährdet (WBGU, 2006). Ein Anstieg um 30 cm könnte mehr als 80.000 km² der dicht besiedelten und hoch industrialisierten chinesischen Küstenregion überfluten (IPCC, 2007b). Zudem hat die Anzahl und Intensität starker Taifune seit 1950 zugenommen (IPCC, 2007b). Sollte sich dieser Trend fortsetzen, wird dies in Kombination mit dem Meeresspiegelanstieg eine erhebliche zusätzliche Bedrohung der Küstenregion bedeuten.

Zu der hohen Variabilität der klimatischen Bedingungen und ihrer zukünftigen Entwicklungen kommen bereits heute große Probleme mit Bodendegradation hinzu. Bodenerosion und Versalzung, aber auch die zunehmende Desertifikation (Kap. 5.2) und der Verlust von Ackerland bedingt durch Industrialisierung und Verseuchung mit Schadstoffen bedeuten eine erhebliche Umweltgefährdung für China. 27,3 % der chinesischen Landfläche ist bereits von Desertifikation betroffen, vor allem in der Inneren Mongolei sowie um Beijing (USDA, 1998; MA, 2005a), mit steigender Tendenz. Eine Folge der Desertifikation sind häufig auftretende Sand- und Staubstürme (IPCC, 2007b). Die Bodendegradation ist auf nicht nachhaltige Landnutzung zurückzuführen. In den nördlichen, eher trockenen Regionen Chinas ist vor allem Überweidung für die Verschlechterung der Bodenqualität bis hin zum Verlust der oberen Bodenhorizonte verantwortlich. In den südlichen, eher feuchten

Regionen verursacht dagegen vor allem Entwaldung die Bodendegradation. Besonders im Südosten des Landes ist die Degradationsrate sehr hoch (Oldeman et al., 1991; Oldeman, 1992). Es kann davon ausgegangen werden, dass sich dieser Trend aufgrund von Klimaveränderungen (häufigere extreme Niederschlagsereignisse, aber auch Dürren) weiter verstärken wird. Hinzu kommen im Nordwesten Chinas, der bereits heute von Wüsten geprägt ist, zunehmende Probleme mit Bodenversalzung aufgrund unsachgemäßer, nicht nachhaltiger Bewässerung, die aber auch im Osten des Landes in den Provinzen um Beijing zu beobachten sind. In den vorwiegend durch Regenfeldbau geprägten Gebieten sind daher entsprechend negative Auswirkungen auf die Ernteerträge zu erwarten (Tao et al., 2003). Insgesamt kann in China bei einem Anstieg der globalen Durchschnittstemperatur um 2 °C der Reisertrag im Regenfeldbau um 5–12 % zurückgehen (IPCC, 2007b).

7.7.2 Politische und wirtschaftliche Situation in der Region

Die Steuerungs- und Handlungsfähigkeit des chinesischen Staats stellt sich vor dem Hintergrund der bestehenden und sich durch den Klimawandel verschärfenden Umweltprobleme und den ökonomischen, ökologischen und sozialen Gegensätzen innerhalb des Landes wie folgt dar: Chinas Entwicklung ist von starken regionalen, sozialen und wirtschaftlichen Disparitäten gekennzeichnet (Alpermann, 2004; Heberer und Senz, 2006b). Das Land weist seit der Einleitung der Reform- und Öffnungspolitik im Jahre 1978/79 eine rasante wirtschaftliche Entwicklung mit real mehr als 9 % BIP-Wachstum jährlich auf, das Pro-Kopf-Einkommen hat sich zwischen 1981 und 2003 vervierfacht. Im gleichen Zeitraum sank der Anteil extremer Armut (weniger als 1 US-$ pro Tag) von über 60 % auf knapp 10 % der Bevölkerung (World Bank, 2006a; Chaudhuri und Ravallion, 2007). China erscheint also zunächst als beachtlicher wirtschaftlicher Erfolgsfall.

Allerdings partizipiert die Bevölkerung sehr ungleich an der wirtschaftlichen Dynamik, so dass erhebliche Einkommensdisparitäten und soziale Polarisierung zu beobachten sind. Die wirtschaftliche Entwicklung findet fast ausschließlich in den urbanen Zentren der Küstenregion statt, während viele Binnenregionen weiterhin die Merkmale typischer Entwicklungsländer aufweisen. Noch immer sind etwa 45 % der Arbeitskräfte Chinas in der Landwirtschaft tätig (Winters und Yusuf, 2007b). Diese Kluft zwischen den und innerhalb der Regionen verdeutlicht der Index für menschliche Entwicklung, nach dem sich Shanghai im Jahr 2005 auf dem Niveau Portugals, Tibet hingegen auf dem Niveau Gabuns befindet. Außerdem zählen die Einkommensdisparitäten Chinas zu den höchsten der Welt (UNDP, 2005a). Einer neuen urbanen Mittelschicht steht eine Mehrheit von rund 770 Mio. Landbewohnern gegenüber, die keinen ausreichenden Zugang zu Bildung und Gesundheitsversorgung hat. Arbeitslosigkeit und Einkommensdisparitäten sowie der Bedarf an billigen Arbeitskräften in Chinas Küstenprovinzen haben seit den 1990er Jahren zu einer gewaltigen Abwanderung aus den ländlichen Regionen geführt. Die Zahl der Wanderarbeiter in China umfasst derzeit 120–180 Mio. Menschen. Sie bilden eine wachsende Schicht verelendeter Stadtbevölkerung und verdeutlichen so eine Schieflage in Chinas beeindruckender sozioökonomischer Entwicklung (Heberer und Senz, 2006b).

Die ärmsten und am wenigsten entwickelten Regionen sind die Siedlungsgebiete ethnischer Minderheiten, die ca. 60 % des chinesischen Territoriums umfassen. Abhängig von landwirtschaftlichen Erträgen sind sie in besonderem Maß von Entwaldung (Tibet, Yunnan, Sichuan), Desertifikation (Xinjiang, Innere Mongolei) und Gletscherschmelze (Tibet, Xinjiang, Qinghai) betroffen. So sind z. B. in der autonomen Uigurischen Region Xinjiang bereits heute knappe Wasser- und Landressourcen die Hauptursache für Auseinandersetzungen zwischen unterschiedlichen Volksgruppen (Giese und Sehring, 2006). Hinzu kommen schwelende politisch-ethnische Konflikte aufgrund einer an Rohstoffausbeutung und wirtschaftlicher Erschließung orientierter Modernisierungspolitik der Regierung gegenüber den autonomen Regionen (Heberer und Senz, 2006b). Die soziale Schieflage in der Bevölkerung, die steigende Ausbeutung von Ressourcen zur Sicherung des wirtschaftlichen Aufschwungs und die Auswirkungen des Klimawandels drohen diese innerchinesischen Konflikte weiter zu verschärfen und bergen die Gefahr wachsender politischer Instabilität.

Zu den Konflikten im Landesinneren kommt eine zunehmend spannungsgeladene regionale Sicherheitslage. Die Abwanderung aus China in benachbarte Staaten wie Russland oder die Mongolei sowie die Ressourcen- und Rohstoffpolitik der Volksrepublik und chinesischer Firmen in den Nachbarstaaten (z. B. Mongolei, Russland, Zentralasien) führen zu wachsende Spannungen (Barkmann 2006; Sidikov 2006; Umbach 2006). Der Rohstoffbedarf Chinas bildet auch den Hintergrund für die territorialen Auseinandersetzungen über die Inseln im Südchinesischen Meer oder auch Streitigkeiten zwischen China und Japan (Heberer und Senz, 2006a). Ein signifikantes Krisenpotenzial liegt außerdem in den Beziehungen zu Taiwan. Die Durchsetzung nationaler Interessen gegenüber den Nachbarstaaten kann sich langfristig konfliktverschärfend auswirken. Dies wird umso mehr der Fall sein, wenn zur Stabilisierung des Staats und zum Machterhalt der Kommunistischen Partei möglicherweise auf die „nationalistische Karte“ gesetzt wird (Klenke, 2006).

Eine zentrale Herausforderung an die Problemlösungs- und Handlungsfähigkeit Chinas liegt neben den sozialen Problemen in der Bearbeitung der Umweltfolgen des Wirtschaftswachstums. Der Verlust von Ackerland und Bodenqualität sowie die Verschmutzung von Luft und Wasser verursachen bereits heute Kosten, die etwa 8 % des BIP entsprechen (Economy, 2004). Jährlich werden Millionen von Menschen Opfer von Naturkatastrophen, von denen viele auf staatliche Hilfe angewiesen sind. Die gesundheitlichen Folgen der Umweltverschmutzung (z.B. „Krebsdörfer“) sind gravierend, und es wächst die Zahl der Proteste. Bisher gelang es der chinesischen Regierung, sich als lösungskompetente Kraft darzustellen. Von einer Lösung der dringenden sozialen und ökologischen Probleme hängt nicht zuletzt die Legitimität des Systems ab, welche sich auf dem Versprechen nach Entwicklung und Modernisierung sowie politischer und gesellschaftlicher Stabilität gründet (Heberer und Senz, 2006b).

Die politischen Handlungsmöglichkeiten und Ziele hinsichtlich der Herausforderungen sind ambivalent. Die chinesische Politik hat sich von der marxistisch-leninistischen Ideologie gelöst und ist von Pragmatismus geleitet. Die neue innovativ-technokratisch politische Elite ist zwar weiterhin primär an Wirtschaftsentwicklung interessiert. Zunehmend werden von der chinesischen Führung, vor allem durch die Umweltbehörde SEPA, allerdings auch ökologische Ziele vertreten wie beispielsweise der Vorstoß zur Messung eines „grünen Bruttoinlandsprodukts“ oder auch Maßnahmen zur Steigerung der Energieeffizienz und zum Ausbau erneuerbarer Energien zeigen (SEPA, 2006; Schumann, 2007; Richerzhagen, 2007). Der „kommunistische Parteistaat“ der VR China ist dabei kein homogenes Gebilde, sondern steht für ein System eines „fragmentierten Autoritarismus“ (Lieberthal und Lampton, 1992). Darin nehmen unterschiedliche Akteure Einfluss auf politische Entscheidungen und deren Vollzug: der Zentralstaat, die Provinzen, der lokale Staat, das Militär, neue soziale Schichten, neue soziale Organisationen usw. In vieler Hinsicht gibt es einen Zielkonflikt zwischen zentraler und lokaler Regierung. So scheitert die Umsetzung umweltpolitischer Gesetze in vielen Fällen an den unteren Verwaltungsbehörden, die im Interesse lokaler Wirtschaftsentwicklung die Regelungen umgehen (Lan et al., 2006; OECD, 2007a). Ein Bewusstsein für die regionale bzw. globale Verantwortung für Umweltfragen scheint sich langsam zu entwickeln (Wenk, 2007; Schumann, 2007).

Verhandlungen und weniger Zwang sind heute entscheidende Instrumente innerchinesischer politischer Willensbildung und Entscheidung. Es entwickelt sich langsam eine zivilgesellschaftliche Bewegung, aus der eigene chinesische Umwelt-NRO hervorgehen. Aufgrund der politischen Strukturen sind diese jedoch noch fragmentiert, häufig lokal orientiert und nicht wie im westlichen Sinn gänzlich unabhängig von der Regierung. Solange nicht explizit politische Ziele verfolgt werden, unterstützt der Staat solche Vereinigungen, weil sie häufig zur Lösung konkreter sozialer Probleme beitragen. Insgesamt steht der Parteienstaat aber einer zersplitterten und schwachen Zivilgesellschaft gegenüber, die ihn derzeit nicht wirksam in Frage stellen kann.

7.7.3 Schlussfolgerungen

Die wesentlichen, in Folge des Klimawandels zu erwartenden Umweltveränderungen in China sind zunehmende Bodendegradation und der Verlust an Ackerland, eine Zunahme von extremen Unwettern und Dürreperioden sowie wachsende Wasserknappheit. Diese werden sich innerhalb Chinas allerdings unterschiedlich auswirken. Die bestehenden ökologischen und sozialen Probleme in den Städten und ländlichen Gebieten könnten sich dennoch insgesamt potenzieren, die ökonomische Dynamik untergraben und letztendlich auch die politische Stabilität der Volksrepublik beeinflussen.

Der Süden wird mit einer Zunahme an Flutkatastrophen, Unwettern, Stürmen und Erdrutschen konfrontiert sein. Die zentralen Probleme im Norden werden, bedingt durch Gletscherschmelze und Niederschlagsvariabilität, in sommerlicher Wasserknappheit und der Ausweitung von Dürren mit dem Verlust der Ernten liegen. Dabei trägt die Landbevölkerung die Hauptlasten der Klimafolgen. Überlagert von ethnischen Spannungen, Armut und sozialer Benachteiligung könnten von diesen regionalen Entwicklungen destabilisierende Wirkungen für die gesamte Volksrepublik und angrenzende Staaten ausgehen. Da Landflucht aufgrund von Umweltdegradation bereits heute zu beobachten ist, ist es sehr wahrscheinlich, dass die Binnenmigration weiter zunimmt. Sie wird eine der zentralen Herausforderungen in den kommenden Jahrzehnten sein (Heberer und Senz, 2006b). Eine weiteres wichtiges Gefährdungs- und Konfliktpotenzial liegt in der Konzentration wirtschaftlicher Infrastruktur in den dicht bevölkerten Flussdeltas der Ostküste. Durch steigenden Meeresspiegel und eine Zunahme von

Flutkatastrophen, möglicherweise auch durch stärkere Taifune, könnten nicht nur die industriellen Anlagen und somit das Herzstück der chinesischen Wirtschaft stark beschädigt werden. Von den Überschwemmungen wären auch Siedlungsgebiete von Millionen von Menschen betroffen. Das Konfliktpotenzial wäre beträchtlich.

Die zu erwartenden Probleme stellen eine große Herausforderung für die politischen Strukturen und die Legitimität der chinesischen Regierung nach innen wie nach außen dar. Nach außen wird China mit wachsendem wirtschaftlichen und weltpolitischen Gewicht nicht nur zu einem ernstzunehmenden Konkurrenten der USA, sondern zunehmend auch als Hauptakteur der internationalen Klimapolitik wahrgenommen. Hier zeichnen sich harte zwischenstaatliche Auseinandersetzungen um Verantwortlichkeiten bezüglich der Reduktion von Treibhausgasemissionen ab, die das internationale System insgesamt belasten und zu außenpolitischen Spannungen führen können. Nach innen läuft die chinesische Führung Gefahr, vom Wechselspiel verschärfter Umweltprobleme, sozialer Polarisierung und wirtschaftlicher wie politischer Liberalisierung überfordert zu werden. Die politische Elite hat diese Problematik erkannt und begonnen, Mechanismen zum Schutz vor und zur Bewältigung der Umweltprobleme und Klimafolgen auszubauen, wobei die Steuerungskapazitäten der Regierung mit dem Modernisierungstempo und der Wachstumsdynamik bisher kaum Schritt halten (Richerzhagen, 2007). Hinsichtlich der Vermeidung gewaltsam eskalierender innerer Konflikte wird zukünftig viel davon abhängen, ob das derzeitig austarierte Verhältnis zwischen ökonomischer Leistungsfähigkeit, staatlicher Steuerungsfähigkeit und gesellschaftlicher Akzeptanz bzw. „Leidensbereitschaft" von Teilen der Bevölkerung fortbestehen wird (Heberer und Senz, 2006b). Die Anpassungsfähigkeit gegenüber den zu erwartenden Klimafolgen könnte somit zu einem zentralen Faktor für die weitere Entwicklung Chinas werden.

7.8 Karibik und Golf von Mexiko

7.8.1 Auswirkungen des Klimawandels auf Naturraum und menschliche Nutzung

Die Anrainerstaaten der Karibik und des Golfs von Mexiko werden durch den Klimawandel wahrscheinlich vermehrt von starken Hurrikanen betroffen sein. Dadurch könnten soziale und politische Spannungen in der Region weiter verschärft werden.

Der Golf von Mexiko und die Karibik sind tropische Randmeere, die mit dem Atlantischen Ozean in Verbindung stehen. Unter den Anrainern befinden sich sowohl zahlreiche Inselstaaten als auch Küstenstaaten Nord-, Zentral- und Südamerikas. Regionale Klimamodelle rechnen unter Verwendung des A1B-Szenarios für das zentralamerikanische Festland bis 2100 mit einer Zunahme der Temperatur um etwa 1,8–5 °C bei einem wahrscheinlichen Wert von 3,2 °C (IPCC, 2007a). Dieser Anstieg liegt über dem globalen Mittelwert. Besonders stark ist der erwartete Temperaturanstieg in den Frühlingsmonaten März bis Mai. Für die karibischen Inseln wird ein geringerer Temperaturanstieg von 1,4–3,1 °C mit einem wahrscheinlichen Wert von 2,2 °C erwartet. Die jährliche Niederschlagsmenge nimmt für beide Regionen in den meisten Modellen ab. Darüber hinaus ist eine Zunahme von Dürrephasen wahrscheinlich und insbesondere auf den Inseln ein deutlich erhöhter Wasserstress (IPCC, 2007a).

Ein für die Region besonders relevantes Wetterphänomen sind tropische Wirbelstürme. Die Klimaerwärmung führt zu einer Erhöhung der Temperatur der Meeresoberfläche, und hohe Oberflächentemperaturen stellen die Quelle für die Energie tropischer Wirbelstürme dar. Eine Zunahme der Stärke tropischer Wirbelstürme mit fortschreitender Klimaerwärmung ist also plausibel, und eine Korrelation zwischen Meeresoberflächentemperatur und der Stärke tropischer Stürme wird beobachtet (Emanuel, 2005; WBGU, 2006; Kap. 5.1.3). Weil tropische Wirbelstürme oft mehrere Meter hohe Flutwellen erzeugen, ergeben sich daraus – auch im Zusammenhang mit dem globalen Anstieg des Meeresspiegels – beträchtliche Überschwemmungsrisiken für tief gelegene Küstenabschnitte (IPCC, 2007b).

Hurrikane führen bereits heute immer wieder zu hohen Verlusten an Menschenleben und Sachwerten, wobei Einzelereignisse oft mehr als 1.000 Todesopfer fordern und Sachschäden von über 1 Mrd. US-$ verursachen können. Genannt seien Hurrikan Mitch in Nicaragua und Honduras mit über 18.000 Todesopfern, die regelmäßigen Sturm- und Flutkatastrophen in Haiti sowie Hurrikan Katrina in den USA mit 1.322 Todesopfern (CRED, 2006). Neben den erheblichen Folgen für die Entwicklung der betroffenen Regionen waren einige dieser Katastrophen auch Auslöser für Konflikte (Kap. 3.2.2).

Hurrikane stellen zudem eine große Bedrohung für die Öl- und Gasinfrastruktur im US-amerikanischen Teil des Golfs von Mexiko dar. Dort befinden sich über 800 bemannte Bohrinseln, die über ein aufwendiges Pipelinenetz mit den Raffinerien an der US-amerikanischen Küste verbunden sind. Darüber hinaus werden die Raffinerien am Golf von Mexiko auch dazu genutzt, ausländisches Rohöl minderer

Qualität zu verarbeiten. Somit stellt die Region derzeit einen wesentlichen Schlüssel zur Versorgung der USA mit Treibstoffen und Gas dar. Vergangene Naturkatastrophen, insbesondere in der Hurrikansaison 2005, führten zu großen Schäden an der Öl- und Gasinfrastruktur und zu mehrmonatigen Leistungseinbrüchen der Förder-, Transport- und Raffineriekapazitäten. In der Folge mussten die USA auf die strategischen Ölreserven zurückgreifen, um die Energieversorgung des Landes aufrecht zu erhalten (Bamberger und Kumis, 2005; Energy and Environmental Analysis, 2005).

Der Meeresspiegelanstieg wird vor allem die US-amerikanischen und mexikanischen Flachküsten am Golf von Mexiko betreffen (IPCC, 2007b). Im Gegensatz zum Pazifik sind in der Karibik zwar keine Inselstaaten vom Meeresspiegelanstieg existenziell bedroht, dennoch wird der Meeresspiegelanstieg auch in vielen Küstenabschnitten der Karibik schwerwiegende Folgen wie die Überflutung von Küstenebenen oder erhöhte Küstenerosion haben.

In der Karibik ist zudem mit einer deutlich höheren Variabilität der Niederschläge zu rechnen, wobei Dürrephasen und Starkniederschlagsereignisse die beiden Extreme darstellen. Starkniederschlagsereignisse können ebenso verheerende Wirkung entfalten wie Hurrikane: Während eines solchen Ereignisses 1999 in Venezuela verloren 30.000 Menschen bei Hangrutschungen und Überschwemmungen ihr Leben (CRED, 2006). Auch Dürren können in der Zukunft in Teilen der Region zu einem größeren Problem werden, das vielerorts durch die nicht nachhaltige Landnutzung, vor allem in Honduras, Costa Rica, Nicaragua, Kuba und der Dominikanischen Republik, zu erhöhter Bodendegradation bis hin zu Desertifikation führt (USDA, 1998; MA, 2005b). In der Folge ergeben sich zusätzliche Einbußen in der Landwirtschaft und eine Erhöhung der Katastrophenrisiken (Kap. 6.4.2.1). Die Getreideernten könnten bis 2080 um bis zu 30 % zurückgehen (IPCC, 2007b).

7.8.2 Politische und wirtschaftliche Situation in der Region

Nach dem Index für menschliche Entwicklung weisen die USA, Barbados, Costa Rica, Saint Kitts und Nevis, die Bahamas, Kuba, Mexiko, Panama sowie Trinidad und Tobago einen hohen Entwicklungsstand auf (UNDP, 2005b). In allen anderen Ländern der Region liegt der Index im mittleren Bereich. Haiti ist das einzige Land der Region mit einem niedrigen Index.

Wirtschaftlich ist die Region sehr divers: Die USA sind die weltweit größte Volkswirtschaft mit einem sehr hohen Pro-Kopf-Einkommen. Das angrenzende Mexiko ist ein Schwellenland mit relativ hoher Wirtschaftskraft. Venezuela verdankt seinen Wohlstand vor allem den großen Ölreserven. Für die meisten zentralamerikanischen Staaten ist der Export von Bekleidung von großer volkswirtschaftlicher Bedeutung. In Guatemala werden in diesem Sektor 28 %, in El Salvador 50,2 % und in Honduras 59,9 % der Exporterlöse erzielt. Costa Rica und Mexiko exportieren zudem in größerem Umfang Elektronikartikel (WTO, 2006). Die USA ist für fast alle Länder der Region der wichtigste Handelspartner, und die wirtschaftlichen Verflechtungen werden im Rahmen bestehender und zukünftiger Freihandelsabkommen voraussichtlich weiter zunehmen.

Für einige karibische Inselstaaten (Dominikanische Republik, Barbados, Saint Kitts und Nevis u. a.) hat sich der Tourismus zu einem wichtigen Wirtschaftsfaktor entwickelt. Dennoch ist die Landwirtschaft in den meisten karibischen und zentralamerikanischen Staaten weiterhin von sehr großer Bedeutung und ermöglicht einem Großteil der Bevölkerung ein Grundeinkommen oder das Überleben durch Subsistenzproduktion. Besonders in den zentralamerikanischen Staaten ist der Wohlstand sehr ungleichmäßig verteilt: Gemessen am Gini-Koeffizienten weisen Honduras, Mexiko, Nicaragua, Kolumbien und Panama eine hohe Einkommensungleichverteilung auf (CIA, 2006).

Die Migration ins Ausland stellt für viele Bewohner der Region eine attraktive wirtschaftliche Option dar. So entwickelten sich in vielen Staaten die Rücküberweisungen von Migranten zu einem wichtigen wirtschaftlichen Faktor. Während in Haiti Rücküberweisungen mehr als die Hälfte des BIP ausmachen, erreichen sie in Jamaika und Honduras immerhin 17 % bzw. 16 %. Mit jährlich 21,8 Mrd. US-$ ist Mexiko der weltweit größte Empfänger von Rücküberweisungen (Fajnzylber und López, 2006). Wichtigste Zielregion lateinamerikanischer Migranten sind nach wie vor die USA. Die zunehmenden Abschottungsversuche der USA gegen Migration aus Lateinamerika, z. B. die Errichtung einer Grenzmauer zur Abschirmung illegaler Migranten, sorgen für zwischenstaatlichen Dissens (HIIK, 2006).

In der Region werden derzeit verschiedene, teils bewaffnete Konflikte ausgetragen. So bestehen in Kolumbien seit mehreren Jahrzehnten gewaltsame Konflikte zwischen linken Rebellengruppen, der Zentralregierung und rechtsgerichteten Paramilitärs. Haiti wird seit über 20 Jahren von einem bewaffneten Konflikt hoher Intensität erschüttert. Dabei hat die Zentralregierung die Kontrolle über weite Landesteile dauerhaft verloren. Zur Stabilisierung der

Lage befindet sich seit 2004 eine UN-Friedensmission im Lande. In Belize kam es Anfang 2005 zu gewaltsamen Zusammenstößen zwischen Polizei und Demonstranten. 2006 entluden sich innenpolitische Spannungen im mexikanischen Bundesstaat Oaxaca gewaltsam. Dabei kamen mehrere Menschen ums Leben.

Venezuela befindet sich seit dem Jahr 2000 in einem internen ideologischen Konflikt, in dem sich die linkspopulistische Regierung des Präsidenten Hugo Chávez sowie das etablierte Bürgertum und die Großgrundbesitzer gegenüberstehen. Als einer der letzten verbliebenen Systemkonflikte aus der Zeit des Kalten Kriegs ist außerdem das Verhältnis zwischen Kuba und den USA von regionaler sicherheitspolitischer Bedeutung. Allerdings scheint hier eine gewaltsame Eskalation sehr unwahrscheinlich zu sein.

Darüber hinaus gibt es verschiedene weitere Konflikte, die überwiegend gewaltfrei ausgetragen werden, u. a. zwischen Costa Rica und Nicaragua sowie Kolumbien und Venezuela. In Guatemala und Mexiko bestehen zudem beträchtliche innenpolitische Spannungen (HIIK, 2005).

7.8.3 Schlussfolgerungen

Die Analyse zeigt, dass die Region in Zukunft beträchtlichen gesellschaftlichen und politischen Risiken ausgesetzt ist. Die erwartete Zunahme schwerer tropischer Wirbelstürme wird sich wahrscheinlich negativ auf alle Länder der Region auswirken – insbesondere auf die Länder Zentralamerikas. Bereits nach dem Hurrikan Mitch 1998 wurde geschätzt, dass das Ereignis die am stärksten betroffenen Entwicklungsländer in ihrer wirtschaftlichen Entwicklung um mehrere Jahrzehnte zurückgeworfen hat (IDA, 2006). Ein häufigeres Auftreten solcher Extremereignisse wird somit in vielen Teilen der Region wahrscheinlich zu einer dauerhaften ökonomischen Destabilisierung führen. Dies ist umso wahrscheinlicher, weil die betroffenen Staaten bis auf wenige Ausnahmen (Kuba, USA) über keine wirksame Katastrophenvorsorge verfügen.

Zudem besteht in vielen Teilen der Region ein latentes Konfliktrisiko, das sich immer wieder in bewaffneten Auseinandersetzungen niederschlägt. Da die meisten Staaten Zentralamerikas und der Karibik von schwachen Governance-Strukturen geprägt sind, ist damit zu rechnen, dass die durch Klimawandel bedingten Umweltveränderungen vorhandene Konfliktrisiken deutlich verschärfen werden. Die Vulnerabilität der Öl- und Gasinfrastruktur im Golf von Mexiko stellt einen weiteren wichtigen Faktor in der regionalen und globalen Krisenanfälligkeit dar. Kurzfristige Störungen der Öl- und Gasförderung haben bereits heute beträchtliche wirtschaftliche und zum Teil auch politische Konsequenzen. In diesem Sinn könnten Häufungen starker Hurrikane im Golf von Mexiko auch globale ökonomische und politische Auswirkungen nach sich ziehen.

Die Migration in die USA und ein Großteil der Rücküberweisungen an Familien in den Ursprungsländern der Migranten stabilisieren die Volkswirtschaften in vielen Staaten des zentral- und südamerikanischen Raums. Die Bestrebungen zur Einschränkung von Migration seitens der USA bergen nicht zuletzt deshalb bereits heute Risiken politischer Verwerfungen. Im Zuge des Klimawandels und der erwarteten Auswirkungen für die Karibik und Zentralamerika ist damit zu rechnen, dass sich Migrationsströme in Richtung USA erhöhen, sich aber auch innerhalb Zentralamerikas verstärken werden. Dabei werden Menschen vor allem diejenigen Regionen verlassen, die von Extremereignissen und der Degradation der Ökosysteme besonders stark betroffen sein werden. Migrationsziele werden vor allem die urbanen Zentren sein. Im Hinblick auf die schwachen Governance-Kapazitäten in der Region und die begrenzten Beschäftigungsmöglichkeiten in den Städten ist somit auch hier mit einer Verschärfung latenter Konflikte zu rechnen.

7.9 Andenregion

7.9.1 Auswirkungen des Klimawandels auf Naturraum und menschliche Nutzung

Zu den wichtigsten Klimafolgen für die Andenländer zählen die starke Erwärmung sowie das dadurch verursachte schnelle Abschmelzen der Gletscher. Zusammen mit der zunehmenden Variabilität der Niederschläge hat dies gravierende Auswirkungen auf die Wasserversorgung und die Landwirtschaft, die zusätzlich durch verstärkte Bodendegradation betroffen ist (IPCC, 2007b).

Die Anden erstrecken sich entlang der Westküste des südamerikanischen Subkontinents und verlaufen hauptsächlich in den Ländern Kolumbien, Ecuador, Peru, Bolivien und Chile, teilweise auch in Venezuela und in Argentinien. Klimamodelle lassen bis zum Ende dieses Jahrhunderts eine im Vergleich zum globalen Mittel überdurchschnittliche Erwärmung von 1,8–5 °C (Mittelwert 3,2 °C) für die nördlichen Anden sowie 1,7–3,5 °C (Mittelwert 2,5 °C) für die südlichen Anden erwarten, die über alle Jahreszeiten relativ gleichmäßig verteilt ist (A1B-Szenario, IPCC, 2007a). In den letzten Jahrzehnten lässt sich in der Region bereits ein Temperaturanstieg beobachten, der für das fortschreitende Abschmelzen der Andengletscher verantwortlich ist. Allein in den letzten 30 Jahren haben beispielsweise die Gletscher in den peruanischen Anden 25 % ihrer Fläche eingebüßt (Barnett et al., 2005; IPCC, 2007b).

Die erwarteten Niederschlagsänderungen sind regional für die Anden sehr unterschiedlich. Während im südlichen Teil in Chile und Patagonien mit einer Abnahme der jährlichen Niederschläge gerechnet wird, scheinen die nördlichen Anden, insbesondere der Norden Perus, von einer leichten Zunahme zu profitieren. Dabei sollte berücksichtigt werden, dass die verwendeten Klimamodelle in Kontrollexperimenten zu einer Überschätzung der Niederschläge entlang der Anden neigen (IPCC, 2007a). Schwierigkeiten bei der Modellierung der Wechselwirkung zwischen Ozean und Atmosphäre in den Tropen, der atmosphärischen Zirkulation sowie die Morphologie der hohen, schmalen Andenkette tragen zu diesen Unsicherheiten bei.

Ein Großteil der lokalen Bevölkerung ist vom Schmelzwasser der Andengletscher abhängig, sei es direkt für die Trink- oder Brauchwasserversorgung oder indirekt über die Stromgewinnung. Ein beschleunigtes Abschmelzen der Andengletscher, wie schon heute messbar (Barnett et al., 2005) und zukünftig weiter erwartet (IPCC, 2007a), wird die regionale Wasserbilanz und damit verbunden die Wasserverfügbarkeit für die Bevölkerung stark beeinträchtigen. Die Wasserressourcen für Mensch und Umwelt werden regional sehr unterschiedlich genutzt, mit Auswirkungen auf die Landwirtschaft, aber auch auf die Wirtschaft (Liniger et al., 1998; Mark und Seltzer, 2003). Schon heute zeichnen sich Ecuador, das Küstengebiet Perus und auch Teile Boliviens und Argentiniens durch eine nicht nachhaltige landwirtschaftliche Bewässerungspraxis aus, d. h. die nachhaltig nutzbaren Wasserressourcen sind geringer als der Verbrauch in der landwirtschaftlichen Bewässerung (MA, 2005a).

Ein weiteres Problem ist Bodendegradation, die in weiten Teilen der Andenstaaten als mittel bis hoch eingeschätzt wird (Oldeman et al., 1991). Gründe hierfür liegen in nicht nachhaltiger Landnutzung, zum großen Teil in der Entwaldung, aber auch in Überweidung. Für einige Standorte, z. B. an der Westküste Ecuadors, kommt Versalzung als primärer Bodendegradationstyp hinzu. Das Versalzungsproblem könnte durch ein beschleunigtes Abschmelzen der Andengletscher zunächst verbessert werden (wenn mehr Wasser zur Verfügung steht, kann der Versalzung z. B. durch gezieltes, exzessives Bewässern entgegengewirkt werden), bis dann aber der mehr oder weniger vollständige Gletscherschwund Wasser als Ressource für die Landwirtschaft generell knapp werden lässt. Dies würde zusammen mit erhöhten Temperaturen das bereits heute hohe bis sehr hohe Risiko menschlich induzierter Desertifikation für die Westküste Ecuadors, aber auch für Teile Chiles und Perus verschärfen.

7.9.2 Politische und wirtschaftliche Situation in der Region

Die geschilderten Effekte des Klimawandels treffen auf Staaten, die gegenwärtig lediglich über begrenzte Anpassungs- und Konfliktlösungskapazitäten verfügen. Zwar sind alle Staaten der Region formal demokratisch verfasst, sie gelten jedoch mit Ausnahme Chiles als politisch instabil, demokratisch nicht konsolidiert, überdurchschnittlich korrupt und sind durch erhebliche Defizite in ihrer Rechtsstaatlichkeit charakterisiert (Hagopian und Mainwaring, 2006; Mainwaring et al., 2006; Sample und Zovatto, 2006). In Kolumbien hat der bewaffnete Konflikt zwischen Drogenmafia, paramilitärischen Gruppen, Guerilla und staatlichen Akteuren zudem zu einer Erosion des staatlichen Gewaltmonopols geführt. Politische Reformen oder eine nachhaltige Politikgestaltung, zumal gegen die Interessen mächtiger Gruppen, sind vor diesem Hintergrund aktuell kaum vorstellbar.

Die Demokratisierungsprozesse der späten 1970er und 1980er Jahre in Bolivien, Ecuador und Peru haben in Verbindung mit ökonomischen Reformen in den bereits stark gespaltenen Gesellschaften starke sozioökonomische Verteilungskonflikte ausgelöst. Bisher ökonomisch, politisch oder ethnisch benachteiligte Gruppen forderten mittels der neu erworbenen Rechte eine Auflösung der Privilegien der traditionellen Eliten ein, wodurch die Verteilungskonflikte verschärft und gleichzeitig vielfältiger wurden. Aufgrund der anhaltenden sozioökonomischen Verwerfungen und Ungleichheiten, die in Peru zeitweise bürgerkriegsähnliche Zustände begünstigten (Sendero Luminoso), kam es seit den 1990er Jahren zu einer Erosion politischer Parteien bzw. einer erneuten Zunahme populistischen Regierens (O'Neill, 2005; Roberts, 2007). Ein ähnlicher Prozess entwickelte sich in Kolumbien und Venezuela. Auch dort hatten sich durch intransparente Patronage- und Klientelnetzwerke verkrustete politische Strukturen gebildet, die weite Teile der Bevölkerung massiv benachteiligten. So waren in diesen Ländern – bei bereits hohen Ausgangsniveaus sozialer Konflikte – tiefgreifende politische und ökonomische Liberalisierungsmaßnahmen Auslöser für die Erosion von Staatlichkeit.

Trotz makroökonomischer Stabilisierung und insgesamt zumindest moderatem Wachstum wurden keine befriedigenden Erfolge bei der Armutsreduzierung und nur unzureichende Ergebnisse hinsichtlich der ökonomischen Verteilungsgerechtigkeit erzielt. Die Gesellschaften der Andenregion zählen daher weltweit zu denjenigen mit den höchsten Einkommensdisparitäten, und weite Teile der Bevölkerung können ihre Grundbedürfnisse nicht befriedigen: In Bolivien sind dies etwa 60 %, in Ecuador, Peru und Kolumbien etwa 50 % und selbst im relativ wohlhabenden Chile etwa 20 % (ECLAC, 2006). Die Defizite der politischen Systeme sind dabei maßgeblich für die ungelösten sozialen Probleme der Region verantwortlich. Aus umweltpolitischer Perspektive sowie hinsichtlich der Anpassungsfähigkeit an die zu erwartenden Klimafolgen scheint dabei bedenklich, dass die Regierungen zur Lösung ihrer Legitimations- und Governance-Probleme vor allem auf eine rasche Steigerung der Agrarexporte und eine Intensivierung der Rohstoffausbeutung setzen, dabei aber kaum über kohärente Strategien nachhaltigen Ressourcenmanagements verfügen bzw. diese nicht umsetzen können.

Von der Renaissance rohstoffbasierter Entwicklungsstrategien sind insbesondere die Amazonasgebiete in den Andenländern betroffen. Die schnelle Ausbeutung von Rohstoffreserven verschafft kurzfristige makroökonomische Stabilisierung, gesamtwirtschaftliches Wachstum und sichert die Privilegien mächtiger Interessengruppen. In allen Andenländern basieren die Exporte überwiegend auf Rohstoffen (Bergbau, Erdöl, Gas) und, je nach klimatischen Bedingungen, Agrarexporten, während die Bedeutung der verarbeitenden Industrie während der ökonomischen Reformen der vergangenen Dekaden abgenommen hat. Neben den negativen Umweltfolgen haben sich dadurch auch die sozialen Disparitäten in den betroffenen Regionen verschärft und das Konfliktpotenzial erhöht. Beispielhaft hierfür sind die Konflikte zwischen indigenen Gruppen, Migranten, privaten und staatlichen Unternehmen sowie staatlichen Akteuren im ecuadorianischen und peruanischen Tiefland. Vor allem die peruanische Regierung versucht die Agrarexporte zu forcieren und dem chilenischen Modell zu folgen, wobei für den Ausbau der peruanischen Landwirtschaft insbesondere die bereits heute vergleichsweise wasserarmen Küstenregionen vorgesehen sind. Bei großen Infrastrukturprojekten (z. B. zur Umleitung von Flüssen in der Region Lambayeque im Norden Perus) werden umweltpolitische Aspekte oder Kriterien eines integrierten Wassermanagements kaum berücksichtigt. Neben der ineffizienten Nutzung knapper Wasserressourcen werden damit auch Verteilungskonflikte zwischen wasserreichen und wasserarmen Landesteilen mittelfristig eher zunehmen.

Dennoch lässt sich für die Andenregion insgesamt eine allmähliche Zunahme des umweltpolitischen Problembewusstseins beobachten, was sich etwa in der Errichtung von Umweltministerien und -agenturen oder der Verankerung umweltpolitischer Grundsätze in den Verfassungen (z.B. Kolumbien) äußert. Zudem haben insbesondere die staatliche Entwicklungszusammenarbeit sowie die Aktivitäten von NRO dazu beigetragen, Umweltprobleme zu thematisieren und die umweltpolitische Gesetzgebung zu verbessern.

Eine zentrale Hürde für eine nachhaltige Politik, die insbesondere auch vorausschauende klimapolitische Anpassungsmaßnahmen ermöglichen würde, bildet der inkohärente Staatsaufbau. Gegenwärtig zu beobachtende Konflikte mit Umweltbezug betreffen nicht das ganze Staatsgebiet, sondern sind lokal oder regional beschränkt. Den jeweils relevanten Gebietskörperschaften (Zentralstaat, Provinzen, Munizipien) fehlt es aber an klaren administrativen Verantwortlichkeiten und angemessener Ressourcenausstattung (Faust, 2006; Faust und Harbers, 2007). Dies erschwert es, miteinander verschränkte lokale und nationale Anpassungsmaßnahmen für eine vorausschauende und konfliktpräventive Umweltpolitik zu entwerfen und umzusetzen. Eine an den Gebietskörperschaften orientierte und kohärente Dezentralisierungsstrategie ist – mit Ausnahme Chiles – in keinem der Andenstaaten zu erkennen, sondern wird durch die damit verbundenen politischen Konflikte verhindert (Falletti, 2005; Daughters und Harper, 2006). Die oft unklaren politischen und gesetzlichen Zuständigkeiten bzw. die mangelhafte Umsetzung von Gesetzen befördern zudem Auseinandersetzungen zwischen unterschiedlichen Staatsebenen, wodurch Konflikte unberechenbarer und weniger sachorientiert ausgetragen werden.

Im Fall der künftig erwarteten Wasserknappheit im Großraum Lima, die durch die vom Klimawandel beschleunigte Gletscherschmelze verursacht wird, wird die Problematik wenig verfahrensorientierter Konfliktbewältigung bereits deutlich (Kap. 6.2.3). Zwar kann Lima aufgrund seiner herausgehobenen politischen und ökonomischen Bedeutung erheblichen Druck auf den Zentralstaat ausüben. Inwiefern die einzelnen Munizipien innerhalb Limas die zu erwartenden Konflikte untereinander sachgemäß lösen können, ist jedoch ebenso fraglich wie eine verteilungsgerechte Lösung zwischen der Region Lima und angrenzenden Regionen, die mit weniger Verhandlungsmacht ausgestattet sind. Selbst die Verteilung von Wasser über Provinzgrenzen hinweg ist in Peru bisher nicht institutionalisiert, was gerade bei der angestrebten Intensivierung der Agrarexportindustrie eine Politisierung zu erwartender Wasserkonflikte begünstigt.

Hinzu kommen Probleme zwischenstaatlicher Kooperation zur Lösung grenzüberschreitender Umweltprobleme. Zwar bestehen seit den 1960er Jahren Kooperations- und Integrationsbestrebungen im Andenraum. Diese wurden jedoch immer wieder durch die Partikularinteressen der einzelnen Regierungen und einen populistisch überhöhten Nationalismus untergraben. Nach wie vor erschweren zahlreiche, historisch gewachsene Grenzkonflikte, etwa zwischen Ecuador und Peru, Peru und Chile oder Chile und Boliven eine länderübergreifende Kooperation in der Umweltpolitik bzw. des nachhaltigen Ressourcenmanagements.

7.9.3 Schlussfolgerungen

Die Andenländer sind durch die starke Erwärmung, das dadurch verursachte schnelle Abschmelzen der Gletscher und die zunehmende Variabilität der Niederschläge stark vom Klimawandel betroffen. Vor allem ist mit gravierenden Auswirkungen für die Wasserversorgung der Bevölkerung und für die Landwirtschaft zu rechnen. Die betroffenen Gesellschaften stehen bereits heute vor großen politischen und sozioökonomischen Herausforderungen und sind von politischen Auseinandersetzungen und Verteilungskonflikten um knappe Ressourcen geprägt. Die (partielle) Zerstörung des Regenwalds und die Wasserknappheit – befördert durch wenig nachhaltige Wassernutzung und Bevölkerungswachstum – äußern sich bisher meist in lokalen und regional begrenzten Konflikten. Auch wenn aufgrund des steigenden Problemdrucks in der Region ein allmählicher Bewusstseinswandel in der Bevölkerung und bei Teilen der politischen Eliten zu erwarten ist, sind die Staaten mit Ausnahme Chiles vergleichsweise schlecht gerüstet, um den zusätzlichen Herausforderungen durch den Klimawandel effektiv zu begegnen. Extrem kurzfristiges Kalkül der Politik aufgrund politischer Instabilität und ökonomischen Drucks, gravierende Mängel im Staatsaufbau, mangelhafte Rechtsstaatlichkeit sowie ein geringes Maß grenzüberschreitender Kooperation sind die wesentlichen Faktoren, die zumindest für die nähere Zukunft allenfalls iterative Lernprozesse, kaum aber eine langfristige angelegte Anpassungsstrategie erwarten lassen. Es ist somit davon auszugehen, dass der Klimawandel und die dadurch verursachten Umweltveränderungen bereits vorhandene politische Spannungen und Konflikte in der Andenregion zukünftig verstärken werden.

7.10 Amazonien

7.10.1 Auswirkungen des Klimawandels auf Naturraum und menschliche Nutzung

Amazonien ist das größte zusammenhängende Tropenwaldgebiet der Erde und beherbergt einen erheblichen Teil aller terrestrischen Pflanzen- und Tierarten (IPCC, 2007b). Acht lateinamerikanische Staaten teilen sich das Amazonasbecken auf. Etwa 60 % des Beckens liegen in Brasilien, die restlichen 40 % verteilen sich auf Bolivien, Peru, Kolumbien, Venezuela, Ecuador, Surinam und Guyana. Rund 50 % der Niederschläge in Amazonien werden durch Evapotranspiration in der Region generiert (Schubart, 1983; Salati, 1987). Das größte Problem in der Amazonasregion ist die anhaltende Entwaldung. Sollten sich die gegenwärtigen Trends fortsetzen, könnten im Jahr 2050 bereits 30 % des Amazonaswalds verschwunden sein. Die daraus entstehenden regionalen Klimaänderungen könnten zu einer „Savannisierung" vor allem des östlichen Amazonasgebiets führen, die durch den globalen Klimawandel erheblich verstärkt wird. Durch die Umwandlung tropischen Regenwalds in eine trockene Graslandsavanne würde ein erhebliches Artensterben ausgelöst (IPCC, 2007b).

Für die Amazonasregion im nördlichen Brasilien zeigen regionale Klimaprojektionen unter Verwendung des A1B-Szenarios einen Anstieg der Temperatur bis zum Jahr 2100 um 2,6–3,7 °C gegenüber 1990, eine Erwärmung, die etwa 30 % stärker ist als im globalen Mittel (IPCC, 2007a). Diese Modellprojektionen sind robust und in guter Übereinstimmung mit der bereits gemessenen Erwärmung im 20. Jahrhundert. Die jahreszeitliche Veränderung der Temperaturverteilung zeigt einen Trend zu einer stärkeren Erwärmung in den Monaten Juni bis August verglichen zu den Monaten Dezember bis Februar, was eine Abschwächung des jährlichen Temperaturgangs bedeutet (IPCC, 2007a).

Die ohnehin schwierigen Vorhersagen über die Veränderung der regionalen Niederschlagsverteilung werden im Amazonasgebiet durch die hier sehr wichtigen Wechselwirkungen zwischen Vegetation und Klima sowie durch die hohe, aber schmale Andenkette erschwert. Beides wird in Modellen bisher nur schlecht abgebildet. Ein weiterer Unsicherheitsfaktor ist die zukünftige Entwicklung des El-Niño-Phänomens, das im Amazonasgebiet zu ausgeprägten Dürren führt. Daher können zum gegenwärtigen Zeitpunkt keine Aussagen über die künftige Veränderung der mittleren Niederschläge gemacht werden (IPCC, 2007a). Dürren werden aber aufgrund der starken Erwärmung des Atlantiks und den damit verbundenen Veränderungen in der atmosphärischen Zirkulation in Zukunft auch unabhängig vom El-Niño-Phänomen auftreten (Cox et al., 2004; Shein et al., 2006).

Das Jahr 2005 zeichnete sich im Amazonasgebiet durch eine außergewöhnliche Trockenheit aus. Dieses Ereignis könnte ein Vorbote der Dürrejahre sein, die laut Klimaprojektionen dort immer häufiger auftreten werden. Nach Modellrechnungen des Hadley Centres (HadCM3) wird die Amazonasregion ab 2050 zudem immer weniger Kohlenstoff aus der Atmosphäre speichern können. Höhere Lufttemperaturen gepaart mit zunehmender Trockenheit lassen die Kohlenstofffixierung des Regenwalds sinken, zunehmend verstärkt durch einen weiteren Rückgang der Regenwaldfläche. In den Modellen von Cox et al. (2000) führt dieser Rückgang des Kohlenstoffspeichers im Amazonasgebiet dazu, dass die terrestrische Biosphäre zukünftig zu einer globalen Kohlenstoffquelle wird. Neuere Szenarien gehen im Extremfall sogar von einem Verschwinden von 65 % der Waldfläche im Amazonasgebiet aus, basierend auf den zunehmenden Dürreereignissen bis 2090 (Cox et al., 2004; Hutyra et al., 2005). Durch eine Umwandlung des Amazonasbeckens in eine Savannenlandschaft (IPCC, 2007a) würde zusätzlich Kohlendioxid in die Atmosphäre freigesetzt, was wiederum den Klimawandel beschleunigt (Kap. 5.3.4).

Rodungen des Amazonaswalds (Nepstad et al., 1999) verringern die Luftfeuchtigkeit durch die fehlende Transpiration der Vegetation, und es kommt zu weniger Niederschlägen. Die Luft über den abgeholzten Gebieten erwärmt sich stärker als über dem Wald, was wiederum das lokale Klima und damit die angrenzende Vegetation beeinflusst. Das komplette Entfernen von Biomasse nach dem Roden (inkl. Abbrennen der Ernterückstände und Wurzelstöcke) setzt außerdem eine deutlich größere Menge CO_2 frei, als durch nachfolgende Feldfrüchte aufgenommen wird (Morton et al., 2006). Zudem führen Rodungen zu erheblichen Fragmentierungen von Ökosystemen und innerhalb kürzester Zeit zu erhöhter Erosion und zu Bodendegradation.

Steigende Temperaturen, zunehmende Dürren und Bodendegradation haben gravierende Folgen für die Landwirtschaft. In tropischen Regionen wird generell davon ausgegangen, dass bereits bei einer Erwärmung von 1–2 °C negative Wirkungen auf die Getreideproduktion eintreten. Bei weiterer Erwärmung werden in tropischen Ländern alle Feldfrüchte von Ernteeinbußen betroffen sein (IPCC, 2007b). Für Amazonien wird bereits bei einer moderaten Erwärmung für Weizen und Mais mit einer Abnahme der Erträge um 30 % bzw. 15 % gerechnet. Als Ursachen werden insbesondere Wassermangel und Hitzestress genannt. Bei typischen Marktfrüchten zeigen die Simulationen bei moderater Erwärmung indes unterschiedliche Ergebnisse: Während sich die für den Anbau von Kaffee geeigneten Flächen voraussichtlich erheblich verkleinern werden, wird für Soja zumindest vorübergehend eine Ertragssteigerung um 25 % erwartet (IPCC, 2007b).

Auch die Binnenfischerei wäre betroffen. Dies hätte negative Auswirkungen für die ländliche Bevölkerung, weil Fisch für sie die Hauptquelle tierischen Proteins ist (Waichman et al., 2002). Bereits heute geraten die Fischbestände durch Überfischung in Bedrängnis. Mit zunehmender Trockenheit und steigenden Temperaturen schwindet der Lebensraum für viele Fischarten. Ausgetrocknete Kanäle zwischen Binnenseen und Flüssen unterbrechen die Zyklen reproduktiver Migration; eine saisonbedingte Überpopulation bleibt in den Seen zurück, wo die Fische bei sinkendem Wasserstand ersticken. So sinkt in Dürrejahren ihre Reproduktionsrate drastisch. Hinzu kommt, dass sich Pestizidrückstände aus der Landwirtschaft durch den niedrigen Wasserstand der Flüsse und Seen in toxischem Ausmaß konzentrieren können.

Ein weiterer Aspekt sind unterbrochene Transportwege. Der Wasserstand der Flüsse sinkt zum Teil dramatisch, das Wasser verschlammt, und in manchen Gegenden werden dadurch die einzigen Transportwege unpassierbar. Die in den Dürrejahren häufig und großflächig auftretenden Wald- und Buschbrände schneiden wichtige Landverkehrsrouten ab. Die negativen Auswirkungen betreffen sowohl Gütertransporte als auch die medizinische Versorgung der Bevölkerung. Welche Folgen der Meeresspiegelanstieg für das Mündungsdelta des Amazonas hätte, ist noch nicht untersucht.

7.10.2
Politische und wirtschaftliche Situation in der Region

Brasilien ist für die Entwicklung Amazoniens das wichtigste Land. Aus Sicht seiner Regierung hat die Region die Funktion eines noch zu erschließenden Hinterlands. Obwohl Amazonien 58 % des Staatsterritoriums ausmacht, beherbergt es nur etwa 8 % der Gesamtbevölkerung und trägt nur mit 5 % zum BIP bei (IBGE, 2007). In den Expansionsstrategien privater und öffentlicher Akteure spielen Amazoniens Ressourcen eine wichtige Rolle. Ressourcennutzung ist in Amazonien bereits heute sehr konfliktträchtig.

Amazonien wurde in den 1960er Jahren durch den Bau von Überlandstraßen erschlossen. Die Erschließung wurde mit öffentlichen Mitteln finanziert und diente ihrer ökonomischen Inwertsetzung (Mahar, 1988). Zunächst wurde das Land großen Konzernen für die Viehzucht angeboten, dann sollte die Landbevölkerung aus dem Dürre geplagten Nordosten dort angesiedelt werden. Seit den 1970er Jahren wurden Erzvorkommen ausgebeutet, große Wasserkraftwerke gebaut und die Ansiedlung von Kleinbauern ausgeweitet. Das Ergebnis war ein Anwachsen der Bevölkerung und eine Verringerung der Waldfläche um 17 % (INPE, 2007).

Seit den 1990er Jahren entwickelt sich die Entwaldungsdynamik unabhängig von öffentlichen Investitionen. Überlandstraßen werden zunehmend von kapitalkräftigen Sägewerksbesitzern, Viehzüchtern und Sojafarmern angelegt. Letztere haben dabei die großen Exportmärkte im Auge, weil die brasilianischen Fleisch- und Sojaexporte seit der BSE-Krise in Europa stark zugenommen haben. Brasilien besitzt die weltweit größte Rinderherde (200 Mio. Stück in 2003; IBGE, 2007) und ist weltweit der zweitgrößte Sojaproduzent (52 Mio. t im Jahr 2006), wobei Amazonien als Produktionsstandort für den Export gegenwärtig noch marginal ist. Nachdem die Savanne im Süden Amazoniens durch Bodenverbesserungen für den Sojaanbau erschlossen wurde, werden nun im Trockengebiet um Santarém in Zentralamazonien große Flächen gerodet. Die massive Ausweitung der Bioethanolproduktion auf Zuckerrohrbasis im Süden und Südosten des Landes trägt zur Verdrängung des Anbaus von Soja in das Amazonasgebiet bei. Aber auch für die Produktion von Treibstoffen auf der Grundlage von Biomasse wird Amazonien in den Blick genommen.

Gemessen am Bruttoinlandsprodukt gehört Brasilien zu den führenden 13 Volkswirtschaften der Erde. Zwischen 1995 und 2005 wuchs das BIP um durchschnittlich 2,1 % jährlich. Das reale Wachstum war gerade in der Landwirtschaft am stärksten und beruhte hier vor allem auf der Tierproduktion. Das Wirtschaftswachstum hat zwar die Einkommenslage aller Bevölkerungsgruppen verbessert, jedoch verzeichnet Brasilien eine der größten Einkommensdisparitäten weltweit (UNDP, 2005b). Regional konzentriert sich die Armut in Brasilien auf den trockenen Nordosten und das Amazonasgebiet (Brazil, 2004). Am schlechtesten ist die Situation der indigenen Bevölkerung. Die Expansion großer Rinder- und Sojafarmen hat zu einer deutlichen Zunahme gewalttätiger Konflikte und der Vertreibung von Kleinbauern in Amazonien geführt (CPT, 2007). Über Landtitel verfügen aber auch die meisten Großgrundbesitzer nicht. Die Rodung wird in der Regel durchgeführt, ohne die gesetzlichen Auflagen zu beachten. Die Vergehen bleiben jedoch meist straffrei. Diese Konflikte um Boden und Ressourcen können sich durch eine weitere Expansion von Agrarland und aufgrund der Auswirkungen des Klimawandels verschärfen.

Spannungen sind auch in den Andenländern zu erwarten, weil dort eine starke Migration aus den Bergregionen in das amazonische Tiefland mit den bekannten Auswirkungen (Entwaldung, Minorisierung und Verdrängung der Indigenen) zu beobachten ist. Diese Migration wird von den Regierungen direkt oder indirekt gefördert, indem z.B. bestehenden Schutzgebieten der Status im Nachhinein aberkannt wird, um sie für die wirtschaftliche Nutzung zu erschließen. Wenn man berücksichtigt, dass die Quellräume der wichtigsten Amazonaszuflüsse in den Anden liegen, hat die Waldzerstörung in diesem Teil Amazoniens besonders drastische Auswirkungen, weil sie den Wasserhaushalt des ganzen Raums einschließlich der brasilianischen Tiefebene beeinflusst.

Die Maßnahmen der brasilianischen Bundesregierung zum Schutz Amazoniens vor Raubbau haben sich verbessert, es bestehen aber Zielkonflikte zwischen den umweltpolitischen Plänen (Schutzgebiete) und den Plänen in der Energie- und Verkehrspolitik (Bau von Wasserkraftwerken, Gaspipelines, Straßen). Nachdem die Entwaldungsrate 2002 und 2003 sehr stark gestiegen war, wurden besondere Maßnahmen für die Bekämpfung der Entwaldung beschlossen. Umgesetzt werden davon bisher nur die Kontrollmaßnahmen des Umweltministeriums. Verbesserungen bei der Landtitelvergabe und der Umweltverträglichkeitsprüfung sind noch nicht erreicht. Die Reichweite und Effektivität der Maßnahmen der Bundesregierung werden dabei durch allgemeine Governance-Schwächen im Bereich Rechtsstaatlichkeit und Korruptionskontrolle wesentlich beeinträchtigt (World Bank, 2005b). Allerdings bemüht sich die Regierung seit einigen Jahren, das staatliche Gewaltmonopol zu stärken und die Geltung von Gesetzen in der Region zu verbessern.

Mit der Veröffentlichung des 4. IPCC-Berichts ist auch der Klimawandel zu einem innenpolitischen Thema geworden. Nachdem sich Brasilien an den internationalen Klimaverhandlungen proaktiv und konstruktiv beteiligt hat, hat sich das Umweltministerium nun des Themas mit großer Entschlossenheit angenommen. Brasilien engagiert sich auch in der regionalen umweltpolitischen Kooperation und ist der stärkste Akteur der OTCA (Organização do Tratado de Cooperação Amazônica), deren vorrangiges Ziel die Kooperation zur nachhaltigen Entwicklung Amazoniens ist. Mit der Übernahme des ständigen Sekretariats in Brasilia 2003 hat Brasilien Verantwortung für die Weiterentwicklung der Organisation übernommen.

7.10.3 Schlussfolgerungen

Sollten die mit der globalen Erwärmung für Amazonien erwarteten Veränderungen eintreffen, wird das Leben in der Region nicht nur für Kleinbauern immer schwieriger werden. Amazonien wird auch nicht mehr als Expansionsraum für die großbetriebliche Landwirtschaft bzw. als Zielregion der Armutsmigration genutzt werden können. Gleichzeitig würden die Erträge in den traditionellen, besser erschlossenen Agrarregionen im Süden, im Zentrum und im Südosten Brasiliens aufgrund der geringeren Wasserverfügbarkeit und der höheren Temperaturen sinken. Dies kann zu einer krisenhaften Entwicklung im Agrarsektor führen, weil Soja und Kaffee die dritt- bzw. fünftwichtigsten Exportgüter sind. In der Folge könnten sich die Verteilungskämpfe um Land intensivieren und das bereits hohe Gewaltpotenzial weiter steigen. Der Spielraum für Biodiversitätsschutz in Amazonien würde sich weiter verringern.

Darüber hinaus könnte die Rolle Brasiliens in Lateinamerika als Ordnungsfaktor und führende Regionalwirtschaft geschwächt werden. Das Land gehört zu den wenigen Ländern mit einem demokratischen Selbstverständnis und kann trotz innerer Spannungen ein relativ hohes Maß an politischer Stabilität sichern. Es ist ein wichtiger Partner der OECD, wenn es darum geht, globale Problemlösungen zu entwickeln bzw. globale Regime voranzubringen. Sollte das Land von den Auswirkungen des Klimawandels überrascht werden, wird es deutlich weniger Kapazitäten haben, sich neben der Bewältigung interner Krisenlagen auch Projekten der regionalen und globalen Governance zu widmen. Dies ist umso wichtiger, weil andere lateinamerikanische Länder ebenfalls erheblich vom Klimawandel betroffen sein werden und sich eventuell an Brasilien mit der Bitte um Unterstützung wenden werden (Kap. 6.9). Sollte Brasilien die Belange Amazoniens und der Weltklimapolitik hinter kurzfristigere nationale handels- und energiepolitische Interessen zurückstellen, würde sich dies negativ auf die Fähigkeit auswirken, Krisen in Amazonien vorzubeugen bzw. diese zu bewältigen.

8 Klimawandel als Treiber gesellschaftlicher Destabilisierung und Bedrohung internationaler Sicherheit

Die Ausführungen in den Kapiteln 5 bis 7 haben gezeigt, dass der Klimawandel weltweit zu Veränderungen der natürlichen Lebensgrundlagen führt. Diese Transformationsprozesse übersetzen sich je nach den spezifischen geographischen und gesellschaftlichen Bedingungen in vier Konfliktkonstellationen, die in Kapitel 6.2–6.5 beschrieben werden.

Die herausgearbeiteten Konfliktkonstellationen zeigen, wie der Klimawandel in einigen Weltregionen zu einem Treiber gesellschaftlicher Destabilisierung werden kann. Dabei kristallisieren sich Strukturmerkmale dieser klimainduzierten Konflikte heraus, die sich deutlich von den in Kapitel 3 analysierten Konflikten im Kontext von Umweltdegradation und Ressourcenverknappung unterscheiden (Kap. 8.1).

Aufgrund der Bedeutung der Klimapolitik für die internationale Sicherheit wird im Folgenden diskutiert, wie die Chancen für eine wirksame Klimapolitik in den kommenden zwei Dekaden (die der internationalen Gemeinschaft bleiben, um einen gefährlichen Klimawandel abzuwenden) einzuschätzen sind (Kap. 8.2). Prognosen über Prozesse der internationalen Politik sind extrem schwierig. Es werden drei Szenarien vorgestellt, die mögliche und denkbare Zukünfte skizzieren. Mit diesem Instrumentarium können Weggabelungen sichtbar gemacht werden, vor denen die Klimapolitik in den kommenden Jahren steht. Schließlich wird die Frage gestellt, welche Auswirkungen die zuvor analysierten gesellschaftlichen Destabilisierungsdynamiken auf das internationale System haben können (Kap 8.3). Diese Überlegungen verdeutlichen, dass sich über die in Folge des Klimawandels zu erwartenden regionalen Krisen hinaus Herausforderungen für das Global-Governance-System ergeben, die die internationale Stabilität und Sicherheit unterminieren könnten.

8.1 Klimabedingte Konfliktkonstellationen: Analyse und Ergebnisse

8.1.1 Schlüsselfaktoren für die Entstehung und Verstärkung von Konflikten

Die Analyse der vier durch den Klimawandel angetriebenen Konfliktkonstellationen in Kapitel 6 erlaubt, Prozesse gesellschaftlicher Destabilisierung durch den Klimawandel sichtbar zu machen, Konfliktmuster zu erkennen und die unterschiedlichen Einflussbereiche und Schlüsselfaktoren hinsichtlich ihrer Konfliktrelevanz zu bewerten (Tab. 8.1-1). Einige der Schlüsselfaktoren können durch politisches Handeln beeinflusst werden, so dass sie wesentlicher Ausgangspunkt für die Entwicklung der Handlungsempfehlungen in Kapitel 10 sind:

Staatsform, politische Stabilität

Die Staatsform selbst (demokratisch, autokratisch) scheint keinen unmittelbaren Einfluss auf die Bewältigungskapazitäten einer Krise oder eines Konflikts zu haben. Allerdings sind gerade Gesellschaften im Übergang von autoritären zu demokratischen Gesellschaftsformen besonders krisen- und konfliktanfällig. Auch zeigen z. B. die Analysen der Konfliktkonstellationen „Klimabedingter Rückgang der Nahrungsmittelproduktion“ und „Klimabedingte Zunahme von Sturm- und Flutkatastrophen“, dass Katastrophen in der Regel die Unzufriedenheit mit einer als illegitim empfundenen Regierung verstärken, vor allem wenn akuter Handlungsdruck besteht. Umweltinduzierte gesellschaftliche Herausforderungen oder gar Destabilisierungen können also zu Katalysatoren für Prozesse der Delegitimierung von Regierungen werden und so zur Eskalation eines Konflikts bis hin zum Zerfall der politischen Ordnung beitragen. So wird der Klimawandel z.B. nicht zuletzt afrikanische Länder treffen und unter gesellschaftlichen Anpassungsdruck setzen, die sich in ihrer Mehrzahl in solchen

Tabelle 8.1-1
Schlüsselfaktoren bei der Entstehung und Verstärkung von Konfliktkonstellationen. EL = Entwicklungsländer, IL = Industrieländer
Quelle: WBGU

Schlüsselfaktoren / Konfliktkonstellation	Staatsform, politische Stabilität	Governance-Strukturen	Wirtschaftsleistung und Verteilungsgerechtigkeit	Gesellschaftliche Stabilität und Demographie	Geographische Faktoren	Internationale Machtverteilung und Interdependenz
Degradation der Süßwasserressourcen	allgemeine Gültigkeit	effektives nationales und internationales Wassermanagement beugt Krisen vor	hohes Konfliktpotenzial in EL durch große Abhängigkeit vom Agrarsektor	hohes Risiko von Wasserkrisen durch steigende Nachfrage bei stagnierendem Angebot	hohes Risiko lokaler Konflikte in Einzugsgebieten Risiko regionaler Destabilisierung („Ansteckung")	hohes Konfliktpotenzial durch Divergenz transnationaler Interessen und lokaler Bedürfnisse
Rückgang der Nahrungsmittelproduktion	allgemeine Gültigkeit	hohes Konfliktpotenzial bei ungleichen Landnutzungsrechten	hohes Konfliktpotenzial in EL durch große Abhängigkeit vom Agrarsektor	hohes Risiko von Ernährungskrisen durch Dürren und Bevölkerungswachstum/-dichte	Risiko regionaler Destabilisierung („Ansteckung")	bei sinkender Agrarproduktion hohe Relevanz der Weltmarktbedingungen
Zunahme von Sturm- und Flutkatastrophen	allgemeine Gültigkeit akuter Handlungsdruck verschärft Legitimationskrisen der Regierung	effektives Katastrophenmanagement beugt Krisen vor	hohes Konfliktpotenzial in EL erhöhtes Konfliktpotenzial in IL durch Abhängigkeit von komplexen Infrastrukturen	hohes Konfliktpotenzial durch hohe Bevölkerungsdichte und schwache Institutionen	Risiko regionaler Destabilisierung („Ansteckung")	allgemeine Gültigkeit
Migration	allgemeine Gültigkeit	effektives Migrationsmanagement beugt Krisen vor	hohes Konfliktpotenzial in EL	hohes Konfliktpotenzial durch Veränderung oder Instrumentalisierung der ethnischen Zusammensetzung	erhöhtes Konfliktrisiko durch steigende Ressourcenkonkurrenz im Zielland	allgemeine Gültigkeit
Allgemeine Gültigkeit für alle Konfliktkonstellationen	mangelnde Stabilität wirkt als Katalysator hohes Konfliktrisiko bei staatlicher Transititon (z.B. Demokratisierung)	effektive Wahrnehmung staatlicher Governance-Funktionen beugt Krisen und Konflikten vor	Armut und sozioökonomische Disparitäten erhöhen Krisenanfälligkeit und Konfliktpotenzial	hohes Konfliktrisiko bei schwachen zivilgesellschaftlichen Strukturen	erhöhtes Konfliktpotenzial gegenüber Nachbarländern	unterschiedliche Auswirkungen wirtschaftlicher Verflechtung/Weltmarktbedingungen kooperative Außenpolitik und Kooperation beugt Konflikten vor

Übergangsphasen befinden. Dieser Zusammenhang könnte auch für China von Bedeutung sein.

Governance-Strukturen

Der Faktor Governance spielt in allen Konfliktkonstellationen eine überragende Rolle. Ob klimabedingte Herausforderungen an die Gesellschaft in Krisen und Konflikte umschlagen, hängt vor allem von der Leistungs- und Problemlösungsfähigkeit der betroffenen Staaten ab. Das Zusammenkommen von schwachen staatlichen Institutionen und durch den Klimawandel hervorgerufene Prozesse gesellschaftlicher Überforderung birgt daher ein hohes Konfliktpotenzial. Dem Aufbau und der Stärkung nationaler und internationaler Governance-Strukturen (Ausbau handlungsfähiger Verwaltungsstrukturen, Stärkung des Justizsystems, Katastrophenmanagement) kommen deshalb eine besonders hohe Bedeutung zu. Deutlich wird dies am Beispiel eines funktionierenden nationalen und internationalen Wassermanagements, das bei der Vermeidung von Krisen eine zentrale Rolle spielt. Auch die Konfliktkonstellationen „Klimabedingte Zunahme von Sturm- und Flutkatastrophen" und „Umweltbedingte Migration" bestätigen diesen Befund. Auch hier entscheidet das Katastrophen- bzw. Flüchtlingsmanagement im Wesentlichen darüber, ob krisenhafte Entwicklungen überhaupt erst entstehen. Abgesehen von diesen speziellen Institutionen, die für die Krisenbewältigung zuständig sind, ist letztlich die Eskalation einer Krise bis hin zum gewalttätigen Konflikt umso unwahrscheinlicher, je besser und effektiver ein Staat seine Ordnungs- und Gestaltungsfunktionen wahrnimmt. Die Wirkungen des Klimawandels betreffen insbesondere solche Weltregionen, in denen schon heute Staaten mit schwachen Steuerungs- und Problemlösungskapazitäten dominieren. Der Klimawandel könnte so zu einer weiteren Verbreitung des Phänomens der schwachen und fragilen Staaten führen und somit die Wahrscheinlichkeit von Gewaltkonflikten erhöhen.

Wirtschaftsleistung und Verteilungsgerechtigkeit

Die Wirtschaft eines Landes ist für Klimaauswirkungen besonders anfällig, wenn ein hoher Anteil der Landwirtschaft an Beschäftigung und Wertschöpfung besteht. Die Konfliktkonstellationen „Klimabedingte Degradation der Süßwasserressourcen" und „Klimabedingter Rückgang der Nahrungsmittelproduktion" verdeutlichen, dass vor allem arme, agrarbasierte Entwicklungsländerökonomien besonders von den Folgen des Klimawandels betroffen sein werden. Weil ihnen weitgehend die finanziellen Mittel fehlen, um die Ressourcenverknappung mit Nahrungsmittelimporten oder Anpassung des Wassermanagements auszugleichen, sind gesellschaftliche Krisen wahrscheinlich. Die hohen ökonomischen Kosten können darüber hinaus die Entwicklung weiter hemmen. Entwicklungsblockaden und Armut können so verstärkt und dadurch die Konfliktgefährdung von Gesellschaften gesteigert werden. Deutlich wird aber auch, dass eine hohe Wirtschaftsleistung nicht immer vor den Folgen des Klimawandels schützt. Extremwetterereignisse bedrohen auch die komplexen, vor allem küstennahen Infrastrukturen der Industrie- und Schwellenländer. Alle Konfliktkonstellationen bestätigen, dass bestehende sozioökonomische Disparitäten und eine, wenn auch nur „gefühlte" Benachteiligung bei der Zuteilung von Ressourcen wie Land oder Wasser wesentlich zur weiteren Eskalation eines Konflikts beitragen können. Verteilungsgerechtigkeit und Armutsbekämpfung spielen daher bei der Vermeidung und Bewältigung umweltinduzierter Konflikte eine große Rolle.

Gesellschaftliche Stabilität und Demographie

Die demographische Entwicklung spielt in allen Konfliktkonstellationen eine wichtige Rolle. Ein besonders hohes Risiko für Ernährungskrisen birgt beispielsweise die Zunahme von Dürren und steigendem Wasserstress in Kombination mit hoher Bevölkerungsdichte und -wachstum. Auch bei Sturm- und Flutkatastrophen erhöht die Kombination aus hoher Bevölkerungsdichte und schwachen staatlichen Institutionen das Schadens- und Krisenpotenzial beträchtlich. Ethnizität tritt als Faktor vor allem in der Konfliktkonstellation „Umweltbedingte Migration" in Erscheinung. Sie wirkt vor allem konfliktverschärfend, wenn sich beispielsweise durch den Zuzug von Migranten die ethnische Balance in der Zielregion verändert und wenn ethnische Unterschiede politisch instrumentalisiert werden. Im Allgemeinen gilt, dass dort, wo eine Gesellschaft bereits erheblich destabilisiert ist und zivilgesellschaftliche Strukturen wenig ausgeprägt sind, die Gefahr für Konflikte durch den Klimawandel steigt.

Geographische Faktoren

Alle Konfliktkonstellationen zeigen, dass eine Destabilisierung von Regionen durch „Ansteckungsgefahr" möglich ist. So kann z.B. Migration das Konfliktrisiko in benachbarten Ländern/Regionen erhöhen, etwa durch eine wachsende Ressourcenkonkurrenz bei hoher Bevölkerungsdichte oder durch Infiltrierung von Rebellen. Die Gefahr der Ansteckung besteht grundsätzlich auch bei der Nutzung von Wasserressourcen, da sich Einzugsgebiete von Flüssen und Grundwasserressourcen oft über Ländergrenzen hinweg erstrecken. Zunächst lokal oder national begrenzte Konflikte können so Nachbarländer destabilisieren. Da die gesellschaftlichen Folgen des Klimawandels grenzüberschreitend sind, können sie leicht zur Ausweitung von Krisen- und Konfliktregionen führen.

Internationale Machtverteilung und Interdependenz

Die Machtverteilung zwischen Staaten kann bei der (De-)Eskalation eines Konflikts eine Rolle spielen. So wird bei der Konfliktkonstellation „Klimabedingte Degradation der Süßwasserressourcen" angenommen, dass der Anreiz zur Kriegsführung um Wasserressourcen in erster Linie für politisch-militärisch handlungsfähige Staaten besteht, die keine Demokratien sind. Die Weltmarktbedingungen können unterschiedliche Auswirkungen auf den Verlauf einer Konfliktkonstellation haben: Bei der Ernährungssicherheit ist der Zugang zu den Weltmärkten bei sinkender Agrarproduktion ein wichtiger, möglicherweise für die Krisenentspannung entscheidender Faktor. Wie die Konfliktkonstellation zur Süßwasserverfügbarkeit zeigt, kann sich die Einbindung in internationale Handelszusammenhänge jedoch auch negativ auswirken, wenn beispielsweise transnationale Wirtschafts- und lokale Entwicklungsinteressen divergieren. Allgemein lässt sich jedoch für alle Konfliktkonstellationen bestätigen: (1) Ist die Fähigkeit und Bereitschaft eines Staats zu zwischenstaatlicher Kooperation, Einbindung in supranationale Foren und internationale Entscheidungsgremien hoch, steigt die Wahrscheinlichkeit, dass landwirtschaftliche Produktionsausfälle, Süßwasserkrisen oder migrationsbedingte Krisen abgefedert und zwischenstaatliche Konflikte vermieden werden. (2) Ein

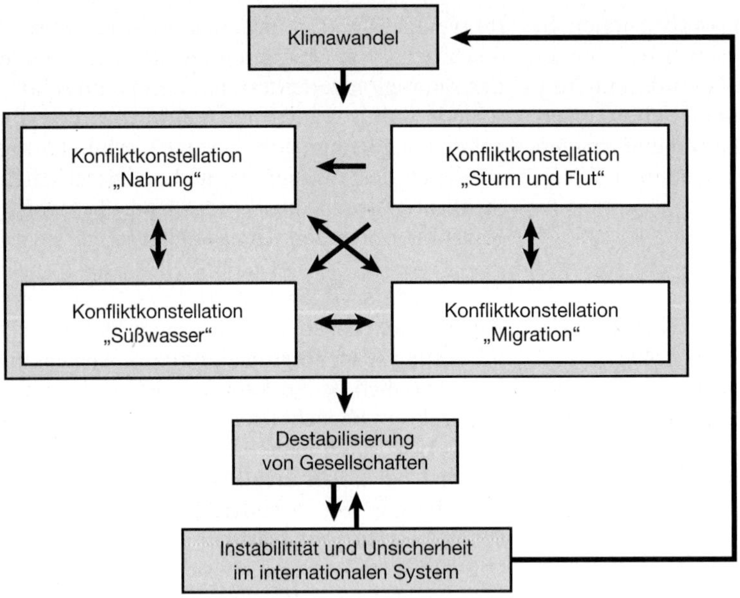

Abbildung 8.1-1
Konfliktkonstellationen als Treiber internationaler Destabilisierung.
Quelle: WBGU

kooperatives internationales Umfeld und leistungsfähige internationale Organisationen können dazu beitragen, die Folgen des Klimawandels zu bearbeiten und nationale Akteure zu unterstützen.

8.1.2
Wechselseitige Verstärkung von Konfliktkonstellationen

Die Probleme des Klimawandels entfalten vor allem dann ihre kritische Wirkung, wenn mehrere negative Ursachenkomplexe zusammenwirken (Abb. 8.1-1). So sind diejenigen Gesellschaften und Regionen besonders verwundbar, in denen ungünstige naturräumliche Bedingungen (z.B. Küste oder Trockengebiet), Armut, hohe Bevölkerungsdichte, schwache gesellschaftliche und politische Institutionen und politische Instabilität zusammenkommen. Wie in den Beschreibungen der einzelnen Konfliktkonstellationen bereits angedeutet (Kap. 6.2–6.5), bestehen aber auch zwischen den vier beschriebenen Konfliktkonstellationen zahlreiche wechselseitige Abhängigkeiten und Rückkopplungseffekte. Es kann so zu schwer vorhersehbaren Interaktionen kommen, wodurch sich die Herausforderungen an die Politik potenzieren.

WECHSELWIRKUNGEN ZWISCHEN DEN KONFLIKTKONSTELLATIONEN „NAHRUNG“, „SÜSSWASSER“ UND „MIGRATION“
Einfach zu beschreiben ist die Verbindung zwischen den Konfliktkonstellationen zu Nahrungsmittelproduktion und Süßwasserverfügbarkeit (Kap. 6.2 und 6.3). Süßwasser bildet eine wichtige Grundlage für Ernährungssicherung und Armutsbekämpfung. 70 % des Süßwassers werden für die Landwirtschaft verwendet. Ungünstige klimabedingte Veränderungen der Wasserverfügbarkeit, z.B. durch Gletscherschmelze oder erhöhte Niederschlagsvariabilität, können gravierende Auswirkungen auf die landwirtschaftlichen Produktionsbedingungen und somit auf die natürlichen Lebensgrundlagen der ländlichen Bevölkerung haben. Verstärkt werden diese Tendenzen durch Nutzungskonkurrenzen, z.B. mit Energie aus Wasserkraft und Bioenergie sowie durch bestehende Umweltprobleme wie Bodendegradation. Dort, wo die zentralen politisch-institutionellen Voraussetzungen für ein funktionierendes Wassermanagement fehlen und Wasserkrisen entstehen, können Ernährungskrisen hervorgerufen oder verschlimmert werden. Umgekehrt kann auch eine nicht nachhaltige Landwirtschaft Wasserstress und Konflikte (mit)verursachen, indem Wasser übernutzt, mit Dünger und Pestiziden verschmutzt und so unbrauchbar gemacht wird. Bestehende Bodendegradation, Wassermangel, nicht nachhaltige Nutzungsmethoden (z.B. Ausbau einer nicht nachhaltigen Bewässerungslandwirtschaft) und Nutzungskonkurrenzen (z.B. durch den Bau von Staudämmen) in Verbindung mit Armut, schwachen Institutionen und politischer Instabilität können so die Wirkung der Probleme regional konzentrieren und verstärken, damit Institutionen überfordern und zur Eskalation von Krisen führen.

Menschen werden schließlich im Extremfall aufgrund von Dürren oder Wasserstress gezwungen, ihre Herkunftsgebiete zu verlassen, weil keine landwirtschaftliche Bewirtschaftung mehr möglich ist und Alternativen zum Lebensunterhalt fehlen. Oder sie fliehen vor Krieg und Gewalt, wenn aus ökologischen Problemen gesellschaftliche Brennpunkte werden. Migration kann dann wiederum Ursache für Konflikte unterschiedlichster Art in den Durchgangs- und Zielregionen sein. Der Bevölkerungs- und damit Nachfragezuwachs könnte beispielsweise das dortige Wassermanagement überfordern und zu weiterem Bevölkerungsdruck z.B. in küstennahen, von Sturmfluten bedrohten Ballungsräumen führen. So kann ein schlechtes oder gänzlich fehlendes Migrationsmanagement negative Rückwirkungen auf die Situation der Wasserverfügbarkeit und Nahrungsmittelproduktion sowie auf die Anforderungen an den Katastrophenschutz in den Durchgangs- und Zielregionen haben.

Durch die Folgen des Klimawandels wird die Zahl der Migranten voraussichtlich deutlich steigen. Diese Wanderungsbewegungen werden sich in erster Linie als Süd-Süd-Migration zeigen, aber auch der Norden wird ein Ziel der Umweltmigranten sein. Eine Zunahme der damit verbundenen Konflikte ist daher wahrscheinlich. Auch hier deutet sich ein positiver Rückkopplungseffekt zwischen den Konfliktkonstellationen sowie eine Konzentration in den Entwicklungsländern an.

Die beschriebenen Wechselwirkungen sind bereits heute zu beobachten. Sie werden in Zukunft gehäuft und in neuen Regionen auftreten: So leidet beispielsweise die Bevölkerung der Sahelzone heute schon unter Dürren und Hunger. Weitere zukünftige Abnahmen der landwirtschaftlichen Nutzflächen durch Dürren und Wassermangel und eine Ausweitung der Dürrezonen nach Norden in den Mittelmeerraum und nach Ost- und Westafrika werden das Krisenpotenzial und die Wahrscheinlichkeit von Wanderungsbewegungen erhöhen (Abb. 8.1-2). Auch der Nordwesten Brasiliens droht zu einem neuen Dürregebiet zu werden. Die Gletscherschmelze und der dadurch bedingte Wassermangel in den Trockenmonaten werden vor allem in den Anden und im Himalaya zum Problem (IPCC, 2007b).

Wechselwirkungen ausgehend von der Konfliktkonstellation „Sturm und Flut"

Als Folge des Klimawandels werden Wetterextreme wie Starkregen und die Intensität tropischer Wirbelstürme zunehmen. In Verbindung mit der Entwaldung an Oberläufen von Flüssen, der Landabsenkung im Großraum urbaner Zentren und der wachsenden Konzentration von Städten und Siedlungen in Küstenregionen steigen die Katastrophenrisiken beträchtlich. Es wird in einigen Regionen der Erde zur Überflutung von Küstengebieten und ganzen Inselgruppen kommen. Die Folgen sind erodierende Küsten, eine Zerstörung der Infrastruktur und ökonomische Schäden u. a. bei Fischfang und Tourismus. Menschen würden in großer Zahl zur plötzlichen Flucht gezwungen sein. Das stellt große Anforderungen an das Katastrophenmanagement und die Bewältigungskapazitäten der betroffenen Staaten und Regionen. Zunehmende Extremwetterereignisse führen aber nicht nur zu plötzlichen Katastrophen. Vielmehr lösen sie auch eine schleichende Umweltdegradation aus (WBGU, 2006). Durch den Anstieg des Meeresspiegels kann das Grundwasser ansteigen und Salzwasser in Grundwasserleiter und Flüsse eindringen. Das kann zu Bodenvernässung und -versalzung bis hin zu großflächigen Verlusten von landwirtschaftlichen Gebieten und Besiedlungsflächen führen. Sturm- und Flutkatastrophen können somit auch langfristig die Verfügbarkeit von Trink- und Bewässerungswasser und die Bodenqualität verschlechtern und in Zusammenhang mit anderen Faktoren Wasser- und Ernährungskrisen induzieren. Auch hier werden Menschen in großer Zahl aufgrund einer schleichenden Verschlechterung der Umweltbedingungen zur Abwanderung gezwungen sein.

Diese Art der Wechselwirkung wird vor allem in den dicht bevölkerten Flussdeltas Südasiens, Ostasiens und Südostasiens eine wesentliche Rolle spielen (IPCC, 2007b). Wie Abb. 8.1-2b zeigt, werden aber auch andere Regionen zukünftig durch tropische Stürme von derartigen Auswirkungen betroffen sein, z. B. der Golf von Mexiko, pazifische Inseln, die Westküste Australiens und die Ostküste Südamerikas (z. B. Guyana). Größere Städte in Afrika werden ebenfalls durch steigende Meeresspiegel gefährdet.

8.1.3 Die neue Qualität klimawandelinduzierter Konfliktlagen

Die Forschung zum Zusammenhang von Umweltdegradation und Konflikten hat gezeigt, dass Umweltdegradation in den vergangenen Dekaden ein wichtiger, aber nur selten der maßgebliche Faktor im komplexen Kausalitätsgefüge der Entstehung oder Verstärkung von Konflikten ist (Kap. 3). Die bisher beobachteten umweltbeeinflussten Konflikte bleiben in der Regel auf der lokalen bzw. innerstaatlichen Ebene und sind in Ländern mit guter Problemlösungskapazität sowie durch internationale Kooperation einhegbar. Daher ist eine großflächige Eskalation gewaltsamer Konflikte, ausgelöst durch lokale Umweltveränderungen wie Bodendegradation, Desertifikation, Wasserverknappung oder Verlust

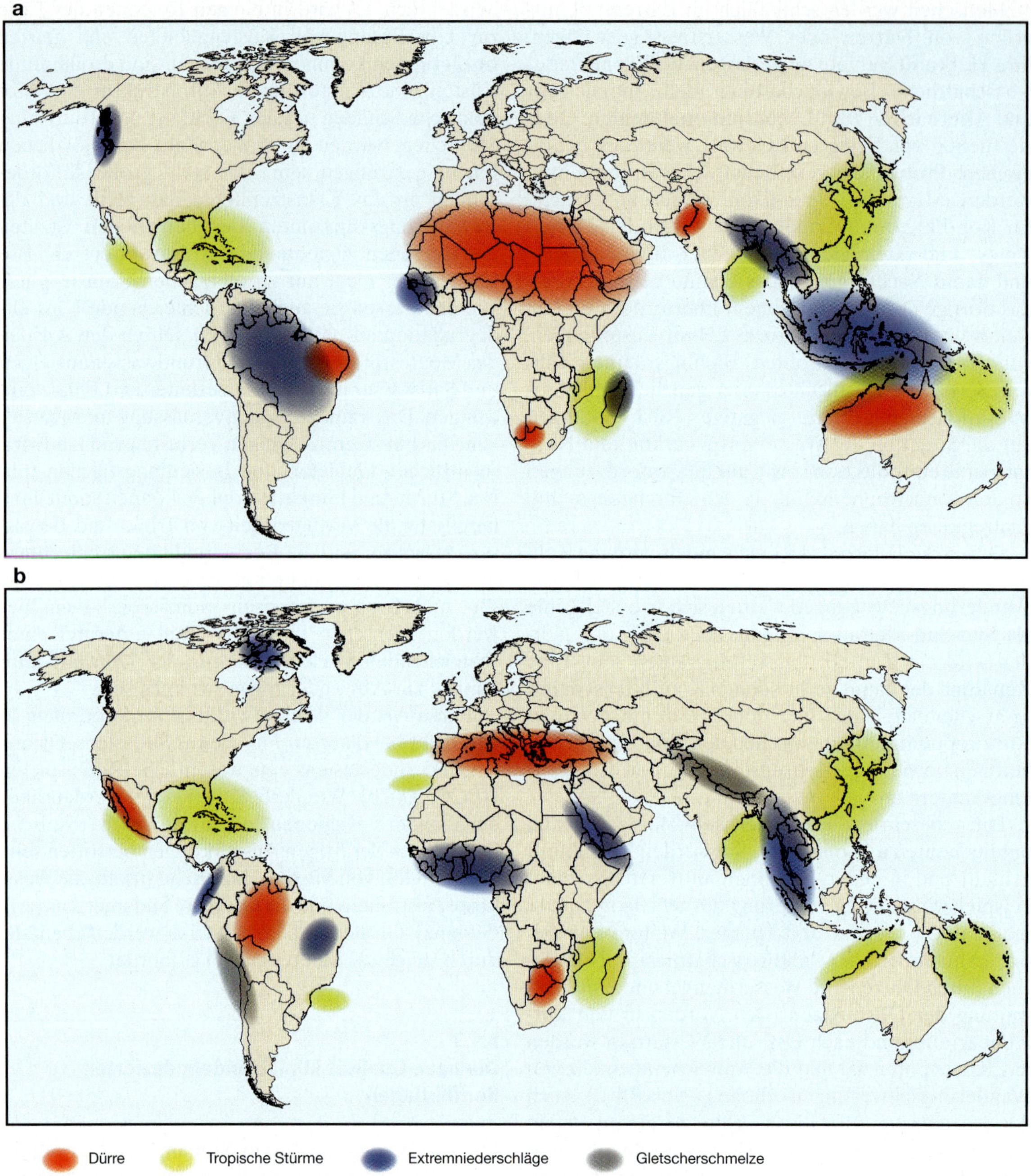

Abbildung 8.1-2
a) Klimastatus: Regionen, in denen bereits heute extreme klimatische Bedingungen herrschen,
b) Klimazukunft: Regionen, die künftig durch ungebremsten Klimawandel gefährdet werden könnten. Eine ausführliche Beschreibung der verschiedenen Klimaauswirkungen findet sich in Kapitel 5.
Quelle: WBGU

biologischer Vielfalt, gegenwärtig nicht zu erwarten (Kap. 3.4).

Die Analyse in den Kapiteln 5–7 zeigt aber, dass klimabedingte regionale Risiken für Destabilisierung und Gewalt eine für die menschliche Zivilisation bisher unbekannte neue Dimension zu erreichen drohen, wenn der Klimawandel in den nächsten 10–15 Jahren nicht durch eine wirksame Klimaschutzpolitik abgebremst wird. Entsprechend sind weitreichende Wirkungen auf nationale Gesellschaften, auf ganze Kontinente und auf das internationale System zu erwarten. Dies liegt in der neuen Qualität des

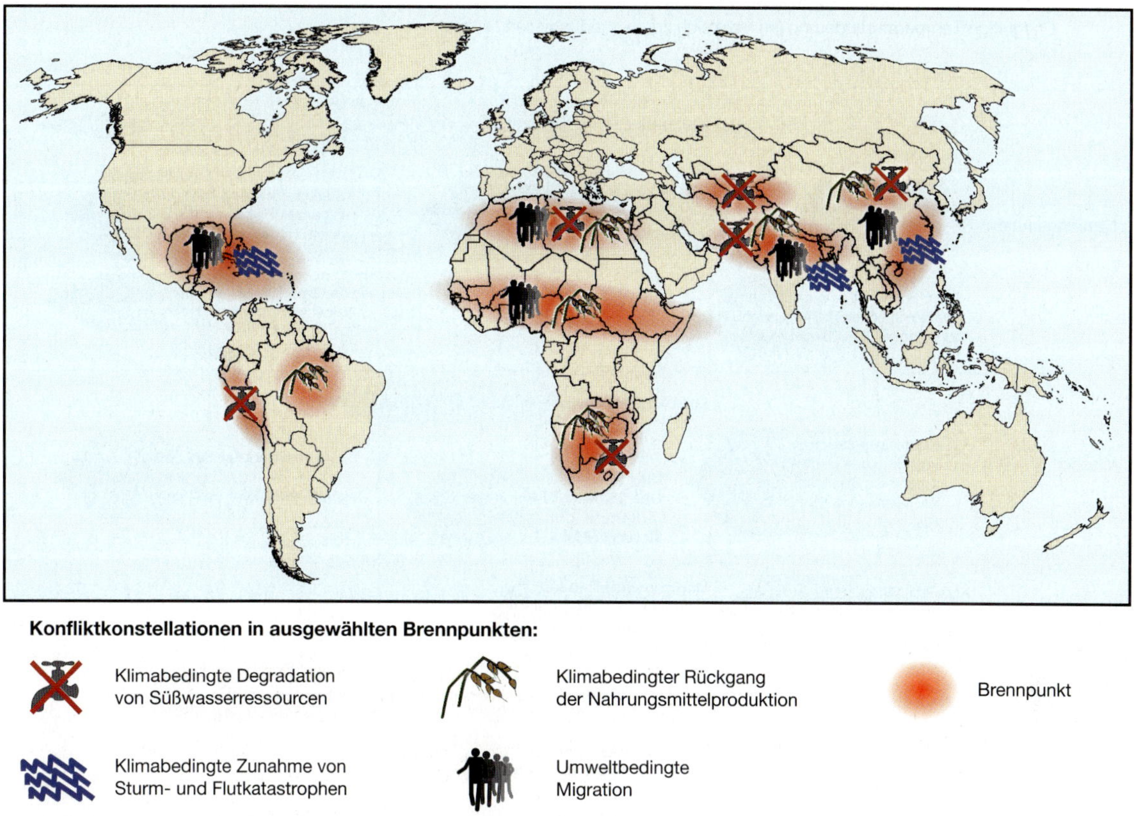

Abbildung 8.1-3
Sicherheitsrisiken durch Klimawandel: ausgewählte Brennpunkte. Die Karte zeigt beispielhaft nur jene Regionen, die in diesem Gutachten abgehandelt werden und die sich zu Krisenherden entwickeln könnten.
Quelle: WBGU

Klimawandels in Bezug auf die Globalität der Verursachung und Wirkungen, in der Geschwindigkeit und Größenordnung der klimainduzierten Umweltwirkungen, der hohen Zahl der Betroffenen und in gegenseitigen dynamischen Verstärkungen der Konfliktkonstellationen begründet.

Die beiden Karten in Abbildung 8.1-2 geben einen globalen Überblick über die regionale Verbreitung extremer klimatischer Bedingungen heute und im Fall eines ungebremsten Klimawandels. Diese Darstellung beruht auf der Betrachtung von Klimaparametern (Kap. 5). Die gesellschaftlichen, politischen und wirtschaftlichen Bedingungen, die das Auftreten einer Konfliktkonstellation in einer Region wesentlich mitbestimmen, sind in Abbildung 8.1-3 mit berücksichtigt. Hier sind die Sicherheitsrisiken durch den Klimawandel anhand beispielhaft ausgewählter Regionen zusammenfassend dargestellt. Grundlage sind die im Kapitel 7 behandelten Regionen sowie deren Anfälligkeit für die in Kapitel 6 beschriebenen Konfliktkonstellationen. Aufgrund der vielfach noch ungesicherten regionalen Informationen über die Auswirkungen des Klimawandels kann eine vollständige globale Übersicht hier nicht vorgelegt werden.

Die besondere Brisanz für die internationalen Beziehungen ergibt sich daraus, dass

- die Wirkungen des Klimawandels weltweit und gleichzeitig eskalieren (Abb. 8.1-4);
- der Klimawandel nur durch internationale Zusammenarbeit beherrschbar ist, wobei gleichzeitig regionale und lokale Strategien zur Problemlösung angewendet werden müssen;
- große Unterschiede in den Pro-Kopf-Emissionen zwischen Industrie- und Entwicklungs- bzw. Schwellenländern bestehen, die von letzteren als „Gerechtigkeitslücke" wahrgenommen werden.

Diese neue Qualität lässt sich aus Sicht des WBGU mit den folgenden acht Merkmalen beschreiben:

- *Verdichtung* von Konfliktkonstellationen in bestimmten Ländertypen. Nicht alle Länder sind gleichermaßen den Konfliktrisiken des Klimawandels ausgesetzt. Insbesondere werden Entwicklungsländer und darunter vor allem fragile Staaten betroffen sein. Aufgrund der schwachen Problemlösungskapazitäten dieser Staatengruppe ist hier von einem hohen Konfliktpotenzial auszugehen. Die größte Zahl fragiler Staaten konzentriert sich in Afrika südlich der Sahara, wo durch

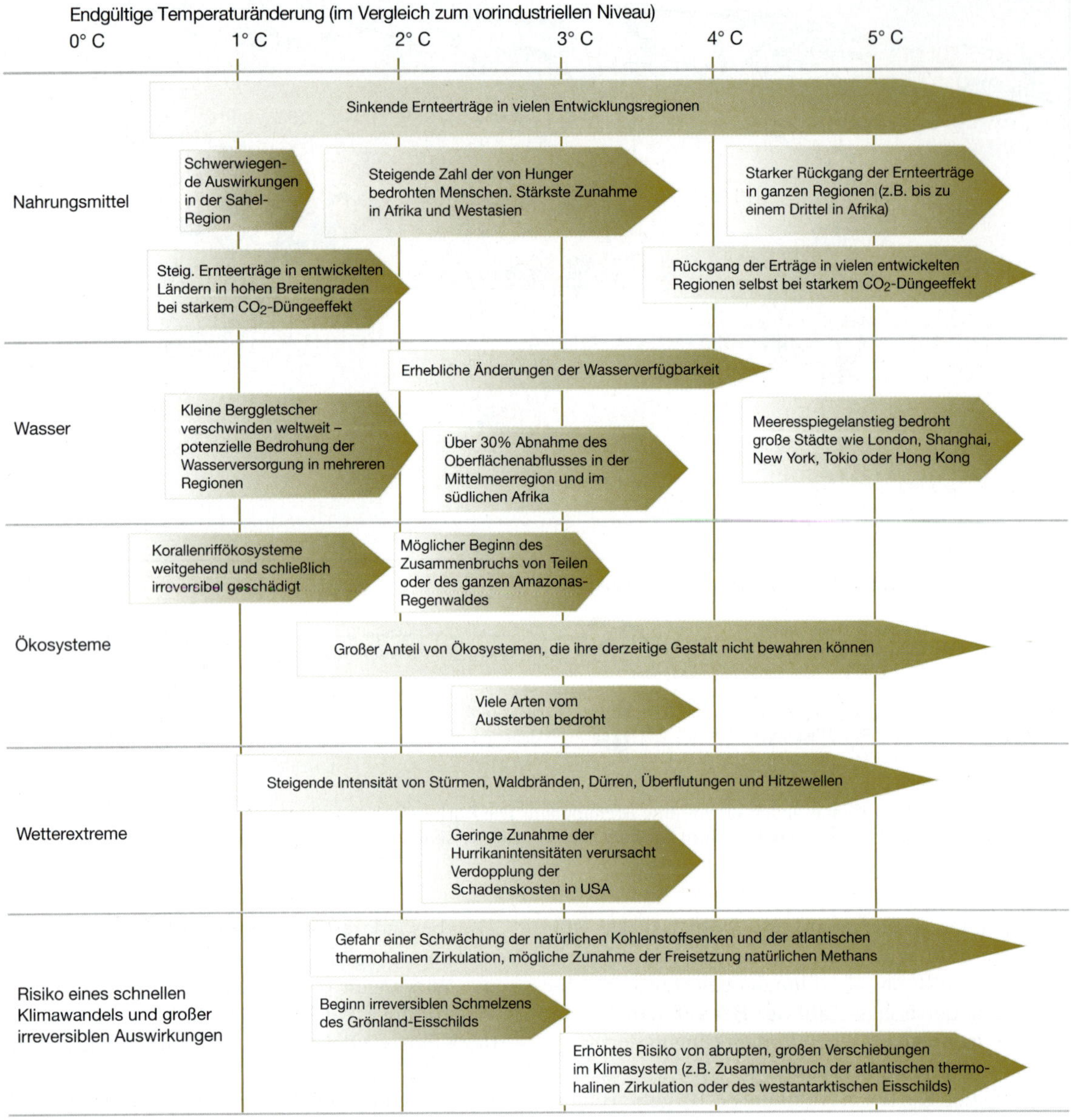

Abbildung 8.1-4
Folgen des Klimawandels für Ökosysteme und Wirtschaftssektoren bei unterschiedlichem Temperaturanstieg.
Quelle: Stern, 2006 (eigene Übersetzung)

den Klimawandel neben anderen Effekten beispielsweise mit einer stark wachsenden Zahl der von Wasserknappheit betroffenen Menschen zu rechnen ist (IPCC, 2007b).

- *Häufung* verschiedener Konfliktkonstellationen in einer Region und dadurch mögliche Rückkopplungen und Wechselwirkungen. Die Konfliktkonstellationen können sich gegenseitig verstärken, wie etwa der Rückgang der Nahrungsmittelproduktion und die Verknappung von Süßwasser (Kap. 8.1.2). Beispielsweise ist in den Trockenzonen Südamerikas mit verstärkter Bodenversalzung und Desertifikation zu rechnen, so dass in der Folge das Risiko für Ernährungsunsicherheit steigt (IPCC, 2007b). Von ähnlichen Rückkopplungen ist in Afrika südlich der Sahara auszugehen, wo nach den heutigen Modellrechnungen ein Rückgang der Süßwasserverfügbarkeit mit dem Rückgang landwirtschaftlich geeigneter Flächen und verkürzten Reifezeiten durch Hitzestress einhergeht (IPCC, 2007b). Im Himalaya wird durch eine verstärkte Gletscherschmelze der Abgang von Muren und Lawinen verstärkt, wodurch regionale Infrastrukturen zerstört und die Versorgung der Gebirgsregion von Außen erheblich behindert werden kann.

- *Größenordnung* des Krisenpotenzials und Zahl der Betroffenen werden weltweit ein bisher nicht erlebtes Niveau erreichen. Rund 6,6 Mrd. Menschen leben heute auf der Erde und sind in unterschiedlicher Weise den Folgen des Klimawandels ausgesetzt. Küstenbewohner sind beispielsweise besonders betroffen: Beruhend auf den Bevölkerungszahlen von 1995 leben rund 60 Mio. Menschen innerhalb der 1-m-Zone und 275 Mio. Menschen innerhalb der 5-m-Zone über dem mittleren Meeresspiegel. Wenn Prognosen über das Bevölkerungswachstum in diese Schätzungen einbezogen werden, steigen die Zahlen bis Ende des 21. Jahrhunderts auf 130 Mio. (1-m-Zone) bzw. 410 Mio. Menschen (5-m-Zone) (WBGU, 2006). Einem besonders hohen Überflutungsrisiko sind die dicht bevölkerten, großen Deltaregionen Süd-, Ost- und Südostasiens (z.B. Ganges-Brahmaputra oder Zhujiang) ausgesetzt (IPCC, 2007b).
- *Wiederholung* und zunehmende Häufigkeit von Extremereignissen können sämtliche Entwicklungsbemühungen und -fortschritte in einer Region unterminieren. So wird nach Modellergebnissen in den bereits in der Vergangenheit von Hitzewellen betroffenen Städten Nordamerikas deren Häufigkeit so zunehmen, dass besonders die über 65-Jährigen einem erhöhten Mortalitätsrisiko ausgesetzt sind (IPCC, 2007b). Eine erhöhte Häufigkeit von Überflutungen und Dürren gefährdet vor allem die von Subsistenzwirtschaft abhängige Bevölkerung in den niederen Breiten (IPCC, 2007b), also insbesondere in Afrika, Teilen Asiens und Südamerikas.
- *Ausweitung* von Konfliktkonstellationen über die betroffene Region hinaus: Ein wichtiger Mechanismus ist die Umweltmigration. Es ist davon auszugehen, dass die Zahl der Migranten aus vom Klimawandel besonders betroffenen Regionen zukünftig zunehmen wird und dass dadurch Nachbarregionen destabilisiert werden können. Darüber hinaus kann sich das von den Folgen des Klimawandels betroffene Gebiet erweitern. Da sich in immer größeren Meeresgebieten die für Hurrikane günstigen höheren Meerestemperaturen einstellen, ist polwärts eine Ausweitung von Hurrikanen zu erwarten (Kap. 5.1.3). Bisherige Instrumente zur Konfliktprävention, zur Konfliktbearbeitung oder zum Wiederaufbau zerstörter Regionen werden künftig nur bedingt ausreichen, um die Probleme zu bewältigen, wenn Klimakonflikte ganze Regionen zu erfassen drohen.
- *Zuspitzung* von Krisenlagen: Mit der beschriebenen neuen Qualität der Problemlagen infolge des Klimawandels kann eine neue Dimension von Konfliktrisiken verbunden sein. Dies ergibt sich aus der Gemengelage von zunehmender Häufigkeit und regionaler Expansion der Konfliktkonstellationen.
- *Auseinandersetzungen* und Interessengegensätze zwischen Staaten werden durch ein verändertes internationales Machtgefüge in Verbindung mit der neuen, klimawandelbestimmten Problemlage wahrscheinlicher. Eine Welt im Übergang zur multipolaren Weltordnung wird vermutlich weniger stabil sein als die der Gegenwart (Kap. 4.3), so dass das Risiko einer Konfrontation zwischen den Schlüsselakteuren steigt. Ein solches fragiles politisches Umfeld würde eine erfolgreiche Umwelt- und Entwicklungspolitik erheblich erschweren.
- *Verzögerung:* Eine besondere Herausforderung für den Umgang mit diesen Problemen ist die Zeitdimension: In den nächsten 10–15 Jahren muss beim Klimaschutz entschieden gehandelt werden, um die Risiken für erhebliche sozioökonomische Verwerfungen zu mindern. Scheitert die Klimapolitik, werden etwa ab Mitte des Jahrhunderts zunehmend gesellschaftliche Destabilisierungen, Krisen, Instabilitäten und Gewalt in den besonders betroffenen und besonders vulnerablen Weltregionen die Folge sein. Die heutigen politischen und wirtschaftlichen Systeme sind bisher nur unzureichend gerüstet, um sich auf solche globalen Langfristwirkungen einzustellen.

8.2 Szenarien zur internationalen Klimapolitik und zu ihren langfristigen Auswirkungen

Es ist inzwischen nicht mehr zu bestreiten, dass die Menschheit ihre Anstrengungen zum Klimaschutz erheblich intensivieren muss, wenn ein gefährlicher Klimawandel (d.h. eine global gemittelte Erwärmung von mehr als 2 °C gegenüber dem vorindustriellen Niveau) noch verhindert werden soll. Um dieses Ziel zu erreichen, muss nach Ansicht des WBGU innerhalb der nächsten 10–15 Jahre eine klima- und energiepolitische Wende erfolgen, damit bis 2050 die notwendige Halbierung der globalen Treibhausgasemissionen gegenüber 1990 überhaupt noch erreicht werden kann (WBGU, 2007). Zwischen dem hierzu dringend erforderlichen Handeln und der aktuellen Klimapolitik klafft aber eine zunehmend größere Lücke, die auf der internationalen Bühne ihre Entsprechung in der sehr zögerlichen Umsetzung und Weiterentwicklung des Kioto-Protokolls findet.

Die besondere Herausforderung der internationalen Klimapolitik liegt darin, dass nach heutigem Wissen Untätigkeit bzw. unzureichendes Handeln erst in einigen Jahrzehnten die dann unabänderlichen, gravierenden Klimafolgen hervorrufen wird, die heute noch vielerorts ignoriert werden bzw. außerhalb der Vorstellungskraft der Öffentlichkeit liegen. Das nachfolgende Green-Business-As-Usual-Szenario soll deshalb verdeutlichen, welche Auswirkungen zu erwarten sind, wenn die internationale Klimapolitik so wenig dynamisch fortgeschrieben wird wie dies in den vergangenen Jahren zu beobachten war. Solange sich keine nennenswerten klimapolitischen Impulse in die eine oder andere Richtung abzeichnen, scheint ein solches Green-Business-As-Usual-Szenario plausibel.

Neben dem Green-Business-As-Usual-Szenario soll gezeigt werden, welche Folgen entstehen können, wenn die Staatengemeinschaft etwa noch hinter die Kioto-Vereinbarungen zurückfällt (Szenario „Internationales Politikversagen“) oder aber die Maßnahmen ergreift, die auf der Grundlage wissenschaftlicher Erkenntnisse notwendig und sinnvoll erscheinen (Szenario „Klimawende“).

Allen Szenarien gemeinsam ist die Annahme, dass aufgrund der gegebenen Pfadabhängigkeiten innerhalb der emissionsintensiven Sektoren sowie der verzögerten Reaktion vieler Klimaparameter auf die Treibhausgasemissionen die Klimaänderung der nächsten 10–15 Jahren kaum mehr beeinflussbar ist. Dennoch stellen schon verhältnismäßig kleine Unterschiede bezüglich der in diesem Zeitraum zu treffenden klimapolitischen Entscheidungen die Weichen zwischen verschiedenen Emissionspfaden (Abb. 8.2-1) und führen damit zu weitreichenden Unterschieden in den mittel- bis langfristigen Klimafolgen.

8.2.1
Szenario „Green Business As Usual“: Zu wenig, zu langsam, zu spät

Geht man von den Ergebnissen der im November 2006 in Nairobi zu Ende gegangenen 12. Vertragsstaatenkonferenz der Klimarahmenkonvention aus, dann sind die Erwartungen für die klimapolitischen Fortschritte der kommenden Jahre relativ klar. Wie schon in der Vergangenheit werden viele kleine Verhandlungsfortschritte, die tendenziell in die richtige Richtung führen, als Erfolge bewertet, ohne dass aber ernsthaft von problemlösungsgerechten „Durchbrüchen“ gesprochen werden kann.

Die Delegationen der Vertragsstaaten haben sich zunächst einmal darauf verständigt, 2007 geeignete Vorbereitungen dafür zu treffen, umfangreichere Reduktionsverpflichtungen für die Industrieländer für die zweite Verpflichtungsperiode des Kioto-Protokolls zu verhandeln. In Anbetracht der politischen Ausgangslage kann das in diplomatischen Kreisen tatsächlich als immerhin bescheidener Erfolg verbucht werden. Angesichts der Dringlichkeit des Klimaproblems handelt es sich aber bestenfalls um ein „Fortschrittchen“. Gefährlicher Klimawandel kann nur durch eine umfassende Trendwende der globalen Emissionen, die eine globale Energiewende voraussetzt, verhindert werden. Dies bedeutet, dass die USA, Australien sowie die großen Schwellenländer umgehend in den Klimaschutz einbezogen werden müssen (WBGU, 2007).

Das im Folgenden skizzierte Green-Business-As-Usual-Szenario geht aber davon aus, dass dieser Trend des langsamen „Bohrens dicker Bretter“ für die Zukunft fortgeschrieben wird. Folgende Entwicklungen sind denkbar:

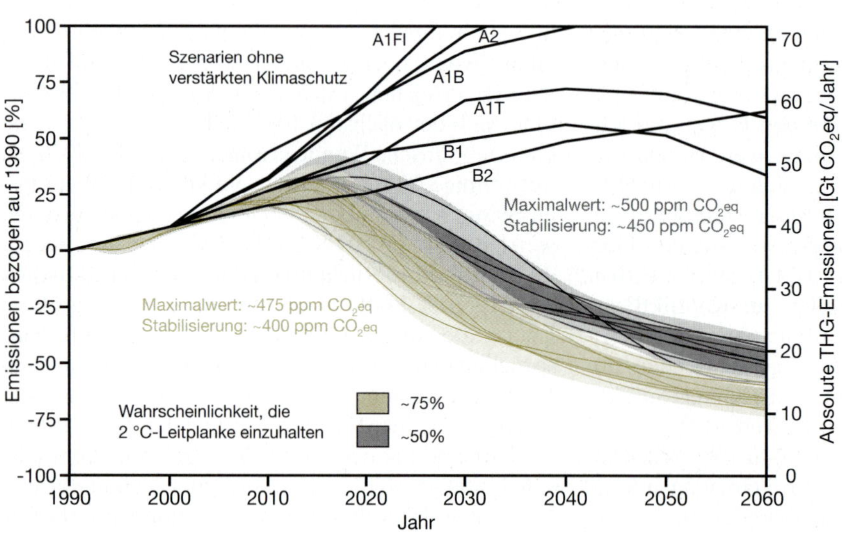

Abbildung 8.2-1
Erforderliche Emissionsreduktion zur Vermeidung einer Erwärmung von mehr als 2 °C gegenüber dem vorindustriellen Niveau: Die grauen bzw. olivfarbenen Kurven geben Emissionspfade an, bei denen dieses Ziel mit 50 % bzw. 75 % Wahrscheinlichkeit erreicht werden kann. Zum Vergleich sind die verschiedenen SRES-Szenarien des IPCC eingezeichnet. Diese enthalten keine explizite Klimaschutzpolitik.
Quelle: WBGU nach Meinshausen, 2006

- Die Mehrzahl der Industriestaaten verpflichtet sich zu Treibhausgasreduktionen von 30 % bis 2020; die USA als größter Emittent von Treibhausgasen sowie Australien gehen keine bindenden Reduktionsverpflichtungen ein.
- Eine Reihe von Ausnahmeregelungen, etwa im Bereich von Landnutzungsänderungen, die Einbeziehung von „heißer Luft" und die allzu großzügige Nutzung flexibler Mechanismen führen dazu, dass auch die verpflichteten Industriestaaten ihre Emissionen effektiv nur um 10–15 % reduzieren.
- Die USA steigern ihren Treibhausgasausstoß bis 2020 um etwa 10 % oder erreichen bestenfalls stagnierende Emissionsraten.
- China und andere Schwellenländer zeigen zunehmende Bereitschaft zu freiwilligen Klimaschutzmaßnahmen und bemühen sich, das Wachstum ihrer Emissionen zu drosseln. Mit dem Verweis auf die Verantwortung der Industrieländer und das Recht auf nachholende wirtschaftliche Entwicklung sperren sie sich allerdings gegen verbindliche Zusagen.
- Die Industrieländer kommen den Schwellenländern beim Technologietransfer weit entgegen, so dass die Emissionssteigerungen der Schwellenländer mit dieser Unterstützung gegenüber dem Referenzpfad tatsächlich gedämpft werden können, z.B. steigen die Emissionen Chinas bis 2020 um „nur" 150 % statt der erwarteten 200 % gegenüber 1990, die der übrigen Schwellen- und Entwicklungsländer nur um 100 % statt um 150 %.

Im Ergebnis steigen die globalen Treibhausgasemissionen weiter und liegen im Jahr 2020 mehr als 30 oder 40 % über denen von 1990. Die Tendenz ist weiter steigend, die Trendumkehr nicht erreicht. Damit entwickeln sich die Emissionen entlang eines Pfads, bei dem zwar noch eine Stabilisierung bei 550 ppm CO_2eq, nicht aber bei 450 ppm CO_2eq erreicht werden kann. Dies wäre also keineswegs mit der benötigten klima- und energiepolitischen Trendwende gleichzusetzen. Vielmehr würde man sich auf einem äußerst prekären Kurs von wahrscheinlich 3 °C Erwärmung bis zur Jahrhundertwende befinden, und dies, obwohl die durchgesetzten Maßnahmen im Vergleich zum Ist-Zustand des klimapolitischen Tagesgeschäfts durchaus ambitioniert erscheinen.

Da bei dieser Entwicklung viele im Sinn des Klimaschutzes erforderliche Transformationen in der globalen Wirtschafts- und Produktionsweise, insbesondere die Abkehr von der Nutzung fossiler Energieträger und ein entsprechender grundlegender Umbau der Energie- und Verkehrssysteme, verzögert werden, kommt es zu Lock-in-Effekten. Durch Verzicht auf eine grundlegende Umgestaltung der Systeme wird eine emissionsintensive Infrastruktur (u.a. Kraftwerkparks auf Basis fossiler Energieträger) auf Jahrzehnte festgelegt und die zeitintensive Entwicklung emissionsarmer Alternativen verschleppt. Durch die Verzögerung der Trendwende der globalen Emissionen steigen die Anforderungen für die Einhaltung der 2 °C-Leitplanke immer weiter an: Je länger die Verzögerung andauert, desto schneller müsste später die Emissionsreduktion (d.h. der Technologieumbau) erfolgen, um das Ziel noch zu erreichen.

Die 2 °C-Leitplanke wird in diesem Szenario überschritten. Die im Gutachten ausführlich dargelegten Konsequenzen hinsichtlich der Süßwasserversorgung (Kap. 6.2), der landwirtschaftlichen Produktionsbedingungen (Kap. 6.3), der Häufungen von Flut- und Sturmkatastrophen (Kap. 6.4) und der Zunahme umweltinduzierter Migration (Kap. 6.5) werden wahrscheinlicher. Entsprechend werden auch die klimainduzierten Sicherheitsrisiken größer und die damit assoziierten sicherheitspolitischen Implikationen höchst relevant.

Zusätzlich kann angenommen werden, dass ein konstruktiver Umgang mit den zu erwartenden Schwierigkeiten auf der internationalen Bühne nicht leichter wird, wenn der Klimawandel kritische Grenzen überschritten hat. Im Gegenteil: Es ist nicht ausgeschlossen, dass wechselseitige Schuldzuweisungen z.B. zwischen den Großmächten einer multipolaren Welt die Weltpolitik erheblich belasten könnten und eine problemlösungsorientierte Global Governance nachhaltig blockieren.

8.2.2 Szenario „Internationales Politikversagen": Zusammenbruch des multilateralen Klimaregimes

In Anbetracht der zukünftigen Probleme, die bereits das Green-Business-As-Usual-Szenario beschreibt, wäre es ein schwer zu verantwortendes Risiko, wenn die Staatengemeinschaft hinter die skizzierten multilateralen Vereinbarungen und der mit ihnen verknüpften Erwartungen zurückfiele. Ein solches Szenario muss aber keineswegs unrealistisch sein.

Ein Scheitern des multilateralen Klimaregimes würde eindrücklich die Pessimisten bestätigen, die bereits in den vergangenen Jahren eine schwere und nachhaltige Krise des Multilateralismus diagnostiziert haben. In diesem Fall wäre zusätzlich zu einer gefährlichen und nicht mehr beherrschbaren Klimaentwicklung zu erwarten, dass die unilateralen Handlungsmaximen der alten und neuen Großmächte zum gängigen Muster der Weltpolitik würden und sich in Anbetracht der gravierenden Weltprobleme gegenseitig aufschaukeln würden. Denkbar wäre dann sogar eine Wiederkehr einer globalen Konfrontation unterschiedlicher Machtblöcke, wenngleich unter anderen Vorzeichen als zu Zeiten des Ost-West-Konflikts. Auch hier wären wechselseitige Schuldzuweisungen und die gewaltsamen Eskalation von Stellvertreterkriegen vorstellbar. Die Vereinten Nationen liefen Gefahr, jenseits ihrer formalen Institutionen jegliche politische Bedeutung zu verlieren, die EU könnte entweder von einem der Machtzentren für sich vereinnahmt werden oder ihre Handlungsfähigkeit als Global Player einbüßen. Eine konstruktive Bearbeitung der zahlreichen Weltprobleme, die zwischenstaatliche Kooperation unumgänglich machen, wäre in solch einem Szenario kaum mehr zu erhoffen.

8.2.3 Szenario „Klimawende": Einhalten der 2 °C-Leitplanke

Der WBGU hat in seinem jüngsten Politikpapier ausführlich dargelegt, wie eine internationale Klima- und Energiepolitik aussehen müsste, die zu einem Szenario führen könnte, bei dem ein gefährlicher Klimawandel noch abgewendet werden kann (WBGU, 2007).

Wenn sich die Bundesregierung für eine Umsetzung der vom WBGU vorgeschlagenen Maßnahmen einsetzen würde, brächte dies bedeutsame, aber keineswegs utopische Veränderungen gegenüber der im Business-As-Usual-Szenario angelegten Weichenstellungen mit sich. Wenn zum Beispiel die Industrieländer ihre Reduktionsverpflichtungen derart ausgestalten würden, dass effektiv tatsächlich ein Reduktion von 30 % gegenüber 1990 erreicht würde und zudem über geschickte Klimadiplomatie und uneigennützige Zusagen im Bereich des Technologietransfers größere Zugeständnisse seitens der USA und Chinas erreicht werden könnten, und wenn Instrumente zur Eindämmung der Emissionen aus Landnutzungsänderungen (speziell Entwaldung) greifen, dann ist es durchaus realistisch, im Sinn einer „Klimawende" den Klimawandel innerhalb der 2 °C-Leitplanke zu begrenzen.

Dafür spricht auch, dass die entsprechenden Investitionen in den Klimaschutz volkswirtschaftlich rentabel sind, weil die Kosten für einen effektiven Klimaschutz erheblich geringer sein dürften als die Kosten eines Green-Business-As-Usual. Hier gilt grundsätzlich: Je später mit dem Klimaschutz begonnen wird, desto teurer wird er. Die notwendige globale Energiewende ist aus Sicht des WBGU technologisch machbar, führt weg von den fossilen und hin zu den erneuerbaren Energieträgern und erfordert eine zügige Nutzung der hohen Effizienzpotenziale.

In einem solchen Szenario würde als ein wichtiger, verhandlungspolitisch schwieriger, aber ebenfalls nicht utopischer Schritt zunächst ein internationaler Konsens über das 2 °C-Klimaschutzziel unter dem Dach der Klimarahmenkonvention hergestellt, also etwa eine Stabilisierung der Treibhausgaskonzentration unterhalb von 450 ppm CO_2eq (Abb. 8.2-1). Ein progressiv fortgeschriebenes Kioto-Protokoll würde ferner wirksame Anreize für die Energiewende setzen. Einerseits müssten sich die Industrieländer darin zu ambitionierten Emissionsreduktionen verpflichten, andererseits müssten für die Schwellen- und Entwicklungsländer Mechanismen einer differenzierten, schrittweisen Einbindung in ein Reduktionsverpflichtungsregime geschaffen werden. Um Letzteres zu erleichtern, würde insbesondere das Thema Anpassung einen angemessenen Stellenwert erhalten, was verlässliche Zusagen der Industrieländer bezüglich Finanzierung und Technologiekooperationen einschließen müsste.

Die G8 müsste zur Realisierung eines derart gestalteten Klimawendeszenarios fast zwangsläufig eine ausschlaggebende Rolle spielen. Idealerweise würden die schleppenden Klimaverhandlungen schon 2007 die dazu nötigen Impulse erhalten, indem zum Beispiel die Führer der G8-Staaten gemeinsam mit den Vertretern der fünf großen Schwellenländer (China, Indien, Südafrika, Mexiko und Brasilien) einen „Innovationspakt zur Dekarbonisierung" ankündigen.

Nicht zuletzt würde die Europäische Union ihre Chance nutzen, im Feld der Klimapolitik globale Gestaltungsmacht zu demonstrieren, und ihre internationale Vorreiterrolle im Klimaschutz ausbauen und bekräftigen. Um ihre Ernsthaftigkeit und Glaubwürdigkeit nachhaltig zu beweisen und auch in Zeiten einer multipolaren Weltordnung ein angesehener und relevanter Partner der global wichtigen Akteure zu bleiben, müsste sie dazu ihre vereinbarten Emissionsreduktionsziele erreichen oder besser noch übertreffen. Indem sie die Machbarkeit von proaktivem Klimaschutz demonstriert und weltweit Impulse für mehr Energieeffizienz und eine Wende hin zu erneuerbaren Energien setzt, könnte die Europäische Union zum Treiber einer solchen Klimawende werden und dadurch auch ihre globale politische Bedeutung unterstreichen.

Grundsätzlich könnte eine Klimawende auch von anderen Akteuren herbeigeführt werden. Sollten in Europa und Nordamerika die Beharrungskräfte industrieller Interessengruppen und anderer gesellschaftlicher Akteure so stark bleiben, dass die Regierungen von einer verantwortungsvollen Klimapolitik, die über Green Business As Usual hinausgeht, absehen, ist durchaus vorstellbar, dass sich die Gruppe der Entwicklungsländer (G77) unter Führung Chinas und Indiens der klimapolitischen Herausforderung annimmt.

Aus traditioneller politischer Sensibilität gegenüber den vom Klimawandel am schwerwiegendsten betroffenen armen und ärmsten Ländern der G77, der Einsicht in die eigene Mitverantwortung für die Erwärmung der Erdatmosphäre und im Bewusstsein der steigenden eigenen globalen Handlungsfähigkeit und Anfälligkeit gegenüber den Folgen des Klimawandels, könnte sich zum Beispiel die Volksrepublik China zum Vorreiter der internationalen Klimapolitik aufschwingen. Schon aufgrund der schieren Größe der chinesischen Wirtschaft und Bevölkerung würde eine entschlossen durchgesetzte Klimaschutzpolitik Chinas einen wesentlichen Beitrag zur globalen Trendumkehr leisten können und den Handlungsdruck auf die zögerlichen Industriestaaten enorm erhöhen, denen dann außer den volkswirtschaftlichen Kosten des Nichthandelns zusätzlich erhebliche politische Kosten drohen würden.

Aber auch nichtstaatliche Akteure könnten entscheidende klimapolitische Signale setzen, die die für eine Klimawende „von unten" notwendige Dynamik und Größenordnung erreichen könnten. So könnte die historisch betrachtet stets innovationsfreudige, technologisch hochentwickelte und nicht zuletzt an Exporterlösen interessierte US-Wirtschaft die Zeichen der Zeit erkennen und unabhängig von den Entscheidungsträgern in Washington eine weltweit spürbare Revolution der Energiewirtschaft herbeiführen. Das Beispiel des US-Bundesstaats Kalifornien, der für sich genommen zu den zehn führenden Volkswirtschaften der Welt zählt und sich ambitionierte Klimaschutzziele gesetzt hat, lässt bereits heute erahnen, dass es sich dabei nicht um utopische Vorstellungen handeln muss. Nicht zuletzt könnten auch zivilgesellschaftliche Akteure den Handlungsdruck auf Unternehmen und Regierungen erhöhen. Indem sie großflächig von ihrer Konsumentenmacht Gebrauch machen, könnten sie Industrieunternehmen, Energieversorger, Fluggesellschaften und andere zu klimaschonenden Unternehmensstrategien zwingen. Damit einhergehend könnte individuell klimafeindliches Verhalten, wie zum Beispiel der Kurzurlaub in die Karibik oder das Fahren von Geländewagen mit hohem Treibstoffverbrauch in Innenstädten, gesellschaftlich verpönt sein. Eine solche Entwicklung würde am ehesten von den konsumorientierten und zunehmend klimabewussten Industriegesellschaften Westeuropas ausgehen, müsste aber keineswegs auf diese begrenzt bleiben und könnte zum Beispiel auch von den städtischen Mittelschichten in Metropolen wie Mexico City, Rio den Janeiro, Johannesburg, New Dehli, Mumbai, Hongkong oder Beijing aufgegriffen werden.

Jenseits der Möglichkeit entschlossenen Handelns durch EU und G8 wäre ein durchschlagend positives Klimawendenszenario vor allem dann konkret vorstellbar, wenn es zu sich wechselseitig verstärkenden Handlungsdynamiken beispielsweise zwischen den Regierungen der Schwellenländer, privatwirtschaftlichen Interessen in den USA und einer „Konsumrevolution" in der EU kommen würde. In jedem Fall lautet die Botschaft des WBGU: Die Klimawende ist noch möglich, wenn sie aktiv, konsequent und vor allem unverzüglich betrieben wird.

8.3 Klimawandel als Bedrohung internationaler Sicherheit

Die Analyse von Konfliktkonstellationen, die in vielen Gesellschaften durch den Klimawandel angeschoben oder verstärkt werden, hat gezeigt, dass insbesondere in den Entwicklungsländern politische, ökonomische und gesellschaftliche Anpassungsstrategien entwickelt werden müssen, um zukünftige Destabilisierungen und Konflikte zu vermeiden (Kap. 6). Noch steht dieser Prozess der Übersetzung des Klimawandels in gesellschaftliche Krisen ganz am Anfang. Die bisherige globale Temperaturerhöhung beträgt ca. 0,8 °C im Vergleich zum vorindustriellen Zeitalter. Ohne verstärkten Klimaschutz muss bis Ende des 21. Jahrhunderts mit einer globalen Temperaturerhöhung zwischen 2 und 7°C gegenüber dem vorindustriellen Niveau gerechnet werden, abhängig von der Menge an emittierten Treibhausgasen und den Unsicherheiten im Klimasystem.

Im Fall des Scheiterns der Klimaschutzbemühungen erwartet der WBGU erhebliche destabilisierende Wirkungen auf Gesellschaften etwa ab Mitte des Jahrhunderts. Je stärker der Klimawandel ausfällt, desto größer wird die Wahrscheinlichkeit, dass sich in den kommenden Jahrzehnten klimainduzierte gesellschaftliche Destabilisierungsprozesse und Konfliktkonstellationen nicht nur auf einzelne Länder oder Subregionen auswirken, sondern auch auf das Global-Governance-System insgesamt. Könnte in den kommenden zwei Dekaden eine wirksame Klimapolitik durchgesetzt werden, die den globalen Temperaturanstieg auf unter 2 °C begrenzt, würde eine klimainduzierte Gefährdung der internationalen Sicherheit wahrscheinlich abgewendet. Aus dieser Sicht ist Klimapolitik präventive Sicherheitspolitik.

Die Analyse der Wechselwirkungen zwischen den Konfliktkonstellationen (Kap. 8.1.2), die Beschreibung der besonders vom Klimawandel betroffenen Weltregionen (Kap. 7) sowie die Skizze denkbarer Auswirkungen des Temperaturanstiegs (Abb. 8.1-4) verdeutlichen die internationale Sprengkraft des Klimawandels. Globale Temperaturerhöhungen zwischen 3 und 5 °C – die sehr wahrscheinlich sind, wenn der Ausstoß von Treibhausgasen nicht drastisch reduziert wird – würden weltweit zu einer tiefgreifenden Veränderung der Naturräume führen und die Lebensbedingungen vieler hundert Millionen Menschen radikal verändern. In einigen Weltregionen könnte es zu massiven Einbrüchen der Nahrungsmittelproduktion kommen. Extremwetterereignisse könnten die großen Küstenstädte Chinas, Indiens, aber auch London, New York oder Tokio bedrohen, bis zu einer Milliarde Menschen könnten durch den Klimawandel ihren Zugang zu Trinkwasser verlieren. Der Stern-Review stellt fest: "Die neuesten wissenschaftlichen Ergebnisse legen nah, dass die durchschnittliche Temperatur der Erde sogar um mehr als 5–6°C steigen wird, wenn die Emissionen weiter steigen und die Erwärmung durch positive Rückkopplungen der Treibhausgase verstärkt wird (z. B. Freisetzung von CO_2 aus Böden oder von Methan aus Permafrost). Eine solche Temperaturerhöhung entspräche dem Temperaturunterschied zwischen der letzten Eiszeit und heute – und würde wahrscheinlich zu größeren Verwerfungen und großräumiger Migration führen. Solche „sozial ungewissen" Effekte könnten katastrophal sein, sind aber gegenwärtig schwierig in Modellen abzubilden, weil die Temperaturen so weit außerhalb menschlicher Erfahrungen liegen." (Stern, 2006; eigene Übersetzung).

Die sicherheitspolitische Beurteilung der zukünftigen lokalen, nationalen und regionalen gesellschaftlichen Wirkungen des Klimawandels durch den WBGU ergibt, dass die Erhöhung der globalen Temperatur wahrscheinlich nicht zu klassischen zwischenstaatlichen Kriegen führen wird. Zu erwarten ist vielmehr eine Zunahme von Zerfalls- und Destabilisierungsprozessen in besonders betroffenen Ländern und Regionen infolge der politischen und ökonomischen Überforderungen von Staaten und Gesellschaften. Die Ausbreitung gesellschaftlicher Anomie und die Erosion sozialer Ordnungen in Klimakrisengebieten könnten den seit den 1990er Jahren bereits zu beobachtenden Trend „neuer Kriege und Konflikte" verstärken: gewalttätige Auseinandersetzungen in Gesellschaften, Staatenkollaps und Rechtlosigkeit, grenzüberschreitende Konflikte um Ressourcen und als Begleiterscheinung zunehmende Migration. Diese zunächst lokalen und nationalen Krisen werden sich auf das internationale System auswirken. Vor dem Hintergrund des bisherigen Wissens über die gesellschaftlichen Wirkungen des Klimawandels betont der WBGU sechs wesentliche Gefährdungen der internationalen Sicherheit und Stabilität, die durch globale Temperaturerhöhungen ausgelöst werden könnten. Der Klimawandel

- beschleunigt die Ausbreitung des Phänomens fragiler Staaten,
- gefährdet die weltwirtschaftliche Entwicklung,
- erzeugt internationale Verteilungskonflikte zwischen Hauptverursachern und Hauptbetroffenen der Klimaveränderung,
- unterminiert grundlegende Menschrechte und führt zu Legitimationskrisen in den Verursacherstaaten,
- induziert Migrationsströme und -krisen,
- überfordert die klassische Sicherheitspolitik.

Das Zusammenspiel dieser Gefährdungen des internationalen Systems infolge eines ungebremsten Klimawandels würde das existierende Global-Governance-System überfordern.

8.3.1 Mögliche Zunahme der Zahl destabilisierter Staaten als Folge des Klimawandels

Schwache und scheiternde Staaten stellen schon heute eine große Herausforderung für die internationale Sicherheitspolitik dar (Kap. 4.2). Diese Sichtweise wird auch in der Europäischen Sicherheitsstrategie vertreten, in der Zusammenhänge zwischen Staatenzerfall, grenzüberschreitenden Bürgerkriegen, transnationalem Terrorismus sowie Menschen- und Waffenhandel betont werden (EU, 2003). Die internationale Staatengemeinschaft hat bisher jedoch weder den politischen Willen noch die notwendigen finanziellen Ressourcen aufgebracht, um nachhaltig für Stabilität in den derzeit rund 30 fragilen Staaten zu sorgen. Zudem bleiben die entwicklungspolitischen und militärischen Instrumente zur Bearbeitung des Problems schwacher Staaten konzeptionell und politisch umstritten, während die Sorge um die Bedrohung regionaler und weltweiter Stabilität durch zerfallende Staatlichkeit weitgehend geteilt wird.

Der Wirkungen des Klimawandels, wie drohende Nahrungsmittelkrisen, Wasserknappheit, Extremwetterereignisse und daraus resultierende Migration werden viele der bereits heute schwachen Staaten, insbesondere im südlichen Afrika, unter zusätzlichen Anpassungsdruck setzen (Abb. 8.1-2b). Doch auch in anderen Weltregionen könnte der Klimawandel die Problemverarbeitungskapazitäten der Staaten überfordern:

- Die infolge der globalen Temperatursteigerungen weiter an Zerstörungskraft gewinnenden Hurrikane könnten insbesondere die Staaten und Gesellschaften Zentralamerikas ökonomisch überlasten (Kap. 7.8).
- Lang anhaltende Dürren oder gar ein Zusammenbruch des Regenwalds im Amazonasgebiet (Kap. 5.3.4 und Kap. 7.10) würde den Norden Brasiliens und angrenzende lateinamerikanische Nachbarregionen vor bisher völlig unbekannte Herausforderungen stellen und die Verteilungskonflikte

zwischen den armen Amazonasregionen und dem relativ wohlhabenden Süden Brasiliens weiter zuspitzen.

- Der Meeresspiegelanstieg könnte ab der zweiten Hälfte dieses Jahrhunderts die landwirtschaftlich geprägten Regionen des Gangesdeltas mit ihren bis zu 200 Mio. Bewohnern mit sehr großen sozioökonomischen Problemen konfrontieren.
- Gletscherschwund im Himalaja und in den Anden könnten zu Trinkwasserproblemen und landwirtschaftlichen Krisen führen.

Die Gefahr der Überforderung von Ökonomien, politischen Systemen und Gesellschaften nimmt also mit dem sich verschärfenden Klimawandel zu. Da die Wirkungen des Klimawandels nicht an nationalstaatlichen Grenzen halt machen, könnten „scheiternde Subregionen“ entstehen, die durch mehrere gleichzeitig überforderte Staaten charakterisiert sind.

Die internationale Politik muss sich also darauf einstellen, dass das schon heute nicht bewältigte Weltproblem schwacher bzw. überforderter Staaten in Zukunft weiter an Brisanz gewinnt, wenn der Klimawandel nicht rechtzeitig gestoppt wird. Eine Ausbreitung fragiler Staaten dürfte sich weniger in großen militärischen Konflikten als vielmehr in einer diffusen Erosion internationaler Stabilität und Sicherheit sowie in einer Ausbreitung scheiternder Regionen niederschlagen. Die instabilen Ränder des internationalen Systems könnten sich ausdehnen, und die „schwarzen Löcher“ der Weltpolitik würden wachsen, in denen Recht und staatliche Ordnung als wesentliche Säulen von Sicherheit und Stabilität zerfallen. Derzeit ist nicht absehbar, dass die internationale Gemeinschaft in der Lage sein könnte, unter verschärften Klimawirkungen einen solchen Erosionsprozess wirksam zu stoppen. Klimawandel erzeugt und verstärkt demnach internationale Unsicherheit und sich ausbreitende Instabilitäten, indem er zur Überforderung von Staaten beiträgt.

Diese Überforderung ist auch für die Wirtschaftlichkeit des globalen Klimaschutzes von Bedeutung: Relativ geringe Vermeidungskosten setzen voraus, dass auch kostengünstige Vermeidungsoptionen in Entwicklungs- und Schwellenländern realisiert werden können. Mit Ausbreitung zunehmender fragiler Staatlichkeit schwinden in manchen Ländern institutionelle Voraussetzungen, um Vermeidungsmaßnahmen von globalem Interesse effizient und effektiv durchzuführen.

8.3.2
Risiken für die weltwirtschaftliche Entwicklung

Durch den Klimawandel verändern sich die Voraussetzungen für regionale Produktionsprozesse und Versorgungsstrukturen – sei es durch regionale Wasserknappheit bzw. Variabilität in der Wasserverfügbarkeit (Kap. 6.2), durch Dürren und abnehmende Bodenproduktivität (Kap. 6.3) oder durch Sturmfluten und Überschwemmungen von küstennahen Standorten und Infrastrukturen (Kap. 6.4). Durch Klimawirkungen kommt es in der Summe so zu erzwungenen spontanen oder bestenfalls geplanten Verlagerungen und Schließungen von Produktionsstätten. Menschen verlassen ihre bisherigen Lebensräume in Küstengebieten oder in ariden Regionen, weil es für sie unter den veränderten klimatischen Bedingungen keine ausreichenden Möglichkeiten für Beschäftigung und Einkommenserzielung gibt oder sich ihr bisheriges Lebens- und Arbeitsumfeld sogar zu einem lebensfeindlichen Raum entwickelt hat (Kap. 6.5).

Der Klimawandel führt somit zu einer Zerstörung und Entwertung des volkswirtschaftlichen Kapitalstocks und zu einem Verlust ausgebildeter, leistungsfähiger Arbeitskräfte durch Umweltmigration und durch zunehmende klimainduzierte Krankheiten und Mangelernährung. Darüber hinaus werden ökonomische Ressourcen für Anpassungsmaßnahmen, wie z.B. für den Schutz gegenüber Extremereignissen und den Wiederaufbau oder für zusätzliche Ausgaben im Gesundheitswesen verwendet, die sonst direkt in produktive Verwendungen gelenkt worden wären. Die Beeinträchtigung internationaler Handelswege durch veränderte Klimabedingungen kann ferner dazu beitragen, dass die Vorteile und Wachstumsimpulse einer fortschreitenden, internationalen Arbeitsteilung in geringerem Ausmaß realisiert werden können.

Die skizzierten Wirkungen tragen je nach Ausprägung und Intensität der Klimawirkungen dazu bei, dass sich volkswirtschaftliche Wachstumsprozesse verlangsamen bzw. dass das Bruttoinlandsprodukt (BIP) betroffener Länder stagniert oder sogar zurückgeht. Diesen negativen volkswirtschaftlichen Wirkungen stehen möglicherweise in einzelnen Regionen zunächst begrenzte ökonomische Vorteile durch verbesserte klimatische Bedingungen, wie gemäßigtere Temperaturen und höhere Niederschlagsmengen, gegenüber; dies könnte z. B. für Teile der Landwirtschaft gelten. Auch können technologische Innovationen die ökonomische Anpassungslast möglicherweise reduzieren und neue Wachstumsimpulse erzeugen. Global betrachtet dürften diese regional begrenzten Effekte den negativen Gesamttrend nicht kompensieren. Die Wachstums- und Wohlstandseinbußen werden vielmehr sehr groß sein, wenn der Klimawandel ungebremst bleibt und es zu deutlich stärkeren Klimafolgen kommen wird.

Für die Reichweite der ökonomische Folgen möglicherweise bis hin zu einer Weltwirtschaftskrise

(Stern, 2006) ist zum einen entscheidend, welchen Rang die stark von Wachstumseinbußen betroffenen Regionen in den globalen Wirtschaftsbeziehungen einnehmen. So wird darauf hingewiesen, dass Entwicklungsländer die Hauptlast der Auswirkungen des Klimawandels zu tragen hätten, diese Länder aber nur eine verhältnismäßig geringe weltwirtschaftliche Bedeutung haben. Dagegen ist einzuwenden, dass in den kommenden Jahrzehnten den großen Schwellenländern wie China und Indien eine immer größere wirtschaftliche Bedeutung zukommen wird – auch als Handelspartner der exportorientierten Industriestaaten (Kap. 4.3.2; Goldman Sachs, 2003) – und dass diese Länder sehr wohl dem Risiko von gravierenden Klimawirkungen ausgesetzt sind (Kap. 5, 7.4, 7.6, 7.7 und 7.10). Eine spürbare Beeinträchtigung der Weltwirtschaft ist somit plausibel.

Zum anderen ist für die Vermeidung einer weltwirtschaftlichen Krise von Bedeutung, bei welchem Niveau eine Stabilisierung der globalen Treibhausgaskonzentration gelingt, d. h. mit welchen Klimawirkungen für die Weltwirtschaft zu rechnen ist. Stern (2006) geht davon aus, dass sich das globale BIP bei klimapolitischer Untätigkeit und damit einem ungebremsten Klimawandel auf einem deutlich niedrigeren Entwicklungspfad bewegt, mit dauerhaften Abschlägen in Höhe von 5–20 % des globalen BIP, als bei einem hypothetischen Entwicklungspfad ohne Klimawirkungen (Kemfert und Schumacher, 2005; Stern, 2006). Auch wenn Vergleiche zur Weltwirtschaftskrise in den 1920er und 1930er Jahren (Stern, 2006) überzogen wirken: Die Vernachlässigung und Verschleppung eines entschlossenen und ehrgeizigen Klimaschutzes gefährdet die Wachstumsaussichten sowohl von Schwellen- und Entwicklungsländern als auch von Industrieländern. Damit verringern sich zunehmend auch die ökonomischen Handlungsspielräume, um sich auf nationaler und internationaler Ebene den drängenden Herausforderungen wie der Armutsbekämpfung, der demographischen Entwicklung, der Bekämpfung schwerer Krankheiten, einer wachsenden Energie- und Rohstoffknappheit und dem Umweltschutz stellen zu können.

8.3.3 Risiken wachsender Verteilungskonflikte zwischen Hauptverursachern und Hauptbetroffenen

Weil der Klimawandel weltweit zu erheblichen Schäden und Folgekosten führen wird, sind zukünftig Konflikte und Kompensationsdiskussionen zwischen den wesentlichen Verursachern der globalen Erwärmung und den Ländern zu erwarten, die kaum zum Klimawandel beitragen, aber stark durch diesen betroffen sein werden. Diese Verteilungskonflikte werden wahrscheinlich vor allem Konflikte zwischen den Staaten, die für die CO_2-Emissionen aus fossilen Quellen hauptverantwortlich sind, und den vom Klimawandel besonders stark geschädigten Ländern sein. Zwar sind auch CO_2-Emissionen in Folge der Rodung großer Waldflächen sowie der Ausstoß von Methan und Lachgas für den Klimawandel mitverantwortlich (Kasten 8.3-1), aber diese Emissionen steigen bei weitem nicht so steil an wie die CO_2-Emissionen aus fossilen Quellen. Außerdem nehmen diese in der Verteilungsdiskussionen eine herausragende Rolle ein, weil sie in besonderem Maß mit wirtschaftlicher Entwicklung assoziiert werden. So basieren Industrialisierung und wirtschaftlicher Wohlstand der Industrieländer nicht zuletzt auf der massiven Nutzung fossiler Energieträger.

Für die vergangenen und gegenwärtigen CO_2-Emissionen aus fossilen Quellen sind also vor allem die Industrieländer verantwortlich, während die steigenden Kosten, die durch die Klimafolgen anfallen, insbesondere Entwicklungsländer belasten. Je höher aber die Anpassungslasten im Süden ausfallen, desto gravierender werden die Konflikte zwischen den Hauptverursachern und den Hauptbetroffenen des Klimawandels sein. Die vom Klimawandel besonders tangierten Länder werden mit guten Gründen auf das Verursacherprinzip verweisen und neben der Unterstützung bei Anpassungsmaßnahmen auch Entschädigungszahlungen einfordern können. Weil das hohe Wirtschaftsniveau der Industrieländer auf deren energieintensiver Industrialisierung beruht, welche den starken CO_2-Anstieg seit dem 19. Jahrhundert verursachte, kommt hinzu, dass der Wohlstand der industrialisierten Welt letztlich auf Kosten der durch den Klimawandel geschädigten Entwicklungsregionen geschaffen wurde. Die auf dieser Grundlage geforderten Kompensationen könnten eine Größenordnung annehmen, die weit jenseits der bisher eher bescheidenen Investitionen in die internationale Entwicklungszusammenarbeit liegen würden. Die vom Klimawandel geschädigten Länder könnten dabei auf die Regierung des US-Bundesstaats Kalifornien verweisen, die im Jahr 2006 die Automobilindustrie verklagte, um diese für durch sie verursachte Umweltschäden haftbar zu machen. Die Staatengemeinschaft ist auf derartige Konflikte jedoch nicht vorbereitet. So gibt es bisher auf internationaler Ebene keine Institution, die mandatiert wäre, über Kompensationsforderungen klimageschädigter Länder zu urteilen. Vieles spricht aber dafür, dass eine internationale Kontroverse um ein globales Kompensationsregime zum Klimawandel entstehen wird. Ein ungebremster Klimawandel könnte somit zu einer diplomatischen und außenpolitischen Eiszeit zwischen den wesentlichen Treibern des Klima-

Kasten 8.3-1

Möglicher zukünftiger Anteil wichtiger Schwellenländer an den globalen Treibhausgasemissionen

Der Anteil Chinas an den Gesamtemissionen aller Treibhausgase des Jahres 2000 lag bei ca. 12 %, der Anteil Indiens bei 4,5 %, Brasiliens bei 5,3 % und der OECD-Länder bei 37 % (CAIT WRI, 2007). Die Emissionen lassen sich grob in CO_2-Emissionen aus Landnutzungsänderungen, CO_2-Emissionen aus fossilen Quellen sowie Emissionen anderer Treibhausgase (Nicht-CO_2-Emissionen, z. B. Methan, Lachgas) kategorisieren.

Die globalen Treibhausgasemissionen des Jahres 2004 waren zu ca. 20 % freigesetztes CO_2 aus Landnutzungsänderungen (Abb. 8.3-1). Von den aufgeführten Ländern betrifft dies insbesondere Brasilien: Dessen CO_2-Emissionen aus Landnutzungsänderungen (d. h. überwiegend aus der Entwaldung im Amazonasgebiet) sind derzeit viermal so hoch wie die energiebedingten CO_2-Emissionen und machen etwa zwei Drittel der Gesamtemissionen aus (CAIT WRI, 2007). In Indien und China spielen sie hingegen keine Rolle. Projektionen der CO_2-Emissionen aus Landnutzungsänderungen sind sehr unsicher, es wird jedoch erwartet, dass die Emissionen aus Entwaldung in den Tropen mittelfristig auf einem hohen Niveau verbleiben (IPCC, 2007c). Angesichts des starken Wachstums der Gesamtemissionen dürfte sich aber der relative Anteil der Emissionen aus Landnutzungsänderungen verringern.

Die Nicht-CO_2-Emissionen trugen im Jahr 2004 mit 23 % zu den globalen Emissionen bei (IPCC, 2007c). Zu diesen Emissionen liegen Projektionen der US-Umweltbehörde EPA vor, wonach die globalen Nicht-CO_2-Emissionen bis zum Jahr 2020 um ca. 30 % ansteigen, die relativen Anteile Chinas, Indiens und Brasiliens an diesen Emissionen (heute 16 %, 6 % bzw. 6,5 %) aber etwa konstant bleiben dürften (EPA, 2006).

Haupttreiber für den erwarteten relativen Bedeutungszuwachs der Emissionen aus den Schwellenländern ist daher die Nutzung fossiler Energieträger. CO_2 aus fossilen Quellen hat mit 57 % im Jahr 2004 nicht nur den größten Anteil an den gegenwärtigen Emissionen, sondern diese Emissionen steigen auch überproportional an (IPCC, 2007c). Für diese Emissionen liegen umfangreiche Szenarien vor, die übereinstimmend einen steigenden relativen Anteil der Schwellenländer ausweisen. Tabelle 8.3-1 zeigt exemplarisch die prozentualen Anteile ausgewählter Schwellenländer und der OECD-Länder an den globalen energiebedingten CO_2-Emissionen gemäß dem Alternative-Policy-Scenario der IEA (IEA, 2006c). Die absolute Höhe und das rasche Wachstum der Emissionen aus Schwellenländern machen deutlich, dass eine Klimaschutzpolitik ohne die künftige Beteiligung der Schwellenländer nicht erfolgreich sein kann.

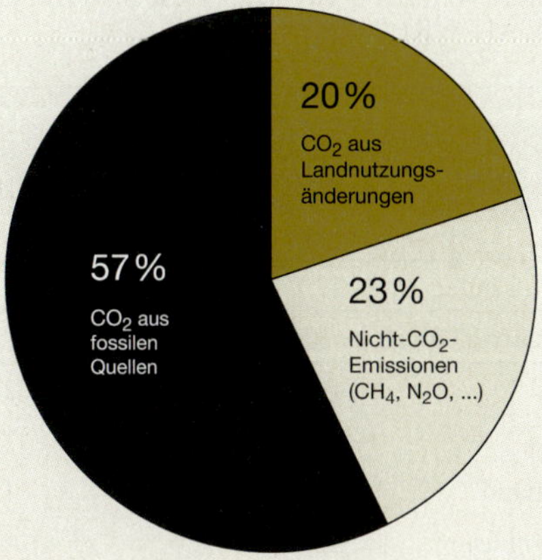

Abbildung 8.3-1
Grobe Kategorisierung der globalen Treibhausgasemissionen im Jahr 2004.
Quelle: WBGU nach IPCC, 2007c

Tabelle 8.3-1
Globale energiebedingte CO_2-Emissionen und Anteile ausgewählter Länder bzw. Ländergruppen an diesen Emissionen gemäß des „Alternative-Policy-Szenarios" der IEA.
Quelle: IEA, 2006c

	1990	2004	2015	2030
Globale energiebedingte CO_2-Emissionen [Gt CO_2]	20,5	26,1	31,6	34,1
Anteil China [%]	11,2	18,3	23,1	25,8
Anteil Indien [%]	2,9	4,2	4,8	5,9
Anteil Brasilien [%]	0,9	1,2	1,2	1,3
Anteil OECD [%]	54,0	49,2	43,8	38,7

wandels, vor allem den USA, der EU, Japan sowie Australien, und einer großen Zahl von Entwicklungsländern führen, die besonders stark von den Folgen des Klimawandels betroffen werden. Eine Verschärfung des Nord-Süd-Konflikts wäre wahrscheinlich, Aggressionen und Aversionen gegenüber den reichen Industrieländern könnten Auftrieb erhalten.

Neben den heutigen Industrieländern dürften zukünftig die großen Schwellenländer wie insbesondere China, aber auch Indien, Brasilien oder Indonesien, künftig gegenüber der Mehrzahl der Entwicklungsländer in Erklärungsnotstände geraten, weil ihre Beiträge zu den globalen Treibhausemissionen seit Ende des 20. Jahrhunderts ebenfalls stark anstei-

Tabelle 8.3-2
Treibhausgasemissionen pro Kopf für ausgewählte Länder und Ländergruppen. Die mit „CO_2 Emissionen aus fossilen Quellen" gekennzeichneten Daten enthalten auch Emissionen aus der Zementherstellung. Bei den Gesamtemissionen sind alle im Kioto-Protokoll geregelten Gase inklusive der Emissionen aus Landnutzungsänderungen berücksichtigt.
Quelle: CAIT WRI, 2007

	CO_2-Emissionen aus fossilen Quellen in 1990 [t CO_2/Kopf]	Gesamtemissionen in 1990 [t CO_2eq/Kopf]	CO_2-Emissionen aus fossilen Quellen in 2000 [t CO_2/Kopf]	Gesamtemissionen in 2000 [t CO_2eq/Kopf]
Global	4,0	7,3	4,0	7,0
Annex-I-Länder	12,1	15,0	11,4	13,9
Non-Annex-I-Länder	1,8	5,1	2,2	5,1
USA	19,8	22,4	20,5	23,1
Brasilien	1,5	17,6	1,8	12,8
Deutschland	12,5	15,4	10,3	12,5
Elfenbeinküste	0,4	6,2	0,4	7,3
Simbabwe	1,5	7,0	1,1	6,6
China	2,2	3,7	2,6	4,0
Ghana	0,4	2,2	0,4	2,6
Indien	0,7	1,5	1,1	1,8
Burkina Faso	<0,3	2,2	<0,3	1,8
Bangladesch	<0,3	0,7	<0,3	0,7

gen (Kasten 8.3-1), auch wenn ihre pro Kopf-Emissionen noch immer stark unter denen der Industrieländer liegen (Tabelle 8.3-2). Auch zwischen diesen Ländergruppen dürften Verteilungskonflikte um Kompensationszahlungen an Bedeutung gewinnen. Vor diesem Hintergrund wird deutlich, dass eine zentrale Konfliktlinie der Weltpolitik des 21. Jahrhunderts zwischen den Hauptverursachern und den vom Klimawandel besonders stark betroffenen ärmeren Ländern verlaufen dürfte und dass diese Konfliktlinie nicht nur zwischen Nord und Süd verliefe, sondern auch eine Süd-Süd-Dimension besäße. Bei einer detaillierten Betrachtung der verschiedenen Treibhausgasemissionen mag seitens der Industrieländer eine stärker differenzierte Einteilung in Verursacher und Geschädigte angemessen erscheinen. Angesichts der historischen Entwicklung der Nord-Süd-Beziehungen und des fortbestehenden Wohlstandsgefälles dürften derartige Erwägungen aber für den zu erwartenden Verlauf der Konfliktlinien nachrangig bleiben.

Vieles spricht dafür, dass die politisch mächtigsten Führungsnationen des internationalen Systems unter den Bedingungen eines sich beschleunigenden Klimawandels unter erheblichen Rechtfertigungsdruck gesetzt werden. Statt für Stabilität, Sicherheit, Interessensausgleich sowie einen wirksamen und fairen Multilateralismus zu sorgen, würden die globalen und regionalen Führungsmächte als Hauptverursacher des Klimawandels wahrgenommen und so zu Motoren internationaler Instabilität und Ausgangspunkten globaler Verteilungskonflikte. Die Chancen für den Aufbau einer funktionsfähigen Global-Governance-Architektur sinken also mit dem Anstieg der globalen Temperaturen, wodurch ein globales Problem sichtbar wird: Während der Klimawandel nur durch internationale Kooperation wirksam aufgehalten werden kann, schwinden zugleich die Grundlagen für einen konstruktiven Multilateralismus mit fortschreitender Erderwärmung.

8.3.4
Klimawandel unterminiert Menschenrechte: Verursacher unter Legitimationsdruck

Die skizzierten Spaltungslinien in der Weltpolitik dürften sich durch einen weiteren Begründungszusammenhang verstärken. Die in Kapitel 6 herausgearbeiteten Konfliktkonstellationen, die durch den Klimawandel initiiert und verstärkt werden könnten, unterminieren in letzter Konsequenz fundamentale Menschenrechte: Die Ernährungssicherheit und der Zugang zu Trinkwasser könnten durch die Folgen des Klimawandels in betroffenen Ländern und Regionen infrage gestellt werden, Zerstörungen durch den Meeresspiegelanstieg und Extremwetterereignisse könnten die ökonomischen Lebensgrundlage von Menschen gefährden, und all dies kann zu verstärkter umweltinduzierter Migration führen. Ein ungebremster Klimawandel kann Lebensgrundlagen gefährden, zur Aushöhlung von menschlicher Sicherheit führen und in diesem Sinn zur Verletzung von Menschenrechten beitragen.

Wesentliche Verursacher sind die CO_2-emittierenden Industrieländer, zunehmend aber auch die großen Schwellenländer (Kap. 8.3.3). Ihnen könnte mit steigenden globalen Temperaturen, wachsenden Erkenntnissen über die direkten Klimawirkungen auf Gesellschaften und ungenügenden Klimaschutzanstrengungen zunehmend der Vorwurf gemacht werden, wissentlich oder zumindest de facto Menschenrechtsverletzungen auszulösen. Der internationale Menschenrechtsdiskurs könnte sich dadurch nachhaltig verändern. Während heute die demokratischen Industrieländer die Verletzung der Menschenrechte durch Unrechtsregime anprangern, könnten diese zukünftig in der politischen Auseinandersetzung um die Folgen des Klimawandels von akut betroffenen Entwicklungsländern und internationalen Menschenrechtsorganisationen mit guten Gründen auf die Anklagebank gesetzt werden. Zukünftige Menschenrechtsdebatten in den Vereinten Nationen dürften sich neben den klassischen Auseinandersetzungen etwa um die Verletzung der Menschenwürde durch autoritäre Regierungen auch um die Bedrohung der Menschenrechte durch die Klimawirkungen drehen, zumal es bereits heute anerkannt ist, dass sich aus den menschenrechtlichen Garantien auch gewisse Handlungspflichten ableiten lassen. Dazu zählen z.B. die so genannten menschenrechtlichen Schutzpflichten, die die Staaten verpflichten, im Fall der Gefährdung von Menschenrechten angemessene Schutzmaßnahmen zu ergreifen. Ein ungebremster Klimawandel könnte also vor allem die Industrieländer in Legitimationsschwierigkeiten bringen und damit ihre internationale Handlungsfähigkeit beschädigen. Vieles spricht dafür, dass sich diese Legitimationskrisen der Industrieländer gegenüber dem Rest der Welt auch in interne Legitimationskrisen in den demokratisch verfassten Industriegesellschaften übersetzen könnten.

Die skizzierten Zusammenhänge würden auch die internationale Entwicklungspolitik und -forschung verändern. Während sich in den vergangenen zwei Jahrzehnten in der Entwicklungsforschung die Sichtweise verfestigt hat, dass erfolgreiche wie auch scheiternde Entwicklungsprozesse in Entwicklungsländern primär durch endogene Faktoren und Akteure beeinflusst werden, müsste im Kontext eines fortschreitenden Klimawandels möglicherweise eine Neubewertung vorgenommen werden. Nicht zuletzt müsste dabei berücksichtigt werden, dass die Verursacher des Klimawandels die Entwicklungschancen vieler Entwicklungsländer nachhaltig beeinträchtigen. Die politischen Verantwortlichkeiten für die Entwicklungskrisen des Südens könnten dann nicht mehr primär mit „bad governance" in den armen Ländern erklärt werden. Aus den ehemaligen Vorbildern für Demokratie, Menschenrechtsschutz und wirtschaftliche Entwicklung würden mit zunehmender Erderwärmung Akteure, die für globale Instabilität, Unsicherheit und die Zerstörung wirtschaftlichen Potenzials mitverantwortlich wären. Die Staaten der G7, die als Wertegemeinschaft demokratischer Führungsmächte für sich beanspruchen, nicht nur entsprechend ihrer Eigeninteressen, sondern auch im globalen Interesse die Geschicke der Welt zu lenken, würden ihre Glaubwürdigkeit als wichtige Grundlage ihrer internationalen Handlungsfähigkeit gefährden.

8.3.5 Induzierung und Verstärkung von Migration

Migration stellt bereits heute eine große und weitgehend unbewältigte Herausforderung für die internationale Politik dar. Flüchtlingsbewegungen in Afrika sind Folge und Ursache sich reproduzierender Gewaltkonflikte. Die Hilflosigkeit der Europäischen Union, mit afrikanischen Flüchtlingen umzugehen und wirkungsvolle Instrumente zur Vermeidung von Migration zu entwickeln, ist offensichtlich. An der Südgrenze der USA zu Mexiko werden die Grenzbefestigungen immer massiver, um den illegalen Zufluss von Arbeitsmigranten zu begrenzen. Migration und Flüchtlinge aus armen Ländern sind in den Industriestaaten politisch sensible und konfliktive Themen. Die hitzigen Flüchtlingsdebatten in Deutschland Anfang der 1990er Jahre, die zu einer Verschärfung des Asylrechtes führten, sowie zunehmende fremdenfeindliche Bewegungen und Parteien in Europa sind hierfür Beispiele.

Vieles spricht dafür, dass mit dem Klimawandel und den damit verbundenen gesellschaftlichen Folgen auch das Migrationsproblem weltweit stark an Bedeutung zunehmen wird. Die Zahl der betroffenen Menschen dürfte erheblich steigen und die Zahl der Migrationsbrennpunkte auf der Erde zunehmen. Die damit verbundenen Konfliktpotenziale sind groß: Im Völkerrecht sind „Umweltflüchtlinge" bisher nicht vorgesehen, so dass durch Folgen des Klimawandels vertriebene Menschen rechtlos sind. Konflikte zwischen Verursacher- und Opferstaaten des Klimawandels darüber, welche Flüchtlingsbewegungen letztlich durch den globalen Temperaturanstieg oder andere, national verursachte Umweltschäden verursacht wurden, sind wahrscheinlich. Auseinandersetzungen um Kompensationszahlungen und die Finanzierung der Bewältigung von Flüchtlingskrisen werden zunehmen. Dabei werden sich die Industrieländer nach dem Verursacherprinzip ihrer Verantwortung stellen müssen. Der Streit um die Entwicklung völkerrechtlicher Regelwerke, die klären, in welchen Ländern Klimaflüchtlinge zukünftig aufgenommen werden müssen, dürfte zu politischen Spannungen beitragen. Migration könnte mit ungebremst steigenden globalen Temperaturen zu einem der großen Konfliktfelder der künftigen internationalen Politik werden.

8.3.6 Überforderung klassischer Sicherheitspolitik

Der Klimawandel könnte sich weltweit in diffuse Konfliktstrukturen, Sicherheitsbedrohungen, gesellschaftliche Destabilisierungsprozesse und Gewalt übersetzen und damit auch die klassische Sicherheitspolitik herausfordern: Überforderte Staaten, fragile Subregionen, Migrationsströme, Konflikte um Zugänge zu Wasser und Nahrung oder scheiterndes Katastrophenmanagement werden ohne die Unterstützung durch polizeiliche und militärische Kapazitäten kaum zu bewältigen sein. Zur Stabilisierung bzw. Wiederherstellung staatlicher Ordnung ist ein Zusammenspiel von Entwicklungs- und Sicherheitspolitik grundlegend, weil zivile Konfliktbearbeitung und Aufbauhilfe auf ein Minimum an Sicherheit angewiesen sind.

Zugleich haben die Erfahrungen mit militärischen Einsätzen zur Stabilisierung schwacher Staaten seit den 1990er Jahren die begrenzten Handlungskapazitäten und -möglichkeiten der klassischen Sicherheitspolitik verdeutlicht. Technologisch hochgerüstete Militärverbände können Staaten gewaltsam besetzen und Regierungen stürzen. Sie haben sich jedoch bei der Stabilisierung und Befriedung von Gesellschaften und in Konfliktsituationen, in denen Angreifer und Verteidiger, Opfer und Täter nur schwer zu unterscheiden sind, als nicht besonders leistungsfähig erwiesen. Sollte ein ungebremster Klimawandel zur Ausweitung des Phänomens überforderter Staaten führen oder gar zur Destabilisierung ganzer Subregionen beitragen (Kap. 8.3.1), wären die Möglichkeiten der militärischen Sicherheitspolitik limitiert, diese konfliktträchtigen Dynamiken einzuhegen, zu stabilisieren oder gar zu befrieden. Doch ohne eine ausreichende Garantie für Sicherheit könnten auch zivile, entwicklungspolitische Maßnahmen kaum greifen, sich ausbreitende Zonen der Instabilität und Unsicherheit wären die Folge.

8.3.7 Resümee: Gefährdung des Global-Governance-Systems

Ein ungebremster Klimawandel würde im Verlauf der kommenden Jahrzehnte zu einer großen Herausforderung für das internationale System. Er intensiviert weltweite, wechselseitige Abhängigkeiten zwischen allen Gesellschaften und schafft globale Risikopotenziale, denen nur durch Politiken zur Gestaltung des globalen Wandels begegnet werden kann. Jede der skizzierten sechs Gefährdungen für die internationale Stabilität und Sicherheit ist bereits für

Kasten 8.3-2

Sicherheitsbedrohungen im 21. Jahrhundert: Vergleich mit strategischen Analysen klassischer Sicherheitspolitik

SICHERHEITSRELEVANTE REGIONEN
Die Militärstrategen fokussieren sehr stark auf die Region Naher und Mittlerer Osten. Das WBGU-Gutachten betont hingegen zusätzlich die sicherheitspolitische Relevanz des afrikanischen Kontinents sowie Zentralasiens und hat darüber hinaus auch das Amazonasgebiet, die Küstenregionen Chinas und Indiens sowie Zentralamerika und die Karibik im Blickfeld.

KOMPLEXITÄT VON SICHERHEITSBEDROHUNGEN
Die Analysen der sicherheitspolitischen Think Tanks verweisen im Kern auf Probleme des transnationalen Terrorismus, die Proliferation von Massenvernichtungswaffen, neue Ressourcenkonflikte und zerfallende Staaten als Herausforderungen für die internationale Sicherheit. Das WBGU-Gutachten zeigt, dass der Klimawandel zu neuen Typen lokaler, nationaler und internationaler Konfliktlagen und Unsicherheiten führen kann, die bisher in den meisten sicherheitspolitischen Szenarien kaum vorkommen. Ein ungebremster Klimawandel kann in vier Konfliktkonstellationen in den Bereichen Süßwasser, Nahrungsmittelproduktion, Sturm- und Flutkatastrophen und Umweltmigration münden, die das Potenzial besitzen, Gesellschaften zu destabilisieren und Unsicherheit zu produzieren.

LANGFRISTIGKEIT
Die Militärstrategen denken in ihren bis 2015/2020 reichenden strategischen Analysen – im Gegensatz zu den Routinen der Politikgestalter und -planer anderer Ressorts – in beachtlich langfristiger Perspektive. Das WBGU-Gutachten verdeutlicht jedoch, dass aus der Perspektive des Klimawandels noch längerfristige Betrachtungen bis Mitte des Jahrhunderts und darüber hinaus notwendig sind, um potenzielle Gefährdungen von Gesellschaften durch die Veränderung der globalen Umwelt zu erfassen und möglichst präventiv handeln zu können. Das WBGU-Gutachten ist ein Plädoyer für die Notwendigkeit der Langfristorientierung von Politik.

Quellen: EU, 2003; ISS, 2004; UN, 2004; Government of China, 2005; BMVg, 2006; White House, 2006

sich genommen schwierig zu bearbeiten. Die Wechselwirkungen zwischen diesen Gefährdungen potenzieren die damit verbundenen Herausforderungen und Risiken für die internationale Politik. Es ist nur schwer vorstellbar, dass in den kommenden Jahren ein Global-Governance-System entstehen könnte, das in der Lage wäre, die herausgearbeiteten weltweiten Konflikt- und Instabilitätsdynamiken ab 2020 wirksam einzugrenzen. Wahrscheinlich ist vielmehr, dass mit voranschreitendem Klimawandel Verteilungskonflikte zwischen Verursachern und Opfern sowie Legitimationskrisen der wesentlichen CO_2-Emittenten an Brisanz gewinnen werden. Zunehmende Spannungen, Konflikte und Konfrontationen entlang der Achse der Hauptverursacher und der Hauptbetroffenen des Klimawandels würden die Chancen für ein kooperationsbasiertes Global-Governance-System zur Bewältigung von Weltproblemen stetig verringern. Der Klimawandel dürfte das angesichts der Globalisierungsprozesse ohnehin unterentwickelte Global-Governance-System überfordern. Die Welt kann also zu einem sehr unsicheren Ort werden, wenn der Klimawandel nicht wirksam bekämpft wird.

Die skizzierten klimainduzierten Herausforderungen für die Stabilität und Sicherheit im Global-Governance-System unterscheiden sich fundamental von den Sicherheitsproblemen während des Kalten Kriegs. Während der Systemkonfrontation in der zweiten Hälfte des 20. Jahrhunderts ging es im Kern um militärische Überlegenheit und Abschreckung, sicherheitspolitische Bündnisstrategien zur Schwächung der anderen Seite und friedliche Ko-Existenz zur Verhinderung militärischer Eskalation. Die klimainduzierten Sicherheitsrisiken des 21. Jahrhunderts sind durch militärische Investitionen und Interventionen kaum zu reduzieren (Kasten 8.3-2). Eine kluge Global-Governance-Strategie zur Vermeidung dieser neuen Sicherheitskrisen bestünde vielmehr zunächst in einer wirksamen Klimapolitik – diese wird in den kommenden Jahrzehnten zu einer zentralen präventiven Sicherheitspolitik. Je weiter der Klimawandel voranschreitet, desto wichtiger werden Anpassungsstrategien in den betroffenen Ländern, die von der internationalen Entwicklungspolitik unterstützt werden müssen: z.B. Stärkung staatlicher Handlungskapazitäten, Agrarpolitiken, Wasserpolitiken, Ernährungssicherungsprogramme, Stärkung von Katastrophenschutzmechanismen. Auf internationaler Ebene wird es um weltweite Diplomatie zur Einhegung klimainduzierter Verteilungskonflikte, die Entwicklung von Kompensationsmechanismen für die Opfer des Klimawandels, globale Flüchtlingspolitik und Stabilisierungsmaßnahmen für die Weltwirtschaft gehen. Der Klimawandel stellt also eine Herausforderung für die internationale Sicherheit dar, aber die klassische, militärgestützte Sicherheitspolitik kann kaum Beiträge zur Lösung drohender Klimakrisen leisten.

Forschungsempfehlungen 9

9.1 Grundlagen zum Verständnis des Nexus Klima – Sicherheit

9.1.1 Klimaforschung

In der Klimaforschung gehören wesentliche Grundaussagen zum anthropogenen Klimawandel heute zum gesicherten Wissen. Dazu gehören die Tatsachen, dass der Mensch die Konzentration der Treibhausgase in der Atmosphäre stark erhöht, dass dies bereits zu einer deutlichen globalen Erwärmung geführt hat, und dass dies ohne Gegenmaßnahmen künftig zu einer noch stärkeren Erwärmung führen wird. Viele Fragen, insbesondere zu Veränderungen der Niederschlagsverteilung, zu Extremereignissen oder zur regionalen Ausprägung des Klimawandels, sind aber noch unbeantwortet, und verstärkte Anstrengungen in der Grundlagenforschung zum Klimawandel sind notwendig.

Ein Gutachten zum „Sicherheitsrisiko Klimawandel" kann und sollte aber kein Programm zur allgemeinen Klimaforschung empfehlen. Der WBGU gibt daher nur Empfehlungen zur Forschung in Bereichen, wo Erkenntnisse zur besseren Anpassung und zur Konfliktvermeidung beitragen können, insbesondere in Bezug auf die in diesem Gutachten analysierten Konfliktkonstellationen.

MEERESSPIEGEL
Um eine erfolgreiche und kosteneffektive Anpassung beim Küstenschutz zu ermöglichen, müssen die Unsicherheiten bei den Zukunftsprojektionen für den Meeresspiegelanstieg verringert werden. Die ungenügend verstandene Dynamik von Kontinentaleismassen trägt erheblich zu dieser Unsicherheit bei. Die Klimafolgenforschung sollte verstärkt die regionalen Auswirkungen der Meeresspiegeländerung auf die Küsten untersuchen (z.B. Stabilität von Stränden und anderen Küstenformen, Gefährdung von wertvollen Ökosystemen wie Mangroven oder Korallenriffen, Sturmflutgefährdung von Infrastruktur und Siedlungen, insbesondere Agglomerationen mit hohen Bevölkerungszahlen).

TROPENSTÜRME
Eine in der Forschung aktuell geführte Diskussion betrifft die mögliche künftige Entwicklung von Sturmstärken oder die mögliche Ausweitung der Ausbreitungsgebiete von Tropenstürmen. Hier steht die Forschung noch am Anfang, weil sich bisher nur wenige, überwiegend sehr neue Studien mit diesem Thema befassen. Es gibt Diskrepanzen zwischen der Theorie (die nur eine geringe Zunahme der Tropensturmstärken aufgrund der Klimaerwärmung vorhersagt) und der bereits beobachteten deutlichen Zunahme. Globale Klimamodelle haben in der Regel noch eine zu geringe räumliche Auflösung, um Tropenstürme realistisch zu simulieren. Belastbare Zukunftsprojektionen gibt es daher derzeit nicht.

SONSTIGE WETTEREXTREME
Das Auftreten von Dürren, Starkniederschlägen oder schweren Stürmen ist für die Auswirkung des Klimawandels auf den Menschen von zentraler Bedeutung. Gleichzeitig ist dies aber ein mit besonders großen Unsicherheiten verbundenes Thema. Dies liegt an der oft kleinräumigen Skala solcher Extreme, an ihrem seltenen Auftreten (was die Bestimmung von Trends in den Beobachtungsdaten erschwert) und an der großen Bedeutung nichtlinearer physikalischer Mechanismen gerade bei extremen atmosphärischen Bedingungen. Zur besseren Einschätzung des Gefährdungspotenzials wäre ein Schwerpunktprogramm „Wetterextreme" in der Klimaforschung notwendig.

GEBIRGSGLETSCHER
Es gibt noch erhebliche Defizite bei der Vorhersage der Dynamik von Gletschern. Benötigt werden belastbare Projektionen über die künftige Entwicklung der Gletschermassen und die Abflussmengen von Gletscherflüssen, insbesondere für die Weltregionen, in denen Gletscherwasser eine wichtige Rolle bei der Wasserversorgung spielt. Ein globaler Überblick über die dadurch gefährdeten Regionen

und Städte sollte erarbeitet werden. Zudem müssen weitere Risiken, die sich aus den Veränderungen der Gebirgsgletscher ergeben (z.B. Ausbruch von Gletscherseen), besser beobachtet und erforscht werden.

Kipppunkte (Tipping points)
Besonders große Unsicherheiten bei gleichzeitig hohem Schadenspotenzial gibt es auch bei der Frage qualitativer, nichtlinearer Systemveränderungen, den „Kipppunkten" oder „Tipping points" des Klimasystems (Kap. 5.3). Hier ist eine verstärkte Forschungsanstrengung zu einer besseren Einschätzung der Risiken erforderlich.

9.1.2 Umwelt- und Klimafolgenforschung

In der Umwelt- und Klimafolgenforschung sind in den letzten Jahrzehnten große Fortschritte zu verzeichnen. Während sehr gutes Wissen über bestimmte Prozesse oder ausgewählte Organismen/Systeme vorhanden ist, bestehen große Defizite bei globalen Erhebungen oder belastbaren Hochrechnungen. Solche Daten sind jedoch unbedingt notwendig, um die Auswirkungen von Klimaänderungen etwa auf Menge und Qualität der Nahrungsmittelproduktion oder auf die Bereitstellung von Trinkwasser mit ausreichend hoher Wahrscheinlichkeit vorherzusagen.

Böden, Verbreitung von Vegetation und Landnutzung
Während die Verbreitung von Vegetationstypen (natürlich, naturnah oder anthropogen beeinflusst) global nicht zuletzt mit Hilfe der Fernerkundung gut bekannt ist, bestehen weiterhin große Datendefizite bei der Verbreitung der Bodentypen und und dem aktuellen Zustand der Böden (z. B. Degradation, Verdichtung, Versalzung, Erosion), ebenso wie bei der entsprechenden Landnutzung (z. B. Anbauformen, Bewässerung). Zudem sind in Hinblick auf zukünftige Klimaänderungen Projektionen dieser Parameter in die Zukunft besonders wichtig, um mit hoher räumlicher Auflösung Aussagen über die Anfälligkeit und zeitliche Veränderung von natürlichen, seminatürlichen oder anthropogen stark beeinflussten Gebieten treffen zu können. Hier würden sich integrierte Programme mit Institutionen wie ESA, NASA, FAO oder UNEP anbieten.

Regionale Vulnerabilitätsstudien
Gerade angesichts der großen Unsicherheiten über die genaue regionale Ausprägung der kommenden Klimaveränderungen sind regionale Vulnerabilitätsstudien notwendig, um für die betroffene Region zu untersuchen, in welchen Bereichen eine hohe Verletzbarkeit gegenüber klimatischen Veränderungen besteht und wo die besonderen Risiken oder auch Chancen liegen. Bisher wurden derartige Vulnerabilitätsstudien nur für wenige Regionen und Sektoren erstellt (z. B. für Europa; Schröter et al., 2005). Gerade für die besonders vulnerablen Entwicklungsländer liegen noch kaum Studien vor. Hier besteht ein großes Potenzial für wissenschaftliche Kooperationen zwischen lokalen Experten und international ausgerichteten Forschungsinstituten.

Systemwissen und Extremereignisse
Während die Auswirkungen einzelner Umwelt- oder Klimafaktoren wie z. B. Stickstoffdeposition, Temperatur oder CO_2-Konzentrationen auf Pflanzen, Böden und zum Teil ganze Ökosysteme schon gut bekannt sind, treten Wissenslücken meist dort auf, wo mehrere Faktoren gleichzeitig wirken. Wenn z. B. durch Klimaänderungen die Temperaturen steigen, aber gleichzeitig die Niederschläge sporadischer werden und zudem die Wasserverfügbarkeit für Bewässerung abnimmt, können Wechselwirkungen auftreten, die sich negativ auf den landwirtschaftlichen Ertrag oder die Qualität bis hin zum völligen Ausfall einer Ernte auswirken können. Dabei sind die Einflüsse auf Böden und ausdauernde Vegetation wie beispielsweise Wälder oder Weidesysteme noch unzureichend verstanden. Treffen zudem große oder rasche Klimaänderungen einmalig oder wiederholt auf bereits geschwächte Systeme, lassen sich bisher weder kurzfristige Effekte, etwa auf Wachstumseinbußen, noch langfristige Auswirkungen ausreichend genau abschätzen. Schon gar nicht lassen sie sich für die landwirtschaftliche Bewirtschaftung früh genug vorhersagen, weil lange Beobachtungs- oder experimentelle Studien fehlen, insbesondere für die besonders empfindlichen Systeme in den hohen Breiten oder den Tropen. Aber selbst in den gemäßigten Breiten ist das Systemwissen für kombinierte Stressfaktoren zu gering für belastbare Modelle oder Frühwarnsysteme. Hier könnten langfristige Kooperationsprogramme (z. B. CGIAR, IGBP und IHDP, insbesondere das Global Land Project GLP) mit nationalen Partnern vor Ort Abhilfe schaffen.

Rückkopplungen zwischen Biosphäre und Klima
Eine wichtige, im Moment stark diskutierte Wissenslücke besteht in den Rückkopplungsmechanismen der Landoberfläche oder Biosphäre auf das Klimasystem. Während die direkte Wirkung des Klimas auf die Biosphäre schon länger im Mittelpunkt großer Forschungsprogramme steht (z. B. IGBP), sind die Rückkopplungen der daraus entstehenden Änderungen der Biosphäre weniger gut erforscht, wie beispielsweise die Veränderung von Verbreitungsge-

bieten, physiologische Anpassungen der Pflanzen. Die Auswirkungen einer veränderten Biosphäre auf den Energiehaushalt der Atmosphäre ist erst wenig verstanden. Eine gezielte Förderung von integrativen Projekten auf nationaler oder auf europäischer Ebene könnte diese Wissenslücke schließen.

Sozioökonomische Folgen des Klimawandels
Aufgrund der immer noch sehr unterschiedlichen Ergebnisse ökonomischer Analysen zu den Kosten des Klimawandels bzw. den Kosten der Klimaschutzpolitik sollten Modellvergleiche und Sensitivitätsanalysen wie die des Integrated Modeling Comparison Project zu den erwarteten Vermeidungskosten (Barker et al., 2006; Edenhofer et al., 2006) weiterverfolgt werden. Darüber hinaus ist die Forschung über die Kosten von Anpassungsmaßnahmen auszubauen. Außerdem sollten zusätzlich die bisher vorgenommenen globalen Kostenschätzungen stärker auch auf Regionen und Subregionen fokussiert werden, um regionenspezifische Handlungsempfehlungen ableiten zu können. Zusätzlicher Forschungsbedarf besteht ferner hinsichtlich der Auswirkungen des Klimawandels auf die einzelnen Wirtschaftssektoren (IPCC, 2007b). Bisherige Schätzungen sollten besonders in sektoraler und regionaler Hinsicht ergänzt werden, um sich auf die struktur- und wirtschaftspolitischen Implikationen des Klimawandels bzw. der Klimaschutzpolitik besser einstellen zu können. Eines der größten Hindernisse für regional oder sektoral differenzierte Schätzungen liegt in fehlenden Datensätzen. Deshalb müssen die Anstrengungen zu einer systematischen Datenerhebung, insbesondere in Entwicklungsländern, verstärkt werden. Da das Sicherheitsrisiko durch den Klimawandel in vielen Regionen steigt, sollte sich die Forschung nicht nur mit den wirtschaftlichen Folgen des Klimawandels in verwundbaren Regionen auseinandersetzen, sondern auch mit den Folgen einer klimabedingten Destabilisierung von Staaten und Gesellschaften für die weltwirtschaftliche Entwicklung.

9.1.3 Frühwarnsysteme

Die Bedeutung von Frühwarnsystemen zur Rettung von Menschenleben und zur Krisenprävention ist unbestritten. Obwohl es bereits viele Ansätze für derartige Systeme gibt, ist ein operationales globales Frühwarnsystem für klimabedingte Umweltveränderungen und ihre Risikopotenziale noch nicht in Sicht. Der WBGU unterstützt die Forderung der Vereinten Nationen aus dem Jahr 2006 zum Aufbau eines umfassenden Frühwarnsystems, das neben Informationen zu plötzlich eintretenden Naturkatastrophen auch Prognosen und Folgenabschätzungen zu schleichenden Umweltveränderungen bereitstellt. Aufgrund der zunehmenden Verflechtung sozialer und politischer Krisen mit Umweltveränderungen und Naturkatastrophen wird zudem empfohlen, Informationen zum aktuellen Stand politischer und humanitärer Krisen in das Warnsystem zu integrieren. Nach Ansicht des WBGU ist ein solches System unerlässlich, um in allen Weltregionen eine einheitliche Wissensbasis über derzeitige und künftige Gefahren und Risiken zu schaffen. Der WBGU empfiehlt daher die Förderung internationaler Forschungsaktivitäten auf diesem Gebiet. Insbesondere sollte der Global Survey of Early Warning Systems (UN, 2006a) deutlich erweitert werden, indem die Kapazitäten und Bedürfnisse der Nationalstaaten oder einzelner Regionen im Hinblick auf Frühwarnung erfasst werden.

Von besonderer Bedeutung ist hierbei neben der naturwissenschaftlichen und technologischen Grundlagenforschung die Frage, wie Risiken unterschiedlicher räumlicher und zeitlicher Dimension in ein System integriert werden können, das den Anforderungen an Informationsgehalt und Übersichtlichkeit gerecht wird. Dabei sollte sich die Forschung primär an den Bedürfnissen der jeweiligen Entscheidungsträger orientieren, wobei Richtlinien für den Umgang mit Vorhersagen, die mit einer bestimmten Wahrscheinlichkeit eintreten, erarbeitet werden sollten.

Zudem sollte berücksichtigt werden, dass Frühwarnung nicht mit der Bereitstellung von Warnhinweisen endet. Zwar soll ein globales Frühwarnsystem vor allem die Wissensgrundlage auf nationalstaatlicher Ebene verbessern. Schnittstellen zu nationalen Warnketten sollten daher frühzeitig geschaffen und gefördert werden. Hier gilt es insbesondere Wege zu finden, wie das „Problem der letzten Meile", also die aktuelle Warnung direkt gefährdeter Menschen, unter unterschiedlichen sozioökonomischen Bedingungen überwunden werden kann. Dabei spielen institutionelle Faktoren, die jeweilige Rechtslage sowie das Vertrauensverhältnis zwischen der Bevölkerung und den lokalen Behörden eine wichtige Rolle. Des Weiteren sollte das vorhandene Wissen der einheimischen Bevölkerung über lokale Umweltveränderungen besser genutzt werden, weil es für ein lokales Frühwarnsystem von Nutzen ist.

Insgesamt fehlt bei globalen Monitoringsystemen noch immer eine ausreichende Berücksichtigung sozioökonomischer Rahmenbedingungen. Dieser Themenkomplex sollte zu einem neuen Schwerpunkt für die Earth System Science Partnership werden, dem gemeinsamen Koordinierungsprojekt von DIVERSITAS, IGBP, IHDP und WCRP.

9.1.4 Gesellschaftliche Destabilisierung durch Klimawandel

Die komplexen Wirkungen des globalen Klimawandels auf einzelne Gesellschaftsformen sind bisher kaum untersucht. Das vorliegende Gutachten leistet einen Beitrag, um Prozesse der gesellschaftlichen Destabilisierung durch den Klimawandel sichtbar zu machen und zu systematisieren. Es verdeutlicht aber auch, dass zur Analyse von Kausalbeziehungen zwischen Klimawandel und gesellschaftlicher Destabilisierung Theoriestränge zusammengeführt werden müssen, die bisher weitgehend getrennt voneinander koexistieren.

- Die Erkenntnisse der Konflikt-, Gewalt- und Kriegsursachenforschung, der Forschung zu Umweltkonflikten, der Vulnerabilitätsforschung, der Forschung zum Katastrophenmanagement sowie der Forschung zu den Ursachen von Staats- und Institutionenversagen (Governance-Forschung) sollten systematisch aufeinander bezogen werden, um Konzepte und theoretische Referenzrahmen zu entwickeln, auf deren Grundlage Wirkungen des Klimawandels auf die Stabilität von Gesellschaften angemessen rekonstruiert werden können. In der Zusammenführung dieser Ansätze, die sich aus unterschiedlichen Perspektiven mit ähnlichen Fragestellungen beschäftigen, liegt ein großes Synergiepotenzial.
- Die Wirkungen des Klimawandels auf unterschiedliche Gesellschaftstypen (wie Demokratien oder Autokratien) und Ländertypen (z. B. schwache und fragile Staaten) mit unterschiedlichen sozioökonomischen Entwicklungsniveaus werden stark differieren. Neben Anstrengungen zur Vernetzung der genannten Theoriestränge sind daher empirische Studien wichtig, die nach Gesellschaftstypen und jeweiligen Entwicklungsniveaus unterscheiden. Hier kann die Entwicklungsforschung wichtige Beiträge leisten.
- Zur Untersuchung der gesellschaftlichen Implikationen des Klimawandels sollten Sozial- und Naturwissenschaften enger zusammenarbeiten. In den vergangenen Jahrzehnten wurde die Diskussion zu Umweltkonflikten fast ausschließlich von Sozialwissenschaftlern geführt. Die Herausarbeitung von „Konfliktkonstellationen" in dem vorliegenden Gutachten zeigt, dass aber nur durch die Kooperation zwischen Natur- und Sozialwissenschaften die Mechanismen verstanden werden können, die durch die direkte Interaktion von Umweltveränderungen und gesellschaftlichem Wandel entstehen. Für die Sozialwissenschaften ist beispielsweise die Information, dass ein globaler oder regionaler Temperaturanstieg von x Grad zu erwarten ist, kaum zu interpretieren. Dessen Wirkungen auf Landnutzungssysteme, Wasserhaushalte und andere natürliche Ressourcen müssen zunächst von den Umwelt- und Agrarwissenschaften erfasst und bewertet werden. Sinkende Agrarpotenziale, Wasser- und Ressourcenknappheit sowie Umweltstress können zu gesellschaftlichen Instabilitäten und Konflikten führen oder auch durch Kooperation reduziert werden. Wie sich der Klimawandel und die daraus folgenden Veränderungen der Naturräume auf die jeweiligen gesellschaftlichen, politischen und ökonomischen Institutionen und Prozesse auswirken und welche Dynamiken in diesem Kontext Kooperation bzw. Konflikt sowie gesellschaftliche Stabilität bzw. Instabilität begünstigen, kann dann von den Sozialwissenschaften bearbeitet werden. Damit die Sequenz „Klimawandel – Veränderung von Naturräumen – Relevanz der Veränderung von Naturräumen für Gesellschaften und deren Stabilität", die Interdependenzen zwischen „Klimawandel", „Veränderungen von Naturräumen" und „gesellschaftlicher Stabilität/ Instabilität" sowie direkte Interaktionen zwischen naturräumlichen und gesellschaftlichen Prozessen fundiert untersucht werden können, ist die enge Kommunikation zwischen den Natur- und Sozialwissenschaften unabdingbar. Universitäten, außeruniversitäre Forschungseinrichtungen, Organisationen der Forschungsförderung sowie die jeweiligen wissenschaftlichen Disziplinen sollten große Anstrengungen unternehmen, um die Interdisziplinarität über die noch immer hohen Barrieren von Sozial- und Naturwissenschaften hinweg zu verstärken. Forschungsansätze, wie sie beispielsweise vom BMBF im Programm zur sozialökologischen Forschung konzipiert wurden, sollten weiter verfolgt und ausgebaut werden.

9.2 Politiken zur Vermeidung und Einhegung von Konflikten

9.2.1 Langfristorientierung von Forschung und Politik

Zielkonflikte von Umweltwissenschaft und Politikformulierung

Ein grundsätzliches Problem der umweltwissenschaftlichen Forschung betrifft die Übersetzung wissenschaftlicher Erkenntnisse in praktische Politik. In den vergangenen zwei Jahrzehnten hat sich hier ein anspruchsvolles Forschungsfeld entwickelt, das sich kritisch mit Fragen nach den Bedingungen und Einflussmöglichkeiten sowie der Legitimität und Verantwortlichkeit wissenschaftlicher Politikberatung auseinandersetzt (Jasanoff, 1990, 2004; Haas, 2004; Farrell und Jäger, 2005). Dies betrifft nicht zuletzt die Felder der Technikfolgenabschätzung und der naturwissenschaftlichen Grundlagen globaler Umweltpolitik (WBGU, 1999). Die Veröffentlichung internationaler Sachstandsberichte wie beispielsweise die des IPCC oder das Millennium Ecosystem Assessment haben hohe öffentliche Aufmerksamkeit erzeugt und großen politischen Einfluss ausgeübt. Solche Sachstandsberichte dienen dazu, verfügbares Wissen zu bündeln, aufzubereiten und für die Entscheidungsfindung öffentlich zugänglich zu machen.

Die Ausrichtung konkreter Politiken an langfristig orientierten und häufig mit dem Makel der Ungewissheit behafteten Forschungsergebnissen bleibt gleichwohl schwierig (Sprinz, im Druck). Hier besteht weiterhin Klärungsbedarf in Hinblick auf die Potenziale wissenschaftlicher Politikberatung auf der Grundlage langfristig problemlösungsorientierter Forschung und nicht zuletzt ihrer Legitimierung.

Langfristorientierung als Herausforderung für die Forschung

Der globale Klimawandel vollzieht sich mittel- und langfristig und seine Auswirkungen werden für Gesellschaften vor allem in langfristiger Perspektive wirksam werden. Es ist daher wichtig, sowohl die naturwissenschaftliche Klimaforschung als auch die sozialwissenschaftliche Klimafolgenforschung sowie die Forschung über Vermeidungs-, Anpassungs- und Stabilisierungsstrategien langfristig zu orientieren. Es fällt allerdings auf, dass sich die Sozialwissenschaften generell scheuen, Aussagen über langfristige Entwicklungen von Gesellschaften, politischen Systemen und Ökonomien zu formulieren. Dies ist einerseits angesichts der Komplexität sozialer Prozesse verständlich, andererseits angesichts der Herausforderungen, vor denen Gesellschaften angesichts des Klimawandels stehen, unbefriedigend. Das gegenwärtige Handeln von Akteuren (z.B. das Emittieren von CO_2) produziert in der Zukunft Folgen (Wirkungen des Klimawandels auf soziale Systeme), auf die sich Gesellschaften umso besser vorbereiten könnten, wenn sie über mögliche Zukünfte informiert wären.

Die langfristigen Prozesse des Klimawandels machen langfristig orientierte sozialwissenschaftliche Forschung notwendig, wenn Gesellschaften eine Chance haben sollen, sich früh- und rechtzeitig auf die zu erwartenden schwierigen Herausforderungen einzustellen. Eine Stärkung der Zukunftsorientierung der Sozialwissenschaften erfordert vor allem die Stärkung eines geeigneten Instrumentariums. Neben einer stärkeren Langfristorientierung mit Hilfe bereits bekannter methodischer Ansätze wie etwa Szenariotechniken, Methoden der Regressionsanalyse oder Computersimulationsmodellen käme es auch auf die Entwicklung neuer Methoden an. So wäre etwa zu prüfen, ob Vorgehensweisen, die in längerfristig ausgerichteten naturwissenschaftlichen Disziplinen angewendet werden, unter gewissen Voraussetzungen auch auf sozialwissenschaftliche Kontexte übertragbar wären.

Eine Schlüsselrolle bei der Fokussierung sozialwissenschaftlicher Forschung auf langfristige Aspekte kommt dem Umgang mit Unsicherheit und Irreversibilitäten zu. Entscheidungen heute müssen unter hoher Unsicherheit über Art, Ausmaß und Zeitpunkt künftiger, teilweise irreversibler Folgen unterschiedlicher Handlungsoptionen getroffen werden. Handelt man „zu früh“, muss man unter Umständen übermäßig hohe Kosten einer schadensvermeidenden Maßnahme hinnehmen. Handelt man „zu spät“, sind möglicherweise die aus der Irreversibilität resultierenden Kosten vermeidbar hoch. Entscheidungshilfen, die einen angemessenen, d.h. mit den Präferenzen einer Gesellschaft übereinstimmenden Umgang mit beiden Phänomenen erlauben, sind von der sozialwissenschaftlichen Forschung zu skizzieren. Das Offenhalten von Handlungsoptionen hat bei Entscheidungen unter Unsicherheit und bei gegebenen Irreversibilitäten einen Wert, der in den Wirtschaftswissenschaften als Optionswert bezeichnet wird. Ein genaues Bestimmen des Optionswerts der verschiedenen klimapolitischen Alternativen dürfte bei der Suche eines optimalen Reduktionspfads außerordentlich hilfreich sein (Arrow und Fisher, 1974; Ulph und Ulph, 1997; Gollier und Treich, 2003).

Langfristig zu erwartende Entwicklungen von Gesellschaften werden sich nie „sicher vorhersagen lassen“. Aber gesichertere Aussagen über „Wahrscheinlichkeiten“, „denkbare Zukünfte“ und „mögliche Entwicklungskorridore“, als sie heute möglich sind, sollten erreichbar sein.

Langfristorientierung politischer, ökonomischer und gesellschaftlicher Akteure

Politische, ökonomische und gesellschaftliche Akteure gehen mit langfristigen Prozessen, wie sie im Zusammenhang mit dem Klimawandel absehbar sind, in unbefriedigender Weise um: Schleichende und sukzessive Prozesse (z.B. Meeresspiegelanstieg oder demographischer Wandel) überfordern Politik, Wirtschaft und Gesellschaft ebenso wie zwar prognostizierte, aber abrupt eintretende Ereignisse (etwa Sturmfluten, Dürren oder Konflikte). Für Politik- und Marktversagen gegenüber Zukunftsfragen und -problemen gibt es plausible Gründe:

- Die Vermeidung des Klimawandels lässt sich nur durch ausreichende politische Maßnahmen aller Großemittenten erreichen, setzt also gemeinsames bzw. kollektives Handeln voraus. Da von den Vermeidungsinvestitionen Einzelner die gesamte Gesellschaft profitiert, der Einzelne im Verhältnis zu seinen aufgewendeten Kosten jedoch nur geringfügig, besteht für alle Akteure ein Anreiz, selbst nicht zu handeln und an den Maßnahmen der anderen unentgeltlich zu partizipieren. Dadurch werden weniger Treibhausgasemissionen vermieden, als es volkswirtschaftlich effizient wäre.
- Zwischen kurz- und langfristig orientiertem Handeln bestehen häufig starke Wechselwirkungen. Entscheidungen unter Unsicherheit heute können die verfügbaren Handlungsoptionen in der Zukunft einschränken. Man spricht auch von so genannten Lock-in-Effekten oder Pfadabhängigkeiten. Beispielsweise bestimmt die Entscheidung, heute in Gaskraftwerke zu investieren, den Energiemix eines Landes über die nächsten 40 Jahre.
- Interessen heute können im Widerspruch zu Zukunftsinteressen stehen. So gefährdet das Streben von Schwellen- und Entwicklungsländern nach rascher wirtschaftlicher Entwicklung das langfristige Ziel der Vermeidung eines gefährlichen Klimawandels, wenn der Entwicklungsprozess sehr ressourcenintensiv erfolgt.

Weil aufgrund von Klimawandel und Globalisierungsprozessen Langfristdynamiken (Zeitraum ca. 2020–2100) für Gesellschaften immer stärker an Bedeutung gewinnen, sind Forschungsanstrengungen notwendig, Anreizsysteme, institutionelle Innovationen sowie Normen- und Wertegerüste zu entwickeln, die dazu beitragen könnten, gesellschaftliche Problemlösungskapazitäten gegenüber relevanten Zukunftsproblemen und die Langfristorientierung von Politik, Wirtschaft und Gesellschaft zu stärken. Die Neue Institutionenökonomie, die Governance-Forschung, die sozialwissenschaftlichen Steuerungstheorien sowie die Wissenschafts- und Risikoforschung sind hier in besonderem Maß gefordert.

9.2.2 Anpassungsstrategien in Entwicklungsländern

Je stärker der Klimawandel ausfällt, desto massiver und komplexer werden die ökonomischen, politischen und gesellschaftlichen Auswirkungen auf Entwicklungsländer sein. Der Klimawandel erzeugt volkswirtschaftliche Kosten und entwertet Agrarpotenziale, etablierte Entwicklungsstrategien sowie sektorale Spezialisierungsmuster und zwingt zum Aufbau neuer Infrastrukturen. Er erzeugt darüber hinaus Gesundheitsprobleme, verursacht Migrationsbewegungen, produziert Verteilungskonflikte und Machtverschiebungen in Gesellschaften und setzt deren Governance-Kapazitäten unter Druck. Zudem sind die Wirkungen des Klimawandels hochgradig kontextabhängig, so dass regionen- und länderspezifische Anpassungsstrategien entwickelt werden müssen. Aktuelle Entwicklungsdynamiken z.B. in Afrika verdeutlichen, weshalb dringender Handlungs- und Forschungsbedarf existiert. Derzeit richten viele afrikanische Regierungen und internationale Entwicklungsorganisationen (aus guten Gründen) ihre Investitionen erneut auf die in den 1990er Jahren vernachlässigte Landwirtschaft aus. Mittel- bis langfristige Auswirkungen des Klimawandels werden dabei allerdings bisher kaum berücksichtigt. Doch wie könnte eine nachhaltige afrikanische Landwirtschaft im Jahr 2030 aussehen, die mit noch größerer Trockenheit, extremen Wetterereignissen und veränderten Bodenverhältnissen kompatibel wäre? Welche Regionen werden überhaupt noch landwirtschaftlich nutzbar sein? Welche Pflanzenkulturen wären ökonomisch und ökologisch sinnvoll? Welche landwirtschaftlichen Strategien, Techniken und Infrastrukturen werden zukünftig gebraucht? Anpassungen an die zukünftigen Veränderungen der Naturräume müssen frühzeitig beginnen, denn der Auf- und Umbau von Institutionen und Infrastrukturen braucht Zeit. Da auch die Schaffung gesicherten Wissens über die zu erwartenden Veränderungen und denkbare Anpassungsstrategien zeitintensiv ist, wären Forschungsinitiativen kurzfristig erforderlich.

Forschungsprogramme zu Anpassungsstrategien in Entwicklungsländern stecken jedoch weltweit noch in den Anfängen. Die Weltbank, die FAO und andere internationale Organisationen unternehmen erste Anstrengungen, die sich auf einige Sektoren (wie die Landwirtschaft) konzentrieren. Im Rahmen der Verhandlungen zum Klimaschutz wurde Ende 2006 ein entsprechender Fonds zur Forschungsförderung aufgelegt, und Entwicklungsorganisationen beginnen, wissenschaftliche Expertise nachzufragen. Das vorliegende Gutachten zeigt, dass die möglichen Wirkungen eines globalen Temperaturanstiegs jenseits der 2-Grad-Grenze für die Entwicklungsländer außerordentlich gravierend sein werden. Es zeigt auch, dass große Wissenslücken über diese Auswirkungen in den jeweiligen Entwicklungsregionen und -ländern bestehen. Angesichts der Komplexität und Reichweite der Aufgabe wäre eine internationale oder zumindest europäische Arbeitsteilung in diesem neu entstehenden Forschungsfeld wichtig.

9.2.3
Entwicklung präventiver Strategien zur Stabilisierung fragiler Staaten

Unter Berücksichtigung unterschiedlicher Definitionen und Kriterien sind gegenwärtig etwa 30 Staaten als schwach oder fragil einzustufen (Kap. 4.2.2). Abgesehen von einigen allgemein gehaltenen Empfehlungen herrscht in der Staatengemeinschaft weitgehende Ratlosigkeit über den Umgang mit diesen Ländern, versagen doch die meisten traditionellen Handlungsoptionen. Einerseits ist es ein zentrales Charakteristikum dieser Staaten, dass staatliche Strukturen schwach ausgebildet sind, so dass etablierte Formen der Entwicklungszusammenarbeit keine geeigneten Anknüpfungspunkte vorfinden und kaum die gewünschte Wirkung entfalten können. Andererseits sind die Geberländer meist zurückhaltend, öffentliche Unterstützung über nichtstaatliche Akteure zu organisieren und abzuwickeln. Neben Fragen der völkerrechtlichen Legitimität ist vor allem zu bedenken, dass eine derartige Unterstützung die Autorität noch vorhandener öffentlicher Institutionen untergraben und die Souveränität und Handlungsfähigkeit der verantwortlichen Regierungen somit weiter aushöhlen kann. Militärische Interventionen werden in der Regel erst dann erwogen, wenn sich bestehende Konflikte so weit verschärft haben, dass die regionale Stabilität und die Interessen anderer Länder ernsthaft bedroht sind. Sie können punktuell Schlimmeres verhindern, indem sie zum Beispiel im Rahmen friedenskonsolidierender Maßnahmen ein (Wieder-)Aufflammen innerstaatlicher Gewalt unterbinden. Sie haben grundsätzlich aber nur sehr begrenzte Möglichkeiten, zum Aufbau eines nachhaltig funktionierenden Staatswesens beizutragen.

Angesichts des durch den Klimawandel zu erwartenden zusätzlichen Problemdrucks, erscheinen kohärente Strategien und wirksame Instrumente zur Stabilisierung schwacher und fragiler Staaten dringender denn je. Es muss daher Aufgabe der sozialwissenschaftlichen Forschung sein, die bestehenden präventiven Politikinstrumente auf der Grundlage gegenwärtiger und vergangener Fallbeispiele zu bewerten und weiterzuentwickeln. Dabei ist vor allem zu erforschen, welche Kombinationen von Einzelmaßnahmen für die unterschiedlichen Fälle und Stadien fragiler Staatlichkeit wirksam sind und wie diese zeitlich gestaffelt und international koordiniert werden sollten. Stärker noch als bisher muss hier der Heterogenität der betroffenen Staaten Rechnung getragen werden. Dabei sind gegebenenfalls auch Governance-Strukturen jenseits des auf Geberseite vorherrschenden, idealtypischen Staatsverständnisses westlicher Prägung zu unterstützen. In diesem Sinn wäre zu erörtern, wie die Legitimität öffentlicher Institutionen in postkolonialen Staaten erhöht werden kann, ohne dass deswegen universale Prinzipien wie Gewaltenteilung, Rechtsstaatlichkeit und Schutz der Menschenrechte aufgegeben werden müssen.

Der WBGU empfiehlt zu diesem Zweck, insbesondere empirische Feldforschung zu fördern, um zu robusten politikrelevanten Erkenntnissen über die Funktionsweise und Legitimität öffentlicher Institutionen und nicht staatlicher Akteure in schwachen und fragilen Staaten zu gelangen und die Wahrnehmung von Sicherheit auf nationaler und lokaler Ebene der betroffenen Regionen besser verstehen zu können. Dabei sollte stets sorgfältig darauf geachtet werden, dass die Analyse der konkreten sicherheitspolitischen Tragweite des Klimawandels nicht einer „Versicherheitlichung" der klimapolitischen Debatte Vorschub leistet und vorrangige Fragen des Klimaschutzes und der Anpassung verdrängt.

9.2.4
Internationale Institutionen im Kontext des globalen Wandels und klimabedingter Konflikte

Institutionen an der Schnittstelle von Umweltwissenschaft und Politikformulierung

Die Übersetzung wissenschaftlicher Erkenntnisse in praktische Politik stellt auch Herausforderungen an die umweltwissenschaftliche Institutionenforschung. Hier geht es zunächst und vor allem darum, verfügbares Wissen derart zu bündeln, aufzubereiten und öffentlich zugänglich zu machen, dass eine zeitnahe und rationale Entscheidungsfindung zu den begutachteten Problemen gefördert wird. Gleichzeitig müssen auch Fragen nach den Bedingungen und Einflussmöglichkeiten sowie der Legitimität und Verantwortlichkeit wissenschaftlicher Politikberatung kritisch untersucht werden (Haas, 2004; Farrell und Jäger, 2005). Dies betrifft nicht zuletzt die Felder der Technikfolgenabschätzung und der naturwissenschaftlichen Grundlagen globaler Umweltpolitik (WBGU, 1999). Die Verbreitung internationaler Studien, wie z.B. die IPCC-Berichte oder das Millennium Ecosystem Assessment, ist außerordentlich groß. Hier geht es darum, verfügbares Wissen so zu bündeln, aufzubereiten, und öffentlich zugänglich zu machen, dass die Entscheidungsfindung zu den begutachteten Problemen gefördert wird.

International Human Dimensions Programme on Global Environmental Change

Das auch von der Bundesregierung geförderte International Human Dimensions Programme on Global Environmental Change (IHDP) und insbesondere seine Teilprogramme Institutional Dimensions of Global Environmental Change (IDGEC) und Global Environmental Change and Human Security (GECHS, Kap. 3.1.1.4) haben in den vergangenen Jahren wichtige Impulse zur Weiterentwicklung der globalen umweltpolitischen Institutionenforschung geliefert und sich um interdisziplinäre Ansätze verdient gemacht. So konnten insbesondere Forschungsfragen zu den Eigenschaften und Wechselbeziehungen internationaler Institutionen präzisiert und mit dem Ziel einer besseren Synthese der Erkenntnisse sozial- und naturwissenschaftlicher Umweltforschung beständig weiterentwickelt werden (Young, 2002). Eine darauf aufbauende weiterführende Forschung sollte sich unter anderem mit Fragen nach der institutionellen Architektur unter ausdrücklicher Berücksichtigung der Handlungspotenziale nichtstaatlicher Akteure, der Lern- und Anpassungsfähigkeit sozialer Systeme, der Legitimität und Verantwortlichkeit globaler Entscheidungsstrukturen und damit auch Fragen der Allokation globaler Güter und Ressourcen befassen (Biermann, 2007).

Zudem befördert das IHDP konsequent den wissenschaftlichen Austausch zwischen Nord und Süd und hat sich nicht zuletzt in der internationalen Vernetzung deutscher Forschung bewährt. Der WBGU empfiehlt daher der Bundesregierung, die unter dem konzeptionellen Dach des IHDP koordinierte Forschungsarbeit weiterhin zu unterstützen.

Leistungsfähigkeit internationaler Institutionen und Organisationen

Entstehung, Wandel und Wirksamkeit von Institutionen der internationalen Umweltpolitik bilden seit Anfang der 1990er Jahre ein sehr dynamisches Forschungsfeld der Internationalen Beziehungen (Jakobeit, 1998; Zürn, 1998a; Sprinz, 2003). Weitgehend vernachlässigt wurde dabei jedoch die spezifische Rolle der für die institutionelle Architektur der internationalen Umweltpolitik entscheidenden internationalen Organisationen und ihrer Verwaltungsbehörden (Bauer und Biermann, 2007). So ist z. B. das UNEP-Sekretariat mit der Überwachung einer Vielzahl multilateraler Umweltabkommen betraut. Vor dem Hintergrund der nicht zuletzt im Umweltbereich schleppend verlaufenden Reform der Vereinten Nationen (Kap. 10.3.1.2) regt der WBGU eine bessere Erforschung der konkreten Handlungsmöglichkeiten internationaler Organisationen an und wie diese im Sinn einer verbesserten zwischenstaatlichen Zusammenarbeit und einer wirksameren Umsetzung multilateraler Umweltabkommen intensiviert werden könnte.

Einrichtung eines internationalen Umweltgerichtshofs

Angesichts der eingeschränkten Wirkungsmöglichkeiten des Internationalen Gerichtshofs in Den Haag zur Streitbeilegung bei Umweltkonflikten ist verschiedentlich die Einrichtung eines Internationalen Umweltgerichtshofs mit bindender Rechtsprechung angeregt worden (Rest, 1998; Postiglione, 1999, 2002; MacCallion, 2000; Pauwelyn, 2002). Vor dem Hintergrund der potenziellen Tragweite umweltbedingter Konflikte erachtet der WBGU die Idee einer solchen gerichtlichen Instanz als prüfenswert. Dabei bedürfen allerdings verschiedene Fragen noch eingehender wissenschaftlicher Auseinandersetzung.

Weil justiziable, d.h. für eine gerichtliche Durchsetzung geeignete Verpflichtungen mit konkretem Umweltbezug, bisher sowohl in völkerrechtlichen Verträgen als auch im einschlägigen Völkergewohnheitsrecht nur in geringem Ausmaß verankert sind, ist zunächst grundsätzlich zu fragen, welche Rolle ein internationaler Umweltgerichtshof heute überhaupt zu spielen imstande wäre. Dabei ist zu berücksichtigen, dass durch die bestehenden Streitbeilegungssysteme im Rahmen der WTO sowie beim internationalen Seerecht (Internationaler Seegerichtshof) ebenfalls Fragen mit Umweltbezug entschieden werden. Die Diskussion um die Begründung eines spezifischen Internationalen Umweltgerichtshofs erfordert somit eine genaue Abklärung der Frage, welche rechtlichen Ansprüche überhaupt effektiv geltend gemacht werden könnten.

Eine spezifische Rolle könnte einer solchen gerichtlichen Instanz zukommen, wenn damit auch Privatpersonen ein Beschwerdeweg eröffnet würde. Auch dies setzt allerdings voraus, dass in ausreichendem Maß völkerrechtliche Garantien gegeben sind, welche umweltbezogene Ansprüche des Einzelnen in justiziabler Weise schützen. Tatsächlich können sich rechtliche Ansprüche mit direktem Umweltbezug insbesondere aus spezifischen, völkerrechtlich anerkannten Menschenrechten ergeben, wie etwa das Beispiel der Praxis des Europäischen Gerichtshofs für Menschenrechte zur Europäischen Menschenrechtskonvention zeigt. Ein global gültiges Abkommen, das die Individualrechte in vergleichbar konkreter und zugleich justiziabler Weise garantiert, existiert derzeit nicht. Daher wäre zu prüfen, ob und auf welche Weise sich im Rahmen der Weiterentwicklung einzelner Umweltübereinkommen auch Garantien mit konkreter individualschützender Wirkung verankern lassen.

Der WBGU regt an, die laufende Diskussion weiter zu verfolgen und – nicht zuletzt im Zusammenhang mit den Reformbestrebungen der Vereinten Nationen und ihrer Sonderorganisationen – zu analysieren, unter welchen Voraussetzungen die Idee eines Internationalen Umweltgerichthofs umgesetzt und ausgestaltet werden könnte bzw. welche sonstigen Weiterentwicklungen in Bezug auf die Streitbeilegungsmechanismen in Betracht gezogen werden können. Dabei müsste im Einzelnen geklärt werden, wer welche Ansprüche gegen wen geltend machen könnte und mit welchen Beurteilungskompetenzen und Sanktionsmöglichkeiten ein gerichtliches Organ auszustatten wäre, um die Wirksamkeit der betroffenen Institutionen zu verbessern, ohne neue Zielkonflikte zwischen bestehenden Institutionen zu schaffen oder einer weiteren Fragmentierung des multilateralen Systems Vorschub zu leisten.

9.3 Konfliktkonstellationen und ihre Vermeidung

Durch Klimawandel induzierte Konfliktkonstellationen, also Wirkungszusammenhänge an der Schnittstelle zwischen Klimafolgen und Gesellschaft, deren Dynamik zu gesellschaftlicher Destabilisierung oder Gewalt führen kann, hat der WBGU im Zusammenhang mit der Degradation der Süßwasserressourcen, dem Rückgang der Nahrungsmittelproduktion, der Zunahme von Sturm- und Flutkatastrophen sowie der Migration identifiziert. Dieses sind nach derzeitigem Wissen die wichtigsten Konfliktkonstellationen. Es sind aber weitere Konstellationen denkbar, die in Zukunft an Gewicht gewinnen könnten. Ein Beispiel wären etwa veränderte Verteilungsmuster von Infektionskrankheiten. Solche indirekten Folgen des Klimawandels sollten systematisch auf ihr gesellschaftliches Gewaltpotenzial untersucht werden.

Die Untersuchung kausaler Beziehungen zwischen Klimafolgen und gewalttätigen Konflikten stehen erst am Anfang. Hier sind nicht nur empirische Befunde, sondern auch eine theoretische Fundierung notwendig. Dies ist ein weites Feld interdisziplinärer Grundlagenforschung, die von Klima- und Gesellschaftswissenschaften getragen werden muss.

Durch den zu erwartenden Klimawandel werden für viele Länder, insbesondere Entwicklungs- und Schwellenländer, große Veränderungen induziert, wie etwa die beschriebenen Konfliktkonstellationen. Die Fähigkeit eines Landes, solche Widrigkeiten zukünftig zu meistern, hängt wesentlich davon ab, inwieweit regionenspezifisch belastbare Abschätzungen über die Folgen des Klimawandels verfügbar sind und ob darauf aufbauend Strategien zur Anpassung an nicht mehr vermeidbare Klimafolgen vorliegen. Entwicklungsländer weisen in dieser Hinsicht besonders hohe Defizite auf. Daher empfiehlt der WBGU, verstärkt Forschungskooperationen mit Entwicklungsländern in den Bereichen Anpassung und Katastrophenvorsorge einzugehen.

9.3.1 Degradation der Süßwasserressourcen

Regionales Monitoring und regionale Modellierung des Wasserhaushalts

Die Nutzung von Szenarien und Ensemblemodellierungen zur Strategiebildung im Wassermanagement steht erst ganz am Anfang, hier gibt es einen großen Forschungsbedarf. Dabei geht es einerseits um die Übertragung globaler Szenarien auf die regionale Ebene und die damit verbundenen Anforderungen an das Wassermanagement. Entsprechende Modellierungen sollten sowohl das regionale Flusseinzugsgebiet als auch die jeweilige urbane Region berücksichtigen. Auch die Auswirkungen des Klimawandels auf die Grundwasserressourcen sollten besser analysiert werden. Andererseits müssen Möglichkeiten der anwendungsbezogenen Bereitstellung von Ergebnissen entwickelt werden, etwa die Visualisierung von Simulationen verschiedener Szenarien (z.B. Klimawandelszenarien) und Handlungsvarianten, um partizipative Ansätze und Entscheidungsprozesse im Wassermanagement auf einer soliden Informationsgrundlage zu ermöglichen.

Verbesserung der Wasserproduktivität im Agrarbereich

Die Effizienz der Wassernutzung in der Landwirtschaft sollte verbessert werden. Dies gilt vor allem in Regionen mit schlecht funktionierenden Bewässerungssystemen und hydrologischer Wasserknappheit, die besonders für Armut und Ernährungskrisen anfällig sind. Ein Schwerpunkt sollte auf der Erforschung und Umsetzung lokal angepasster, integrierter Strategien liegen, die Techniken, Sortenwahl und Produktionsabläufe (z. B. Integration von Tierproduktion, Mehrfachnutzung von Bewässerungswasser) gemeinsam optimieren, um eine bessere Wasserproduktivität innerhalb eines Wassereinzugsgebiets zu erreichen.

Entsalzung mit erneuerbaren Energien

Niederschlagsarme Küstengebiete und Inseln bieten die Möglichkeit, über Aufbereitung (Entkeimung) und Entsalzung von Meerwasser bzw. Brackwasser eine zuverlässige Trinkwasserversorgung zu gewährleisten. Insbesondere in entlegenen Regionen stellen kleine Entsalzungssysteme, die mit erneuerbaren Energien betrieben werden, wie z.B. Verdunstungssysteme oder Destillationsverfahren mit solarthermischen Komponenten, eine nachhaltige Lösung dar. Es besteht aber vor allem bei kleinen Anlagen noch Entwicklungsbedarf, um die Kosten zu senken und die Zuverlässigkeit (bei der Wasserqualität) zu erhöhen. In dem bereits verbreiteten Umkehrosmoseverfahren stecken noch erhebliche Verbesserungspotenziale in Bezug auf die Energienutzung. In Kombination mit Projekten zur ländlichen Elektrifizierung, z.B. durch Photovoltaik und Windkraftanlagen, ergeben sich durch die einfache Speicherbarkeit von Trinkwasser wirtschaftlich bedeutsame Synergieeffekte. Forschung und Entwicklung sowie Markteinführung solcher Anlagenkonzepte sollten im Kontext von Entwicklungszusammenarbeit gefördert werden. Dabei sollten die Umweltauswirkungen durch die Wasserentnahme und die Rückführung des salzangereicherten Wassers berücksichtigt werden.

Analyse des Handels mit virtuellem Wasser

Zur umfassenden Analyse des Handels mit virtuellem Wasser sollten zusätzliche belastbare Daten auf allen Ebenen erhoben werden. Dabei müssen Fragen zu geeigneten Berechnungsmethoden, insbesondere zur angemessenen sachlichen und räumlichen Abgrenzung der Verbrauchsrechnung (vor allem in der Agrarproduktion) beantwortet werden. Eine Anwendung des Handels mit virtuellem Wasser als Strategie zur Begrenzung der regionalen Wassernachfrage muss in Bezug auf Chancen und Risiken für die wirtschaftliche Entwicklung eines Landes bewertet werden. Auch müsste überprüft werden, inwieweit der internationale Handel mit virtuellem Wasser eine Regulierung durch eine internationale Institution erforderlich macht, z.B. in Bezug auf Nachhaltigkeitsanforderungen.

Umsetzung des Integrierten Wasserressourcenmanagements

Angesichts mangelnder institutioneller Kapazitäten in Entwicklungsländern gibt es sozialwissenschaftlichen Forschungsbedarf zur konkreten Umsetzung des Integrierten Wasserressourcenmanagements vor Ort. Bei in der Vergangenheit zum Teil konfliktreich verlaufenen Privatisierungen im Wassersektor stellt sich die Frage, wie Planungs- und Entscheidungsprozesse in der Wasserpolitik idealerweise organisiert werden können, um Konflikte zu vermeiden und eine gute Versorgung zu gewährleisten. Dabei geht es u. a. um die Vereinbarkeit von staatlichen und privatwirtschaftlichen Beteiligungsformen.

Voraussetzungen für grenzüberschreitende Wasserkooperation

Trotz vorhandener (Meta-)Studien über formale vertragliche Vereinbarungen besteht weiter Bedarf an vertiefter Analyse zu den lokalen Mechanismen und der Wirksamkeit bestehender Kooperationsvereinbarungen. Die Rolle des Klimawandels als Treiber für künftige Wasserknappheit bzw. erhöhte Variabilität in der Verfügbarkeit sollte stärker in die sozialwissenschaftliche Forschung integriert werden. Darauf aufbauend ergeben sich Fragen nach geeigneten Institutionen der grenzüberschreitenden Wasserkooperation bei fortschreitendem Klimawandel sowie nach Leitlinien für eine Förderpolitik durch Institutionen der Entwicklungszusammenarbeit. Dabei ist der Forschungsbedarf zu Wasserkooperationen nicht auf die gemeinsame Nutzung von Flüssen und Seen beschränkt, sondern es sollten verstärkt auch grenzüberschreitende Grundwasserressourcen berücksichtigt werden.

9.3.2 Rückgang der Nahrungsmittelproduktion

Herausforderungen von Klimawandel und Umweltdegradation für Agrarforschung und Forschungsinfrastruktur

Die Agrarforschung sollte den absehbaren Folgen des globalen Klimawandels stärker Rechnung tragen. Neben den Möglichkeiten zur Gewährleistung regelmäßiger und ausreichender Ernten müssen auch die Potenziale zur Steigerung der Nahrungsmittelproduktion unter den sich verändernden Umweltbedingungen untersucht werden. Dabei sollte die Suche nach regional angepassten Lösungen für einzelne Weltregionen im Vordergrund stehen. So limitiert zum Beispiel die zeitliche Regenverteilung in Afrika eine „Neue Grüne Revolution“, weil die jährliche Regenmenge teilweise so stark schwankt, dass sich der Düngereinsatz zur Produktionssteigerung nicht jedes Jahr lohnt. Deshalb muss hier das Hauptgewicht der Forschung auf einer konstanten Ertragssicherheit in Anbetracht schwankender Niederschläge liegen.

Darüber hinaus muss der Wissenstransfer in den Bereichen Bodenschonung sowie Pflanzenverbesserung optimiert, angepasst und weiterentwickelt werden. Dies bedingt Forschung auf verschiedenen Ebenen, vom molekularen Potenzial wichtiger Nutzpflanzen bis hin zur Vermeidung unproduktiven Wasserverlustes bei der Bewässerung. Ein weiterer Punkt ist die Erfassung geographisch-klimatischer Risiken über effizientes Monitoring und durch technologisch unterstützte klimatische Vorhersagen (GPS/GIS-Einsatz). Dabei sollte auch geprüft werden, ob der pflanzliche Wasserverlust bezogen auf den Kohlenstoffgewinn weiter optimiert werden kann. Auch der Entwicklung angepasster Bewirtschaftungsregime kommt eine große strategische Bedeutung für die Sicherung der Nahrungsmittelproduktion zu. Deutschland sollte sich im Rahmen seiner Mitwirkung bei der Consultative Group on International Agricultural Research (CGIAR) weiter für die verstärkte Beachtung dieser Aspekte in der Forschungsförderung einsetzen. Die aktuellen vier Challenge Programs des CGIAR gehen dabei in die richtige Richtung. Die Forschungskooperation mit (afrikanischen) Entwicklungsländern und die Stärkung der Forschungskapazitäten vor Ort müssen dabei gewährleistet sein.

ZUSAMMENHANG KLIMAERWÄRMUNG, ERTRAGSEINBUSSEN UND GEWALTRISIKEN

Der Zusammenhang zwischen Klimaerwärmung und Produktionseinbußen in der Landwirtschaft, vor allem aber zwischen Landwirtschafts- bzw. Ernährungskrisen und Gewaltrisiken ist nur wenig erforscht. Aus systematischen empirischen Analysen könnten genauere Rückschlüsse auf konfliktverschärfende sozioökonomische und politische Faktoren gezogen werden, wodurch sich Ansätze zur Krisenprävention präzisieren ließen. Dies kann jedoch nur gelingen, wenn bei der Erarbeitung wissenschaftlicher Grundlagen für Entscheidungsträger, insbesondere für Szenarien und weit in die Zukunft reichende Prognosen von Erträgen bzw. Ertragseinbußen, die Wirkungen des Klimawandels gebührend berücksichtigt werden.

9.3.3 Zunahme von Sturm- und Flutkatastrophen

VERHALTENS-, KOMMUNIKATIONS- UND ENTSCHEIDUNGSMUSTER IN KATASTROPHENSITUATIONEN

Vorsorgemaßnahmen müssen stets den gesellschaftlichen Rahmenbedingungen angepasst werden. Zwar werden in der Regel bei der Umsetzung entsprechender Maßnahmen sozioökonomische Bedingungen berücksichtigt, die Erstellung von Notfallplänen basiert aber vielfach nur auf allgemeinen Annahmen über das individuelle und gesellschaftliche Verhalten in Katastrophensituationen, die nicht immer den tatsächlich zu erwartenden Verhaltensmustern entsprechen (Auf der Heide, 2004). Fundiertes Wissen über individuelle, gesellschaftliche und administrative Verhaltens-, Kommunikations- und Entscheidungsmuster in Katastrophensituationen ist jedoch Grundvoraussetzung für effektive Frühwarnsysteme, Notfallpläne und andere Vorsorgemaßnahmen (Aufklärungskampagnen, Infrastrukturplanung usw.). Entsprechende Forschungsarbeit ist bisher eher fragmentarisch und nur in wenigen Fällen systematisch aufgearbeitet. Hier ist es notwendig, die Wissensbasis zu verbreitern und die Ergebnisse politischen Entscheidungsträgern zur Verfügung zu stellen. Der WBGU begrüßt in diesem Zusammenhang das neue Programm der Bundesregierung „Forschung für zivile Sicherheit“ mit einem deutlichen Schwerpunkt auf Mustererkennung, Handlungsstrategien und Organisationsformen (BMBF, 2007), weist aber darauf hin, dass im Sinn einer globalen Perspektive entsprechende Forschung auch für die sozioökonomischen Rahmenbedingungen in Schwellen- und Entwicklungsländern geleistet werden muss.

ANPASSUNGSSTRATEGIEN FÜR KÜSTENSTÄDTE UND DELTAREGIONEN

Der Klimawandel stellt vor allem für sturmgefährdete Städte an Flachküsten und Deltaregionen eine große Herausforderung dar. Lokale Landabsenkungen, Veränderungen in der Flächennutzung, der Siedlungsstruktur und im lokalen hydrologischen System tragen oft zusätzlich zu einer Erhöhung der Katastrophenrisiken bei. In vielen Städten und Deltaregionen ist die Frage nach möglichen Anpassungsstrategien noch weitgehend ungelöst. Zwar werden vielerorts Dämme, Uferwälle und Sperrwerke errichtet, umfassende Schutzmaßnahmen müssen aber zudem die Komplexität der urbanen Infrastruktur sowie die hohen gesellschaftlichen und wirtschaftlichen Dynamiken mit berücksichtigen. So kann die Errichtung physischer Schutzmaßnahmen unter Umständen einer Verdichtung von Wohn- und Industriefunktionen in gefährdeten Gebieten Vorschub leisten und somit die Katastrophenrisiken weiter erhöhen. Die genannten Punkte könnten in dem vom BMBF geplanten Themenfeld „Megacities von morgen“ in der Nachhaltigkeitsforschung berücksichtigt werden.

Besonders in Städten und Deltaregionen in Schwellen- und Entwicklungsländern müssen zudem Wege gefunden werden, wie die Konzentration von Menschen und Sachwerten in gefährdeten Gebieten gebremst werden kann und wie bestehende Regularien und Anreizsysteme für solche Anpassungsmaßnahmen in Wert gesetzt werden können. Aufgrund der hohen Komplexität urbaner Lebens- und Wirtschaftsräume erfordert die Erarbeitung solcher Strategien umfassende interdisziplinäre Betrachtungen, die die Kompetenzen einzelner Einrichtungen in der Regel übersteigen. Entsprechende Forschungsansätze sollten deshalb die Stärken verschiedener Wissenschaftsdisziplinen (Hydrologie, Stadtplanung, Geographie, Ingenieurwissenschaften, Soziologie usw.) und praxisorientierten Einrichtungen (Stadtverwaltungen, Feuerwehr, Hafenverwaltungen usw.) bündeln und Anpassungsstrategien erarbeiten.

9.3.4 Umweltbedingte Migration

Dem Thema umweltbedingte Migration, kurz „Umweltmigration“, wurde aus wissenschaftlichem Blickwinkel bisher kaum Aufmerksamkeit geschenkt. Lediglich im Rahmen der Konfliktforschung fand Umweltmigration Mitte der 1990er Jahre als potenzieller Konfliktfaktor Beachtung und wurde z. B. vom Institut für Migrationsforschung und Interkulturelle Studien der Universtität Osnabrück im Forschungsbereich „Migration, Multikulturalismus, Ethnizität und Konflikt“ aufgegriffen (Bade, 1996). Trotzdem bleiben umweltmigrationsspezifische Ursache-Wirkung-Muster bisher weitgehend ungeklärt. Das 7. Forschungsrahmenprogramm der EU sieht im Themenfeld Sozial-, Wirtschafts- und Geisteswissenschaften unter dem Schwerpunkt „Migration“ Fördermittel für die weiterführende Analyse von Ursachen und Mustern von Migrationsbewegungen allgemein vor (EU-Kommission, 2007). Auch in Forschungsverbünden wie dem Netzwerk „International Migration, Integration and Social Cohesion“, gefördert durch das 6. Forschungsrahmenprogramm der EU, findet Forschung zu internationaler Migration und zu Integration bereits statt (IMISCOE, 2007). Allerdings werden umwelt- und klimabezogene Migrationsursachen in diesen Programmen bisher nicht explizit beleuchtet. Wichtig wäre deshalb, dass innerhalb von deutschen und europäischen Förderprogrammen und Forschungskooperationen ein spezifischer Forschungsauftrag zu klima- und umweltbedingter Migration formuliert wird. Der WBGU skizziert an dieser Stelle zentrale Forschungsfragen, die es künftig zu beantworten gilt.

Ursache-Wirkung-Muster von Umweltmigration

Bis heute besteht in der wissenschaftlichen Auseinandersetzung noch weitgehend Uneinigkeit darüber, was genau unter Umweltmigration zu verstehen ist. Diese Unsicherheiten resultieren vor allem aus dem Mangel an Kenntnissen darüber, welchen Einfluss der Faktor Umweltveränderung auf die Migrationsentscheidung hat, wie er sich im Zusammenwirken mit anderen migrationsauslösenden Faktoren verhält, welche Formen von Migration im Hinblick auf Reichweite, Richtung und Dauer als Folge unterschiedlicher Umweltveränderungen zu erwarten sind und welche Konsequenzen umweltbedingte Migration für Herkunfts-, Durchgangs- und Zielregionen der Migranten impliziert. Um dieses Ursache-Wirkung-Gefüge näher spezifizieren zu können, wären in einem ersten Schritt weitere Fallstudien, welche Umweltfaktoren als Migrationsursache und umweltbedingte Migration als Konfliktursache bzw. Konfliktverstärker analysieren, notwendig. In einem zweiten Schritt wären diese Erkenntnisse im Rahmen von Metastudien auszuwerten, um verallgemeinerungsfähige Aussagen abzuleiten. Die Ergebnisse der Metastudien würden es ermöglichen, Umweltmigranten definitorisch besser abzugrenzen, deren Anzahl genauer anzugeben, besonders stark betroffene Regionen zu identifizieren, Frühwarnsysteme für Umweltmigration zu modellieren und problemadäquate präventive und reaktive Lösungsstrategien zu entwerfen. Beispielhaft ist hier das Projekt „Environmental Change and Forced Migration Scenarios“, das im Rahmen des 6. Forschungsrahmenprogramms der EU vom Center on Migration, Citizenship and Development an der Universität Bielefeld mit weiteren europäischen Projektpartnern durchgeführt wird. Während einer Laufzeit von 24 Monaten (2007–2008) sollen unter anderem Daten erhoben und statistisch ausgewertet werden, um die Informationslage zu klima- bzw. umweltbedingten Flüchtlingsbewegungen zu verbessern (COMCAD, 2007).

Interdisziplinäre Forschung zu Umweltmigration

Die Frage, wie Umweltveränderungen über umweltbedingte Migration Konflikte hervorrufen bzw. verschärfen können, wurde in der wissenschaftlichen Literatur bisher kaum zusammenhängend untersucht bzw. lediglich von einzelnen Teildisziplinen behandelt. Wünschenswert wäre deshalb interdisziplinär angelegte Forschung, welche insbesondere durch die Verknüpfung von Erkenntnissen aus naturwissenschaftlichen Analysen über die Auswirkungen des Klimawandels, der Migrationsforschung sowie der Konfliktforschung zu einem breiteren Verständnis der Ursache-Wirkung-Muster beiträgt.

Strategien zur Förderung der Akzeptanz migrationspolitischer Massnahmen

Langfristig geplante staatliche Umsiedlungsprogramme stellen eine Möglichkeit der Reaktion auf gravierende Umweltveränderungen dar, die politische Entscheidungsträger in Betracht ziehen sollten. Allerdings werfen solche Programme eine Vielzahl an sozioökonomischen und politischen Problemen auf. Die Erfahrungen aus bereits durchgeführten Umsiedlungen zeigen, dass auch bei umsichtiger und sozialverträglicher Planung die Akzeptanz der betroffenen Personen für solche massiven staatlichen Eingriffe in die Lebenswelt gewachsener Gemeinschaften häufig gering ist und Konflikte unterschiedlichster Ausprägung hervorrufen. Im Rahmen interdisziplinärer Forschung sollte deshalb geprüft werden, welche Strategien am ehesten geeignet sind, um zum einen den Abwanderungsprozess an sich zu organisieren und zum anderen die Akzeptanz der betroffenen Bevölkerung in den Ursprungs- und Zielregionen gegenüber solchen Maßnahmen zu fördern.

Völkerrechtliche Instrumente zum Schutz von Umweltmigranten

Auf der rechtlichen Ebene existieren derzeit weder spezifische völkerrechtliche Pflichten der Staaten für die Behandlung von Umweltmigranten noch sonstige rechtliche Schutzmechanismen zugunsten der betroffenen Individuen. Im Interesse eines verbesserten rechtlichen Status und Schutzes von Umweltmigranten sollte daher überlegt werden, mit welchen Mitteln diese Lücke des internationalen Rechts geschlossen werden kann. Zu klären ist insbesondere die Frage, auf welcher rechtlichen Ebene – nach Ansicht des WBGU vorzugsweise im Rahmen einer besonderen, bereichsübergreifenden multilateralen Konvention zu umweltbedingter Migration – rechtliche Regelungen ansetzen sollen. Zur Beantwortung der sich dabei stellenden Frage, welche konkreten Maßnahmen im Sinn von rechtlichen Verpflichtungen und Schutznormen zugunsten von Umweltmigranten statuiert werden sollen, sind die Ergebnisse der oben angeregten Studien zum Verständnis der Umweltmigration zu berücksichtigen. Wichtig ist vor allem die Formulierung eines gerechten System zur Verteilung der durch umweltbedingte Migration anfallenden Lasten. Weil davon auszugehen ist, dass umweltbedingte Migration multikausal beeinflusst wird, geht es darum, die wesentlichen Kriterien zu definieren, zu analysieren und in praktikabler und normativ sinnvoller Weise in die zu entwickelnden rechtlichen Mechanismen zu integrieren.

Weiterhin ist Forschung zu den Organen notwendig, die auf internationaler Ebene mit der Umsetzung eines Regimes zum Schutz von Umweltmigranten befasst sein sollen. Einerseits geht es darum, ob und inwieweit das UNHCR hier gewisse Aufgaben übernehmen soll, andererseits muss gegebenenfalls die institutionalisierte Zusammenarbeit mit dem UNHCR konkretisiert werden.

Schließlich ist zu klären, unter welchen Voraussetzungen die völkerrechtlichen Grundsätze der Staatenverantwortlichkeit eine Verantwortlichkeit bestimmter Staaten für die „Verursachung" grenzüberschreitender Umweltmigration zu begründen vermögen. Insbesondere die mögliche Tragweite des Interventionsverbots sowie Zurechnungs- und Kausalitätsfragen sind hier zu analysieren. Auch wenn die Staatenverantwortlichkeit nur subsidiär, d. h. wenn konkrete völkerrechtliche Verpflichtungen tatsächlich verletzt sind, greifen kann, könnte durch eine konsequente Geltendmachung entsprechender Ansprüche doch ein Anreiz geschaffen werden, staatliches Verhalten zu unterlassen, das zu Umweltmigration führt.

Handlungsempfehlungen 10

10.1
Zentrale Befunde des WBGU

In der Vergangenheit waren durch Umweltveränderungen angestoßene Konflikte lokal begrenzt und beherrschbar. Mit fortschreitendem Klimawandel verändern sich jedoch die Rahmenbedingungen erheblich, weil alle Weltregionen, wenn auch in unterschiedlichem Maß, betroffen sein werden. Versagt die Klimapolitik, kann der Klimawandel zu einem zentralen internationalen Sicherheitsrisiko des 21. Jahrhundert werden. Die Politik muss daher heute Strategien entwickeln, die sich an den folgenden Befunden orientieren.

Enges Zeitfenster für Klimaschutzpolitik

Der erste Befund birgt eine große Chance und stellt zugleich eine große Herausforderung für die Politik dar. Der globale Klimawandel geht schleichend voran, ohne dass bisher schwerwiegende Sicherheitsrisiken für die Menschheit eingetreten sind. Gravierende Folgen für die internationale Sicherheit dürften sich erst mittel- bis langfristig einstellen. Gelingt es der internationalen Gemeinschaft, in den kommenden zwei Jahrzehnten durch eine wirksame Klimapolitik die Weichen für einen Emissionspfad zu stellen, mit dem die Einhaltung der 2 °C-Leitplanke möglich ist, könnten solche klimainduzierten Konflikte wahrscheinlich vermieden werden. Jede Verzögerung dieser Weichenstellung, die sich in einer Trendwende der Emissionen niederschlagen muss, führt dazu, dass in späteren Jahren umso höhere Reduktionsraten erforderlich sind und birgt das Risiko von Pfadabhängigkeiten zugunsten emissionsintensiver Technologien. Dadurch wird die Einhaltung der 2 °C-Leitplanke teurer, schwieriger und schließlich unmöglich (WBGU, 2007). Es gibt also ein enges Zeitfenster für erfolgversprechende Prävention, das rasches Handeln erfordert. Eine wirksame Klimaschutzpolitik sowie Präventions- und Anpassungsstrategien zur Einhegung der Wirkungen des Klimawandels und zur Vermeidung von sicherheitsrelevanten Dynamiken müssen bereits zu einem Zeitpunkt einsetzen, an dem erst die Anfänge klimainduzierter Konfliktrisiken erkennbar sind. Es ist schwierig, derartige Konfliktpotenziale auf die politische Agenda zu setzen, denn Sicherheitsrisiken völlig anderer Art bedrohen die internationale Gemeinschaft bereits heute (Nuklearproliferation, Terrorismus, knappe Rohstoffe). So besteht zwischen konkurrierenden Sicherheitsagenden ein Wettbewerb um politische Aufmerksamkeit, finanzielle Ressourcen und konzeptionelle Investitionen, der durch den zu erwartenden Übergang von einer unipolaren Weltordnung in eine multipolare Machtkonstellation zusätzlich kompliziert wird. Hierin liegt eine der wesentlichen Herausforderungen an das politische System, das generell auf kurzfristige Zeitperspektiven und Probleme ausgerichtet ist.

Ausprägung von Konfliktkonstellationen

Der zweite Befund ist, dass der globale Klimawandel in den Weltregionen zu Ernährungskrisen, Engpässen in der Trinkwasserversorgung, Extremwetterereignissen mit großer Zerstörungskraft sowie verstärkter Migration führen kann (Kap. 6). Die vom WBGU analysierten Konfliktkonstellationen zeigen, dass ein ungebremster Klimawandel die menschliche Verwundbarkeit erhöht, Armut verstärkt und infolgedessen die Anfälligkeit von Gesellschaften für Krisen und Konflikte vergrößert. Die konkreten Gefährdungen hängen von der Dynamik des Klimawandels, den jeweils spezifischen Umweltbedingungen sowie den gesellschaftlichen Krisenverarbeitungskapazitäten der betroffenen Akteure ab. Das vorliegende Gutachten zeigt anhand von Beispielen, welche Weltregionen besonders betroffen sein werden (Kap. 7) und wie den Konfliktkonstellationen begegnet werden kann.

Gesellschaftliche Vulnerabilität

Der dritte Befund besteht darin, dass sich durch die Überlagerung und wechselseitige Verstärkung der herausgearbeiteten Konfliktkonstellationen gesellschaftliche Destabilisierungsprozesse ergeben können, die weit über die eher lokalen Umweltkonflikte der Vergangenheit und Gegenwart hinausreichen können (Kap. 8). Gesellschaftliche Vulnerabilität kann zu Krisen führen. Je drastischer der Klimawandel ausfällt, desto gravierender können die Formen gesellschaftlicher Destabilisierungen und Konflikte ausfallen. Während derzeit über die Umsetzung der Millenniumsentwicklungsziele diskutiert wird, würde ein ungebremster Klimawandel nicht nur die derzeitigen Anstrengungen zur Armutsbekämpfung zunichte machen, sondern zugleich viele Entwicklungsregionen in Orte der Unsicherheit verwandeln, die durch Staatenzerfall, fehlende soziale Ordnung, Konflikte, Gewalt und menschliche Not charakterisiert wären. Der Klimawandel wirkt also Entwicklungsbemühungen entgegen, unterminiert die menschliche Sicherheit und gefährdet infolgedessen letztlich auch nationale und regionale Sicherheit.

Destabilisierung von Staaten

Der vierte Befund ist, dass der Klimawandel wahrscheinlich weniger zu klassischen Kriegen führen wird, sondern vielmehr zu diffusen, grenzüberschreitenden, schwer eingrenzbaren und kaum beherrschbaren Mustern und Zonen der Destabilisierung, der Ausbreitung von Unsicherheit und der Zunahme von Gewaltneigung in besonders durch den Klimawandel bedrohten Regionen. Der Klimawandel verschärft bereits existierende Konflikte: Zunehmende Dürren sowie Bodendegradation werden z. B. Landnutzungskonflikte verschärfen, großflächige Waldrodungen und damit oft zusammenhängende Vertreibungen begünstigen sowie inner- wie zwischenstaatliche Flüchtlingsströme verstärken. Schon heute fragile Staaten werden also durch zusätzlichen Umweltstress weiter geschwächt. Der Klimawandel schafft aber auch neue Konfliktgefährdungen. Der steigende Meeresspiegel sowie Sturm- und Flutkatastrophen könnten zukünftig die Städte und Industrieregionen an den Ostküsten Chinas und Indiens bedrohen, aber auch New York vor völlig neue Herausforderungen stellen. Ein Meeresspiegelanstieg um nur 50 cm würde den Lebens- und Arbeitsraum von Millionen Menschen im Nildelta sowie im Gangesdelta gefährden. Das Abschmelzen der Gletscher stellte die Trinkwasserversorgung in den Anden- und Himalayaregionen in Frage. Der Klimawandel könnte schließlich völlig unkalkulierbare Wirkungen auf Gesellschaften und Staaten haben, wenn sich durch eine ungebremste globale Erwärmung großflächige Ökosysteme oder regionale Klimasysteme tiefgreifend veränderten (Kap. 5.3): Beispielsweise ist der Kollaps des Regenwalds im Amazonas denkbar, mit weitreichenden, bisher unkalkulierbaren Auswirkungen auf den Wasser- und Bodenhaushalt ganz Südamerikas. Ähnlich schwerwiegende Folgen hätte ein Ausbleiben des Monsuns in Asien für die Landwirtschaft, Ernährung sowie die gesellschaftliche Stabilität und Anpassungsfähigkeit.

Bedrohung des internationalen Systems

Der fünfte Befund besagt, dass eine Eskalation der beschriebenen Muster gesellschaftlicher Destabilisierung in den Weltregionen nicht nur die entsprechenden Gesellschaften, sondern das gesamte internationale System betreffen kann (Kap. 8). Migration könnte zum Beispiel unbeherrschbar werden. Verteilungs- und Legitimationskonflikte zwischen den Hauptverursachern des Klimawandels (insbesondere den Industrieländern sowie künftig auch China und Indien) und den Hauptbetroffenen (insbesondere den Entwicklungsländern) würden wahrscheinlich. Entwicklungs- und Sicherheitspolitik, die schon heute kaum in der Lage sind, zur Stabilisierung der derzeit etwa 30 fragilen Staaten beizutragen, wären von den entstehenden Herausforderungen völlig überfordert. Die Entwicklung der Weltwirtschaft könnte nachhaltig beeinträchtigt werden und das internationale System insgesamt in eine Handlungs- und Legitimationskrise geraten. Die eng vernetzte Welt würde zu einem unsichereren Ort. Zum einen sind diese umfassenden Wirkungen des Klimawandels weder in den derzeitigen Sicherheitsstrategien der EU noch der USA berücksichtigt. Es besteht also politischer Handlungsbedarf. Zum anderen verdeutlicht die Analyse der komplexen gesellschaftlichen Wirkungen des Klimawandels, dass zur Vermeidung eines gefährlichen Klimawandels sowie zur Einhegung seiner Folgen eine Vielzahl von politischen Akteuren beitragen muss. Das „Sicherheitsrisiko Klimawandel“ stellt eine Herausforderung für das gesamte politische System Deutschlands bzw. der Europäischen Union dar.

Fahrplan zur Einhegung von Klimakonflikten

Der WBGU schlägt vor dem Hintergrund dieser Bedrohungsanalyse einen Fahrplan vor, um diesen Befunden Rechnung zu tragen und der Entstehung bzw. Zuspitzung von Klimakonflikten vorzubeugen: Zwischen heute und etwa 2020 werden die Umweltwirkungen voraussichtlich noch so weit beherrschbar bleiben, dass erhebliche klimainduzierte regionale oder globale Sicherheitsbedrohungen kaum zu erwarten sind. In diesem Zeitfenster ist es noch möglich, durch eine konsequente Klimapolitik die Weichen zu stellen, um einen gefährlichen Klimawandel abzuwenden. Die Entwicklungsländer sollten dabei unterstützt werden, Anpassungsstrategien zu entwickeln, um die einsetzenden Wirkungen des Klimawandels abzufedern. In diesem Zeitraum kann es der internationalen Staatengemeinschaft noch gelingen, eine wirksame Präventionsstrategie gegen klimainduzierte massive Sicherheitsrisiken zu entwickeln und umzusetzen. Die Politikempfehlungen des WBGU konzentrieren sich deshalb im Kern auf dieses Gelegenheitsfenster.

Misslingt eine umfassende Präventionsstrategie, muss sich die Welt ab etwa 2020 auf einen Klimawandel vorbereiten, dessen Folgen zunehmende Destabilisierungstendenzen, Krisen um Nahrungsmittel und Süßwasser, eine Häufung extremer Wetterereignisse und wachsende Migration nach sich ziehen werden. In dieser Phase steigen die Kosten zur Einhegung der gesellschaftlichen und sicherheitspolitischen Folgen des Klimawandels erheblich an.

Im Zeitraum nach 2040 bis etwa 2100 würde ein ungebremster Klimawandel Veränderungen in der Umwelt erzeugen, die ein hohes Risiko bergen, Gesellschaften, nationale und regionale Akteure, die Weltwirtschaft und das internationale System zu überfordern. In der zweiten Hälfte des 21. Jahrhunderts könnten klimainduzierte Konflikte dann zu einem Merkmal der internationalen Ordnung werden; globales Krisenmanagement träte an die Stelle der Versuche, die Globalisierung konstruktiv zu gestalten.

10.2 Handlungsspielräume für die Bundesregierung

Deutschland

Zentraler Ansatzpunkt für den Komplex „Sicherheitsrisiko Klimawandel“ ist die internationale Klimapolitik, die nur global zum Erfolg geführt werden kann. Von der Problemlösungskapazität her betrachtet ist Deutschland im Vergleich zu den großen Mächten USA und China (künftig auch Indien) ein kleiner, vergleichsweise unbedeutender Akteur. Die Bundesregierung kann allerdings die ihr international zugeschriebene Rolle als Pionier und Vorreiter einer klugen Klimapolitik nutzen, um diese international proaktiv mitzugestalten. Allerdings müsste sie eine Reihe von Aufgaben übernehmen, um diese Rolle wirksam zu spielen und entsprechenden Einfluss auf die internationale Klimapolitik nehmen zu können. Diese Aufgaben betreffen nicht nur die umweltpolitischen Akteure wie das Bundesumweltministerium, sondern nahezu alle Ressorts. Insbesondere sind politische Strategien der Bundesregierung in den Bereichen Außen- und Sicherheitspolitik, Entwicklungspolitik, Wirtschafts-, Handels- und Energiepolitik, Verkehrspolitik sowie Agrar- und Europapolitik gefragt. Aufgrund der komplexen Herausforderungen des Klimawandels, der Vielzahl der relevanten Akteure und der Bedeutung miteinander verzahnter (und noch zu verzahnender) Initiativen unterschiedlicher Ressorts sollte das Bundeskanzleramt diesen Prozess koordinieren.

Europa

Ohne die Europäische Union können die im Kontext der sich herausbildenden neuen Machtkonstellationen allesamt kleinen europäischen Nationalstaaten nicht wirksam zu einer tragfähigen globalen Klimapolitik beitragen. Die EU ist weltweit der wichtigste Akteur, der sich explizit und proaktiv an dem Konzept eines effektiven Multilateralismus orientiert. Die USA, aber auch China und Indien vertrauen als große Mächte eher ihren eigenen Macht- und Handlungspotenzialen. Ohne großes Engagement der EU kann daher ein multilateral eingebettetes Folgeabkommen zum Kioto-Protokoll kaum gelingen.

Die EU spielt aus den genannten Gründen eine herausragende Rolle in der globalen Klimapolitik. Dabei ist sie keineswegs der größte Emittent von Treibhausgasen. Schon heute sind die USA für 22 % und China für 17 % der globalen CO_2-Emissionen verantwortlich, während die EU etwa 15 % zu verantworten hat. Bis zum Jahr 2030 werden die Anteile von China, den USA und Indien vermutlich erheblich weiter steigen. Die Einflusspotenziale der EU auf den globalen Klimaschutz sind also relativ begrenzt, wenn lediglich die Einsparpotenziale innerhalb der EU betrachtet werden. Daher sollte die EU ihre Vorreiterrolle für den Klimaschutz zu Hause vor allem als Hebel nutzen, um ihre Rolle als Katalysator in der internationalen Klimapolitik glaubwürdig spielen zu können.

Um einen möglichst großen Einfluss Europas im Sinn einer progressiven internationalen Klimapolitik ausüben zu können, ist es zwingend erforderlich, dass nationale Egoismen im Rahmen der EU hintangestellt werden und statt dessen kohärente Strategien entwickelt und internationale Vereinbarungen konsequent und entschlossen umgesetzt werden. Das betrifft neben der zweifellos wichtigen Rolle der EU als Verhandlungspartei in den verschiedenen internationalen Umweltregimen vor allem auch die Gemeinsame Außen- und Sicherheitspolitik (GASP). Die EU sollte ihre GASP auf eine proaktive Vermeidungsstrategie zur Eindämmung der globalen Erwärmung ausrichten (2 °C-Leitplanke). Entsprechend sollte die Bundesregierung mit großem Nachdruck darauf hinwirken, Konsistenz und Kohärenz in der EU-Klimapolitik und einer klimabewussten GASP zu fördern.

Globale Handlungsebene

Die Bundesregierung sollte sich verstärkt dafür einsetzen, eine konstruktive, multilaterale Global-Governance-Architektur auszubauen und zu festigen. Auf diesem Wege kann dazu beigetragen werden, die sich aus der bevorstehenden „Multipolarisierung der Weltordnung“ vermutlich ergebenden weltpolitischen Turbulenzen einzuhegen und einer instabilen Neukonstellation des internationalen Systems vorzubeugen, in der aufsteigende und absteigende Weltmächte (China, Indien, USA) sich konfrontativ gegenüberstehen (Kap. 4.3). Letzteres ist eine zwingende Voraussetzung dafür, wirksame Lösungen für globale Herausforderungen entwickeln und umsetzen zu können. Der anthropogen verursachte Klimawandel muss weltweit und in seiner ganzen Tragweite als globale Bedrohung begriffen werden, für die nur im Zuge eines fairen und umfassenden Multilateralismus Lösungen gefunden werden können.

Die internationale Klimapolitik könnte in diesem Sinn die ideale Arena für vertrauensbildende Maßnahmen zwischen den Staaten bieten, wenn der globale Klimawandel als „gemeinsamer Feind" der Menschheit verstanden wird. Mehr noch als der Kampf gegen den Terrorismus oder die Proliferation von Massenvernichtungswaffen ist die Klimapolitik „große Politik" der Zukunft. Nennenswerter Gestaltungsspielraum kann dabei nur entstehen, wenn es der EU gelingt, als geschlossener Akteur gegenüber den anderen handlungsmächtigeren Akteuren aufzutreten.

10.3 Das Zeitfenster zur Vermeidung von Klimakonflikten: Heute bis 2020

Im Folgenden werden neun politische Initiativen entwickelt, die bis etwa 2020 umgesetzt werden müssten, um sicherheitsrelevante Folgen des Klimawandels zu vermeiden. Wird dieses Zeitfenster verpasst, sind klimainduzierte Gesellschaftskrisen und Sicherheitsprobleme in den dann folgenden Jahrzehnten sehr wahrscheinlich.

Tabelle 10.3-1 zeigt drei Typen von Initiativen: Erstens sind Anstrengungen zur Stabilisierung oder Förderung eines kooperativen internationalen Umfelds sowie zur Stärkung der UN wichtig (Initiativen 1 und 2). Eine besondere Herausforderung besteht darin, dass gerade in der Phase bis zum Ende des kommenden Jahrzehnts, in der eine wirksame globale Klimapolitik entwickelt und umgesetzt werden muss, Turbulenzen und Spannungen in der internationalen Politik zu erwarten sind, die aus dem Aufstieg Chinas und zukünftig auch Indiens zu relevanten Global-Governance-Akteuren resultieren werden (Kap. 4.3). Nur wenn es gelingt, diese fundamentale globale Machtverschiebung ohne gravierende Konflikte und geopolitische Rivalitäten zwischen den „alten" und den „neuen" Weltmächten zu meistern, gibt es gute Chancen, die internationale Klimapolitik entscheidend voranzubringen.

Zweitens sind Initiativen notwendig, um den Klimawandel abzubremsen und gefährliche Folgen einer globalen Temperaturerhöhung zu vermeiden (Initiativen 3–5). Erfolgreiche Vermeidungsstrategien wirken sich auch als sicherheitspolitische Präventionsmaßnahmen aus. Wirksame Klimapolitik kann zukünftige internationale Krisen und Konflikte verhindern. Der UN-Bericht „Confronting Climate Change" (UN, 2007) spricht in diesem Kontext von Strategien „to avoid the unmanageable".

Drittens sind Anpassungsstrategien insbesondere in den Entwicklungsländern sowie zur Vorbereitung auf sich verstärkende Migrationsprozesse entscheidend (Initiativen 6–9). Mit diesen Initiativen müssen bereits heute nicht mehr abwendbare Folgen des Klimawandels bekämpft werden, aus Sicht des UN-Berichts „Confronting Climate Change" sind dies Maßnahmen „to manage the unavoidable" (UN, 2007). Dazu zählt auch der Ausbau globaler Frühwarnsysteme.

Dieses Bündel von Initiativen verdeutlicht, dass das Sicherheitsrisiko Klimawandel nicht nur eine Herausforderung für die deutsche, europäische und internationale Umwelt- und Sicherheitspolitik darstellt. Nahezu alle politischen Ressorts sind gefordert, um nationale und internationale Krisen und Sicherheitsrisiken infolge des Klimawandels zu verhindern.

10.3.1 Förderung eines kooperativen Umfelds für die multipolare Weltordnung

10.3.1.1 Initiative 1: Weltpolitischen Wandel mitgestalten

Die globalen wirtschaftlichen und politischen Gewichtsverschiebungen, die insbesondere der Bedeutungszuwachs Chinas und Indiens mit sich bringen wird, lassen tiefgreifende Veränderungen der internationalen Beziehungen erwarten. Derzeit deutet vieles darauf hin, dass China und Indien gute Chancen haben, sich neben den USA als starke Weltmächte zu etablieren. Die amerikanische Vorherrschaft in einer unipolaren Weltordnung, wie sie sich nach dem Ende des Ost-West-Konflikts herausgebildet hat, würde dadurch zumindest relativiert, wenn nicht sogar beendet. Unter diesen Umständen ist mit erheblichen weltpolitischen Turbulenzen zu rechnen. Auch wenn diese nicht zwangsläufig zu militärischen Auseinandersetzungen zwischen Großmächten oder deren Stellvertretern führen müssen, ist doch eine Destabilisierung des gegebenen multilateralen Institutionengefüges zu befürchten, was zwischenstaatliche Zusammenarbeit erschweren und entsprechende Sicherheitsrisiken nach sich ziehen könnte.

Tabelle 10.3-1
Übersicht über die vom WBGU vorgeschlagenen neun Initiativen zur Vermeidung von Destabilisierungs- und Konfliktrisiken durch den Klimawandel.
Quelle: WBGU

Relevante Politikbereiche	Initiativen
Kap. 10.3.1: Förderung eines kooperativen Umfelds für die multipolare Weltordnung	
Außenpolitik	*Initiative 1 – Weltpolitischen Wandel mitgestalten:* Aufstieg von China und Indien zu starken Weltmächten neben den USA in konstruktiver Weise managen; starke europäische Außenpolitik gefordert; Einberufung einer entsprechenden Weltkonferenz zum geopolitischen Wandel prüfen; Klimawandel als gemeinsame Bedrohung der Menschheit begreifen.
Außen-, Umwelt- und Entwicklungspolitik	*Initiative 2 – Vereinte Nationen reformieren:* Bestehendes UN-System präventiver ausrichten und verstärkt koordinieren; Rolle und Aufgaben des UN-Sicherheitsrats reflektieren; umweltpolitische Kapazitäten der Vereinten Nationen gezielt stärken; Rat für Globale Entwicklung und Umwelt schaffen.
Kap. 10.3.2: Klimapolitik als Sicherheitspolitik I: Prävention durch Vermeidung gefährlichen Klimawandels	
Umwelt- und Außenpolitik	*Initiative 3 – Internationale Klimapolitik ehrgeizig weiterentwickeln:* 2 °C-Leitplanke international festschreiben; Kioto-Protokoll weiterentwickeln: ehrgeizige Emissionsreduktion für Industrieländer (inklusive USA) und Einbindung der Schwellen- und Entwicklungsländer; natürliche Kohlenstoffvorräte schützen.
Umwelt-, Energie-, Wirtschafts- und Forschungspolitik	*Initiative 4 – Energiewende in der EU umsetzen:* Vorreiterrolle der EU stärken; Energiestrategie nachbessern und umsetzen; Effizienzrevolution anstoßen; erneuerbare Energien ausbauen.
Umwelt-, Entwicklungs- Forschungs- und Wirtschaftspolitik	*Initiative 5 – Vermeidungsstrategien partnerschaftlich entwickeln:* Klimaschutz als Querschnittsthema in der Entwicklungszusammenarbeit verankern; Dekarbonisierungspartnerschaften mit Schwellenländern vereinbaren (insbesondere China, Indien); Innovationspakt der G8+5 beschließen.
Kap. 10.3.3: Klimapolitik als Sicherheitspolitik II: Prävention durch Anpassung an den Klimawandel	
Entwicklungs- und Forschungspolitik	*Initiative 6 – Anpassungsstrategien für Entwicklungsländer unterstützen:* Industrieländer müssen Entwicklungsländern Hilfestellung bei Anpassung und Umgang mit den Klimafolgen leisten; Schwerpunkte: spezifische Strategien für besonders bedrohte Entwicklungsregionen erarbeiten (z.B. Afrika); Wasserkrisen vermeiden; Agrarsektor auf Klimawandel einstellen; Katastrophenvorsorge stärken.
Sicherheits- und Entwicklungspolitik	*Initiative 7 – Fragile und vom Klimawandel zusätzlich bedrohte schwache Staaten stabilisieren:* Stabilisierung schwacher und fragiler Staaten als Folge des Klimawandels stärker im „Aktionsplan Krisenprävention" berücksichtigen; Arbeitsprinzipien der OECD unterstützen und umsetzen; Whole-of-Government-Ansatz um Umweltdimension erweitern; zivile Potenziale schwacher Staaten in internationalen Foren und Netzwerken stärken.
Außen-, Innen- und Entwicklungspolitik	*Initiative 8 – Migration kooperativ steuern und internationales Recht weiterentwickeln:* Umfassende migrationspolitische Strategie entwickeln; Migrationspolitik in die Entwicklungspolitik integrieren; Umweltinduzierte Migration in internationale Zusammenarbeit einbeziehen; Schutz von Umweltmigranten im Völkerrecht verankern; keine Schwächung des bestehenden Schutzregimes zulassen; Ergänzungen außerhalb des bestehenden Flüchtlingsregimes vornehmen.
Entwicklungs- und Forschungspolitik	*Initiative 9 – Globales Informations- und Frühwarnsystem ausbauen:* Ausbau eines umfassenden globalen Frühwarnsystems zu Naturgefahren, epidemischen und technologischen Risiken, regionalen Klimaveränderungen und -wirkungen sowie Umweltproblemen aktiv fördern; Umsetzung entsprechender Frühwarninformationen auf nationaler und lokaler Ebene verbessern.

Um auf derartige Turbulenzen vorbereitet zu sein und diese in konstruktiver und friedvoller Weise gestalten zu können, ist es unabdingbar, die globalen Trends rechtzeitig zu erkennen und zu akzeptieren. Ein Beharren auf dem weltpolitischen Status quo ist dagegen ebenso unrealistisch wie kontraproduktiv. Wenn die Renaissance eines konfrontativen Wettbewerbs zwischen Großmächten vermieden und die vielfältigen globalen Menschheitsprobleme gelöst werden sollen, ist mehr denn je eine Einhegung machtpolitischer Übergangsprozesse im Rahmen kooperativer globaler Strukturen erforderlich. Deutschland und die Europäische Union können sich hierbei als zentrale Impulsgeber etablieren und dadurch ihren eigenen relativen weltpolitischen Bedeutungsverlust abfedern und begrenzen. Um in diese Richtung wirken zu können, sind folgende zentrale Strukturmechanismen zu berücksichtigen (Kupchan et al., 2001; Messner, 2006).

Im Umgang mit den USA muss darauf Rücksicht genommen werden, dass Supermächte generell Schwierigkeiten haben, die Notwendigkeit zu erkennen, von einer Strategie „globaler Dominanz" auf eine Strategie „geteilter globaler Führerschaft" umzusteuern. Darüber hinaus muss im Umgang mit China und Indien berücksichtigt werden, dass diese nun beginnen, ihr rasch wachsendes weltpolitisches Gewicht zu spüren und wenig Interesse daran haben werden, klassische Konzepte von Souveränität, Nationalstaat und Machtpolitik in Frage zu stellen. Die insbesondere in Europa im Kontext der europäischen Einigung und der Globalisierungsdebatte über Jahrzehnte gereifte Erkenntnis, dass angesichts der begrenzten Reichweite nationalstaatlichen Handelns und der komplexen globalen Interdependenzen, die Delegation von Souveränität nicht notwendigerweise einen Verlust von Steuerungsfähigkeit bedeutet, muss in China und Indien erst noch gesellschaftsfähig werden. Schließlich darf der angestrebte konstruktive Multilateralismus, um wirksam werden zu können, keine schlichte Fortschreibung eines transatlantischen Multilateralismus sein, wie er seit 1945 maßgeblich durch die US-Hegemonie geprägt wurde. Um die Akzeptanz und vor allem die konstruktive Partizipation der aufstrebenden Führungsmächte zu sichern, ist vielmehr eine multilaterale Ordnung erforderlich, die von Asien bis Nordamerika als fair empfunden werden kann und die darüber hinaus der gewachsenen Bedeutung privater Akteure Rechnung tragen muss.

Vorbildfunktion und Vorreiterrolle Deutschlands und der EU

Deutschland kann dabei als Vorreiter agieren, indem es notwendige Überzeugungsarbeit leistet und sich im Rahmen der EU international für vertrauensbildende Maßnahmen einsetzt. Denkbar wäre beispielsweise, einen am Vorbild der Konferenz für Sicherheit und Zusammenarbeit in Europa (KSZE) orientierten Prozess anzustoßen und im Sinn weltweiter Vertrauensbildung zu institutionalisieren. Die internationale Klima- und Entwicklungspolitik scheinen als Themenfelder besonderes geeignet, in diese Richtung zu wirken. Das setzt mindestens dreierlei voraus:

1. Die Formulierung weitreichender Politikziele, die in dem Sinn anspruchsvoll sein müssen, als dass sie einen zur Problemlösung adäquaten Beitrag leisten können.
2. Die Verabschiedung und Umsetzung konkreter, mitunter schmerzhafter Maßnahmen, die im Sinn der formulierten Politikziele glaubwürdig und international überprüfbar sind.
3. Die Begegnung internationaler Verhandlungspartner „auf Augenhöhe", auch wenn diese heute noch weniger mächtig sein sollten. Diese Maxime gilt grundsätzlich gegenüber allen Entwicklungsländern, ist aber insbesondere gegenüber den so genannten „Ankerländern" zu berücksichtigen, die schon heute vielfach eine regionale Vormachtstellung ausüben und zunehmend als Weltmächte auftreten. Große Ankerländer wie China, Indien, Indonesien, Pakistan, Nigeria, Südafrika, Brasilien und Mexiko spielen insbesondere auf der Grundlage ihres wirtschaftlichen Gewichtes und des politischen Einflusses in ihren Regionen sowie zunehmend auch global eine wachsende Rolle in der Gestaltung internationaler Politiken.

Vieles spricht dafür, dass es der EU nur dann gelingen wird, China und Indien in Richtung einer wirksamen Klimapolitik zu bewegen und strategische Technologiepartnerschaften mit diesen Ländern im Übergang zu einer kohlenstoffarmen Wirtschaft aufzubauen, wenn Europa selbst eine konsequente und glaubwürdige Politik zur Lösung globaler Probleme betreibt. Die derzeit in der westlichen Öffentlichkeit verbreitete Belehrungskultur gegenüber den schnell wachsenden Schwellenländern lenkt von der eigenen Verantwortung der Industrieländer in der Klimapolitik ab und muss durch eine Kultur der gemeinsamen Verantwortung und Kooperation ersetzt werden.

Wenn die Welt von morgen durch einen kooperativen Multilateralismus geprägt sein soll, ist eine Vorreiterrolle Deutschlands und der EU außerdem schon deshalb erforderlich, weil einerseits die USA zum gegenwärtigen Zeitpunkt keinen politischen Willen erkennen lassen, den relativen Aufstieg konkurrierender Mächte zu akzeptieren, und andererseits die aufsteigenden asiatischen Mächte China und Indien auf absehbare Zeit stark mit sich selbst beschäftigt sein werden. Insbesondere lassen sie noch nicht erkennen, ob und wie sie mit ihrer faktisch wachsenden globalen Verantwortung umgehen werden.

Hinzu kommt, dass die EU zur weltpolitischen Peripherie zu werden droht, wenn sie nicht erhebliche Anstrengungen unternimmt, sich für China und Indien als Partner zu etablieren, der nicht nur wirtschaftlich interessant, sondern auch weltpolitisch bedeutsam bleibt. Dies ist keineswegs „historisch" gewährleistet, auch wenn dies in europäischen Regierungszentralen mitunter so wahrgenommen zu werden scheint. Die chinesische Außenpolitik beschäftigt sich aber schon heute nur am Rande mit Europa. Sie ist vor allem an den USA orientiert, gefolgt von Japan und den wirtschaftlich wie regionalpolitisch relevanten Staaten Süd- und Südostasiens.

Um einem weiteren Ansehensverlust gegenüber den asiatischen Mächten vorzubeugen, sollten Deutschland und die EU wesentlich stärker als bisher in eine kohärente und zukunftsgerichtete Gemeinsame Außen- und Sicherheitspolitik (GASP) investieren, was zwangsläufig erfordert, nationale Egoismen hintanzustellen. Ein zerrissenes Bild, wie es insbesondere im Vorfeld des Irakkrieges 2003 offen zu Tage getreten ist, wird sich die EU nicht mehr erlauben können. Statt dessen sollte sie im Rahmen ihrer GASP die sich abzeichnenden weltpolitischen Verschiebungen offen thematisieren und die Herausforderung annehmen, sich einerseits der asiatischen Region als konstruktiver Partner zu präsentieren, ohne andererseits die nach wie vor soliden Grundlagen der historisch gewachsenen transatlantischen Beziehungen nachhaltig zu beschädigen (Biermann, 2005).

Es wäre vor diesem Hintergrund zu überlegen, ob die Einberufung einer am KSZE-Prozess orientierten Weltkonferenz, die die denkbaren Implikationen der erwarteten weltpolitischen Verschiebungen auf höchster Ebene thematisiert, helfen könnte, ein positives Kooperationsklima zu fördern. Der Titel könnte etwa heißen: „A New World Order for the 21st Century – Power Shifts for Global Governance" (zu den realen Möglichkeiten der oft als unwirksam wahrgenommenen Weltkonferenzen: Fues und Hamm, 2001; Haas, 2002). Die seitens vieler Staaten und Gesellschaften vorhandenen Befürchtungen und diffuse Unsicherheit gegenüber einem geopolitischen Wandel ließen sich dann möglicherweise in konstruktiver Weise kanalisieren und könnten helfen, eine positive Aufbruchstimmung zu erzeugen, die die Chancen der sich abzeichnenden Veränderungen hervorhebt und konkretisiert.

Klimawandel als gemeinsame Bedrohung der Menschheit begreifen

Gerade die Klima- und Energiepolitik bietet ein ideales Betätigungsfeld für eine europäische Vorreiterrolle. Hier können Deutschland und die EU darauf hinwirken, den globalen Diskurs – und damit die Agenda der Weltpolitik – dahingehend zu verändern, dass der „Krieg gegen den Terror" als hegemonialer Diskurs der internationalen Beziehungen abgelöst wird. Damit soll keineswegs die Problematik des transnationalen Terrorismus kleingeredet werden. Gleichwohl kann argumentiert werden, dass der globale Klimawandel und die weltweite Armut im Vergleich zur terroristischen Bedrohung die größeren kollektiven Sicherheitsbedrohungen der Menschheit darstellen könnten. In diesem Sinn betonte auch der ehemalige US-Präsident Clinton, dass der Klimawandel zwar ferner liegt als der Terror, jedoch die größere Bedrohung darstellt (Economist, 2006).

Der Klimawandel kann durchaus als kollektive Bedrohung der Menschheit verstanden werden, der nur durch eine gemeinsame Kraftanstrengung der gesamten internationalen Staatengemeinschaft (oder zumindest einer starken, alle wichtigen Akteure einbeziehenden „Koalition der Willigen") wirksam begegnet werden kann. Scheitern die Anstrengungen zur Eindämmung des Klimawandels, schadet dies langfristig der Menschheit insgesamt und nicht nur einzelnen Staaten oder Gesellschaften. Zudem kann von verstärkten Bemühungen um eine entschlossene, faire und zielgerichtete internationale Zusammenarbeit in den Bereichen Klimaschutz oder Armutsbekämpfung eine Festigung multilateraler Institutionen insgesamt und somit auch ein Beitrag zur friedlichen Entwicklung der Welt erwartet werden kann.

10.3.1.2
Initiative 2: Vereinte Nationen reformieren

Es ist zu einem Gemeinplatz der internationalen Politik geworden, den Vereinten Nationen und ihren Institutionen im Bereich der Umwelt- und Entwicklungspolitik einen hohen Reformbedarf zu diagnostizieren. Vor dem Hintergrund einer Reihe noch unter der Ägide des ehemaligen UN-Generalsekretärs Kofi Annan vorgelegter Expertenberichte (UN, 2004, 2006b), Annans eigener, der Sondergeneralversammlung 2005 vorgelegter Reformagenda „In larger freedom" (UNSG, 2005) sowie der an den Amtsantritt des neuen Generalsekretärs Ban Ki Moon geknüpften Erwartungen genießen die Reformziele der UN zur Zeit eine vergleichsweise hohe Aufmerksamkeit seitens der Mitgliedsstaaten. Deren politischer Wille entscheidet letztlich über Inhalte und konkrete Ergebnisse möglicher Reformen.

Unter den Mitgliedsstaaten sind insbesondere die Industrieländer gefordert, die Ernsthaftigkeit ihrer Reformrhetorik zu beweisen und gegebenenfalls auch die notwendigen finanziellen Mittel bereitzustellen. Zudem müssen sich die Entwicklungsländer von inhaltsleeren Forderungen nach einer Führungsrolle in den Vereinten Nationen bei gleichzeitigem Festklammern an einem anachronistischen Status quo verabschieden (Fues, 2006). Andernfalls wird auch die aktuelle Reformdynamik rasch verebben. Der zum Ende von Kofi Annas Amtszeit verabschiedete Bericht „Delivering as One" (UN, 2006b) des High-Level Panel on System-wide Coherence, der vor allem auf die Bereiche Entwicklung, humanitäre Hilfe und Umwelt zielt, ermutigt durch eine realistische Bestandsaufnahme und überwiegend pragmatische Forderungen.

Mit der zu erwartenden, zunehmenden Bedeutung umweltinduzierter Konflikte und den daraus resultierenden Sicherheitsfragen stellt sich insbesondere die Frage, welche Rolle die Vereinten Nationen und ihre verschiedenen Organe bei der Bewältigung dieser Probleme spielen sollen. Dabei können einerseits die bereits im UN-System bestehenden Institutionen und Mechanismen genutzt werden. Andererseits sind, nicht zuletzt vor dem Hintergrund der erwähnten Reformbestrebungen, gezielte institutionelle Anpassungen wünschenswert und denkbar.

Rolle und Aufgaben des UN-Sicherheitsrats reflektieren

In den vergangenen Jahren wurde im Zusammenhang mit „humanitären Interventionen" intensiv darüber diskutiert, unter welchen Bedingungen die Vereinten Nationen auch in innerstaatliche Krisensituationen eingreifen dürfen, wobei es in der Regel um eine Bedrohung der internationalen Sicherheit infolge massiver Menschenrechtsverletzungen geht (Ipsen, 2004; Janse, 2006). Unbestritten ist, dass der Sicherheitsrat auf der Grundlage eines Beschlusses, Menschenrechtsverletzungen im Innern eines Staats seien als Friedensbedrohung im Sinn von Art. 39 der Charta der Vereinten Nationen aufzufassen, das Instrumentarium der kollektiven Sicherheit gemäß Kapitel VII der Charta (betreffend Maßnahmen bei Bedrohung oder Bruch des internationalen Friedens) einsetzen und somit Zwangsmaßnahmen anordnen darf (Kimminich, 1997).

Nach Ansicht des WBGU können auch massive Umweltdegradation und umweltinduzierte Konflikte als Bedrohung der internationalen Sicherheit und des Weltfriedens interpretiert werden. Ein besonders hohes Risikopotenzial haben dabei die Auswirkungen des Klimawandels. Somit ist davon auszugehen, dass der Sicherheitsrat auch in Fällen schwerer Zerstörung von Umweltgütern und schwerwiegender Verletzungen des Umweltvölkerrechts nach Kapitel VII der Charta der Vereinten Nationen handlungsberechtigt ist. Dafür spricht auch, dass gerade im Fall des Klimawandels nicht zuletzt die Menschenrechte betroffen sind, womit eine Friedensbedrohung im Sinn des Art. 39 der Charta der Vereinten Nationen einhergehen kann.

Damit ist der Sicherheitsrat prinzipiell befugt, Sanktionen gegen die verantwortlichen Staaten anzuordnen (Elliott, 2002; Fassbender, 2005). Nachdem im Rahmen der ersten Sicherheitsratssitzung mit Generalsekretär Ban Ki Moon am 8. Januar 2007 schon Belgien und Peru für eine entsprechende Mandatserweiterung des Sicherheitsrats plädiert haben, hat die Vetomacht Großbritannien nur wenige Monate später dieser Frage deutlichen politischen Nachdruck verliehen. So betonte im April 2007 die britische Außenministerin Margret Beckett vor dem Sicherheitsrat nachdrücklich die sicherheitspolitische Dimension des Klimawandels. Die ausgesprochen reservierte Haltung der Vetomächte USA und Chinas lässt indessen nicht erwarten, dass eine entsprechende formale Ausweitung der Agenda des Sicherheitsrates in der näheren Zukunft realistisch ist, zumal dieser spezielle Aspekt auch im einschlägigen Reformbericht „A more secure world: Our shared responsibility" (UN, 2004) ausgespart blieb. Allerdings ist mit der medienwirksamen Thematisierung des Klimawandels vor dem höchsten Gremium der Vereinten Nationen ein symbolträchtiger Schritt getan, dessen Bedeutung auf dem diplomatischen Parkett nicht unterschätzt werden sollte und an den in der weiteren Diskussion konkret angeknüpft werden kann. Der WBGU plädiert in diesem Sinn dafür, die Diskussion um das Für und Wider einer solchen Mandatserweiterung im Rahmen der allgemeinen UN-Reformdiskussion weiter voranzutreiben.

Dabei könnte insbesondere auf das Konzept der „Responsibility to Protect" Bezug genommen werden, mit dem die Vereinten Nationen eine hohe moralische Autorität beanspruchen. Es wurde speziell entwickelt, um künftig Versäumnissen seitens der Vereinten Nationen vorzubeugen, wie sie die internationale Gemeinschaft gegenüber Ruanda und dem ehemaligen Jugoslawien zu verantworten hat (Fröhlich, 2006; Hilpold, 2006). Angesichts des Konfliktpotenzials, das die Folgen des Klimawandels in sich tragen, könnte dieses Prinzip Hilfestellung geben und entsprechend angepasst und ausgebaut werden. Konkret daraus erwachsende Aufgaben könnten möglicherweise vom Sicherheitsrat an die neu eingerichtete Kommission für Friedenskonsolidierung der Vereinten Nationen (Peacebuilding Commission) überwiesen werden, wobei allerdings darauf zu achten ist, dass diese ihr Mandat nicht unzulässig überdehnt. Erste Aufgabe dieser Kommission ist es, die Fähigkeiten der Vereinten Nationen zu stärken, von Bürgerkriegen zerrissenen Ländern Wege zu einem nachhaltigen Frieden aufzuzeigen und in Post-Konfliktsituationen vor Rückfällen zu schützen (Weinlich, 2006). Angesichts des zusätzlichen Problemdrucks, den mögliche Folgen des Klimawandels gerade auch für fragile Bürgerkriegsstaaten bedeuten können, sollte die Kommission für Friedenskonsolidierung aber in der Lage sein, umweltinduzierte Sicherheitsrisiken in ihrer Arbeit angemessen zu berücksichtigen.

Grundsätzlich ist zu betonen, dass die Anordnung und Durchführung von militärischen Zwangsmaßnahmen auch bei umweltinduzierten Bedrohungen des Weltfriedens nur unter strikter Beachtung des Gewaltmonopols der Vereinten Nationen stattfinden darf. Präemptive Maßnahmen einzelner Staaten oder Staatengruppen, die außerhalb der in Kapitel VII der Charta der Vereinten Nationen bestimmten Zuständigkeiten erfolgen, sind daher auch im Hinblick auf drohende Umweltkonflikte eindeutig nicht völkerrechtskonform.

Umweltpolitische Kapazitäten der Vereinten Nationen stärken

Der WBGU bekräftigt die bereits mehrfach formulierte Empfehlung, das Umweltprogramm der Vereinten Nationen (UNEP) zu stärken und auch formal aufzuwerten (WBGU, 2000, 2005). Die konkrete diplomatische Initiative der französischen Regierung zielt in die gleiche Richtung. Auch in der wissenschaftlichen Debatte haben sich die Positionen um das Für und Wider einer solchen Reform in den vergangenen Jahren erkennbar angenähert (Biermann und Bauer, 2005; Rechkemmer, 2005). Die politischen Widerstände einzelner Staaten lassen einen solchen Schritt aber kurzfristig kaum erwarten, wenngleich die Bekenntnisse der Mitgliedsstaaten zu UNEP als notwendigem und starkem „Umweltpfeiler" der Vereinten Nationen immer wieder neu betont werden, zuletzt im Rahmen des Globalen Umweltministerforums im Februar 2007 in Nairobi (UNEP, 2007).

Eine substanzielle Stärkung des Umweltprogramms sollte nach Ansicht des WBGU zeitnah erfolgen und deshalb aus pragmatischen Gründen zunächst unterhalb der Schwelle der Aufwertung zu einer Umweltsonderorganisation ansetzen, wie dies auch der Bericht „Delivering as One" zur systemweiten Kohärenz der Vereinten Nationen und die Diskussion des Globalen Umweltministerforums nahe legt. In diesem Sinn sind aus Sicht des WBGU alle Maßnahmen unterstützenswert, die nicht nur zu einer Aufstockung des UNEP-Budgets führen, sondern die dem Umweltprogramm vor allem eine sicherere mittel- bis langfristige Finanzplanung ermöglichen. Dies erfordert zum einen mehrjährige Finanzierungszusagen seitens der Geber und zum anderen eine Reduzierung des Anteils zweckgebundener Mittel.

In diesem Zusammenhang sind auch die Bemühungen zu unterstützen, die Zusammenarbeit zwischen dem Umweltprogramm und der Vielzahl der UN-Agenturen mit operativem Mandat zu verbessern. Dies betrifft insbesondere die Zusammenarbeit mit dem Entwicklungsprogramm UNDP (Biermann und Bauer, 2004; Fues, 2006), vor dem Hintergrund der wachsenden Bedeutung umweltinduzierter Migration aber z.B. auch das UN-Hochkommissariat für Flüchtlinge (Kap. 9.3.4). Die entsprechenden Empfehlungen der Hochrangigen Gruppe zur systemweiten Kohärenz sind hier ebenso zu begrüßen wie die ermutigenden Signale, welche die Spitzen relevanter UN-Agenturen anlässlich des ersten Globalen Umweltministerforums unter der Verantwortung des neuen UNEP-Exekutivdirektors Achim Steiner aussandten (IISD, 2007; Dervis, 2007; Steiner, 2007). Letztendlich liegt es aber in der Verantwortung der Mitgliedsstaaten, die Prioritäten der einzelnen Organisationen so aufeinander abzustimmen, dass eine wirksame Koordinierung möglich wird. Der WBGU empfiehlt deshalb, die Bemühungen um eine verbesserte Kooperation zwischen den entsprechenden UN-Behörden auf politischer Ebene nachdrücklich zu unterstützen und kritisch zu begleiten.

Mit Blick auf die Kernkompetenzen des UNEP in den Bereichen Monitoring, Bestandsaufnahme und Frühwarnung empfiehlt der WBGU, den seit Jahren immer wieder vorgetragenen Forderungen nach einer Stärkung des Umweltprogramms in seiner Rolle als zentralem Wissensmanager für Fragen der globalen Umwelt auch Taten folgen zu lassen. Insbesondere sollte die Weiterentwicklung und Umsetzung der vom UNEP-Sekretariat in einem aufwändigen, zwischenstaatlichen Konsultationsprozess entwickelten Umweltbeobachtungsstrategie unterstützt werden. Diese Strategie geht von den komparativen Stärken des Umweltprogramms aus (z.B. den Berichten „Global Environment Outlook") und setzt unter anderem auf eine stärkere internationale Vernetzung von UNEP sowie auf einen Ausbau der wissenschaftlichen Kapazitäten. Insbesondere ist dabei darauf zu achten, dass der wissenschaftliche Beitrag zu den Entscheidungsprozessen der internationalen Umweltpolitik unabhängig vom direkten Einfluss politischer Mandatsträger erfolgt. Es wäre etwa zu prüfen, ob UNEP einen profilierten „Chief Scientist" ernennen könnte, der über einen Stab international renommierter Umweltwissenschaftler verfügt und auch als wissenschaftlicher Berater bis hin zum UN-Generalsekretär fungieren würde (Najam et al., 2006).

Rat für Globale Entwicklung und Umwelt schaffen

Der WBGU plädiert erneut für die Schaffung eines hochrangig im UN-System angesiedelten Rats für Globale Entwicklung und Umwelt, der aus einer

Reform des weitgehend wirkungslos gewordenen Wirtschafts- und Sozialrats der Vereinten Nationen (ECOSOC) hervorgehen und die Kompetenzen verschiedener bestehender UN-Gremien bündeln könnte (WBGU, 2005). Eine einschneidende Reform des ECOSOC setzt allerdings eine Änderung der UN-Charta voraus. Die dazu erforderliche Einwilligung von zwei Dritteln aller Staaten, einschließlich aller ständigen Mitglieder des Sicherheitsrates, wird aber kurzfristig kaum zu mobilisieren sein (WBGU, 2005).

Der WBGU empfiehlt daher, sich an den pragmatischen Vorschlägen des High-level Panel on System-wide Coherence der Vereinten Nationen zu orientieren. Dieser schlägt unter anderem vor, dem ECOSOC ein Sustainable Development Board zur Seite zu stellen, das eine Beteiligung auf Ebene der Staats- und Regierungschefs vorsieht und dadurch starkes politisches Gewicht erhalten könnte. Es würde als eine Art zwischenstaatlicher Aufsichtsrat die verschiedenen UN-Agenturen aus den Bereichen Umwelt, Entwicklung und humanitäre Hilfe beaufsichtigen und die systemweite Kohärenz unter anderem dadurch erhöhen, dass Zielkonflikte zwischen den einzelnen Agenturen von den Mitgliedsstaaten auf höchster Ebene verhandelt werden müssten. Ein solches Gremium könnte dann insbesondere auch bei Problemen tätig werden, die speziell die Zusammenhänge zwischen Umwelt und Sicherheit betreffen und deren Bearbeitung gegebenenfalls an den Sicherheitsrat überweisen.

Dieses Modell trägt dem Umstand Rechnung, dass sich die meisten Mitgliedsstaaten gegen eine Zusammenlegung verschiedener UN-Agenturen sträuben. Gleichzeitig könnten durch eine gemeinsame zwischenstaatliche Aufsicht Zugewinne an programmatischer Kohärenz erreicht werden, die sich dann allerdings auch in der Budgetplanung niederschlagen müssten. Da die Vorstände der vor allem betroffenen Programme teilweise schon heute gemeinsame Sitzungen abhalten, wäre eine Institutionalisierung im Sinn eines Sustainable Development Board eine Option, die politisch durchaus realisierbar wäre.

Gemäß den Vorschlägen des High-Level Panel würde das Board die gemeinsame Aufsicht über das UN-Entwicklungsprogramm (UNDP), das UN-Bevölkerungsprogramm (UNFPA), den UN-Kinderfonds (UNICEF) und das Welternährungsprogramm (WFP) führen. Aus Sicht des WBGU sollten darüber hinaus auch das UNEP, solange es nicht zu einer Sonderorganisation aufgewertet werden kann, und UN-HABITAT (das UN-Programm für Siedlungswesen) unter die Aufsicht eines solchen Sustainable Development Board gestellt werden. Ferner wäre zu prüfen, ob und wie eine Beteiligung der Klimarahmenkonvention der Vereinten Nationen (UNFCCC), der Biodiversitätskonvention (CBD) sowie der UN-Konvention zur Bekämpfung der Desertifikation (UNCCD) sinnvoll sein könnte.

Das Mandat der Kommission für Nachhaltige Entwicklung (CSD) könnte gegenüber einem solchen umfassenden Aufsichtsgremium dahingehend spezifiziert werden, als programmatisches Bindeglied zwischen den durch das Board beaufsichtigten Programmen und den einschlägigen UN-Sonderorganisationen (z.B. FAO, WHO, UNIDO, UNWTO) zu dienen. In diesem Fall wäre zu prüfen, inwieweit parallel existierende Koordinationsstrukturen wie insbesondere die UN Development Group und die Environmental Management Group weiterhin benötigt würden.

Die Schaffung einer solchen, den genannten UN-Programmen übergeordneten Aufsichtsinstitution hält der WBGU im Kontext der Zusammenhänge von Umwelt, Entwicklung und Sicherheit für ebenso sinnvoll wie notwendig. Indem das Sustainable Development Board ein höheres Maß an Kohärenz auf der operativen Ebene der Umwelt- und Entwicklungspolitik der Vereinten Nationen gewährleistet, könnte die UN nicht zuletzt auch der Eskalation umweltinduzierter Konflikte gezielter präventiv begegnen als dies der fragmentierte UN-Apparat heute leisten kann. Daher plädiert der WBGU dafür, das Board mit der Kompetenz auszustatten, im Fall schwerer drohender Umweltbeeinträchtigungen verbindliche Anordnungen treffen und durchsetzen zu können. Dies setzt natürlich voraus, dass im Vorfeld der Einrichtung eines solchen Gremiums dessen Kompetenzen, die rechtliche und politische Einbettung in das UN-System und insbesondere das Verhältnis zu den Hauptorganen Sicherheitsrat und ECOSOC eindeutig definiert sind.

10.3.2 Klimapolitik als Sicherheitspolitik I: Prävention durch Vermeidung gefährlichen Klimawandels

Der WBGU hat vielfach Empfehlungen gegeben, wie eine wirksame Klimaschutzpolitik konkret ausgestaltet werden kann – hier sei auf verschiedene vorangehende Gutachten und Politikpapiere verwiesen (WBGU, 2003a, b, 2005, 2007). Die folgenden Initiativen umreißen daher lediglich stichwortartig aktuelle und wichtige Handlungsfelder für den Klimaschutz.

10.3.2.1
Initiative 3: Internationale Klimapolitik ehrgeizig weiterentwickeln

2 °C-LEITPLANKE INTERNATIONAL FESTSCHREIBEN
Konkrete internationale und langfristig ausgerichtete Zielvorgaben erhöhen die Chance einer erfolgreichen Klimapolitik, die weltweit den Technologie- und Bewusstseinswandel induziert, der notwendig ist, um das Hauptziel der Klimarahmenkonvention zu erreichen: die Stabilisierung der Treibhausgaskonzentration in der Atmosphäre auf einem Niveau, bei dem eine gefährliche anthropogene Störung des Klimasystems verhindert wird. Auf internationaler Ebene muss daher ein Konsens über die Quantifizierung dieses in Art. 2 UNFCCC festgehaltenen Ziels hergestellt werden. Der WBGU schlägt hierzu die internationale Festschreibung einer globalen Temperaturleitplanke von 2 °C über dem vorindustriellen Niveau vor. Wenn die Treibhausgaskonzentration in der Atmosphäre bei 450 ppm CO_2eq stabilisiert wird, besteht nach heutigem Wissensstand eine realistische Chance, dieses Ziel einzuhalten. Dazu ist eine Halbierung der weltweiten Treibhausgasemissionen bis zum Jahr 2050 (verglichen mit dem Jahr 1990) notwendig.

KIOTO-PROTOKOLL AN LANGFRISTIGER PERSPEKTIVE AUSRICHTEN
Für die zweite Verpflichtungsperiode des Kioto-Protokolls darf es nicht bei einer bloßen Fortschreibung der bestehenden Verpflichtungen mit neuen Zahlen bleiben, sondern die unter Art. 9 UNFCCC geregelte Überprüfung des Kioto-Protokolls sollte die Grundlage für eine ehrgeizige Weiterentwicklung und der Mechanismen seiner Erfüllungskontrolle bilden.

Nach Ansicht des WBGU ist eine weltweite Zuordnung gleicher Emissionsrechte pro Kopf der Verteilungsschlüssel, den es langfristig anzustreben gilt. Auf dem Weg dorthin sollten sich letztlich alle Länder beteiligen.

- Die *Industrieländer* sollten für die zweite Verpflichtungsperiode des Kioto-Protokolls ehrgeizige Ziele in der Größenordnung von 30 % effektiver Treibhausgasemissionsreduktion bis 2020 gegenüber 1990 übernehmen. Deutschland sollte hierbei seiner Vorbildfunktion gerecht werden – der WBGU hält ein Reduktionsziel von 40 % für Deutschland für angemessen. Die globalen Klimaschutzziele können allerdings nur erreicht werden, wenn auch die USA ihre Treibhausgasemissionen erheblich senken.
- Um auch *Schwellen- und Entwicklungsländer* stärker in den Klimaschutz einzubinden, empfiehlt der Beirat eine flexible Gestaltung der Verpflichtungen und eine deutliche Differenzierung innerhalb dieser Ländergruppe. Insbesondere große Schwellenländer mit wachsendem globalen politischen Einfluss stehen in der Verantwortung, eine Vorreiterrolle zu übernehmen und sich zu flexiblen und mittelfristig auch zu festen Zielen zu verpflichten.

NATÜRLICHE KOHLENSTOFFVORRÄTE SCHÜTZEN
Die Erhaltung der Kohlenstoffvorräte terrestrischer Ökosysteme sollte neben der Minderung der Treibhausgasemissionen aus der Nutzung fossiler Brennstoffe ein vorrangiges Ziel künftiger Klimaschutzpolitik sein. Insbesondere der Tropenwaldschutz sollte einen hohen Stellenwert erlangen. Der innerhalb der UNFCCC angestoßene Prozess zur Reduzierung von Entwaldung in Entwicklungsländern sollte weiterverfolgt werden. Ziel sollte eine Regelung sein, bei der deutliche Anreize zum Tropenwaldschutz gegeben werden, die jedoch nicht zu einem Nachlassen der Vermeidungsanstrengungen in den Industrieländern führen dürfen. Der WBGU hält daher zunächst eine weitgehend vom Kioto-Kohlenstoffmarkt separierte Regelung für sinnvoll.

10.3.2.2
Initiative 4: Energiewende in der EU umsetzen

VORREITERROLLE DER EU STÄRKEN
Um ein glaubwürdiger Partner bei den Klimaverhandlungen zu sein, sollte die Europäische Union ihre Kioto-Verpflichtungen erfüllen und sich weitergehende, ambitionierte Reduktionsziele setzen. Der WBGU hält bis 2020 eine Reduktion der Treibhausgasemissionen um 30 % gegenüber 1990 und bis 2050 um 80 % für angemessene Ziele.

ENERGIESTRATEGIE NACHBESSERN UND UMSETZEN
Die von der EU-Kommission im Januar 2007 vorgestellte Energiestrategie weist aus Sicht des WBGU in die richtige Richtung und sollte im Grundsatz von den Mitgliedsstaaten beschlossen und konsequent umgesetzt werden. Wesentlich hierfür sind Konkretisierungen durch verbindliche Zielvorgaben, Grenzwerte und Zeitpläne. Der WBGU sieht jedoch Nachbesserungsbedarf bei den Ausbauzielen und bei einzelnen Technologieoptionen. Insgesamt sollte eine stärkere Ausrichtung an Nachhaltigkeitskriterien erfolgen, wie sie der WBGU in seinem Energiegutachten dargelegt hat (WBGU, 2003a).

EFFIZIENZREVOLUTION ANSTOSSEN
Die Vorschläge des Aktionsplans für Energieeffizienz sowie bestehende Richtlinien und Verordnungen bieten eine gute Basis für die notwendige Steigerung der Energieeffizienz. Das in diesem Aktions-

plan genannte und vom Europäischen Rat unterstützte Einsparpotenzial von 20 % bis 2020 sollte durch bindende europäische Regelungen, ambitionierte nationale Zielformulierungen und die konsequente Durchsetzung bestehender Regelungen deutlich erhöht werden. Dies betrifft insbesondere Gebäude-, PKW- und Produktstandards: In diesen Bereichen sollten dynamische Standards gesetzt werden, die zu einer schrittweisen Absenkung des Energieeinsatzes bzw. der Emissionen führen und so auch langfristige Ziele für die Technologieentwicklung stecken (WBGU, 2007).

Erneuerbare Energien ausbauen

Der WBGU schlägt vor, über die in der Energiestrategie vorgeschlagenen und vom Europäischen Rat bekräftigten Ziele hinaus bis 2020 den Anteil erneuerbarer Energien an der Stromerzeugung bei 40 % und den Anteil an der Primärenergie bei 25 % verbindlich zu vereinbaren. Allerdings darf der Ausbau nicht zu Lasten anderer Nachhaltigkeitsdimensionen gehen (z. B. bei Bioenergie oder Wasserkraft; WBGU, 2003a). Eine Voraussetzung für eine effiziente Integration der erneuerbaren Energien sind der ungehinderte Zugang zu den (nationalen) Netzen und leistungsfähige transeuropäische Netze. Mit Hilfe dieser Netze könnte die EU auch eine Energiepartnerschaft mit Nordafrika eingehen (WBGU, 2007).

10.3.2.3 Initiative 5: Vermeidungsstrategien partnerschaftlich entwickeln

Klimaschutz als Querschnittsthema in der Entwicklungszusammenarbeit verankern

Auch in der Entwicklungszusammenarbeit sollte die Schaffung von Pfadabhängigkeiten zugunsten emissionsintensiver Technologien vermieden und der Förderung nachhaltiger Strukturen, etwa bei der Energieversorgung, ein hoher Stellenwert eingeräumt werden. Eine Voraussetzung dafür ist es, Klimaschutz bereits bei der Formulierung von Armutsbekämpfungsstrategien, wie den Poverty Reduction Strategy Papers (PRSP), oder bei laufenden Planungsprozessen, wie den nationalen Aktionsprogrammen zum Umweltschutz, als Querschnittsthema zu verankern. Hierbei sollte besonders die Förderung nachhaltiger Energiesysteme zur Überwindung der Energiearmut im Mittelpunkt stehen. Ein zweites, wichtiges Handlungsfeld für Klimaschutz in Entwicklungsländern ist die Vermeidung von Emissionen aus Landnutzungsänderungen, d. h. insbesondere die Vermeidung von Entwaldung. Die Bundesregierung arbeitet seit längerem daran, die Verzahnung von Armutsbekämpfungs- und Klimaschutzzielen in der multilateralen Entwicklungszusammenarbeit voranzubringen, insbesondere im Rahmen der GEF und bei den PRSP von Weltbank und IWF. Entsprechende Prioritäten sollen auch für die bilaterale Entwicklungszusammenarbeit gelten. Aus Sicht des WBGU ist es deshalb erforderlich, dass innerhalb des BMZ und der nachgeordneten deutschen Durchführungsorganisationen (vor allem seitens der GTZ und der KfW) sowie auch im Rahmen der Geberkoordinierung innerhalb der Europäischen Union die Integration von Armutsbekämpfungs- und Klimaschutzstrategien systematischer und deutlich konsequenter als bisher erfolgt (WBGU, 2005).

Dekarbonisierungspartnerschaften mit Schwellenländern vereinbaren

Deutschland und die EU sollten mit Schwellenländern, die im Energiebereich absehbar eine entscheidende globale Rolle spielen werden, strategische Dekarbonisierungspartnerschaften eingehen. Ziel dieser Partnerschaften sollte die Förderung von Energiesystemen und Energieeffizienz im Sinn nachhaltiger Entwicklung sein, so dass daraus Innovations- und Vorbildwirkungen mit globaler Reichweite entstehen können. Insbesondere China und Indien bieten sich in diesem Bereich als Partner an (WBGU, 2007).

Innovationspakt der G8+5 beschliessen

Das Forum der G8+5 sollte für eine gemeinsame Zielentwicklung im Bereich der Förderung klimaschonender Technologien und Produkte genutzt werden. Diese Gruppe der wichtigsten Industrie- und Schwellenländer vereint weltpolitisches Gewicht und rund zwei Drittel der globalen Treibhausgasemissionen. Mit der Zusammenführung nationaler „Road Maps zum Umbau der Energiesysteme" in Richtung Klimaschutz zu einem strategischen „Road Atlas zur Dekarbonisierung der Energiesysteme" sowie der Vereinbarung gemeinsamer Eckwerte für Effizienz und CO_2-Emissionsstandards und umfangreicher Technologiekooperationen kann diese Staatengruppe zum Treiber einer globalen Energiewende werden (WBGU, 2007).

10.3.3 Klimapolitik als Sicherheitspolitik II: Prävention durch Anpassung an Klimawandel

10.3.3.1 Initiative 6: Anpassungsstrategien für Entwicklungsländer unterstützen

Die Vulnerabilität von Entwicklungsländern gegenüber den Folgen des Klimawandels kann durch rechtzeitige Anpassungsmaßnahmen deutlich gemindert werden. Daher muss in einem schlagkräftigen, international als gerecht angesehenen und langfristig tragfähigen Klimaregime die Anpassung an den Klimawandel einen angemessenen Stellenwert erhalten. Neben der Umsetzung spezifischer Anpassungsprojekte sollte es vor allem um Strategien und Maßnahmen zur Steigerung der Anpassungsfähigkeit der besonders betroffenen, meist ärmeren Länder gehen. Rechtzeitige Anpassungsmaßnahmen sollten daher, neben Maßnahmen zur Vermeidung zusätzlicher Klimaerwärmung, ein unverzichtbarer Bestandteil jeder nationalen Politik sein. Allerdings sind die Möglichkeiten der Staaten und Gesellschaften, sich auf eine Erwärmung vorzubereiten, sehr unterschiedlich. Trifft eine mangelnde Anpassungsfähigkeit auf politische und gesellschaftliche Instabilitäten (Kap. 3.3), dann können Klimawirkungen große Sicherheitsrisiken auslösen (Kap. 7). Neben konkreten Anpassungsmöglichkeiten sind also immer auch Faktoren relevant, die für die politische und gesellschaftliche Stabilität entscheidend sind. Im Inneren gehören dazu die Wahrung staatlicher Funktionen (Kap. 4.2.1), angemessener Partizipationsrechte und die Förderung zivilgesellschaftlicher Institutionen. Nach außen ist die Fähigkeit gefragt, konfliktfreie Beziehungen zu anderen Staaten zu pflegen. Dies ist z. B. bei der Suche nach kooperativen Lösungen bei grenzüberschreitenden Wasserressourcen von Bedeutung.

Grundsätzlich fehlt es den meisten Entwicklungsländern an den Kapazitäten und Mitteln, wirksame Anpassungsmaßnahmen umzusetzen. Die Industrieländer stehen als Hauptverursacher des Klimawandels in besonderer Verantwortung, Hilfestellung zum Umgang mit den Folgen des Klimawandels zu leisten.

In vielen entwicklungspolitischen Institutionen in Deutschland und in Europa sind diese Einsichten – insbesondere die sicherheitspolitische Relevanz auch für die Industrieländer – noch nicht vollständig angekommen. Das Bewusstsein für die unmittelbar entwicklungsrelevante Tragweite des Klimawandels scheint nur zögerlich zu entstehen. In Anbetracht der Fokussierung auf klassische entwicklungspolitische Fragen, wie Wirtschaftsförderung, Armutsreduzierung und zuletzt vor allem die Millenniumsentwicklungsziele, ist dies verständlich. Der WBGU hat bereits auf den dringenden Nachholbedarf hingewiesen, weil mit einer Überforderung der Anpassungsfähigkeit der Entwicklungsländer zwangsläufig auch die Erfolgsaussichten vieler bewährter entwicklungspolitischer Maßnahmen unterminiert würden (WBGU, 2005). Anpassungsprogramme sollten allerdings grundsätzlich mit relevanten Sektorpolitiken und -programmen verschränkt werden. Insbesondere ist bei großen Infrastrukturvorhaben auf mögliche Klimafolgen zu achten.

Die Integration der zu erwartenden regionalen Wirkungen des Klimawandels bei der Konzipierung und Umsetzung von Armutsbekämpfungspolitik bietet eine gute Möglichkeit, die politische Handlungsfähigkeit dieser Länder langfristig wesentlich zu stärken bzw. zu sichern. So sollten bereits bei der Formulierung von Armutsbekämpfungsstrategien die Risikopotenziale der hier behandelten klimainduzierten Konfliktkonstellationen berücksichtigt werden. Die Konfliktkonstellationen machen deutlich, dass besondere Anstrengungen zur Anpassung an den Klimawandel in mindestens drei Schwerpunkten erforderlich sind: der Verfügbarkeit von Süßwasser, der Nahrungsmittelproduktion und der Katastrophenvorsorge.

Wassermanagement an Klimawandel anpassen – Wasserkrisen vermeiden

- *Klimafolgen für Wassermanagement in die Entwicklungszusammenarbeit einbeziehen:* Die Anpassung des Wassermanagements an den Klimawandel sollte systematisch in die bi- und mulilaterale Zusammenarbeit im Wassersektor einbezogen werden, insbesondere für Regionen, die bereits unter Wasserknappheit leiden. In Entwicklungsländern fehlen häufig die Kapazitäten, sich mit den lokalen Klimawirkungen zu befassen und ein Problembewusstsein für die Notwendigkeit und Möglichkeiten der Anpassung an den Klimawandel bei Entscheidungsträgern und Öffentlichkeitsarbeit zu erzeugen. Capacity building sollte zudem den Fachleuten im Land ermöglichen oder erleichtern, die internationale Vernetzung mit Kollegen sowie Projekten und Datenbanken zu suchen. Die Entwicklungszusammenarbeit sollte künftig bei Wasserprojekten entsprechende Schwerpunkte legen. Anpassung an den Klimawandel sollte dabei als Prozess etabliert werden, nicht als bloße Umsetzung einmal erarbeiteter Maßnahmen.
- *Internationale Kooperationen zur Informationsbereitstellung fördern:* Um das Wassermanagement an die Auswirkungen des Klimawandels anzupassen, dürfen als Planungsgrundlage nicht allein Erfahrungswerte aus der Vergangenheit dienen, etwa mittlere Niederschlagsmengen oder Variabilitäten der Niederschläge und Abflüsse. Vielmehr müssen Ergebnisse aus Regionalmodellen einbezogen werden, die den Klimawandel berücksichtigen. Eine hohe Priorität sollte vor diesem Hintergrund die regelmäßige Auswertung und Bereitstellung wissenschaftlicher Erkenntnisse über die regionalen Auswirkungen des Klimawandels auf die Wasserverfügbarkeit erhalten. Vor allem für

Entwicklungsländer sind hier internationale Kooperationen unerlässlich. Es sollte geprüft werden, inwieweit von der Weltgemeinschaft eine allgemein zugängliche Datenbank mit interpretierten Regionaldaten als Grundlage für das Wassermanagement gepflegt und zur Verfügung gestellt werden kann. Die Informationsbereitstellung ist auch für internationale Flüsse und Seen von Bedeutung: Verläßliche Daten zur Wasserverfügbarkeit und -nutzung sind eine wesentliche Grundlage für die Entwicklung eines kooperativen, grenzüberschreitenden Wasserressourcenmanagements und damit für die Vermeidung von Krisen und Konflikten um Wasser.

- *Wassermanagement auf „Handeln unter erhöhter Unsicherheit" ausrichten:* Um sinnvoll zu handeln, muss vielfach nicht auf die Entwicklung geeigneter Modelle gewartet werden. Maßnahmen, die die Anpassung an die bestehende Klimavariabilität verbessern, sind häufig auch für die Anpassung an künftige Klimawirkungen geeignet. Dies betrifft insbesondere die Verbesserung der Effizienz der Wassernutzung, der lokalen Speicherkapazität für Wasser, von Systemen zur Verteilung des gespeicherten Wassers sowie des Nachfragemanagements. Das integrierte Wasserressourcenmanagement bietet hierfür einen geeigneten Rahmen (Kasten 6.2-1).

AGRARSEKTOR AUF KLIMAWANDEL EINSTELLEN

- *Landwirtschaftlichen Sektor vor dem Hintergrund des Klimawandels in der Entwicklungszusammenarbeit stärken:* Der zu erwartenden Belastung der Landwirtschaft insbesondere vieler Entwicklungsländer sollte in der Entwicklungszusammenarbeit durch eine Aufwertung dieses Sektors stärker Rechnung getragen werden. Zunächst einmal bedarf es als Grundlage für eine effektive Politik zur Minderung der Folgen des Klimawandels und anderer globaler Umweltveränderungen für die Landwirtschaft belastbarer Szenarien und Prognosen, die diese Faktoren hinreichend berücksichtigen. Der Faktor Klimawandel wird bisher jedoch von den Szenarien und Prognosen der FAO zur Entwicklung von Nahrungsmittelproduktion und Ernährungssicherheit nicht ausreichend berücksichtigt und könnte daher vor allem bei Langfristanalysen in die Irre leiten. Die Bundesregierung sollte sich im Verwaltungsrat der FAO daher für eine stärkere Berücksichtigung globaler Umweltveränderungen und besonders des Klimawandels einsetzen sowie grundsätzlich entsprechende Forschungsvorhaben stärker fördern. Das Augenmerk der Entwicklungszusammenarbeit sollte angesichts der zu erwartenden Produktionsrückgänge stärker auf die Entwicklung des ländlichen Raums gerichtet werden. Allerdings reicht es nicht, mehr Ressourcen in die Stärkung des landwirtschaftlichen Sektors zu investieren. Vielmehr sollten die Agrarentwicklungsstrategien qualitativ neuorientiert werden: Nur wenn klimainduzierte Risiken etwa bei der Konzipierung und Durchführung von Programmen antizipiert werden, können Agrarentwicklungsstrategien nachhaltig erfolgreich sein. Dabei gilt es insbesondere, das wachsende Spannungsfeld zwischen Ernährungssicherheit, Naturschutz und dem Anbau von Energiepflanzen zu berücksichtigen. Naturschutz und Ernährungssicherheit dürfen aus Sicht des WBGU keinesfalls dem Ziel eines verstärkten Anbaus von Energiepflanzen untergeordnet werden (WBGU, 2003a). Die Förderung eines robusten Agrarsektors muss darüber hinaus stets mit der Entwicklung anderer Sektoren einhergehen, denn angesichts drohender agrarischer Produktionseinbußen bedarf es einer diversifizierten und damit weniger krisenanfälligen Wirtschaft.
- *Weltagrarmärkte reformieren:* Die Reform der Weltagrarmärkte sollte beherzt angegangen werden, damit sich die Marktzugangsmöglichkeiten für Entwicklungsländer grundsätzlich verbessern und marktwirtschaftliche Produktionsanreize in Entwicklungsländern entfalten. Angesichts der ungewissen Erfolgsaussichten der Doha-Runde der Welthandelsorganisation (WTO), zu dessen Kernstücken der Abbau der Zugangsbarrieren zu den Agrarmärkten der Industrieländer und der Abbau entwicklungsschädlicher Subventionen zählt, ist diese Botschaft besonders dringlich. Allerdings führt die Liberalisierung zu Preissteigerungen, die kurz- bis mittelfristig den Niedrigeinkommensländern, die Nettoimporteure von Nahrungsmitteln sind, erheblich schaden und damit auch ihre langfristigen Chancen auf wirtschaftliche und soziale Entwicklung deutlich mindern können. Damit würden die Möglichkeiten dieser Länder weiter reduziert, sich an den Klimawandel anzupassen und die mit ihm verbundenen Sicherheitsrisiken zu verringern. Aus entwicklungs- und sicherheitspolitischen Gründen ist es darum umso wichtiger, dass für diese Länder Kompensationsmechanismen eingerichtet werden, wie sie zum Beispiel in der WTO und den Bretton-Woods-Institutionen bereits angelegt sind. Um der Tragweite des Problems gerecht zu werden, müssten diese Mechanismen aber finanziell deutlich verlässlicher ausgestattet sein. Die Bundesregierung sollte sich nach Ansicht des WBGU dafür einsetzen, dass solchen Kompensationsmechanismen ausreichend Mittel zur Verfügung gestellt werden.

- *Wachsende Importabhängigkeit vieler Entwicklungsländer bei Nahrungsmitteln berücksichtigen:* Mit der Liberalisierung der Agrarmärkte und vorübergehenden Kompensationen an Niedrigeinkommensländer lassen sich jedoch die langfristigen Angebots- und Nachfrageprobleme vieler Entwicklungsländer keineswegs lösen. Es gibt eine Reihe von Entwicklungsländern, die nicht zuletzt aufgrund des Klimawandels mit erheblichen Produktionseinbußen und wachsender Abhängigkeit von Agrarimporten konfrontiert sein werden. Daraus ergeben sich Implikationen für viele Politikfelder (z.B. Ernährung, Armutsbekämpfung, Handel, Zahlungsbilanz und Währung), auf die sich unter anderem die internationale Entwicklungszusammenarbeit sowie Handels- und Währungspolitik bereits heute konzeptionell einstellen sollte. Darüber hinaus sollte angedacht werden, ob sich nicht auch die internationale Klimaschutzpolitik stärker mit diesem Thema beschäftigen muss. Es sollten Instrumente geprüft werden, um Entwicklungsländer zu kompensieren, deren Landwirtschaft stark vom Klimawandel betroffen ist.

Katastrophenvorsorge stärken

- *Sektorübergreifende Ansätze in der Entwicklungszusammenarbeit entwickeln:* Im Hinblick auf die destabilisierenden Wirkungen von Naturkatastrophen und die erwartete Zunahme großer Sturm- und Flutereignisse sollte die Entwicklungszusammenarbeit verstärkt Strategien zur Eindämmung von Katastrophenrisiken entwickeln und umsetzen. Dabei sollten grundsätzlich sektorübergreifende Ansätze gegenüber singulären Maßnahmen bevorzugt werden. Dies resultiert aus der Erkenntnis, dass isolierte Infrastrukturvorhaben (z.B. Bau von Dämmen) der Siedlungs- und Wertekonzentrationen in Risikogebieten noch weiter Vorschub leisten können und sich so Katastrophenrisiken weiter erhöhen. Bei der Planung geeigneter Maßnahmenpakete sollte insbesondere die Notfallvorsorge und eine Anpassung der Landnutzungsplanung, die frühzeitige Klärung von Entscheidungsstrukturen sowie die Integration der Katastrophenvorsorge in Bildungsprogramme berücksichtigt werden. Insbesondere sollte der Aufbau von Frühwarnsystemen in umfassende Programme der Entwicklungszusammenarbeit eingebettet sein, wobei neben der Bereitstellung von Technologie auch die Klärung administrativer Informations- und Entscheidungswege sowie der Partizipation der betroffenen Bevölkerung besondere Bedeutung zukommt. Angesichts der Gefährdung großer Küstenmetropolen und Deltaregionen durch Sturm- und Flutkatastrophen sollte die Entwicklungszusammenarbeit zusätzlich den Schutz von Wäldern und Mangroven sowie die Reduktion der urbanen Landabsenkungen ansprechen. Dabei müssen beide Themen eng mit den Belangen der Landnutzung und Wasserversorgung abgestimmt werden.
- *Katastrophenrisiken stärker in die Entwicklungsstrategien einbeziehen:* Vielerorts tragen die Schwächen bestehender Entwicklungsstrategien zur Erhöhung von Katastrophenrisiken bei (WBGU, 2005). Der WBGU empfiehlt daher insbesondere die Berücksichtigung der Katastrophenvorsorge bei der Beratung zu den Poverty Reduction Strategy Papers sowie in den wesentlichen Programmen zur Armutsbekämpfung. Des Weiteren sollte das Thema verstärkt als Ansatzpunkt für gute Regierungsführung genutzt werden.
- *Katastrophenvorsorge in Industrieländern überprüfen:* Die Leistungsfähigkeit moderner Industriegesellschaften ist in hohem Maß von Verkehrs-, Energie- und Informationsnetzen abhängig. Die große Bedeutung der Sensibilität dieser Infrastrukturnetzwerke wird bei Stromausfällen, Verkehrsbehinderungen durch Wetterereignisse oder Überlastung von Telekommunikationsleitungen immer wieder deutlich. Der WBGU empfiehlt daher die Überprüfung der Instrumente der Katastrophenvorsorge in den Industrieländern, vor allem im Hinblick auf die Herausforderungen des fortschreitenden Klimawandels. Bei der Planung hochsensibler Infrastruktur müssen die zu erwartenden Folgen der Klimaveränderungen berücksichtigt werden.

10.3.3.2
Initiative 7: Fragile und vom Klimawandel zusätzlich bedrohte schwache Staaten stabilisieren

Wie in Kapitel 4.2 dargestellt, muss davon ausgegangen werden, dass Staaten, die nach heutigen Erkenntnissen als schwach oder fragil einzustufen sind, kaum in der Lage sein werden, ihre Gesellschaften wirksam vor den Folgen des Klimawandels zu schützen. Aus der Analyse der Konfliktkonstellationen in Kapitel 6 wird deutlich, dass die politische, gesellschaftliche und soziale Stabilität einen großen Einfluss darauf hat, ob eine regionale Umweltkrise zu einem gewaltsamen Konflikt führt. Darüber hinaus steht der durch den Klimawandel zusätzlich erzeugte Problemdruck einer Stabilisierung schwacher und fragiler Staaten im Wege, kann eine weitere Destabilisierung nach sich ziehen und somit auch das Erreichen der Millenniumsentwicklungsziele in Frage stellen.

Nach den im Gutachten vorgelegten Erkenntnissen sind es vor allem arme tropische Entwicklungsländer, die zukünftig sowohl von Fragilität im Inneren als auch von starkem Klimastress von außen betroffen sein werden. Für Deutschland und seine Partner wird es im Umgang mit schwachen und fragilen Staaten entscheidend sein, die Größenordnung des Phänomens richtig einzuschätzen und die langfristigen Zeiträume zu bedenken, in denen Erfolge überhaupt erwartet werden können. Daher ist eine entsprechend umfassende und langfristige Finanzierung sicherzustellen. Die Bedeutung der Folgen des Klimawandels für die Größenordnung, Langfristigkeit und Finanzierung möglicher deutscher Beiträge zur Stabilisierung schwacher und fragiler Staaten sollten deshalb stärker als bisher im „Aktionsplan Krisenprävention" berücksichtigt werden.

Darüber hinaus sollte diese Diskussion vor allem in der Europäischen Union geführt werden. Zum einen, um besser einschätzen zu können, ob und wie sich in einer sich langsam formierenden europäischen Entwicklungszusammenarbeit komparative Vorteile und spezielle Kapazitäten der nationalen Durchführungsorganisationen gezielt einsetzen und arbeitsteilig bündeln lassen. Zum anderen, um eine möglichst kohärente Abstimmung mit der Gemeinsamen Außen- und Sicherheitspolitik zu gewährleisten.

Der WBGU empfiehlt in diesem Zusammenhang insbesondere eine Operationalisierung der Solana-Strategie im Sinn des „Barcelona-Berichts" der Study Group on Europe's Security Capabilities, die entschieden auf Krisenprävention setzt, um militärisches Eingreifen so weit als möglich zu vermeiden. Entsprechend kritisch steht der WBGU den Vorschlägen des Pariser Institute for Security Studies gegenüber, das für ein stärkeres militärisches Engagement Europas plädiert und den Ausbau flexibler Einsatzkapazitäten fordert (Kap. 2.2).

Arbeitsprinzipien der OECD umsetzen

Beim Umgang mit schwachen und fragilen Staaten sollte sich die Bundesregierung weiterhin aktiv an der Fragile States Group des Development Assistance Committee (DAC) der OECD beteiligen. Das betrifft insbesondere die Umsetzung und Weiterentwicklung der dort als „Principles for Good International Engagement in Fragile States and Situations" formulierten Arbeitsprinzipien (Kasten 4.2-3). Dieser Prozess genießt im Rahmen des DAC hohe Priorität und wird einen der Schwerpunkte der nächsten zweijährigen Arbeitsphase bilden.

Der WBGU empfiehlt, im DAC-Prozess darauf hinzuwirken, dass die sich aus dem globalen Klimawandel ergebenden Risiken in angemessener Weise bei der Umsetzung der Prinzipien reflektiert werden. Dies bedeutet, dass die in schwachen und fragilen Staaten vorhandene Kapazitäten zum Umgang mit Umweltrisiken auch unter schwierigen politischen und ökonomischen Umständen aufrechterhalten und verstärkt werden sollten bzw. nötigenfalls neu aufgebaut werden müssen. In erster Linie heißt dies, die notwendigen Voraussetzungen für wirksame Anpassungsmaßnahmen gegenüber dem zu erwartenden Klimawandel zu schaffen. Auch wenn gravierende sicherheitspolitische Effekte aus den Folgen des Klimawandels erst mittel- bis langfristig zu erwarten sind, ist doch zu bedenken, dass Prävention heute zu deutlich geringeren Kosten geleistet werden kann als späteres Krisenmanagement. Allerdings fehlt es noch an angemessenen Instrumenten, um die Auswirkungen des Klimawandels in unterschiedlichen Länderkontexten einschätzen zu können. Daher sollte sich die Fragile States Group des DAC wie auch die deutsche interministerielle Arbeitsgruppe Krisenprävention um eine Weiterentwicklung von Vorhersage- und Vorbeugeinstrumenten bemühen.

Whole-of-Government-Ansatz um Umweltdimension erweitern

Die politische Auseinandersetzung mit schwachen und fragilen Staaten durch das DAC, die von Seiten der Bundesregierung durch das BMZ aktiv begleitet wird, tritt mit der Verabschiedung der Arbeitsprinzipien in eine neue Phase ein. Mit Blick auf die Umsetzung der Prinzipien will die Bundesregierung besonders auf die Berücksichtigung des so genannten Whole-of-Government-Ansatzes hinwirken, um zu gewährleisten, dass zivile Maßnahmen, die auf den Aufbau und die Stabilisierung öffentlicher Institutionen zielen, nicht als ein exklusives Randthema wahrgenommen werden, um das sich lediglich „Entwicklungshelfer" zu kümmern haben. Der WBGU unterstützt diesen Ansatz und empfiehlt der Bundesregierung, den hier eingeschlagenen Weg entschlossen fortzuführen und in diesem Sinn auch auf die Gemeinsame Außen- und Sicherheitspolitik der EU einzuwirken. Bisher kreisen die Diskussionen vor allem um Fragen der Gewichtung und Abfolge militärischer und entwicklungspolitischer Maßnahmen. Umweltrisiken werden hingegen in diesem Zusammenhang kaum thematisiert, obwohl gerade der sich immer deutlicher abzeichnende Klimawandel weitreichende Anpassungsmaßnahmen auch jenseits des klassischen Umweltressorts erfordert (z.B. Landwirtschaft, Finanzsektor, Infrastruktur).

Der WBGU empfiehlt daher, in der weiteren Diskussion um die konzeptionelle Ausgestaltung und praktische Umsetzung des Whole-of-Government-Ansatzes die sicherheits- und entwicklungspolitische Relevanz des Klimawandels und der damit einhergehenden Umweltveränderungen hervorzuheben und so das Profil des DAC-Prozesses weiter zu schärfen. Eine Interventionspolitik, die den in Folge des Klimawandels zunehmenden Problemdruck auf schwache und fragile Staaten nicht in ihre Planungen einbezieht, wird ihre Chancen wesentlich verringern, eine Stabilisierung solcher Staaten zu erreichen.

Zivile Potenziale schwacher und fragiler Staaten stärken

Ungeachtet der widrigen Umstände finden sich auch in schwachen und fragilen Staaten häufig politische, gesellschaftliche oder wissenschaftliche Einrichtungen sowie engagierte und zum Teil hochqualifizierte Individuen. Häufig sind diese jedoch nicht in der Lage, sich Gehör zu verschaffen und werden bei der Verteilung knapper Mittel intern häufig übergangen und auch bei der Planung externer Maßnahmen leicht übersehen. Vielversprechende Potenziale bleiben dadurch ungenutzt. Dieser Effekt trifft besonders auf internationaler Ebene zu und wird möglicherweise dadurch verstärkt, dass die Geberstaaten ihre Aufmerksamkeit zunehmend auf so genannte Ankerländer wie Brasilien, China, Indien und Südafrika ausrichten. Der WBGU regt daher an, nach Wegen zu suchen, wie in internationalen Foren sowie wissenschaftlichen und zivilgesellschaftlichen Netzwerken die Aufmerksamkeit für die in schwachen und fragilen Staaten vorhandenen Potenziale erhöht und gezielt gefördert werden können. Insbesondere sollte verhindert werden, dass zivilgesellschaftliche Akteure schwacher und fragiler Staaten von internationalen Kommunikationsprozessen ausgeschlossen bleiben. Die Arbeitsweise des IPCC demonstriert gleichermaßen die Wichtigkeit und die Schwierigkeit, die Partizipation schwacher und fragiler Staaten in internationalen Prozessen zu ermöglichen.

10.3.3.3 Initiative 8: Migration kooperativ steuern und internationales Recht weiterentwickeln

Umweltbedingte Migration findet bereits heute statt und wird aufgrund der Folgen des Klimawandels voraussichtlich stärker ansteigen. Es ist davon auszugehen, dass immer mehr Länder von Umweltmigration betroffen sein werden. Durch einen ungebremsten Klimawandel droht Migration Ausmaße anzunehmen, welche die heute vorhandenen Kapazitäten zur Problembewältigung bei weitem übersteigen. Wie im Kapitel 6.5 beschrieben, wird damit das Risiko von Konflikten voraussichtlich deutlich zunehmen. Um einem Anstieg solcher durch Umweltmigration bedingter Sicherheitsrisiken vorzubeugen, bedarf es zum einen präventiver Maßnahmen, d.h. Strategien, welche auf die Ursachen von Umweltmigration gerichtet sind, sowie zum anderen Maßnahmen zur Steuerung unvermeidbarer Umweltmigration.

Umfassende migrationspolitische Strategie entwickeln

Soll das Problem umweltinduzierter Migration in dauerhafter und vorbeugender Weise bewältigt werden, ist eine umfassende migrationspolitische Strategie erforderlich, welche die Interessen aller Beteiligten berücksichtigt. Entwicklungspolitische Zielsetzungen müssen dabei langfristig an den Interessen der Zielländer von Migration einerseits und der Transit- und Herkunftsländer andererseits ausgerichtet sein. Einen primär an der inneren Sicherheit der Industriestaaten orientierten Ansatz hält der WBGU für zu einseitig, reaktiv und bestenfalls kurzfristig wirksam. Zudem würde ein solcher Ansatz den Großteil der durch Umweltmigration entstehenden Lasten den Entwicklungsländern aufbürden. Diesen wäre somit einmal mehr die Bewältigung eines großen Teils der Auswirkungen des anthropogenen Klimawandels überlassen.

Die bisherige Migrationspolitik der Industrieländer vermag in dieser Hinsicht nicht zu befriedigen. Problematisch ist insbesondere der bisher zu einseitig auf kurzfristige Verfahrensfragen ausgerichtete Fokus in der Politik der EU (Parkes, 2006). Die operative Zusammenarbeit zwischen den EU-Mitgliedsstaaten zur Steuerung der Migration ist bisher weitgehend auf Grenzkontrollen, die Organisation von Flüchtlingslagern und internationale Kooperation im Bereich von Rückführungsabkommen konzentriert. Präventionsstrategien, insbesondere aber auch Bestrebungen zur Bewältigung der Umweltmigration, finden in den zahlreich abgeschlossenen bilateralen Rückübernahmeabkommen zwischen Industriestaaten und Herkunftsländern (so zuletzt etwa zwischen Spanien und Marokko) keine Beachtung.

Migrationspolitik in die Entwicklungszusammenarbeit integrieren

Setzt sich der Klimawandel weiter ungebremst fort, wird gerade in den ärmsten Entwicklungsländern das Risiko steigen, dass Menschen aufgrund des Wegbrechens ihrer natürlichen Lebensgrundlagen zum Verlassen der Heimat gezwungen werden. Entwicklungszusammenarbeit kann die Anpassungskapazitäten von absoluter Armut betroffener Menschen an solche geänderten Umweltbedingungen stärken und so dazu beitragen, ein Bleiben zu ermöglichen. Allerdings müssen Entwicklungsstrategien künftig auch die Nachhaltigkeit von Entwicklungsanstrengungen stärker unter dem Blickwinkel der absehbaren lokalen Klimabedingungen berücksichtigen. So wäre beispielsweise die Agrarentwicklung einer künftig stark von Dürre betroffenen Region neu zu bewerten und im Fall nicht vorhandener, weniger klimaabhängiger Einkommensalternativen Unterstützung bei der Suche nach alternativen Siedlungsgebieten zu geben.

Gleichzeitig ist davon auszugehen, dass umweltbedingte Migration zwischen betroffenen Anrainerstaaten künftig zunimmt und sich hier ein an Bedeutung zunehmendes Aktionsfeld der Entwicklungszusammenarbeit entwickelt. Die Bedeutung einer umfassenden, proaktiven und entwicklungsorientierten Migrationspolitik wird allmählich auch auf der politischen Ebene gesehen. Als beispielhaft kann hier die jüngere Entwicklung im Verhältnis zwischen der EU und afrikanischen Staaten gelten (Aktionsplan von Rabat). Zudem ist aus Sicht des WBGU auch zu überlegen, wie Möglichkeiten legaler Migration geschaffen bzw. ausgebaut werden können.

Umweltinduzierte Migration in internationale Zusammenarbeit einbeziehen

Aufgrund der Tragweite der Problematik ist es unabdingbar, dass im Rahmen künftiger internationaler Migrationsforen auch die umweltinduzierte Migration in die Beratungen und Maßnahmen einbezogen wird. Eine Beschränkung auf die Thematik der wirtschaftlich motivierten Migration (wie beispielsweise 2006 im Rahmen der ersten euro-afrikanischen Migrationskonferenz in Rabat sowie der Ministerkonferenz für Migration und Entwicklung Tripolis) ist unzureichend. Der WBGU empfiehlt, dass sich Deutschland und die EU in dieser Hinsicht stärker engagieren. Überzeugende migrationspolitische Konzepte aus der Zusammenarbeit zwischen der EU und den wichtigen Herkunftsländern könnten dabei als Muster für weitere Länder propagiert werden. Weiter sollten auf allen Ebenen konstruktive Vorschläge für eine Weiterentwicklung des internationalen Migrations- und Flüchtlingsrechts eingebracht werden.

Schutz von Umweltmigranten im Völkerrecht verankern

Die Verursacher des Klimawandels können in Anwendung der völkerrechtlichen Grundsätze zur Staatenverantwortlichkeit (Entwurf der International Law Commission zur Verantwortlichkeit von Staaten für völkerrechtswidriges Verhalten) grundsätzlich nicht für die Schadensfolgen des Klimawandels – und damit auch nicht für die Kosten klimabedingter Umweltmigration – verantwortlich gemacht werden. Eine Verantwortlichkeit könnte allenfalls im Zusammenhang mit einer klar zurechenbaren Verletzung des völkergewohnheitsrechtlichen Interventionsverbots („Flüchtlingsverursachung" als Intervention in die inneren Angelegenheiten eines anderen Staats, umfassend hierzu Achermann, 1997) in Betracht kommen. Dieser Ansatz vermag eine Verantwortlichkeit des betreffenden Staats dann grundsätzlich zu begründen, wenn die Ursachen migrationsauslösender Umweltdegradation klar nachweisbar sind. Entsprechend sollte er, wenn die Voraussetzungen erfüllt sind, auch konsequenter genutzt werden. Allerdings wird der Beweis, dass ein spezifischer Fall von Migration klimainduziert ist, in absehbarer Zukunft schwierig zu erbringen sein. Da die Frage der Zurechnung somit in der Regel nur unzureichend zu klären ist, kann der erwähnte Ansatz beim heutigen Stand der Forschung in Bezug auf Umweltmigranten allenfalls ausnahmsweise Anwendung finden. Es bedarf demnach anderer Möglichkeiten, das Problem der Umweltmigration völkerrechtlich zu regeln bzw. den Schutz von Umweltmigranten im Völkerrecht zu verankern.

Der Tatsache, dass künftig in globalem Maßstab eine starke Zunahme umweltbedingter Migration zu erwarten ist, steht die Problematik gegenüber, dass Umweltmigranten (trotz des geläufigen Begriffs „Umweltflüchtlinge") nicht den gängigen Kategorien des internationalen Flüchtlings- und Migrationsrechts entsprechen. Als „Flucht" wird aus rechtlicher Sicht die grenzüberschreitende Bewegung von Flüchtlingen bezeichnet. „Flüchtlinge" sind gemäß Art. 1A Ziff. 2 der Genfer Flüchtlingskonvention Personen, die „aus begründeter Furcht vor Verfolgung wegen ihrer Rasse, Religion, Nationalität, Zugehörigkeit zu einer bestimmten sozialen Gruppe oder wegen ihrer politischen Überzeugung" ihren Heimatstaat verlassen mussten. Der geltende völkerrechtliche Flüchtlingsbegriff bringt es mit sich, dass heute weder spezifische Pflichten der Staaten in Bezug auf die Behandlung von Umweltmigranten noch sonstige rechtliche Schutzmechanismen zugunsten der betroffenen Individuen existieren. Im Interesse eines verbesserten rechtlichen Status und Schutzes von Umweltmigranten ist daher zu überlegen, mit welchen Mitteln dieser Lücke des internationalen Rechts begegnet werden kann (Chemillier-Gendreau, 2006; Kap. 9.4.3).

Der WBGU empfiehlt hier, eine die Rechtsstellung von Umweltmigranten regelnde bereichsübergreifende Konvention anzustreben.

Handlungsmaxime: keine Schwächung des bestehenden Schutzregimes zulassen

Eine Erweiterung des völkerrechtlichen Flüchtlingsbegriffs, wie er in der Genfer Flüchtlingskonvention verankert ist, mit dem Ziel, den durch das existierende internationale Flüchtlingsregime vermittelten Schutz auch auf Umweltmigranten auszuweiten, etwa durch ein Zusatzprotokoll zur Flüchtlingskonvention (Conisbee und Simms, 2003), stößt hingegen auf gewichtige Bedenken (Keane, 2004): Es besteht ein erhebliches Risiko, dass dies zu einer Schwächung des Schutzes von Verfolgten führen würde, die aus politischen, ethnischen, religiösen und ähnlichen Gründen einer konkreten Gefahr für Leib und Leben ausgesetzt sind. Die rechtliche Privilegierung von Flüchtlingen im Sinn der Genfer Flüchtlingskonvention ist angesichts der besonderen Risiken, welchen diese im Herkunftsland ausgesetzt sind, indessen sachgerecht und notwendig. Würden die Voraussetzungen für die Anerkennung des Flüchtlingsstatus offener formuliert, wäre eine möglicherweise erhebliche Relativierung des heute bestehenden Schutzstandards zu befürchten. Bemerkenswert ist in diesem Zusammenhang, dass etwa die im Rahmen der Organisation für Afrikanische Einheit (OAU) abgeschlossene „Convention Governing the Specific Aspects of Refugee Problems in Africa“ (OAU-Flüchtlingskonvention), die einen erheblich weiteren Flüchtlingsbegriff als die Genfer Konvention zugrunde legt, in der Praxis in keiner Weise befolgt wird und der Schutzstandard hier insgesamt sehr niedrig bzw. teilweise inexistent ist (Keane, 2004; Rankin, 2005). Zu berücksichtigen ist außerdem, dass der Rechtsstatus von Umweltmigranten und die von den Staaten in diesem Zusammenhang zu übernehmenden Verpflichtungen im Vergleich zu Flüchtlingen im Sinn der Genfer Konvention besondere Probleme aufwerfen. Daher sollten keine Bestrebungen verfolgt werden, die Flüchtlingskonvention durch ein Zusatzprotokoll so zu modifizieren, dass auch „Umweltflüchtlinge“ bzw. Umweltmigranten als Flüchtlinge im Konventionssinn mit entsprechendem Schutzstatus gelten. Insofern empfiehlt es sich nicht, sich an Bestrebungen zu beteiligen, die durch ein Zusatzprotokoll zur Genfer Flüchtlingskonvention den Flüchtlingsbegriff und die mit diesem Statut verbundenen Rechte denkbar weit fassen möchten.

Ergänzungen ausserhalb des bestehenden Flüchtlingsregimes vornehmen

Es sollten aber Schutzmechanismen des bestehenden internationalen Flüchtlingsregimes auch in angepasster Weise auf die Kategorie der Umweltmigranten angewandt werden können und eine Verbindung zum bestehenden Flüchtlingsrecht hergestellt werden. Die entsprechenden völkerrechtlichen Regelungen sollten allerdings nicht so im existierenden Flüchtlingsrecht verankert werden, dass damit der bestehende Flüchtlingsbegriff und die mit diesem verbundene Rechtsstellung in riskanter Weise ausgeweitet würde.

Für die Rechtsstellung von Umweltmigranten sollte eine bereichsübergreifende multilaterale Konvention angestrebt werden. Diese könnte durchaus auch einen Bezug zur Genfer Flüchtlingskonvention aufweisen. Angesichts der zu erwartenden Probleme bei umweltinduzierter Migration sollte ein solches Schutzregime bereits jetzt mit Nachdruck verfolgt werden. Aus Sicht des WBGU sollten im Rahmen eines künftigen Schutzregimes zugunsten von Umweltmigranten im Sinn eines Mindeststandards die folgenden Aspekte berücksichtigt werden:

- Anerkennung von Umweltschäden als (Mit-)Ursache von Migration.
- Präzisierung der Voraussetzungen für das Eingreifen des Schutzregimes.
- Gewährleistung zumindest temporärer Aufnahme zum Schutz von Umweltmigranten. Analog zum Gedanken des so genannten Non-refoulement-Prinzips (wonach verfolgte Personen nicht in einen Staat abgeschoben werden dürfen, in dem ihnen unmenschliche Behandlung droht) sollten sich die Vertragsstaaten verpflichten, Umweltmigranten nicht in ihren Herkunftsstaat auszuweisen, wenn dort die Lebensumstände unzumutbar sind.
- Schutzmaßnahmen zugunsten von Binnenvertriebenen.
- Festlegung eines quantitativen Verteilungsschlüssels für die Aufnahme von Umweltmigranten unter Einbeziehung der gesamten internationalen Gemeinschaft. Um zu gewährleisten, dass keine Überlastung einzelner potenzieller Aufnahmestaaten entsteht, sollte dabei die Aufnahmefähigkeit der Zielländer berücksichtigt werden.
- Entwicklung eines gerechten Verteilungsschlüssels für die Kosten der Aufnahme unter Einbeziehung der gesamten internationalen Gemeinschaft. Damit eine faire und effiziente Lastenverteilung erreicht wird, sollte sich dieser Verteilungsschlüssel zum einen am völkerrechtlichen Grundsatz der gemeinsamen, aber unterschiedlichen Verantwortlichkeit orientieren. Danach besitzen jene Staaten die Hauptverantwortung bei der Übernahme der Lasten, welche am stärksten zur Verursachung der globalen Treibhausgasemissionen beitragen und zugleich über die größten finanziellen Ressourcen verfügen (Grundsatz 7 Rio-Deklaration, Art. 3 Abs. 1 und Art. 4 Abs. 1 UNFCCC). Zum andern sollten, weil umweltbedingte Migration multikausal ist, weitere Kriterien definiert werden, um eine möglichst gerechte Lastenverteilung zu erreichen (Kap. 9.3.4).
- Verankerung einer Verpflichtung der Industrie- und Schwellenländer, zum Ausgleich der finanziellen Lasten bei klimabedingten Umweltschäden beizutragen. Solche Zahlungen ließen sich als Kompensation für tatsächliche Schadensverursachungen betrachten. Diese Beiträge sollten im Sinn des Verursacherprinzips an den länderspezifischen Emissionen anknüpfen. Dabei könnte in Berücksichtigung des Lastenfähigkeitsprinzips z.B. das BIP zur Beitragsberechnung herangezogen werden.

Der WBGU empfiehlt ferner, bei Verhandlungen zum Abschluss entsprechender völkerrechtlicher

Verträge den UNHCR so eng wie möglich einzubeziehen. Weiter ist anzustreben, dass bei den zu entwickelnden Vertragsbestimmungen eine Zusammenarbeit des UNHCR mit den Organen beteiligter Konventionen institutionalisiert wird. Dabei sollte auch erwogen werden, ob und inwieweit der UNHCR auch im Bereich der Umweltmigration gewisse Aufgaben übernehmen könnte. Bei allen Bestrebungen ist schließlich darauf hinzuwirken, dass die bestehenden, in den einschlägigen Konventionen niedergelegten Standards zum Schutz der Menschenrechte so wirkungsvoll wie möglich umgesetzt werden. Der WBGU unterstützt daher mit Nachdruck die Empfehlungen, welche die Weltkommission für internationale Migration abgegeben hat (GCIM, 2005).

Schließlich empfiehlt der WBGU, die bereits begonnenen Bemühungen im Rahmen der Vereinten Nationen (insbesondere durch die Einsetzung eines Sonderbeauftragten des UN-Generalsekretärs) zum Schutz von Binnenvertriebenen zu verstärken, damit deren Menschenrechte stärker beachtet werden und ein Ausgleich der finanziellen Lasten sichergestellt werden kann.

10.3.3.4 Initiative 9: Globales Informations- und Frühwarnsystem ausbauen

Sowohl die durch den Klimawandel verursachten schleichenden Veränderungen als auch die voraussichtlich häufiger und stärker auftretenden Naturkatastrophen können betroffene Regionen destabilisieren und im Extremfall einen erheblichen Risikofaktor für die nationale und internationale Sicherheit darstellen. Funktionierende globale Informations- und Frühwarnsysteme können daher einen wichtigen Beitrag zur Abmilderung dieser negativen Folgen sowie zur Konflikt- bzw. Krisenprävention leisten.

Dabei geht es um zeitnahe Informationen und Warnungen vor Extremereignissen und Krisen. Die Vereinten Nationen haben die Bedeutung von Frühwarnsystemen seit langem erkannt, was sich unter anderem in der International Decade for Natural Disaster Reduction (IDNDR, 1990–1999), der daraus hervorgegangene International Strategy for Desaster Reduction (ISDR), einer Serie von UN-Konferenzen zu Frühwarnsystemen und dem neu gegründetem International Early Warning Programme äußert. Die UN-Studie „Global Survey of Early Warning Systems" (UN, 2006a) enthält aus Sicht des WBGU richtungsweisende Empfehlungen. Die Bundesregierung, die sich in diesem Bereich seit Jahren aktiv einsetzt, sollte sich weiterhin aktiv am Aufbau eines globalen Frühwarnsystems beteiligen. Insgesamt sollte ein System angestrebt werden, das nicht auf einzelne Risiken beschränkt bleibt, sondern umfassend Risiken für die menschliche Sicherheit einbezieht. Dabei sollte vor allem die Bündelung von bereits vorhandenem Wissen und Frühwarnkapazitäten sowie deren Umsetzung in allgemein verständliche Situationsbeschreibungen und Prognosen im Vordergrund stehen. Ein solches Frühwarnsystem sollte Auskunft über alle Naturgefahren sowie epidemische und technologische Risiken geben und dabei auch schleichende Umweltprobleme berücksichtigen. Schließlich empfiehlt der WBGU die Schaffung von Frühwarnkapazitäten für politische Krisen und regionale Konflikte, um eine Eskalation der Gewalt vermeiden oder Konflikte einhegen zu können.

Weiterhin geht es um die Bereitstellung aufbereiteter Daten zu regionalen Klimaveränderungen, vor allem für Entwicklungsländer, deren eigene Kapazitäten für die Modellierung und Auswertung solcher Daten nicht ausreichen. Aber auch in Industrieländern steht die systematische Informationsbereitstellung zu regionalen Klimafolgen noch am Anfang, und wird zum Teil durch Kompetenzstreitigkeiten oder eingeschränkte Datenzugangsrechte gehemmt. Sowohl Entscheidungsträger in Entwicklungsländern als auch Entwicklungsagenturen stehen vor der Aufgabe, die Anpassung an den Klimawandel als Querschnittsthema in ihre Arbeit zu integrieren, und sind daher auf die Bereitstellung solcher Daten angewiesen. Anzustreben wäre eine Datenbank, in der regionale Prognosen und ihre Unsicherheiten, die idealerweise aus Ensemblemodellierungen oder der Auswertung verschiedener Modelle gewonnen werden, für die genannten Nutzer und betroffenen Bürger verständlich dargestellt sind. Ergänzend müssen Kooperationen zur Analyse und Interpretation der Daten in Bezug auf Handlungserfordernisse und Anpassungsstrategien gefördert werden. Das bei der 12. Vertragsstaatenkonferenz der UNFCCC beschlossene Fünfjahresprogramm zur Anpassung bildet hier einen guten Anknüpfungspunkt.

Insgesamt ist für den Aufbau eines globalen Informations- und Frühwarnsystems ein Zusammenschluss von Aktivitäten bestehender UN-Organisationen und Konventionen (z.B. WMO, FAO, UNDP, UNEP, UNFCCC) sowie weiterer Foren wie ISDR oder IPCC anzustreben. Ein solches umfassendes Frühwarnsystem soll dazu beitragen, in allen Weltregionen eine umfassende Wissensbasis über die zu erwartenden Klimaänderungen und derzeitige und zukünftige Gefahren und Risiken zu schaffen, die von den jeweiligen nationalen Organisationen zur Anpassung und Prävention genutzt werden kann.

Bei der weiteren Umsetzung entsprechender Frühwarninformationen zu Naturkatastrophen und Krisen auf nationaler und lokaler Ebene geht es vor allem darum, die zeitnahe Übertragung der Informationen zur potenziell betroffenen Bevölkerung und zu Institutionen der nationalen und internationalen Nothilfe zu gewährleisten. Darüber hinaus sollten administrative Informations- und Entscheidungswege festgelegt und erprobt werden. Viele Beispiele zeigen, dass die Umsetzung entsprechender Warnungen in allgemein verständliche und kulturell angepasste Verhaltenshinweise häufig eine Schwachstelle der Frühwarnung darstellt. Zudem wird der frühzeitige Einbezug potenziell betroffener Bevölkerungsgruppen oft vernachlässigt, und es bedarf langfristiger Bildungs- und Trainingsprogramme in den Risikogebieten. Schließlich sollten die Menschen und Organisationen in den betroffenen Gebieten auch darüber informiert sein, wer im Fall einer Katastrophenwarnung welche Maßnahmen durchführt und wie sich die Betroffenen selbst verhalten sollen.

10.3.4
Finanzierung der Initiativen sicherstellen

Die Vermeidung umweltinduzierter Sicherheitsrisiken erfordert nicht nur entschiedenen politischen Handlungswillen der beteiligten nationalen und internationalen Akteure, sondern auch den Einsatz ausreichender finanzieller Mittel zur Umsetzung der erforderlichen Maßnahmen. Finanzierungsbedarf besteht vorrangig im Hinblick auf Strategien zur Vermeidung von Sicherheitsrisiken, die im Kontext eines fortschreitenden Klimawandels entstehen. Ergänzend zu klimabezogenen Strategien gilt es nicht zuletzt, Mittel zur Finanzierung allgemeiner Aufgaben der internationalen Konfliktprävention zu mobilisieren, um den Initiativen 1 und 2 durch eine ausreichende finanzielle Ausstattung genügend Geltung zu verschaffen (Tab. 10.3-2).

Allein das breite Spektrum der angesprochenen Handlungsfelder und die Vielzahl notwendiger Politiken machen deutlich, dass es Mittel in ganz erheblichem Umfang bedarf, um klimainduzierten Sicherheitsrisiken wirksam begegnen zu können. Zwar liegen genauere Schätzungen über den Finanzierungsbedarf der einzelnen Initiativen nicht vor (hier besteht Forschungsbedarf; Kap. 9), doch ist es plausibel anzunehmen, dass bis 2100 kumuliert und inflationsbereinigt mehrere tausend Milliarden Euro aufzuwenden sein werden. Bisher vorhandene Finanzierungsmechanismen, beispielsweise die GEF, die Vermeidungs- und Anpassungsmaßnahmen in Entwicklungsländern finanziert, reichen bei weitem nicht aus, um den Herausforderungen gerecht zu werden. Die Lücke zwischen Finanzierungsbedarf und dem heute und in näherer Zukunft vorhandenen Finanzierungsvolumen gilt es national und international über Transferzahlungen bzw. durch die Umschichtung bestehender Etats zu schließen.

In vielen Gutachten hat der WBGU Empfehlungen für bestehende und neue Mechanismen zur Finanzierung von Investitionen in Vermeidung und Anpassung gegeben. Diese Mechanismen werden im Folgenden zusammengefasst, nach Praktikabilität den verschiedenen Initiativen zugeordnet und durch geeignete Instrumente zur Finanzierung von Aufgaben der internationalen Kooperation und Konfliktprävention ergänzt.

Tabelle 10.3-2
Übersicht über die vom WBGU vorgeschlagenen Instrumente zur Finanzierung der Initiativen.
Quelle: WBGU

Relevante Finanzierungsbereiche	Finanzierungsschwerpunkte und -quellen
Kap. 10.3.4.1 Vermeidung eines gefährlichen Klimawandels	Finanzierung von Vermeidungsmaßnahmen insbesondere zur Umgestaltung der weltweiten Energiesysteme sowie zum Schutz terrestrischer Kohlenstoffspeicher durch entsprechende Fonds der internationalen Gemeinschaft (Weltbank, GEF); Nutzungsentgelte aus dem Schiffs- und Flugverkehr; Erlöse aus der Versteigerung von Emissionszertifikaten oder durch Umschichtung von Subventionen.
Kap. 10.3.4.2 Anpassung an unvermeidlichen Klimawandel	Finanzierung von Anpassungsmaßnahmen insbesondere im Rahmen der Entwicklungszusammenarbeit (Aufstockung von ODA-Mitteln; Ausbau der UNFCCC-Anpassungsfonds; Stärkung von Mikrofinanzinstrumenten); Errichtung eines Umweltmigrationsfonds.
Kap. 10.3.4.3 Internationale Konfliktprävention	Finanzierung von Maßnahmen zur internationalen Konfliktprävention insbesondere durch die aufeinander abgestimmte Finanzierung von Krisenprävention; Entwicklungszusammenarbeit und Militärausgaben; Stärkung der Finanzierungsinstitutionen im UN-System (Unterstützung des Central Emergency Response Fund, Stärkung des Ständigen Fonds für Friedenskonsolidierung).

10.3.4.1
Vermeidung eines gefährlichen Klimawandels

Wenn weltweit eine Klimapolitik vereinbart und durchgesetzt würde, die den Anstieg der globalen Mitteltemperatur um mehr als 2 °C im Vergleich zum vorindustriellen Niveau verhindert, dann entstünden Vermeidungskosten, die das globale BIP über die nächsten 100 Jahre um etwa 1,5 % geringer ausfallen ließen als im Referenzfall (Berechnungen des WBGU auf Basis verschiedener Szenarien; WBGU, 2003b). Diese Kosten sind aber immer noch geringer als die Kosten durch Klimaschäden, die im Fall des Nicht-Handels entstünden (WBGU, 2007). Klimaschutz ist demnach volkswirtschaftlich lohnend, obwohl in den Schadensschätzungen Kosten aus klimainduzierten Sicherheitsrisiken noch nicht explizit und vollständig enthalten sind. Weil die Kosten der entsprechenden Maßnahmen heute anfallen, die Nutzen aber erst in einigen Jahrzehnten sichtbar werden, ist trotz der Vorteilhaftigkeit von Vermeidungsstrategien nicht garantiert, dass die notwendigen Investitionen auch tatsächlich und umgehend getätigt werden. Deshalb bedarf es internationaler Koordination, um Finanzmittel für die erforderlichen Investitionen in Vermeidungsmaßnahmen sicherzustellen.

Umgestaltung der weltweiten Energiesysteme

Bisher liegen keine hinreichend genauen Schätzungen vor, mit denen der konkrete Finanzierungsbedarf befriedigend ermittelt werden kann. Als gesichert kann jedoch gelten, dass der Finanzierungsschwerpunkt auf der Umgestaltung der weltweiten Energiesysteme liegen sollte, wie sie in den Initiativen 4 und 5 aufgegriffen wird. Eine solche Umgestaltung ist insbesondere in Entwicklungsländern relevant, wo derzeit fast 1,6 Mrd. Menschen keinen Zugang zu Elektrizität haben (IEA, 2002). Nachhaltige Energiesysteme, die diese Versorgungslücke schließen, würden nicht nur einen entscheidenden Beitrag zur Vermeidung des Klimawandels leisten, sie würden auch wesentlich zur wirtschaftliche Entwicklung und zur Armutsreduzierung beitragen (WBGU, 2005). Hierdurch kann auch die Verwundbarkeit gegenüber den Auswirkungen des Klimawandels reduziert und klimainduzierten Sicherheitsrisiken präventiv begegnet werden.

Um den Aufbau bzw. die entsprechende Transformation der Energiesysteme in diesen relativ kapitalarmen Ländern anzustoßen, sind allerdings Hilfen aus internationalen Finanzierungsquellen unerlässlich. Bereits bestehende Fonds, wie die von der Weltbank verwalteten Carbon Finance Unit und die GEF (World Bank, 2005c; GEF, 2005), sollten durch eine bessere und verlässlichere Ausstattung mit Finanzmitteln gestärkt werden. Außerdem sollte bei der Weiterentwicklung des Clean Development Mechanism die Fokussierung auf nachhaltige Energieversorgungssysteme gestärkt werden. Zusätzliche Finanzierungsinstrumente können weitere vielversprechende Einnahmequellen darstellen, etwa die Einführung emissionsabhängiger Nutzungsentgelte für den internationalen Flug- und Schiffsverkehr (WBGU, 2002), soweit diese Emission nicht bereits durch andere Regulierungssysteme (z.B. nationale Flugticketabgaben, Aufnahme des Luftverkehrs in den europäischen Emissionshandel) erfasst sind. Auf längere Sicht könnten durch ein internationales System handelbarer Quoten für erneuerbare Energien Finanzströme generiert werden (WBGU, 2003a). Zudem können Finanzmittel durch die Umschichtung bestehender Etats mobilisiert werden. So werden in der EU-15 nach wie vor zwei Drittel der Energiesubventionen (ca. 22 Mrd. € pro Jahr) für Produktion und Nutzung fossiler Brennstoffe gewährt (WBGU, 2007). Lediglich ein Sechstel der EU-Energiesubventionen dient derzeit der Unterstützung erneuerbarer Energien (EEA, 2004). Da diese Ausrichtung mit einer an Nachhaltigkeit orientierten Energiepolitik nicht vereinbar ist, sollten Subventionen für fossile Energieträger stufenweise zurückgeführt und gegebenenfalls in die Förderung erneuerbarer Energien umgelenkt werden.

Damit der Umstieg von fossilen auf erneuerbare Energieträger gelingen kann, müssen zudem die Forschungsanstrengungen für erneuerbare Energien massiv erhöht werden. Der WBGU hält eine Verzehnfachung der direkten staatlichen Ausgaben für Forschung und Entwicklung im Energiebereich bis 2020 (gegenüber dem Mittelwert 1990–1995) in den Industrieländern für gerechtfertigt (WBGU, 2007). Hierdurch erzielte Entwicklungen im Bereich der erneuerbaren Energien und der Effizienz der Versorgungssysteme, sollten im Rahmen der internationalen Entwicklungskooperation und technischen Zusammenarbeit auch Entwicklungsländern nutzbar gemacht werden.

Schutz terrestrischer Kohlenstoffspeicher

Neben der Umgestaltung der weltweiten Energiesysteme sollte der Schutz terrestrischer Kohlenstoffspeicher, und hier besonders der Wälder, einen weiteren Finanzierungsschwerpunkt bilden. Entwicklungsländer beherbergen einen großen Teil des globalen Waldbestands, welcher jedoch durch nicht nachhaltige Nutzungen sowie Abholzung bedroht ist. Die Industrieländer sollten den Erhalt des Waldbestands aktiv fördern. Der im Rahmen der UNFCCC angestoßene Prozess zur Reduzierung von Entwaldung in Entwicklungsländern bietet einen guten Ansatzpunkt und sollte zügig vorangetrieben werden. Insbesondere sollten die Annex-I-Staaten unter dem UNFCCC-Regime Anreize zum Verzicht auf Entwaldung in Form finanzieller Kompensationen für entgangene Erträge aus alternativen Landnutzungen setzen. Ein mögliches Verfahren für Kompensationsleistungen hat der WBGU in Form eines Konzepts zu Entgelten für Nutzungsverzichtserklärungen vorgestellt (WBGU, 2002; Kulessa und Ringel, 2003).

10.3.4.2
Anpassung an unvermeidlichen Klimawandel

Um die durch den Klimawandel angestoßenen Sicherheitsrisiken zu mindern, ist es dringend erforderlich, eine weltweit abgestimmte Anpassungsstrategie im Sinn eines Vorsorgekonzepts zu erarbeiten. Solch eine Strategie sollte sich an den Auswirkungen des Klimawandels bei Einhaltung der 2 °C-Leitplanke orientieren, weil diese eine realistische und akzeptable Zielvereinbarung für die Vermeidungspolitik darstellt. Der Finanzierungsbedarf, den solch eine Strategie impliziert, lässt sich derzeit nur unzureichend quantifizieren. Der Stern-Bericht (2006) macht die Probleme entsprechender Schätzungen deutlich, lässt aber zugleich den Schluss zu, dass der Mittelbedarf für Anpassungsmaßnahmen bisher unterschätzt wurde. So geht Stern für die OECD-Länder etwa davon aus, dass Anpassungsmaßnahmen im Gebäude- und Infrastrukturbereich die Investitionsausgaben um bis zu 10 % erhöhen, d. h. allein in diesen Sektoren könnten zusätzliche Mittel von jährlich bis zu 150 Mrd. US-$ erforderlich sein. In Entwicklungsländern, die von den Folgen des Klimawandels am stärksten betroffen sein werden, dürften sich Gebäude und Infrastrukturprojekte durch effektive Anpassungsmaßnahmen sogar um bis zu 20 % real verteuern (Stern, 2006). Diese Schätzungen gehen von einer globalen Klimaerwärmung von 3–4 °C aus, bei welcher der Anpassungsbedarf höher ist als bei einem hier als unvermeidbar geschätzten Klimawandel. Andererseits sind diese Schätzungen unvollständig, weil nicht alle betroffenen Sektoren berücksichtigt werden. Deshalb kann vermutet werden, dass bereits eine globale Erwärmung von bis zu 2 °C in vielen Ländern zusätzliche Investitionen in Milliardenhöhe erfordern wird.

Weil Entwicklungsländer umfangreiche Anpassungsmaßnahmen treffen müssen, diese wegen Kapitalarmut jedoch oft nicht finanzieren können, und viele Entwicklungsländer bisher kaum zum anthropogenen Klimawandel beigetragen haben, muss gemäß den Prinzipen der Solidarität, Leistungsfähigkeit und Verursachung zumindest ein Teil der für Anpassungsmaßnahmen erforderlichen Mittel von internationaler Seite aufgebracht werden. Es ist ein internationales Kompensations- und Anpassungsregime zu entwickeln, dessen Aufgabe es vor allem wäre, dauerhaft ausreichend Mittel für die Kompensation von Klimaschäden zu generieren und die Finanzierung von Anpassungsmaßnahmen in Entwicklungsländern zu sichern. In diesem Zusammenhang muss auch die Frage nach der angemessenen Höhe der bereitzustellenden Mittel beantwortet werden. Zur Beantwortung dieser Frage und für die Erarbeitung der Anpassungsstrategie an den unvermeidlichen Klimawandel sieht der WBGU dringenden Forschungsbedarf (Kap. 9).

FINANZIERUNG IM RAHMEN DER ENTWICKLUNGSZUSAMMENARBEIT

- *Mittel für die öffentliche Entwicklungshilfe aufstocken (ODA):* Bei der Finanzierung von Anpassungsmaßnahmen in Entwicklungsländern sollte generell das eigentliche Ziel der Entwicklungszusammenarbeit nicht aus den Augen verloren werden: Wirtschaftliche und soziale Entwicklung stellt immer noch die beste Anpassungsstrategie dar. Entwicklung erhöht in der Regel die Anpassungsfähigkeit eines Landes, vermindert seine Vulnerabilität gegenüber den Auswirkungen des Klimawandels (WBGU, 2005) und trägt damit nicht zuletzt zur Vermeidung umweltinduzierter Sicherheitsrisiken bei. Den internationalen Finanzierungsbedarf für eine koordinierte Strategie aus Armutsbekämpfung und Umweltpolitik, welche die ökologisch nachhaltige Erreichung der Millenniumsentwicklungsziele zur Aufgabe hat, schätzt der WBGU auf 200–400 Mrd. US-$ pro Jahr (WBGU, 2005). Ein wichtiger Beitrag zur Absicherung der Finanzierung wäre die Aufstockung der Mittel der öffentlichen Entwicklungshilfe (einschließlich der Mittel zur Entschuldung der ärmsten Entwicklungsländer). Die ODA-Mittel erreichten 2006 etwa 104 Mrd. US-$ bzw. 0,30 % des Bruttonationaleinkommens (BNE) der im OECD-DAC organisierten Industriestaaten und verfehlen damit weiterhin das 0,7 %-Ziel der Vereinten Nationen (OECD, 2007b). Im Mai 2005 haben die Entwicklungsminister der Europäischen Union beschlossen, die Entwicklungsleistungen bis 2010 auf insgesamt 0,56 % und bis 2015 auf 0,7 % des BNE der Geberländer zu steigern (EU-Kommission, 2006). Dieser Fahrplan sollte unbedingt eingehalten werden, um Finanzierungssicherheit für Empfängerlänger zu signalisieren und so Anreize für eigene Investitionsanstrengungen zu setzen. Vor dem Hintergrund des großen Problemdrucks plädiert der WBGU darüber hinaus dafür, langfristig ein 1 %-Ziel anzustreben (WBGU, 2005). Die aktuellen Anstrengungen der Geberstaaten und multilateralen Geberorganisationen und insbesondere der EU und Deutschlands, die Prinzipien der Paris Declaration on Aid Effectiveness in die Praxis umzusetzen, gehen in die richtige Richtung (BMZ, 2005). Speziell im Zusammenhang klimainduzierter Anpassungserfordernisse sollten darüber hinaus Finanzierungsprioritäten neu gesetzt und zusätzliche Mittel generiert werden. Dabei geht es um eine Verlagerung von Mitteln für die Nachsorge hin zur Prävention, ohne allerdings diese nachsorgende Hilfe außer Kraft zu setzen.

- *UNFCCC-Anpassungsfonds ausbauen:* Die bisher innerhalb der Klimarahmenkonvention und des Kioto-Protokolls eingerichteten Fonds, die direkt oder indirekt der Anpassung an den Klimawandel in Entwicklungs- und Schwellenländern dienen, werden den genannten Anforderungen bisher weder vom Umfang noch von der institutionellen Ausgestaltung her gerecht. Bevor eine Gesamtstrategie zur Anpassung vorliegt, sollte daher zumindest die Finanzierung dieser Fonds auf eine verlässliche Basis gestellt werden. Der WBGU empfiehlt, die entsprechenden Beiträge einzelner Staaten an deren jeweiligem Beitrag zur globalen Erwärmung, d. h. ihren Treibhausgasemissionen, und ihrer ökonomischen Leistungsfähigkeit auszurichten. Bei der Bemessung des verursacherorientierten Finanzierungsbeitrags sollten allerdings nur Emissionen ab 1990 berücksichtigt werden, weil erst zu diesem Zeitpunkt durch die Veröffentlichung des ersten Sachstandsberichts des IPCC (IPCC, 1990) das Klimaproblem für die Staatengemeinschaft als hinlänglich bekannt angesehen werden kann. Konkret empfiehlt der WBGU eine Aufstockung des Least Developed Countries Funds, der Entwicklungsländer bei der Vorbereitung und Durchführung von National Adaptation Programmes of Action unterstützt, sowie des „Anpassungsfensters" des Special Climate Change Funds, der die Finanzierung von Anpassungsprojekten durch andere Mechanismen ergänzt. Die bisher ungeklärten institutionellen Fragen zum Kioto-Anpassungsfonds sollten im Rahmen der 13. Vertragsstaatenkonferenz gelöst werden. Darüber hinaus sollte von der Möglichkeit Gebrauch gemacht werden, den Anpassungsfonds, der sich zunächst aus Abgaben auf Projekte des CDM speist, durch zusätzliche Beiträge zu stärken. Die Aufstockung der Fonds unter der UNFCCC ist Teil der Finanzierung im Rahmen der Entwicklungszusammenarbeit. Die in den Fonds bereitgestellten finanziellen Mittel sollten neu und zusätzlich sein, d. h. nicht durch Umverteilung vorhandener Mittel der internationalen Entwicklungszusammenarbeit generiert werden.
- *Mikrofinanzinstrumente stärken:* Der WBGU hat sich schon mehrfach für den Ausbau von Mikrofinanzinstitutionen mit Hilfe von Mitteln aus der internationalen Entwicklungszusammenarbeit ausgesprochen und betont auch im Zusammenhang mit umweltinduzierten Sicherheitsrisiken deren Bedeutung für Entwicklungsländer (WBGU, 2005, 2006). Mikrofinanzinstrumente, wie Mikrokredite oder Mikroversicherungen, haben das Potenzial, einen erheblichen Beitrag zur Bekämpfung von Armut und damit zur Senkung der Vulnerabilität der Bevölkerung in Entwicklungsländern zu leisten. Gerade dem Instrument der Mikroversicherung könnte vor dem Hintergrund steigender Umweltrisiken durch den anthropogenen Klimawandel eine wachsende Bedeutung zukommen. So erweisen sich etwa Index-basierte Mikroversicherungen für die Absicherung der landwirtschaftlichen Produktion gegen wetterbedingte Schäden als vielversprechend (CGAP, 2006; UNEP, 2006; Churchill, 2006). Trotz der großen Hoffnungen, die Experten in Mikroversicherungen als Finanzierungsinstrument zur Absicherung gegen Naturkatastrophen setzen, ist allerdings zu betonen, dass Mikroversicherungen lediglich eine sinnvolle Ergänzung zu multilateralen Transferleistungen sind, diese aber nicht ersetzen können.

UMWELTMIGRATIONSFONDS ERRICHTEN

Dass Umweltmigranten erhebliche sicherheitsrelevante Bedeutung zukommt, wurde in Kapitel 6.5 ausführlich erläutert. Ein weiterer Finanzierungsschwerpunkt sollte deshalb auf Maßnahmen zum Umgang mit Umweltmigranten liegen (Initiative 8). Um einen fairen und effizienten Lastenausgleich zwischen von Umweltmigration betroffenen und nicht betroffenen Ländern zu organisieren, bietet sich der 2001 durch die Internationale Organisation für Migration ins Leben gerufene internationale Dialog über Migration an (IOM, 2001). Der Lastenausgleich sollte dabei dem bereits beschriebenen Verursacherprinzip und dem Leistungsfähigkeitsprinzip genügen, indem er die Beiträge an das Ausmaß der länderspezifischen Emissionen und weitere Indikatoren wie etwa das BIP pro Kopf knüpft.

10.3.4.3 Internationale Konfliktprävention

In Kapitel 8.3.6 argumentiert der WBGU, dass klimainduzierte gesellschaftliche Destabilisierungen in den Weltregionen kaum durch die klassische, militärgestützte Sicherheitspolitik zu lösen sein werden.

Ergänzend zu Strategien, die auf die Vermeidung des Klimawandels und die Anpassung an einen unvermeidlichen Klimawandel gerichtet sind, sollte deshalb ein dritter Finanzierungsschwerpunkt auf Strategien zur internationalen Konfliktprävention liegen (Initiative 1 und 2). Initiative 7 thematisierte die Bedeutung von Präventionsstrategien sowie die Notwendigkeit, vorhandene Militäretats den neuen sicherheitspolitischen Herausforderungen entsprechend umzuschichten bzw. zu erhöhen. Aufgabenbereiche der internationalen Konfliktprävention sind u. a. Maßnahmen zur Vermeidung gewaltsamer Konflikte, etwa in Form von ziviler Krisenprävention, Friedenskonsolidierung, Reform des Sicherheitssektors oder Stabilisierung fragiler Staaten. Außerdem ist die internationale humanitäre Hilfe in Form einer Versorgung von Opfern aus Gewaltkonflikten und Naturkatastrophen mit lebenswichtigen Gütern sowie deren Schutz vor weiterer Verfolgung von Bedeutung (Reinhardt und Rolf, 2006).

Zwischen beiden Aufgabenbereichen gibt es Überschneidungen in den Strategien und Maßnahmen. In beiden Bereichen sind teilweise zivile Aktivitäten auf eine militärische Absicherung angewiesen und zivile Aktivitäten werden aus Mitteln der öffentlichen Entwicklungshilfe bestritten. Ausgehend von den Ergebnissen der vorherigen Kapitel ist künftig für beide Aufgabenbereiche mit zunehmenden klimainduzierten Sicherheitsrisiken zu rechnen. Geldgeber sind neben den bekannten Organisationen unter dem Dach des UN-Systems, der Weltbank und des Währungsfonds Einzelstaaten, die im Rahmen der bilateralen Entwicklungszusammenarbeit Maßnahmen durchführen (OECD, 2001; Raffinot und Rosellini, 2006). Daneben treten, insbesondere bei der humanitären Hilfe, zivilgesellschaftliche Akteure wie Rotes Kreuz/Grüner Halbmond oder NRO als Geber auf (Development Initiatives, 2006).

Eine effiziente Finanzierung der Konfliktprävention setzt zunächst voraus, dass insgesamt ausreichende Mittel von der Gebergemeinschaft aufgebracht werden. Gleichzeitig dürfen keine Finanzierungslücken bei sicherheitsrelevanten Nothilfeaktionen oder z. B. Maßnahmen in Postkonfliktprozessen entstehen. Darüber hinaus sollten Institutionen, die der Steuerung vorhandener Gelder in effiziente Verwendungen in Hilfs- und Konsolidierungsprozesse dienen, angemessen finanziert werden.

Finanzierung von Krisenprävention, Entwicklungszusammenarbeit und Militärausgaben im Zusammenhang sehen

Der Finanzierungsbedarf für Maßnahmen zur zivilen Krisenprävention bzw. zur internationalen humanitären Hilfe lässt sich kaum hinreichend genau spezifizieren. Angesichts der deutlichen inhaltlichen Überlappungen zwischen ziviler Krisenprävention und Entwicklungszusammenarbeit hält der WBGU ein zusätzliches Finanzierungsziel zur Krisenprävention für nicht sinnvoll. Vielmehr sollte die volle politische Aufmerksamkeit auf die Erreichung des 0,7 %-Ziels gerichtet werden. Für die Erreichung dieses Ziels ist allerdings von Bedeutung, dass internationale Ausgaben zur Krisenprävention nicht allzu großzügig als Ausgaben der öffentlichen Entwicklungszusammenarbeit angerechnet werden. Vielmehr ist eine Erweiterung der offiziellen Definition von Entwicklungszusammenarbeit nach dem OECD Development Assistance Committee (OECD-DAC) notwendig, um sicherheitsrelevante Ausgaben mit militärischem Charakter restriktiv zu handhaben (Brzoska, 2006).

Derzeit besteht in der Entwicklungszusammenarbeit eine deutliche Finanzierungslücke gegenüber dem 0,7 %-Ziel, weil die im OECD-DAC organisierten Industrieländer nur 0,3 % ihres gesamten Bruttonationaleinkommens für die Entwicklungszusammenarbeit zur Verfügung stellen (OECD, 2007b). Den tatsächlichen jährlichen Leistungen der Entwicklungszusammenarbeit von insgesamt 107 Mrd. US-$ im Jahr 2006 stehen weltweite Militärausgaben von 1.118 Mrd. US-$ im Jahr 2005 gegenüber, davon ca. 500 Mrd. US-$ in den USA und ca. 35 Mrd. US-$ in Deutschland. Darüber hinaus geben auch Entwicklungs- und Schwellenländer mehr als 160 Mrd. US-$ für das Militär aus (SIPRI, 2006). Angesichts dieser Diskrepanz wird seit längerem gefordert, die Militärhaushalte deutlich zugunsten der Entwicklungszusammenarbeit umzuschichten (Brandt, 1980; UNDP, 1994; Büttner und Krause, 1995). Der WBGU regt in diesem Zusammenhang an, die Ausgaben im Sicherheitssektor vor allem im Hinblick auf ihre Effektivität zur internationalen Friedenssicherung kritisch zu überprüfen und anzupassen. Die Bundesregierung sollte hierzu internationale Diskussions- und Verhandlungsprozesse in der EU, der NATO und darüber hinaus vorantreiben. So wird z.B. in der Human Security Doctrine for Europe der Study Group on European Security Capabilites (2004) dafür plädiert, Mittel zur Finanzierung traditioneller Militärgüter wie Panzer oder schwere Artillerie in die Ausbildung und Ausstattung von Spezialisten für Konfliktlösungen umzuschichten, die den Anforderungen neuer sicherheitspolitischer Bedrohungen eher gerecht werden.

Bei einer Umstrukturierung der militärischen Ausgaben hin zu einer Sicherheitspolitik, in deren Mittelpunkt die Krisenprävention steht, dürfte der Bedarf an „klassischen" Militärausgaben zurückgehen. Das gilt gleichermaßen für Industrie- und Entwicklungsländer. Die hier freiwerdenden Mittel sollten in präventive Maßnahmen gelenkt werden, darunter eben auch Projekte der Entwicklungszusammenarbeit. Eine gewisse finanzielle Entlastung für die zivile Krisenprävention und Entwicklungszusammenarbeit könnte grundsätzlich auch durch die zivile Nutzung bisher militärisch genutzter Infrastruktur erzielt werden. Allerdings zeigen die Erfahrungen mit Konversionsprojekten, dass die Umwandlung mit erheblichen Kosten verbunden sein kann. Damit die Konversion langfristig tatsächlich eine finanzielle Entlastung darstellt, ist ein effizientes Konversionsmanagement erforderlich (Brzoska et al., 1995).

Finanzierungsinstitutionen im UN-System stärken

Internationale Regime zur Krisenprävention und Friedenskonsolidierung sind bereits auf der UN-Ebene verankert. Sie koordinieren und ergänzen bzw. ersetzen die Aktionen von Einzelstaaten. Diese Regime sehen Finanzierungsmechanismen vor, die auch bei klimainduzierten Krisen greifen könnten, aber eher als unterfinanziert gelten müssen.

- *Central Emergency Response Fund unterstützen:* Um eine schnelle und unmittelbare Reaktion auf humanitäre Krisen, beispielsweise Nahrungskrisen (Kap. 6.3) oder Überschwemmungen (Kap. 6.4) zu ermöglichen und so gesellschaftlicher Destabilisierung und daraus folgenden Gewaltausbrüchen vorzubeugen, wurde in den Vereinten Nationen unter dem Dach des Büros für die Koordination humanitärer Angelegenheiten (Office for the Coordination of Humanitarian Affairs – OCHA) der Central Emergency Response Fund (CERF) eingerichtet. Die Aufgabe des Fonds ist es, finanzielle Mittel in frühen Phasen einer Krise bereitzustellen bzw. lebensgefährdende Finanzierungslücken zu verhindern. Zugriff auf die Fondsmittel haben UN-Hilfsorganisationen, wie UNICEF, WHO oder FAO, sowie die Internationale Organisation für Migration. Die jährlichen Ausgaben des Fonds schwankten bisher zwischen 5 und 60 Mio. US-$. Im Jahr 2005 beschloss die UN-Generalversammlung, die Fondsmittel von ursprünglich 50 Mio. US-$ auf 500 Mio. US-$ aufzustocken. Die Finanzierung soll vorrangig durch freiwillige Beiträge der UN-Staaten sowie aus dem Privatsektor erfolgen. Bis Ende 2006 wurden in den erweiterten CERF insgesamt ca. 275 Mio. US-$ eingezahlt. Deutschland beteiligt sich erstmals 2007 an der Finanzierung des CERF und stellt mit 6,6 Mio. US-$ für das laufende Jahr im Vergleich zu großen Gebern wie Großbritannien (83,2 Mio. US-$) oder Norwegen (57 Mio. US-$) nur einen vergleichsweise geringen Beitrag zur Verfügung (OCHA, 2006). Um seiner Rolle als aktiver Partner in der internationalen Klima- und Sicherheitsdebatte gerecht zu werden, sollte die Bundesregierung den CERF durch angemessene Zahlungen unterstützen und sich für ein verbindliches Finanzierungsschema des Fonds einsetzen.
- *Ständigen Fonds für Friedenskonsolidierung stärken:* Die UN-Generalversammlung beschloss 2005 die Schaffung einer Kommission für Friedenskonsolidierung, um Ländern beim Übergang vom Krieg zum Frieden behilflich zu sein. Die Arbeit der Kommission soll durch einen aus freiwilligen Beiträgen finanzierten Ständigen Fonds für Friedenskonsolidierung unterstützt werden. Aufgabe des Fonds ist des darüber hinaus, Mittel, die zur Einleitung des Friedenskonsolidierungsprozesses für den Wiederaufbau erforderlich sind, möglichst rasch zur Verfügung zu stellen (UN, 2005). Angesichts der Wichtigkeit dieser Aufgaben sollte die Bundesregierung ihre Verantwortung in der internationalen Staatengemeinschaft durch eine aktive Mitwirkung an der Fondsfinanzierung wahrnehmen und Regelungen für gesicherte Einzahlungen anstreben.

10.4 Zeitfenster verpasst – Klimaschutz gescheitert: Strategien im Fall von Destabilisierung und Konflikt

Scheitern bis etwa 2020 die politischen Bemühungen, durch wirksame Emissionsvermeidung die 2 °C-Klimaschutzleitplanke einzuhalten, muss sich die internationale Politik schrittweise auf solche klimabedingten Konflikte vorbereiten, wie sie in den Szenarien der in Kapitel 6 beschriebenen Konfliktkonstellationen entwickelt wurden. Auch für diesen Fall sollte die Vermeidungspolitik fortgeführt werden, um zu erreichen, dass die globale Erwärmung den Grenzwert von 2 °C möglichst wenig überschreitet. Gleichzeitig müssten aber Strategien zur Anpassung an den unvermeidlichen Klimawandel verstärkt und auf die dann erwartbare Zukunft neu ausgerichtet werden. Der Klimaschutz und die Anpassung an die Folgen des Klimawandels werden dabei um so teurer, je später damit begonnen wird. Eine Entwicklung gemäß eines Negativszenarios, das aus verpassten Klimaschutzchancen erwachsen würde, wäre also mit deutlich höheren Kosten verbunden als ein Referenzszenario, bei dem die 2 °C-Leitplanke eingehalten werden kann (Stern, 2006; WBGU, 2007). Im Folgenden wird grob skizziert, wie die mit einem solchen Negativszenario verbundenen Herausforderungen aussehen könnten, sowohl in einem mittelfristigen Zeitraum zwischen 2020 und 2040 als auch langfristig bis zur Jahrhundertwende.

Klimapolitische Maßnahmen müssten im Prinzip entsprechend der bereits für die Gegenwart formulierten Empfehlungen intensiviert werden, wobei sich die Bedingungen im Vergleich zu heute weiter erschweren werden. So dürften zum Beispiel Pfadabhängigkeiten durch die veralteten Strukturen konventioneller Energiesysteme die Reformbereitschaft in der Energie- und Wirtschaftspolitik noch stärker hemmen als heute und die Kosten einer Energiewende nach oben treiben. Die Außenwirtschaftspolitik wäre gezwungen, Strategien zu einer durch den Klimawandel herbeigeführten Destabilisierung der Weltwirtschaft zu entwickeln.

In der Entwicklungspolitik würde z.B. der Bedarf für präventive Maßnahmen gegen Wasser- und Nahrungsmittelkrisen sowie gegen Sturm- und Flutkatastrophen erheblich anwachsen. Hinzu käme, dass sich das Phänomen schwacher und fragiler Staaten weiter ausbreiten und wesentliche entwicklungspolitische Kapazitäten beanspruchen würde. Langfristig würden die in Folge des Klimawandels signifikant veränderten Naturräume also vermutlich dazu führen, dass Entwicklungszusammenarbeit mehr und mehr auf Stabilisierungs- und Anpassungsstrategien zielen müsste, um Rückschritte in der menschlichen Entwicklung zu verhindern, anstatt wie bisher menschliche Entwicklung zu fördern.

Damit zusammenhängend würden sich auch die Herausforderungen an ein weltweites Management der Migration erhöhen und in entsprechendem Maß politische, wirtschaftliche und juristische Kapazitäten absorbieren. Dies beträfe sowohl die Binnenmigration in den betroffenen Ländern sowie die Migration zwischen vom Klimawandel besonders betroffenen Entwicklungsregionen als auch Süd-Nord-Migration. Bemühungen um eine völkerrechtliche Lösung für Umweltmigranten würden vor diesem Hintergrund praktisch unausweichlich.

Kann der Klimawandel nicht innerhalb eines beherrschbaren Zeitraums eingedämmt werden, ist mit erheblichen Verwerfungen in den internationalen Beziehungen zu rechnen, nicht zuletzt im Kontext des Nord-Süd-Konflikts. Um einem chaotischen Krisenmanagement und einem Verfall der internationalen Ordnung vorzubeugen, würden Initiativen zur Einhegung von Krisen und zur Stärkung des multilateralen Institutionengefüges notwendig, in denen insbesondere die Krisenmanagementpotenziale der global tonangebenden Mächte USA, China, Indien und Europa gebündelt werden müssten.

Nicht zuletzt müssten bei Versagen der Klimapolitik erheblich mehr finanzielle Mittel – etwa im Rahmen eines internationalen Kompensations- und Anpassungsregimes (WBGU, 2007) – aufgebracht werden, um damit den negativen Folgen des Klimawandels in Entwicklungsländern zu begegnen und einer Eskalation von Konflikten zwischen Verursachern und Leidtragenden des Klimawandels vorzubeugen. Zusammengefasst wären also im Zeitraum 2020–2040 neben einer ernsthaften Vermeidungspolitik Strategien gefragt, um auf klimaverursachte Herausforderungen sowie auf krisenhafte Zuspitzungen in verschiedenen Weltregionen und im internationalen System vorbereitet zu sein.

Wenn auch diese Bemühungen scheiterten, hätte ein Krisenmanagement globaler Dimension ab der Jahrhundertmitte voraussichtlich mit der Proliferation lokaler und regionaler Konflikte, der Destabilisierung des internationalen Systems und der Gefährdung der weltwirtschaftlichen Entwicklung zu kämpfen. Dies würde mit einer gravierenden Überforderung der Global-Governance-Strukturen einhergehen. Die Handlungsspielräume der Politik für eine friedliche Bearbeitung und Einhegung von Konflikten würden dann wahrscheinlich immer geringer, die zur Krisenreaktion sowie zur Anpassung an den Klimawandel aufzuwendenden Kosten hingegen immer höher. Um diese gefährlichen Entwicklungen zu vermeiden, müssen die klimapolitischen Weichen jetzt gestellt werden.

Literatur 11

Abel, W. (1974): Massenarmut und Hungerkrisen im vorindustriellen Europa: Versuch einer Synopsis. Hamburg, Berlin: Parey.

Achermann, A. (1997): Die völkerrechtliche Verantwortlichkeit fluchtverursachender Staaten: ein Beitrag zum Zusammenwirken von Flüchtlingsrecht, Menschenrechten, kollektiver Friedenssicherung und Staatenverantwortlichkeit. Baden-Baden: Nomos.

ACIA – Arctic Climate Impact Assessment (2005): Arctic Climate Impact Assessment. Cambridge, New York: Cambridge University Press.

ACT – Action by Churches Together International (2000): Dateline ACT India, Orissa Cyclone 01/00: „When the Ocean emptied ..." Internet: http://www.reliefweb.int/rw/rwb.nsf/db900SID/ACOS-64D6ZB?OpenDocument&cc=ind&rc=3 (gelesen am 27. Januar 2006). New York: ReliefWeb.

Adams, R. M., Fleming, R. A., Chang, C. C., McCarl, B. A. und Rosenzweig, C. (1995): A reassessment of the economic effects of global climate change in on U.S. agriculture. Climate Change 30, 147–167.

ADB – Asian Development Bank (2005): Asia Water Watch 2015. Are Countries in Asia on Track to Meet Target 10 of the Millennium Development Goals? Internet: http://www.adb.org/Documents/Books/Asia-Water-Watch/default.asp (gelesen am 21. März 2007). Manila, Philippines: Asian Development Bank.

ADB – Asian Development Bank (2006a): Regional Cooperation Strategy and Program South Asia 2006–2008. Manila: Asian Development Bank.

ADB – Asian Development Bank (2006b): Bangladesh – Key Indicators. Internet: http://www.adb.org/Bangladesh/default.asp (gelesen am 3. Juni 2006). Manila, Philippines: ADB.

ADB – Asian Development Bank (2007): Resettlement Plans. Internet: http://www.adb.org/resettlement/plans.asp (gelesen am 27. März 2007). Manila, Philippines: ADB.

Addison, T. und Murshed, M. (2003): Explaining violent conflict: going beyond greed versus grievance. Journal of International Development 15 (4), 391–396.

Adler, E. und Barnett, M. (1998): A framework for the study of security communities. In: Adler, E. und Barnett, M. (Hrsg.): Security Communities. Cambridge, MA: Cambridge University Press, 29–65.

AFP – Agence France Press (2000): Floods in Eastern India Trigger Food Riots. Internet: http://www.reliefweb.int/rw/rwb.nsf/db900SID/ACOS-64CQ3X?OpenDocument&cc=ind&rc=3 (gelesen am 27. Juni 2006). New York: ReliefWeb.

Ahmad, M. und Wasiq, M. (2004): Water Resource Development in Northern Afghanistan and Its Implications for Amu Darya Basin. World Bank Working Paper No. 36. Washington, DC: World Bank.

AKUF – Arbeitsgemeinschaft Kriegsursachenforschung (2007): Aktuelle Kriege und bewaffnete Konflikte. Liste der Kriege und bewaffneten Konflikte 2005. Internet: http://www.sozialwiss.uni-hamburg.de/publish/Ipw/Akuf/kriege_aktuell.htm#Liste (gelesen am 7. Mai 2007). Hamburg: AKUF, Universität Hamburg.

Alcamo, J., Flörke, M. und Märker, A. (2007): Future long-term changes in global water resources driven by socio-economic and climatic changes. Hydrological Sciences Journal 52 (2), 247–275.

Alden, C. (2005): The new diplomacy of the South: South Africa, Brazil, India and trilateralism. Third World Quarterly 26 (7), 1077–1095.

Ali, A. (1999): Climate change impacts and adaptation assessment in Bangladesh. Climate Research 12, 109–116.

Ali, S. S. (2006): Fencing the Porous Bangladesh Border. Internet: http://www.worldpress.org/print_article.cfm?article_id=2723&dont=yes (gelesen am 6. März 2007). New York: Worldpress.

Alpermann, B. (2004): Dimensionen sozialer Probleme in der VR China – regionale und sektorale Facetten. In: Kupfer, K. (Hrsg.): „Sprengstoff China?" Dimensionen sozialer Herausforderungen in der Volksrepublik. 17. Essen: Asienhaus, 18.

Altvater, E. (2003): „Menschliche Sicherheit" – ein friedenspolitischer Begriff. Internet: http://www.uni-kassel.de/fb5/frieden/themen/Theorie/altvater.html (gelesen am 12. Januar 2006). Kassel: Universität Kassel.

AMCEN – African Ministerial Conference on the Environment und UNEP – United Nations Environment Programme (2006): Africa Environment Outlook 2: Our Environment, Our Wealth. Nairobi: UNEP.

Amineh, M. P. (2006): Die Politik der USA, der EU und Chinas in Zentralasien. Aus Politik und Zeitgeschichte 4, 11–18.

Amnesty International (2001): Jahresbericht 2001. Internet: http://www2.amnesty.de/internet/deall.nsf/WJahresberichtAll?OpenView&Start=1&Count=200&Expand=5#5 (gelesen am 11. Mai 2006). Bonn: Amnesty International Deutschland.

Arnell, N. W. (2004): Climate change and global water resources: SRES emissions and socio-economic scenarios. Global Environmental Change 14, 31–52.

Arnell, N. W. (2006): Climate change and water resources: a global perspective. In: Schellnhuber, H. J., Cramer, W., Nakicenovic, N., Wigley, T. und Yohe, G. (Hrsg.): Avoiding Dangerous Climate Change. Cambridge, New York: Cambridge University Press, 23f.

Arrow, K. J. und Fisher, A. C. (1974): Environmental preservation, uncertainty, and irreversibility. Quarterly Journal of Economics 88, 312–319.

Aspinall, E. (2005): The Helsinki Agreement: A More Promising Basis for Peace in Aceh? Policy Studies 20. Washington, DC: East-West Center.

Asshoff, R., Zotz, G. und Körner, C. (2006): Growth and phenology of mature temperate forest trees in elevated CO_2. Global Change Biology 12, 848–861.

Auf der Heide, E. (2004): Common misconceptions about disasters: panic, the „Disaster Syndrome", and looting. In: O'Leary, M. (Hrsg.): The First 72 Hours: A Community Approach to Disaster Preparedness. Lincoln: Universe Publishing, 340–380.

Avery, W. P. und Rapkin, D. P. (1986): World markets and political instability within less developed countries. Cooperation and Conflict 21 (2), 99–117.

Bächler, G. (1998): Zivile Konfliktbearbeitung in Afrika. Grundelemente für die Friedensförderungspolitik der Schweiz. Working Paper 27. Bern: Swiss Peace.

Bächler, G. und Schiemann-Rittri, C. (1994): Umweltflüchtlinge als Konfliktpotenzial. In: Bächler, G. (Hrsg.): Umweltflüchtlinge: das Konfliktpotenzial von morgen? Münster: Agenda-Verlag, 7–35.

Bächler, G. und Spillmann, K. R. (1996a): Kriegsursache Umweltzerstörung. Länderstudien von externen Experten. Band 3. Chur, Zürich: Rüegger.

Bächler, G. und Spillmann, K. R. (1996b): Kriegsursache Umweltzerstörung. Regional- und Länderstudien von Projektmitarbeitern. Band 2. Chur, Zürich: Rüegger.

Bächler, G. V., Böge, S., Kötzli, S., Libiszewski, S. und R., S. K. (1996): Kriegsursache Umweltzerstörung. Ökologische Konflikte in der Dritten Welt und Wege ihrer friedlichen Bearbeitung. Band 1. Chur, Zürich: Rüegger.

Bade, K. J. (1996): Migration – Ethnizität – Konflikt: Systemfragen und Fallstudien. Schriften des Instituts für Migrationsforschung und Interkulturelle Studien (IMIS) der Universität Osnabrück. Band 1. Osnabrück: Universitätsverlag Rasch.

Bamberger, R. L. und Kumis, L. (2005): Oil and Gas: Supply Issues After Katarina. CRS Report for the Congress. Washington, DC: Congressional Research Service (CRS).

Bangert, Y., Delius, U., Geesmann, J., Meyer, S., Reinke, S. und Veigt, K. (2006): Die Arktis schmilzt und wird geplündert. Indigene Völker leiden unter Klimawandel und Rohstoffabbau. Menschenrechtsreport Nr. 44. Göttingen: Gesellschaft für Bedrohte Völker.

Barends, F. B. J., Brouwer, F. J. J. und Schroder, F. H. (1995): Proceedings of the Fifth International Symposium on Land Subsidence. The Hague, Niederlande, 16.–20. Oktober 1995. Balkema, Rotterdam: International Association of Hydrological Sciences (IAHS).

Barker, T., Qureshi, M. S. und Köhler, J. (2006): The Costs of Greenhouse Gas Mitigation with Induced Technological Change: A Meta-Analysis of Estimates in the Literature. Cambridge, UK: Tyndall Centre for Climate Change Research.

Barkmann, U. B. (2006): In der Mongolei ist ein wachsendes Misstrauen zu beobachten. Das Reich der Mitte profitiert von den Bodenschätzen. Das Parlament 56 (30/31), 9–10.

Barnett, J. (2000): Destabilizing the environment–conflict thesis. Review of International Studies 26 (2), 271–288.

Barnett, T. P., Adam, J. C. und Lettenmaier, D. P. (2005): Potential impacts of a warming climate on water availability in snow-dominated regions. Nature 438, 303.

Bauer, S. (2006): Land and water scarcity as drivers of migration and conflicts? Entwicklung+ländlicher Raum 4, 5–6.

Bauer, S. und Biermann, F. (2007): Aktenzeichen Weltumweltpolitik: Die Rolle internationaler Verwaltungsapparate in der Bearbeitung grenzüberschreitender Umweltprobleme. In: Jacob, K., Biermann, F., Busch, P.-O. und Feindt, P. H. (Hrsg.): Politik und Umwelt. PVS-Sonderheft 38. Wiebaden: VS,

Bauernfeind, W. und Woitek, U. (1999): The influence of climatic change on price fluctuations in Germany during the 16th century price revolution. Climatic Change 43, 303–321.

Behringer, W. (1999): Climatic change and witch–hunting: the impact of the little ice age on mentalities. Climatic Change 43, 335–351.

Bender, D., Berg, H. und Cassel, D. (Hrsg.) (2003): Vahlens Kompendium der Wirtschaftstheorie und Wirtschaftspolitik. Band 1. München: Vahlen.

Berdal, M. (2003): The UN Security Council: ineffective but indispensible. Survival 45 (2), 7–30.

Berdal, M. und Malone, D. M. (Hrsg.) (2000): Greed and Grievance: Economic Agendas in Civil Wars. Boulder, CO: Lynne Rienner.

Berenskoetter, F. S. (2005): Mapping the mind gap: a comparison of US and European security strategies. Security Dialogue 36 (1), 71–92.

Berkner, A. (2000): Braunkohlenplanung und Umsiedlungsproblematik in der Raumordnungsplanung Brandenburgs, Nordrhein-Westfalens, Sachsens und Sachsen-Anhalts. ARL-Arbeitsmaterial Band 265. Hannover: Akademie für Raumforschung und Landesplanung.

Berkner, A. (2001): Braunkohlenbergbau und Siedlungsentwicklung in Mitteldeutschland. Gratwanderung zwischen Aufschwung, Zerstörung und neuen Chancen. In: Dachverein Mitteldeutsche Straße der Braunkohle (Hrsg.): Braunkohlenbergbau und Siedlungen. Protokollband der Fachtagung „Braunkohlenbergbau und Siedlung". Leipzig: Dachverein Mitteldeutsche Straße der Braunkohle, 8–19.

Bertelsmann Stiftung (2003): Den Wandel gestalten – Strategien der Entwicklung und Transformation. Ländergutachten 2003. Peru. Internet: http://bti2003.bertelsmann-transformation-index.de/fileadmin/pdf/laendergutachten/lateinamerika_karibik/Peru.pdf (gelesen am 15. Februar 2007). Gütersloh: Bertelsmann Stiftung.

Biermann, F. (2001): Umweltflüchtlinge. Ursachen und Lösungsansätze. Aus Politik und Zeitgeschichte B12, 24–29.

Biermann, F. (2005): Between the USA and the South: strategic choices for European climate policy. Climate Policy 5, 273–290.

Biermann, F. und Bauer, S. (2004): UNEP und UNDP. Expertise für das WBGU-Hauptgutachten „Welt im Wandel: Armutsbekämpfung durch Umweltpolitik". Internet: http://www.wbgu.de/wbgu_jg2004_ex02.pdf. Berlin: WBGU.

Biermann, F. und Bauer, S. (2005): A World Environment Organisation. Solution or Threat to Effective International Environmental Governance? Global Environmental Governance Series. Aldershot, UK: Ashgate.

Biermann, F. (2007): „Earth system governance" as a crosscutting theme of global change research. Global Environmental Change, im Druck

Biermann, F., Petschel-Held, G. und Rohloff, C. (1998): Umweltzerstörung als Konfliktursache? Theoretische Konzeptualisierung und empirische Analyse des Zusammenhangs von „Umwelt" und „Sicherheit". Zeitschrift für Internationale Beziehungen 5 (2), 273–308.

Bigagaza, J., Abong, C. und Mukarubuga, C. (2002): Land scarcity, distribution and conflict in Rwanda. In: Lind, J. und Sturman, K. (Hrsg.): Scarcity and Surfeit – The Ecology of Africa's Conflicts. Pretoria: Institute for Security Studies, 51–84.

BIS – Bank for International Settlements (2006): BIS Quarterly Review – March 2006 – International Banking and Financial Market Developments. Basel: BIS.

Black, R. (2001): Environmental Refugees: Myth or Reality? UNHCR Working Paper No. 34. Sussex, UK: University of Sussex.

Black, R. und Gent, S. (2006): Sustainable return in post-conflict contexts. International Migration 44 (3), 15–38.

BMBF – Bundesministerium für Bildung und Forschung (2007): Forschung für die zivile Sicherheit. Programm der Bundesregierung. Bonn, Berlin: BMBF.

BMU – Bundesministerium für Umwelt, Naturschutz und Reaktorsicherheit (2007): Time to Adapt: Climate Change and the European Water Dimension. Conclusions from the International Symposium, 12–14 February 2007. Berlin, Bonn: BMU.

BMVg – Bundesministerium für Verteidigung (2006): Weißbuch zur Sicherheitspolitik Deutschlands und zur Zukunft der Bundeswehr. Berlin: BMVg.

BMZ – Bundesministerium für wirtschafltiche Zusammenarbeit und Entwicklung (2005): Mehr Wirkung erzielen: Die Ausrichtung der deutschen Entwicklungszusammenarbeit auf die Millenniums-Entwicklungsziele. Die Umsetzung der Paris Declaration on Aid Effectiveness. BMZ-Spezial Nr. 130. Berlin: BMZ.

BMZ – Bundesministerium für wirtschafltiche Zusammenarbeit und Entwicklung (2006a): Grenzüberschreitende Wasserkooperation. Ein Positionspapier des BMZ. BMZ Spezial 135. Berlin: BMZ.

BMZ – Bundesministerium für wirtschafltiche Zusammenarbeit und Entwicklung (2006b): Der Wassersektor in der deutschen Entwicklungszusammenarbeit. BMZ-Materialien Nr. 154. Berlin: BMZ.

Booth, K. und Vale, P. (1997): Critical security studies and regional insecurity: the case of Southern Africa. In: Krause, K. und Williams, M. C. (Hrsg.): Critical Security Studies: Concepts and Cases. London: UCL Press, 329–358.

Botta, A. und Foley, A. (2002): Effects of climate variability and disturbances on the Amazonian terrestrial ecosystems dynamics. Global Biogeochemical Cycles 16 (1070), doi: 10.1029/2000GB001338.

Boulding, K. E. (1962): Conflict and Defense: A General Theory. New York: Harper and Brothers.

Brandt, W. (1980): North-South: A Program for Survival. Report of the Independent Commission on International Development Issues under the Chairmanship of Willy Brandt. Cambridge, MA: MIT Press.

Brauch, H. G. (2005): Threats, Challenges, Vulnerabilities and Risks in Environmental and Human Security. Bonn: United Nations University (UNU)-EHS.

Brauch, H. G. (2006): Regionalexpertise: Destabilisierungs- und Konfliktpotenzial prognostizierter Umweltveränderungen in der Region Südeuropa und Nordafrika bis 2020/2050. Expertise für das WBGU-Hauptgutachten „Welt im Wandel: Sicherheitsrisiko Klimawandel". Internet: http://www.wbgu.de/wbgu_jg2007_ex01.pdf. Berlin: WBGU.

Brazil (2004): Brazil's Initial National Communication to the UNFCCC. Brasilien: Government of Brazil.

Bremer, S. (2000): Who fights whom, when, where and why. In: Vasquez, J. A. (Hrsg.): What Do We Know About War. Lanham, MD: University Press of America, 23–36.

Brock, L. (1992): Security through defending the environment: an illusion? In: Boulding, E. (Hrsg.): New Agendas for Peace Research. Boulder, CO: Lynne Rienner, 79–102.

Brock, L. (1997): The Environment and Security: Conceptual and Theoretical Issues. Conflict and the Environment. Dordrecht: Kluwer.

Brock, L. (1998): Umwelt und Konflikt im internationalen Forschungskontext. In: Carius, A. und Lietzmann, K. M. (Hrsg.): Umwelt und Sicherheit. Herausforderungen für die internationale Politik. Berlin, Heidelberg, New York: Springer, 39–56.

Brock, L. (2004): Vom erweiterten Sicherheitsbegriff zur globalen Konfliktintervention. Eine Zwischenbilanz der neuen Sicherheitsdiskurse. Arbeitspapier. Frankfurt/M.: Hessische Stiftung Friedens- und Konfliktforschung (HSFK).

Brown, L. (2006): Global Warming Forcing US Postal Population to Move Inland. An Estimated 250,000 Katrina Evacuees are Now Climate Refugees. Washington, DC: Earth Policy Institute Washington.

Brzezinski, Z. (2004): The Choice. Global Domination or Global Leadership. New York: Basic.

Brzezinski, Z. und Mearsheimer, J. J. (2005): Clash of the titans. Foreign Policy 146, 24–47.

Brzoska, M. (2006): Analysis of and Recommendations for Covering Security Relevant Expenditures Within and Outside of Official Development Assistance (ODA). Paper 53. Bonn: International Center for Conversion.

Brzoska, M., Kingma, K. und Wulf, H. (1995): Military Conversion for Social Development. Report on BICC Panel Discussion at the World Summit for Social Development. Copenhagen, 8 March 1995. BICC Report 5. Bonn: Bonn International Center for Conversion (BICC).

Bucknall, J., Klytchnikova, I., Lampietti, J., Lundell, M., Scatasta, M. und Thurman, M. (2003): Irrigation in Central Asia. Social, Economic and. Environmental Considerations. Washington, DC: World Bank.

Buhaug, H. und Gleditsch, K. S. (2005): The Origin of Conflict Clusters: Contagion or Bad Neighborhoods? Paper prepared for the Third European Consortium for Political Research General Conference, Budapest 8–10 September 2005. Oslo: Centre for the Study of Civil War at the International Peace Research Institute.

Burkett, V. R., Zikoski, D. B. und Hart, D. A. (2005): Sea-Level Rise and Subsidence: Implications for Flooding in New Orleans, Louisiana. Internet: http://www.nwrc.usgs.gov/hurricane/Sea-Level-Rise.pdf (gelesen am 21. März 2006). Lafayette, LO: USGS Geological Survey.

Büttner, V. und Krause, J. (Hrsg.) (1995): Rüstung statt Entwicklung? Sicherheitspolitik,Militärausgaben und Rüstungskontrolle in der Dritten Welt. Nomos: Baden-Baden.

CAIT WRI – Climate Analysis Indicator Tool – World Resources Institute (2007): Total GHG Emissions in 2003 (excludes land use change). Internet: http://www.cait.wri.org (gelesen am 8. Februar 2007). Washington, DC: CAIT WRI.

Carius, A. (2003): Umweltpolitik als Instrument ziviler Krisenprävention. Hintergrundpapier zum Fachgespräch von Bundesumweltministerium und Adelphi Research. Berlin: Adelphi Research.

Carius, A. und Lietzmann, K. M. (1998): Umwelt und Sicherheit. Herausforderungen für die internationale Politik. Berlin, Heidelberg, New York: Springer.

Carius, A. und Dabelko, G. D. (2004): Institutionalizing responses to environment, conflict, and cooperation. In: UNEP – United Nations Development Programme (Hrsg.): Understanding Environment, Conflict, and Cooperation. Chapter 2. New York: UNEP, 21–33.

Carius, A., Bächler, G., Pfahl, S. und March, A. (1999): Umwelt und Sicherheit. Forschungserfordernisse und Forschungsprioritäten. Studie im Auftrag des BMBF. Berlin: Ecologic.

Carius, A., Petzold–Bradley, E. und Pfahl, S. (2001): Umweltpolitik und nachhaltige Friedenspolitik. Ein neues Thema auf der internationalen Agenda. Aus Politik und Zeitgeschichte 12, 6–13.

Carius, A., Dabelko, G. D. und Wolf, A. T. (2004): Water, Conflict and Cooperation. ECSP Report 10, 60–66.

Carius, A., Tänzler, D. und Winterstein, J. (2006): Weltkarte von Umweltkonflikten: Ansätze zur Typologisierung. Expertise für das Hauptgutachten „Welt im Wandel: Sicherheitsrisiko Klimawandel". Internet: http://www.wbgu.de/wbgu_jg2007_ex02.pdf. Berlin: WBGU.

Cassel-Gintz, M. (2006): Karten zur Bodendegradation und Versalzung. GIS-II. Expertise für das WBGU-Hauptgutachten „Welt im Wandel: Sicherheitsrisiko Klimawandel". Internet: http://www.wbgu.de/wbgu_jg2007_ex03.pdf. Berlin: WBGU.

Castles, S. (2002): Environmental Change and Forced Migration: Making Sense Of The Debate. New Issues In Refugee Research Working Paper 70. Oxford: Refugees Studies Centre University of Oxford – Evaluation And Policy Analysis Unit.

CGAP Working Group on Microinsurance (2006): Improving Risk Management for the Poor. Microinsurance 10. Internet: http://www.microfinance.lu (gelesen am 15. Januar 2007). Luxemburg: CGAP Working Group on Microinsurance.

Chambers, B. (2005): The Barriadas of Lima – slums of hope or despair? Problems and solutions? Geography 90 (3), 200–224.

Chatel, T. (2006): Wasserpolitik in Spanien – eine kritische Analyse. Geographische Rundschau 58 (2), 20–28.

Chaudhuri, S. und Ravallion, M. (2007): Partially awakened giants: uneven growth in China and India. In: Winters, L. A. und Yusuf, S. (Hrsg.): Dancing with Giants: China, India, and the Global Economy. Washington, DC und Singapur: World Bank, Institute for Policy Studies, 157–188.

Chemillier-Gendreau, M. (2006): Faut-il un statut international de réfugié écologique? Revue européenne de droit de l'environnement, 446–452.

Choudhury, D. (1994): Constitutional Development in Bangladesh – Stresses and Strains. Oxford, New York, Karachi: Oxford University Press.

Churchill, C. H. (2006): Protecting the Poor – A Microinsurance Compendium. München, Genf: Munich Re Foundation, ILO Publications.

CIA – Central Intelligence Agency (2006): The World Factbook 2006. Washington, DC: CIA.

Clark, W. A. V. (2006): Environmentally Induced Migration and Conflict. Expertise für das Hauptgutachten „Welt im Wandel: Sicherheitsrisiko Klimawandel". Internet: http://www.wbgu.de/wbgu_jg2007_ex04.pdf. Berlin: WBGU.

CNA Corporation (2007): National Security and the Threat of Climate Change. Washington, DC: CNA Corporation.

Cody, E. (2005a): China Grows More Wary Over Rash of Protests. Washington, DC: Washington Post.

Cody, E. (2005b): China's Party Leaders Draw Bead on Inequity. Washington, DC: Washington Post.

Collier, P., Elliot, L., Hegre, H., Hoeffler, A., Reynal–Querol, M. und Sambanis, N. (2003): Breaking the Conflict Trap: Civil War and Development Policy. Oxford: Oxford University Press.

Collier, P. und Hoeffler, A. (2004): Greed and grievance in civil war. Oxford Economic Papers 56 (4), 563–595.

COMCAD – Center on Migration Citizenship and Development (2007): Forschungsprojekt EACH-FOR – Environmental Change and Forced Migration Scenarios. Internet: http://www.comcad-bielefeld.de/cgi-bin/pagemaker.pl?name=environmentalchange&aufb=2%A71,3%-72,undefined,28,3,11,,IMG_6,IMG_2 (gelesen am 26. März 2007). Bielefeld: Universität Bielefeld: COMCAD.

Commission on Human Security (Hrsg.) (2003): Human Security Now. New York: Commission on Human Security.

Conca, K. (2006): Governing Water – Contentious Transnational Politics and Global Institution Building. Cambridge, MA: MIT Press.

Conisbee, M. und Simms, A. (2003): Environmental Refugees. The Case for Recognition. London: New Economic Foundation.

Coplin, S. C. (1999): Houston–Galveston, Texas: managing coastal subsidence. In: Galloway, D. L., Jones, D. R. und Ingebritsen, S. E. (Hrsg.): Land Subsidence in the United States: U.S. Geological Survey Circular 1182. Washington, DC: U.S. Geological Survey (USGS), 35–48.

Cordesman, A. H. und Kleiber, M. (2007): Chinese Military Modernization. Washington, DC: Center for Strategic and International Studies (CSIS).

Cosgrove, W. J. und Rijsberman, F. R. (2000): World Water Vision: Making Water Everybody's Business. London: Earthscan.

Coudrain, A., Francou, B. und Kundzewicz, Z. W. (2005): Glacier shrinkage in the Andes and consequences for water resources – Editorial. Hydrological Sciences Journal 50 (6), 925.

Cowling, S. A. und Shin, Y. (2006): Simulated ecosystem threshold responses to co-varying temperature, precipiation and atmospheric CO_2 within a region of Amazonia. Global Ecology and Biogeopraphy 15, 553–566.

Cox, P. M., Betts, R. A., Jones, C. D., Spall, S. A. und Totterdell, I. J. (2000): Acceleration of global warming due to carbon-cycle feedbacks in a coupled climate model. Nature 408, 184–187.

Cox, P. M., Betts, R. A., Collins, M., Harris, P. P., Huntingford, C. und Jones, C. D. (2004): Amazonian forest dieback under climate-carbon cycle projections for the 21st century. Theoretical and Applied Climatology 78, 137.

CPT – Comissão Pastoral da Terra (2007): Daten aus der Datenbank der brasilianischen NRO Comissão Pastoral da Terra (CPT). Internet: http://www.cptnac.com.br (gelesen am 19. März 2007). São Paulo: CPT.

Cramer, C. (2003): Does inequality cause conflict? Journal of International Development 15 (4), 397–412.

CRED – WHO Collaborating Centre for Research on the Epidemiology of Disasters (2006): Emergency Events Database (EM-DAT). Internet: http://www.em-dat.net/ (gelesen am 11. Mai 2006). Brüssel: CRED.

Crips, J. (2003): No Solutions in Sight: The Problem of Protracted Refugee Situations in Africa. Working Paper 75. New York: United Nations High Commissioner for Refugees (UNHCR).

CSIS – Center for Strategic and International Studies und IIE – Institute for International Economics (2006): China: The Balance Sheet. Washington, DC: CSIS und IIE.

Cure, J. D. und Acock, B. (1986): Crop responses to carbon dioxide doubling: a literature survey. Agricultural and Forest Meteorology 38, 127–145.

Daalder, I. V. und Lindsay, J. M. (2003): America Unbound. Washington, DC: Brookings Institution Press.

Daase, C. (1991): Der erweiterte Sicherheitsbegriff und die Diversifizierung amerikanischer Sicherheitsinteressen. Anmerkungen zu aktuellen Tendenzen in der sicherheitspolitischen Forschung. Politische Vierteljahresschrift 32, 425–451.

Daase, C. (1992): Ökologische Sicherheit: Konzept oder Leerformel? In: Wellmann, C. (Hrsg.): Umweltzerstörung:

Kriegsfolge und Kriegsursache. Friedensanalysen. Band 27. Frankfurt/M.: Suhrkamp, 21–52.

Daase, C. (1996): Vom Ruinieren der Begriffe. Eine Welt oder Chaos. Friedensanalysen Band 25. Frankfurt/M.: Suhrkamp.

Daase, C. (2002): Terrorismus: Der Wandel von einer reaktiven zu einer proaktiven Sicherheitspolitik der USA nach dem 11. September 2001. In: Daase, C., Feske, S. und Peters, I. (Hrsg.): Internationale Risikopolitik. Der Umgang mit neuen Gefahren in den internationalen Beziehungen. Baden-Baden: Nomos, 113–142.

Dalby, S. (1992): Security, modernity, ecology: the dilemmas of post-cold war security discourse. Alternatives 17, 95–134.

Dalby, S. (2002): Environmental change and human security. Isuma - Canadian Journal of Policy Research 3 (2), 71–79.

Dalhuisen, J., de Groot, H. und Njkamp, P. (1999): The Economics of Water. A Survey of Issues. Faculteit der Economischen Wetenschappen en Econometrie. Research Memorandum 1999–36. Amsterdam: Universität Amsterdam.

Daughters, R. und Harper, L. (2006): Fiscal and Political Decentralization. Unveröffentlichtes Manuskript. Washington, DC: Interamerican Development Bank.

DBR – Deutsche Bank Research (2006): Indien – Auf dem Weg zur Weltmacht? Frankfurt/M.: DBR.

de Soysa, I. (2000): The resource curse: are civil wars driven by rapacity or paucity? In: Berdal, M. und Malone, D. (Hrsg.): Greed and Grievance: Economic Agendas in Civil Wars. Boulder: Westview Press,

de Soysa, I. (2002): Ecoviolence: shrinking pie, or honey pot? Global Environmental Politics 2 (1), 1–35.

de Soysa, I., Gleditsch, N. P., Gibson, M., Sollenberg, M. und Westing, A. H. (1999): To Cultivate Peace: Agriculture in a World of Conflict. Oslo: International Peace Research Institute (PRIO).

Debiel, T., Klingebiel, S., Mehler, A. und Schneckener, U. (2005): Zwischen Ignorieren und Intervenieren. Strategien und Dilemmata externer Akteure in fragilen Staaten. SEF Policy Paper 23. Bonn: Stiftung Entwicklung und Frieden (SEF).

Dervis, K. (2007): Putting UN Reform into Action: The UNDP-UNEP Poverty-Environment Facility. Statement by Kemal Dervis, Administrator of the United Nations Development Programme on the occasion of the UNEP Governing Council Meeting. Nairobi: United Nations Development Programme (UNDP).

Deudney, D. (1990): The case against linking environmental degradation and national security. Millennium 19 (3), 461–476.

Deudney, D. (1991): Environment and security: muddled thinking. The Bulletin of the Atomic Scientist 47 (3), 23–28.

Development Initiatives (2006): Global Humanitarian Assistance 2006. Internet: http://www.devinit.org (gelesen am 3. April 2007). Somerset, UK: Development Initiatives.

Diamond, J. (2005): Kollaps – Warum Gesellschaften überleben oder untergehen. Frankfurt/M.: Fischer.

Diehl, P. F. und Gleditsch, N. P. (Hrsg.) (2000): Environmental Conflict: An Anthology. Boulder, CO: Westview Press.

Dikich, A. N. und Hagg, W. (2004): Climate driven changes of glacier runoff in the Issyk-Kul basin, Kyrgyzstan. Zeitschrift für Gletscherkunde und Glazialgeologie 39, 75–86.

Dimaranan, B., Ianchovichina, E. und Martin, W. (2007): Competing with giants: who wins, who loses? In: Winters, L. A. und Yusuf, S. (Hrsg.): Dancing with Giants: China, India, and the Global Economy. Washington, DC und Singapur: World Bank, Institute for Policy Studies, 57–80.

Dingwerth, K. und Pattberg, P. (2006): Was ist Global Governance? Leviathan Berliner Zeitschrift für Sozialwissenschaft 34 (3), 377–399.

Donahue, J. D. und Nye, J. S. (Hrsg.) (2000): Governance in a Globalizing World. Washington, DC: Brookings Institution Press.

Douglas, I. (2005): The urban environment in Southeast Asia. In: Gupta, A. (Hrsg.): The Physical Geography of Southeast Asia. Oxford, New York: Oxford University Press, 314–335.

Drury, A. C. und Olson, R. S. (1998): Disasters and political unrest: an empirical investigation. Journal of Contingencies and Crisis Management 6, 153–161.

du Castel, V. (2005): La mer de Barents: vers un nouveau „grand jeu“? Paris: Institut Francais des Relations Internationales (IFRI).

Ebert, C. (2006): Nasty Social Behavior Common after a Disaster. Presseerklärung der University at Buffalo. Internet: http://www.buffalo.edu/news/fast-execute.cgi/article-page.html?article=74630009 (gelesen am 11. Mai 2006). Buffalo, NY: University at Buffalo.

ECLAC – Economic Commission for Latin America and the Carribean (2006): Social Panorama of Latin America. Santiago de Chile: ECLAC.

Economist (2006): The politics of meltdown – Could climate change become a hot topic for the primaries? Economist 379 (8479), 46.

Economy, C. E. (2004): The river runs black. The environmental challenge to China's future. Ithaka: Cornell University Press.

Edenhofer, O., Lessmann, K., Kemfert, C., Grubb, M. und Köhler, J. (2006): Induced technological change: exploring its implications for the economics of atmospheric stabilization: Synthesis Report from the Innovation Modeling Comparison Project. The Energy Journal (Special Issue), 57–107.

EEA – European Environmental Agency (2004): Impacts of Europe's Changing Climate. EEA Report No. 2. Kopenhagen: EEA.

Effendi, A., Nasution, A., Djarwoto, A., Murdohardono, D., Kertapati, E., Hidajat, R., Sutawidjaja, I. S., Jäger, S., Manhart, A., Ranke, U., Rehmann, T., Dalmin, R. und Weiland, L. (2005): Mitigation of Geohazards in Indonesia. A Contribution to the World Conference on Disaster Reduction Kobe, Hyogo, Japan. Bandung, Indonesien: Georisk Project, Badan Koordinasi Nasional (BAKORNAS), Department Dalam Negeri.

Elbadawi, I. und Sambanis, N. (2000): How Much War Will We See? Estimating the Incidence of Civil War in 161 Countries. Internet: http://www.worldbank.org/research/conflict/papers/incidencev2.pdf (gelesen am 7. Mai 2007). Washington DC: World Bank.

Elliott, L. (2002): Expanding the Mandate of the UN Security Council to Account for Environmental Issues. Internet: http://www.unu.edu/inter-linkages/docs/IEG/Elliot.pdf (gelesen am 21. April 2006). Tokio: United Nations University (UNU).

El-Hinnawi, E. (1985): Environmental Refugees. New York: United Nations Environment Programme (UNEP).

Emanuel, K. (2005): Increasing destructiveness of tropical cyclones over the past 30 years. Nature 436, 686–688.

Energy and Environmental Analysis (2005): Hurricane Damage to Natural Gas Infrastructure and Its Effects on the U.S. Natural Gas Market. Arlington, VA: Energy and Environmental Analysis Inc.

EPA – United States Environmental Protection Agency (2006): Global Anthropogenic Non-CO_2 Greenhouse Gas Emissions: 1990–2020. Washington, DC: EPA.

Epstein, G. S. und Gang, I. N. (2004): The Influence of Others on Migration Plans. IZA Discussion Paper Series 1244. Bonn: Forschungsinstitut zur Zukunft der Arbeit (IZA).

EU – Europäische Union (2003): Ein sicheres Europa in einer besseren Welt: Europäische Sicherheitsstrategie. Brüssel: EU.

EU Commission (2005): EU Strategy for Africa: Towards a Euro-African Pact to Accelerate Africa's Development. Communication from the Commission to the Council, the European Parliament and the European Economic and Social Committee. Brüssel: EU Commission.

EU-Kommission (2006): Jahresbericht 2006 über die Entwicklungspolitik der Europäischen Gemeinschaft und die Umsetzung der Außenhilfe im Jahr 2005. Brüssel: EuropeAid, Amt für Zusammenarbeit.

EU-Kommission (2007): 7. Forschungsrahmenprogramm der EU. Brüssel: EU.

Faist, T. (2005): The Migration-Security Nexus: International Migration and Security Before and After 9/11. Working Paper 9. Bielefeld: Universität Bielefeld – Center on Migration, Citizenship and Development (COMCAD).

Fajnzylber, P. und López, J. P. (2006): Close to Home. The Development Impact of Remittances in Latin America. Internet: Washington, DC: The World Bank.

Falleti, T. G. (2005): A sequential theory of decentralization: Latin American cases in comparative perspective. American Political Science Review 99, 327–346.

FAO – Food and Agriculture Organisation of the United Nations (1997): Irrigation Potential in Africa: A Basin Approach. FAO Land and Water Bulletin 4. Rom: FAO Land and Water Development Division.

FAO – Food and Agriculture Organisation of the United Nations (2002): The State of Food and Agriculture 2002. Agriculture and Global Public Goods ten Years After the Earth Summit. Rom: FAO.

FAO – Food and Agriculture Organisation of the United Nations (2003): World Agriculture: Towards 2015/2030. Rom: FAO.

FAO – Food and Agriculture Organisation of the United Nations (2005a): Global Forest Assessment 2005. Progress Towards Sustainable Forest Management. FAO Forestry Paper 147. Rom: FAO.

FAO – Food and Agriculture Organisation of the United Nations (2005b): Global Forest Resources Assessment 2005. Internet: http://www.fao.org/forestry/site/32086/en (gelesen am 15. August 2006). Rom: FAO.

FAO – Food and Agriculture Organisation of the United Nations (2005c): Impact of Climate Change, Pests and Diseases on Food Security and Poverty Reduction. Background Document, 31st Session of the Committee on World Food Security, May 2005. Rom: FAO.

FAO – Food and Agriculture Organisation of the United Nations (2006a): Crop Prospects and Food Situation. No. 1, April 2006. Rom: FAO.

FAO – Food and Agriculture Organisation of the United Nations (2006b): Food Outlook June 2006. Rom: FAO.

Faris, S. (2007): The real roots of Darfur. The Atlantic Monthly 299 (3), 2.

Farrell, A. E. und Jäger, J. (2005): Assessments of Regional and Global Environmental Risks: Designing Processes for the Effective Use of Science in Decisionmaking. Washington, DC: Resources for the Future.

Fassbender, B. (2005): UN–Reform und kollektive Sicherheit Der Bericht des „UN High–level Panel on Threats, Challenges and Change" vom Dezember 2004 und die Empfehlungen des UN–Generalsekretärs vom März 2005. Global Issue Papers No. 17. Berlin: Heinrich-Böll-Stiftung.

Faust, J. (2006): The political economy of decentralization in Latin America. Iberoamericana 22, 164–169.

Faust, J. und Harbers, I. (2007): Political Parties and the Politics of Administrative Decentralization. Exploring Subnational Variance in Ecuador. Unveröffentlichtes Manuskript. Bonn: Deutsches Institut für Entwicklungspolitik (DIE).

Faust, J. und Messner, D. (2004): Europe's New Security Strategy. Challenges for Development Policy. DIE Discussion Paper 3. Bonn: Deutsches Institut für Entwicklungspolitik (DIE).

Fearon, J. und Laitin, D. D. (2003): Ethnicity, insurgency, and civil war. American Political Science Review 97 (1), 75–90.

Fischer, G. (2005): Feeding China in 2030. IIASA options (Autumn), 12–16.

Fischer, G., Shah, M., Tubiello, F. N. und van Velhuizen, H. (2005): Socio-economic and climate change impacts on agriculture: an integrated assessment, 1990–2080. Philosophical Transactions of the Royal Society B Biological Sciences 360, 2067–2073.

Fischer, G., Shah, M. und van Velthuizen, H. (2002): Climate Change and Agricultural Vulnerability. Contribution to the UN World Summit on Sustainable Development, Johannesburg 2002. Laxenburg: IIASA.

Flintan, F. und Tamrat, I. (2006): Spilling blood over water? The case of Ethopia. In: Lind, J. und Sturman, K. (Hrsg.): Scarcity and Surfeit. The Ecology of Africa's Conflicts. Pretoria, Cape Town: Institute for Security Studies (ISS), 243–319.

Foreign Policy (2006): The Failed State Index (May/June 2006). Internet: http://www.foreignpolicy.com/story/cms.php?story_id=3420 (gelesen am 7. Mai 2007). Washington, DC: Foreign Policy and the Fund for Peace.

Fravel, M. T. (1996): China's attitude toward U.N. peace-keeping operations since 1989. Asian Survey 36 (11), 1102–1121.

Freedom House (2006): Combined Average Ratings: Independent Countries 2006. Internet: http://www.freedomhouse.org/template.cfm?page=267&year=2006 (gelesen am 7. Mai 2007). New York: Freedom House.

Friedlingstein, P., Cox, P., Betts, R., Bopp, L., von Bloh, W., Brovkin, V., Cadule, P., Doney, S., Eby, M., Fung, I., Bala, G., John, J., Jones, C., Joos, F., Kato, T., Kawamiya, M., Knorr, W., Lindsay, K., Matthews, H. D., Raddatz, T., Rayner, P., Reick, C., Roeckner, E., Schnitzler, K. G., Schnur, R., Strassmann, K., Weaver, A. J., Yoshikawa, C. und Zeng, N. (2006): Climate-carbon cycle feedback analysis: Results from the (CMIP)-M-4 model intercomparison. Journal of Climate 19, 3337–3353.

Fröhlich, M. (2006): „Responsibility to Protect" – Zur Herausbildung einer neuen Norm der Friedenssicherung. In: Varwick, J. und Zimmermann, A. (Hrsg.): Die Reform der Vereinten Nationen. Berlin: Duncker & Humblot, 167–186.

Fuentes, V. E. (2003): The Political Effects of Disasters and Foreign Aid: National and Subnational Governance in Honduras after Hurricane Mitch. Gainesville, FL: University of Florida.

Fues, T. (2006): Die gemischten Empfehlungen des High-Level Panels: Mehr Kohärenz im UN-Entwicklungsbereich? Informationsbrief Weltwirtschaft & Entwicklung. W&E-Hintergrund 11.

Fues, T. und Hamm, B. I. (Hrsg.) (2001): Die Weltkonferenzen der 90er Jahre: Baustellen für Global Governance. Reihe „Eine Welt" – Band 12. Bonn: Dietz.

Fukuyama, F. (1992): The End of History and the Last Man. New York: Hamish Hamilton.

Galloway, D. L., Jones, D. R. und Ingebritsen, S. E. (1999): Land Subsidence in the United States. U.S. Geological Survey Circular 1182. Washington, DC: U.S. Geological Survey (USGS).

Gao, X. J., Zhao, Z. C. und Giorgi, F. (2002): Changes of extreme events in regional climate simulations over east Asia. Advances in Atmospheric Sciences 19, 927–942.

Gartzke, E., Li, Q. und Boehmer, C. (2001): Investing in the peace: economic interdependence and international conflict. International Organization 55 (2), 391–438.

Gasana, J. K. (2002): Natural resource scarcity and violence in Rwanda. In: The World Conservation Union (IUCN) (Hrsg.): Conserving the Peace: Resources, Livelihoods and Security. Gland: IUCN, 199–245.

Gates, S. (2002): Empirically Assessing the Causes of War. Paper presented to the 43rd Annual Convention of the International Studies Association, New Orleans, LA, 24–27 March. Oslo: Centre for the Study of Civil War.

GCIM – Global Commisson on International Migration (2005): Migration in an Interconnected World: New Directions for Action. Genf: Global Commission on International Migration (GCIM).

GEF – Global Environment Facility (2005): GEF Global Action on Climate Change. GEF Support for Adaptation to Climate Change. Washington, DC: GEF.

Geißler, N. (1999): Der völkerrechtliche Schutz der Internally Displaced Persons. Eine Analyse des normativen und institutionellen Schutzes der Internally Displaced Persons im Rahmen innerer Unruhen und nicht-internationaler Konflikte. Berlin: Duncker & Humblot.

Geller, D. S. und Singer, D. J. (1998): Nations at War: A Scientific Study of International Conflict. Cambridge, MA: Cambridge University Press.

Giese, E. (1997): Die ökologische Krise der Aralseeregion. Geographische Rundschau 5, 293–299.

Giese, E. und Moßig, I. (2004): Klimawandel in Zentralasien. Zentrum für internationale Entwicklung- und Umweltforschung (ZEU) der Justus-Liebig-Universität Gießen, Discussion Paper Nr. 17. Gießen: Universität Gießen.

Giese, E. und Sehring, J. (2006): Regionalexpertise: Destabilisierungs- und Konfliktpotenzial prognostizierter Umweltveränderungen in der Region Zentralasien bis 2020/2050. Expertise für das Hauptgutachten „Welt im Wandel: Sicherheitsrisiko Klimawandel". Internet: http://www.wbgu.de/wbgu_jg2007_ex05.pdf. Berlin: WBGU.

Giese, E., Sehring, J. und Trouchine, A. (2004): Zwischenstaatliche Wassernutzungskonflikte in Mittelasien. Geographische Rundschau 56 (10), 10–16.

Gill, B. (2007): Rising Star: China's New Security Diplomacy. Washington, DC: Brookings Institution Press.

Giorgi, F. und Bi, X. (2005): Updated regional precipitation and temperature changes for the 21st century from ensembles of recent AOGCM simulations. Geophysical Research Letters 32 (L21715), doi:10.1029/2005GL024288.

Gleditsch, N. P. (1995): Geography, democracy, and peace. International Interactions 20 (4), 297–323.

Gleditsch, N. P. (1998): Armed Conflict and The Environment: A Critique of the Literature. Journal of Peace Research 35 (3), 381–400.

Gleick, P. (1993): Water and conflict: fresh water resources and international security. International Security 18 (1), 79–112.

Gleick, P. (2003): Global freshwater resources: soft-path solutions for the 21st century. Science 302, 1524–1528.

Gleick, P. (2006): The World's Water 2006–2007: The Biennial Report on Freshwater Resources. Washington, DC: Island Press.

Gogolin, I. und Pries, L. (2003): Transmigration und Bildung. Beitrag für ZfE 1/2004, überarbeitete Fassung. Internet: http://www.ruhr-uni-bochum.de/soaps/download/publ-2004_lp_transmigrationundbildung.pdf (gelesen am 27. Oktober 2006). Bochum: Ruhr-Universität Bochum.

Golda-Pongratz, K. (2004): The Barriadas of Lima: utopian city of self-organisation? Architectural Design 74 (4), 38–45.

Goldman Sachs (2003): Dreaming With BRICs: The Path to 2050. Global Economics Paper No 99. New York: Goldman Sachs Global Research Centres.

Goldstein, A., Pinaud, N., Reisen, H. und Chen, X. (2006): The Rise of China and India. What's in it for Africa? Development Centre Studies. Paris: Organisation for Economic Development and Co-operation (OECD).

Goldstone, J. (2002): Population and security: how demographic change can lead to violent conflict. Journal of International Affairs 56 (1), 3–21.

Gollier, C. und Treich, N. (2003): Decision-making under scientific uncertainty: the economics of the precautionary principle. The Journal of Risk and Uncertainty 27, 77–103.

Government of China (2005): White Paper on China's Peaceful Development Road. Internet: http://www.china.org.cn/english/2005/Dec/152669.htm (gelesen am 12. Mai 2006). Peking: State Council Information Office.

Grävingholt, J. (2007): Staatlichkeit und Governance: Herausforderungen in Zentralasien und im Südkaukasus. DIE Analysen und Stellungnahmen 2. Bonn: Deutsches Institut für Entwicklungspolitik (DIE).

Gregory, J. M., Huybrechts, P. und Raper, S. C. B. (2004): Threatened loss of the Greenland ice-sheet. Nature 428, 616.

Grimm, S. und Klingebiel, S. (2007): Governance-Herausforderungen in Afrika südlich der Sahara. DIE – Afrika Agenda 2007: Ansatzpunkte für den deutschen G8-Vorsitz und die EU-Ratspräsidentschaft. Discussion Paper 18, 41–55.

Gritti, E. S., Smith, B. und Sykes, M. T. (2006): Vulnerability of Mediterranean basin ecosystems to climate change and invasion by exotic plant species. Journal of Biogeography 33, 145–157.

Grossmann, M. (2006): Cooperation on Africa's international waterbodies: information needs and the role of information-sharing. In: Scheumann, W. und Neubert, S. (Hrsg.): Transboundary Water Management in Africa. DIE Studies 21. Bonn: Deutsches Institut für Entwicklungspolitik (DIE), 173–236.

Große Koalition (2005): Gemeinsam für Deutschland – Mit Mut und Menschlichkeit. Koalitionsvertrag zwischen CDU, CSU und SPD vom 11. November 2005. Berlin: Große Koalition.

Grote, U., Engel, S. und Schraven, B. (2006): Migration Due to the Tsunami in Sri Lanka – Analyzing Vulnerability and Migration at the Household Level. Discussion Papers on Development Policy Nr. 106. Bonn: Zentrum für Entwicklungsforschung (ZEF).

GTZ – Deutsche Gesellschaft für Technische Zusammenarbeit (2003): Klimaschutz-Programm für Entwicklungsländer (CaPP). Anpassung an den Klimawandel: Ergebnisse eines Screenings der deutschen TZ-Projekte. Eschborn: GTZ.

Gupta, A. K., Anderson, D. M. und Overpeck, J. T. (2003): Abrupt changes in the Asian southwest monsoon during the Holocene and their links to the North Atlantic Ocean. Nature 421 (23.01.), 324–325.

Gurr, T. R. (2000): Peoples versus States: Minorities at Risk in the New Century. Washington, DC: USIP Press.

GWP – Global Water Partnership (2000): Integrated Water Resources Management. Technical Advisory Committee Background Papers No. 4. Internet: http://www.gwpforum.org/gwp/library/TACNO4.PDF (gelesen am 11. April 2007). Stockholm: GWP.

Haas, P. M. (2002): UN conferences and constructivist governance of the environment. Global Governance 8, 73–91.

Haas, P. M. (2004): When does power listen to truth? A constructivist approach to the policy process. Journal of European Public Policy 11, 569–592.

Haass, R. (2005): The Opportunity. New York: PublicAffairs.

Hagmann, T. (2005): Confronting the concept of environmentally induced conflict. Peace, Conflict, and Development 6 (Januar), 1–22.

Hagopian, F. und Mainwaring, S. P. (2006): The Third Wave of Democratization in Latin America: Advances and Setbacks. Cambridge, New York: Cambridge University Press.

Halbach, U. (2002): Stabilitätspolitik in Zentralasien und Kaukasien im Rahmen der „Anti-Terror-Allianz". SWP-Diskussionspapier der Forschungsgruppe Russland. Berlin: Stiftung Wissenschaft und Politik (SWP).

Hamilton, J., Maddison, D. und Tol, R. (2005): Climate change and international tourism. A simulation study. Global Environmental Change 15 (3), 253–266.

Hansen, G. (2006): Displacement and Return. Internet: http://www.c-r.org/accord/geor-ab/accord7/displace.shtml (gelesen am 11. Mai 2006). London: Concillation Ressources (CR).

Hansen, J. E. (2005): A slippery slope: How much global warming constitutes „dangerous anthropogenic interference"? Climatic Change 68, 269–279.

Hansen, S. A. (2003): Neuer Ärger beim chinesischen Riesenstaudamm. Berlin: taz.

Hare, B. (2006): Relationship between increases in global mean temperature and impacts on ecosystems, food production, water and socio–economic systems. In: Schellnhuber, H. J., Cramer, W., Nakicenovic, N., Wigley, T. und Yohe, G. (Hrsg.): Avoiding Dangerous Climate Change. Cambrigde, New York: Cambridge University Press, 177–185.

Hauge, W. und Ellingsen, T. (1998): Beyond environmental scarcity: causal pathways to conflict. Journal of Peace Research 35 (3), 299–317.

Hauswedell, C. (2006): Erweiterte Sicherheit und militärische Entgrenzung. Blätter für deutsche und internationale Politik 51 (6), 723–732.

Heberer, T. und Senz, A.-D. (2006a): Die Rolle Chinas in der internationalen Politik. Innen- und außenpolitische Entwicklungen und Handlungspotenziale. DIE Discussion Paper 3. Bonn: Deutsches Institut für Entwicklungspolitik (DIE).

Heberer, T. und Senz, A.-D. (2006b): Regionalexpertise: Destabilisierungs- und Konfliktpotenzial prognostizierter Umweltveränderungen in China bis 2020/2050. Expertise für das Hauptgutachten „Welt im Wandel: Sicherheitsrisiko Klimawandel". Internet: http://www.wbgu.de/wbgu_jg2007_ex06.pdf Berlin: WBGU.

Hecht, M. (2004): Nahrungsmangel und Protest: Teurungsunruhen in Frankreich und Preußen in den Jahren 1846/47. Studien zur Landesgeschichte. Halle: Mitteldeutscher Verlag.

Hegre, H., Ellingsen, T., Gleditsch, N. P. und Gates, S. (2001): Towards a democratic civil peace? American Political Science Review 95 (1), 33–48.

Heilig, G. (1999): Can China Feed Itself? A System for Evaluation of Policy Options. Internet: http://www.iiasa.ac.at/Research/LUC/ChinaFood/index_h.htm (gelesen am 1. Juli 2006). Laxenburg: International Institute for Applied Systems Analysis (IIASA).

Heitzman, J. und Worden, R. L. (1989): Bangladesh: A Country Study. Washington, DC: Federal Research Division. Library of Congress.

Held, D., McGrew, A., Goldblatt, D. und Perraton, J. (1999): Global Transformations. Politics, Economics and Culture. Stanford: Stanford University Press.

Held, M., Delworth, T. L., Lu, J., Findell, K. L. und Knutson, T. R. (2005): Simulation of Sahel drought in the 20th and 21st centuries. PNAS 102 (50), 17891–17896.

Hély, C., Bremond, L., Alleaume, S., Smith, B., Sykes, M. T. und Guiot, J. (2006): Sensitivity of African biomes to changes in the precipitation regime. Global Ecology and Biogeography 15, 258–270.

Hensell, S. (2002): Modernisierung und Gewalt in Mazedonien. Zur politischen Ökonomie eines Balkankrieges. Arbeitspapier der Universität Hamburg – IPW. Hamburg: IPW Forschungsstelle Kriege, Rüstung und Entwicklung.

Herbst, J. (1996): Responding to state failure in Africa. International Security 21 (3), 120–144.

Herrfahrdt, E. (2004): Landwirtschaftliche Transformation, Desertifikation und nachhaltige Ressourcennutzung. Fallbeispiel Usbekistan. DIE Studies 2/2004. Bonn: Deutsches Institut für Entwicklungspolitik (DIE).

Herrmann, G. (2006): Gereiztes Klima nach dem Tauwetter. Die Erderwärmung lässt das Arktis-Eis schmelzen – nun streiten Anrainerstaaten um freiwerdende Bodenschätze wie Öl und Gas. München: Süddeutsche Zeitung vom 06.10.2006.

HIIK – Heidelberger Institut für Internationale Konfliktforschung (2005): Konfliktbarometer 2005. Krisen, Kriege, Putsche, Verhandlungen, Vermittlungen, Friedensschlüsse. 14. Jährliche Konfliktanalyse. Heidelberg: Institut für Internationale Konfliktforschung.

HIIK – Heidelberger Institut für Internationale Konfliktforschung (2006): Konfliktbarometer 2006. Krisen, Kriege, Putsche, Verhandlungen, Vermittlungen, Friedensschlüsse. 15. Jährliche Konfliktanalyse. Heidelberg: Institut für Internationale Konfliktforschung.

Hillmann, F. (1996): Jenseits der Kontinente. Migrationsstrategien von Frauen nach Europa. Pfaffenweiler: Centaurus.

Hilpold, P. (2006): The duty to protect and the reform of the United Nations: a new step in the development of international law? Max Planck Yearbook of United Nations Law 10, 35–69.

Hippler, J. (2003): USA und Europa: unterschiedliche Sicherheitspolitiken. In: Hauchler, I., Messner, D. und Nuscheler, F. (Hrsg.): Globale Trends 2004/2005. Frankfurt/M.: Fischer, 292–307.

Hitz, S. und Smith, J. B. (2004): Estimating global impacts from climate change. Global Environmental Change 14, 201–218.

Hofmeier, R. (2004): Regionale Kooperation und Integration. In: Ferdowsi, M. A. (Hrsg.): Afrika – ein verlorener Kontinent. München: Bayerische Landeszentrale für politische Bildungsarbeit, 189–224.

Homer–Dixon, T. F. (1990): Environmental Change and Violence Conflict. Ontario, Canada: Canadian Environment and Sustainable Development Program, Institute for Research on Public Policy.

Homer–Dixon, T. F. (1991): On the threshold. Environmental changes as causes of acute conflict. International Security 16 (2), 76–116.

Homer–Dixon, T. F. (1994): Environmental scarcities and violent conflict. Evidence from cases. International Security 19 (1), 5–40.

Homer–Dixon, T. F. (1999): Environment, Scarcity, and Violence. Princeton: Princeton University Press.

Homer-Dixon, T. F., Boutwell, J. und Rathjens, G. (1993): Environmental change and violent conflict. Scientific American 268, 8.

Hörig, R. (2006): Der Hunger nach Energie – Der Subkontinent ist berüchtigt für ineffiziente Kohlekraftwerke. Das Parlament (7./14. August), 12.

Horlemann, L. und Neubert, S. (2007): Virtual Water Trade: A Realistic Concept for Resolving the Water Crisis? Bonn: Deutsches Institut für Entwicklungspolitik (DIE).

Houdret, A. und Tänzler, D. (2006): Umwelt und Konflikt. In: SEF – Stiftung Entwicklung und Frieden (Hrsg.): Globale Trends 2007. Frieden, Entwicklung, Umwelt. Frankfurt/M.: Fischer, 359–378.

Houscht, M. P. (2003): Bangladesch 2003: Hypotheken und Herausforderungen. Internet: http://library.fes.de/pdf-files/stabsabteilung/01741.pdf (gelesen am 9. Februar 2007). Bonn: Friedrich-Ebert-Stiftung.

Hoyos, C. D., Agudelo, P. A., Webster, P. J. und Curry, J. A. (2006): Deconvolution of the factors contributing to the increase in global hurricane intensity. Science 312, 94–97.

Hu, R. L., Yue, Z. Q., Wang, L. C. und Wang, S. J. (2004): Review on current status and challenging issues of land subsidence in China. Engineering Geology 76, 65–77.

Hubacek, K. und Sun, L. (1999): Land Use Change in China: A Scenario Analysis Based on Input-Output Modeling. IIASA Interim Report IR-99-073. Laxenburg: IIASA.

Hubacek, K. und Vazquez, J. (2002): The Economics of Land Use Change. IIASA Interim Report IR-02-015. Laxenburg: IIASA.

Hugo, G. (1996): Environmental concerns and international migration. International Migration Review 30 (1), 105–131.

Hummel, H. (2006): Bedeutungswandel des Multilateralismus. In: Debiel, T., Messner, D. und Nuscheler, F. (Hrsg.): Globale Trends 2007. Frieden, Entwicklung, Umwelt. Frankfurt/M.: Fischer, 61–80.

Humphrey, J. und Messner, D. (2006a): China and India as emerging global governance actors. IDS Bulletin 37 (1), 107–114.

Humphrey, J. und Messner, D. (2006b): Eigensinnige Riesen in multipolarer Welt. E+Z Entwicklung und Zusammenarbeit 47 (5), 192–196.

Humphrey, J. und Messner, D. (2006c): Instabile Multipolarität: Indien und China verändern die Weltpolitik. Analysen und Stellungnahmen: Band 1. Bonn: Deutsches Institut für Entwicklungspolitik (DIE).

Huntington, S. P. (1993): The clash of civilizations. Foreign Affairs 72 (3), 22–49.

Huntington, S. P. (1996): The Clash of Civilizations and the Remaking of World Order. New York: Simon & Schuster.

Hutchinson, C. F., Herrmann, S. M., Maukonen, T. und Weber, J. (2005): Introduction: the „greening" of the Sahel. Journal of Arid Environments 63, 535–537.

Hutyra, L. R., Munger, J. W., Nobre, C. A., Saleska, S. R., Vieira, S. A. und Wofsy, S. C. (2005): Climatic variability and vegetation vulnerability in Amazonia. Geophysical Research Letters 32, L24712.

IBGE – Instituto Brasileiro de Geografia e Estatística (2007): Daten aus der elektronischen Datenbank des brasilianischen Bundesamts für Statistik. Internet: http://www.ibge.gov.br (gelesen am 16. März 2007). São Paulo: IBGE.

IDA – International Development Association (2006): Rebuilding Post-Hurricane Mitch. Internet: http://web.worldbank.org (gelesen am 4. Dezember 2006). Washington, DC: IDA.

IEA – International Energy Agency (2002): World Energy Outlook 2002. Paris: IEA.

IEA – International Energy Agency (2006a): Renewables in Global Energy Supply 2006. An IEA Fact Sheet. Paris: IEA.

IEA – International Energy Agency (2006b): Bioenergy. Annual Report 2005. Paris: IEA.

IEA – International Energy Agency (2006c): World Energy Outlook 2006. Paris: IEA.

IFRC – International Federation of Red Cross (1999): World Disasters Report 1999. Genf: IFRC.

IISD – International Institute for Sustainable Development (2007): Summary of the 24th Session of the UNEP Governing Council/Global Ministerial Environment Forum: 5–9 February 2007. Earth Negotiations Bulletin 12.

Imbusch, P. und Zoll, R. (2005): Friedens- und Konfliktforschung. Eine Einführung. Wiesbaden: VS-Verlag für Sozialwissenschaften.

IMF – International Monetary Fund (2006): World Economic Outlook Database (Spring 2006), International Financial Statistics (IFS). Washington, DC: IMF.

IMF – International Monetary Fund (2007): World Economic Outlook Database, April 2007. Washington, DC: IMF.

Imhasly, B. (2006): Demokratie als Basis für Stabilität – und Unruhe. Das Parlament (7./14. August), 2.

IMISCOE – International Migration Integration and Social Cohesion (2007): IMISCOE Joint Programme of Research. Internet: http://www.imiscoe.org/research/programme/documents/IMISCOEJointResearchProgramme.pdf (gelesen am 26. März 2007). Amsterdam: Universität Amsterdam IMISCOE.

INPE – Instituto Nacional de Pesquisas Espaciais (2007): Daten von der website des brasilianischen Raumfahrtinstituts INPE. Internet: http://www.inpe.br (gelesen am 16. März 2007). São José dos Campos: INPE.

International Crisis Group (2006): Bangladesh Today. Asia Report 121. Manila: International Crisis Group.

IOM – International Organization for Migration (1996): Environmentally-Induced Population Displacements and Environmental Impacts Resulting from Mass Migration. International Symposium, Genf, 21–24 April 1996. Genf: IOM.

IOM – International Organization for Migration (2001): IOM 50th Anniversary Council. An International Dialogue on Migration, 27–29 November 2001. Internet: http://www.iom.int/jahia/Jahia/cache/offonce/pid/385 (gelesen am 15. Februar 2007). Genf: IOM.

IOM – International Organization for Migration (2006): About Migration. Facts & Figures. Global Estimates and Trends. Internet: http://www.iom.int/jahia/page254.html#9 (gelesen am 27. Oktober 2006). Genf: IOM.

IPCC – Intergovernmental Panel on Climate Change (1990): Climate Change. The IPCC Response Strategies. Genf: IPCC.

IPCC – Intergovernmental Panel on Climate Change (2000): Special Report on Emissions Scenarios. Genf: IPCC.

IPCC – Intergovernmental Panel on Climate Change (2001): Climate Change 2001: Impacts, Adaptation and Vulnerability. Contribution of Working Group II to the Third Assessment Report of the IPCC. Cambridge, New York: Cambridge University Press.

IPCC – Intergovernmental Panel on Climate Change (2007a): Climate Change 2007: The Physical Science Basis. Contribution of Working Group I to the Fourth Assessment Report of the IPCC. Genf: IPCC.

IPCC – Intergovernmental Panel on Climate Change (2007b): Climate Change 2007: Impacts, Adaptation and Vulnerability. Contribution of Working Group II to the Fourth Assessment Report of the IPCC. Genf: IPCC.

IPCC – Intergovernmental Panel on Climate Change (2007c): Climate Change 2007: Mitigation of Climate Change. Contribution of Working Group III to the Fourth Assessment Report of the IPCC. Genf: IPCC.

Ipsen, K. (2004): Völkerrecht. München: Beck.

ISS – Institute for Security Studies (2004): European Defence. A Proposal for a White Paper. Report of an Independent Task Force. Paris: ISS.

IWMI – International Water Management Institute (2007): Water for Food, Water for Life. A Comprehensive Assessment of Water Management in Agriculture. London: Earthscan.

Jachtenfuchs, M. (2003): Regieren jenseits der Staatlichkeit. In: Hellmann, G., Wolf, K. D. und Zürn, M. (Hrsg.): Die neuen Internationalen Beziehungen. Forschungsstand und Perspektiven in Deutschland. Baden-Baden: Nomos, 495f.

Jackson, R. (1990): Quasi–States: Sovereignty, International Relations and the Third World. Cambridge, UK: Cambridge University Press.

Jacobs, A. und Mattes, H. (Hrsg.) (2005): Un-politische Partnerschaft. Eine Bilanz politischer Reformen in Nordafrika/ Nahost nach zehn Jahren Barcelonaprozess. Bonn: Konrad-Adenauer-Stiftung.

Jacobsen, K. (2002): Livelihoods in conflict. The pursuit of livelihoods by refugees and the impact on the human security of the host communities. International Migration 40 (5), 95–123.

Jahn, E. (1997): Migration movements. In: Bernhardt, R. (Hrsg.): Encyclopedia of Public International Law. Volume III. Amsterdam: Elsevier, 369–371.

Jahn, E. (2000): Refugees. In: Bernhardt, R. (Hrsg.): Encyclopedia of Public International Law. Volume IV. Amsterdam: Elsevier, 72–76.

Jakobeit, C. (1998): Wirksamkeit in der internationalen Umweltpolitik. Zeitschrift für Internationale Beziehungen 5, 345–366.

Janse, R. (2006): The legitimacy of humanitarian interventions. Leiden Journal of International Law 19, 669–692.

Jasanoff, S. (1990): The Fifth Branch: Science Advisers as Policy-Makers. Cambridge, MA: Harvard University Press.

Jasanoff, S. (2004): States of Knowledge. The Co-production of Science and Social Order. London: Routledge.

Jenkins, R. (2005): Chinas Gewicht. Entwicklung und Zusammenarbeit (E+Z) 46 (10), 376–379.

Johnston, A. I. (2003): China and International Institutions. In: Wang, Y. (Hrsg.): Construction Within Contradiction. Multiple Perspectives on the Relationship between China and International Organizations. Peking: China Development Publishing House.

Jones, A. (2002): Case Study: Genocide in Bangladesh, 1971. Internet: http://www.gendercide.org/case_Bangladesh.html (gelesen am 21. März 2006). Edmonton, Kanada: Gendercide.

Jones, S. (2005): Katrina's Impact on World Energy Markets. Houston: Purvin Gertz Inc.

Kagan, R. (2002): Power and weakness. Policy Review 113, 3–28.

Kagan, R. (2003): Of Paradise and Power. America and Europe in the New World Order. New York: Alfred A. Knopf.

Kaiser, J. (2001): Ecological restoration: NRC Panel pokes holes in Everglades scheme. Science 291 (5503), 959–961.

Kaldor, M. (Hrsg.) (1999): New and Old Wars. Organized Violence in a Global Era. Palo Alto, CA: Stanford University Press.

Kalter, F. (2000): Theorien der Migration. In: Müller, U., Nauck, B. und Diekmann, A. (Hrsg.): Handbuch der Demographie 1: Modelle und Methoden. Band 1. Berlin, Heidelberg, New York: Springer, 438–457.

Kaplan, R. D. (1994): The coming anarchy. Atlantic Monthly 273 (2), 44–76.

Kaplan, S. L. (1985): The Paris Bread Riot of 1725. French Historical Studies 14 (1), 23–56.

Kaplinsky, A. (2005): The Impact of Asian Drivers on the Developing World. Asian Drivers Programme – Background Papers. Internet: http://www.ids.ac.uk/ids/global/Asiandriversbackgroundpapers.html (gelesen am 8. Februar 2007). Brigthon, UK: Institute of Development Studies (IDS) at the University of Sussex.

Kaplinsky, R. (2006): China and the global terms of trade. IDS Bulletin (Special Issue) 37 (1), 43–53.

Karaev, Z. (2005): Water diplomacy in Central Asia. The Middle East Review of International Affairs 9 (1), 63–69.

Karim, H. und Gnisci, D. (2004): The Governance, Conflict Dynamics, Peace and Security Unit 2004–2006 Initial Work Programme. Paris: OECD Sahel and West Africa Club Secretariat.

Katzenstein, P. J. (2005): A World of Regions. Asia and Europe in the American Imperium. Ithaca, NY: Cornell University Press.

Kaufmann, D., Kraay, A. und Mastruzzi, M. (2006): Governance Matters V: Governance Indicators for 1996–2005. Washington, DC: World Bank.

Keane, D. (2004): The environmental causes and consequences of migration: a search for the meaning of „environmental refugees". Georgetown International Environmental Law Review 16, 209–223.

Kemfert, C. und Schumacher, K. (2005): Costs of Inaction and Costs of Action in Climate Protection – Assessment of Costs of Inaction or Delayed Action of Climate Protection and Climate Change. DIW Politikberatung kompakt. Berlin: Deutsches Institut für Wirtschaftsforschung (DIW).

Kennedy, P. (1988): The Rise and Fall of the Great Powers: Economic Change and Military Conflict from 1500–2000. New York: Harper Collins.

Kennedy, P. und Connelly, M. (1994): Must it be the rest against the west? Atlantic Monthly 12, 61–91.

Kennedy, P., Messner, D. und Nuscheler, F. (Hrsg.) (2002): Global Trends and Global Governance. London: Pluto Press.

Keohane, R. O. und Nye, J. S. (1977): Power and Interdependence. World Politics in Transition. Boston, MA: Little Brown.

Keohane, R. O. und Nye, J. S. (1987): Power and interdependence revisited. International Organization 41 (4), 725–753.

Keohane, R. O. und Nye, J. S. (2000): Globalization: what's new? What's not? (and so what?). Foreign Policy 118, 104–119.

KfW – Kreditanstalt für Wiederaufbau (2002): Transportinfrastruktur – Investitionen in die Transportinfrastruktur als

Beitrag zur Armutsbekämpfung. Diskussionsbeitrag Nr.30/2002. Frankfurt/M.: KfW.

Kibreab, G. (1994): Migration, environment and refugeehood. In: Zaba, B. und J., C. (Hrsg.): Environment and Population Change. Liège, Belgien: International Union for the Scientific Study of Population. Derouaux Ordina Editions, 115–129.

Kienast, F., Wildi, O. und Brzeziecki, B. (1998): Potential impacts of climate change on species richness in mountain forests – an ecological risk assessment. Biological Conservation 83, 291–305.

Kimminich, O. (1997): Einführung in das Völkerrecht. Tübingen, Basel: Francke.

Klaphake, A. und Scheumann, W. (2001): Politische Antworten auf die globale Wasserkrise: Trends und Konflikte. Aus Politik und Zeitgeschichte 48–49, 3–13.

Klaphake, A. und Voils, O. (2006): Cooperation on international rivers from an economic perspective: current state and experiences. In: Scheumann, W. und Neubert, S. (Hrsg.): Transboundary Water Management in Africa. DIE Studies 21. Bonn: Deutsches Institut für Entwicklungspolitik (DIE), 103–172.

Klare, M. und Volman, D. (2006): America, China & the scramble for Africa's oil. Review of African Political Economy 108, 227–309.

Klein, R. J. T., Nicholls, R. J. und Thomalla, F. (2002): The resilience of coastal megacities to weather related hazards – a review. In: Kreimer, A., Arnold, M. und Carlin, A. (Hrsg.): Proceedings of the Future Disaster Risk: Building Safer Cities. Washington, DC: World Bank, 111–137.

Klenke, C. (2006): Ein gewaltiges Krisenpotenzial. Militärische Aspekte des Taiwan-Konfliktes. Das Parlament 56 (30731), 3.

Klingebiel, S. und Roehder, K. (2004): Entwicklungspolitisch–militärische Schnittstellen. Neue Herausforderungen in Krisen und Post–Konfliktsituationen. Bonn: Deutsches Institut für Entwicklungspolitik (DIE).

Klingebiel, S. und Roehder, K. (2005): Entwicklungs- und Sicherheitspolitik. Neue Schnittstellen in Krisen- und Post-Konflikt-Situationen. In: Messner, D. und Scholz, I. (Hrsg.): Zukunftsfragen der Entwicklungspolitik. Baden-Baden: Nomos, 391–403.

Korf, B. (2005): Rethinking the greed-grievance nexus: property rights and the political economy of war in Sri Lanka. Journal of Peace Research 42 (2), 201–217.

Körner, C. (2006): Plant CO_2 responses: an issue of definition, time and resource supply. New Phytologist 172 (3), 393–411.

Kramer, J. (1989): Kein Deich – kein Land – kein Leben: Geschichte des Küstenschutzes an der Nordsee. Leer: Rautenberg.

Kreutzmann, H. (2004): Mittelasien – politische Entwicklung, Grenzkonflikte und Ausbau der Verkehrsinfrastruktur. Geographische Rundschau 56 (10), 4–9.

Kröhnert, S. (2003): Theorien der Migration. Berlin-Institut für Weltbevölkerung und globale Entwicklung – Online Handbuch. Internet: http://www.berlin-institut.org/pdfs/Kroehnert _Theorien_der_Migration.pdf (gelesen am 27. Oktober 2006). Berlin: Berlin-Institut für Weltbevölkerung und globale Entwicklung.

Kulessa, M. und Ringel, M. (2003): Kompensationen als innovatives Instrument globaler Umweltschutzpolitik: Möglichkeiten und Grenzen einer Weiterentwicklung des Konzepts am Beispiel der biologischen Vielfalt. Zeitschrift für Umweltpolitik & Umweltrecht 26 (3), 263–285.

Kupchan, C. A. (2003): The End of the American Era. U.S. Foreign Policy and the Geopolitics of the Twenty-first Century. New York: Alfred A. Knopf.

Kupchan, C. A., Adler, E., Coicaud, J.-M. und Khong, Y. F. (2001): Power in Transition: The Peaceful Change of International Order. Tokio: UNU Press.

Kurlantzick, J. (2006): China's Charm: Implications of Chinese Soft Power. Washington, DC: Carnegie Endowment for International Peace.

Lacina, B. (2004): From side show to centre state: civil conflict after the cold war. Security Dialogue 35 (2), 191–205.

Lailufar, Y. (2004): Bangladesh-India tussles. South Asian Jounal 5.

Lal, M., Nozawa, T., Emori, S., Harasawa, H., Takahashi, K., Kimoto, M., Abe-Ouchi, A., Nakajima, T., Takemura, T. und Numaguti, A. (2001): Future climate change: implications for Indian summer monsoon and its variability. Current Science 81 (9), 1196.

Lamb, H. H. (1995): Climate, History and the Modern World. London: Routledge.

Lambach, D. (2005): Schwäche und Zerfall von Staaten. Operationalisierung eines schwierigen Konzepts. Paper gelesen anlässlich „Krieg, Gewalt und prekärer Frieden": Nachwuchstagung der Arbeitsgemeinschaft Friedens– und Konfliktforschung, 14.–16. Januar, Bocholt. Bocholt: Arbeitsgemeinschaft Friedens- und Konfliktforschung.

Lan, X., Simonis, U. E. und J., D. (2006): Environmental Governance in China. Berlin: Wissenschaftszentrum Berlin für Sozialforschung (WZB).

Landsteiner, E. (1999): The crisis of wine production in late sixteenth–century Central Europe: climatic causes and economic consequences. Climatic Change 43, 323–334.

Langhammer, R. (2005): China and the G-21: a new north-south divide in the WTO after Cancún? Journal of the Asia Pacific Economy 10 (3), 339–358.

Le Billon, P. (2001): The political ecology of war: natural reources and armed conflicts. Political Geography 20, 561–584.

Le Billon, P. (2002): Risiko Ressourcenreichtum: Ursachen und Wirkung der „Neuen Kriege". In: Jung, A. (Hrsg.): medico Report 24: Ungeheuer ist nur das Normale: Zur Ökonomie der „neuen" Kriege. Frankfurt a.M.: Mabuse-Verlag, 28–49.

Lee, E. S. (1972): Eine Theoerie der Wanderung. In: Széll, G. (Hrsg.): Regionale Mobilität. München: Nymphenburger Verlagshandlung, 115–129.

Leemans, R. und Eickhout, B. (2004): Another reason for concern: regional and global impacts on ecosystems for different levels of climate change. Global Environmental Change 14, 219–228.

Lefèbvre, G. (1932): La Grande Peur de 1789. Paris: Libraire Armand Colin.

Leighton, M. (2006): Desertification and migration. In: Johnson, P. M., Mayrand, K. und Paquin, M. (Hrsg.): Governing Global Desertification. Linking Environmental Degradation, Poverty and Participation. Aldershot: Ashgate, 43–59.

Le Monde diplomatique (2007): Atlas der Globalisierung. Berlin: taz Verlag.

Lenton, T. M., Held, H., Kriegler, E., Hall, J., Lucht, W., Rahmstorf, S. und Schellnhuber, H. J. (2007): Tipping elements in the Earth system. Nature (eingereicht).

Létolle, R. und Mainguet, M. (1996): Der Aralsee. Eine ökologische Katastrophe. Berlin, Heidelberg, New York: Springer.

Levermann, A., Griesel, A., Hofmann, M., Montoya, M. und Rahmstorf, S. (2005): Dynamic sea level changes following changes in the thermohaline circulation. Climate Dynamics 24, 347–354.

Levy, M. A. (1995): Is the environment a national security issue? International Security 20 (2), 35–62.

Lieberthal, K. und Lampton, D. (1992): Bureaucracy, Politics and Decision-Making in Post-Mao China. Berkley, LA, Oxford: University of California Press.

Liedtke, H. und Marcinek, J. (2002): Physische Geographie Deutschlands. Gotha: Klett.

Lindemann, S. (2006): Success and failure in international river basin management – the case of Southern Africa. In: Jänicke, M. und Jacob, K. (Hrsg.): Environmental Governance in Global Perspective: New Aproaches to Ecological and Political Modernisation. Berlin: Forschungsstelle für Umweltpolitik, Freie Universität Berlin.

Liniger, H., Weingarten, R. und Grosjean, M. (1998): Mountains of the World: Water Towers for the 21st Century. Bern: Universität Bern. Mountain Agenda. Center for Development and Environment.

Lipschutz, R. D. (1995): On Security. New Directions in World Politics. New York: Columbia University Press.

Lobina, E. (2000): Cochabamba – water war. Focus (PSI Journal) 7 (2).

Lohrmann, R. (2000): Migrants, refugees and insecurity. Current threats to peace? International Migration 38 (4), 3–22.

Lonergan, S. (1998): The role of environmental degradation in population displacement. Environmental Change and Security Project Report 4, 5–15.

Long, S. P., Ainsworth, E. A., Leakey, A. D. B., Nosberger, J. und Ort, D. R. (2006): Food for thought: lower-than-expected crop yield simulation with rising CO_2 concentrations. Science 312, 1918–1921.

Lüders, M. (2003): Macht und Glauben in Zentralasien. Aus Politik und Zeitgeschichte B 37, 49–54.

Lummel, P. (2002): Von der Hungersnot zum Beginn modernen Massenkonsums – Berlins nimmersatter Riesenbauch – Die Lebensmittelversorgung einer werdenden Weltstadt. Zeitschrift „Nahrungskultur: Essen und Trinken im Wandel“. Stuttgart: Landeszentrale für politische Bildung Baden-Württemberg.

MA – Millennium Ecosystem Assessment (Hrsg.) (2005a): Millennium Ecosystem Assessment 2005. Ecosystems and Human Well-Being: Synthesis Report. Washington, DC: Island Press.

MA – Millennium Ecosystem Assessment (2005b): Millennium Ecosystem Assessment 2005. Ecosystems and Human Well-Being: Biodiversity Synthesis. Washington, DC: World Resources Institute (WRI).

MA – Millennium Ecosystem Assessment (2006): Millennium Ecosystem Assessment. Ecosystems and Human Well-Being: Current State and Trends. Volume 1. Washington, DC: Island Press.

MacCallion, K. F. (2000): Environmental justice without borders: the need for an International Court of the Environment to protect fundamental environmental rights. George Washington Journal of International Law and Economics 32, 351–365.

Mahar, D. (1988): Government Policies and Deforestation in Brazil's Amazon Region. Washington, DC: World Bank.

Mainwaring, S., Bejarano, A. M. und Pizarro, E. (2006): The Crisis of Representation in the Andes. Stanford: Stanford University Press.

Mark, B. G., Seltzer, G. O. und Geoffrey, O. (2003): Tropical glacier melt water contribution to stream discharge: a case study in the Cordillera Blanca, Peru. Journal of Glaciology 49, 271–281.

Martin, A. (2005): Environmental conflict between refugee and host communities. Journal of Peace Research 42 (3), 329–346.

Marugg, M. (1990): Völkerrechtliche Definitionen des Ausdrucks „Flüchtling“. Ein Beitrag zur Geschichte unter besonderer Berücksichtigung sogenannter de-facto-Flüchtlinge. Basel, Frankfurt/M.: Helbing & Lichtenhahn.

Massey, D. S., Arango, J., Hugo, G., Kouaouci, A., Pellegrino, A. und Taylor, J. E. (1998): Worlds in Motion. Understanding International Migration at the End of the Millennium. Oxford, NY: Clarendon Press Oxford.

Matthew, R. A. und Fraser, L. (2002): Global Environmental Change and Human Security: Conceptual and Theoretical Issues. Irvine, CA: University of California, Irvine.

Matthew, R. und McDonald, B. (2004): Networks of threats and vulnerability: lessons from environmental security research. ESCP Report 10, 36–42.

Matthew, R., Brklacich, M. und Mcdonald, B. (2004): Analyzing environment, conflict and cooperation. In: UNEP – United Nations Environment Programme (Hrsg.): Understanding Environment, Conflict and Cooperation. Nairobi: UNEP, 5–16.

McGregor, J. (1993): Refugees and the environment. In: Black, R. und Robinson, V. (Hrsg.): Geography and Refugees: Patterns and Processes of Change. London: Belhaven, 157–170.

Mearsheimer, J. J. (1990): Back to the future. Instability in Europe after the cold war. International Security 15 (1), 5–56.

Medeiros, E. S. und Fravel, M. T. (2003): Victim no more. China's new diplomacy. Foreign Affairs 82 (6), 22–35.

Mehler, A. (2002): Structural stability: meaning, scope and use in an African context. afrika spectrum 37 (1), 5–23.

Meinshausen, M. (2006): What does a 2°C target mean for greenhouse gas concentrations? A brief analysis based on multi-gas emission pathways and several climate sensitivity uncertainty estimates. In: Schellnhuber, H.-J., Cramer, W., Nakicenovic, N., Wigley, T. M. L. und Yohe, G. (Hrsg.): Avoiding Dangerous Climate Change. Cambridge, New York: Cambridge University Press, 265–279.

Menzel, U. (2003): Die neue Hegemonie der USA und die Krise des Multilateralismus. Forschungsbericht. Braunschweig: Institut für Sozialwissenschaften der Technischen Universität Braunschweig.

Menzel, A., Sparks, T. H., Estrella, N., Koch, E., Aasa, A., Aha, R., Alm-Kubler, K., Bissolli, P., Braslavska, O., Briede, A., Chmielewski, F. M., Crepinsek, Z., Curnel, Y., Dahl, A., Defila, C., Donnelly, A., Filella, Y., Jatcza, K., Mage, F., Mestre, A., Nordli, O., Penuelas, J., Pirinen, P., Remisova, V., Scheifinger, H., Striz, M., Susnik, A., van Vliet, A. J. H., Wielgolaski, F. E., Zach, S. und Zust, A. (2006): European phenological response to climate change matches the warming pattern. Global Change Biology 12, 1969–1976.

Messner, D. (Hrsg.) (1998): Die Zukunft des Staates und der Politik. Bonn: Dietz.

Messner, D. (2006): Machtverschiebungen im internationalen System: Global Governance im Schatten des Aufstieges von China und Indien. In: Debiel, T., Messner, D. und Nuscheler, F. (Hrsg.): Globale Trends 2007. Frieden, Entwicklung, Umwelt. Frankfurt/M.: Fischer, 45–60.

Messner, D., Schade, J. und Weller, C. (2003): Weltpolitik zwischen Staatenanarchie und Global Governance. In: Hauchler, I., Messner, D. und Nuscheler, F. (Hrsg.): Globale Trends 2004/2005. Frankfurt/M.: Fischer, 235–251.

Metz, C. M. (2001): Dominican Republic and Haiti: Country Studies. Washington, DC: Federal Research Division. Library of Congress.

Miles, L., Grainger, A. und Phillips, O. L. (2004): The impact of global climate change on tropical forest biodiversity in Amazonia. Global Ecology and Biogeography 13, 553–565.

Milliken, J. und Krause, K. (2003): State failure, state collapse and state reconstruction: concepts, lessons, and strategies. In: Miliken, J. (Hrsg.): State Failure, Collapse and Reconstruction. London: Blackwell, 753–774.

Mitchell, T. D., Hulme, M. und New, M. (2002): Climate data for political areas. Area 34, 109.

Mitra, S. K. (2006): Die Hindu-Bombe. Auf dem Weg in den Club der Atommächte. Das Parlament (7./14. August), 5.

Miyan, A. (2003): Dynamics of Labor Migration – Bangladesh Context. Bangladesh: International University of Business Agriculture and Technology (IUBAT). Unveröffentlichtes Manuskript.

Molle, F. und Berkoff, J. (2006): Cities Versus Agriculture: Revisiting Intersectoral Water Transfers, Potential Gains and Conflicts. Comprehensive Assessment Research Report 10. Colombo, Sri Lanka: Comprehensive Assessment Secretariat.

Montalvo, J. und Reynal-Querol, M. (2003): Ethnic polarization, potenzial conflict, and civil wars. American Economic Review 95 (3), 796–816.

Morton, D. C., DeFries, R. S., Shimabukuro, Y. E., Anderson, L. O., Arai, E., del Bon Espirito-Santo, F., Freitas, R. und Morisette, J. (2006): Cropland expansion changes deforestation dynamics in the Southern Brazilian Amazon. Proceedings of the National Academy of Sciences of the USA 103, 14637–14641.

Mouillot, F., Rambal, S. und Joffre, R. (2002): Simulating climate change impacts on fire-frequency and vegetation dynamics in a Mediterrannean-type ecosystem. Global Change Biology 8, 423–437.

MPI – Max-Planck-Institut für Meteorologie (2006): Klimaprojektionen für das 21. Jahrhundert. Hamburg: MPI.

Muller, E. N. und Weede, E. (1990): Cross national variation in political violence: A rational action approach. Journal of Conflict Resolution 34 (4), 624–651.

Münchener Rück (2004): Welt der Naturgefahren. CD-ROM. München: Münchener Rück.

Münchener Rück (2006): Hurrikane – stärker, häufiger, teurer. Assekuranz im Änderungsrisiko. München: Münchener Rück.

Münkler, H. (2002): Die neuen Kriege. Hamburg: Rowohlt.

Münkler, H. (2005): Imperien. Die Logik der Weltherrschaft – Vom Alten Rom bis zu den Vereinigten Staaten. Berlin: Rowohlt.

Myers, N. (1993): Environmental refugees in a globally warmed world. Bioscience 43, 752–761.

Myers, N. (2002): Environmental refugees: a growing phenomenon of the 21st century. Philosophical Transactions of the Royal Society of London Series B–Biological Sciences 1420, 609–613.

Najam, A., Papa, M. und Taiyab, N. (2006): Global Environmental Governance. A Reform Agenda. Winnipeg, Manitoba: International Institute for Sustainable Development (IISD).

Narain, S. (2006): „Die Reichen sollen bezahlen" – Die indische Umweltschützerin Sunita Narain über die Kosten des Klimawandels für ärmere Länder und die Verantwortung der Industriestaaten (Interview). Die Zeit (10. August), 19.

Neilson, R. P., Pitelka, L. F., Solomon, A. M., Nathan, R., Midgley, G. F., Fragoso, J. M. V., Lischke, H. und Thompson, K. (2005): Forecasting regional to global plant migration in response to climate change. BioScience 55, 749–759.

Nemani, R. R., Keeling, C. D., Hashimoto, H., Jolly, W. M., Piper, S. C., Tucker, C. J., Myneni, R. B. und Running, S. W. (2003): Climate-driven increases in global terrestrial net primary production from 1982 to 1999. Science 300, 1560–1563.

Nepstad, D. C., Verissimo, A., Alencar, A., Nobre, C., Lima, E., Lefebvre, P., Schlesinger, P., Potterk, C., Moutinho, P., Mendoza, E., Cochrane, M. und Brooksk, V. (1999): Large-scale impoverishment of Amazonian forests by logging and fire. Nature 398, 505–508.

Nepstad, D. C., Moutinho, P., Dias, M. B., Davidson, E., Cardinot, G., Markewitz, D., Figueiredo, R., Vianna, N., Chambers, J., Ray, D., Guerreiros, J. B., Lefebvre, P., Sternberg, L., Moreira, M., Barros, L., Ishida, F. Y., Tohlver, I., Belk, E., Kalif, K. und Schwalbe, K. (2002): The effects of partial throughfall exclusion on canopy processes, aboveground production, and biogeochemistry of an Amazon forest. Journal of Geophysical Research – Atmospheres 107, Art. 8085.

Neubert, S. (2002): Wege zur Überwindung regionaler Wasserarmut. Politischer Wille und angepasste Managementstrategien entscheiden über zukünftige Verfügbarkeit der Ressource. Analysen und Stellungnahmen (4/2002). Bonn: Deutsches Institut für Entwicklungspolitik (DIE).

Neubert, S. und Herrfahrdt, E. (2005): Integriertes Wasserressourcen-Management: ein realistisches Konzept für Entwicklungs- und Transformationsländer? In: Messner, D. und Scholz, I. (Hrsg.): Zukunftsfragen der Entwicklungspolitik. Baden-Baden: Nomos Verlagsgesellschaft.

New, M., Hewitson, B., Stephenson, D. B., Tsiga, A., Kruger, A., Manhique, A., Gomez, B., Coelho, C. A. S., Masisi, D. N., Kululanga, E., Mbambalala, E., Adesina, F., Saleh, H., Kanyanga, J., Adosi, H., Bulane, L., Fortunata, L., Mdoka, M. L. und Lajoie, R. (2006): Evidence of trends in daily climate extremes over southern and west Africa. Journal of Geophysical Research 111 (D14102), doi:10.1029/2005JD006289.

Nicholls, R. J. (1995): Coastal megacities and climate change. GeoJournal 37.3, 369–379.

Norby, R. J., DeLucia, E. H., Gielen, B., Calfapietra, C., Giardina, C., P., King, J. S., Ledford, J., McCarthy, H. R., Moore, D. J. P., Ceulemans, R., de Angelis, P., Finzi, A. C., Karnosky, D. F., Kubiske, M. E., Lukac, M., Pregitzer, K. S., Sacrascia-Mugnozza, G. E., Schlesinger, W. H. und Oren., R. (2005): Forest response to elevated CO_2 is conserved across a brad range of productivity. Proceedings of the National Academy of Sciences of the United States of America 102, 18052–18056.

Nordås, R. und Gleditsch, N. P. (2005): Climate Conflicts: Common Sense or Nonsense? Paper presented at the 13th Annual National Political Science Conference, Hurdalsjøen, Norway, 5–7 January 2005. Oslo: Centre for the Study of Civil War (CSCW) at the International Peace Research Institute (PRIO).

Nuscheler, F. (2004): Internationale Migration. Flucht und Asyl. Wiesbaden: VS Verlag für Sozialwissenschaften.

Nussbaumer, J. (2003): Gewalt. Macht. Hunger – Schwere Hungerkatastrophen seit 1845. Innsbruck: Studienverlag.

Nye, J. S. (2002): The Paradox of American Power. Why the World's Only Superpower Can't Go It Alone. Oxford, New York: Oxford University Press.

O'Leary, M. (2004): The First 72 Hours: A Community Approach to Disaster Preparedness. Lincoln, NE: iUniverse Inc. Book Publisher.

O'Neill, K. (2005): Decentralizing the State: Elections, Parties, and Local Power in the Andes. New York: Cornell University Press.

OCHA – Office for the Coordination of Humanitarian Affairs (2006): Central Emergency Response Fund. Internet: http://ochaonline2.un.org/Default.aspx?tabid=8770 (gelesen am 15. Februar 2007). New York: United Nations (UN).

ODI – Overseas Development Institute (2005): Conflict in the Great Lakes Region. How is it linked with Land and Migration? Natural Resource Perspectives 96. London: ODI.

OECD DAC – Organisation for Economic Co-operation and Development - Development Assistance Committee (2003): Principles and Good Practice of Humanitarian Donorship. Internet: http://www.reliefweb.int/ghd/outreach.html (gelesen am 25. April 2007). Stockholm, Paris: OECD DAC.

OECD – Organisation for Economic Development and Cooperation (2001): The DAC Guidelines – Helping Prevent Violent Conflict. Paris: OECD.

OECD – Organisation for Economic Development and Cooperation (2007a): Fragile States: Policy Commitment and Principles for Good International Engagement in Fragile States and Situations. Final. Dokument DCD/DAC(2007)29. Paris: OECD.

OECD – Organisation for Economic Development and Cooperation (2007b): Development Aid from OECD Countries Fell 5.1% in 2006. Internet: http://www.oecd.org/document/17/0,3343,en_2649_33721_38341265_1_1_1_1,00.html (gelesen am 04.07.2007). Paris: OECD.

OECD-FAO – Organisation for Economic Development and Co-operation - Food and Agriculture Organisation of the United Nations (2005): Agricultural Outlook: 2005–2014. Internet: http://www.oecd.org/document/5/0,2340,en_2649_201185_35015941_1_1_1_1,00.html (gelesen am 27. Oktober 2006). Paris, Rom: OECD, FAO.

OECD-FAO – Organisation for Economic Development and Co-operation - Food and Agriculture Organisation of the United Nations (2006): Agricultural Outlook: 2006–2015. Internet: http://www.oecd.org/document/16/0,2340,en_2649_201185_37032958_1_1_1_1,00.html (gelesen am 27. Oktober 2006). Paris, Rom: OECD, FAO.

OHCHR – Office of the United Nations High Commissioner for Human Rights (2006): Questions and Answers about IDPs. Internet: http://www.ohchr.org (gelesen am 11. Mai 2006). New York: OHCHR.

Oki, T. und Kanae, S. (2006): Global hydrological cycles and world water resources. Science 313, 1068–1072.

Oldeman, L. R. (1992): Global Extent of Soil Degradation. ISRIC Bi-Annual Report 1991–1992. Wageningen: International Soil Reference and Information Centre (ISRIC).

Oldeman, L. R., Hakkeling, R. T. A. und Sombroek, W. G. (1991): World Map of the Status of Human-Induced Soil Degradation – An Explanatory Note. Global Assessment of Soil Degradation GLASOD. Wageningen: International Soil Reference and Information Centre (ISRIC).

Opp, C. (2004): Desertifikaton in Usbekistan. Geographische Rundschau 56 (10), 44–51.

Ottaway, M. und Mair, S. (2004): States at Risk and Failed States: Putting Security First (Policy Outlook of the Democracy & Rule of Law Project). Washington, DC: Carnegie Endowment for International Peace und German Institute for International and Security Affairs (SWP).

Oxfam (2006): Kenyan Food Crisis Compounded by ‚Serious Flaws' in Distribution System. Press Release January 17. Oxford: Oxfam.

Parkes, R. (2006): Gemeinsame Patrouillen an Europas Südflanke. Zur Frage der Kontrolle der afrikanischen Einwanderung. SWP-Aktuell 44. Berlin: Stiftung Wissenschaft und Politik (SWP).

Parmesan, C. und Yohe, G. (2003): A globally coherent fingerprint of climate change impacts across natural systems. Nature 421, 37–42.

Parry, M. L., Rosenzweig, C., Iglesias, A., Livermore, M. und Fischer, G. (2004): Effects of climate change on global food production under SRES emissions and socio-economic scenarios. Global Environmental Change 14, 53–67.

Pathania, J. (2003): India & Bangladesh – Migration Matrix. South Asia Analysis Group Paper No. 632. Internet: http://www.saag.org/papers7/paper632.html (gelesen am 17. Juli 2006). Noida, Indien: South Asia Analysis Group (SSAG).

Paul, B. K. (2005): Evidence against disaster-induced migration: the 2004 tornado in northcentral Bangladesh. Disasters 29, 370–385.

Pauwelyn, J. (2002): A World Environment Court. International Environmental Governance (Gaps and Weaknesses/Proposals for Reform). Working Paper. Tokio: United Nations University (UNU).

Peñuelas, J. und Filella, I. (2001): Responses to a warming world. Science 294, 793–795.

People's Daily Online (2007): Chinese Government Will Protect Migrant Workers Legal Rights. Internet: http://english.people.com.cn/200703/01/eng20070301_353438.html (gelesen am 6. März 2007). Peking: People's Daily Online.

Percival, V. und Homer-Dixon, T. F. (1995): Environmmental scarcity and violent conflict: the case of Rwanda. The Journal of Environment and Development 5 (3), 270ff.

Peru Cambio Climatico (2001): Comunicación Nacional del Perú a la Convención de Naciones Unidas sobre Cambio Climático. Lima, Peru: Cambio Climatico Peru.

Peterson, B. J., Holmes, R. M., McClelland, J. W., Vörösmarty, C. J., Lammers, R. B., Shiklomanov, A. I., Shiklomanov, I. A. und Rahmstorf, S. (2002): Increasing river discharge to the Arctic Ocean. Science 298, 2171–2173.

Peterson, L. C. und Haug, G. H. (2006): Variability in the mean latitude of the Atlantic Intertropical Convergence Zone as recorded by riverine input of sediments to the Cariaco Basin (Venezuela). Palaeogeography Palaeoclimatology Palaeoecology 234, 97–113.

Phienwej, N. und Nutalaya, P. (2005): Subsidence and flooding in Bangkok. In: Gupta, A. (Hrsg.): The Physical Geography of Southeast Asia. Oxford, New York: Oxford University Press, 358–378.

Philips, D., Daoudy, M., McCaffrey, S., Öjendal, J. und Turton, A. R. (2006): Trans-boundary Water Cooperation as a Tool for Conflict Prevention and for Broader Benefit-Sharing. Global Development Studies No. 4. Stockholm: Swedish Ministry of Foreign Affairs.

Phuong, C. (2004): The International Protection of Internally Displaced Persons. Cambridge, New York: Cambridge University Press.

Pilardeaux, B. (2004): Erschwerte Bedingungen – Globale Umweltveränderungen und Ernährungssicherung. Politische Ökologie 90, 19–22.

Postiglione, A. (1999): The Global Demand for an International Court of the Environment. Neapel: International Court of the Environment Foundation (ICEF).

Postiglione, A. (2002): La necessità di una corte internazionale dell'ambiente. Rivista giuridica dell'ambiente 17, 389–394.

Potter, C., Klooster, S., Reis de Carvalho, C., Brooks Genovese, V., Torregrosa, A., Dungan, J., Bobo, M. und Coughlan, J. (2001): Modeling seasonal and interannual variability in ecosystem carbon cycling fort he Brazilian

Amazon region. Journal of Geophysical Research 106, 10423–10446.

Potter, C., Tan, P.-N., Kumar, V., Kucharik, C., Klooster, S., Genovese, V., Cohen, W. und Healey, S. (2005): Recent history of large-scale ecosystem disturbances in North America derived from the AVHRR satellite record. Ecosystems 8, 808–824.

Prugh, T., Flavin, C. und Sawin, J. L. (2005): Changing the oil economy. Chapter 6. In: Worldwatch Institute (Hrsg.): State of the World 2005: Redefining Global Security. Washington, DC: Worldwatch Institute, 100–120.

Rabobank (2005): Country Report Peru. Lima, Peru: Economic Research Department. Country Risk Research.

Raffinot, M. und Rosellini, C. (2006): Out of Financing Trap? Financing Post-Conflict Countries and LICUSs. Working Paper 29. Paris: Agence Francaise de Developpement.

Rahmstorf, S. (2002): Ocean circulation and climate during the past 120,000 years. Nature 419, 207–214.

Rahmstorf, S. (2007): A semi-empirical approach to projecting future sea-level rise. Science 315, 368–370.

Rahmstorf, S., Cazenave, A., Church, J. A., Hansen, J. E., Keeling, R. F., Parker, D. E. und Somerville, R. C. J. (2007): Recent climate observations compared to projections. Science, DOI: 10.1126/science.1136843.

Raja, M. C. (2006): India and the balance of power. Foreign Affairs 85 (4), 17–32.

Raknerud, A. und Hegre, H. (1997): The hazard of war: reassessing the evidence for the democratic peace. Journal of Peace Research 34 (4), 385–404.

Rankin, M. B. (2005): Extending the Limits or Narrowing the Scope? Deconstructing the OAU Refugee Definition Thirty Years on. New Issues in Refugee Research. Working Paper No. 113. Genf: UNHCR Evaluation and Policy Analsis Unit.

Rechkemmer, A. (2005): UNEO – Towards and International Environment Organization. Approaches to a Sustainable Reform of Global Environmental Governance. Baden-Baden: Nomos.

Regan, P. und Norton, D. (2005): Greed, grievance, and mobilization in civil wars. Journal of Conflict Resolution 49 (3), 319–336.

Reinhardt, D. und Rolf, C. (2006): Humanitäre Hilfe und vergessene Katastrophen: UN-Weltgipfel und neue Finanzierungsmechanismen. INEF Policy Brief 1/2006. Duisburg: Institut für Entwicklung und Frieden (INEF).

Rest, A. (1998): Zur Notwendigkeit eines internationalen Umweltgerichtshofes. In: Hafner, G. (Hrsg.): Liber amicorum Ignaz Seidl-Hohenveldern. The Hague: Kluwer, 575–591.

Reuters Foundation (2000a): Venezuela's Chavez to Probe Rights Abuse Claims. Internet: http://www.reliefweb.int/rw/rwb.nsf/db900SID/OCHA-64C4BG? (gelesen am 27. Juni 2006). New York: ReliefWeb.

Reuters Foundation (2000b): Eastern India Floods Claim More Victims. Internet: http://www.reliefweb.int/rw/rwb.nsf/db900SID/OCHA-64BVVF?OpenDocument&cc=ind&rc=3 (gelesen am 27. Juni 2006). New York: ReliefWeb.

Reuveny, R. (2005): Environmental Change, Migration and Conflict: Theoretical Analysis and Empirical Explorations. International Workshop Paper: Human Security and Climate Change, Norway. Bloomington, Indiana: School of Public and Environmental Affairs Indiana University.

Reynal-Querol, M. (2002): Ethnicity, political systems, and civil wars. Journal of Conflict Resolution 46 (1), 29–54.

Reynal-Querol, M. (2005): Does democracy preempt civil wars? European Journal of Political Economy 21, 445–465.

Richerzhagen, C. (2007): Capacity for Global Environmental Governance. China and the Climate Change Problem. Bonn: Deutsches Institut für Entwicklungspolitik (DIE).

Richter, R. E. (2000): Umweltflüchtlinge in Westafrika. Ursachen, Ausmaß und Perspektiven. Gegraphische Rundschau 52 (11), 12–17.

Ridley, J. K., Huybrechts, P., Gregory, J. M. und Lowe, J. A. (2005): Elimination of the Greenland ice sheet in a high CO_2 climate. Journal of Climate 18, 3409–3427.

Rignot, E., Casassa, G., Gogineni, P., Krabill, W., Rivera, A. und Thomas, R. (2004): Accelerated ice discharge from the Antarctic Peninsula following the collapse of Larsen B ice shelf. Geophysical Research Letters 31 (18), L18401, doi:18410.11029/12004GL020697.

Riofrío, G. (1996): Lima – Mega-city and mega-problem. In: Gilbert, A. (Hrsg.): The Mega-City in Latin America. Tokio: UNU Press, 155–172.

Risse, T. (2002): Transnational actors in world politics. In: Carlsnaes, W., Risse, T. und Simmons, B. A. (Hrsg.): Handbook of International Relations. London: Sage, 255–274.

Roberts, K. (2007): Latin America's populist revival. SAIS Review 27 (1), 3–15.

Roehder, K. (2004): Entwicklungspolitische Handlungsfelder im Kontext erodierender Staatlichkeit in Subsahara–Afrika. Discussion Paper 5. Bonn: Deutsches Institut für Entwicklungspolitik (DIE).

Rohde, R. A. (2006): Saffir-Simpson Hurricane Intensity Scale. Internet: http://www.globalwarmingart.com/wiki/Image:Tropical_Storm_Map_png (gelesen am 14. Mai 2007). Berkeley, CA: University of California.

Root, T. L., Price, J. T., Hall, K. R., Schneider, S. H., Rosenzweig, C. und Pounds, J. A. (2003): Fingerprints of global warming on wild animals and plants. Nature 421, 57–60.

Rosenau, J. N. und Czempiel, E.-O. (Hrsg.) (1992): Governance Without Government: Order and Change in World Politics. Cambridge Studies in International Relations. Cambridge, New York: Cambridge University Press.

Ross, M. L. (2001): Does oil hinder democracy? World Politics 53 (3), 325–326.

Ross, M. L. (2004a): How do natural resources influence civil war: evidence from thirteen cases. International Organization 58 (Winter), 35–67.

Ross, M. L. (2004b): What do we know about natural resources and civil war? Journal of Peace Research 41 (3), 337–356.

Rotberg, R. I. (2003): Failed states, collapsed states, weak states: causes and indicators. In: Rotberg, R. I. (Hrsg.): State Failure and State Weakness in a Time of Terror. Washington, DC: Brookings Institution Press, 1–25.

Russett, B. und Oneal, J. R. (2001): Triangulating Peace: Democracy, Interdependence, and International Organizations. New York: Norton.

Russett, B., O'Neal, J. R. und Davis, D. R. (1998): The third leg of the Kantian tripod: international organizations and militarized disputes, 1950–1985. International Organizations 52 (3), 441–467.

Rydgren, J. (2004): Mechanims of exclusion: ethnic discrimination in the Swedish labour market. Journal of Ethnic and Migration Studies 30 (4), 697–716.

Sadoff, C. W. und Grey, D. (2002): Beyond the river: the benefits of cooperation on international rivers. Water Policy 4, 389–403.

Sahay, M. (1987): Bullets for Bihar's hungry. Kalkutta, Indien: The Statesman Weekly 29.08.87.

Salati, E. (1987): Amazônia: um ecosistema ameaçado. In: Kohlhepp, G. und Schrader, A. (Hrsg.): Homem e natureza na Amazônia. Tübingen: Geographisches Institut der Universität Tübingen, 33.

Salehyan, I. (2005): Refugees, Climate Change, and Instability. Human Security And Climate Change. An International Workshop at Holmen Fjord Hotel, Asker, near Oslo, 21–23 June 2005. San Diego: University Of California.

Sambanis, N. (2001): Do ethnic and nonethnic civil wars have the same causes? A theoretical and empirical inquiry (part I). Journal of Conflict Resolution 45 (3), 259–282.

Sample, K. und Zovatto, D. (Hrsg.) (2006): Democracia en la Región Andina – Los Telones de Fondo. Lima: International Institute for Democracy and Electoral Assistance (IDEA).

Santos, F. D., Forbes, K. und Moita, R. (2002): Climate Change in Portugal: Scenarios, Impacts and Adaptation Measures. SIAM Project Report. Lissabon: Gradiva.

SATP – South Asia Terrorism Portal (2007): South Asia Intelligence Review: South Asia Assessment. Internet: http://www.satp.org (gelesen am 3. Februar 2007). New Delhi: SATP.

Scaife, A. A., Knight, J. R., Vallis, G. K. und Folland, C. K. (2005): A stratospheric influence on the winter NAO and North Atlantic surface climate. Geophysical Research Letters 32 (L18715), doi:10.1029/2005GL023226.

Scambos, T. A., Bohlander, J. A., Shuman, C. A. und Skvarca, P. (2004): Glacier acceleration and thinning after ice shelf collapse in the Larsen B embayment, Antarctica. Geophysical Research Letters 31 (18), 1–4.

Schär, C., Vidale, P. L., Lüthi, D., Frei, C., Häberli, C., Liniger, M. A. und Appenzeller, C. (2004): The role of increasing temperature variability in European summer heatwaves. Nature 427, 332–336.

Scheffer, M., Brovkin, V. und Cox, P. M. (2006): Positive feedback between global warming and atmospheric CO_2 concentration inferred from past climate change. Geophysical Research Letters 33, L10702, doi:10710.11029/12005GL025044.

Schellnhuber, H. J., Crutzen, P. J., Clark, W. C. und Hunt, J. (2005): Earth system analysis for sustainability. Environment 47 (8), 11–25.

Schlesinger, W. H., Reynolds, J. F., Cunningham, G. L., Huenneke, L. F., Jarrell, W. M., Virginia, R. A. und Whitford, W. G. (1990): Biological feedbacks in global desertification. Science 247, 1043–1048.

Schlichte, K. (2005): Gibt es überhaupt „Staatszerfall"? Anmerkungen zu einer ausufernden Debatte. Berliner Debatte Initial 16 (4), 74–84.

Schmeidl, S. (1997): Exploring the causes of forced migration. Social Science Quarterly 78 (2), 284–308.

Schmittner, A. (2005): Decline of marine ecosystem caused by a reduction in the Atlantic overturning circulation. Nature 434, 628–633.

Schmitz, A. (2004): Turkmenistan: Der privatisierte Staat. In: Schneckener, U. (Hrsg.): States at Risk. Fragile Staaten als Sicherheits- und Entwicklungsproblem. SWP Studie. Berlin: Stiftung Wissenschaft und Politik (SWP), 147–169.

Schneckener, U. (2004): States at Risk. Fragile Staaten als Sicherheits- und Entwicklungsproblem. Diskussionspapier der Forschungsgruppe Globale Fragen der SWP. Berlin: SWP.

Scholz, I. (2006): Neue Trends in der globalen Umweltsituation. In: SEI – Stiftung Entwicklung und Frieden (Hrsg.): Globale Trends 2007. Frieden, Entwicklung, Umwelt. Frankfurt/M.: Fischer, 401–421.

Scholz, I. und Bauer, S. (2006): Klimawandel und Desertifikation. In: Klingebiel, S. (Hrsg.): Afrika-Agenda 2007: Ansatzpunkte für den deutschen G8-Vorsitz und die EU-Präsidentschaft. Bonn: Deutsches Institut für Entwicklungspolitik (DIE), 63–70.

Scholz, U. (1992): Transmigrasi – ein Desaster? Probleme und Chancen des indonesischen Umsiedlungsprogramms. Geographische Rundschau 44 (1), 33–39.

Schradi, J. (2006): Wo bleibt die zivile Krisenprävention. Grüne Kritik am Weißbuch zu den künftigen Aufgaben der Bundeswehr. Eins: Entwicklungspolitik. Information Nord-Süd 13/14, 46ff.

Schröter, D., Cramer, W., Leemans, R., Prentice, C., Araújo, M. B., Arnell, N. W., Bondeau, A., Bugmann, H., Carter, T. R., Gracia, C., de la Vega–Leinert, A. C., Erhard, M., Ewert, F., Glendining, M., House, J. I., Kankaanpää, S., Klein, R. J. T., Lavorel, S., Lindner, M., Metzger, M. J., Meyer, J., Mitchell, T. D., Reginster, I., Rounsevell, M., Sabaté, S., Sitch, S., Smith, B., Smith, J., Smith, P., Sykes, M. T., Thonicke, K., Thuiller, W., Tuck, G., Zaehle, S. und Zierl, B. (2005): Ecosystem Service Supply and Vulnerability to Global Change in Europe. Science 25, 1333–1337.

Schubart, H. (1983): Ecologia e utilização das florestas. In: Salati, E., Schubart, H., Junk, W. und Oliveira, A. (Hrsg.): Amazônia. Desenvolvimento, Integração e Ecologia. São Paulo: CNPq editora brasiliense.

Schumann, H. (2007): Treibhaus made in China. Welt am Sonntag vom 04.03.2007.

Schwartz, P. und Randall, D. (2003): An Abrupt Climate Change Scenario and Its Implications for United States National Security. Internet: http://www.gristmagazine.com/pdf/AbruptClimateChange2003.pdf (gelesen am 25. April 2007). Seattle, WA: Grist Environmental News & Commentary.

Senat der Bundesforschungsanstalten im Geschäftsbereich des Bundesministeriums für Verbraucherschutz Ernährung und Landwirtschaft (2005): Forschungsreport 1/2005. Schwerpunkt: Klimawandel und die Folgen. Berlin: Bundesministerium für Verbraucherschutz, Ernährung und Landwirtschaft (BMVEL).

Seneviratne, S. I., Lüthi, D., Litschi, M. und Schär, C. (2006): Land-atmosphere coupling and climate change in Europe. Nature 443, 205–209.

SEPA – State Environmental Protection Administration (2006): China Green National Accounting Study Report 2004. Internet: http://english.sepa.gov.cn/zwxx/xwfb/200609/t20060908_92580.htm (gelesen am 27. März 2007). Peking: SEPA.

Shein, K. A., Waple, A. M., Diamond, J. und Levi, J. M. (2006): State of the climate 2005. Bulletin of the American Meteorological Society 87, 6–102.

Shiklomanov, I. (2000): Appraisal and assessment of world water resources. IWRA Water International 25 (1), 11–32.

Sidikov, B. (2006): Die Gefahr der politischen Instabilität wächst. Das Projekt Seidenstraße. Das Parlament 56 (30/31), 11–12.

SIPRI – Stockholm International Peace Research Institute (2006): Yearbook 2006: Armaments, Disarmament and International Security. Stockholm, Oxford: SIPRI.

Smakhtin, V., Revenga, C. und Döll, P. (2004): A pilot global assessment of environmental water requirements and scarcity. Water International 29 (3), 307–317.

Smith, D. (2004): Trend and causes of armed conflict. In: Austin, A., Fischer, M. und Ropers, N. (Hrsg.): Transforming

Ethnopolitical Conflict: The Berghof Handbook. Wiesbaden: VS Verlag,

Sommer, G. und Fuchs, A. (2004): Krieg und Frieden – Handbuch der Konflikt- und Friedenspsychologie. Weinheim: Beltz.

Spanger, H. J. (2002): Die Wiederkehr des Staates. Staatszerfall als wissenschaftliches und entwicklungspolitisches Problem, HSFK-Report 1. Frankfurt/M.: Hessische Stiftung Friedens- und Konfliktforschung.

Spencer, D. (2001): The future of agriculture in Sub Sahara Africa. IFPRI, 107–109.

Sprinz, D. (im Druck): Long-Term Policy Problems: Definition, Origin, and Responses. In: Wayman, F., Williamson, P. und Bueno de Mesquita, B. (Hrsg.): Prediction: Breakthrough in Science, Markets, and Politics. Ann Arbor, MI: University of Michigan Press,

Sprinz, D. F. (2003): Internationale Regime und Institutionen. In: Hellmann, G., Wolf, K. D. und Zürn, M. (Hrsg.): Die neuen Internationalen Beziehungen. Forschungsstand und Perspektiven in Deutschland. Baden-Baden: Nomos, 251–273.

Steiner, A. (2007): UNDP-UNEP Cooperation and the Launch of the Joint UNDP-UNEP Poverty-Environment Facility. Statement by Achim Steiner, Executive Director, United Nations Environment Programme, UNEP GC-24 Special Event on UNDP-UNEP Cooperation. Nairobi: United Nations Environment Programme (UNEP).

Stern, N. (2006): The Economics of Climate Change. The Stern Review. London: HM Treasury.

Sternfeld, E. (2006): Umweltsituation und Umweltpolitik in China. Aus Politik und Zeitgeschichte 49, 27–34.

Sterzel, T. (2004): Correlation Analysis of Climate Variables and Wheat Yield Data on Various Aggregation Levels in Germany and the EU-15 Using GIS and Statistical Methods, With a Focus on Heat Wave Years. Diplomarbeit. Potsdam, Berlin: Potsdam-Institut für Klimafolgenforschung (PIK), Humboldt-Universität.

Steward, F. (2004): Horizontale Ungleichheit als Ursache von Bürgerkriegen. In: Kurtenbach, S. und Lock, P. (Hrsg.): Kriege als (Über)Lebenswelten: Schattenglobalisierung, Kriegsökonomien und Inseln der Zivilität. Bonn: Dietz, 122–141.

Stockle, C. O., Dyke, P. T., Williams, J. R., Jones, C. A. und Rosenberg, N. J. (1992): A method for estimating the direct and climatic effects of rising atmospheric carbon dioxide on growth and yield of crops: Part II - sensitivity analysis at three sites in the Midwestern USA. Agricultural Systems 38, 239–256.

Stroh, K. (2005): Der Konflikt um das Wasser des Nils. In: Imbusch, P. und Zoll, R. (Hrsg.): Friedens- und Konfliktforschung. Eine Einführung. Wiesbaden: Verlag für Sozialwissenschaften, 289–310.

Study Group on Europe's Security Capabilities (2004): A Human Security Doctrine for Europe. The Barcelona Report of the Study Group on Europe's Security Capabilities. Barcelona: Study Group on Europe's Security Capabilities.

Südasien Info (2006): Datenübersichten 2006 zu Ländern Südasiens. Internet: http://www.suedasien.info/laenderinfos (gelesen am 3. Februar 2007). Berlin: Südasien-Informationsnetz e. V.

Suliman, M. (1994): Ecology, Politics and Violent Conflict. London: Zed Books.

Swatuk, L. A. (2005): Environmental security. In: Betsill, M. M., Hochstetler, K. und Stevis, D. (Hrsg.): International Environmental Politics. Basingstoke, UK: Palgrave Macmillan.

Swatuk, L. A. (2007): Regionalexpertise: Southern Africa, Environmental Change and Regional Security: An Assessment. Expertise für das Hauptgutachten „Welt im Wandel: Sicherheitsrisiko Klimawandel". Internet: http://www.wbgu.de/wbgu_jg2007_ex07.pdf. Berlin: WBGU.

Tadross, M., Jack, C. und Hewitson, B. (2005): On RCM-based projections of change in southern Arican summer climate. Geophysical Research Letters 32 (L23713), doi:10.1029/2005GL024460.

Tänzler, D., Schinke, B. und Bals, C. (2006): Is there „Climate Security" for India? Tipping Points as Driver of Future Environmental Conflicts. Background Paper Prepared for the Workshop „Klimawandel und Sicherheit – Fallbeispiel Indien", Dezember 2006, Potsdam-Institut für Klimafolgenforschung. Potsdam: Potsdam-Institut für Klimafolgenforschung (PIK).

Tao, F., Yokozawa, M., Hayashi, Y. und Lin, E. (2003): Future climate change, the agricultural water cycle, and agricultural production in China. Agriculture, Ecosystems and Environment 95, 203–215.

Tetzlaff, R. (1999): Der Wegfall effektiver Staatsgewalt in den Staaten Afrikas. Die Friedens-Warte 74 (3), 307–330.

Thomas, C. D., Cameron, A., Green, R. E., Bakkenes, M., Beaumont, L. J., Collingham, Y. C., Erasmus, F. N., Ferreira de Siqueira, M., Grainger, A., Hannah, L., Hughes, L., Huntley, B., van Jaarsveld, A. S., Midgley, G. F., Miles, L., Ortega-Huerta, M. A., Townsend Peterson, A., Phillips, O. L. und Williams, S. E. (2004): Extinction risk from climate change. Nature 427, 145–148.

Thuiller, W., Lavorel, S., Araùjo, M. B., Sykes, M. T. und Prentice, I. C. (2005): Climate change threats to plant diversity in Europe. Proceedings of the National Academy of Sciences of the United States of America 102, 8245–8250.

Tränhard, D. (2005): Entwicklung durch Migration: ein neuer Forschungsansatz. APUZ 27, 3–11.

Tuchman Mathews, J. (1989): Redefining security. Foreign Affairs 68 (2), 162–177.

Tull, D. M. (2004): Dimensionen und Ursachen von Flucht und Migration. In: Ferdowsi, M. A. (Hrsg.): Afrika – ein verlorener Kontinent? München: Bayerische Landeszentrale für politische Bildungsarbeit, 126–150.

Tull, D. M. (2006): China's engagement in Africa: scope, significance and consequences. Journal of Modern African Studies 44 (3), 459–479.

UK Foreign & Commonwealth Office (2007): Margaret Beckett at UN Security Council Climate Change Debate (17.04.2007). London: UK Foreign & Commonwealth Office.

Ulph, A. und Ulph, D. (1997): Global warming, irreversibility and learning. The economic journal: The Journal of the Royal Economic Society 442, 636–650.

Umbach, F. (2006): Die USA könnten in der Region geschwächt werden. Russland und China – strategische Partner oder dauerhafte Gegner. Das Parlament 30/31 (56), 9.

UN – United Nations (2004): A More Secure World: Our Shared Responsibility. Report of the High-Level Panel on Threats, Challenges and Change. New York: UN.

UN – United Nations (2005): In größerer Freiheit: Auf dem Weg zu Entwicklung, Sicherheit und Menschenrechten für alle. Bericht des Generalsekretärs. Addendum. Kommission für Friedenskonsolidierung. Erläuternde Mitteilung des Generalsekretärs vom 23.05.2005, A/59/2005/Add.2. New York: UN.

UN – United Nations (2006a): Global Survey of Early Warning Systems. An Assessment of Capacities, Gaps and

Opportunities Towards Building a Comprehensive Global Early Warning System for all Natural Hazards. A Report Prepared at the Request of the Secretary-General of the United Nations. New York: UN.

UN – United Nations (2006b): Delivering as One. Report of the Secretary-General's High-Level Panel on System-Wide Coherence. New York: UN.

UN – United Nations (2007): Confronting Climate Change. Avoiding the Unmanageable and Managing the Unavoidable. New York: UN.

UNCCD – United Nations Convention to Combat Desertification (1994): United Nations Convention to Combat Desertification in Countries Experiencing Serious Drought and/or Desertification, Particularly in Africa. Bonn: UNCCD Headquarter.

UNCTAD – United Nations Conference on Trade and Development (2006): World Investment Report 2005. Genf: UNCTAD.

UN DESA – United Nations Department of Economic and Social Affairs (2005): World Population Prospects. The 2004 Revision. Highlights. New York: UN Population Division, Department of Economic and Social Affairs.

UN DESA – United Nations Department of Economic and Social Affairs (2006): Population, Resources, Environment and Development. The 2005 Revision. Internet: http://unstats/un.org (gelesen am 7. Mai 2007). New York: UN.

UNDP – United Nations Development Programme (1994): Bericht über die menschliche Entwicklung 1994. Bonn: Deutsche Gesellschaft für die Vereinten Nationen (DGVN).

UNDP – United Nations Development Programme (2002): China Human Development Report 2002. New York: UNDP.

UNDP – United Nations Development Programme (2005a): China Human Development Report 2005. New York: UNDP.

UNDP – United Nations Development Programme (2005b): Human Development Report 2005: International Cooperation at a Crossroads – Aid, Trade and Security in an Unequal World. New York: UNDP.

UNDP – United Nations Development Programme (2006): Human Development Report 2006. Beyond Scarcity: Power, Poverty and the Global Water Crisis. New York: Macmillan.

UNEP – United Nations Environment Programme (2002a): Global Environment Outlook 3. Past, Present and Future Perspectives. Nairobi: UNEP.

UNEP – United Nations Environment Programme (2002b): African Environment Outlook. Past, Present and Future Perspectives. Nairobi: UNEP.

UNEP – United Nations Environment Programme (2006): Adaptation and Vulnerability to Climate Change: The Role of the Finance Sector. CEO Briefing. Nairobi: UNEP.

UNEP – United Nations Environment Programme (2007): President's Summary of the Discussions by Ministers and Heads of Delegation at the Twenty-Fourth Session of the Governing Council/Global Ministerial Environment Forum of the United Nations Environment Programme, Nairobi, 5.–9. Februar 2007. Nairobi: UNEP.

UNESCO – United Nations Educational Scientific and Cultural Organization (2003): Water for People, Water for Life. The United Nations World Water Development Report 2003. Paris: UNESCO.

UNESCO – United Nations Educational Scientific and Cultural Organization (2006): Water. A Shared Responsibility. The United Nations World Water Development Report 2. Paris: UNESCO.

UNFPA – United Nations Population Fund (2006): State of World Population 2006. A Passage to Hope. Women and International Migration. New York: UNFPA.

UNHCR – United Nations High Commissioner for Refugees (2006a): Internally Displaced People. Questions and Answers. Internet: http://www.unhcr.org/cgi-bin/texis/vtx/basics/opendoc.pdf?tbl=BASICS&id=405ef8c64 (gelesen am 5. Dezember 2006). New York: UNHCR.

UNHCR – United Nations High Commissioner for Refugees (2006b): The State of the World's Refugees 2006: Human Displacement in the New Millennium. Oxford, New York: Oxford University Press.

UNHCR – United Nations High Commissioner for Refugees (2007): Supplementary Appeal for Darfur. Protection and Assistance to Refugees and IDPs in Darfur. New York: UNHCR.

UNISDR – United Nations International Strategy for Disaster Reduction (2004): Living with Risk: A Global Review of Disaster Reduction Initiatives. New York: UNISDR.

UNISDR – United Nations International Strategy for Disaster Reduction (2006): Terminology: Basic Terms of Disaster Risk Reduction. Internet: http://www.unisdr.org/eng/library/lib-terminology-eng %20home.htm New York: UNISDR.

UN Millennium Project (2005): Investing in Development: A Practical Plan to Achieve the Millennium Development Goals. New York: United Nations (UN).

UNPD – United Nations Population Division (2002): International Migration 2002. New York: UNPD.

UNPD – United Nations Population Division (2005): Urban Agglomerations 2005. Internet: http://www.un.org/esa/population/publications/WUP2005/2005urban_agglo.htm (gelesen am 05. Dezember 2006). New York: UNPD.

UNSG – United Nations Secretary General (2005): In Larger Freedom: Towards Development, Security and Human Rights for all. Report of the Secretary-General. UN-Dokument A/59/2005. New York: UN.

UNU–EHS – United Nations University Institute For Environment And Human Security (2005): As Ranks of ‚Environmental Refugees' Swell Worldwide, Calls Grow For Better Definition, Recognition, Support. Press Release. Tokio: UNU-EHS.

Urdal, H. (2005): People vs. Malthus: population pressure, environmental degradation, and armed conflict revisited. Journal of Peace Research 42 (4), 417–434.

USDA – U.S. Department of Agriculture Natural Resources Conservation Service (1998): Soil Map and Soil Climate Map. Washington, DC: USDA Soil Survey Division, World Soil Resources.

USGS – U.S. Geological Survey (2005): Hurricane Hazards – A National Threat. Fact Sheet 2005–3121. Washington, DC: USGS.

van Creveld, M. (1998): Die Zukunft des Krieges. München: Mürmann.

van de Walle, N. (2001): African Economies and the Politics of Permanent Crisis, 1979–1999. Cambridge, New York: Cambridge University Press.

van de Walle, N. (2005): Overcoming Stagnation in Aid-Dependent Countries. Washington, DC: Brookings Institution Press.

Vasquez, J. A. (2000): What do we know about war. In: Vasquez, J. A. (Hrsg.): What Do We Know About War. Lanham, MD: University Press of America, 335–370.

Verwimp, P. (2002): Agricultural Policy, Crop Failure and the ‚Ruriganiza' Famine (1989) in Southern Rwanda: A Prelude to Genocide? Internet: http://www.econ.kuleuven.be/ces/discussionpapers/Dps02/Dps0207.pdf (gelesen am 26. Juni 2006). Leuven, Belgien: Universität Leuven.

von Trotha, T. (2000): Die Zukunft liegt in Afrika. Vom Zerfall des Staates, von der Vorherrschaft der konzentrischen Ordnung und vom Aufstieg der Parastaatlichkeit. Leviathan 28 (2), 253–279.

von Winter, T. (2004): Multilateralismus und Unilateralismus in der Außenpolitik der USA. Info Brief WF II – 117/04. Berlin: Wissenschaftliche Dienste des Deutschen Bundestages.

Waever, O. (1995): Securitization and desecuritization. In: Lipschutz, R. D. (Hrsg.): On Security. New York: Columbia University Press, 46–86.

Wagner, C. (2006): Indien als strategischer Partner der USA. SWP-Aktuell 13. Berlin: Stiftung Wissenschaft und Politik (SWP).

Waichman, A. V., Römbke, J., Ribeiro, M. O. A. und Nailson, C. S. N. (2002): Use and fate of pesticides in the Amazon State, Brazil. Environmental Sciences and Pollution Research 9, 423–428.

Walter, B. F. (2004): Does conflict beget conflict? Explaining recurring civil war. Journal of Peace Research 41 (3), 371–388.

Walther, G.-R., Post, E., Convey, P., Menzel, A., Parmesan, C., Beebee, T. J. C., Fromentin, J.-M., Hoegh-Guldberg, O. und Bairlein, F. (2002): Ecological responses to recent climate change. Nature 416, 389–395.

Ward, M. D. und Gleditsch, K. S. (2002): Location, location, location: an MCMC approach to modeling the spatial context of war and peace. Political Analysis 10, 244–260.

WBGU – Wissenschaftlicher Beirat Globale Umweltveränderungen (1994): Welt im Wandel: Die Gefährdung der Böden. Hauptgutachten 1994. Bonn: Economica.

WBGU – Wissenschaftlicher Beirat Globale Umweltveränderungen (1996): Welt im Wandel: Herausforderungen für die deutsche Wissenschaft. Hauptgutachten 1996. Berlin, Heidelberg, New York: Springer.

WBGU – Wissenschaftlicher Beirat Globale Umweltveränderungen (1998): Welt im Wandel: Wege zu einem nachhaltigen Umgang mit Süßwasser. Hauptgutachten 1997. Berlin, Heidelberg, New York: Springer.

WBGU – Wissenschaftlicher Beirat Globale Umweltveränderungen (1999): Welt im Wandel: Strategien zur Bewältigung globaler Umweltrisiken. Hauptgutachen 1998. Heidelberg, Berlin, New York: Springer.

WBGU – Wissenschaftlicher Beirat Globale Umweltveränderungen (2000): Welt im Wandel: Neue Strukturen globaler Umweltpolitik. Berlin, Heidelberg, New York: Springer.

WBGU – Wissenschaftlicher Beirat Globale Umweltveränderungen (2002): Entgelte für die Nutzung globaler Gemeinschaftsgüter. Sondergutachten. Berlin: WBGU.

WBGU – Wissenschaftlicher Beirat Globale Umweltveränderungen (2003a): Welt im Wandel: Energiewende zur Nachhaltigkeit. Hauptgutachten 2003. Berlin, Heidelberg, New York: Springer.

WBGU – Wissenschaftlicher Beirat Globale Umweltveränderungen (2003b): Über Kioto hinaus denken – Klimaschutzstrategien für das 21. Jahrhundert. Sondergutachten 2003. Berlin: WBGU.

WBGU – Wissenschaftlicher Beirat Globale Umweltveränderungen (2005): Welt im Wandel: Armutsbekämpfung durch Umweltpolitik. Hauptgutachten 2004. Berlin, Heidelberg, New York: Springer.

WBGU – Wissenschaftlicher Beirat Globale Umweltveränderungen (2006): Die Zukunft der Meere – zu warm, zu hoch, zu sauer. Sondergutachten 2006. Berlin: WBGU.

WBGU – Wissenschaftlicher Beirat Globale Umweltveränderungen (2007): Neue Impulse für die Klimapolitik: Chancen der deutschen Doppelpräsidentschaft nutzen. Politikpapier 5. Berlin: WBGU.

WCD – World Commission on Dams (2000): Dams and Development. A New Framework for Decision-Making. London: Earthscan.

Webster, P. J., Holland, G. J., Curry, J. A. und Chang, H.-R. (2005): Changes in tropical cyclone number, duration, and intensity in a warming environment. Science 309, 1844–1846.

Webster, P. J., Magana, V. O., Palmer, T. N., Shukla, J., Tomas, R. A., Yanai, M. und Yasunari, T. (1998): Monsoons: processes, predictability, and the prospects for prediction. Journal of Geophysical Research 103 (C7), 14451–14510.

Weinlich, S. (2006): Weder Feigenblatt noch Allheilmittel: Die neue Kommission für Friedenskonsolidierung der Vereinten Nationen. Vereinte Nationen 54, 2–11.

Wenk, K. (2007): Chinas Kader wollen Klimaschützer werden. Welt am Sonntag vom 25.2.2007.

Wenzel, H. J. (2002): Umweltflüchtlinge oder Umweltmigranten? Umweldegradation, Verwundbarkeit und Migration/Flucht im subsaharischen Afrika. In: Oltmer, J. (Hrsg.): Migrationsforschung und interkulturelle Studien. IMIS-Schriften Band 11. Osnabrück: Institut für Migrationsforschung und Interkulturelle Studien (IMIS), 287–311.

Wesner, F. und Braun, A. J. (2006): Chinas Energiediplomatie: Kooperation oder Konkurrenz in Asien? Aus chinesischen Fachzeitschriften. SWP-Zeitschriftenschau 5. Berlin: Stiftung Wissenschaft und Politik (SWP).

White House (2002): Die Nationale Sicherheitsstrategie der Vereinigten Staaten von Amerika. Washington, DC: The White House.

White House (2006): The National Security Strategy of the United States of America. Washington, DC: The White House.

WHO – World Health Organisation und UNICEF – United Nations Childrens Fund (2004): Meeting the MDG Drinking Water and Sanitation Target. A Mid-Term Assessment of Progress. Joint Monitoring Programme for Water Supply and Sanitation. New York: WHO und UNICEF.

WI – Wuppertal Institut (2004): Wege von der nachholenden zur nachhaltigen Entwicklung. Wuppertal: WI.

WI – Wuppertal Institut (2005): Fair Future. Wuppertal: WI.

Wiggerthale, M. (2004): Development instead of free trade. Time to turn around. In: Heinrich-Böll-Stiftung (Hrsg.): Liberalisation of Agricultural Trade – The Way Forward for Sustainable Development? Global Issue Papers. 13. Berlin: Heinrich-Böll-Stiftung, 2–16.

Willmann, K. (2006): Der Chemieunfall von Songhua und das Potenzial für soziale Proteste. China Aktuell 1, 57–65.

Winters, L. A. und Yusuf, S. (Hrsg.) (2007a): Dancing with Giants: China, India, and the Global Economy. Washington, DC und Singapur: World Bank, Institute of Policy Studies.

Winters, L. A. und Yusuf, S. (2007b): Introduction: dancing with giants. In: Winters, L. A. und Shahid, Y. (Hrsg.): Dancing with Giants: China, India, and the Global Economy. Washington, DC und Singapur: World Bank, Institute of Policy Studies, 1–34.

Wodinski, M. (2006): Karten zu Umweltparametern. GIS-I. Expertise für das WBGU-Hauptgutachten „Welt im Wandel: Sicherheitsrisiko Klimawandel“. Unveröffentlichtes Kartenmaterial. Berlin: WBGU.

Wolf, A. T. (2006): A Long Term View of Water and Security: International Waters, National Issues, and Regional Tensions. A Report to the German Advisory Council on Global Change (WBGU). Expertise für das Hauptgutachten „Welt im Wandel: Sicherheitsrisiko Klimawandel". Internet: http://www.wbgu.de/www.wbgu_jg2007_ex08.pdf. Berlin: WBGU.

Wolf, A. T., Kramer, A., Carius, A. und Dabelko, G. D. (2005): Managing Conflict and Cooperation. State of the World 2005. Redefining Global Security. Washington, DC: World Resources Institute (WRI).

Wolf, A. T., Yoffe, S. B. und Giordano, M. (2003): International waters: identifying basins at risk. Water Policy 5 (1), 29–60.

World Bank (2005a): Pakistan Water Resources Assistance Strategy. Washington, DC: The World Bank.

World Bank (2005b): Worldwide Governance Indicators Country Snapshot. Internet: http://info.worldbank.org/governance/kkz2005/ (gelesen am 28. März 2007). Washington, DC: World Bank.

World Bank (2005c): Carbon Finance Annual Report 2005: Carbon Finance for Sustainable Development. Internet: http://carbonfinance.org/docs/2005_CFU_Annual_Report.pdf (gelesen am 15. Februar 2007). Washington, DC: World Bank.

World Bank (2006a): World Development Indicators 2006. Economy, States & Markets. Washington, DC: The World Bank.

World Bank (2006b): Which Countries are LICIUS? Internet: http://www.worldbank.org/ieg/licus/licus06_map.html (gelesen am 7. Mai 2007). Washington, DC: World Bank.

World Bank (2006c): Can South Asia End Poverty in a Generation? Washington, DC: The World Bank.

World Bank (2006d): Bangladesh Country Overview 2006. Internet: http://www.worldbank.org (gelesen am 27. Oktober 2006). Washington, DC: The World Bank.

World Bank (2006e): Europe and Central Asia – Country Briefs. Updated September 2006. Internet: http://web.worldbank.org/WBSITE/EXTERNAL/COUNTRIES/ECAEXT/0,,contentMDK:20113477~menuPK:265246~pagePK:146736~piPK:226340~theSitePK:258599,00.html (gelesen am 13. Juni 2007). Washington, DC: World Bank.

Worldwatch Institute (2005): State of the World 2005: Redefining Global Security. Washington, DC: Worldwatch Institute.

Worldwatch Institute (2006): State of the World 2006. Special Focus: China and India. London, New York: Earthscan.

WTO – World Trade Organisation Committee on Agriculture (2005a): Proposal by the African Group in the Context of the Review of all Special and Differential Treatment Provisions by the Committee on Trade and Development in Special Session. Document G/AG/20 of 15 July 2005. Genf: WTO.

WTO – World Trade Organisation Committee on Agriculture (2005b): General Council Overview of WTO Activities 2005. Document G/L/746 of 26 September 2005. Genf: WTO.

WTO – World Trade Organisation Committee on Agriculture (2006): Summary Report of the Meeting Held on 27 January 2006. Document G/AG/R/45 of 13 April 2006. Genf: WTO.

WWF – World Wide Fund (2006): Drought in in the Mediterranean: WWF Policy Proposal. Zürich: WWF.

Xoplaki, E., Gonzàlez-Rouco, J. F., Luterbacher, J. und H., W. (2004): Wet season Mediterranean precipitation variability: influence of large-scale dynamics and trends. Climate Dynamics 23, 63–78.

Yepes, G. und Ringskog, K. (2002): Estudio de Offerta y Demanda Servicios de Agua Potable y Alcantarillado. Lima: Servicio de Agua Potable y Alcantarillado de Lima, Ministerio de Economiá y Finanzas.

Young, O. R. (1999): Governance in World Affairs. Ithaca, NY: Cornell University Press.

Young, O. R. (2002): The Institutional Dimensions of Environmental Change. Fit, Interplay, and Scale. Cambridge, MA: MIT Press.

Zaman, M. Q. (1991): Rivers of life: living with floods in Bangladesh. Asian Survey 33 (10), 985–996.

Zeng, N. (2003): Drought in the Sahel. Science 302, 999–1000.

Zhang, R. und Delworth, T. L. (2005): Simulated tropical response to a substantial weakening of the Atlantic thermohaline circulation. Journal of Climate 18, 1853–1860.

Zickfeld, K., Knopf, B., Petoukhov, V. und Schellnhuber, H. J. (2005): Is the Indian summer monsoon stable against global change? Geophysical Research Letters 32, L15707.

Zickfeld, K., Levermann, A., Morgan, M. G., Kuhlbrodt, T., Rahmstorf, S. und Keith, D. (2007): Expert judgements on the response of the Atlantic meridional overturning circulation to climate change. Climatic Change, doi 10.1007/s10584-007-9246-3.

Zürn, M. (1998a): The rise of international environmental politics. A review of current research. World Politics 50, 617–649.

Zürn, M. (1998b): Regieren jenseits des Nationalstaates. Denationalisierung und Globalisierung als Chance. Frankfurt/M.: Suhrkamp.

Zürn, M. (2002): From interdependence to globalization. In: Carlsnaes, W., Risse, T. und Simmons, B. A. (Hrsg.): Handbook of International Relations. London: Sage, 235–254.

Zwally, H. J., Abdalati, W., Herring, T., Larson, K., Saba, J. und Steffen, K. (2002): Surface melt-induced acceleration of Greenland ice-sheet flow. Science 297 (5579), 218–222.

Glossar 12

Armut
Zustand, in dem ein Mensch in seiner physischen Existenz bedroht ist. Der WBGU verwendet ein breites Armutskonzept und betrachtet Armut auch als Mangel an Zugangs- und Verfügungsrechten. Sie umfasst neben einem niedrigen Pro-Kopf-Einkommen oder ungleicher Einkommensverteilung auch unzureichende Ernährung, mangelnde Gesundheit und Gesundheitsversorgung, unzureichende Bildung oder fehlende soziale Netzwerke und Partizipationschancen. Es gibt weitere Armutskonzepte. Nach der Weltbank gilt als absolut arm, wer über weniger als 1 US-$ pro Tag (gemessen in Kaufkraftparitäten) verfügt. Verwendet wird auch ein Wert von weniger als 2 US-$ pro Tag.

Aktionsplan Krisenprävention
Im „Aktionsplan Zivile Krisenprävention, Konfliktlösung und Friedenskonsolidierung" der Bundesregierung vom Mai 2004 sind die Grundsätze und Strategien deutscher Politik zur →Krisenprävention festgelegt. Der Aktionsplan konkretisiert und operationalisiert die methodischen Ansätze der Krisenprävention. Es werden Wege aufgezeigt, vorhandene Institutionen und Instrumente auszubauen, neu zu schaffen und kohärent einzusetzen, um die Handlungsfähigkeit der Regierung in diesem Bereich zu stärken. Krisenprävention ist in diesem Zusammenhang umfassend zu verstehen und schließt Konfliktlösung und Friedenskonsolidierung ein.

Annex-I-Länder
Die Gruppe von Ländern, die in Anlage I der →Klimarahmenkonvention aufgeführt sind. Sie umfasst bis auf Mexiko und Südkorea alle OECD-Staaten sowie die osteuropäischen Staaten und Russland. Die Annex-I-Länder haben sich in der Klimarahmenkonvention unter anderem verpflichtet, eine Führungsrolle bei der Reduktion von Treibhausgasen zu übernehmen. Der überwiegende Teil der Annex-I-Länder hat darüber hinaus im Rahmen des →Kioto-Protokolls bindende Reduktionsverpflichtungen. Diese Länder sind in Annex B des Kioto-Protokolls aufgeführt.

Anomie
Zustand fehlender oder geringer sozialer Ordnung bzw. Regel- und Normenschwäche.

Anpassung an den Klimawandel (Adaptation)
Anpassungen in natürlichen oder menschlichen Systemen an bereits erfolgte oder zu erwartende Änderungen des Klimas. Es können verschiedene Arten von Anpassungen unterschieden werden, darunter vorausschauende und reaktive, private und öffentliche, autonome und geplante Anpassung.

Bruttoinlandsprodukt (BIP)
Der heute am häufigsten verwendete Indikator für den Wert der gesamtwirtschaftlichen Produktion von Volkswirtschaften. Zur Berechnung werden die Vorleistungen von dem zu Marktpreisen bewerteten Produktionswert des Inlands abgezogen.

Bruttonationaleinkommen (BNE)
Wichtiger Indikator für die gesamtwirtschaftliche Produktion von Volkswirtschaften. Das BNE unterscheidet sich vom →Bruttoinlandsprodukt dadurch, dass die aus dem Ausland netto empfangenen Erwerbs- und Vermögenseinkommen von Institutionen und Personen, die ihren ständigen Sitz oder Wohnsitz in der betrachteten Volkswirtschaft haben, einbezogen werden. Das BNE wird auch als Bruttosozialprodukt (BSP) bezeichnet.

Clean Development Mechanism (CDM)
Im →Kioto-Protokoll eingeführter flexibler Mechanismus, der es einem Investor ermöglicht, in einem →Entwicklungs- oder →Schwellenland emissionsreduzierende Projekte durchzuführen und dafür handelbare Reduktionszertifikate zu erhalten, die sich ein Industrieland auf seine Reduktionsverpflichtungen anrechnen lassen kann.

Desertifikation
Desertifikation ist die Degradation von Landressourcen in ariden, semiariden und trockenen subhumiden Zonen, ausgelöst durch verschiedene Faktoren, u. a. Klimawandel oder menschliche Aktivitäten.

Destabilisierung
Destabilisierung kann als Prozess verstanden werden, der einen ursprünglich stabilen politischen und gesellschaftlichen Zustand (nach und nach) auflöst. Stabilität bedeutet allgemein Beständigkeit politischer Institutionen und soziale Robustheit. Destabilisierung kann somit als Folge von →Krisen und (gewaltsamen) →Konflikten auftreten und im Extremfall zum Verfall der gesellschaftlichen Ordnung führen.

Doha-Runde
Als Doha-Runde wird ein Paket von Aufträgen bezeichnet, die die Wirtschafts- und Handelsminister der WTO-Mitgliedsstaaten 2001 auf ihrer 4. Konferenz in Doha bearbeiten und bis 2005 abschließen wollten. Insbesondere Probleme der Entwicklungsländer, wie Zugang zu den Märkten der Industrieländer durch den Abbau von Importquoten und Zöllen sowie durch Reduzierung der Subventionen der Industrieländer im Agrarsektor, sollten behandelt werden. Nach zeitweiligem Abbruch wurden die Verhandlungen zwar wieder aufgenommen, aber zu einem Abschluss kam es aufgrund unterschiedlicher Ansichten der WTO-Mitglieder bisher nicht.

Dürre
Während einer Dürre liegt der Niederschlag signifikant unter dem normalerweise gemessenen Niveau und verursacht ein schweres hydrologisches Ungleichgewicht, das terrestrische Produktionssysteme nachteilig beeinflusst.

ECOSOC
Der Wirtschafts- und Sozialrat der UN (ECOSOC) ist eines der sechs Hauptorgane der Vereinten Nationen. Er soll die wirtschafts- und sozialpolitischen Aktivitäten der UN koordinieren und Berichte über die soziale Lage der Welt vorlegen.

Entwicklungsländer
Länder, deren Lebensstandard deutlich niedriger ist als in den Ländern Europas (ohne Osteuropa), Nordamerikas und Ozeaniens (Australien, Neuseeland, Japan). Die Weltbank klassifiziert Volkswirtschaften auf der Basis des Pro-Kopf-Einkommens als „Länder mit niedrigem Einkommen" (weniger als 875 US-$ in 2005), „Länder mit niedrigerem mittleren Einkommen" (876–3.465 US-$), „Länder mit höherem mittleren Einkommen" (3.466–10.725 US-$) und „Länder mit hohem Einkommen" (mehr als 10.726 US-$). Nach →UNDP und →OECD werden 137 Länder aus den ersten drei Kategorien als Entwicklungsländer bezeichnet.

Entwicklungsprogramm der Vereinten Nationen (UNDP)
Das Entwicklungsprogramm der Vereinten Nationen (United Nations Development Programme ç UNDP) wurde 1965 gegründet und hat seinen Sitz in New York. Es ist die Hauptorganisation des UN-Systems für die →Entwicklungszusammenarbeit und darüber hinaus der UN-Koordinator für die →Millenniumsentwicklungsziele (MDGs). UNDP unterstützt seine Partnerländer mit Politikberatung und dem Auf- bzw. Ausbau von Kapazitäten. Die Organisation koordiniert auch die UN-Entwicklungsaktivitäten vor Ort. UNDP veröffentlicht jährlich u.a. den Weltentwicklungsbericht (Human Development Report) einschließlich der Informationen zum →Index für Menschliche Entwicklung (HDI).

Entwicklungszusammenarbeit (EZ)
Die Leistungen der technischen, finanziellen und personellen Zusammenarbeit. Die EZ wird von privaten und öffentlichen Stellen in Industrie- und Entwicklungsländern geleistet. Leistungen der EZ können sowohl in materieller Form (als Kredite oder Zuschüsse) wie auch in immaterieller Form (z.B. durch Bereitstellung von fachlichem Know-how, Aus- und Fortbildung) erbracht werden.

Ernährungssicherheit
Eine Situation, bei der alle Menschen zu allen Zeiten physikalischen, sozialen und ökonomischen Zugang zu ausreichender, sicherer und nährstoffreicher Nahrung haben, die ihren physiologischen Notwendigkeiten und Nahrungsgewohnheiten und -vorzügen genügt und ein aktives und gesundes Leben garantiert.

Erweiterte Sicherheit
Das Konzept der erweiterten Sicherheit betont, dass Unsicherheit, Instabilität und Gewalt nicht nur durch militärische Aggression herbeigeführt werden, sondern komplexe machtpolitische, ökonomische, soziokulturelle und ökologische Ursachen haben können. →Sicherheitspolitik ist demnach nicht mehr nur eine Frage militärischer Kapazitäten, sondern basiert auf der Fähigkeit, Krisen möglichst früh mit zivilen und nötigenfalls auch mit militärischen Instrumenten zu entschärfen. Zu den zivilen Mitteln werden neben der klassischen Außen- und Wirtschaftspolitik zunehmend auch entwicklungs- und umweltpolitische Maßnahmen gezählt.

Fragile Staatlichkeit
→Schwache und fragile Staaten

Gefährlicher Klimawandel
Der Ausdruck bezieht sich auf das Ziel der →Klimarahmenkonvention, eine „gefährliche anthropogene Störung des Klimasystems" zu verhindern. Es gibt bisher keine Einigung innerhalb der Konvention, welches Ausmaß an Klimawandel als in diesem Sinn gefährlich anzusehen ist. Der WBGU hat als →Leitplanke vorgeschlagen, die globale Erwärmung auf 2 °C gegenüber dem vorindustriellen Niveau und die Rate der Erwärmung auf 0,2 °C pro Jahrzehnt zu begrenzen, um gefährlichen Klimawandel zu vermeiden.

Gemeinsame Außen- und Sicherheitspolitik (GASP)
Die GASP wurde mit dem Vertrag von Maastricht 1992 als zweite Säule der Europäischen Union errichtet. Sie definiert einen Rahmen für die Zusammenarbeit der EU-Staaten in der Außen- und Sicherheitspolitik. Im Gegensatz zu der ebenfalls die Außenbeziehung der EU regelnden, aber zur ersten Säule gehörenden Gemeinsamen Handelspolitik und der Entwicklungspolitik handelt es sich bei der GASP um zwischenstaatliche Kooperation auf Regierungsebene, die keine unmittelbare Rechtswirksamkeit hat.

Gini-Index
→Gini-Koeffizient

Gini-Koeffizient
Der Gini-Koeffizient ist ein statistisches Maß, das der Darstellung von Ungleichverteilungen dient. Der Koeffizient kann beispielsweise als Kennzahl für die Ungleichverteilung von Einkommen und Vermögen eingesetzt werden. Der Wert kann beliebige Größen zwischen 0 und 1 annehmen. Je mehr sich der Gini-Koeffizient der 1 nähert, desto größer ist die Ungleichheit. Den Gini-Index erhält man, wenn man den Gini-Koeffizienten mit 100 multipliziert.

Gruppe der Acht (G8)
Die G8 ist ein informelles Forum von Staats- und Regierungschefs. Begonnen als reiner Weltwirtschaftsgipfel der führenden Volkswirtschaften im Jahr 1975 ist sie mittlerweile eines der wichtigsten Foren globaler Politikgestaltung. Der G8 gehören Deutschland, Frankreich, Großbritannien, Italien, Japan, die USA, Kanada und Russland (seit 1998) an. Außerdem ist die Europäische Kommission vertreten. Nicht-Mitglieder werden zu einem erweiterten Dialog eingeladen. Bei diesen so genannten Outreach-Ländern handelt es sich um die fünf wichtigsten →Schwellenländer China, Indien, Südafrika, Brasilien und Mexico. G8 und Outreach-Länder werden auch als G8+5 bezeichnet.

Global Governance
Für das Konzept Global Governance gibt es keine einvernehmliche Definition; teils wird der Begriff normativ, teils analytisch gebraucht. Im Allgemeinen wird damit die Vertiefung der internationalen Kooperation und die Schaffung und Stärkung multilateraler Regelwerke zur Bewältigung globaler Herausforderungen umschrieben. Global Governance beschreibt insbesondere das Zusammenwirken staatlicher und nicht staatlicher Akteure von der lokalen bis zur globalen Ebene. Der Begriff Global-Governance-Architektur bezieht sich auf eine entsprechende multilaterale internationale Ordnung. Als deutsche Übersetzungen gelten etwa Weltordnungspolitik oder globale Strukturpolitik.

Globalisierung
Darunter versteht man den Prozess zunehmender transnationaler Verflechtung in allen Bereichen (Wirtschaft, Politik, Kultur, Umwelt, Kommunikation usw.) zwischen individuellen und kollektiven sowie öffentlichen und privaten Akteuren. Als wesentliche Treiber der Globalisierung gelten der technische Fortschritt, insbesondere in den Kommunikations- und Transporttechniken, sowie die politischen Entscheidungen zur Liberalisierung des Welthandels. Die Souveränität der Nationalstaaten wird in Folge der Globalisierung eingeschränkt.

Good Governance (gute Regierungsführung)
Das Konzept entstand Ende der 1980er Jahre bei der Weltbank. Es zielt auf die Förderung und Sicherung „guter" staatlicher Steuerungs- und Regelungssysteme ab. Dem normativen Konzept liegt ein methodisches Instrumentarium zugrunde, mit dem sich die Qualität politischer Führung und Steuerung bewerten lässt. Gute Regierungsführung ist in den →Entwicklungsländern häufig Voraussetzung für Leistungen der →Entwicklungszusammenarbeit (Konditionalität).

Governance-Kapazitäten
→Governance-Strukturen

Governance-Strukturen
Governance bzw. Governance-Struktur bezeichnet generell das Steuerungs- und Regelungssystem einer politischen Einheit. Das Konzept ist in Abgrenzung zum Begriff Government (Regierung) entstanden und soll ausdrücken, dass politische Steuerung nicht nur hierarchisch vom Staat, sondern auch von privaten Akteuren wie z.B. von Verbänden wahrgenommen wird. Governance-Kapazitäten bezeichnen die Befähigung zur Governance durch funktionsfähige Steuerungsinstitutionen und Regelungssysteme.

Industrieländer
Der WBGU betrachtet Industrieländer als diejenigen entwickelten Länder, die nicht als →Entwicklungsländer oder →Schwellenländer gelten. Die Einteilung erfolgt dabei nicht vorrangig nach dem Grad der Industrialisierung der Volkswirtschaft, sondern überwiegend auf der Basis des Pro-Kopf-Einkommens. Man spricht auch von →OECD-Staaten.

Internally Displaced Persons (IDPs)
Vollzieht sich →Migration innerhalb von Staaten, so wird auch von Binnenmigration gesprochen. Soweit Binnenmigranten zum Verlassen ihres Herkunftsorts aus Gründen gezwungen sind, die im Wesentlichen auch für Flüchtlinge im Sinne der Flüchtlingskonvention gelten, werden diese Migranten als Internally Displaced Persons (IDPs) bezeichnet.

Index für Menschliche Entwicklung (Human Development Index – HDI)
Der HDI versucht seit 1990, mit einer Maßzahl den Stand der menschlichen Entwicklung in den Ländern der Welt zu verdeutlichen. Anders als der Ländervergleich der Weltbank berücksichtigt er nicht nur das Bruttoinlandsprodukt (BIP) pro Einwohner eines Landes, sondern ebenso die Lebenserwartung und den Bildungsgrad, gemessen mit Hilfe der Alphabetisierungsrate und der Einschulungsrate der Bevölkerung. Der HDI wird jährlich im Weltentwicklungsbericht (Human Development Report, HDR) veröffentlicht, welchen das →Entwicklungsprogramm der Vereinten Nationen (UNDP) herausgibt.

Integriertes Wasserressourcenmanagement (IWRM)
Mithilfe des IWRM sollen Wasser, Land bzw. Boden und damit verbundene Ressourcen in einem sektorübergreifenden, partizipativen Prozess auf nachhaltige Weise entwickelt und bewirtschaftet werden. Dadurch sollen isolierte sektorale und ineffiziente Nutzungssysteme überwunden werden. IWRM ist ein relativ neues Konzept, das vornehmlich in den internationalen Foren der Forschung und Wasserpolitik entwickelt und vorangebracht wurde.

Interdependenz
Beschreibt in den internationalen Beziehungen das Phänomen global zunehmender und dabei komplexer werdender Verflechtungen zwischen Staaten, Ökonomien und Gesellschaften. Komplexe Interdependenz erhöht die Hemmschwelle zur gewaltsamen Austragung von Konflikten und fördert die internationale Kooperation. Das rasche Wachstum internationaler Institutionen bestätigt diese in den Theorien der Internationalen Beziehungen verbreitete institutionalistische Sichtweise.

Internationale Regime
Internationale Regime sind zwischenstaatliche Institutionen, die zur Bearbeitung grenzüberschreitender Probleme geschaffen werden. Sie umfassen Prinzipien, Normen, Regeln und Entscheidungsprozeduren und beruhen auf formellen oder informellen zwischenstaatlichen Vereinbarungen.

Katastrophe
Eine Katastrophe ist eine schwere Funktionsstörung einer Gesellschaft mit umfassenden menschlichen, materiellen, ökonomischen oder ökologischen Verlusten, welche die Bewältigungskapazitäten der betroffenen Gesellschaft übersteigt. Katastrophen können z. B. durch natürlich auftretende Ereignisse wie Erdbeben, aber auch durch Industrie- und Verkehrsunfälle ausgelöst werden. Das alleinige Auftreten eines solchen Ereignisses muss aber nicht zwangsläufig zu einer Katastrophe führen.

Katastrophenvorsorge
Katastrophenvorsorge ist ein konzeptioneller Ansatz, der verschiedene Elemente zur präventiven Eindämmung und Vermeidung von Gefahren vereint. Diese beinhalten unter anderem Maßnahmen zur Verbesserung der Risikowahrnehmung, zur Verbesserung der institutionellen Kapazitäten, zur Anwendung von Methoden angepasster Raumplanung oder zur Bereitstellung und Pflege angepasster Frühwarnsysteme.

Kioto-Protokoll
Völkerrechtliches Abkommen zur →Klimarahmenkonvention, in dem Reduktionsziele für Treibhausgasemissionen von Industrieländern festgelegt sind. Die in Anlage B des Abkommens aufgeführten Länder sind danach verpflichtet, im Verpflichtungszeitraum 2008–2012 ihre Treibhausgasemissionen um rund 5 % gegenüber dem Basisjahr 1990 zu senken. Insgesamt wurde das Protokoll bisher von 174 Staaten ratifiziert, von den in Anlage B aufgeführten Ländern haben die USA und Australien nicht ratifiziert.

Kipppunkte des Klimasystems
Stark nichtlineare Reaktionen von Systemkomponenten werden häufig als Kipppunkte oder *tipping points* des Klimasystems bezeichnet. Gemeint ist dabei ein Systemverhalten, bei dem nach Überschreiten einer kritischen Schwelle eine kaum noch steuerbare Eigendynamik des Systems einsetzt.

Klimarahmenkonvention (UNFCCC)
Die UNFCCC wurde 1992 beschlossen und trat 1994 in Kraft. Mit 191 Staaten hat die Konvention eine fast universelle Mitgliedschaft. Das Hauptziel der Konvention ist die Stabilisierung der Treibhausgaskon-

zentrationen in der Atmosphäre auf einem Niveau, auf dem eine gefährliche anthropogene Störung des Klimasystems verhindert wird (→gefährlicher Klimawandel). Ein solches Niveau sollte innerhalb eines Zeitraums erreicht werden, der ausreicht, damit sich die Ökosysteme auf natürliche Weise den Klimaänderungen anpassen können, die Nahrungsmittelerzeugung nicht bedroht wird und die wirtschaftliche Entwicklung auf nachhaltige Weise fortgeführt werden kann. Im 1997 verabschiedeten →Kioto-Protokoll wurden verbindliche Reduzierungen der Treibhausgasemissionen vereinbart.

Konflikt
Konflikt beschreibt allgemein Streit und Auseinandersetzungen jedweder Art um gegenläufige Interessen zwischen individuellen oder kollektiven Akteuren. Im Rahmen des Gutachtens wird der Konflikt als Steigerung der →Krise beschrieben. Er umschreibt somit meist gewaltsame Auseinandersetzung zwischen zwei oder mehreren Konfliktparteien und und kann zu gesellschaftlicher →Destabilisierung führen.

Konfliktkonstellation
Wirkungszusammenhänge an der Schnittstelle zwischen Umwelt und Gesellschaft, deren Dynamik zu gesellschaftlicher Destabilisierung oder Gewalt führen kann. In der Konfliktkonstellation werden →Schlüsselfaktoren identifiziert, die die Krisen- und Konfliktentstehung im jeweiligen Bereich beeinflussen. Anhand einer Wirkungskette werden der Ablauf, die Wechselwirkungen und Eskalationsstufen einer möglichen Konfliktentwicklung dargestellt. Bei der Herausarbeitung der Konfliktkonstellationen werden Prognosen über zu erwartende Klimaänderungen, Erfahrungen mit Umweltkonflikten, Erkenntnisse der Kriegsursachen- und Konfliktforschung sowie Analysen zu fragiler Staatlichkeit und Multipolarität hinzugezogen.

Konvention
Der Begriff Konvention bezeichnet einen völkerrechtlichen Vertrag, der multilateral (mehrseitig) geschlossen wird. Hierzu zählen die Vertragswerke, die unter dem Dach der Vereinten Nationen entstehen, z.B. die drei „Rio-Konventionen", die →Klimarahmenkonvention, die Desertifikationskonvention und die Biodiversitätskonvention.

Krise
Eine Krise bezeichnet eine schwierige Situation, die einen möglichen Wendepunkt einer kritischen Entwicklung darstellt. Die Krise führt nicht notwendigerweise zum →Konflikt, zu Gewalt oder gar kriegerischen Auseinandersetzungen. Sie stellt jedoch große Herausforderungen an die Lösungskompetenzen bzw. das Krisenmanagement der Betroffenen.

Krisen- und Konfliktprävention
Als Krisen- und Konfliktprävention bezeichnet man politische Maßnahmen und Strategien, die auf eine Vermeidung von →Krisen und →Konflikten bzw. deren Eskalation ausgerichtet sind. Krisen- und Konfliktprävention bedeutet dabei nicht Konfliktfreiheit. In und zwischen Staaten kommt es darauf an, dass Konflikte gewaltfrei ausgetragen werden. Krisenprävention, vermehrt auch in zivilem Rahmen, spielt mittlerweile eine immer größere Rolle in der →Sicherheitspolitik.

Kriegsursachenforschung
Die Kriegsursachenforschung ist ein politikwissenschaftlicher Forschungszweig, der ursprünglich die Ursachen organisierter zwischenstaatlicher Gewaltanwendung zum Gegenstand hatte. Inzwischen beschäftigt sich Kriegsursachenforschung allgemein mit den Faktoren, welche die Entstehung und Verschärfung von Kriegen und bewaffneten Konflikten beeinflussen, wobei zwischen Konflikten innerhalb von Staaten und Konflikten zwischen Staaten unterschieden wird.

Integriertes Küstenzonenmanagement (Integrated Coastal Zone Management – ICZM)
Das ICZM ist ein dynamischer, multidisziplinärer und iterativer Prozess für das nachhaltige Management der Küsten. Das Ziel ist, die verschiedenen ökonomischen, ökologischen, sozialen und kulturellen Ansprüche innerhalb der Grenzen der natürlichen Dynamik auszubalancieren. Der Prozess umfasst alle Schritte von der Informations- und Datenbeschaffung über die Planung bis zu Entscheidungsfindung, Umsetzung und Monitoring. Im ICZM wird großer Wert auf die Partizipation der Beteiligten gelegt.

Leitplanke
Vom WBGU eingeführter Begriff. Leitplanken sind quantitativ definierbare Schadensgrenzen, deren Verletzung heute oder in Zukunft intolerable Folgen mit sich brächte, so dass auch große Nutzenvorteile diese Schäden nicht ausgleichen könnten. Sie grenzen die nicht nachhaltigen Bereiche des Entwicklungsraums des Mensch-Umwelt-Systems ab, so dass nachhaltige Entwicklungspfade innerhalb des durch die Leitplanken eingegrenzten Raums verlaufen. Ein Beispiel ist die Klimaschutzleitplanke des WBGU, die eine mittlere globale Erwärmung von über 2 °C gegenüber dem vorindustriellen Wert sowie eine Temperaturänderungsrate über 0,2 °C pro Jahrzehnt als →gefährlichen Klimawandel abgrenzt.

Menschenrechte
Bezeichnen ein Konzept, nach dem allen Menschen universelle Rechte zustehen. Das Bestehen von Menschenrechten wird heute von fast allen Staaten der Erde prinzipiell anerkannt, wobei Gehalt und Umfang umstritten sind. Die international maßgebliche Quelle für deren Bestand und Gehalt sind die Vertragswerke der Vereinten Nationen. Neben der Allgemeinen Erklärung der Menschenrechte aus dem Jahre 1948 sind die zentralen Menschenrechtsinstrumente der Internationale Pakt über bürgerliche und politische Rechte sowie der Internationale Pakt über wirtschaftliche, soziale und kulturelle Rechte. Darüber hinaus existiert eine Vielzahl von Konventionen, die den Schutz einzelner Menschenrechte eingehend regeln, z.B. die Genfer Flüchtlingskonvention und regionale Menschenrechtsabkommen.

Menschliche Sicherheit (human security)
Traditionell bezieht sich der Begriff der →Sicherheit auf kollektive Akteure wie Gesellschaften und Staaten. Das Konzept der menschlichen Sicherheit stellt demgegenüber die Sicherheitsbedürfnisse des Menschen in den Mittelpunkt. Sicherheit wird nicht mehr nur als „Freiheit von Furcht", sondern auch als „Freiheit von Not" verstanden. Demnach haben Wirtschafts- und Umweltkrisen oder Pandemien wie AIDS ebenso als Sicherheitsrisiken zu gelten wie Gewaltkonflikte und Kriege. Das vom →UNDP 1994 vorgestellte Konzept hat den internationalen Sicherheitsdiskurs seither wesentlich geprägt.

Migration
→Umweltmigration

Millenniumsentwicklungsziele (Millennium Development Goals – MDGs)
Sind in der Millenniumserklärung der Vereinten Nationen enthalten und fassen die Hauptergebnisse der Weltkonferenzen der vorangegangenen Dekade zusammen. Es handelt sich dabei um einen Katalog von acht Zielen (Goals), die durch 18 Teilziele (Targets) sowie 48 Indikatoren präzisiert, operationalisiert und einer Erfolgskontrolle zugänglich gemacht werden. Die meisten Ziele und Teilziele wurden mit quantitativen Vorgaben und mit einem Zeithorizont versehen, der in der Regel bis zum Jahr 2015 reicht (Vergleichsjahr 1990).

Multilateralismus
Institutionalisierte Kooperation der Staaten in internationalen Organisationen (wie der UN) oder sonstigen Regelwerken (z.B. →Konventionen). →Unilateralimus bezeichnet demgegenüber eine einseitige, an den nationalen Interessen eines Staates ausgerichtete Politik. Hier werden multilaterale Problemlösungen nur insoweit genutzt, als sie zur Wahrung der eigenen Interessen notwendig erscheinen.

Multipolarität, multipolare Weltordnung
Unter Multipolarität versteht man eine durch die Konkurrenz großer Mächte im internationalen System geprägte Weltordnung. Sie steht im Gegensatz zur →Unipolarität, in der ein übermächtiger Akteur (Hegemon) die globale Politik bestimmt. Der internationale Systemkonflikt zwischen Ost und West während des Kalten Krieges repräsentierte eine von den USA und der Sowjetunion dominierte bipolare Weltordnung.

Naturkatastrophen
Als Naturkatastrophen werden →Katastrophen bezeichnet, die sowohl vom Menschen unbeeinflusst auftreten können (Erdbeben, Tsunamis oder Vulkanausbrüche) als auch durch die Wechselwirkungen zwischen Natur und Mensch mitbestimmt werden (Überschwemmungen, Dürren oder Wirbelstürme). Von der menschlichen Lebens- und Organisationsform hängt auch das Ausmaß der humanitären, materiellen, ökonomischen und ökologischen Verluste solcher Ereignisse ab.

Neue Kriege
Der Begriff versucht, den Formenwandel bewaffneter Gewalt unter veränderten (welt)politischen Rahmenbedingungen zu beschreiben. Im Gegensatz zu den „klassischen" zwischenstaatlichen Kriegen sind die „neuen Kriege" dadurch gekennzeichnet, dass sie Elemente organisierten Verbrechens und Völkerrechtsverletzungen enthalten und sich die Unterscheidung von öffentlichen und privaten Kampfverbänden sowie politischen und ökonomischen Akteuren und Interessen zunehmend auflöst.

Nutzungsentgelte
Fiskalisches Instrument, das beispielsweise die Nutzung globaler Gemeinschaftsgüter, wie des internationalen Luftraums oder der Hohen See, an die Zahlung eines bestimmten Geldbetrags knüpft. An dem Nutzungsentgelt erkennt man die Knappheit einer Ressource und die Kosten ihrer Bereitstellung. Es hat sowohl Lenkungswirkung als auch eine Finanzierungsfunktion, da die Entgelte zweckgebunden zur Beseitigung der mit der Nutzung verbundenen Schäden ausgegeben werden müssen.

ODA
→Öffentliche Entwicklungszusammenarbeit

Öffentliche Entwicklungszusammenarbeit (Official Development Assistance – ODA)
Mittel, welche die Mitgliedsländer des Entwicklungshilfeausschusses (DAC) der OECD den Entwicklungsländern bilateral oder durch internationale Organisationen für Entwicklungsvorhaben zur Verfügung stellen. Nach dieser Definition gehören die Gelder, die z. B. von den neuen, aufstrebenden →Schwellenländern wie China oder Indien vergeben werden, nicht zur ODA. Es bestehen Bemühungen, diese Länder an die Vergabe-Richtlinien des DAC heranzuführen.

Organisation für wirtschaftliche Zusammenarbeit und Entwicklung (Organisation for Economic Cooperation and Development – OECD)
Die OECD ist eine internationale Organisation mit Sitz in Paris. Sie wird auch als die Organisation der Staaten der Ersten Welt bezeichnet, da fast alle der 30 Mitgliedsstaaten Industrieländer sind. Die Ziele der OECD sind, zu einer optimalen Wirtschaftsentwicklung und einem steigenden Lebensstandard in ihren Mitgliedsstaaten beizutragen, in ihren Mitgliedsländern und den →Entwicklungsländern das Wirtschaftswachstum zu fördern und eine Ausweitung des Welthandels zu begünstigen.

Prognosen
Prognosen sind (im Gegensatz zu →Szenarien) wissenschaftlich abgeleitete Aussagen über den wahrscheinlichen Ablauf künftiger Ereignisse in einem Zeitraum.

„Responsibility-to-protect-Prinzip" der UN
Unter dem Eindruck des Versagens der internationalen Gemeinschaft bei innerstaatlichen Konflikten wie in Ruanda und im ehemaligen Jugoslawien hat sich in den letzten Jahren mit der „Responsibility to Protect" („Verantwortung zum Schutz") ein neues sicherheitspolitisches und völkerrechtliches Konzept entwickelt. Zwar ist in erster Linie der Staat für den Schutz der eigenen Bevölkerung verantwortlich. In Fällen schwerwiegenden Versagens der nationalen Verantwortlichkeit soll indessen eine Handlungspflicht der Staatengemeinschaft – insbesondere der Vereinten Nationen – bestehen, die Zivilbevölkerung vor gravierenden Übergriffen (Völkermord, ethnische Säuberung und andere Verbrechen gegen die Menschlichkeit) zu bewahren.

Schlüsselfaktor
Faktoren, die für Gewaltentstehung im Kontext klimabedingter Umweltveränderungen wichtig sind. Sie dienen zur Analyse der Kausalbeziehungen und Wirkungsmechanismen innerhalb einer →Konfliktkonstellation. Die Faktoren, die durch menschliches Handeln beeinflussbar sind, werden den Handlungsempfehlungen zu Grunde gelegt.

Schwache und fragile Staaten
Staaten gelten als schwach oder fragil, wenn ihre Institutionen nicht oder nur unzureichend in der Lage sind, zentrale staatliche Kernfunktionen wirksam wahrzunehmen. Dies betrifft die Wahrung des Gewaltmonopols des Staates nach Innen und Außen, die Bereitstellung grundlegender öffentlicher Güter wie Infrastruktur, Gesundheit und Bildung sowie die Setzung und Durchsetzung öffentlichen Rechts (Rechtsstaatlichkeit).

Schwellenländer
Bezeichnung für Entwicklungsländer, die einen erfolgreichen Prozess nachholender industrieller Entwicklung durchlaufen, also an der Schwelle zum →Industrieland stehen. Die sozialen Entwicklungsindikatoren, wie die Alphabetisierungsrate, Säuglingssterblichkeit, Lebenserwartung oder Entwicklung einer Zivilgesellschaft, können dabei stark hinter den wirtschaftlichen Indikatoren herhinken. In den letzten Jahren sind vor allem die asiatischen Schwellenländer, auch asiatische Treiber genannt, in den Blickpunkt des Interesses gerückt.

Sicherheit
Im Bereich der internationalen Politik bezeichnet Sicherheit klassischerweise die Unversehrtheit territorial organisierter souveräner Nationalstaaten im Völkerrechtssystem. Als Sicherheitspolitik werden alle Maßnahmen eines Staates oder einer Gruppe von Staaten bezeichnet, die zur Abwehr bzw. Vermeidung von Gefahren von außen, in der Regel einer militärischen Aggression, ergriffen werden. Dieses klassische Sicherheitskonzept wird mittlerweile durch das neue Konzept der →erweiterten Sicherheit ergänzt bzw. durch dieses ersetzt.

Sicherheitspolitik
→Sicherheit

SRES-Szenarien
SRES-Szenarien sind Emissionsszenarien, die für den Second Report on Emission Szenarios des IPCC entwickelt wurden und die unter anderem als Basis für die Klimaprojektionen verwendet wurden. Sie berücksichtigen die Bandbreite der möglichen Entwicklungen im 21. Jahrhundert in den Bereichen Bevölkerungswachstum, ökonomische und soziale Entwicklung, technologische Veränderungen, Ressourcenverbrauch sowie Umweltmanagement. Die Szenarien werden in die beiden Dimensionen A und B (Starkes Wirtschaftswachstum versus Nachhaltigkeit) und 1 und 2 (Globalisierung versus Regionali-

sierung) unterteilt, so dass sich in Kombination vier Szenariofamilien ergeben: A1 (Hohes Wachstum), B1 (Globale Nachhaltigkeit), A2 (Regionalisierte Wirtschaftsentwicklung), B2 (Regionale Nachhaltigkeit).

Syndromkonzept
Das Syndromkonzept ist ein vom WBGU entwickeltes wissenschaftliches Konzept zur transdisziplinären Beschreibung und Analyse des Globalen Wandels. Wesentliche Elemente des syndromanalytischen Ansatzes sind neben den Syndromen das globale Beziehungsgeflecht, bestehend aus Trends und ihren Wechselwirkungen, und die →Leitplanken.

Szenarien
Szenarien liefern – im Gegensatz zu →Prognosen – eine plausible Beschreibung dessen, wie die Zukunft aussehen könnte, basierend auf der Analyse eines kohärenten und konsistenten Bündels von Annahmen, Trends, Relationen und Triebkräften. Im vorliegenden WBGU-Gutachten werden narrative Szenarien entwickelt, die unterschiedliche Pfade in die Zukunft als plausible „Geschichten" erzählen, um den Blick für die gesamte Bandbreite möglicher Entwicklungen zu öffnen und Hinweise für politische Weichenstellungen zu identifizieren.

Tropische Wirbelstürme
Tropische Wirbelstürme sind extreme Tiefdrucksysteme, die sich nur über großen Wasseroberflächen bilden, deren Oberflächentemperatur 26 °C übersteigt. Sie sind mit hohen Windgeschwindigkeiten, schweren Gewittern und in Küstennähe mit Sturmfluten verbunden. Je nach Region der Entstehung werden starke tropische Wirbelstürme auch Hurrikane (Atlantik, Nordpazifik), Zyklone (indischer Ozean, Golf von Bengalen, Südostpazifik) oder Taifune (Nordwestpazifik) genannt. Die Einstufung eines tropischen Wirbelsturms in verschiedene Stärken erfolgt über die Saffir-Simpson-Skala. Kategorie 1 beginnt bei Windgeschwindigkeiten oberhalb von ca. 120 km/h, bei mehr als 250 km/h ist Kategorie 5 erreicht.

Umweltbedingte Migration
→Umweltmigration

Umweltflüchtlinge
Können verstanden werden als Menschen, die aufgrund einer Umweltveränderung gezwungen sind, ihre traditionellen Lebensräume vorübergehend oder dauerhaft zu verlassen. Der Begriff ist politisch wie rechtlich umstritten. Laut Genfer Flüchtlingskonvention sind „Flüchtlinge" Personen, die – aus begründeter Furcht vor Verfolgung wegen ihrer Rasse, Religion, Nationalität, Zugehörigkeit zu einer bestimmten sozialen Gruppe oder wegen ihrer politischen Überzeugung – ihren Heimatstaat verlassen mussten. Da diese Kriterien auf umweltbedingte Migration nicht zutreffen, gelten die Schutzgarantien des Völkerrechts hier nicht.

Umweltkonfliktforschung
Die Umweltkonfliktforschung widmet sich der Frage nach den Zusammenhängen von Umweltdegradation und der Entstehung von →Konflikten. Die Anfänge der wissenschaftlichen Erforschung von Umweltkonflikten lassen sich bis in die frühen 1970er Jahre zurückverfolgen. Systematische empirische Untersuchungen und Forschungsprogramme entstanden in den 1990er Jahren u. a. in Toronto und Zürich.

Umweltmigration
Der Begriff Migration umfasst allgemein alle Formen von freiwilligen oder unfreiwilligen, grenzüberschreitenden oder innerhalb von Staatsgrenzen erfolgenden Wanderungs- und Fluchtbewegungen. Der Begriff der Umweltmigration stellt die Fluchtursache in den Mittelpunkt, d.h. eine Umweltveränderung als Auslöser für Abwanderung.

Umweltprogramm der Vereinten Nationen (UNEP)
UNEP wurde 1972 in Folge der UN-Umweltkonferenz von Stockholm als Nebenorgan der UN-Vollversammlung mit Sitz in Nairobi, Kenia, gegründet. Es soll regionale und globale Umweltprobleme identifizieren, analysieren sowie die umweltpolitischen Aktivitäten der Vereinten Nationen weiterentwickeln und koordinieren. UNEP wird durch einen Umweltfond aus freiwilligen Beiträgen der Mitgliedsstaaten finanziert.

UNDP
→ Entwicklungsprogramm der Vereinten Nationen

UNEP
→ Umweltprogramm der Vereinten Nationen

Unilateralimus
→Multilateralismus

Unipolarität
→Multipolarität

UN-Sicherheitsrat
Der Sicherheitsrat der Vereinten Nationen ist das mächtigste der sechs Hauptorgane der Vereinten Nationen. Er setzt sich aus fünf ständigen und zehn nichtständigen Mitgliedsstaaten zusammen. Dem Rat obliegt die vorrangige Verantwortung für die Wahrung des Weltfriedens und der interna-

tionalen Sicherheit, wozu ihm von den Mitgliedsstaaten die ausschließliche Kompetenz zur Verhängung von Zwangsmaßnahmen übertragen wurde. Im April 2007 beschäftigte sich der UN-Sicherheitsrat erstmals in seiner Geschichte mit einem umweltbedingten Sicherheitsrisiko, dem Thema Klimawandel.

Vermeidung von Klimawandel (Mitigation)
Unter Vermeidung werden alle Maßnahmen verstanden, die entweder den Ausstoß von Treibhausgasen begrenzen oder die Aufnahme von Treibausgasen in so genannten Senken verstärken.

Vulnerabilität
Anfälligkeit einer sozialen Gruppe oder eines (Umwelt-)Systems gegenüber →Krisen und Widrigkeiten. Es kann zwischen sozialer und biophysikalischer Vulnerabilität unterschieden werden. Im Deutschen verwendet man auch den Begriff der Verwundbarkeit.

Wassermangel
Unterschiedliche Konzepte für Wassermangel beziehen sich auf den hydrologischen Wassermangel (*physical water scarcity*), bei dem die Wasserentnahme durch den Menschen 40 % der verfügbaren erneuerbaren Wasserressourcen überschreitet oder die verfügbare Wassermenge von 1.000 m^3 pro Kopf und Jahr unterschritten wird. Ökonomischer Wassermangel (*economic water scarcity*) betrifft Regionen, in denen keine hydrologische Wasserknappheit herrscht, aber der Bedarf der Menschen durch einen Mangel an Investitionen in Wasserinfrastruktur nicht in ausreichendem Maß gedeckt werden kann. Wassermangel aus Sicht der Umwelt (*environmental water scarcity*) liegt vor, wenn durch menschliche Einflüsse auf den Wasserhaushalt die Integrität von Ökosystemen bedroht wird.

Welthandelsorganisation (World Trade Organization – WTO)
Die WTO wurde 1994 als Dachorganisation der multilateralen Handelsverträge GATT, GATS und TRIPS gegründet. Ziel der WTO ist der Abbau von Handelshemmnissen und somit die Liberalisierung des internationalen Handels. Sie hat zur Zeit 151 Mitglieder. Die aktuelle Verhandlungsrunde (→Doha-Runde) begann 2001 und wurde bislang nicht abgeschlossen.

Index 13

H

I

K